수학
하지 않는
수학

더하기와 곱하기만으로 이루어진 새로운 수학의 정석

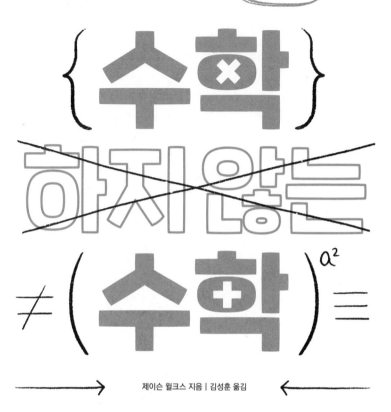

제이슨 윌크스 지음 | 김성훈 옮김

시공사

헌사

이거 내가 생각했던 것보다 어렵다. 한번 보자.

$J \equiv$ '언제나 그다운 모습이기를'이라 하고,
$W \equiv$ '똑같은 이유'라 하고,
$R \equiv$ '모든 도움에 감사하며, 결국 내용이 전부
이해되기를'이라 하자.

좋다….

$\frac{\alpha}{2}$ (J는 E.T. 제인스에게)
$\frac{\alpha}{2}$ (W는 데이비드 포스터 월리스에게)
$(1-\alpha)$ (R은 독자에게)
여기서 $\alpha \in [0, 1]$은 마지막에 헌정받은 사람에 의해 결정된다.*

… (

_____

* 약속한다. 이 책은 이렇게 헷갈리지 않을 것이다.

완벽이란 더는 더할 것이 없을 때가 아니라, 더는 뺄 것이 없을 때
달성된다.

−앙투안 드 생텍쥐페리,《인간의 대지》

　이 책을 번역해서 출판했거나 출간 준비 중인 나라 가운데 번역판 서문
을 따로 써달라고 처음 요청이 들어온 곳이 대한민국이라서 기쁘다. 자신
이 처음 쓴 책, 그것도 대학원에 환멸을 느끼던 기간에 썼던 책이 결국 다른
언어로 번역되는 일을 지켜보는 것은 정말 엄청난 경험이다. 나와 친한 다
른 나라 출신의 친구들 몇몇이 지금 이 책을 번역하고 있는데, 한국어가 아
닌 다른 언어로 옮겨진 책에는 번역판 서문을 뭐라고 쓰게 될진 나도 모르
겠다. 하지만 한글은 수학을 제외하면 처음으로 진정한 사랑에 빠지게 된

문자 체계라서 내 마음속에 특별한 위치를 차지하고 있다. 우선 그 배경을 좀 이야기해보겠다.

말하기는 본능이다. 하지만 글쓰기는 기술이다. 인간의 본능진화생물학자의 표현을 빌리자면 '적응'은 문화에 따라 표면적으로 다른 형태를 띨 수 있지만, 밑바탕에 깔린 신경 기제는 전체 인간 집단에서 동일한 것으로 보인다. 속으로 파고들면 우리 인류는 모두 아프리카 출신이다. 언어학자들에 따르면 본질적으로 모든 구어는 복잡성에서 차이가 없다고 한다. 세계 어디서든 아이들은 태어나고 몇 년 안에 모국어를 말하기 시작한다. 우리는 굳이 학교에 가지 않아도 말하고, 걷고, 사랑에 빠지는 법을 배운다. 연습은 필요하지만 저절로 발달한다.

하지만 글쓰기는 기술이다. 우리가 곳곳에서 발견하는 문자 체계는 복잡성, 심도, 우아함에서 아주 큰 차이가 난다. 나는 타이족Thai, 베트남의 소수민족 –옮긴이 주의 문자 체계를 사랑하지만, 그 체계를 단순하고 우아하다고 말하기는 어렵다. 이 문자는 한 단어 안에서도 왼쪽에서 오른쪽으로, 오른쪽에서 왼쪽으로, 아래에서 위로, 위에서 아래로 읽어야 하는 경우가 많다. 일본어는 고대의 이모티콘'한자'라고도 한다을 두 가지 음표문자와 잘 섞어놓았다. 아주 똑똑한 방법인 것은 부정할 수 없지만 단순함과는 거리가 멀다. 기술로서 한자는 대부분의 문자 체계보다 심오하고 아름답다. 단어들이 잘 작성된 컴퓨터 프로그램처럼 내포된 서브루틴nested subroutine으로부터 구축되기 때문이다. 하지만 최대한 적은 요소로 무한한 형태를 만들어낼 수 있어야 한다는 관점에서 보면 한자 체계를 단순하거나 우아하다고 말하기는 무리다.

우리는 어쩌면 생각을 기록하기 위해 인간이 개발한 기술 가운데 완벽에 가까운 문자 체계를 한글에서 보고 있는 것인지도 모른다. 나는 칠레 산

티아고에서 김상진이라는 오랜 친구와 호텔 방을 같이 쓰다가 한글의 작동 방식을 이해하고 그 순간 한글과 사랑에 빠져버렸다. 평생 따분한 라틴어 알파벳만 보고 살던 내게 한글은 말 그대로 계시였다. 한글의 모음 'ㅏ ㅑ ㅓ ㅕ ㅗ ㅛ ㅜ ㅠ ㅡ ㅣ'에 들어 있는 획 중에는 어느 하나도 우연히 존재하는 것이 없었다. 'ㅏ'를 'ㅑ'로 바꾸는 것은 'ㅗ'를 'ㅛ'로 바꾸는 것과 정확히 똑같은 의미를 갖는다. 자음에 수평의 획을 추가해서 'ㄱ ㄷ ㅂ ㅈ'을 'ㅋ ㅌ ㅍ ㅊ'으로 만들면 거센소리가 된다. 각각의 음절은 마치 작은 한 장의 종이처럼 구성되어 왼쪽으로 오른쪽으로, 위에서 아래로 읽힌다. 우리가 글을 읽는 사람과 처음 배우는 사람을 염두에 두고 한자를 처음부터 새로 발명했다면 이런 시스템이 되지 않았을까?

우리는 수학은 과학, 예술 또는 다른 학문 위에 떠 있는 형태가 없는 이상한 구름 같은 존재라는 이야기를 듣는다. 수학을 설명하는 이 모든 특징은 핵심을 비켜 가고 있다. 근본적으로 수학은 글쓰기의 하위 분야다. 그리고 글쓰기는 본능이 아니라 기술이다. 여느 기술과 마찬가지로 수학도 제1원리로부터 꼼꼼하게 새로 발명해나가면 불가능해 보이는 과제를 단순하게 만들고, 수학에 문맹이었던 사람들도 사실은 자신이 내내 수학이라는 글을 읽을 줄 알았음을 깨닫게 할 수 있다.

이 책에서 수학을 처음부터 스스로 새로 발명해봄으로써 수학의 본질이 무엇인지를 독자들에게 보여주려고 한다. 이 재발명 과정이 현재의 수학교육에서는 빠져 있다. 어떤 과목에 대해 뼛속 깊숙이 완전히 이해하기 위해서는 학생에게 쓰기 접근 권한writing access이 필요하다. 여기서 말하는 쓰기 접근 권한이란 컴퓨터 파일에 사용하는 의미로 쓴 것이다. 이 컴퓨터 운영체계operating system의 파일을 그저 읽기만 하는 게 아니라 당신이 변경할 수 있게 해주어야 한다. 쓰기 접근 권한만 주면 새내기 학생이 핵심 원리고치는 법을 바로 알게 된다는 의미는 아니다. 커튼 뒤에 서서 소시지가 어떻게 제조되는지 지켜본 다음 수없이 많은 실수를 하면서 직접 만들어보지 않고는 해당 주제를 깊이 이해할 방법이 없다는 뜻이다.

어느 곳을 보나 쓰기 접근 권한이 활성화된 틈새 영역에서는 해당 분야의 훌륭한 대가를 많이 찾아낼 수 있다. 리눅스Linux와 오픈 소스 소프트웨어들은 호기심 많은 컴퓨터과학 학생들에게 모든 추상 수준에서 자신의 기계에 접근 가능한 '쓰기 접근 권한'을 부여한다. 그래서 사용자들은 다른 곳에선 좀처럼 얻기 어려운 경험을 할 수 있다. 점점 성장하고 있는 3D 프린팅 분야는 재료공학과 제조업의 세계에 대한 쓰기 접근 권한을 주었다. 심지어는 비트코인 같은 프로젝트도 거시경제학 학생들이 그저 화폐 이론에 대한 교과서만 내리 읽어대는 데서 그치지 않고, 어느 국가에도 속박되지 않은 화폐 공급 실험에 직접 참여할 기회를 제공했다. 창조할 수 없는 것은 이해할 수 없다.

현재의 교육에서 그런 쓰기 접근 권한이 가장 부족한 과목이 바로 수학이다. 이 책은 그것을 해결하기 위해 내딛는 작은 한 걸음이지만, 교육에는 다른 문제도 셀 수 없이 많다. 한 세기 넘게 우리는 교육을 교수와 대학이라는 독점 체계, 같은 분야의 동료들이 서로 제대로 심사하지 못하게 가장 앞장서서 방해하고 있으면서도 자기네는 동료 심사를 지원하고 있다고 주장하는 학술지, 우리로 하여금 어린 시절 좋아했던 과목에 가졌던 일말의 애정마저 잃게 만드는 대학원에 맡겨왔다. 이러한 교육 체제에 깊은 환멸을 느끼지 않을 사람은 별로 없을 것이다.

그런데 2020년이 되자 세상이 갑자기 원격으로 공부하고, 일하는 데 익숙해져야 하는 상황이 찾아왔다. 학생들은 차라리 독학을 하지, 어째서 영감을 불어 넣어주지도 않는 웹캠 온라인 강의를 보고 앉아 있어야 하는지 점점 의문을 품게 됐다. 앞으로 상아탑은 새로운 탑과 경쟁해야 할 처지가 될 것이다. 나는 모든 사람을 수용할 정도로 컸던 오래전 탑의 이야기를 빌려 그 새로운 탑을 바벨탑이라 부른다. 상아탑 꼭대기에 있는 엘리트들이 아는지는 모르겠지만 상아탑은 이미 죽었다. 그보다 더 좋은 탑을 쌓아 올리는 것이 우리 세대의 임무다. 부디 이 책이 그 탑을 향해 나아가는 한 걸음이 될 수 있기를 빈다.

2020년 10월

캘리포니아 샌디에이고에서

제이슨 윌크스

미적분을 이해하는 가장 훌륭한 방법

'수포자'라는 용어가 있습니다. 굳이 설명하지 않아도 무슨 뜻인지 아실 거라고 생각합니다. 이 책을 펼쳐 든 분이라면 아마 대부분 스스로가 여기에 포함된다고 여기고 있지 않을까 싶습니다. 단일한 성격을 가진 세상에서 가장 큰 집단이 수포자 집단이라는 농담이 있을 정도니까요.

몇 년 전, 때 묻지 않은 순수한 수포자들을 대상으로 수학 강연을 한 적이 있습니다. 조금이나마 수학을 이해해보고자 하는 성인을 위한 이벤트성 강의였습니다. '숫자가 하나도 없는데 왜 수식이라고 부르는지 모르겠다' 등의 말로 저를 당황하게 한 분들이었죠. 하지만 대부분 자기 분야에서 뛰어난 전문성을 발휘하는 훌륭한 사람들이었습니다.

수학만 제외하고는 멀쩡한 분들이 새삼스럽게 수학 강의에 참여한 이유는 과학에 대한 관심 때문이었습니다. 책과 팟캐스트 등을 통해 과학에 호기심을 가지게 되었다가 더 나아가서 과학을 과학의 언어인 수학으로 이해해보고 싶다는 생각에까지 이르게 된 것이죠. 무엇보다도 예전에 제대로 공부하지 못한 수학에 대한 미련이 가장 큰 동기가 되지 않았나 싶습니다.

몇 주에 걸쳐 진행된 강의에 대부분의 사람들이 거의 빠짐없이 참석했고, 저에게도 아주 즐거웠던 시간으로 남아 있습니다. 아마 강의를 들은 분들도 상당히 재미있어했던 것으로 '저는' 기억합니다. 출석 확인도 시험도 없고, 개념을 이해하는 것이 목표였기 때문에 복잡한 공식을 힘들게 외울 필요도 없었으니까요. 당시 가장 인상 깊게 남은 건, 수학도 얼마든지 재미있게 공부할 수 있다는 것이었습니다. 이 책을 읽다가 그때가 떠올랐습니다. '정말' 재미있게 수학을 공부했던 기억입니다.

이 책의 저자도 한때 수포자였다고 합니다. 고등학교 때 기초 대수학은 C를 받았고 수학을 누구보다도 싫어했다고 하네요. 지금은 수리물리학으로 석사, 심리학 및 뇌과학으로 석사학위를 받고 수학을 이용해 뇌와 행동을 연구하는 분입니다.

믿기 힘든 특이한 경로를 거쳐 수학 전문가가 된 저자의 장점은 분명합니다. 사람들이 수학을 왜 어려워하는지 정확하게 알고 있다는 것입니다. 저자는 수포자였던 고등학교 졸업반 시절, 서점에서 우연히 발견한 책에서 다음과 같은 구절을 발견하게 됩니다.

> 곡선보다는 직선이 다루기 쉽지만, 곡선도 충분히 확대해놓으면 휘어져 있는 그 각각의 조각이 직선처럼 보인다. 따라서 곡선을 다루어야 할 문제와 마주치면 그 선이 직선으로 보일 때까지 확대한 후에 현미경 수준에서 문제를 쉽게 해결한 다음, 다시 원래대

로 축소하면 된다. 그럼 그걸로 문제가 풀린 것이다.

이것은 미적분학의 핵심 개념입니다. 이 글에 이끌린 저자는 흔히 미적분학을 배우기 전에 반드시 미리 알아야 한다고 알려진 대수학이나 삼각법 같은 내용을 전혀 모르는 상태에서 미적분학을 공부하게 됩니다. 그리고 이 책에서 그 과정을 자세하게 알려줍니다.

수포자의 경험을 가진 분들이 수학과 마주칠 때 가장 먼저 느끼는 것은 대부분 두려움입니다. 알아볼 수 없는 기호들과 '숫자 없는 수식'에 압도되어 이해해보려는 시도 자체를 포기하게 되지요. 하지만 미적분학의 계산은 아주 어려울 수 있지만, 사실 기본적인 개념은 그렇게 어렵지만은 않습니다.

아무리 수학을 일찍 포기한 사람도 직선의 기울기라는 개념은 이해하고 있을 것입니다. 직선이 수직에 가까우면 기울기가 크다고 하고, 수평에 가까우면 기울기가 작다고 하죠. 이것을 숫자로 나타내려면 수직으로 이동한 양 Δy을 수평으로 이동한 양 Δx으로 나누면 됩니다 $\frac{\Delta y}{\Delta x}$.

그런데 직선이 아니라 곡선이라면 기울기를 어떻게 구할 수 있을까요? 이때 사용하는 방법이 앞서 인용한 글에서처럼, 곡선을 충분히 확대하는 것입니다. 곡선을 충분히 확대하면 작은 직선들의 조각이 될 것이고 그 작은 직선의 기울기를 구하면 됩니다. 아주 작은 Δy를 아주 작은 Δx로 나누는 것이죠. 이게 바로 미분입니다. 수식은 이러한 개념을 그저 약자로 표현한 것뿐입니다.

수학에서 가장 흔히 보는 기호는 π일 것입니다. 이 기호는 원과 관련된 공식이나 삼각함수에 매번 나오고, 다른 어려워 보이는 숫자 없는 수식에 자주 등장해 보는 사람들에게 혼란을 일으키는 역할을 합니다.

하지만 알고 보면 π의 의미는 아주 간단합니다. 원의 둘레 길이를 원의 지름으로 나눈 값일 뿐이거든요. 원의 둘레 길이L를 $2\pi r$로 외우고 계신 분들이 있을 텐데$L=2\pi r$, 사실 이것은 동어반복에 지나지 않습니다. 원의 둘레 길이L를 원의 지름$2r$으로 나눈 값이 π라는 말이니까요. 그러니까 원의 둘레 길이가 $2\pi r$이라는 말은 공식이 아니라 π의 정의입니다.

원의 면적을 구하는 공식 πr^2에도 π가 들어갑니다. 원의 면적 공식에 π가 들어가는 이유는 교과서를 포함한 여러 책에 소개되어 있습니다. 그런데 《수학하지 않는 수학》에서 설명하는 방법은 솔직히 저도 처음 본 것입니다. 그리고 가장 훌륭한 방법이라고 인정할 수밖에 없습니다.

저자는 원에서 시작해 삼각함수를 만들어내고 삼각함수의 미분, 테일러 급수, 지수—로그함수의 미분에 이어 무한 차원 공간에서의 미적분까지 다룹니다. 이 책은 "수학에 환멸을 느끼는 사람들만을 위한 게 아니라, 정나미 떨어져도 먹고살려니 어쩔 수 없이 배워야만 하는 필수 과목이라고 남몰래 생각하면서 묵묵히 수학을 참고 견디며 살아왔을 뿐, 그 안에 담긴 진정한 자유와 쾌감을 한 번도 느껴본 적 없는 수많은 과학자를 위한 책이기도 하다"는 저자의 말에 지극히 공감하게 됩니다.

수학을 공부해보고 싶다고 생각하는 사람들에게 가장 큰 벽으로 다가오는 것이 '기초'가 부족하다는 지레짐작이 아닐까 합니다. 이 책의 장점은 이런 생각에서 벗어날 수 있게 해준다는 것입니다. 한때 수포자였던 저자는 자신의 경험을 바탕으로 기초가 없는 상태에서 어떻게 수학을 할 수 있는지 보여줍니다. 미적분학을 공부하기 위해서 미리 알고 있어야 한다는 필수 선행 과목보다 미적분학을 먼저 만들어내는 것이 그 예입니다.

그렇다고 해서 내용이 쉽기만 한 것은 물론 아닙니다. 하지만 모처럼 즐겁게 머리를 써보고 싶은 분들에게는 더없이 좋은 책이고, 세세한 과정을 모두 이해하지 못해도 상관없습니다. 이 책의 목적은 수학에 대한 사실적 지식을 가르쳐주는 게 아니라 생각하는 방법을 알려주는 것이기 때문입니다.

그래도 여전히 자신이 수포자라는 생각에 쉽게 자신감을 갖지 못하는 분들을 위해 누구나 다 아는 비밀을 하나 알려드리겠습니다. 과학자들이라고 해서 전부 수학을 잘하거나 잘 이용하고 있는 것은 아닙니다. 수학이라는 엄청난 학문을 모두 정복한다는 일은 그 누구도 불가능합니다. 그러니까 사실은 우리는 모두 수포자입니다. 어디서 포기했는지만 다를 뿐이죠.

이강환(천문학자, 전 서대문자연사박물관 관장)

CONTENTS

모름지기 좋은 소설이라면 심란한 사람들은 편안하게 위로하고,
편안한 사람들은 심란하게 만들어야 합니다.

　-데이비드 포스터 월리스David Foster Wallace, 래리 맥카프리Larry McCaffery
와의 인터뷰

픽션과 논픽션을 나누기가 그렇게 만만하지는 않다.

　-얀 마텔Yann Martel,《베아트리스와 버질Beatrice and Virgil》

수학 수업에 불을 지르자

　좋다. 정말로 수학 수업에 불을 지르지는 말자. 어쨌거나 방화는 아주 사
악하고 불법적인 짓거리니까 말이다. 나는… 아, 아니다. 책을 이런 식으로

시작하는 건 좀 아닌 것 같다.

(저자가 잠시 생각에 잠긴다.)

좋다. 이렇게 하면 될 것 같다. 아까는 미안했다.

(에헴!)

우리 모두는 지금 매우 화가 나 있어야 마땅하다. 누군가가 우리로부터 아주 아름다운 무언가를 빼앗아 갔기 때문이다. 하지만 그 도둑질이 우리가 태어나기 한참 전에 일어난 일이라 우린 그게 사라진 것조차 모르고 있다. 이렇게 상상해보자. 어떤 거대한 역사적 사건 때문에 우리 모두가 음악은 지루하고, 따분하고, 융통성 없는 존재라서 정말 어쩔 수 없이 필요할 때가 아니면 피해 다녀야 할 것이라고 믿게 되었다고 말이다. 우리가 어린 시절에 모두 10년 이상 음악 수업을 듣는데, 학생을 괴롭히기 좋아하는 선생님들의 가학적 능력 덕분에 모두가 음악이란 기껏해야 목적 달성을 위한 수단에 지나지 않다는 확고한 믿음을 가지고 졸업하게 되었다고 가정해보자. 그럼 우리는 모든 사람이 음악의 기초적인 내용은 알고 있어야 하지만, 그건 오직 실용적인 이유 때문이며, 혹시나 음악이 다른 무언가를 할 때 어쩌다 도움이 될지도 모르기 때문에 배워야 한다고 생각하게 될 것이다. 그리고 사람들은 음악을 예술의 한 형태라기보다는 배관 공사에 더 가까운 행위로 바라보게 될지 모른다.

물론 그래도 세상은 지금처럼 온갖 예술가들로 가득할 것이다. 여기서 내가 말하는 예술가는 꼭 미대 출신 학생이나 전문 예술가 혹은 화장실 벽에 무언가를 끄적이거나 박물관에 전시될 작품을 만드는 사람을 말하는 것이 아니다. 아무것도 없는 무無에서 무언가를 이끌어내는 사람, 자기 본연의 모습이 아닌 다른 모습으로 살기를 거부하는 사람, 피부에 생생하게 와닿는 현실을 자기만의 방식으로 깨뜨릴 줄 아는 사람, 죽음을 두려워하지 않고 불을 안고 세상에 뛰어들 줄 아는 사람, 그런 사람들을 말한다. 우리 모두는 이렇게 말하며 고개를 끄덕이게 될 것이다. '음악은 그런 사람들에게는 어울리지 않아. 음악은 회계사들한테나 어울리는 일이지. 음악은 그 사람들한테 맡기는 게 가장 속 편해.' 너무 억지스러운 상황으로 들리겠지만, 사실 수학이 바로 이런 상황에 놓여 있다. 누군가가 수학을 우리로부터 훔쳐 갔다. 이제 그 수학을 되찾아올 때다.

이 책에서 나는 개념적으로 수학 수업에 불을 지를 것을 주장한다. 전 세계적으로 수학교육의 실태가 망가질 대로 망가져서 이제는 수학교육을 모두 불태워버리고 처음부터 새로 시작하는 것 말고는 다른 방법이 없는 지경까지 왔다. 그래서 기존의 수학에 불을 지르는 데서 출발할 것이다. 당신이 없을 때 창조되어 누군가 당신에게 설명해주어야 할 대상으로 수학을 다루지 않겠다. 이 책은 수학이란 것이 존재하지 않는 상태에서 시작한다. 우리는 수학을 처음부터 스스로 발명할 것이다. 수학 교과서마다 유령처럼 떠도는 불가사의한 기호나 허세 가득한 용어에 얽매일 필요도 없다. 전통적인 용어들도 등장하고, 합리적이라 여겨질 때는 그 용어를 사용하기도 하겠지만, 우리가 창조하는 수학의 우주는 온전히 우리의 우주다. 우리가 일부러 초대하지 않는 한, 기존의 관습은 이 우주에 발붙이지 못할 것이다.

이 책은 암기해야 할 것이 하나도 없고, 다양한 실험을 통해 실패를 경험할 수 있는 분위기를 만들어준다. 또한 우리가 직접 창조한 게 아닌 다른 무언가를 그냥 군말 없이 받아들이라고 강요하지도 않을 것이고, 단순한 개넘을 화려한 이름으로 복잡하게 치장하지도 않을 것이다. 소설처럼 쉽게 읽히는 대화 형식의 문체를 이용해 수학을 모험처럼 즐기게 할 것이다. 이 여행의 주 목적은 실용성이 아니라 지적 쾌락의 추구이지만, 다행히도 그 둘 사이에서는 아무런 충돌도 일어나지 않음을 알게 될 것이다. 이 책을 읽는 동안 당신은 수학에 대한 아주 많은 지식을, 정말 제대로 익힐 수 있다.

독자들에게 다른 곳에서 수립해놓은 사실들을 받아들이라고 요구하지 않는 수학을 통해 이야기를 구성하다 보면 기존의 수학교육이 안고 있는 근본적인 비극을 깨달을 수밖에 없다. 이는 전통적 교육 방식을 가장 신랄하게 비판하는 사람들조차 결코 언급하지 않았던 비극이다.

우리는 지금까지 수학을 **거꾸로** 가르쳤다.

이게 무슨 말인지 내 경험담으로 풀어보겠다. 나는 기초 대수학에서 C 학점을 받았다. 거기서 내가 배운 것이라고는 '다항식'이란 단어를 미워하는 법밖에 없었다. 그리고 삼각법에서도 C 학점을 받았다. 거기서 내가 배운 것이라고는 '사인', '코사인', '탄젠트'라는 단어를 미워하는 법밖에 없었다. 나는 수학이라고 하면 암기, 지겨움, 독단적 권위 등등만 떠올랐다. 모두 내가 가장 싫어하는 것들이다. 고등학교 졸업반에서 나는 필수 수학 과정을 모두 마무리했고, 이제 두 번 다시는 수학 교실에 발을 들일 일이 없을 거라 생각하니 그렇게 기쁠 수가 없었다. 마침내 수학으로부터 자유로워진 것이다.

고등학교 졸업반이었던 어느 날 밤, 나는 평소처럼 책방을 어슬렁거리고 있었는데 미적분학에 관한 책이 한 권 눈에 들어왔다. 미적분학이 꽤 어렵다는 말은 늘 듣고 살았는데 수업을 들어본 적은 한 번도 없었다. 그 어려운 것을 공부해야 할 필요가 없다고 생각하니 안도감이 밀려왔다. 그런데 이상하게도 내가 꼭 배워야 할 과목이 아니라고 생각하니 오히려 그 책에 더 끌렸다. 그래서 잠깐 뒤적거려나 볼까 하는 마음이 들었다. 나는 무섭게 생긴 기호 같은 것이 잔뜩 들어 있는 페이지를 보면서 '그럼, 그렇지. 보기만 해도 어려워'라고 말하며 책을 내려놓고, 미적분과는 이제 영원히 작별하게 되리라 생각했다. 그런데 막상 그 책을 펼치니 흔히 봤던 쓰레기 같은 게 아니었다. 저자는 가식이 섞이지 않은 완전 솔직한 언어로 이런 비슷한 말을 하고 있었다. '곡선보다는 직선이 다루기 쉽지만, 곡선도 충분히 확대해놓으면 휘어져 있는 그 각각의 조각들이 직선처럼 보인다. 따라서 곡선을 다루어야 할 문제와 마주치면 그 선이 직선으로 보일 때까지 확대한 후에 그 현미경 수준에서 문제를 쉽게 해결한 다음, 다시 원래대로 축소하면 된다. 그럼 그것으로 문제가 풀린 것이다.'

이 개념은 누구든 이해할 수 있는 것이고, 수학과는 아무런 상관도 없었다. 어려운 문제와 마주치면 그것을 쉬운 문제로 쪼개서 각각 푼 다음 다시 원래대로 합쳐놓으면 된다는 이 개념 속에는 내가 수학 수업 시간에는 한 번도 경험하지 못한 우아함과 필연성이 담겨 있었다. 나는 책을 좀 더 뒤적거려보았다. 그러다가 한 섹션에서 저자가 일반적으로 이루어지는 수학교육 방식에 대해 불평하는 것을 보고 이 사람도 나하고 같은 과라고 확신했다.

그래서 그 책을 샀다. 그리고 할 일이 없을 때마다 읽기 시작했다. 저자가 글을 풀어나가는 방식이 맘에 들었다. 이 책을 읽고 있으니 내가 수학 수업을 늘 싫어했던 것이 정당화되는 듯한 이상한 기분이 들었고, 그와 동시에 수학이란 과목에 대해서 완전히 잘못 생각하고 있다는 생각도 들었다. 나는 원래 미적분학을 배울 계획도 없었고, 미적분학을 공부하는 데 필요한 필수 선행 과목의 내용도 전혀 기억나지 않았기 때문에 현미경적 수준에서 등장하는 그 쉬운 문제들도 푸는 법을 몰랐다. 하지만 그건 중요하지 않았다. 나는 공식 교육의 모든 구속으로부터 자유로워진 상태였고, 틀렸다고 벌을 줄 사람도 없었기 때문이다.

이렇게 해서 대수학, 삼각법, 대수 등 미적분학을 공부하기 전에 미리 배워둬야 한다는 온갖 것들에 대해 알기도 전에 미적분학을 배우는 이상한 여정이 시작됐다. 나는 공책을 한 권 사서 끼적거렸다. 무언가가 이해되지 않을 때마다 그림을 그려서 이것이 참이라고 스스로를 설득해보려 했다. 하지만 보통은 성공하지 못했다.

이상하게도 미적분학의 개념들이 이 책에서는 오히려 가장 쉬운 부분이었다. 이른바 미적분학의 필수 선행 과목이라는 대수학, 삼각법 그리고 고등학교 교과과정을 가득 채운 다른 개념적 잡동사니들이 훨씬 더 어려웠다. 확대와 축소에 대한 내용들은 모두 쉬웠다. 도함수와 적분은 계산하기도 간단했을 뿐이라 제1원리로부터 이해하기도 용이했다. 도함수와 적분을 개발해야겠다는 수학 이전의 동기에서 정의 그리고 계산법에 이르기까지 그 속에는 모든 것을 하나로 묶는 일관된 흐름과 이야기가 존재했다. 하지만 이따금씩 저자는 이른바 '기초 수학'이라는 것을 사용하고는 했다. 지루하고 조용한 수업 시간에 선생님이 이런 것에 대해서 이야기하는 소리를 들었던 기억은 어렴풋하게나마 있었지만, 전혀 이해할 수 없는 내용이었다. 나는 원의 면적, 삼각항등식삼각함수가 들어 있는 항등식, 예를 들면 $\sin^2 x + \cos^2 x = 1$-옮긴이 주 같은 기초 수학이 대체 어디서 튀어나온 건지 도무지 알 수가 없었다.

다행히도 내게 이런 걸 암기해야 한다고 강요할 사람이 없었기 때문에 대수학과 삼각법을 배우지 않고도 계속해서 미적분을 공부할 수 있었다. 나는 그 책에서 미적분학에 대한 내용을 읽고 잘 이해해놓고도 분수를 어떻게 더하는지 기억이 안 나서 헤매고는 했다. 이런 경우 어떨 때는 혼란스러운 단계를 잠시 물끄러미 보고 있는 것만으로도 결국 깨달음이 찾아오고는 했다. '어라? 가만 보니까 이건 그냥 1을 두 번 곱한 거네? 마치 문제를 더 쉽게 만들려고 거짓말을 한 다음 다시 수정해서 오답이 나오지 않게 만든 것 같아 보이는군. 재미있는데?' 하지만 어떤 것들은 그저 바라보기만 해서는 쉽게 풀리지 않아 계속 쩔쩔매야 했다. 대수, 사인과 코사인, '근의 공식', '완전 제곱식 만들기' 같은 것은 내 사전에 없는 내용이고, 용어 자체도 마치 내가 학교에서 수학을 공부할 때 겪었던 온갖 부정적인 경험이 남겨놓은 유물처럼 느껴졌다.

미적분학에 대해 조금 더 배운 이후로도 나는 여전히 미적분학의 필수 선행 과목들을 이해하지 못하고 있었지만 무언가 흥미로운 것이 눈에 보이기 시작했다. 나는 구sphere의 부피 함수의 도함수는 구의 표면적이고, 원의 면적 함수의 도함수는 원주의 길이라는 것을 눈치챘다. 여전히 면적과 부피의 공식이 어디서 온 것인지는 알 수 없었지만, 이 이상한 '확대' 작동을 해보니 이것들이 모두 어떤 식으로든 연관됨을 암시하고 있었다. 이것이 내가 처음으로 접한 이상한 수학적 사실이었다. 즉, 우리는 두 가지 서로 다른 질문을 전혀 이해하지 못하고, 따로 떼어놓으면 두 가지 모두에서 아무런 진전을 이룰 수 없지만, 그럼에도 그 두 가지가 답이 똑같다는 것을 확실하게 증명해 보일 수 있다는 점이었다. 그 답이 무엇인지 전혀 알지 못하는 상태에서도 말이다. 처음에는 일종의 흑마술처럼 보였던 이 사실이 결국에는 수준을 막론하고 모든 이론 수학에서 근본적으로 중요한 특성이었다. 이건 분명 내가 학교에서 접했던 따분하고 권위적인 수학이 아니었다.

대학교 1학년을 시작할 순간이 다가오자 나는 정말 상상조차 할 수 없었던 일을 저질렀다. 미적분학을 수강 신청한 것이다. 언제나 내 모든 존재를 바쳐 수학을 싫어했던 내가 책방에서 일어났던 우연한 사건 때문에 순전히 재미를 위해 '미적분학 1'을 수강하게 되다니. 그다음에는 내친 김에 '미적분학 2'까지도 듣게 됐다. 그러자 '미적분학 2' 교수님이 내게 2학년 때는 석사과정의 수학을 수강해보라고 권하셨다. 나는 교수님께 수학에 대해 아는 것이 정말 하나도 없는데 대체 무슨 미친 소리냐고 따졌다. 어쨌거나 나는 그 과목을 수강했고, 결국 최고 학점을 받았다. 대학 졸업반이 되었을 즈음에는 수학과에서 나한테 상패인지 뭔지를 줬는데 이런 비슷한 문구가 적혀 있었다. '우리 과 최고의 수학 전공자가 되신 것을 축하합니다.' 타고난 수학적 재능 따위는 전혀 없었고, 대학에 오기 전에 13년 동안이나 수학을 배웠으면서도 내가 이 과목에 재미를 느끼리라는 생각은 한 번도 든 적이 없었다. 그런 내게 이런 일련의 사건이 벌어졌다는 것은 교육제도가 잘못돼도 무언가 한참 잘못되었다는 말이었다.

고등학교 시절 철천지원수였던 수학과가 이제 내게는 집처럼 가장 마음 편한 곳이 되고 말았다.* 대학을 졸업하고 나는 앨버타대학교의 수리물리학과 박사과정에 입학했다. 그렇게 1년을 보낸 뒤 여름에는 항상 해야 할 것만 빼고 다 하는 내 평생의 습관을 따라 심리학과 신경과학에 빠져들고 말았다. 결국 나는 그 분야의 박사과정에 지원했는데, 어찌된 일인지 입학 허가가 나서 결국 수리물리학과 프로그램은 석사과정까지만 마치게 되었다. 지금은 캘리포니아 산타바버라에서 살면서 수학을 이용해 뇌와 행동을

---

* 나는 운이 좋게도 대학에 다니는 동안 정말 뛰어난 수학 스승님들을 만났다. 그리고 그중에서도 (리+비)키 클리마((R/y+V)icky Klima), 에릭 마랜드(Erick Marland), 제프 허스트(Jeff Hirst) 교수님께는 꼭 감사의 말을 전하고 가야겠다. 다른 훌륭한 교수님도 많았지만, 그래도 이 네 분은 특별히 지면을 빌려 꼭 언급하고 싶다. 이분들은 너무나 큰 도움을 주셨고, 학과와 아무런 관련도 없는 이상한 질문을 가지고 교수실로 쳐들어간 나를 항상 너그럽게 받아주셨다.

연구하고 있다. 심리학 및 뇌과학과에서 한 해쯤 대학원 과정을 밟는 동안 나는 똑똑하기 이를 데 없는 학생들이 내가 고등학생 시절에 늘 그랬던 것처럼 수학에 대해 이유 없는 두려움에 휩싸이는 모습을 수없이 접하게 됐다. 고등수학 이야기만 나오면 학생들의 눈에 스치는 두려움을 볼 때마다 나는 정말 말해주고 싶었다. 당신이 겪었던 수학은 모두 거짓 경험이었다고 말이다. 수학이 어렵게 느껴지는 이유는 가르치는 방식이 잘못돼서 그런 것이다. 이것은 나에게도 해당하는 말이다. 만약 이 책에서 당신이 여러 번 이해하려고 시도해보았는데도 실패한 곳이 있다면 그건 당신의 잘못이 아니라 나의 잘못이다. 책의 밑바탕이 되는 개념들은 하나같이 모두 간단하기 이를 데 없는 것이다. 약속한다.

산타바버라대학에 다니던 첫 1년 동안, 다양한 과학 분야에 종사하는 사람들이 수학을 좀 더 잘 알고 있다면 분야를 막론하고 모든 연구의 속도가 크게 빨라지리라는 생각을 하지 않을 수 없었다. 여기서 '수학을 좀 더 잘 알고 있다'는 말은 '머릿속에 좀 더 많은 수학적 사실을 담고 있다'라는 의미가 아니다. '추상적 사고에 좀 더 훈련이 되어 있다'는 뜻이다. 더욱 안타깝게 느껴지는 것은 열 명 가운데 아홉 명은 분명 나보다 더 뛰어난 수학적 재능을 타고난 사람들이라는 확신이 든다는 점이다수학적 재능이 뛰어나다는 의미가 무엇이든 간에. 내가 동료 대학원생들보다 수학을 더 잘 알게 된 이유는 딱 하나, 수학을 사랑하게 되리라고는 한 번도 생각해보지 않았던 나를 수학 과목으로 이끌었던, 책방에서의 우연한 사건 때문이었다.

지금은 여름이다. 나는 수학을 싫어한 적 있는 모든 사람을 위해 책을 쓰고 있다. 어린 학생, 수학에 환멸을 느끼는 사람들만을 위한 게 아니라, 수학을 정나미 떨어져도 먹고살려니 어쩔 수 없이 배워야만 하는 필수과목이라 남몰래 생각하면서 묵묵히 수학을 참고 견디며 살아왔을 뿐, 그 안에 담긴 진정한 자유와 쾌감을 한 번도 느껴본 적이 없는 수많은 과학자를 위한 책이기도 하다. 내가 완전 엉터리로 쓰지만 않는다면 우리는 이 여정을 통해 큰 즐거움을 얻게 될 것이다.* 수학에 재미를 붙이게 해준다면서 결국에는 똑같은 낡은 방식을 허식과 말장난으로 치장한 시중의 책들과는 다르다. 이 책이 표준 수학 교과서들과 별다른 내용이 없다고 느끼는 사람도 있겠지만, 교과서 가운데 내가 사용하는 방식으로 수학을 제시한 것은 한 권도 없었다. 이 책은 내가 수학을 이런 식으로 가르쳐주면 얼마나 좋을까 늘 생각해왔던 방법을 이용했다. 즉, 임의적인 것들을 모두 지적하고, 누군가가 똑똑한 척하고 싶어 하는 바람에 어려워 보이게 된 것이 무엇인지 짚고, 역사적으로 우연히 발생한 사건과 세월의 흐름에도 변하지 않을 추론 과정을 분리하고, 수학교육 방식이 대부분의 학생들에게 조롱거리로 전락해버린 현실을 인정하며, 가장 중요한 부분으로는 수학교육이 지금까지 거꾸로 이루어져왔음을 분명하게 들추어낸다.

요즘 교육기관에서는 창조적이고 독립적인 사고방식을 가진 사람들이 견디기 힘든 방식으로 수학을 가르치고 있다. 그리고 장의 이름을 '펑크 함수와 그루브 그래프들Funky Functions and Their Goovy Graphs' 등등 재미있게 붙이면서 이 근본적인 결함을 치유하려고 애쓰는 책들도 나와 있지만, 수많은 학생들이 수학을 낯설어하는 이유를 대부분 놓치고 있다.** 하지만

---

* 위에 나온 문장은 당연한 이야기지만 이 책의 저자인 내가 쓴 것이다. 하지만 이 저자 역시 크나큰 편견에 사로잡힌 사람이기 때문에 자신의 작품에 대한 저자의 의견을 곧이곧대로 신뢰해서는 안 된다. 하지만 똑같은 원리가 방금 적은 문장에도 그대로 적용된다. 즉, 방금 나온 신뢰해서는 안 된다는 말 자체도 신뢰해서는 안 된다는 말이다. 그렇다면 우리는 아무래도 교착상태에 빠진 것 같다. 그럼 여기부터는 당신의 판단에 맡긴다.

** 사실 이것은 아주 잘 쓰인 책에서 뽑아온 장의 제목이다. 마크 라이언(Mark Ryan), 언젠가 꼭 한 번 당신을 만나 뵙고 싶어요. 당신은 정말 훌륭한 선생님입니다.

불필요한 것, 가식적인 것들을 모두 벗겨내고 최대한 솔직하고 인간적인 방식으로 제시한다면 수학 그 자체는 분명 인간이란 종이 발견한 가장 아름다운 것으로 보일 것이다. 수학은 '유용성'으로 존재의 정당성을 입증할 필요가 없는 과학적인 예술의 한 형태다. 물론 수학을 배우는 것만큼 유용한 일도 드물지만.

여정의 매 지점마다 나는 일반적으로 제시되는 것인지 아닌지에 상관없이 가장 중요하다고 생각되는 개념에 우선 초점을 맞출 예정이다. 처음에는 기초 중에서도 기초적인 수준에서 출발하겠지만 결국 뒤에 가서는 수학과 졸업반이 되어서야 배우는 내용들을 다루게 될 것이다. 더하기와 곱하기로 시작해서 무한 차원 공간에서의 미적분까지 모두 다루는 책이 과연 세상에 존재하는지는 모르겠지만, 적어도 내 눈에 띈 적은 없다. 당신이 이 책을 계속 읽어 내려간다면 이런 접근 방식이 보기만큼 허황되지 않음을 알 수 있을 것이다.

매 단계에서 개념을 제시하기 전에 먼저 그 개념들을 원심분리기로 돌려 본질만을 추려 내려고 노력했다. 수업 시간에 다루는 내용들을 보면 대개 본질을 역사적으로 우연히 끼어든 것과 헷갈리게 뒤섞어놓았다. 이렇게 어지럽게 혼재되어 있다 보니 귀를 쫑긋 세우고 듣는 학생들조차 그 밑바탕 개념이 얼마나 단순한 것인지 알아차리지 못한다. 나는 학자들이 책을 쓰거나 강의를 하기 전에 혼합된 내용을 구성 요소들로 먼저 분리해주면 얼마나 좋을까, 하는 생각을 늘 했다. 그래서 이 책에서 시도해보았다. 내가 무슨 말을 하려는지 알고 싶다면 사례로 4장 '원 그리고 포기에 대하여'의 처음 몇 쪽만 읽어보기 바란다. 그리고 우리가 미적분학을 발명하고 한참 후에야 원이 처음으로 이야기에 등장하고 있다는 사실도 눈여겨봐주기 바란다. 사실 당연히 그래야 한다. 그 전에 원부터 다루면 너무 헷갈리기 때문이다.

우리가 수학을 어떻게 다른 식으로 다룰 것인지 예를 들어 살펴보자. 고등학교 수업 시간에 들어서 기억하는 몇 안 되는 내용 중 하나가 바로 '피타고라스의 정리'다. 하지만 당시에 나는 이것이 왜 참인지 알 수 없었고, 왜 이런 것을 알아야 하는지도 알 수 없었으며 쓸데없이 복잡한 그 이름도 마음에 들지 않았다. 우리는 이 세 가지 문제점을 다음과 같은 방법으로 피해 갈 것이다. 우선 나는 '빗변hypotenuse의 길이' 같은 용어 대신 '지름길 거리shortcut distance'라는 용어를 사용하겠다. 나는 '피타고라스의 정리' 같은 것보다는 내용을 더 쉽게 파악하게 하는 이름이 좋다. 그리고 그것이 참인 이유에 대해 내가 아는 가장 간단한 방법으로 설명하겠다30초면 설명이 가능하다. 그리고 그것을 우리가 직접 발명한 후에는 거기에서 간단하게 유도되어 나오는 사실, 즉 운동하는 동안에는 시간이 느려진다는 사실을 입증해 보이겠다.* 이 사실은 아인슈타인의 특수상대성이론에서 이끌어낼 수 있는 것이지만 그것을 설명하는 데는 '피타고라스의 정리' 말고는 다른 수학적 개념이 필요하지 않다. 따라서 여기까지 오면 시간 지연의 논증을 완벽하게 이해할 수 있을 것이다. 하지만 거기서 끌어낸 결론을 보면 깜짝 놀랄 것이다. 오래전부터 알았던 내용이라고 해도 슈퍼맨이 아닌 보통 사람인 이상 놀라지 않을 수가 없다! 지름길 거리 공식기존에는 '피타고라스의 정리'라고 했던을 우리가 직접 발명한 뒤 이 논증을 확실하게 이해할 수 있다는 사실을 놓고 보면, 이런 짧은 논증이 모든 고등학교 기하학 수업 시간에 필수로 들어

---

* 좀 더 정확히 표현하면, 두 물체가 서로 다른 방향, 혹은 서로 다른 속도로 움직이고 있을 때, 두 물체의 '시계'는 서로 다른 속도로 움직이기 시작한다. 하지만 이것은 그저 시계에만 국한된 사실이 아니라 시간 그 자체의 물리적 속성이다. 이 우주는 미친 곳이다. 자세한 이야기는 나중에!

가 있지 않은 것이 비극일 수밖에 없다. 피타고라스의 정리를 가르치고 5초만 지나면 선생님들은 종을 치고, 색종이 조각을 뿌리면서 특수상대성이론의 시간 지연 현상을 설명할 수 있는데도 그러지 않는다. 하지만 이 책에서는 설명할 것이다.*

《수학하지 않는 수학》은 기존의 수많은 관습과 규칙을 깨뜨린다. 어쩌면 나 좋자고 너무 많은 것을 깨뜨리고 있는지도 모르겠다. 모든 사람에게 효과적인 학습 방법이란 것은 존재하지 않는다. 그래서 나 역시 이 책이 수학 교육에서 소외받은 모든 사람에게 해결책이 되어줄 거라고도, 모든 사람의 학습 스타일과 맞아떨어질 거라고도 주장하지 않는다. 만약 접근 방식이 당신과 맞지 않는다면 여기서 책장을 덮고 자신에게 맞는 다른 책을 찾아보는 것이 나을 수도 있다. 당신의 시간은 소중한 자원이다. 취향에 맞지도 않는 책을 억지로 뒤적거리면서 시간을 낭비할 이유는 없다. 이건 일이라 생각해서 쓴 책이 아니라 내가 좋아서, 순전히 재미로 쓴 책이다. 부디 당신도 그와 똑같은 이유로 읽어주었으면 하는 바람이다.

이 실험이 과연 오래도록 남을, 가치 있는 무언가를 기여할지는 모르겠지만 교육에서도 가끔은 급진적인 변화가 필요한 법이다. 현재의 상태를 보면 초등학교에서 대학원에 이르는 모든 수준의 교육기관, 그리고 학술지에서 요구하는 문체에 이르기까지 전부 일종의 역 스톡홀름 증후군자신보다 더 큰 힘을 가진 사람이 자신의 목숨을 위협하는 상황에서 가해자에게 심리적으로 공감하거나 연민과 같은 긍정적인 감정을 느끼는 현상-옮긴이 주을 만들기 딱 좋게 최적화된 듯 보인다. 그래서 다른 식으로 접근했다면 사랑하게 됐을지도 모를 과목을 혐오하게

---

* 미안하지만 종과 색종이 조각은 당신이 직접 마련해야 한다. 물론 나라도 기꺼이 사주고 싶지만, 아마도 그 순간에 내가 당신과 같은 곳에 있을 것 같지가 않아서 말이다.

한다. 학생들은 우리 인류가 발견한 가장 경이로운 것에 넌더리를 치며 졸업한다. 그들이 수학, 물리학, 진화생물학, 분자생물학, 신경과학, 컴퓨터과학, 심리학, 경제학 그리고 기타 연구 분야가 지겹고, 재미없는 것이라 느낀다면 그것은 학생들 잘못이 아니다. 오히려 창의력이 넘치는 학생을 처벌하도록 설계된 교육제도의 문제다. 지금의 제도는 단어의 철자만 가르치지, 스스로를 기만하지 않고 객관적으로 생각하는 법은 가르치지 않는다. 또한 자연의 법칙과 인간이 임의로 만들어낸 법칙_{문법 같은}을 대등한 것으로 가르친다. 마치 양쪽 모두 세상의 본질을 기술하는 내용인양 말이다. 그리고 어린 시절 대부분의 시간을 학교에서 보내도록 법적으로 의무화해놓았다. 우리 학생들에게, 그와 비슷한 경험을 했던 사람들에게 이 책은 내가 전하는 사과의 편지다.

서서문[θʌsʌmun] (명사):

교수, 또는 전문 수학자, 또는 이 섹션에 나온 헛소리를 이해할 수 있을 정도로 충분한 수학적 배경을 갖춘 학생, 또는 수학적 배경이 없는 호기심 많은 학생, 또는 고등학교 수학 교사, 또는 수학에 대한 생각을 자주 하는, 또는 거의 하지 않는 사람들을 위해 따로 만든 서문이 '서서문'에서는 이 책이 추구하는 방향에 대해 설명하는데 책을 읽지 않은 상태에서는 이해하기 어려울 수 있다. 읽다가 잘 모르겠다면 그냥 넘겼다가 책을 다 읽고 난 후에 보면 고개를 끄덕이게 될 것이다. 그리고 위에 나온 발음 기호는 국제음성기호와 한글 대조표를 참조해서 재미 삼아 만들어본 것이니 너무 진지하게 받아들이지 않기를 바란다—옮긴이 주.

이 책은 일반적인 '입문자용' 수학 교과서가 아니다. 하지만 당신이 흔히 접하는 입문자용 교과서보다 더 기초적이고, 상급 수학 교과서보다 더 상급의 내용을 담고 있다. 일종의 실험인 셈이다.

대체 어떤 종류의 실험인가?

이 책은 수학 교과서와 공통점이 많고, 실제로 교과서로 쓰지 못할 이유도 없지만 일반적인 교과서를 기대하면서 집어 들었다가는 어리둥절해지기 쉽다. 책의 목적과 구조를 이해하기 위해 먼저 현재의 어휘 목록에는 들어 있지 않은 용어를 만들어야겠다. 바로 '전 단계 수학pre-mathematics'이라는 것이다. '전 단계 수학'이라고 해서 멋모르고 수학 공부를 시작하는 학생들에게 억지로 가르치는 '대수학 전 단계 예비 과정pre-algebra', '미적분학 전 단계 예비 과정pre-calculus' 같은 짜증 나는 과목을 말하는 것이 아니다. 수학적 개념을 발명한 사람의 머릿속으로 파고 들어가 그들로 하여금 다른 수학적 대상이 아닌 하필 그 수학적 대상을 정의하고 연구하게 만든 온갖 개념, 혼란, 의문점, 동기 등을 뭉뚱그려 지칭하는 말로 이 용어를 사용하려고 한다.

예를 들면 도함수의 정의나 그것으로부터 유도되어 나오는 다양한 정리는 정식 수학의 일부로 자리 잡았고, 미적분학을 다루는 수학 교과서라면 어디에나 나와 있다. 하지만 그 개념을 정의할 수 있는 무한히 많은 방법 중에서 하필 그 방법을 선택한 이유는 무엇이고, 이미 나와 있는 수학 교과서가 없는 상황에서 다른 후보들을 제치고 그 정의를 표준으로 선택하게 된 추론 과정이 어떻게 이루어졌는지에 대해 주의 깊게 다루는 교과서는 별로 없다. 내가 말하는 '전 단계 수학'이란 이런 정의와 추론 과정의 후보들을 모아놓은 집합체를 말한다. 전 단계 수학에는 현재의 수학적 개념을 대체

하면서도 결국은 본질적으로 동일한 형식 이론으로 이어질 모든 정의가 포함되는데, 이런 것들만 전 단계 수학에 포함되는 건 아니다. 표준의 수학적 정의와 정리를 처음부터 발명하려고 하다 보면 막다른 골목에 막히는 경우가 많은데, 이 막다른 골목도 모두 전 단계 수학에 포함된다. 어쩌면 후자가 더 중요할지도 모른다. 이것은 아무것도 없는 무에서 수학적 개념을 끌어내기 위해서는 반드시 거쳐야 할 개념적 훈련이기 때문이다. 수학이 소시지라면 전 단계 수학은 소시지를 만드는 방법이다.

다른 곳에서는 좀처럼 다루지 않는 이런 것들이 이 책의 주요 주제다. 즉, 애매모호한 질적 개념을 정확한 양적 개념으로 바꾸어 가는 과정을 다룬다. 이는 수학을 자기가 직접 발명하는 법을 다룬다는 의미이기도 하다. 여기서 말하는 '발명'이란 새로운 수학 개념을 창조한다는 의미일 뿐만 아니라, 원래는 다른 사람에 의해 발명된 수학을 재발명하는 법을 배우는 과정을 의미하기도 한다. 그럼으로써 우리는 그저 표준 수학 교과서만 읽을 때보다 개념들을 훨씬 더 직관적으로 깊이 이해할 수 있다.

사실상 이 과정을 명쾌하게 가르치는 경우는 거의 보지 못했지만 수학교육에서 배울 수 있는 점 중 과연 이만큼 가치 있는 것이 있을까 싶다. 수학을 자기가 직접 재발명하는 법을 배우는 일은 순수수학이나 응용수학 모두에서 대단히 중요하고 근본적인 부분이다. 순수수학적 질문으로는 '어떻게 수학자들은 머릿속에 그릴 수도 없는 17차원의 공간에서 곡률의 정의를 생각해낼까?' 같은 것이 있겠고, 응용수학적 질문으로는 '지금 내가 연구하는 현상을 설명할 모형을 어떻게 하면 아는 내용을 바탕으로 구축할 수 있을까?' 같은 것이 있겠다. 이런 질문들이 교과서에 짧막하게 덧붙여 언급되기도 하지만, 이 물음을 수학적 정리나 결과 자체보다 더 중점적으로 다루기는 고사하고, 대등한 수준으로 자세히 들여다보는 경우는 놀라울 정도로 드물다.

초등학교에서 박사후과정에 이르기까지 모든 수준의 수학 교과서에 등장하는 설명을 보면 격식에 얽매이지 않고 뒤죽박죽 뒤엉켜 이루어지는 창조 과정에 대한 솔직한 설명이 이 빠진 퍼즐 조각처럼 빠져 있다. 그리고 이런 설명이 없다는 것이 성실한 학생들조차 수학에 싫증을 낼 수밖에 없는 가장 큰 이유다. 형식화되기 이전 단계에서 한바탕 춤을 추듯 수학적 개념이 창조되어가는 과정을 직관적으로 이해하지 않고는 수학이 가진 우아함과 아름다움을 제대로 이해할 수 없다. 그리고 이런 과정을 설명하기가 보기만큼 어렵지도 않다. 하지만 이렇게 하려면 수학교육 방식에 근본적인 변화가 있어야 한다. 그러기 위해서는 우선 개념을 창조하려다가 시작부터 잘못 접근하거나, 중간에 오류를 저지르거나, 결국 막다른 골목에 부딪히는 경우들이 수학 교과서와 강의에 적어도 일부는 포함되어야만 한다. 현대적인 수학적 정의에 도달하기 위해서는 이런 실패를 먼저 경험해보아야 하기 때문이다.

그럼 교과서를 서사로 꾸며야 한다. 등장인물들이 막다른 길을 만나 다음에 무엇을 해야 할지 모르는 상황이 펼쳐지는 이야기 말이다. 이 책은 내가 수학의 핵심 개념, 그리고 그에 대한 전 단계 수학에 대한 설명 전략이라고 믿는 것들의 윤곽을 그려보려는 지극히 개인적이고 별난 시도다. 이 책에는 전문 수학자들이 매일같이 사용하면서도 수학 교과서와 강의에서 공개적으로 논의하는 경우는 거의 없는 전략들을 담았다.

여기엔 중요한 의미가 있다. 전 단계 수학에 제대로 역점을 두려면 수학교육 방식에 근본적인 변화가 필요하지만 그렇다고 전문 수학자들의 수학적 사고방식을 바꿀 필요는 없다는 의미이기 때문이다. 전 단계 수학이 그들에겐 주식主食이나 마찬가지다. 이것은 그들이 생각할 때 사용하는 언어다. 수학이란 과목을 창조, 혹은 발견하는 사람이 바로 그들이기 때문이다. 그런 점에서 볼 때 이 책에 담긴 내용은 새로운 것이 아니다. 형식적 증명이나 미리 번듯하게 다듬어진 전개식으로 도배된 내용불친절한 교과서의 경우, 혹은 만화 형식을 빌린 수학 교양서나 설명 없이 대충 수학적 사실만을 나열해놓은 내용친절한 교과서의 경우 뒤에 숨겨져 있을 때가 많은 것을 집중적으로 다룬다는 점에서만 새로울 뿐이다. 하지만 친절한 수학 입문 서적에서 경외감을 불러일으키는 그로텐디크Alexander Grothendieck, 독일 출신의 수학자. 한마디로 아주 무시무시하게 어려운 수학을 했던 사람 같다-옮긴이 주식의 논문에 이르기까지 그 어떤 수준에서도 수학적 창조 과정을 교육에 유용한 방식으로 정확하게 담아낸 경우는 찾아보기 힘들다.

책 한 권에서 주어진 한 개념의 모든 전 단계 수학을 탐험하고 본론으로 넘어가기는 불가능하다. 나도 그런 불가능한 과제를 시도하지는 않았다. 이 책에서는 한 개념에서 다른 개념으로 이어지는 전 단계 수학의 이야기를 구성하려 시도했다. 그래서 더하기와 곱하기에서 출발해 곧바로 단일 변수 미적분으로 넘어갔다가, 다시 거꾸로 거슬러 올라오면서 미적분학의 필수 선행 과목이라 흔히 여기는 상급 주제들을 검토한 뒤에, 마지막으로 유한히 많은, 혹은 무한히 많은 차원의 공간에서의 미적분에 대해 다룬다. 이 이야기 속에는 많은 양의 수학이 담겨 있다. 그래서 이 책을 수학 교과서로 써도 나쁘지 않을 거라 이야기한 것이다. 하지만 어느 개념이든 일단 그 전 단계 수학을 자세하게 개발하고 나면 해당 수학 자체는 깜짝 놀랄 정도로 단순해질 때가 많다. 그래서 우리는 주로 전자에 초점을 맞출 것이다. 그렇다고 이 책이 자신이 다루는 각각의 주제에 대해 모든 내용을 빠짐없이 철저하게 담았다는 말은 아니다. 전혀 그렇지 않다! 대신 정보, 동기, 우리가 수학을 어디부터 가르쳐야 하는가, 하는 점에서 빠져 있다고 생각되는 것을 모두 다루고 있다. 이 책은 개념을 거칠고 지저분하게 증명해놓은 것이지, 잘 다듬어진 다이아몬드처럼 증명해놓은 것이 아니다. 여기가 논의의 출발점이 되기를 바라지만, 그렇다고 이것이 해당 주제의 최종판이 될 수는 없다.

그리고 덧붙여서 내가 비판의 대상으로 삼지 않는 것이 무엇인지 분명하게 밝힐 필요가 있겠다. 대부분의 교과서에서는 교육학적 토대의 문제와 논리적 토대의 문제가 암묵적으로 융합되어 있지만, 사실 이 두 가지는 근본적으로 다르다. 나는 수학의 논리적 출발점을 비판할 생각이 없다. 무슨 말이냐면 우리의 논리는 1차 술어 논리first-order predicate calculus로, 우리의 이론은 ZFC선택 공리를 추가한 체르멜로-프렝켈 집합론, NBG폰 노이만-베르나이스-괴델 집합론, 또는 당신이 좋아하는 집합론의 공리화로 선택하겠다는 말이다.*
내가 비판하고 싶은 대상은 사회 구성원 대다수가 접하게 되는 수학의 교육학적 출발점이다.

전 단계 수학은 왜 무시되어왔나?

전 단계 수학의 추론 과정이 전문 수학자의 머릿속 어디서나 이루어지고 있는 점을 감안하면 대체 왜 수학 교과서나 학술 논문에서는 그런 내용이 좀처럼 등장하지 않는지 궁금해진다. 분명 여기에는 여러 가지 이유가 있겠지만 나는 전문가 정신이 주범이라 믿는다. 수학을 이해하는 데 전 단계 수학은 근본적인 중요성을 가지지만 전문성을 요구하는 논의에서는 등장할 수 없도록 구조적으로 금지되어 있다. 학술지에 나오는 수학 연구 자

---

* 논리적 토대에 대한 표준 집합론적 접근 방법에 대한 비판은 로버트 골드블라트(Robert Goldblatt)의 책 《토포스: 논리의 범주 분석(Topoi: The Categorial Analysis of Logic)》을 참조하기 바란다.

료들도 모두 여기에 해당한다.물론 학술지에만 국한된 일은 아니다. 왜 그럴까? 전 단계 수학은 형식적formal이지 않기 때문이다. 정의상 전 단계 수학이란 형식적 수학 이론의 발달로 이어지게 될 온갖 예감, 추측, 직관 등의 집합체이고, 부정확한 생각 과정을 정확하고 솔직하게 표현하려면 비형식적informal 언어로 표현된 비형식적 논증을 이용하는 수밖에 없다. 비형식적 언어란 자신의 직관이 올바른 길을 찾아가는지 100퍼센트 확신하지 못하며, 우리가 어느 정도는 어둠 속을 탐험하는 상태라는 것을 독자들에게 정확하게 전달하는 언어다. 이런 비형식적 언어는 모든 것을 그냥 지나치게 단순화해서 표현하는 게 아니다. 새로운 수학적 개념이 창조되는 연쇄적 추론 과정을 정교하게 기술해주는 언어다. 수학이 어떻게 창조되는지 확실하게 이해하지 않고서는 해당 주제에 대해 반쪽짜리 이해가 이루어질 수밖에 없다.

이것은 수학의 형식적 설명이나 형식적 증명 속의 개념에 대한 비판이 아님을 분명히 밝히고 싶다. 하지만 형식적 증명이나 그 증명의 밑바탕이 되는 수학적 개념의 형식적 정의가 처음부터 완전히 꼴을 갖추고 갑자기 튀어나오는 것은 아니다. 비형식적인 사고 과정을 지나치게 형식적으로 기술하면 실재하지도 않는 원리가 존재하듯 보이게 해서 독자들을 오해에 빠뜨릴 수 있고, 그런 과정에서 독자로 하여금 A가 B로부터 어떻게 유도되어 나오는지 이해하지 못하는 것이 자신의 지식이 부족해서라고 믿게 만든다. 사실은 밑바탕이 되는 전 단계 수학의 추론 자체가 완벽히게 정확하지 않아서 그런 경우가 많은데도 말이다. 이런 내용이 완전히 공개되려면 비형식적인 것에 대한 비형식적 기술이 제공되어야 한다. 전문성도 자기만의 역할이 있지만, 기본적인 역할은 정직함을 검열하는 것이 가장 근본적인 기능이다. 그런데 이것이 전 단계 수학을 편집해서 아예 뿌리째 뽑아버리는 역할을 해왔다.

내가 이 책에서 바라는 것, 처음부터 시작하기

이 책은 수학이란 우주를 구성하는 한 부분집합을 최대한 솔직하고 가식 없는 방식으로 설명해 수학의 비밀을 밝히려는 시도에서 나오게 됐다. 매 단계마다 나는 역사적으로 우연히 끼어든 관습과 필연적으로 연역되어 나온 요소들을 따로 떼어 내려 했다. 우선 사람들을 겁줄 때가 많은 '방정식equation', '공식formula' 같은 단어는 그냥 '문장sentence'이라는 말로 대신했다. 그리고 수학에 등장하는 모든 기호는 말로 표현 가능한 것을 축약해서 약자로 표시한 데 지나지 않음을 분명하게 전달하려 애썼다무언가를 약자로 줄여 표현하는 행위에는 '축약'이라는 단어를 사용하겠다 - 옮긴이 주. 또한 좋은 약자를 개발하는 과정에 독자도 참여시키려 노력했다. 그리고 다른 교과서에서 실제로 수학을 설명하는 방식과 이렇게 설명했으면 더 좋지 않았을까 싶은 방식을 항상 구분하려고 했다. 각각의 유도식을 제시할 때 표준 방식처럼 인과관계를 뒤집어서, 그 결과로 이어진 사고 과정에 대한 고찰을 빼버리는 대신 최종 해답에 도착하기 전에 빠져들기 쉬운 막다른 골목도 함께 보여주는 방식을 채택하기도 했다.

이야기의 일관성을 희생시키지 않으면서 모든 것을 최대한 심도 깊게 설명하려 했다. 내가 단 한 번이라도 '이것을 암기해야 한다'라고 말하느니 지금 당장 이 책을 불태워버리겠노라고 맹세한다. 내가 기존과 다르게 하고 싶었던 일들이 무척 많지만, 적어도 위에서 언급한 내용만큼은 이 책에 풍부하게 담겨 있다.

이에 따라 우리 수학 분야가 구조화된 필연성과 구속되지 않은 무정부 상태 사이를 넘나들며 추는 이상한 춤에 대해서도 설명해보려고 한다. 이 부분은 학생들에게 사실상 전혀 설명되지 않는 부분이기 때문에 기회가 될 때마다 최대한 강조하고 있다. 내가 말하려는 바는 이렇다. 한편으로 보면 수학은 무정부 상태다. 우리는 아무 공리나 내키는 대로 사용할 수 있다. 심지어는 모순이 있는 공리도 활용 가능하다. 모순된 형식 체계formal system 를 정의해서 갖고 노는 것은 전혀 불법적인 일이 아니다. 다만 지겨울 뿐이다. 예를 들면 '0으로 나누기'는 불법이 아니다. 모든 수학 교수들도 그 사실을 무척 잘 알고 있다. ★이라는 기호를 '모든 a에 대해 $\star \equiv a/0$'라고 정의해도 상관없다. 그것은 완전한 우리의 자유다. 그리고 수많은 해석학 책에서 바로 이런 일을 한다. 이것을 흔히 '확장 실수계extended real number system'*를 다루는 섹션에서 설명한다. 하지만 당신의 위의 기호를 저렇게 정의하겠다고 고집을 부린다면 당신이 조사하는 대수학 구조는 체field, 대수적 구조의 하나로, 간단히 말하면 덧셈, 뺄셈, 곱셈, 나눗셈의 사칙연산을 집합 안에서 소화할 수 있는 집합을 의미한다-옮긴이 주가 될 수 없다.

그래도 이것이 여전히 체라고 고집하고 싶은가? 정 원한다면 그렇게 해도 좋다. 전적으로 당신의 자유다. 그럼 당신은 '한 원소만 가친 체'에 대해서만 이야기할 수 있다. 그래도 이 체에 원소가 하나 이상 있다거나, 당신의 정의에 따르면 그 체는 적어도 두 개의 원소를 가졌다고 고집부리고 싶은가? 그 역시 상관없다. 그럼 당신은 모순이 존재하는 형식 체계를 다루고 있는 것이다. 그러고 싶은가? 좋다. 하지만 이제는 어떤 문장이든 증명 가능해지기 때문에 이것으로는 할 수 있는 일이 많지 않다.

＊ 보통은 뻔한 이유 때문에 ★ 대신 ∞를 쓴다. 내가 ★을 쓰는 이유는 뒤에 이어지는 논증이 '무한'에 관한 문제가 아님을 상기시키기 위해서다. 이것은 덧셈에 대한 항등원(additive identity)이 곱셈의 역원(multiplicative inverse)을 가진다고 가정할 때 우리의 수학적 우주에 오류를 일으키기 시작하는 지겨움에 관한 문제다.

이렇게 완전한 실패로 돌아가더라도 우리가 불법적인 일은 전혀 하지 않은 상태라는 사실을 강조할 필요가 있다. 우리는 그저 논의를 지겹게 만들었을 뿐이다. 적어도 무엇을 연구할 것인지 선택하는 문제에서는 수학에 어떤 법칙도 존재하지 않는다는 바를 모든 수학자는 알고 있다. 다만 수학적 구조가 우아하고 흥미로운가, 그렇지 않은가의 문제만 존재할 뿐이다. 그럼 어떤 것이 우아하고 흥미로운지는 누가 결정하는가? 바로 우리다!

이와 달리 수학에는 구조화된 부분이 존재한다. 일단 우리가 정확히 무엇을 가정하고, 어떤 대상에 대해 이야기하는지 정확히 밝혀서 '무엇이든 허용되는' 무정부주의 단계를 마무리하고 나면 우리와 독립적인 어떤 진리의 세계가 만들어졌음을 알게 된다. 이 세계는 우리가 만들어냈지만 우리는 그 세계에 대해 아는 게 거의 없을 수도 있다. 그 세계를 탐험하는 것이 우리의 일이다.

두말하면 잔소리지만 무정부 상태와 구조에 대한 이 가장 근본적인 핵심을 학생들에게 알려주지 않는다면 수학의 본질에 대해 완전히 잘못된 인식을 심어주게 된다. 대체 무슨 이유인지는 알 수 없지만 우리는 무정부주의적 창조와 구조화된 추론 사이에 존재하는 기이한 상호작용에 대해서 학생들에게 거의 이야기하지 않는다. 그렇게도 많은 학생들이 수학을 마치 권위주의적인 황무지처럼 느끼는 이유가 바로 이것이라고 나는 확신한다. 학생들은 이 황무지가 아무도 설명해주지 않고, 정의도 되지 않은 법칙으로 가득하고, 어쩌다 실수라도 할까 봐 항상 마음을 졸여야 하는 장소라 여긴다. 고등학교에 다니는 동안 내가 항상 그랬다. 내가 첫 번째 서문에서 언급한 사건 이전에는 그랬다. 이것이 바로 내가 이 책에서 고쳐보려고 노력하는 부분 중 하나다.

다른 책과는 다른 책이 되기로 하다

큰 그림으로 바라본 수학의 구조 같은 일반적인 것을 설명하고는 싶었지만 결국에는 표준 수학 교과서에서 교육하는 개념을 설명하는 일에도 시간을 내서 이 책이 현실에 발붙이고 사는 학생들에게 실제로 도움이 되었으면 하는 생각이 들었다. 그런데 이렇게 하려니 표준 수학 교과서에 등장하는 수많은 정의에 도달하는 해설을 만들어내고, 그다음에 거기서 비롯되는 수학적 논증을 설명할 수 있어야 했다. 하지만 이 책에도 자기만의 목표가 있기 때문에 나는 이런 정의들을 표준 방식을 이용해 소개하지는 않겠다고 스스로에게 약속했다. 표준 방식에서는 흔히 이렇게 말한다. '이러저러한 것은 이런 식으로 정의된다.' 이런 정의는 밑도 끝도 없이 갑자기 등장할 때가 많으며, 기껏해야 몇 쪽을 할애해서 정의가 나오게 된 개념적, 역사적 동기만 달랑 설명하고서 거대한 개념적 도약을 통해 수학적 정의 그 자체로 뛰어넘어 갈 때가 많다. 이러한 관습을 그만두겠다고 맹세하고 나니 내가 꽤 큰 제약 아래 놓여 있음을 알게 됐다. 내가 처한 문제는 다음과 같이 요약할 수 있다.

당신이 더하기와 곱하기라는 기초적인 내용을 빼고는 수학에 대해 아는 것이 전혀 없다고 가정해보자. 그런 계산을 수행하는 구체적인 알고리즘 같은 것을 꼭 알고 있을 필요는 없지만 그래도 '두 배 크다'라는 문구의 의미 정도는 알고 있어야 하고, 두 연산의 핵심은 파악하고 있어야 한다. 당신은 수학 교과서가 탄생하기 이전의 세상에서 사는 것이다. 아무리 단순한 수학이라고 해도 과연 이런 당신이 그것을 발견할 수 있을까? 구체적인 사례를 하나 들어보면, 직사각형의 면적이 '가로 곱하기 세로'라는 것을 어떻게 알아낼 수 있을까?

측도론measure theory에서 영역을 정의하는 방식에 대해 이야기하거나 공리, 혹은 유클리드의 다섯 번째 공리에 대해 이야기하거나, 비유클리드 기하학에서는 $A = ab$가로 곱하기 세로의 공식이 성립하지 않는다 등의 이야기를 하며 이 질문에 대답하는 것은 불합리한 설명이 된다. 이것은 엄격함에 관한 질문도 아니고, 역사에 관한 질문도 아니기 때문이다. 무언가를 창조하는 일에 관한 물음에 가깝다. 주변에 당신을 도와줄 사람도 없고, 당신 대신 이것을 해줄 사람도 없는 상황에서 어떻게 하면 애매모호하고, 질적인 일상적 개념으로부터 정확하고, 양적이고, 수학적인 개념으로 넘어갈 수 있을까에 관한 질문인 것이다.

원래 이 질문을 내게 던졌던 사람은 가장 친한 친구인 에린 호로비츠Erin Horowitz였다. 내가 이 책을 쓰기 시작했을 즈음에 우리는 종종 몇 시간 동안이나 수학에 대해 대화를 나누고는 했다. 그녀는 수학을 전공한 사람은 아니었지만 대단히 호기심이 많았고, 세상 만물의 '이유'에 대해 항상 흥미를 느꼈다. 우리는 형식 언어formal language, 테일러급수Taylor series, 함수공간function space의 개념, 그리고 대화를 나누고 싶은 온갖 이상한 것들에 대해 토론했다.

어느 날 그녀가 수학적 개념은 어떻게 창조되느냐는 위의 질문을 던졌다. 직사각형의 면적을 테스트 사례로 이용해서 설명하면 어려운 질문은 아니었다. 그래서 나는 내가 생각해낼 수 있는 가장 간단한 논증을 그녀에게 설명해줬다. 면적에 대한 이 내용은 1장 '수학 개념 발명하는 법'이라는 섹션에서 접하게 될 것이다. 내 이야기를 듣고 난 후에 그녀는 왜 학교에서는 이런 것을 가르치지 않느냐고 물었다. 내 짧은 논증을 그녀가 완벽하게 이해했으니, 다른 누구라도 이해할 수 있을 것이다. 기이한 부분은 이 논증에 함수방정식functional equation, 미지함수를 포함하는 방정식. 예를 들면 $f(x+y) = f(x)+f(y)$인 관계를 만족하는 연속함수 $f(x)$가 $f(x) = kx$임을 구하는 것이 함수방정식의 풀이다—옮긴이 주의 풀이가 들어 있다는 점이다.

수학과에서 함수방정식에만 초점을 맞추는 학과과정은 무척 드물다. 그런 과정이 더 많은지 확인은 못하겠지만 일단 이 사실을 깨닫고 나면 이것은 무척 혼란스럽게 다가온다. 모든 수학과 대학생들은 수많은 미분방정식을 접하고, 마찬가지로 적분 방정식도 필연적으로 보는데, 역사적으로 미지의 함수가 들어가 있는 일반적 수식을 연구하고 푸는 데 집중하는 수학 영역은 대체적으로 무시되어왔다. 이것은 수학에서 가장 오래된 주제임에도 이에 대해 듣는 경우는 많지 않다.《함수방정식과 그 응용에 관한 강의Lectures on Functional Equations and Their Applications》라는 기념비적인 책에서 J. 아첼은 이렇게 말하며 애통해했다. '함수방정식은 역사가 오래고 응용에서도 대단히 중요한 분야임에도 오랫동안 이 분야를 체계적으로 선보인 경우가 전혀 없었다.'

그런데 놀랍게도 나는 개념을 올바른 방식으로 제시하기만 하면 함수방정식이 간단한 수학적 개념을 설명할 때도 어마어마하게 큰 도움이 된다는 것을 발견하기 시작했다.* 여기 그 방법을 소개한다. 일단 '함수방정식'이라는 용어를 사용하지 않는다. 그리고 사실 가능하다면 '함수'라는 단어 자체를 쓰지 않는다. 대부분의 사람들은 수학 수업에 대해 안 좋은 기억을 갖고 있기 때문에 정통 수학 용어를 무분별하게 사용했다가는 괜히 겁주거나 타

---

* 아첼의 책에 등장하는 완전히 일반화된 함수방정식은 아니지만 우리가 해석학을 가르치기 전에 가르치는 미적분학과 유사한 비형식적 가면을 쓴 형태의 함수방정식.

고난 창의력을 죽이기 쉽기 때문이다. 대신 이런 식으로 말한다.

지금 우리 앞에는 정확한 수학적 개념으로 만들고 싶은 애매모호하고 일상적인 개념이 놓여 있다. 이것을 어떻게 하든 잘못된 것은 아니다. 이런 변환을 얼마나 성공적으로 수행했는지 결정하는 주체가 바로 우리이기 때문이다. 하지만 우리는 일상적인 개념을 수학적 개념 속에 최대한 많이 담고 싶다. 따라서 일단 일상적 개념에 대해 몇 개의 문장을 말하는 것으로 시작한다. 그리고 문장을 축약하는 약자를 생각해낸다.* 그다음에는 우리가 요구한 것을 모두 만족시키지 못하는 후보감을 전부 버린다. 우리는 이렇게 불필요한 것들을 씻어내고 다시 반복하면서 애매모호한 일상적인 정보를 축약된 형태 안에 원하는 만큼 점점 더 많이 집어넣을 수 있다. 그다음에는 그렇게 행동하지 않는 것은 모두 버린다. 가끔은 몇몇 사례를 종이에 적어보는 것만으로도 우리가 찾는 정확한 정의가 어떤 특정한 형태를 가져야 한다는 확신이 천천히 들 때도 있다. 결국에는 한 가지 후보로 좁혀지지 않을 때도 있고, 한 가지 후보로 좁혀진 경우에도 우리가 그 유일한 후보감을 찾아냈다는 것조차 모를 수도 있지만 그것은 중요하지 않다. 우리가 원하는 일을 모두 하는 후보감이 하나 이상 존재한다고 해도 수학자들이 말해주지 않고 자기들끼리만 항상 하는 일을 우리도 그냥 하면 된다. 그냥 가장 예쁘다고 생각되는 것을 하나 고르는 거다. 그

---

* 이 시점에서 우리는 자기도 모르는 사이에 함수방정식을 적고 있는 것이다.

럼 '가장 예쁜 것'은 어떻게 결정해야 하는가? 우리 맘이다.

　미친 소리로 들릴지 모르지만 간단히 말하자면, 나는 함수방정식을 동반하는 비형식적 수학 논증이 수학의 모든 수준에서 등장하는 개념을 설명하는 더 나은 방법일 뿐만 아니라, 이런 논증 방식은 독자가 수학 개념의 창조 과정에 직접 참여하게 만드는 탈권위적인 교육 방식을 제시한다고 믿는다. 수학 입문자용 과정이나 교과서에서 이런 방식을 도입했다는 이야기는 들어본 적이 없다.

　애매모호한 질적 개념에서 양적이고 수학적인 개념으로 옮겨 가는 전 단계 수학 훈련에 대해서는 지금까지 거의 논의된 바가 없지만 이 과정에서 함수방정식이 사용되는 경우가 깜짝 놀랄 정도로 많다. 1장에서는 이를 이용해서 면적과 기울기경사의 개념을 발명할 텐데, 그냥 밑도 끝도 없이 상정하는 것이 아니라 우리의 일상적 개념과의 질적 관련성으로부터 이 개념들을 유도해내어 표준 정의에 도달하게 될 것이다. 이는 전 단계 수학을 통한 수학교육의 모습이 어떤 것인지 간단하게 보여주고 있지만, 하나의 사례일 뿐이고, 여기에는 분명 개선의 가능성이 많다. 책의 골자가 담긴 부분에 가면 우리는 이런 방식을 통해 많은 양의 수학을 '발명'하게 될 것이다. 가끔은 함수방정식을 비형식적으로 사용할 때도 있고 가끔은 그렇지 않을 때도 있겠지만, 우리가 무엇을 하려 하고 그것을 다른 방식으로는 어떻게 할 수 있을지 언제나 분명하게 밝히도록 하겠다.

이 책이 어떻게 도움이 될까

　전 단계 수학을 강조하는 것이 표준의 접근 방식과 어떻게 다른지 보여주기 위해 현재의 교육 방식이 어떻게 스스로를 궁지로 몰아붙이는지 구체적인 사례를 하나 들어보자. 기울기의 정의가 어디서 온 것인지 설명하려는 수학 교사나 입문용 수학 교과서 저자가 직면하는 문제를 생각해보자. 이들은 한편으로는 학습 의욕을 유발하고 싶은 생각도 들고, 또 한편으로는 결국은 $\frac{y_2 - y_1}{x_2 - x_1}$, 혹은 입문용 교과서에서 말하는 '수평 변화량에 대한 수직 변화량의 비율rise over run'이라는 종래의 정의에 도달하고 싶은 마음도 든다. 모든 미분은 이 공식과 극한의 개념에 밑바탕을 두고 있기 때문에 학생들에게 전달해야 할 아주 중요한 내용이다. 그럼 수학 교사와 입문자용 수학 교과서 저자는 다음과 같은 문제에 직면한다. 우선 '수평 변화량에 대한 수직 변화량의 비율'이 우리가 상정한 모든 내용을 만족시키는 유일한 정의로 남게 해주는 상정의 집합을 생각해낼 수도 있을 것이다. 하지만 이를 증명하는 과정은 입문용 수업에서 다루기에는 너무 복잡하기 때문에 오히려 학생들을 열 배는 더 혼란하게 만들 수 있다. 그래서 교사나 저자들은 기울기의 개념에 대해 조금 설명하는 척하다가 그냥 '수평 변화량에 대한 수직 변화량의 비율'을 기울기의 정의라고 소개하는 것으로 끝내버린다. 주어진 상황이 그렇다 보니 이것이 합리적인 선택이라 생각할 수도 있다.

하지만 나는 이런 경우나 비슷한 다른 경우에서 우리가 생각보다 더 많은 학생을 혼란에 빠뜨려 수학에 정나미가 떨어지게 만들고 있다고 생각한다. 내가 고등학교에서 경사의 개념을 처음 들었을 때 그것이 한 일이라고는 나의 학습 의욕을 더 빠른 속도로 떨어뜨려준 것밖에 없다. 이런 개념을 그냥 설명 없이 그대로 가져오는 것은 (1) 무한히 많은 의문을 아무런 답변도 없이 방치하고, (2) 생각이 깊은 학생들이 자기가 무언가를 놓치고 있다는 느낌을 들게 만들고, (3) 그것을 이해하지 못하는 것이 자신의 잘못이라는 암묵적인 암시를 풍긴다. 학생들은 실제로 무언가를 놓치고 있는 것이 맞다. 하지만 학생들의 잘못은 아니다. 학생들이 무언가를 놓치고 있는 이유는 비록 좋은 의도로 그러는 것이기는 하지만 교사들이 의도적으로 숨기고 있기 때문이다. 내 경험으로는 이런 느낌이 들었다. '나는 이 정의 중 그 무엇도 제1원리로부터 스스로 발명할 수 없었어. 따라서 내가 무언가 이해하지 못하는 것이 있다는 이야기야.' 물론 당시에는 느낌을 이렇게 표현할 수는 없었다. 그때는 단순하게 생각했다. '난 이거 무슨 말인지 하나도 모르겠다.'

시간이 흘러 내가 다른 누군가에게 수학에 대해 설명할 때를 보면, 나는 항상 기울기를 '수평 변화량에 대한 수직 변화량의 비율의 세 배', 혹은 '수평 변화량 다섯 제곱에 대한 수직 변화량의 비율'이라고 정의할 수도 있고, 이런 정의 중 아무것이나 골라잡아 그것으로도 미적분학을 만들어낼 수도 있다고 강조했다. 그럼 우리가 아는 모든 공식이 조금은 달라져 보일 것이고 어떤 정의를 선택하느냐에 따라 아주 크게 달라질 수도 있다. 우리에게 익숙한 정리들이 살짝 다른 형태를 띠거나 심지어는 알아보지도 못할 모습으로 달라질 수도 있겠지만, 아무리 끔찍하고 낯설게 변한다 해도 이론이 가지고 있는 본질적 내용은 동일하게 남을 것이다. 어떤 수학적 개념이든 이와 비슷한 이야기를 적용할 수 있다. 지금까지 누군가에게 이렇게 설명하면 어김없이 튀어나오는 질문이 있었다. 왜 수학 수업이나 수학 교과서에서는 이런 부분을 설명하지 않는 거지? 나도 모르겠다. 당연히 설명되어야 할 부분인데 말이다.

수학 수업에 불을 지르자: 수학적 창조의 이야기

"대체 어떤 글을 쓰라는 이야기야?" L. J. 새비지는 이 질문을 통해 자신이 직면한 곤혹스러운 상황을 표현했다. 그가 어떤 주제를 선택해 논의를 하든, 어떤 문체를 선택해서 글을 쓰든, 분명 누군가로부터는 왜 다른 선택을 하지 않았느냐는 비평이 날아들었기 때문이다. 이것은 그 혼자만 겪은 곤란이 아니다. 개인 간의 차이에 대해 조금만 더 관용의 정신을 보여주기를 간곡히 호소하고 싶은 마음이다.

-E.T. 제인스, 《확률론: 과학의 논리 Probability Theory: The Logic of Science》

책을 쓴다는 것은 감정적인 경험이다. 출판을 준비하는 과정에서 나는 운이 좋아 T.J. 켈러허와 펑 도라는 훌륭한 편집자를 만났다. 두 사람 모두 책을 준비하는 내내 정말 큰 도움을 주었다. 나는 출간 과정 대부분을 주로 펑과 처리했다. 그녀는 편집하기가 정말 까다로울 거란 생각밖에 들지 않는 이 책을 좀 더 개선할 수 있도록 끝없는 인내심으로 나를 도와주었다. 우리의 의견이 항상 일치한 것은 아니었지만 그녀의 충고 덕분에 이 책은 훨씬 더 나아질 수 있었다. 편집자에 대해 언급한 다음에는 보통 이렇게 말하는 것이 관례다. '책에 어떤 문제가 있다면 그것은 모두 저자의 탓이다.' 하지만 《수학하지 않는 수학》의 경우는 의례적인 표현만으로는 한참 부족하다는 생각이 든다.

최종적으로 서점에 나온 뒤에도 필연적으로 다음과 같은 죄악이 많이 남아 있을 것이다. 오자 남기기, 과장하기, 문장에 들어갈 단어를 형편없이 선택하기, 같은 말 반복하기, 모순되는 말하기, 너무 오만한 소리 하기, 'X는 절대로 하지 않을 거야!'라고 말해놓고는 바로 이어서 'X는 절대로 하지 않을 거야!'라고 말하면서 X를 하고는 뒤에 가서 또 X를 하기, 그 누구도 찾아내지도, 이해하지도 못할 메시지 숨겨놓기, 순진한 독자들을 의도치 않게 소외시키거나 모욕 느끼게 하기, 가당치 않은 실험 정신으로 누군가를 산만하게 만들기, 서문 너무 길게 쓰기, 말하다가 너무 자주 딴 곳으로 새기,

대화문 너무 많이 넣기, 대화문 너무 적게 넣기, 메타 해설 너무 많이 집어 넣기, 케케묵은 그리스어나 라틴어를 조롱하고, 필요 이상으로 가식적이라 며 그런 언어를 사용하는 사람들을 비웃고는 나도 쓰기, 그리고 적어도 하 나 이상의 용서할 수 없는 큰 오류 만들기. 아마도 이런 오류는 무작위로 문 단을 복사, 붙여넣기 하다가 책의 완전히 다른 부분에 실수로 넣는 바람에 생길 가능성이 가장 크다…. 이런 것 말고도 끝이 없다.

《수학하지 않는 수학》은 내가 처음 쓴 책이다. 나의 결점들을 발판 삼아 세상에 나오게 됐다. 내가 책을 쓰게 되리라고는 한 번도 생각을 못했는데 정말로 이런 일이 벌어지기 시작하자 정말 깜짝 놀랐다. 나는 2012년 여름 에 4개월 동안 이 책을 썼다. 그리고 그동안에는 미친 듯이 커피를 마시고, 피곤한 눈을 비비고, 끼니도 깜빡하고, 하루에 16시간씩 써 내려갔고, 그 한 순간 한순간을 사랑했다. 이보다 더 즐거운 일은 없었다. 당시에 나는 만 스 물다섯 살이었다. 그 후로 마치 다른 사람이 된 기분이 들었다. 책의 어떤 부분들은 지금 와서 읽고 있으면 가슴이 아프다. 위에 적은 방식대로, 책이 만들어지고 나면 아무리 편집을 하고 다듬어도 숨길 수 없는 결함들이 필 연적으로 남기 마련이다.

결함은 대부분 우연히 생겼지만 설계 과정에서 일부러 남긴 것들도 있 다. 오류가 그냥 사소한 실수라면 숨긴다고 나쁠 건 없다. 우리가 문장 N 에 있는 오자를 수정할 때 그 결과로 문장 $N+1$이 해를 입지는 않는다. 엉 성한 단어 선택이나 불필요한 반복에도 같은 원리가 적용된다. 그리고 그 런 오류가 분명 많이 남아 있겠지만 이것은 수정하려고 시도해보아야 할 유형의 오 류다.

하지만 일부는 오류가 단순한 실수가 아니라 목표로 이어지는 계단일 때 도 있다. 이것은 우리를 지금 있는 곳에 도달하게 해준 오류다. 이게 없었다면 우리는 결코 여기까지 오지 못했을 거다. 계단에서 N번째 계단을 없애버리면 그 이후에 있는 계단들이 해를 입는다. 그 계단이 해설이든 수학적 논증이든 간에 말이다. 어떤 드문 개념들의 경우에는 내용을 적절하게 전달하기 위해서는 결함이 필요하다.

내 목표는 수학과 이 책 모두에서 창조 과정의 비밀 속으로 독자들을 끌어들이는 것이다. 그리고 창조의 과정은 티끌만 한 결점도 없는 방식으로는 정확하게 표현할 수가 없다. 이 책에 등장하는 모든 기벽을 하나로 묶어 통일해줄 주제가 딱 하나 있다면, 바로 모든 것을 까발리는 '전면 폭로'다. 여기서 말하는 전면 폭로란 수학적 창조 과정을 완전히 솔직하게 드러낸다는 것만 의미하지 않고, 책을 쓰는 과정까지 모두 공개한다는 뜻이다. 여기에는 책을 쓰고 난 뒤 한참 있다가 돌아와 다시 읽었을 때 그 안에 담긴 어떤 결함은 뿌리가 너무 깊숙이 파고들어 아예 잘라낼 수조차 없음을 깨달았을 때 느끼는 감정적 경험도 포함되어 있다. 누군가가 자기 삶의 소중한 시간을 따로 떼어 내 이 책을 읽는다고 생각하면 나는 너무 행복해지기 때문에 독자들에게 그 무엇도 숨기고 싶은 마음이 들지 않는다. 독자들에게 하나도 남김없이 모든 것을 보여주고 싶다. 그 결과 이렇게 특이한 책이 탄생한 것이다.

우리 사회의 수많은 구성원이 수학을 결코 사랑하지도, 이해하지도 못하는 이유가 수학이란 주제를 완전히 잘못된 방식으로 전달하려 해왔기 때문임을 여러분에게 설득할 수 있었으면 좋겠다. 그렇다고 내가 올바르게 전달하는 법을 안다는 뜻은 아니다! 이 책은 결국 끔찍한 실패로 끝나게 될지 모른다. 그렇지만 내가 다른 것은 몰라도 이것 하나만큼은 확신하는 것이 있는데, 수학은 지금의 교육 방식보다는 더 나은 대접을 받을 자격이 있다는 점이다. 이 책은 내가 항상 읽고 싶어 했던 책을 직접 써봄으로써 잘못된 부분을 일부라도 바로잡아보겠다는 개인적인 노력이다. 그럼 즐길 준비가 되었는가? 나도 준비가 됐다. 그럼 시작해보자.

Let's start!

BURN MATH CLASS
수학하지 않는 수학

1막

CHAPTER

01

엑스 니힐로

배를 만들고 싶다면 사람을 모아

배를 지을 나무를 베어 오게 하고 일일이 작업을 배정할 것이 아니라

그들을 가르쳐 끝없는 바다의 광활함을 갈망하게 하라.

－앙투안 드 생텍쥐페리, 《성채 Citadelle》

1.1. 수학 잊어버리기

1.1.1. 헬로, 월드!

당신이 수학에 대해 들었던 모든 것을 잊어라. 학교에서 암기시켰던 바보 같은 공식들도 모두 잊어라. 당신의 머릿속에 작은 방을 하나 만들고 수학이 없는, 깨끗하고 하얀색으로 벽을 칠하자. 그리고 이제 그 방에 남아 직접 수학을 재발명해보자. 여기엔 두 눈 부릅뜨고 당신을 지켜보는 수학 선생님도 없고, 머리 아픈 수학 수업도 없다. 여러 세대를 거치며 전해진 '수학'이라는 것도 신경 쓸 필요가 없고, 문제를 틀리는 것만큼 멍청한 게 없다는 말도 안 되는 거짓말에 가슴 졸일 필요도 없다. 수학을 스스로 재발명해보아야만 비로소 우리는 무엇 하나라도 진정으로 이해할 수 있게 된다.

내가 이 장의 제목을 굳이 라틴어를 빌려와 'Ex Nihilo엑스 니힐로'라고 붙인 데는 두 가지 이유가 있다. 첫 번째는 수학을 비롯해 모든 과목에서 등장하는 쓸데없이 복잡하기만 한 용어들을 조롱하고 싶어서다. 사람들은 똑똑해 보이고 싶어서 문자 쓰기를 좋아한다. 그래서 어떤 것을 이야기할 때 남들이 잘 안 쓰는 말, 특히 이제는 쓰는 사람도 없는 사어死語를 사용하기를 선호한다. 그럼 왠지 무언가 있어 보이기 때문이다. 그런데 굳이 꼭 라틴어를 사용할 필요가 있을까? 'Ex Nihilo'라는 용어는 '무無에서'라는 의미다. 이 책에서만큼은 수학이 온전히 우리의 것임을 강조하기 위해 1장 제목으로 이 단어를 골랐다. 여기서의 수학은 당신이 학교에서 배웠던 그런 수학을 말하는 것이 아니다. 우리는 수학을 무에서 이끌어낼 것이다.

일단 당신이 더하기와 곱하기에 대해서는 입에서 줄줄 흘러나올 정도로 익숙하다고 가정하겠다. 물론 111111111의 제곱이나 123456789 87654321의 제곱근 같은 말도 안 되는 계산을 앉은자리에서 척척 해낼 수 있어야 한다는 의미는 아니다. 사실 수학자들도 보통은 숫자 계산을 좋아하지 않는다. 내가 말하는 것은 덧셈에서는 계산 순서가 중요하지 않다는 등의 기본적인 사실들을 확실하게 알고 있을 거라 가정하겠다는 뜻이다. 계산 순서가 중요하지 않은 것은 곱셈도 마찬가지다. 이것을 좀 더 축약된 형태로 표현하면 다음과 같다.

$$(?) + (\#) = (\#) + (?) \text{ 그리고 } (?)(\#) = (\#)(?)$$

여기서 $(?)$와 $(\#)$에는 어떤 수가 와도 상관없다.

수학으로 떠나는 여행을 시작하는 마당에 $\frac{1}{7}$ 같은 수를 십진법 숫자로 계산해서 표시하는 방법 따위의 지루한 것을 배우며 시간을 낭비할 필요는 없다. 우리는 그냥 $\frac{1}{7}$이라는 괴상한 기호가 7을 곱했을 때 1이 나오는 수를 의미한다는 것만 알면 된다. 그리고 $\frac{15}{72}$ 같은 수를 보더라도 '나눗셈'이라는 무언가 신비로운 것에 대해 배워야 하는 게 아닐까 속아 넘어가지 않도록 주의하자. $\frac{15}{72}$ 같은 기호는 그저 $(15)(\frac{1}{72})$을 간단히 표시한 것과 다름없다. 그냥 곱셈일 뿐이다. $(15)(\frac{1}{72})$을 계산하면 어떤 숫자가 나올까? 나도 모르니까 당신도 알 필요 없다. 뭔진 몰라도 여기에 72를 곱하면 15가 된다는 것만 알면 된다.

당신이 덧셈과 곱셈의 기초적인 내용을 이해하고 있다고 가정한 상태에서 우리는 이제 아주 기이하기 짝이 없는 경로를 통해 수학의 세계를 가로지르는 여행을 시작해보려 한다. 이 첫 번째 장에서는 우리만의 수학 개념을 발명하는 방법에 대해 주로 배울 것이고, 그다음 장에서부터는 곧장 미적분학을 발명하는 단계로 뛰어넘어 가겠다. 그리고 그 뒤에는 이를 바탕으로 보통 미적분학의 필수 선행 과목이라 여겨지는 내용들을 우리가 직접 재발명해볼 것이다. 완전히 거꾸로 뒤집어서 주제에 접근함으로써 우리는 이른바 미적분학의 필수 선행 과목이라는 걸 몰라도 무한히 큰 것과 무한히 작은 것을 다루는 예술인 미적분학을 발명할 수 있을 뿐만 아니라, 미적분학 그 자체가 없이는 '필수 선행 과목'을 온전히 이해할 수 없음을 알게 될 것이다.

이런 접근 방법을 사용하면 무언가를 암기할 필요도 없어진다. 우리가 직접 창조한 게 아니면 절대 그 무엇도 일부러 받아들이지는 않을 것이며, 우리가 발명해놓은 건 암기하지 않아도 언제든 다시 와서 확인할 수 있기 때문이다. 수학은 암기할 것이 많은 과목이라 여기는 사람이 대다수지만 사실 알고 보면 수학은 그 어떤 분야보다도 외울 것이 없다. 다른 분야에서는 암기가 피할 수 없는 부분일지 몰라도, 수학에서는 암기가 독이나 마찬가지다. 수학 선생님이 학생들에게 무언가를 암기시키려 한다면, 그때는 학생들에게 무릎을 꿇고 빌면서 암기시켜야 마땅하다. 그렇지 않으면 그 선생님을 당장에 해고하고 실업자 사무소로 순간 이동시켜서 전화번호부를 통째로 외우는 일을 시켜야 한다.* 수학은 그 무엇도 암기할 필요가 없는 아

---

* **저자** 인정한다. 너무 극단적인 발언이었다. 정말로 그렇게 하자는 소리는 아니다. 그냥 암기는 수학에 별로 도움이 되지 않는다고 말하고 싶었을 뿐이다. 하지만 책을 쓴다는 것이 아주 신나는 경험이다 보니 나도 가끔은 흥분할 때가 있다. 그러니 내 사견을 당신이 너무 진지하게 받아들이지는 않았으면 한다. 나는 이번이 처음 책을 쓰는 것이라 혹시나 글을 쓰다가 완전히 지쳐버리거나 않을까 겁도 난다. 글 쓰는 과정 자체를 즐기지 못하면 내가 절대로 이 책을 마무리하지 못할 거라는 생각도 든다. 그러니 너무 지나치지만 않다 싶으면 내가 뜬금없이 과장된 표현을 하더라도 부디 이해해주시기 바란다. 그냥 다 웃자고 하는 소리다. 자, 그럼 친애하는 독자여! 우리 계속 앞으로 나가보자! 그런데 내가 당신을 독자라고 불러도 괜찮겠는가?

독자 뭐, 좋을 대로.

저자 좋다! 당신은 나를 저자라고 불러도 좋고, 다르게 불러도 좋다. 어떻게 부르든 큰 목소리로 부르기만 하면 대답할 테니 당신 좋을 대로 하고, 이어서 계속 가보자. 이제 인사를 나누었으니 다음부터 친구처럼 편하게 이야기할 수 있을 것 같다. 그런데 내가 진짜로 책을 쓰고 있다니 믿을 수가 없다.

름다운 학문이다. 이제 수학을 그런 식으로 가르칠 때가 됐다.

결국 우리의 모험은 보통 수학을 전공하는 대학생이 3, 4학년쯤 되어야 배우는 꽤 어려운 '상급' 주제로 이어진다. 하지만 이 '상급' 주제가 사실은 '초급' 주제와 전혀 다를 것이 없으며, 교과서에서 단계가 바뀔 때마다 설명하는 방법만 바꿔서 당신을 혼란시키고 있음을 알게 될 것이다.

이제 우리는 우연이 존재하지 않는, 아름다운 필연적 진리의 세계로 모험을 떠나려 한다. 가다가 좌절하는 경우도 있을지 모르겠다그것은 아마도 내 잘못일 것이다. 개념들을 정확하게 이해하고 있는지 확인하기 위해 자기 혼자 이리저리 생각을 굴려보아야 할 경우도 생길 거다. 아마 머리를 많이 써야 할 것이고, 기호약자를 보고 겁먹지 않으려면 더 큰 노력을 기울여야 할지도 모른다. 하지만 덮어놓고 내 말을 믿으라고 말하는 경우는 없을 것이다. 혹시나 내가 뭔가 감추는 게 아닌가 의심할 필요도 없을 것이다. 그리고 그 무엇도 외우지 않아도 된다. 물론 당신이 원하면 암기해도 상관없지만. 자, 그럼 이제 시작해보자.

1.1.2. 함수는 웃긴 이름이다

'함수function'라는 용어는 라이프니츠Gottfried Wilhelm Leibniz가 제안한 적절한 용법을 잘못 이해하는 바람에 수학에 도입되었다고 K.O. 메이 교수님에게 들었다. 그럼에도 이 용어는 수학의 근본 개념으로 자리 잡았고, 이름이야 어떻게 **불리든** 간에 이 함수는 더 나은 대접을 받을 자격이 있다. 함수가 어떤 대우를 받는지 보면 수학교육 분야에서 '잃어버린 기회missed opportunities'의 경우를 이보다 잘 보여주는 사례는 없을 것이다.

–프레스턴 C. 해머, <표준과 수학 용어Standards and Mathematical Terminology >

기계는 온갖 일을 한다. 제빵기는 빵의 재료를 집어넣으면 빵이 나오는 기계다. 오븐은 뭐든 집어넣으면 똑같은 것이 더 뜨겁게 데워져서 나오는 기계다. 어떤 수에 1을 더하는 컴퓨터 프로그램은 수를 집어넣으면 그 수가 무엇이든 간에 거기에 1을 더한 값이 나오는 기계라 생각할 수 있다. 그리고 아기는 무언가가 들어가면_{무언가를 먹이면} 침으로 범벅되어 나오는 기계라 할 수 있다!

이유야 어찌 되었건 수학자들은 수를 집어넣으면 다른 수가 나오는 기계를 '함수'라는 이상한 이름으로 부르기로 결정했다_{영어 사용자에게 'function'의 어감이 대체 어떻길래 이상한 이름이라 생각하는지는 모르겠으나, 이것이 한자어로는 '函數함수'로 번역되었다. 이 단어는 이선란李善蘭이라는 청나라 수학자가 옮겼는데 우리가 현재 사용하고 있는 한자로 된 수학 용어 가운데 이 사람이 번역한 것이 상당히 많다—옮긴이 주.} 아무래도 '함수function'보다는 훨씬 더 나은 이름이… 뭔가는 있겠지만 뭐, 이름이야 아무렴 어떤가 싶다. 우리는 그냥 이것을 '기계machine'라고 부르기로 하자. 그리고 일단 이 개념에 익숙해지고 나면 그때부터는 가끔씩 이것을 '함수'라고

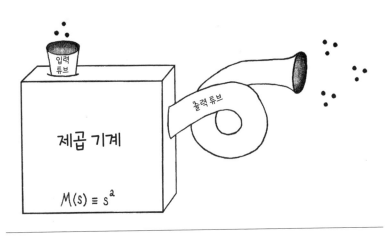

그림 1-1 우리의 기계 중 하나.

부르기 시작하자.* 하지만 말 그대로 '가끔씩'만. 그럼 우리가 지금 가지고 있는 것, 즉 더하기와 곱하기만 사용해서 수를 집어넣으면 수가 나오는 기계를 몇 개 발명해보자.

1. 겁나 지겨운 기계: 수를 하나 집어넣으면 그와 똑같은 값이 나온다.
2. 더하기 1 기계: 수를 하나 집어넣으면 거기에 1을 더한 값이 나온다.
3. 곱하기 2 기계: 수를 하나 집어넣으면 거기에 2를 곱한 값이 나온다.
4. 제곱 기계: 수를 하나 집어넣으면 그 수에 다시 그 수를 곱한 값이 나온다.

이 기계를 계속 말로 풀려면 엄청나게 길어지니까 약자를 몇 개 발명해보자. 모든 수학 분야에서 등장하는 기호들은 겉으로는 굉장히 복잡해 보이지만, 사실은 구구절절 말로 풀어서 설명할 수도 있는 것을 그러기가 귀찮아서 약자로 표시해놓은 데 지나지 않는다. 수학자들은 보통 이런 부분을 말해주지 않기 때문에 대부분의 사람들은 이해할 수 없는 약자로 가득한 방정식을 마주하면 더럭 겁부터 먹는다. 하지만 DARPA Defence Advanced Research Projects Agency, 미국방위고등연구계획국, UNICEF United Nations Children's Fund, 유엔아동기금, SCUBA Self-Contained Underwater Breathing Apparatus, 스쿠버 같은 약자를 볼 때는 겁을 먹지 않지 않는가!

---

* 이 책에서는 표준이 아닌 용어들을 몇 가지 사용할 계획이지만, 내가 정한 용어가 꼭 표준 용어보다 더 낫다고 생각하는 것은 아니라는 점을 강조하고 싶다. 또한 다른 책에서도 내 용어를 사용해야 한다고 주장하려는 바는 더더욱 아니다! 가끔씩 우리만의 용어를 만들어내는 목적은 그저 우리가 창조하고 있는 이 수학의 우주가 전적으로 우리들의 것임을 잊지 않기 위해서다. 이곳은 아무것도 없는 상태에서 우리가 직접 쌓아 올리는 우주이기 때문에 거기에 이름을 붙일 자격도 우리에게 있다. 하지만 그렇다고 모든 사람을 이 새로운 수학 용어로 개종시키려는 뜻은 없다는 점을 알아주기 바란다. '함수'라는 단어는 최선의 선택은 아닐지 모르지만, 일단 익숙해지고 나면 그렇게 나쁘지만도 않다.

수학은 그저 어마어마하게 많은 약자에 추론을 덧붙인 존재일 뿐이다. 이 책을 여행하는 동안 우리는 온갖 약자를 발명하게 될 텐데, 이때는 우리가 대체 무엇에 대해 이야기하는 건지 쉽게 떠올릴 약자를 만드는 것이 중요하다. 예를 들어서 원circle에 대해 말하고 싶을 때 쓸 만한 합리적인 약자를 들자면 C와 ○ 정도가 될 것이다한글 사용자인 우리는 '원'이라고 해도 좋을 것 같지만, 원래 영어로 쓰인 책이니 억울하지만 알파벳을 이용하자ㅡ옮긴이 주. 그리고 사각형square에 적당한 약자는 S와 □쯤이 되겠다. 뭐 하러 이런 뻔한 이야기를 하고 있나 싶겠지만, 방정식으로 가득한 페이지를 보면서 '이크, 무서워라!' 같은 마음이 들 때는 이렇게 생각하자. 지금 눈앞에 보고 있는 건 간단한 개념들을 대단히 축약된 형태로 제시한 것일 뿐이라고 말이다. 이는 수학의 모든 부분에 똑같이 해당한다. 이런 약자들만 해체하고 분석할 줄 알아도 가장 큰 고비는 넘긴 셈이다.

되도록이면 단어를 적게 써서 우리의 기계들에 대해 이야기하고 싶으니 약자를 좋은 것으로 몇 가지 발명할 필요가 있겠다. 어떤 게 좋은 약자일까? 그것은 우리가 결정할 부분이다. 우리에게 선택지가 무엇무엇 있는지 살펴보자. '곱하기 2 기계'의 경우는 다음과 같이 묘사할 수 있다.

3을 넣으면 6이 나오는 기계.
50을 넣으면 100이 나오는 기계.
1,001을 넣으면 2,002가 나오는 기계.

이제 입력 가능한 모든 수를 일일이 나열하면서 각각의 수에 이 기계가 어떤 일을 하는지 설명하면 된다. 하지만 그건 시간만 낭비하는 미친 짓이고, 영원히 끝나지도 않는다. 대신 그냥 간단하게 '우리가 그 기계에 (거시기)를 입력하면 2·(거시기)가 나온다'고 표현하면 무한히 많은 문장을 한마디로 뭉뚱그려 나타낼 수 있다. (거시기)가 구체적으로 무슨 수인지에 대해서는 불가지론적인 입장을 취하는 것이다. 다음과 같이 쓰면 이 개념을 훨씬 더 축약해서 표시할 수 있다. '거시기 ⟼ 2·거시기.'

그럼 이제 이 기계에 구체적으로 무슨 수를 입력할지에 대해 불가지론적 입장을 취하는 것만으로도 우리는 무한히 많은 문장을 하나로 압축할 수 있게 됐다. 항상 가능한 일일까? 아마 그렇진 않을 것이다. 아직은 모를 일이다. 하지만 당장은 더하기와 곱하기만으로 완전히 기술 가능한 기계에 대해서만 생각하기로 했으니 이렇게 하면 무한히 많은 문장을 단 한 줄로 요약할 수 있다. 그리고 나머지 기계도 축약된 형태로 기술 가능하다.

1. 겁나 지겨운 기계: 거시기 ⟼ 거시기

2. 더하기 1 기계: 거시기 ⟼ 거시기+1

3. 곱하기 2 기계: 거시기 ⟼ 2·거시기

4. 제곱 기계*: 거시기 ⟼ (거시기)^2

혹시나 이해가 가지 않을 경우를 대비해 몇 가지 사례를 들어보겠다.

1. 겁나 지겨운 기계

$3 \longmapsto 3$

---

* 우리는 (거시기)·(거시기)의 약자로 (거시기)^{2}을 사용하고 있다. 좀 더 일반화해서 설명하자면 '(거시기)^{숫자}'은 '(거시기)를 숫자의 횟수만큼 곱했을 때 나오는 값'을 의미하는 약자로 사용하겠다. '나는 제곱에 대해서는 모르는데'라고 생각해서는 곤란하다. 지금의 시점에서는 이해가 필요한 부분이 없기 때문이다. 이것은 그저 곱하기의 약자일 뿐이다.

$$1234 \longmapsto 1234$$

2. 더하기 1 기계

$$3 \longmapsto 4$$

$$1234 \longmapsto 1235$$

3. 곱하기 2 기계

$$3 \longmapsto 6$$

$$1000 \longmapsto 2000$$

4. 제곱 기계

$$2 \longmapsto 4$$

$$3 \longmapsto 9$$

$$10 \longmapsto 100$$

최대한 터무니없어지지 않게 주의하면서 이 기계들의 약자를 만들어보자. 여기서 '터무니없어지지 않게 주의한다'는 말은 '정보를 잃지 않게 주의한다'는 의미다. 예를 들어보자. 셰익스피어의 전집을 ♣라는 기호로 축약해서 표현할 수도 있겠지만, 이렇게 해서는 별 도움이 안 된다. 이 약자만 봐서는 대체 무엇을 줄인 것인지 아무런 정보도 얻을 수 없기 때문이다. 우리의 기계들을 완전하게 기술하기 위해서는 얼마나 많은 약자가 있어야 할까? 음, 일단 (1) 기계 자체, (2) 우리가 입력하는 것, (3) 거기서 출력되는 것, 이 세 가지의 이름을 만들 필요가 있다. 그다음에 한 가지를 더 해 (4) 그 기계의 작동 방식을 기술해야 한다.

우리가 무엇에 대해 이야기하고 있는지 까먹지 않도록 기계machine 자체를 'M'이라는 글자로 이름을 지어보자. 그리고 한 번에 한 종류 이상의 기계에 대해 이야기하고 싶은 경우도 생길지 모르니 M이라는 글자에 각각 다른 모자 M, $\hat{M}$, $\ddot{M}$, $\bar{M}$ 등를 씌워서 서로 다른 기계를 표현하자. 우리는 기계에 입력할 수들을 모두 '거시기'란 이름으로 뭉뚱그려 사용했는데 여기서 좀 더 축약해서 이제부터는 그냥 s 원문에서는 'stuff'로 표기한 것을 '거시기'로 번역했고, 원문에 따라 's'로 축약했다-옮긴이 주라고 쓰자. 따라서 이제 두 개의 약자를 갖게 되었으니 이 둘을 이용해서 세 번째 약자를 만들 수 있다. 이는 무척 교묘한 개념이다. 나는 지금까지 이것이 얼마나 이상한 과정인지 인정하는 사람은 고사하고, 우리가 이런 행위를 하고 있다는 사실 자체를 인정하는 사람도 만나보지 못했다. 하지만 '함수'에 관한 혼란은 대부분 여기서부터 시작된다.

처음에 나온 두 가지 약자를 이용해서 세 번째 약자를 만들 수 있다는 것이 대체 무슨 소리일까? '내가 s 라는 거시기를 입력하면 기계 M 에서 출력하는 것'에 대해 이야기할 때 쓸 이름으로 어떤 것을 발명해야 할까? 만약 M 과 s 라는 약자만을 이용해서 이것의 이름을 지을 수 있다면 추가적으로 약자를 만들어낼 필요가 없어지고, 사용하는 기호의 숫자도 최대한 줄일 수 있다. 그럼 그것을 $M(s)$ 라고 부르자. 이번에도 역시 $M(s)$ 는 '내가 s 라는 거시기를 입력하면 기계 M 에서 출력하는 것'을 지칭하기 위해 사용하는 약자다.

그럼 우리는 원래 세 개에 이름을 붙여야 할 상황이었지만, 대신 두 개의 이름을 먼저 지어놓고 잠시 뭔가를 생각하다가 누구 지켜보는 사람이 없나 주변을 확인하고서는 이미 만들어놓은 두 이름에서 몰래 '글자'들을 따다가 그것으로 세 번째 이름을 지어냈다. 이건 정말 이상한 개념이기는 하지만 일단 여기에 익숙해지기만 하면 어마어마하게 큰 도움이 된다. 예전에 '함수'가 이해 안 돼서 어렵게 느껴졌다고 해도 걱정할 것 없다. 함수란 모두 기계와 약자에 지나지 않는 존재다. 단지 그렇게 설명해주는 사람이 없었을 뿐이다.

좋다. 그럼 이제 우리는 세 개의 이름을 갖게 됐다. 하지만 아직 우리가 발명한 이 새로운 약자 언어를 이용해서 특정 기계를 기술하지는 않았다. 그럼 앞에 나왔던 네 가지 기계를 새로 써보자. 똑같은 순서로 나열하지 않을 테니, 어느 기계가 무슨 기계인지, 즉 어느 것이 '더하기 1 기계'고, 어느 것이 '제곱 기계'인지 맞춰보자.

1. $M(s) = s^2$
2. $\hat{M}(s) = 2s$
3. $\ddot{M}(s) = s$
4. $\bar{M}(s) = s + 1$

이런 과감한 축약이 혼란스러울 수도 있다. 어찌 보면 출력, 그러니까 기계가 뱉어 내는 것만을 기술하고 있기 때문이다. $M(s) = s^2$ 같은 방정식 equation* 문장sentence의 양쪽은 M이라는 기계가 뱉어 내는 것에 대해 이야기하고 있다. 하지만 다르게 보면 이 문장은 기계 그 자체, 우리가 기계에 집어넣는 입력, 기계로부터 얻는 출력, 이 세 가지 모두를 한꺼번에 이야기

---

* '방정식'이라는 용어를 접하면 대부분의 사람들은 두려움과 지겨움이 뒤섞인 불편한 느낌을 경험한다. 당신이 교감신경계가 어떤 것인지 잘 아는 사람이라면 과연 이런 감정의 조합이 가능한 이야기인가 싶을 것이다(두려움은 교감신경계와 관련이 있지만, 지겨움은 교감신경계가 아니라 그와 반대 기능을 하는 부교감신경계와 관련된 감정이다. 그래서 이 두 감정의 조합이 신경과학적 측면에서는 어색하다-옮긴이 주). 그렇다면 대체 '방정식'이란 무엇일까? 수학 기호들이 사실은 우리가 말로 기술할 수 있는 걸 약자로 축약해놓은 것에 다름없다는 이야기를 앞에서 살펴보았다. 그와 달리 '방정식'은 약자가 아니라 문장이다. 다만 축약된 형태의 문장이다. 일단 이 점을 깨닫고 나면 '방정식'이란 용어도 그리 나쁘지만은 않다. 이 책에서는 '방정식'과 '문장' 두 용어를 모두 사용할 예정이다.

하고 있다. 이 미친 것 같은 약자를 다시 한 번 바라보자.

$$M(s) = s^2$$

물론 이 문장을 보면 좌변과 우변 모두 출력에 대해 이야기한다. 하지만 출력을 나타내는 우리의 약자 $M(s)$는 다른 두 가지 약자, 즉 기계 그 자체의 약자인 M, 그리고 우리가 입력하는 거시기의 약자인 s로 만들어낸 이상한 잡종이다. 따라서 $M(s) = s^2$이라는 문장은 왼쪽에만 세 개의 약자가 들어 있다. 이것만으로는 충분치 않다는 듯이 그다음에는 계속 이어서 기계의 작동 방식을 기술한다. 이 문장의 오른쪽인 s^2은 기계의 출력을 입력의 입장에서 기록한 내용이다.

이렇게 해서 우리는 똑같은 것을 두 가지 방식으로 표현했다. 왼쪽에 있는 $M(s)$는 출력에 우리가 붙여준 이름이고, 오른쪽에 있는 s^2은 출력에 대해 기술한 내용이다. 똑같은 것을 두 가지 다른 방식으로 표현했기 때문에 둘 사이에 등호=를 집어넣었다. 그럼 이제 우리는 무한히 많은 서로 다른 문장을 몇 개의 기호만으로 표현하는 방법을 이용해서 이 특정 기계를 기술해낸 것이다! 이것이 서로 다른 무한히 많은 문장을 나타내고 있다는 이유는 이 표현에 다음과 같은 문장이 모두 포함되기 때문이다. 'M이라는 기계에 2를 입력하면 4가 나온다', 'M이라는 기계에 3을 입력하면 9가 나온다', 'M이라는 기계에 4.976을 입력하면 $(4.976) \cdot (4.967)$이 나온다' 기타 등등.

1.1.3. 좀처럼 듣기 어려운 이야기
이 기계들의 개념은 아주 간단하다. 앞에서 말했듯이 이 기계들은 보통

'함수'라고 불린다. 이것은 참 이상한 이름이고, 개념을 썩 잘 전달하지도 못한다. '함수'라는 단어 자체가 처음부터 혼동을 불러일으킬 뿐 아니라, 함수에 대해 이야기할 때 흔히 사용되는 약자들이 처음 접할 때는 직관에 어긋나게 느껴질 수 있기 때문이다. 간단한 개념이 아주 혼란스럽게 다가오는 몇 가지 이유를 살펴보자.

1. 우리가 기계에 대해 이야기하고 있다는 것을 설명하지 않을 때가 있다.
2. 이 기계들에 대해 이야기하는 모든 내용을 말로 풀어서 표현할 수도 있지만 귀찮다 보니 이것은 아주 훌륭한 귀차니즘이다! 고도로 축약된 형식을 이용할 뿐임을 설명하지 않을 때가 있다.
3. 우리가 최대한 짧은 약자를 사용하고 있고, 다른 두 가지 약자로 이상한 잡종 약자를 어떻게 만들어내는지 설명하지 않을 때가 있다.
4. 기계의 이름 M과 그 출력의 이름인 $M(s)$를 구분하지 않을 때가 있다. 가끔 책을 보면 '함수 $f(x)$'라고 이야기하는데 정작 뜻은 그것이 아닐 때가 있다. 물론 종종 일부러 이렇게 우리의 언어를 틀리게 이용하는 일이 오히려 더 유용할 때도 있지만 결국 이것은 우리의 언어이기 때문에 그래도 된다, 그런 개념에 좀 더 익숙해질 때까지는 그러지 않으려고 노력하겠다.

이런 이야기는 좀처럼 듣기 어렵다. 상당수의 수학 교과서와 강의에서는 그냥 함수란 '한 수를 다른 수로 이어주는 규칙'이라고 말하고 나서 그래프를 몇 개 그리고 조금 우왕좌왕하다가 '$f(x) = x^2$' 같은 것들을 잔뜩 끼적이기 시작한다. 어떤 사람들은 이러한 개념의 비약 때문에 혼란에 빠진다.

그런데 앞 문장에서 무언가 수수께끼 같은 것이 등장했음을 눈치챘는지 모르겠다. 대체 왜 'x'를 쓸까? 앞에서 우리는 단어 전체를 일일이 적는 일이 피곤해서 '거시기stuff' 대신 'stuff'의 앞 글자를 따서 s라는 약자로 적었다. 그런데 대체 이 x는 무슨 단어의 약자일까? 어쩌면 어떤 단어의 약자가 아닐 수도 있다. 우리가 짓는 이름이 꼭 어떤 단어의 약자여야 한다는 법칙은 없으니까 말이다. 어쩌면 x는 해리 S. 트루먼Harry S. Truman이라는 이름에 등장하는 중간 이름과 비슷한 것인지도 모른다. 'S.'는 마치 어떤 단어의 이니셜 약자처럼 보이지만 사실은 그렇지 않다트루먼 대통령의 중간 이름인 'S.'를 'Shippe'의 약자로 잘못 알고 있는 경우도 있는데, 그의 중간 이름 'S.'는 어떤 단어의 약자가 아니라 그냥 'S.' 그 자체다-옮긴이 주! 어쩌면 x라는 이 글자는 그 자체가 이름인지도 모른다. 그렇지만 사실 x는 무언가의 약자다. 대체 무엇? 쉬어 가는 셈치고 속사정을 한번 알아보자.

1.1.4. 참을 수 없는 관습의 타성

왜 수학 교과서에서는 항상 x를 쓸까? 답이 꽤 재미있다.* 이것은 사실 아랍어를 엉터리로 번역한 글자다. 먼 옛날에 아랍의 일부 수학자들이 우리가 지금 이 책에서 하듯이 꼬리에 꼬리를 무는 생각에 잠긴 적이 있었다. 그리고 그들도 우리가 '거시기'를 사용한 것과 똑같은 이유로 '그 무엇something'이라는 단어를 사용하기로 결정했다. 완벽하게 합리적인 생각이었다. 자기가 어떤 걸 축약했는지 바로 생각나게 해줄 약자를 선택해서 굳이 무언가를 암기할 필요가 없게 하자는 것이 그들의 생각이었다. 그렇게

---

* 이 설명은 테리 무어(Terry Moore)라는 사람이 쓴 짧은 글 <왜 x는 미지의 숫자가 되었나?>에서 따왔다.

그 무엇

S

'그 무엇(something)'의 첫 글자.
(아랍어는 오른쪽에서 왼쪽으로 쓴다-옮긴이 주)

ش 라는 글자는 스페인어에는 없는 발음을
가지고 있는데 이것이 영어의 'sh' 발음과
비슷하다. 그래서 결국 번역가들은
그리스어에서 'ch' 발음을 빌려왔는데,
그것이 바로 '카이(χ)'라는 글자다.

그리스 글자를 라틴어 알파벳으로 번역하는
과정에서 'χ'가 'x'로 바뀌게 되었고,
덕분에(?) 몇 세기가 흐른 후에 학생들은
대체 왜 x를 쓰는지 헷갈리게 됐다.

그림 1-2 일반적으로 인간은 무언가를 바꾸는 속도가 대단히 느리다.

다 잘 나가다가 문제가 발생해버렸다. 아랍어로 '그 무엇'에 해당하는 단어
의 첫 번째 글자는 영어에서의 'sh'와 비슷한 소리가 난다우리말로는 '슈' 정도
가 되지 않을까 싶다-옮긴이 주. 이 아랍의 수학은 모두 스페인어로 번역되었는데
스페인어에는 이러한 발음에 해당하는 소리가 없기 때문에 스페인 번역가
들은 그 글자와 최대한 가까운 것을 골랐고, 그것이 바로 그리스 글자 '카이

chi'였다. 이 글자는 '크' 발음이 난다. 그리고 이 '카이'라는 글자는 다음과
같이 생겼다크리스마스를 흔히 X−mas라고 하는데 사실 여기 등장하는 X는 영어 알파벳 X가
아니라 그리스 글자 '카이'다. 따라서 엑스마스라는 말은 틀린 것이다. 카이마스라고 해야 하려나? −
옮긴이 주.

$$\chi$$

많이 보던 글자 같지 않은가? 맞다. 당신의 예상대로 나중에 이 'χ카이'가
라틴어 알파벳의 익숙한 글자 'x엑스'로 바뀌었다. 그리고 이 엉터리 약자가
'거시기'를 나타내는 가장 흔한 약자로 우리 수학 교과서를 계속 떠돌게 된
것이다.

아랍 수학자들은 아주 똑똑한 친구들이어서 자기들이 쓸 약자를 아주 잘
골랐다. 그들이 그럴 수 있었던 이유는 본질적으로 우리와 똑같은 상황에
처했기 때문이다. 당시에는 수학이 별로 많이 나와 있지 않았기 때문에 그
때그때 새로 발명하면서 전진해야 했다. 그들처럼 우리도 얼마든지 내키는
방식대로 사물을 약자로 표현할 수 있다. 그 예로 다음에 나오는 두 가지 문
제를 생각해보자. 굳이 풀어볼 필요까지는 없다. 그냥 몇 초쯤 구경만 해도
좋다.

1. 여기 f기계에 대한 기술이 있다.

   $$f(x) = x^2 - (5 \cdot x) + 17$$

   여기에 1이라는 수를 입력하면 f기계는 어떤 값을 내놓는가?

2. 여기 $\circlearrowleft$기계에 대한 기술이 있다.

   $$\circlearrowleft (\ast) = \ast^2 - (5 \cdot \ast) + 17$$

여기에 1이라는 수를 입력하면 ○ 기계는 어떤 값을 내놓는가?

　같은 답이 나오는지 확인해보려고 이 두 문제를 풀 필요는 없다_{중요한 것} 은 아니지만 정답은 13이다. 이 두 개는 똑같은 기계를 기술하고 있고, 그 두 기계 에 똑같은 수를 입력했으니 굳이 풀어보지 않아도 정답은 똑같이 나올 수 밖에 없다. 사물을 자기가 내키는 대로 얼마든지 약자로 표현할 수 있다는 것을 모르는 사람은 없다. 하지만 내가 누군가에게 수학을 설명하면서 우 리가 무엇에 대해 이야기하고 있는지 기억하기 쉽도록 약자를 바꿔서 사용 하면 흔히 듣는 소리가 바로 이것이다. '우와! 그래도 되는 거예요? 몰랐어 요!' 약자 바꿔 쓰기 연습은 중요하다. 한 세트의 약자들만 사용할 때는 수 학에 등장하는 수많은 개념이 하나같이 무섭고 복잡해 보이지만, 다른 약 자 세트를 이용하면 갑자기 뻔한 개념들로 다가오기 때문이다. 뒤에서 이 런 재미있는 사례를 몇 가지 더 살펴보겠다.

1.1.5. 등식의 다른 얼굴들

　표준 수학 표기법은 수학을 새로 접하는 사람들에게 불필요한 혼란을 야 기하는 또 다른 문제점을 안고 있다. 등호를 쓸 때는 등식이 성립하는 이유 를 상기시켜주기 위해 서로 다른 모양의 등호를 쓰면 좋은데 그렇게 하지 않는다는 점이다.

　이 책에서 일반적인 등호인 '='를 쓸 때는 모든 수학책에서 사용하는 의 미와 똑같은 뜻으로 사용할 것이다. A = B라고 하면 A와 B가 겉모습은 서로 다르게 보일지라도 사실은 똑같은 것을 가리키고 있다는 의미다. 따 라서 '='라는 기호는 등식이 성립한다는 사실을 말해줄 뿐 그 등식이 왜 성립하는지에 대해서는 언급하지 않는다. 가끔씩은 다른 모양의 기호를 사용하면 이해하기가 훨씬 편해진다. 이 책의 나머지에서는 아래 나오는 세 가지 기호 모두 똑같은 것을 뜻한다.

$$\equiv \qquad \overset{강제}{=} \qquad \qquad (2\text{-}17)$$

세 가지 모두 '이 등호의 양쪽에 있는 것은 같다'는 의미다. 하지만 양쪽이 똑같은 이유가 서로 다르나는 것을 떠올리게 한다.

내가 가장 흔하게 사용할 등호의 대체 버전은 '$\equiv$'이다. 이것은 등호의 좌우가 같은 이유가 약자를 사용하기 때문이라는 뜻을 가지고 있다. 몇 가지 예를 보면 내가 무슨 말을 하는지 이해할 수 있을 것이다. '$\equiv$' 기호가 등장하게 되는 경우를 하나 들면 우리가 무언가를 정의할 때다. 위에서 $M(s) = s^2$이라는 표현을 썼는데, 사실은 이것을 $M(s) \equiv s^2$이라고 쓸 수도 있었다. '$=$'를 사용한 이유는 단지 아직 '$\equiv$' 이야기를 꺼내지 않았기 때문이었다. 위 문장에서 '$\equiv$'의 의미는 다음과 같다. '$M(s)$와 s^2은 같은 것인데, 당신이 모르고 놓친 수학이 있어서 이 둘이 같은 이유를 이해 못한 것이 아니다. 그냥 다른 말이 나오기 전까지는 $M(s)$를 s^2의 '약자'로 사용하겠다는 의미다.'

이 책에서만 무언가를 정의할 때 '$\equiv$' 기호를 사용하는 것은 아니다. 요즘엔 다른 책에서도 그런 경우가 많다.* 하지만 같은 표기법으로 최대한 본전을 뽑아 먹을 수 있도록 이 책에서는 이 기호를 살짝 더 일반적인 용도로 이용하려고 한다. 그냥 우리가 약자를 사용하기 때문에 성립하는 등식에서

---

* 역설적인 일이지만 이 기호는 수학 입문서보다는 상급자용 서적에서 더 흔히 사용된다. 정말로 이 기호가 사용되어야 할 책은 입문서인데 말이다.

는 모두 '≡' 기호를 사용하겠다. 이런 경우는 당신이 모르고 놓친 수학이 있어서 그 등식이 성립하는 이유를 이해 못하는 것이 아니다. 이 개념을 설명하기 위해 정말 무의미하고 억지스러운 사례를 쥐어짜보자. $M(s) \equiv s^2$ 이라는 사실을 이용해서 다음과 같은 등식을 쓸 수 있다.

$$1 + 5\left(9 - \frac{72}{M(s)}\right)^{1234} \equiv 1 + 5\left(9 - \frac{72}{s^2}\right)^{1234}$$

핵심을 말하자면 당신은 더하기, 곱하기, 수에 대해 한 번도 들어본 적이 없더라도 위에 적힌 기호 무더기를 이해할 수 있어야 한다! '≡'를 사용하고 있기 때문이다. 이것이 실제로 말하는 바는 왼쪽에 있는 것과 오른쪽에 있는 것이 같은 이유는 우리가 약자를 사용하기 때문이지, 당신이 모르는 수학이 있어서 등식이 성립하는 이유를 이해 못하는 게 아니라는 뜻이다. 따라서 이런 종류의 등호를 볼 때 전혀 겁먹을 필요가 없다. 사실 '≡'가 들어간 방정식은 실제로는 아무런 사실도 말하지 않기 때문이다. 하지만 이 책을 계속 읽다 보면 서로 다른 약자 사이를 왔다 갔다 변환하는 것이 얼마나 유용한지 알게 될 거다. 따라서 우리가 하는 일이라고는 약자를 변환하는 것밖에 없을 때 그런 점을 우리에게 상기시켜줄 특별한 종류의 '등호'를 마련하는 것은 그만한 가치가 있다.

어떤 등식을 강제로 성립하게 만들고서, 그 결과로 무슨 일이 일어나는지 확인할 때는 또 다른 등호 사용법이 등장한다. 바로 사람들이 '어쩌고저쩌고가 0과 같을 때…' 이런 식으로 이야기할 때 사용하는 등호 버전이다. 이건 좀 이상한 개념이니까 간단한 사례를 하나 살펴보자. 교과서에서 이런 말이 나오면 대체 무슨 의미인지 분명하지 않을 때가 있다. '$x = x^2$일 때 x의 값을 구하시오.' 여기서는 분명 등호가 이상한 방식으로 사용되고 있다.

우선 '$x = x^2$'이란 문장은 성립하지도 않는다. 적어도 보편적으로 성립하지는 않는다. '$x = x^2$'이라는 문장이 항상 성립한다면, 2는 4와 같은 값이고, 10은 100과 같은 값이라는 말이 되기 때문이다. 이 개념을 풀어보면 다음과 같다.

> **책에 나온 말:** $x = x^2$일 때 x의 값을 구하시오.
>
> **이 말의 의미:** 거시기에 어떤 값을 넣어야 (거시기) = (거시기)·(거시기)라는 문장이 참으로 성립하는지 계산하시오. 그리고 이 문장을 거짓으로 만드는 '거시기'들은 모두 무시하시오.

이 등호의 뜻은 '$\equiv$'의 의미와는 너무 다르기 때문에 다른 방식으로 표현하겠다. 이렇게 표시하면 어떨까?

$$x \overset{강제}{=} x^2$$

무언가를 강제한다는 의미로 '강제'가 기호에 들어갔다―옮긴이 주

다시 한 번 말하지만 이 서로 다른 버전의 등호들은 일반적인 '$=$' 기호와 똑같은 의미다. 다만 새로 만든 기호들은 그 등식이 성립하는 이유를 우리에게 떠올리도록 할 뿐이다. 지금 당장은 서로 다른 종류의 등호를 구분하는 것이 불필요해 보일지도 모르지만 이것이 수학을 얼마나 쉽게 만들어주는지 곧 확인하게 될 것이다.

여기서 주목! 중요한 이야기를 하려고 한다! 당신이 무엇을 하든, 대체 어떤 종류의 등호를 언제 써야 하는지 몰라 괴로워하는 일은 없길 바란다. 그리고 수학 선생님이 지금 이 글을 보고 있다면 제발 나를 봐서라도 어떤 방정식에 '$=$', '$\equiv$', '강제' 가운데 무엇을 써야 하는가, 라는 문제로 학생들을

괴롭히지 마시길 바란다. 별로 중요하지도 않은 걸 가지고 잘난 척하려고 이렇게 꼼꼼하게 등호를 구분해서 사용하는 것이 아니다. 그저 등식이 성립하게 된 까닭을 우리에게 상기시켜줄 쉽고 빠른 방법이기 때문에 이용할 뿐이다. 그와 같은 이유로 등호 위에다가 가끔 이렇게 숫자를 적을 때도 있을 것이다.

$$거시기 \overset{(3)}{=} 저시기$$

이것은 '거시기 = 저시기인 이유는 3번 방정식 때문이다'라는 의미다. 이렇게 함으로써 각각의 방정식을 이용해서 당신이 어떤 개념을 제대로 이해했는지 확인할 수 있다. 물론 당신이 확인하고 싶은 경우에만 들여다보면 된다. 즉, 어떤 등식이 성립하는 이유를 당신이 직접 계산해서 알 수도 있겠지만, 그것이 귀찮을 때는 이 등호에 적힌 번호의 방정식을 찾아가면 그 이유가 나온다. 나는 다른 교과서에서도 이러면 얼마나 좋을까, 하고 늘 생각해왔다. 그렇지만 표기법에 대해서는 이 정도로 마무리하자. 이제 드디어 창조의 시간이 다가왔다!

⟶ 1.2. 수학 개념 발명하는 법 ⟵

무언가를 창조할 수 없다면, 그것을 이해하지 못했다는 소리다.

-리처드 파인만, 사망 당시 그의 칠판에 적혀 있던 글

미적분을 발명하기 앞서 애초에 무언가를 발명하는 방법을 알 필요가 있

다. 특히 그중에서도 수학적 개념을 발명하는 법을 알아야 한다. 여기서는 두 가지 간단한 예를 가지고 창조 과정을 살펴볼 것이다. 하나는 사각형의 면적이고, 또 하나는 직선의 경사기울기다.* 당신이 이 계산법을 이미 알고 있어도 상관없다. 누구든 이런 문제에 대해 논의하다 보면 이해하는 데 도움이 되든, 가르치는 데 도움이 되든 뭐라도 하나 건질 게 있을 것이다. 발명 과정에 대해 논의하는 경우는 정말 드물기 때문이다.

아무것도 없는 상태에서 수학을 발명할 때는 항상 직관 즉, 일상적인 인간적 개념에서 시작한다. 결국 수학의 개념을 발명하는 과정은 애매모호한 질적 개념을 정확한 양적 개념으로 변환하려는 시도다. 5차원, 17차원, 무한히 많은 차원 등을 정말로 머릿속에 그림을 그려 생각할 수 있는 사람은 없다. 그렇다면 수학자들은 '곡률curvature' 같은 것을 어떻게 정의하길래 더 높은 고차원 물체의 곡률에 대해 이야기할 수 있는 것일까? 이런 정의는 너무나 추상적일 때가 많아서 진실을 보려면 인간의 능력을 뛰어넘는 고차원적 직관 능력이 있어야만 할 것 같은데 어떻게 인간인 수학자가 그런 개념을 정의할까?

사실 이 과정은 생각만큼 신비롭지 않다. 수학적 창조는 그저 질적인 것을 양적인 것으로 번역하는 과정일 뿐이다. 부디 언젠가는 이런 창조 과정에 대한 교육도 덧셈, 곱셈, 직선, 면, 원, 대수, 실로군Sylow group, 프랙탈fractal과 카오스chaos, 한-바나흐 정리Hahn-Banach theorem, 드람 코호몰로지de Rham cohomology, 층層, sheaf, 스킴scheme, 아티야-싱어 지표 정

---

* 나중에 알게 되겠지만, 사실 이 두 가지 개념이 모든 미적분학의 근간이다. 후자는 '미분'의 토대이고, 전자는 '적분'의 토대다. 이는 반대되는 개념이고, 둘이 서로 반대라는 정확한 의미는 이른바 '미적분학의 기본 정리(fundamental theorem of calculus, 미분과 적분의 연산은 서로의 역연산임을 보이는 정리-옮긴이 주)'에 기술되어 있다.

리Atiyah-Singer index theorem, 요네다 매장Yoneda embedding, 토포스 이론 topos theory, 하이퍼 도달 불가능 기수hyper inaccessible cardinal, 역수학reverse mathematics, 구성가능전체constructible universe 등 초등학교에서 박사후과정에 이르기까지 수학 과목에서 가르치는 다른 모든 내용과 함께 교육과정의 일부로 제자리를 찾을 수 있기를 바라는 마음이다. 수학적 창조의 교육은 이런 것들보다 훨씬 더 중요하다.

1.2.1. 면적 발명하기

이 섹션에서는 면적area이라는 개념, 그중에서도 가장 간단한 사례인 직사각형의 면적이라는 개념을 조사함으로써 수학적 개념 발명의 본질을 파헤쳐보겠다. 가로의 길이가 a이고, 세로의 길이가 b인 직사각형의 면적이 ab라는 사실은 간단한 개념이고원문에서는 'length', 'width'의 개념을 사용하지만 여기서는 우리에게 익숙한 가로, 세로를 사용하겠다. 그리고 '가로의 길이'는 '가로'로, '세로의 길이'는 '세로'로 간단히 표현하는 경우도 있을 것이다—옮긴이 주 분명 당신도 이미 알 것이다. 하지만 지금은 그 사실을 잠시 잊자. 직사각형의 면적이 가로 곱하기 세로임을 전혀 모른다고 해보자.

우리가 '면적'을 비수학적인 의미로 대충만 알고 있다고 가정하자. 즉, 면적이라는 단어가 2차원 사물이 얼마나 큰지를 기술하는 말인 건 알지만, 그 개념이 수학적 개념과 어떻게 연관되는지는 모르는 것으로 여기겠다는 뜻이다. 이쯤 되면 면적을 상징하는 약자로 A를 써서 '$A = ?$' 이런 식으로 무의미하게 쓸 수도 있겠지만, 그럼 거기서 끝나버리니 앞으로 더 나가지 못한다. 하지만 우리는 일상적으로 사용하는 비수학적 개념을 바탕으로 다음과 같은 사실은 분명하게 알고 있다.

일상적 개념이 말해주는 첫 번째 이야기

우리가 말하는 '면적'의 의미가 무엇이든, 그것은 직사각형의 가로 및 세로의 길이와 어떤 식으로든 관련이 되어 있다. 다른 누군가는 가로, 세로의 길이와 아무런 관련이 없는 '면적'을 정의할 수 있고 그것은 그 사람 맘이지만, 그렇다면 그 '면적'은 우리가 말하는 '면적'과는 다른 것이다.

위에 적은 말들을 하나의 약자로 축약해보자. 앞에서 했던 것처럼 간단하게 'A = ?'라고 쓰는 대신 문장을 다음과 같은 고도의 축약된 형태로 표현할 수 있다.

$$A(a, b) = ?$$

괄호 안에 새로 들어간 거시기들은 단지 이런 의미를 전달하고 있다. '이면적이란 것은 왜 그런지는 모르겠지만 가로와 세로의 길이에 달려 있어. 그러니 이걸 각각 a, b라는 약자로 표현할게. 그것 말고 다른 건 나도 모르겠고.'

이 약자가 앞에 나왔던 기계의 약자와 비슷하다는 점을 명심하자. 우리는 '난 기계에 대해 말하는 것이 아니야, 그저 축약할 뿐이라고' 하고 말할 수도 있고, 기계의 약자에 비유한 것을 진지하게 받아들여서 '일단 면적의 의미가 무엇인지 정확하게 알아낸 뒤에는 가로의 길이와 세로의 길이를 입력하면 직사각형의 면적을 말해주는 기계를 만드는 것도 분명 가능할 거야. 그것이 바로 내가 'A'라고 부르는 이 기계야'라고 말할 수도 있다. 이 두 해석 모두 결국에는 같은 곳으로 이어지기 때문에 아무거나 마음에 드는 것을 고르고 계속 앞으로 나가보자.

지금 우리는 직관적인 일상의 개념에서 출발해서 면적의 정확한 수학적 개념을 만들어가는 중이기 때문에 어떤 수를 가지고 시작하는 것이 아니다. 그럼 양적인 것을 가지고 시작할 수가 없으니 질적인 것을 가지고 출발해야 한다. 그리고 어떻게 해야만 한다고 말해주는 법칙 같은 것은 없지만 그래도 우리가 만든 정확한 개념이 일상적 개념과 비슷하게 작동했으면 하는 마음이 있다. 그 목적을 달성하기 위해 일상적 개념이 말해주는 또 다른 이야기에 귀를 기울여보자.

일상적 개념이 말해주는 두 번째 이야기

우리가 말하는 '면적'의 의미가 무엇이든, 세로의 길이를 변화시키지 않고 가로의 길이만 두 배로 늘이면, 원래의 직사각형이 두 개 생기기 때문에 면적도 두 배가 되어야 한다. 다른 누군가는 이와 다르게 행동하는 면적의 정의를 내릴 수도 있고 그것은 그 사람 맘이지만, 그렇다면 그 '면적'은 우리가 말하는 '면적'과는 다

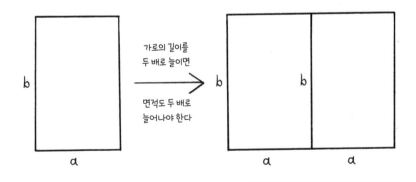

그림 1-3 우리가 말하는 '면적'의 의미가 무엇이든, 세로의 길이를 변화시키지 않고 가로의 길이만 두 배로 늘이면, 원래의 직사각형이 두 개 생기기 때문에 면적도 두 배가 되어야 한다.

른 것이다.

혹시 이것이 이해가 안 되면 그림 1-3을 보자. 우리가 가진 애매모호하고, 직관적이고, 비수학적인 면적 개념만으로는 직사각형의 면적이 가로 길이 곱하기 세로 길이라는 것을 분명하게 말할 수 없지만, 가로의 길이를 두 배로 하면 면적도 두 배로 늘어야 한다는 것만큼은 확실하게 말할 수 있다 세로의 길이가 똑같이 유지되는 한은. 이런 개념을 다음과 같이 축약해서 표현할 수 있다.

$$A(2a, b) = 2A(a, b)$$

그와 마찬가지 이유로 가로의 길이를 그대로 둔 상태에서 세로의 길이를 두 배로 할 때도 면적이 두 배로 늘어야 한다. 이것은 다음과 같이 축약할 수 있다.

$$A(a, 2b) = 2A(a, b)$$

더 나아가 이 문장에 들어 있는 '두 배'라는 말은 특별한 것이 아니다. 만약 가로의 길이를 세 배로 늘이면 원래의 직사각형이 세 개가 되는 것이기 때문에 면적도 세 배가 되어야 한다. 세로의 경우도 마찬가지고, 길이를 네 배로 늘일 때도, 다른 어떤 자연수whole number, 'whole number'는 음이 아닌 정수, 즉 0과 자연수를 가리키는 말인데 일본에서는 전수全數라고도 하고 우리말로는 범자연수凡自然數라고도 하지만 일반화된 용어는 아니다. 일반적으로 자연수는 0을 포함하지 않지만 일부의 수학자들은 0을 포함하기도 하므로 이 책에서는 특별한 언급이 없는 한 'whole number'를 자연수로 번역하고, 0도 포함하는 수의 의미로 사용하겠다. 그리고 0을 포함하지 않는 자연수는 '양의 정수'라고 하겠다―옮긴이 주 배로 늘일 때도 모두 마찬가지다. 그럼 자연수가 아닌 수는 어떨까? 가로의 길이는 변함없이 세로의 길이를 '한 배 반'으로 늘이면 원래의 직사각형이 한 개 반 생기니까 면적도 원래 직사각형의 한 배 반이 되어야 한다. 우리가 말하는 '면적'의 의미가 무엇이든 간에 이런 문장들은 배율의 크기가 얼마든 상관없이 우리의 직관적 개념을 잘 담는다. 다음과 같이 쓰면 이런 식으로 무한히 이어지는 문장들을 한 번에 뭉뚱그려 축약할 수 있다.

$$A(\#a, b) = \#A(a, b)$$

방정식 1-1

그리고,

$$A(a, \#b) = \#A(a, b)$$

방정식 1-2

여기서 #에는 어떤 수가 와도 상관없다. 하지만 만약 이것이 사실이라면 수학을 속여서 a는 $a \cdot 1$이고, b는 $b \cdot 1$이라고 생각하게 만들어 직사각형의 면적을 이렇게…

(어디 멀리서 우르릉대는 소리가 들린다.)

앗! 무슨 소리지…?! 너한테서 난 소리야?

독자 음… 아닌 것 같은데? 너한테서 난 소리 같은데?

저자 확실해?

독자 응, 확실해.

저자 흠… 좋아. 무슨 이야기를 하고 있었지? 맞다. 방정식 1-1과 1-2를 보면 어떤 수든 면적 기계 바깥으로 끌어낼 수 있다는 것을 알 수 있어. 하지만 그게 사실이라면 조금 장난을 쳐서 가로의 길이와 세로의 길이 그 자체도 바깥으로 빼지 말란 법은 없지! 그것도 결국은 다 수일 뿐이니까. a는 $a \cdot 1$과 같고, b는 $b \cdot 1$과 같기 때문에 여기에 a와 b라는 수에 방정식 1-1과 1-2에서 이끌어낸 사실을 몰래 적용시켜볼 수 있어. 이렇게.

$$A(a, b) \overset{(1\text{-}1)}{=} aA(1, b) \overset{(1\text{-}2)}{=} abA(1, 1) \qquad \boxed{\text{방정식 1-3}}$$

그럼 직사각형의 면적은 가로 곱하기 세로 곱하기 응…? 뭐지? $A(1, 1)$은 대체 여기서 뭐 하고 있는 거야?!

사실 방정식 1-3은 단위unit의 개념을 말한다. 즉, 우리는 어떤 직사각형의 면적이라도 계산할 수 있지만, 일단은 가로와 세로의 길이가 각각 1인 직사각형사실 다른 직사각형이라도 상관없다의 면적이 무엇인지부터 결정해야 한다. 만약 길이를 광년 단위로 측정한다면 $A(1, 1)$은 1제곱광년이라는 면적이 된다. 만약 길이를 나노미터로 측정한다면 $A(1, 1)$은 1제곱나노미터라는 면적이 된다.

우리는 보통 $A(1, 1)$을 강제로 1로 설정해서 이런 부분을 해결하지만, 그저 편의를 위한 것이다. 우리가 원하면 $A(1, 1)$을 27이라는 숫자로 나타낼 수도 있다. 그럼 $A(a, b) = 27ab$라는 공식이 나온다. 이상하게 보일지는 몰라도 적어도 틀린 소리는 아니다. $A(1, 1)$을 강제로 1이나 다른 숫자로 설정하는 대신 방정식 1-3을 다른 방식으로 해석할 수도 있다.

$$\frac{A(a, b)}{A(1, 1)} = a\,b$$

이것이 뜻하는 바는 이렇게 하면 단위에 대해 이야기할 필요가 없지만즉, $A(1,1)$이 무엇인지 결정할 필요가 없지만, 더 이상 면적 그 자체에 대해서도 이야기할 수 없다는 의미다. 이런 해석은 무언가가 가로 곱하기 세로와 같기는 한데, 그것이 면적은 아니라는 것을 말해준다. 이는 면적의 '비율ratio', 혹은 $A(a,b)$ 안에 $A(1,1)$을 몇 개나 집어넣을 수 있는지 이야기한다.

이렇게 발명을 하고 보니 정말로 수학이 우리보다 더 똑똑했다는 것을 알 수 있다. 수학은 우리에게 단위의 개념에 대해 설명할 뿐 아니라, 어느 한 단위계에서 다른 단위계로예를 들면 나노미터에서 광년으로 면적을 변환하는 법까지 자동으로 말했다. 이 책에서 개념을 직접 발명할 때마다 이런 경우를 많이 접하게 될 것이다. 우리가 이미 아주 잘 아는 간단한 개념이라 해도 그것을 직접 다시 발명해보면 개념 자체에 대해 훨씬 많은 통찰을 얻게 된다이 섹션의 시작에 소개된 글에서도 엿볼 수 있듯이, 위대한 물리학자 리처드 파인만은 이미 알려진 사실도 여러 새로운 각도에서 접근해서 다시 창조해야만 직성이 풀리는 성격이었다. 그리고 그러한 방법을 통해 그는 물리학의 본질을 더 깊숙이 꿰뚫어볼 수 있었다. 수학도 마찬가지다—옮긴이 주.

그럼 이와 똑같은 논리를 그 어떤 차원에도 똑같이 적용 가능함을 어렵지 않게 이해할 수 있다. 상자처럼 생긴 3차원 물체를 상상하고 가로, 세로, 높이height를 각각 a, b, h라는 약자로 적어보자. 그럼 면적의 사례에서와 똑같은 이유로, 가로와 세로의 길이는 그대로 두고 높이만 두 배로 늘이면, 원래의 상자가 두 개 생기니까 부피도 두 배로 증가한다. 여기서도 마찬가지로 '두 배'라는 말은 특별한 값이 아니다. 따라서 배율을 얼마로 잡든지 똑같은 개념이 통용된다. 가로와 세로의 길이에 대해서도 마찬가지다. 따라서 3차원에서도 이 세 가지 길이에 대해 #가 그 어떤 수라도 상관없이 참이 성립해야 한다. 그리고 세 문장에 들어간 #라는 수가 같은 수일 필요도 없다.

$$V(\#a, b, h) = \#V(a, b, h)$$
$$V(a, \#b, h) = \#V(a, b, h)$$
$$V(a, b, \#h) = \#V(a, b, h)$$

앞에서와 마찬가지로 이 세 가지 개념을 a, b, h라는 수 그 자체에 적용해서 다음과 같이 적을 수 있다.

$$V(a, b, h) = abh \cdot V(1, 1, 1)$$

이제 우리는 훨씬 이상하고 재미있는 일을 할 수 있게 됐다. 더 높은 차원의 공간에 대해 논할 수 있게 된 것이다. 만약 n이 큰 수일 경우 우리는 n차원의 공간을 머릿속에 그릴 수 없다. 그럴 수 있는 사람은 아무도 없다. 지금 시점에서는 대체 'n차원 공간'이 무엇인지 확실하지도 않다. 하지만 상관없다! 우리는 얼마든지 이렇게 이야기할 수 있으니까 말이다. '내가 말하는 'n차원 공간'의 의미가 무엇이든, 그리고 n차원 버전의 직사각형 상자 같은 물체의 의미가 무엇이든 간에 2차원이나 3차원의 사촌뻘 도형과 비슷하게 행동할 것이므로 방금 앞에서 주장했던 논리를 똑같이 적용할 수 있다. 만약 그렇게 행동하지 않는다면, 내가 지금 말하는 'n차원 공간'과는 다른 것이다.' 그럼 이제 우리는 자신 있게 다음과 같이 적을 수 있다.

$$V(a_1, a_2, \ldots, a_n) = a_1 a_2 \cdots a_n \cdot V(1, 1, \ldots, 1)$$

여기서 V는 'n차원 공간에서 우리가 '부피volume'라 부르고 싶은 속성'

을 말하며, 이제 더 이상은 2, 3차원에서 그랬던 것처럼 각각의 차원 방향에 독자적인 이름가로, 세로, 높이 등을 부여하지 않기로 결정했다. 방향에 고유의 이름을 붙이기보다 그냥 모두 a라는 약자를 사용하고 각각에 서로 다른 숫자를 붙여서 구분하면 훨씬 쉽다그래서 $a_1, a_2, \cdots, a_n$.

우리가 이야기하고 있는 그것을 머릿속에 그려볼 수는 없지만 그래도 그것을 이용해서 다른 것을 추론할 수 있다. 예를 들어, 이 n차원 상자 형태 물체의 모든 '변'이 '길이그 길이를 'a'라고 부르자'가 같다면 바로 n차원 정다면체가 되는 것이다. 따라서 만약 우리가 강제로 흉측한 $V(1, 1, \cdots, 1)$을 편의를 위해 1이라 놓는다면 이 고차원 정다면체의 '부피'는 $V = a^n$이라 추론할 수 있다. 물론 우리가 말하는 것이 어떻게 생겼는지 머릿속에 그림조차 그릴 수 없지만 말이다!

요약하면 면적이라는 일상적인 개념에 대해 생각하고, 무한히 많은 문장을 단 한 줄로써 설명할 방법으로 그 생각을 축약하고 나면, 직사각형의 면적이라는 애매모호한 개념을 결국 $ab\,A(1, 1)$로 나타낼 수 있다는 것을 알게 됐다. 이렇게 해서 우리는 익숙한 '가로 곱하기 세로'라는 공식을 발견했을 뿐 아니라 깜박했던 다른 것도 알아냈다. 바로 '단위'라는 개념이다.

이제 우리는 이 간단한 발명을 이용해서 이른바 '대수학의 법칙laws of algebra'을 이해하고 시각화할 수 있을 것이다. 이런 방법을 이용하면 법칙들을 두 번 다시는 암기할 필요가 없다. 계속 앞으로 나가자!

1.2.2. 전부 망치는 법: 암기의 어리석음에 대해 한마디!

과학 교사가 진짜로 해야 할 일이 무엇인지 깨닫는 데는 몇 년이 걸렸다. 과학 교사의 임무는 자신이 현재 알고 있는 모든 과학적 사실을 학생들의 머릿속에 주입하는 것이 아니라 학생들에게 생각하는 방법을 가르쳐 교사가 2년 동안 배운 내용을 학생은 나중에 1년 만에 터득할 수 있는 능력을 길러주는 것이어야 한다. 그렇게 해야만 비로소 우리는 한 세대에서 다음 세대로 넘어갈 때마다 계속 발전해나갈 수 있다. 이것을 깨닫고 나니 내 교육 방식에 변화가 생겼다. 겉핥기식으로 아는 서로 동떨어진 수십 가지 지식을 알려주는 대신, 한두 가지 문제라도 정말 깊게 분석해서 파고드는 방식으로 바뀐 것이다.

-E.T. 제인스, <미래를 뒤돌아보며A Backward Look to the Future >

여러 초등 수학교육 과정에서 가장 끔찍한 부분이 뭐냐면 어쩐 일인지 교사들이 교육의 목적은 학생들에게 수학의 개별적인 사실을 가르치는 데 있다고 확신하는 듯.보인다는 것이다.적어도 내가 받은 수학교육은 그랬다. 나는 여기에 눈곱만큼도 동의할 수 없다. 당신은 그럼 수학교육이니 당연히 수학적인 내용을 다뤄야지 대체 뭘 하자는 것이냐고 따질지도 모르겠다. 이건 아주 중요한 부분이기 때문에 여기서 마지막으로 한 번 더 이야기하면서 박스로 정리하고 넘어가자.*

독립 선언문

수학교육의 목적은 수학에 대한 사실적 지식을
가진 학생을 기르는 것이 아니다. 수학교육의 목적은
생각하는 법을 아는 학생을 기르는 것이다.

여기서는 좀 조심할 필요가 있다. '생각하는 법을 가르친다'고 했는데 그

러면 꼭 경찰복을 입은 덩치 좋은 남자가 채찍을 휘두르며 '이런 식으로 생각하란 말이야!' 하고 윽박지르는 장면을 떠올리기 쉽기 때문이다. 내 말은 이런 뜻이 전혀 아니다.

수학의 세계에는 우연이란 것이 존재하지 않는다. 그리고 다른 어떤 분야에서도 접할 수 없는 강도와 정확도로 정신을 훈련할 수 있는 공간이기도 하다. 더군다나 훈련 과정에서 세상의 모든 것에 대해 기술하는 대상을 배우게 될 것이다. 이는 믿기 어려울 정도로 유용하지만 실용성은 정신을 훈련하는 데 따라오는 부차적인 효과에 지나지 않는다. 박스를 만들어 적어야 할 정도로 중요한 것을 이야기하고 있었으니, 사람들이 절대로 말하지 않는 내용을 여기 소개한다.

수학은 이런 것이 아니다
선, 면, 함수, 원 그리고 수학교육에서 배우는 온갖 것들.

수학은 이런 것이다
이런 비슷한 문장: '이것이 참이면, 저것도 참이다.'

※ 뭐 하러 거창한 이름까지 붙여가면서 박스로 정리하느냐고? 좋은 질문이다! 솔직히 까놓고 말하겠다. 책을 쓰다 보면 가끔씩 자기가 좋아하는 무언가에 대한 존경의 표시를 끼워넣는 재미가 있다(이 책을 쓰기 시작하면서 이런 재미를 알게 됐다). 이 박스는 내가 좋아하는 교과서인 E.T. 제인스의 《확률론, 과학의 논리(Probability Theory: The Logic of Science)》에 바치는 존경의 표시다. 이 책은 사후에 출판된 그의 대표 저서다. 어쩌면 그가 마무리하지 못하고 죽어서 그럴 수도 있지만, 글에서 그의 불같은 열정을 엿볼 수 있다. 《확률론, 과학의 논리》는 이상하게 사람의 마음을 따뜻하게 만드는 제인스의 기벽과 다른 교과서에서는 좀처럼 보기 힘든 다양한 내용으로 가득 차 있다. 그 가운데 하나가 바로 <부록 B>에 나와 있는 '해방 선언문(Emancipation Proclamation)'이라는 박스다. 나는 항상 그 섹션이 마음에 들었다. 이제는 나도 직접 내 책을 쓰게 되었으니 드디어 제인스에게 이런 존경의 표시를 하게 됐다.

일단 이것을 깨닫고 나면 두 가지 사실을 바로 이해하게 된다. 첫째, 무엇을 하든지 이런 식으로 정신을 훈련하는 일이 왜 유용한지가 분명해진다. 둘째, 현재의 수학교육이 엉뚱한 방향으로 흘러가고 있음이 분명해진다.

엉뚱한 방향으로 흘러가는 예를 하나 구체적으로 살펴보자. 수업 시간에는 졸린 눈으로 흐리멍덩하게 앉아 있는 학생들을 앞에 두고 이른바 'FOIL' 기법이란 것을 가르친다. 'FOIL'은 'First, Outer, Inner, Last 첫 번째 것끼리, 바깥 것끼리, 안쪽 것끼리, 마지막 것끼리'의 약자이며, FOIL은 이 문장을 외우기 위한 방법이다 우리나라에서 가르치는 방법은 아니니 여기서는 구경만 하고 넘어가자. 이런 교육이 우리나라만의 문제점은 아니구나 싶다. 가만 보면 영어권 사람들은 무엇을 하더라도 이렇게 앞 글자를 따서 뭔가 그럴듯하게 이름 붙이는 것을 좋아한다—옮긴이 주.

$$(a + b)^2 = a^2 + 2ab + b^2$$

혹은 좀 더 일반화해서,

$$(a + b)(c + d) = ac + ad + bc + bd$$

'FOIL'이라는 이름이 필요할 때마다 스스로 수학적 사실을 재발명하는 방법을 가르치는 것이 아니라 그저 외우도록 돕는 방법임을 한눈에 알아볼 수 있다. 대체 이런 걸 가르치는 게 무슨 의미가 있다는 말인가? 대부분의 학생은 이것의 핵심이 무엇인지 선생님들보다 더 잘 이해한다. 곧, 아무런 핵심도 없다는 것이 핵심이다. 이 사실들을 우리가 한번 직접 발명해보자. 방법을 알아두면 두 번 다시는 암기할 필요가 없을 것이다.

우리가 종이를 한 장 꺼내서 그림을 그린다고 해도 그리는 행위 자체 때문에 그 종이의 면적이 달라지지는 않는다. 당신이 그 위에 집을 그리든, 용을 그리든 이것은 언제나 참이다. 그럼 우리가 발명한 개념들을 가지고 이리저리 장난을 치다가 $(a+b)^2$ 같은 것이 우연히 떠올랐다고 가정해보자. 우리는 이것을 한 정사각형의 면적이라 생각할 수 있다. 하지만 어떤 정사각형?

정사각형의 변의 길이가 '거시기'라면 그 정사각형의 면적은 (거시기)(거시기)이고 약자로 표현하면 (거시기)^{2}이 된다. 따라서 $(a+b)^2$을 모든 변의 길이가 $a+b$인 정사각형의 면적이라 생각할 수 있다. 그럼 그 정사각형을 그린 다음 그 안에 그림을 그려보자. 그림 1-4가 바로 이렇게 그린 것이다. 우리가 그린 그림은 이상하게 한쪽으로 치우친 '+' 모양이 되었다. 사실 이 십자 모양은 변을 a의 길이와 b의 길이로 나누는 두 직선이 만난 것이다. 이렇게 하면 똑같은 것을 두 가지 방식으로 이야기할 수 있다. 정사각형 안에 온갖 그림을 그린다고 해도 면적은 변하지 않으므로 다음과 같은 사

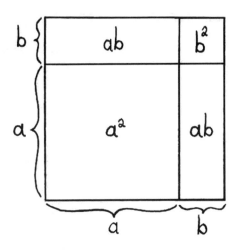

그림 1-4 FOIL이 말하는 것은 기본적으로 이게 전부다.

실을 알 수 있다.

$$(a+b)^2 = a^2 + 2ab + b^2$$

이제 당신은 두 번 다시는 FOIL이란 공식을 암기할 필요가 없을 것이다. 좀 더 복잡한 아래의 문장도 이런 식의 논리를 이용해서 발명할 수 있을지 확인해 보자.

$$(a+b)(c+d) = ac + ad + bc + bd$$

아무 수나 두 개 곱한 형태, 즉 (거시기)·(저시기)라는 일반화된 형태로 쓴다면 한 변의 길이는 거시기이고, 한 변의 길이는 저시기인 직사각형의 면적이라 생각할 수 있다. 이제 '거시기'는 $a+b$이고, '저시기'는 $c+d$인 직사각형을 그려보자. 그럼 그림 1–5처럼 된다. 이 그림을 보면 큰 직사각형의 면적은 그저 작은 직사각형들의 면적을 모두 합친 것일 뿐임을 알 수 있다. 따라서 이 그림의 골자는 다음 문장으로 축약해서 표현할 수 있다.

$$(a+b)(c+d) = ac + ad + bc + bd$$

이제 당신은 두 번 다시 저런 공식을 외울 필요가 없다. 잊어버려도 직접 다시 발명하면 그만이다. 이런 공식을 외우려고 해서도 안 된다. 오히려 지금 당장 둘 다 잊어버리려고 노력해야 한다. 모든 수학 교실에는 이런 글을 칠판에 새겨놓아 마땅하다.

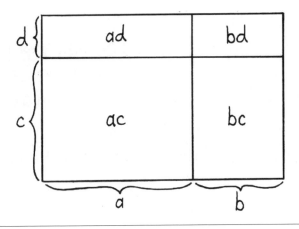

그림 1-5 FOIL이 말하는 것은 사실 이게 전부다.

수학교육 제1계명

무릇 수학교사는 학생들에게 암기하라고 닦달할 것이 아니라
잊으라고 닦달해야 한다.

수학교육의 목표는 이와 똑같은 추론 과정을 혼자서 다시 이어갈 수 있는 능력을 키우는 것이기 때문에 이런 논증에 나온 단계들도 외우려고 들어서는 안 된다. 그보다는 논증을 충분히 이해해서 공식을 잊어버리는 일이 있어도 아니, 잊어야 한다 몇 초 만에 바로 그 자리에서 다시 발명할 수 있게 해야 한다. 이렇게 하다 보면 결국에는 자기도 모르는 사이에 이런 내용들을 '암기'하게 될 것이다. 이해해도 너무 잘 이해하다 보니 그런 일이 생긴다. '암기하지 않고 배우는' 이 선禪 같은 과정을 성공적으로 터득했는지 확인하려면 새로운 분야에 이것과 똑같은 추론 과정을 적용할 수 있는지 시험해보면 된다.

그 논리는 다음과 같다. 만약 당신이 이것을 이해한 게 아니라 그냥 사실 자체만 암기했다면 처음 대하는 분야에서 똑같은 추론을 적용하기는 불가능하다는 것이다. 새로운 맥락을 접하는 상황은 암기했을 가능성을 거르는 망처럼 작용한다. 하지만 새 맥락에 무언가를 시험 삼아 적용해보는 일은 분명 지적 유희를 주는 놀이가 되어야 하지만, 안타깝게도 실험과 실패를 처벌하는 환경그러니까 한마디로 학교에서는 이것이 오히려 불안의 원천이 되고 만다.

이것저것 발명해보기

1. 위에서 'FOIL'이라는 아주 바보 같은 약자에 대해 이야기했다. FOIL은 'First, Outer, Inner, Last첫 번째 것끼리, 바깥 것끼리, 안쪽 것끼리, 마지막 것끼리'를 나타내는 약자다. 과정을 이해하는 것이 아니라 수학적 사실을 암기하는 이런 방법은 결국 서로 다른 무한히 많은 '기법'을 낳게 된다. 암기를 고집하면 이런 것까지도 모두 외워야 한다. 예를 들어보자. 다음과 같은 등식이 성립한다.

$$(a + b + c)^2 = a^2 + b^2 + c^2 + 2ab + 2bc + 2ac$$

정말 꼴사나운 문장이다. 제정신이 박힌 사람이라면 외우고 싶은 마음은 들지 않을 거다. 우리의 목표가 보편적인 추론 전략을 배우는 것이 아니라 그저 이런 공식을 외우는 데 있다면 'FOIL'이란 약자를 발명한 사람과 똑같은 접근 방식을 이용해서 이를 'LT.MT.RT.15.16.24.26.34.35' 기법*이라 불러야 할 것이다. 제발 이런 짓은 하지 말자. 대신 위에서 이용했던 것과 똑같은 전략그림 그려서 바라보기을 써서 이 꼴사나운 수식을 직접 발명해보자. 힌트: 정사각형을 그린 다음 각각의 변을 위에서 했던 것처럼 둘이 아니라 세 조각으로 나눠보자.

2. 이번에는 3차원에서 놀아보자. 여기서도 똑같은 사고방식을 적용할 수 있을까? 우리는 정말 아래 나온 것 같은 흉측한 문장을 암기하고 싶지 않다.

$$(a+b)^3 = a^3 + 3a^2b + 3b^2a + b^3$$

그럼 이 문장을 외우는 대신 위에서 했던 것과 똑같은 방식으로 발명해보자. 그림을 그려서 바라보는 것이다. 힌트: 정육면체를 하나 그려서 각각의 변을 두 조각으로 나눠보자. 그림 1-6을 보면 도움이 될지도 모르겠다. 그런데 이 그림을 보면 차라리 위에 나온 문장을 외우고 싶은 생각이 들 수 있겠다. 이번 그림은 머릿속에 시각화하기가 조금 까다롭기 때문이다. 이런 데서 막혀버리면 괜히 기가 죽어서 자기가 이 개념을 제대로 이해하지 못한 것인가 의심스러워질 수도 있다. 실제로는 잘 이해했는데 말이다.

이런 추론 방법을 사용하면 다른 사람들이 암기하라고 성화를 부리는 것들도 직접 발명할 수 있지만 두 가지 면에서는 이 또한 완벽하지 못한 점이

＊　이것은 다음의 약자다. '왼쪽끼리, 가운데끼리, 오른쪽끼리, 첫 번째하고 다섯 번째, 첫 번째하고 여섯 번째, 두 번째하고 네 번째, 두 번째하고 여섯 번째, 세 번째하고 네 번째, 세 번째하고 다섯 번째(Left Two, Middle Two, Right Two, First and Fifth, First and Sixth, Second and Fourth, Second and Sixth, Third and Fourth, Third and Fifth)' 기법. 이것을 보면 한 단계만 복잡해져도, 일단 외우고 보자는 'FOIL'식 접근이 얼마나 어리석은지 알 수 있다.

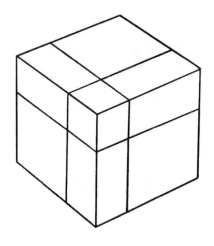

그림 1-6 이 그림이 2번 발명에 도움이 될지도 모르겠다.

있다. 첫째, 생각처럼 그렇게 간단하지가 않다ー무슨 의미인지는 곧 설명하겠다. 둘째, 기본적으로 $(a+b)^4$이나 $(a+b)^{100}$ 같은 것에는 아무런 소용이 없다. 인간의 정신은 3차원 이상을 시각화하기 어렵기 때문이다. 하지만 사실 이 두 가지 모두 해결책이 존재한다.

위에서처럼 $(a+b)^4$ 같은 것을 더 작은 조각으로 쪼개서 푸는 사고방식 대신 더 간단한 방법을 이용해보자. 더 어려운 문제를 더 간단한 방법으로 풀겠다고 하니 이상하게 들릴 수 있겠다. 하지만 이런 전략은 수학 구석구석에서 사용된다. 이게 통한다는 것이 얼마나 다행인지 모른다! 여기 더 간단한 방법을 소개하겠다.

종이 한 장을 가져다가 마음 내키는 대로 아무렇게나 쭉 찢어서 두 조각으로 만든다고 생각해보자. 두 종잇조각의 면적을 정확한 수치로는 알 수 없지만 원래 종이의 면적이 찢어진 두 종잇조각의 면적을 합친 값과 같다는 것은 분명하다. 그럼 이 종이 찢기의 개념을 계속 반복해서 적용하기만

하면 'FOIL' 기법과 그보다 복잡한 고차원의 친구 기법들을 재발명할 수 있다뭐가 어떻게 돌아가는지 머릿속에 그릴 수는 없더라도. 종이 찢기 개념을 축약된 형식으로 적어보자.

우리가 무언가를 발명하고 있는데 그 과정에서 (거시기)·$(a+b)$나 $(a+b)$·(거시기) 비슷한 것이 나왔다고 가정하자. 두 개는 똑같은 것이기 때문에 이 논증은 두 가지 모두에 적용할 수 있다. 지난번에 했던 것과 마찬가지로 이를 한 변의 길이는 (거시기)이고 다른 한 변의 길이는 $(a+b)$인 직사각형의 면적이라 생각할 수 있다. 이 직사각형을 그림 1-7에서처럼 중앙 근처 어디쯤에서 똑바로 찢어낼 수 있다면 면적이 a·(거시기)인 종잇조각과 면적이 b·(거시기)인 종잇조각이 나온다. 종이를 찢는다고 해서 총면적이 변하지는 않기 때문에그 어떤 종잇조각도 버리지 않았으므로 다음의 문장이 성립한다.

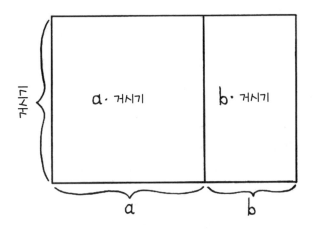

그림 1-7 너무 뻔한 찢기 법칙: 무언가를 두 조각으로 찢으면 원래 물체의 면적은 찢어진 두 조각의 면적을 합친 값과 같다. 똑같은 말을 축약된 형태로 적으면 이렇다. $(a + b)$·(거시기) = a·(거시기) + b·(거시기). 수학 교과서에서는 보통 이것을 '분배법칙'이라 부른다.

$$(a + b) \cdot (거시기) = a \cdot (거시기) + b \cdot (거시기)$$

나는 이것을 '너무 뻔한 찢기 법칙'이라 부르지만 뭐, 이름이야 어쨌든 중요하지 않다. 아무거나 당신 맘에 드는 이름으로 불러도 상관없다. 수학 교과서에서는 '분배법칙distributive law'이라고 부르는데 조금 가식적으로 들리기는 하지만, 그래도 의미가 통하는 이름이다. 하여간 이제 다음 몇 문단만 읽고 나면 이 개념에 군이 이름을 붙일 필요가 없어질 것이다.

'너무 뻔한 찢기 법칙'과 마찬가지로 이른바 '대수학의 법칙'이라는 것들은 모두 간단한 시각적 개념을 축약해놓은 거라 생각할 수 있다. 예를 들어 곱하기는 곱셈 기호 좌우의 항목을 바꿔치기해도 똑같은 값이 나온다는 사실, 즉 $a \cdot b = b \cdot a$은 한마디로 직사각형의 면적은 그 직사각형을 옆으로 뉘어도 변하지 않는다는 말과 같은 의미다. 이 역시 정말 간단한 개념인데도 사람들은 '곱셈의 교환법칙cummutative law of multiplication'이라는 무시무시한 이름을 붙여서 괜히 당신을 겁준다. 하지만 이것은 그저 원하는 곳 어디에서든 곱하기의 순서를 바꿔도 상관없다는 의미일 뿐이다. 특히 우리는 (거시기)가 $(a+b)$의 오른쪽이 아니라 왼쪽에 나타나도 '너무 뻔한 찢기 법칙'을 이용할 수 있다.

만약 교과서에 나오는 내용처럼 보이고 싶었다면 '너무 뻔한 찢기 법칙'을 적을 때 (거시기) 대신 c를 쓸 수도 있었을 것이다. 그래도 상관은 없었겠지만 그래도 군이 (거시기)라고 적은 이유는 (거시기)가 어떻게 생겨먹었든 간에 법칙은 여전히 참이라는 것을 상기시켜주고 싶었기 때문이다. 만약 (거시기)가 두 값을 더한 값이었다면아니면 두 값을 더한 값이라고 '생각'하기로 했거나 (거시기)를 $(c+d)$ 같은 것으로 대체해서 '너무 뻔한 찢기 법칙'을 이렇게 고쳐 쓸 수 있다.

$$(a + b) \cdot (c + d) = a \cdot (c + d) + b \cdot (c + d)$$

하지만 여기서 너무 뻔한 찢기 법칙을 다시 한 번 적용하면오른쪽 각각의 조각에 다음과 같은 결과가 나온다.

$$(a + b) \cdot (c + d) = ac + ad + bc + bd$$

이것은 앞에서 그림을 그려 발명했던 바로 그 수식이다. 위에 나온 문장은 'FOIL' 기법하고도 똑같다. 하지만 우리는 '너무 뻔한 찢기 법칙'을 이용해서 'FOIL' 기법을 발명한 것이기 때문에 그 기법을 두 번 다시는 암기할 필요가 없다. 자, 제자리…, 준비…, 땅! 이제 이것은 영원히 기억에서 사라졌다!

'너무 뻔한 찢기 법칙'은 시시해 보이기는 해도 더 높은 차원으로 들어갈 수 있는 창을 열어준다. $(a+b)^3$에 대해 시각적으로 생각하려고 하면 3차원 물체정육면체를 머릿속에 떠올려야 했다. 그런데 여기까지는 어떻게 가능할지 몰라도 $(a+b)^4$, 또는 그보다 제곱지수값이 큰 경우에는 4차원 이상의 물체를 머릿속에 그릴 수 없기 때문에노력한다고 될 문제가 아니다! 시각화 방법은 도움이 안 된다. $(a+b)^4$을 대수학적으로 장황하게 전개하는 일에는 흥미가 느껴지지 않지만 그래도 4차원 정다면체를 어떻게 하면 각각의 3차원 '면물론 면은 3차원이 아닌 2차원 물체를 지칭하지만 여기서는 고차원 정다면체의 하위 구성단위를 가리키는 일반화된 용어로 사용하고 있다-옮긴이 주'으로 쪼갤까 하는 더 깊은 질문에는 호기심이 생긴다. 인간 두뇌의 한계 때문에 이런 것을 시각화해서 풀 수는 없다. 하지만 우리 영장류는 시각적 방법을 이용해서 문제를 해결하려 하기 때문에 한계에 부딪히지만 '너무 뻔한 찢기 법칙'은 그런 제약

이 없다. 따라서 마음만 먹으면 '너무 뻔한 찢기 법칙'을 $(a+b)^4$ 같은 것에 반복해서 적용함으로써 얼마든지 식을 전개 가능하다. 그리고 일단 이것을 완전히 전개해놓기만 하면 거기서 나온 수식인정한다. 엄청 길 것이다을 통해 4차원 기하학에 대한 통찰을 얻을 수도 있다. 예를 들면 전개된 수식에 등장하는 조각의 수는 4차원 정다면체를 각각의 삼차원 면을 따라 잘라냈을 때 나오는, 모양이 서로 다른 조각의 수가 될 것이다. 방금 한 말을 머릿속에 그림으로 그리려면 어떻게 해야 할지는 나도 모르겠지만, 이 말은 참이다! 참이어야만 한다. 직사각형을 둘로 찢는 이 재미없는 사실을 이용했을 뿐인데도 우리는 수학을 살살 구슬려서 인간 두뇌의 시각화 능력을 훨씬 뛰어넘는 진리를 얻어낼 수 있다.

1.2.3. 나누기와 분수는 잊어라

위에서 보았듯이 우리가 지금까지 발명한 몇 안 되는 수학만으로도 이른바 '대수학의 법칙'이라는 것을 여러 가지로 재발명하는 데 조금도 부족함이 없었다. 다음 몇 문단에서는 우리가 이미 발명한 것으로부터 그런 법칙이 두 개 더 자연스럽게 유도되어 나온다는 걸 보여주겠다. 이런 법칙이란 것들이 어디서 왔는지 이해하고 나면 '분수fraction'나 '나누기division' 같은 이상한 단어에 대해 들었던 모든 내용을 좀 더 마음 편하게 잊어버릴 수 있을 거다.

우선, 당신은 이런 말을 들어본 적이 있을 것이다.경고: 전문용어 등장! '분수의 분자와 분모에서 공약수를 약분cancel 할 수 있다.' 한마디로 $\frac{ac}{bc}$ = $\frac{a}{b}$라는 말이다. 하지만 우리가 지금까지 발명한 수학의 우주에서는 '나누기'라는 것이 존재하지 않는다. $\frac{5}{9}$ 같은 기호는 그저 $(5)(\frac{1}{9})$의 약자에 지나지 않는다. 한 수에 다른 수를 곱한 값일 뿐이란 소리다. 이거 그냥 말장난 아니냐는 생각도 들 만하다. $\frac{1}{9}$이라는 기호에 분명 나누기가 들어가 있는 것처럼 보이니까. 하지만 나누기는 우리의 우주 바깥에서 수입한 개념이다. 우리는 $\frac{1}{9}$이라는 기호를 '9를 곱했을 때 1이 나오는 수'의 약자로 사용하고 있을 뿐이다. 다르게 표현하자면 우리는 $\frac{1}{9}$ 같은 기호를 그 행동으로 정의하고 있으며 이를 십진수 소수로 표현하면 구체적으로 어떤 값이 나오는지는 부차적인 문제로 취급해서 신경 쓰지 않겠다는 말이다. 이런 존재들을 행동으로 정의하면 $\frac{ac}{bc} = \frac{a}{b}$ 같은 문장이 참이라는 것을 확인하기도 간단해진다. 여기 그 방법을 소개하겠다.

우리는 곱하기의 순서가 중요하지 않음도 확신하게 됐고, 어떤 수 #에 대해서도 $(\#)\left(\frac{1}{\#}\right) \equiv 1$이 성립한다는 것도 알게 됐다. 뒤에서 이어지는 논증은 오직 이 두 개념만을 이용해서 $\frac{ac}{bc} = \frac{a}{b}$라는 문장이 참일 수밖에 없음을 입증해 보인다. 아래 나오는 등호 기호가 하나만 빼고 모두 '$\equiv$'라는 것을 명심하기 바란다. '$\equiv$'가 아닌 하나는 그냥 곱하기 순서를 바꾸는 것이라서 나왔다. 이는 직사각형을 옆으로 돌려서 눕히는 형태라 생각할 수 있기 때문에,즉, 면적은 그대로 두면서 가로와 세로를 바꿔치기한 것이기 때문에 그 사실을 이용하는 부분에는 등호 기호 위에 '돌리기'라고 적겠다. 그럼 다음의 식이 성립한다.

$$\frac{ac}{bc} \equiv (a)(c)\left(\frac{1}{b}\right)\left(\frac{1}{c}\right) \overset{\text{돌리기}}{=} (a)(c)\left(\frac{1}{c}\right)\left(\frac{1}{b}\right) \equiv (a)\left(\frac{1}{b}\right) \equiv \frac{a}{b}$$

이렇게 해놓으니 '분수'의 '분자'와 '분모'에서 '공약수'를 '약분한다'라는 뭔가 있어 보이던 '법칙'이 사실은 전혀 법칙이 아님을 알 수 있다. 아니, 어쩌면 법칙은 맞지만 그저 '법칙'이란 용어가 사실은 별 의미 없는 것인지도 모른다. 어느 쪽이든 간에 사실 (1) 곱하기에서 순서는 상관이 없고, (2)

$\frac{1}{거시기}$ 은 거시기를 곱했을 때 1이 나오는 수의 약자로 사용하기로 결정했다는 사실로부터 자연스럽게 흘러나오는 결과다.

여기 또 다른 신속한 방법이 있다. 아마도 한번쯤은 이런 이야기를 모두 들 들어보았을 것이다. '분수는 쪼갤 수 있다.' 즉, 누군가가 타당한 이유도 설명하지 않고 그냥 $\frac{a+b}{c} = \frac{a}{c} + \frac{b}{c}$ 라고 말해준 적이 있을 것이다. 하지만 이건 '너무 뻔한 찢기 법칙'에 가면을 씌웠을 뿐이다. 이유를 살펴보자. 이번에도 역시 모든 등호가 딱 한 곳만 빼고 모두 '≡'라는 사실을 명심하자. '≡'가 아닌 한 곳은 너무 뻔한 찢기 법칙을 이용했다. 그래서 등호 위에 '찢기'라고 적었다.

$$\frac{a+b}{c} \equiv (a+b)\left(\frac{1}{c}\right) \overset{\text{찢기}}{=} (a)\left(\frac{1}{c}\right) + (b)\left(\frac{1}{c}\right) \equiv \frac{a}{c} + \frac{b}{c}$$

따라서 분수를 쪼개는 능력은 분수에 관한 어떤 특별한 '법칙' 같은 것이 아니다. 사실 분수하고는 아무런 상관도 없다. 그저 너무 뻔한 찢기 법칙을 살짝 특이한 방식으로 적어놓은 것일 뿐이다.

요점: 수많은 나누기 기호가 들어간 무시무시한 문장을 만났을 때도 그냥 곱하기의 언어로 다시 쓸 수 있다. 이렇게 약자를 간단하게 바꾸기만 해도 상황이 훨씬 단순해지는 경우가 놀랄 정도로 많다. 그리고 그렇게 하면 분수의 온갖 해괴망측한 특성을 일일이 다 외울 필요도 없어진다.

좋다! 아직은 우리의 발명 근육이 충분히 단련되지 않은 상태이니 수학적 개념을 발명하는 방법의 사례를 하나만 더 살펴보자. 그다음에는 질적인 내용을 양적인 내용으로 바꾸어놓는 이 신비로운 과정에 대한 몇몇 보편적 원리를 요약하면서 이 장을 마치겠다.

1.2.4. 임의적 정의냐, 필연적 정의냐: 경사의 발명

교실에서 이루어지는 강의법의 오래된 정의: 교사가 가지고 있는
교과서의 내용물이 교사와 학생의 머리를 다 거치지 않고 그대로
학생의 공책으로 옮겨지는 과정.

–대럴 허프Darrel Huff, 《새빨간 거짓말, 통계How to Lie with Statistics》

수학에서 '기울기'라는 개념을 처음 들을 때면 보통 기울기란 '수평 변화량에 대한 수직 변화량의 비율rise over run, 'rise'는 수직 변화량, 'run'은 수평 변화량으로 번역했다–옮긴이 주'이라고 정의하고 그 의미를 간단하게 설명한 다음, 사례를 몇 개 들기 시작한다. 그런데 기울기는 필연적으로 그렇게 정의되어야만 할까? 나는 왜 거꾸로 뒤집어서 '수직 변화량에 대한 수평 변화량의 비율'이라고 하면 안 되는지, '수평 변화량 곱하기 98에 대한 수직 변화량 곱하기 52의 비율'이라고 하면 안 되는지 이유를 한 번도 설명 들어본 적이 없다. 당신도 마찬가지일 것이다. 왜 설명을 안 하는지 알고 싶은가? 사실은 기울기를 '수직 변화량에 대한 수평 변화량의 비율'이라고 해도 되고, '수평 변화량 곱하기 38에 대한 수직 변화량 곱하기 76의 비율' 또는 아무 수나 갖다 붙여서 임의로 정의해도 되기 때문이다! 이는 모두 '경사'라는 애매모호한 일상적 개념이 우리의 수학적 개념에 얼마나 담기기를 바라는지, 우리가 이것을 어떤 식으로 담겠다고 선택할지, 우리가 무엇을 합리적이라 생각하는지에 달려 있다. 더군다나 우리가 무엇을 공식 정의로 택할지는 주관적인 미적 선호도 즉, 무엇을 예쁘다고 생각하는가에 좌우된다인정하기 싫겠지만 사실이다.

이 섹션의 목표는 '경사steepness' 또는 흔히들 부르는 이름으로 '기울기slope'라는 개념을 발명함으로써 위 문단의 말이 왜 사실인지 확인하는 것

이다. 이번 것은 면적의 발명보다는 살짝 복잡하지만 걱정 마시라. 양쪽 모두 발명의 과정은 본질적으로 똑같은 패턴을 따른다.

우리는 '경사'가 무엇인지 일상적이고 비수학적인 의미로 잘 알고 있고, 이 일상적 개념을 이용해서 정교한 수학적 개념을 발명하려 한다. 쉽게 접근할 수 있도록 여기서는 직선에만 초점을 맞추고 곡선의 경사에 대해서는 2장에서 미적분학을 발명할 때 다루겠다 사실 곡선의 경사란 본질적으로 곡선이 직선처럼 보일 때까지 확대한 것일 뿐이다. 이 섹션에서 내가 '언덕'이나 '경사진 것'에 대해 이야기하면 모두 직선에 관한 거라 생각하자.

지금 시점에서 우리는 경사steepness를 'S'라는 약자로 축약할 수 있지만, 그에 대한 수학적인 내용은 전혀 모른다. 따라서 다음과 같이 쓸 수밖에 없다.

$$S = ?$$

그렇다면 우리의 일상적 개념은 대체 어떻게 작동할까? 어떤 속성을 가졌을까? 우리가 비수학적인 상황에서 경사라는 개념을 추론할 때는 그 개념에 어떤 습성을 암묵적으로 부여하는 것일까? 수학적으로 무엇을 할지 결정하기 전에 우리의 일상적 개념에 대해 좀 더 자세하게 탐험할 필요가 있다.

당신이 잠을 자다가 다른 대륙에서 눈을 떴다고 가정해보자. 주변에는 아무도 없다. 지금 당신이 어느 위도, 어느 경도, 어느 고도에 있는지 완전히 캄캄하다. 그런데 저 멀리에 언덕이 하나 보여서 거기로 걸어가 그 반대편에 무엇이 있는지 확인하기로 한다. 막상 언덕을 오르다 보니 경사가 꽤 심하다. 그래서 그냥 여기서 뒤돌아 다른 방향으로 가서 도움을 구해볼까 생각한다.

위 문단은 우리 모두가 직관적으로 알지만 너무 뻔한 이야기라 평소에는 굳이 언급하지 않는 일상적 개념에 대해 무언가 말하고 있다. 하지만 이런 것을 명시적으로 언급하면 질적인 것에서 양적인 것으로 옮겨 가는 데 아주 큰 도움이 된다. 사실 당신은 언덕을 오르는 동안 자신이 어디에 있는지 전혀 몰랐지만 그와 상관없이 언덕이 얼마나 경사졌는지는 알 수 있었다. 경사진 것은 우리가 그 위를 오르든, 지하에 있든, 비행기 안에 있든 경사가 똑같다.

똑같은 개념을 다른 방식으로 표현해보면 경사는 따로 뚝 떼어 낸 당신의 수직적 위치나 수평적 위치에 좌우되지는 않는다고 말할 수 있다. 언덕의 경사는 그것이 자리한 수평적 또는 수직적 위치에서 나오는 고유의 속성이 아니다. 우리가 언덕을 따라 올라갈 때 생기는 수직적 위치 변화와 관련된 성질이다. 그렇다고 수직적 위치의 변화하고만 관련된 속성도 아니다. 만약 당신이 별로 경사지지 않은 인도를 따라 10킬로미터를 걸으면 처음 걷기 시작했던 곳보다 1킬로미터쯤 고도가 높은 장소에 도착하게 될지 모르지만, 이런 경사를 가진 길이 3미터밖에 펼쳐져 있지 않다면 그 거리만 걸어서는 고도가 1킬로미터 더 높은 곳에 도달할 수 없다. 따라서 우리가 가진 애매모호하고 질적이고 비수학적인 경사의 개념을 바탕으로 생각해보면 다음과 같은 사실을 알 수 있다.

일상적 개념이 말해주는 첫 번째 이야기

경사는 수직적 위치 변화와 수평적 위치 변화에만 좌우되고, 위치
그 자체는 상관이 없다.

이를 표현할 약자를 생각해보자. 위에 나온 문장을 축약해서 다음과 같이 적을 수 있다.

$$S(h, v) = ?$$

S는 여전히 '경사'를 나타내고 새로운 기호 h와 v는 각각 수평적 horizontal 위치의 차이와 수직적vertical 위치의 차이를 나타낸다. 한번 예를 들어보자. 당신이 만약 땅 위로 20미터를 걷고 난 뒤 10미터 높이의 나무에 기어올랐다면 출발점과 도착점 사이의 h는 20미터, v는 10미터가 된다. h와 v라는 약자는 우리가 두 지점, 즉 출발점과 도착점을 정했을 때만 의미가 생긴다는 것을 명심하자. 그럼 우리가 위에 나온 문장에서 '$S(h, v) = ?$'라고 썼을 때는 대체 어느 두 지점을 가지고 이야기하던 것일까? 거기에 대해서는 따로 언급하지 않고 있다. 이 시점에서 우리는 그냥 약자 놀이를 하고 있을 뿐이다. 그렇지만 '$S(h, v) = ?$'라는 문장은 다음과 같은 개념을 나타낸다. '경사는 위치 그 자체가 아니라, 수평적 위치h와 수직적 위치v의 변화에만 좌우된다.'

h와 v는 둘 다 두 지점을 비교하는 양이므로 언덕의 경사에 대해 이야기하려면 그 전에 언덕 위의 두 지점을 골라야 한다. 그래야 두 지점을 어디로 선택하느냐에 따라 직선의 기울기가 변할 테니까 말이다지금 현재 아는 한에서는 그렇다. 하지만 이건 좀 이상한 듯하다. 직선은 말 그대로 곧기 때문이다. 적어도 일상적인 의미로 직선은 한 가지 경사밖에 없다. 우리가 어느 두 지점을 선택하느냐에 따라 변해서는 안 된다. 그럼 이런 직관을 수학으로 옮겨보자.

일상적 개념이 말해주는 두 번째 이야기

우리가 의미하는 '경사'가 무엇이든 직선은 그 위 어디서나 경사
가 똑같아야 한다. 다른 누군가는 직선의 경사가 중간에 바뀌게
'경사'를 정의할 수 있고 그것은 그 사람 맘이지만, 그렇다면 그
'경사'는 우리가 말하는 '경사'와는 다른 것이다.

아주 좋다! 우리가 가진 일상적인 경사의 개념과도 아주 잘 맞아떨어
지고, 우리가 내놓을 경사의 수학적 개념도 이런 식으로 행동하게 만들고
싶다.

그림 1-8은 이 개념을 시각화해준다. 경사는 차이와 관련된 것이므로 차
이를 비교하려면 두 지점이 필요하다. 그럼 우리가 수평적으로는 h만큼 떨
어져 있고, 수직적으로는 v만큼 떨어진 직선 위의 두 지점을 바라본다고
상상하자. 이렇게 두 지점에 시선을 두면 그림 1-8의 왼쪽 아래에 있는 작
은 삼각형이 자연스럽게 보이게 된다. 이제 여기서 똑같은 직선 위의 다른
두 지점을 바라보아도 그 경사는 똑같이 나와야 한다. 예를 들어 이제 우리
가 똑같은 직선 위에서 수평으로 $2h$만큼 떨어진,즉, 처음에 봤던 두 점보다 수평으
로 두 배 거리만큼 떨어져 있는 두 점을 바라본다고 상상하자. 그럼 우리가 지금 직
선 위에 있기 때문에 수직적 거리도 두 배로 늘어나리라는 것을 어렵지 않
게 이해할 수 있다. 즉, 수직적 거리는 $2v$가 된다. 그림 1-8을 보면 이것이 참인 이
유를 알 수 있다. 하지만 위에 나온 '일상적 개념이 말해주는 두 번째 이야기'
때문에 두 경우 모두 경사가 똑같아야 한다. 이런 직관적인 내용을 수학적
으로 풀어 쓰면 다음과 같은 문장이 나온다.

$$S(h, v) = S(2h, 2v)$$

이렇게 보니 논증에 등장한 2라는 수는 특별할 것이 전혀 없다. h를 세 배로 늘이면 똑같은 추론에 의해 v 역시 세 배로 늘 것이고, 여전히 똑같은 직선에 대해 이야기하고 있기 때문에 경사는 똑같은 값으로 남게 된다. 어떤 자연수에 대해서도 이 논증을 얼마든지 반복할 수 있으므로 모든 자연수 $\#$에 대해 $S(h, v) = S(\#h, \#v)$가 성립한다.

더군다나 $\#$가 자연수가 아니라고 해도 똑같은 개념을 적용할 수 있어야 한다. 예를 들어 h를 절반으로 줄일 경우 v 역시 절반으로 줄어든다. 따라서 $S(h, v) = S(\frac{1}{2}h, \frac{1}{2}v)$다. 이것은 경사에 대한 직관적 개념으로부터 얻어낸 추가 사실이고, 이로써 우리는 우리가 원하는 정확한 경사의 개념에 한 발 더 가까워졌다. 이제 최종적으로 그 개념을 적어보자.

$$S(h, v) = S(\#h, \#v)$$

방정식 1-4

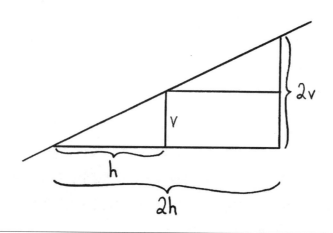

그림 1-8 경사에 대해 설명하는 '일상적 개념이 말해주는 두 번째 이야기'의 실례. 우리가 의미하는 '경사'가 무엇이든 직선은 모든 곳에서 똑같은 경사를 가져야 한다. 특히 두 지점 사이의 수평적 거리를 두 배로 만들면 수직적 거리도 두 배가 되고, 두 경우 모두에서 경사가 같아야 한다. 이것을 약자로 표현하면 다음과 같다. $S(h, v) = S(2h, 2v)$.

여기서 #가 꼭 자연수일 필요는 없다. 이건 정말 깔끔한 문장이고, 우리가 '경사'를 통해 무엇을 의미할 수 있는지에 대해 많은 것을 말해준다. 예를 들면 $S(h, v) = h$라는 정의는 성립하지 않는다. #와 h가 무슨 수이든 간에 $h = \#h$가 성립하지는 않기 때문이다. 마찬가지 이유로 $S(h, v) = hv$ 또는 $S(h, v) = h+v$ 또는 $S(h, v) = 33h^{42}v^{99}$ 따위도 우리가 찾는 경사의 정의가 될 수 없다.

사실 방정식 1-4를 더 오래 바라보면 이 문장이 얼마나 강력한 것인지가 더욱더 분명해진다. 마치 #라는 수가 양쪽에서 서로를 지워 '약분'하듯 보이기 때문이다. 이것을 가지고 한바탕 놀다 보면 수많은 개념을 시험하고 그중 성립하는 개념들즉, 방정식 1-4를 참으로 만드는 습성을 가진 개념을 골라 목록으로 만들 수도 있다. 여기 그런 개념을 몇 가지 소개알림: 아래 목록에서 $\overset{?}{=}$ 기호는 그냥 다음과 같은 의미다. '이것들은 모두 우리가 선택할 수 있는 정의에 해당한다. 하지만 우리는 아직 그중 어느 것도 선택하지는 않았다'한다아래 나온 예를 방정식 1-4에 적용하면 등호가 성립한다는 것을 알 수 있다. 당신도 스스로 이 방정식을 만족시키는 개념을 직접 찾아보면 재미있을 것이다-옮긴이 주.

1. $S(h, v) \overset{?}{=} \frac{v}{h}$: 성립한다. 이것은 '수평 변화량에 대한 수직 변화량의 비율'이다.

2. $S(h, v) \overset{?}{=} \frac{h}{v}$: 성립한다. 이것은 '수직 변화량에 대한 수평 변화량의 비율'이다.

3. $S(h, v) \overset{?}{=} \left(\frac{v}{h}\right)^2$: 성립한다. 이것은 '수평 변화량에 대한 수직 변화량의 비율'의 제곱이다.

4. $S(h, v) \overset{?}{=} 3\left(\frac{v}{h}\right) + 14\left(\frac{v}{h}\right)^2 - \left(\frac{h}{v}\right)^{79}$: 성립한다. 성립하기는 하는데 솔직히 완전 헛소리다.

이것을 잠시 가지고 놀다 보면, (h/v)나 (v/h)에 의해서만 좌우되는 기계는 무엇이든 성립한다는 점이 분명해진다.* 즉 h나 v가 따로 등장하지 않고, 항상 (h/v)나 (v/h) 둘 중 한 가지 형태로 함께 등장하는 기계는 무엇이든 성립한다는 소리다. 이게 왜 필요할까? 방정식 1-4에 나온 것처럼 어떤 수가 들어가도 약분되듯 '서로 지워지게' 만들 방법이 이것 말고 대체 무엇이 있을지 알아내기가 어렵기 때문이다. 이렇게 서로 지워지게 만들 다른 방법이 존재할지도 모르지만, 그러거나 말거나 우리는 신경 쓸 필요 없다!

1.2.5. 막가파식 무정부주의가 아니다

과학은 본질적으로 무정부주의적인 분야다. 이론에서의 무정부주의는 법칙과 질서를 강조하는 쪽보다 더욱 인도주의적이며 진보를 촉진할 가능성도 더 크다. (…) 진보를 방해하지 않는 원리는 딱 하나다. 바로 무엇이든 허용하는 것.

-파울 파이어아벤트Paul Feyerabend, 《방법에 반대한다Against Method》

잠시 한 발 비켜서서 우리가 하려는 일이 정확히 무엇인지 생각해보자. 우리는 직관적인 개념을 깊이, 더 깊이 파고들며 제약constraint을 추출하여 결국 모든 경사의 정의 후보들을 쳐내고 단 하나만을 남겨야 하는 것일까? 꼭 그럴 필요는 없다! '우리가 하려는 일'이 무엇인지 선택하는 건 전적으

---

* $h/v = (v/h)^{-1}$이기 때문에 이 문장을 이렇게 적을 수도 있다. 'v/h에만 좌우되는 기계는 무엇이든 성립한다.' 하지만 아직은 음의 지수에 대한 이야기를 꺼내지 않은 상태이기 때문에 마치 그것의 존재를 모르는 것처럼 행동하고 있다. 우리의 우주에서는 아직 음의 지수가 존재하지 않는다.

로 우리 맘이다.

우리가 가진 경사라는 일상적 경험에 대한 언어적 개념을 축약된 형태로 반복해서 해석함으로써 우리는 경사의 수학적 개념이 다음과 같은 속성을 가져야 한다고 결론 내렸다. (a) 위치 자체가 아니라 위치 변화 v와 h에 좌우될 것, (b) $\frac{v}{h}$와 $\frac{h}{v}$에만 좌우될 것. 하지만 이것만으로는 교과서에서 $3\frac{v}{h}$나 $\frac{17}{92}\frac{v}{h}$처럼 $\frac{v}{h}$에 다른 값을 곱한 것 대신 '수평 변화량에 대한 수직 변화량의 비율즉 $\frac{v}{h}$'을 선택한 이유를 알 수 없다. 나머지를 포기하고 그냥 하나만을 선택할 것이냐, 만약 그렇다면 언제 할 것이냐 하는 물음은 우리가 해결하고 가야 할 철학적인 문제다. 그리고 이는 우리가 수학적 개념을 발명할 때마다 등장하게 될 한 가지 문제점을 잘 보여준다. 이 시점에서 선택 가능한 전략은 두 가지가 있다.

1. **밀어붙이기 접근법**: 경사의 정의로 쓸 만한 후보들을 다음과 같은 방법으로 하나하나 계속 지워나갈 수 있다. (a) 우리가 가지고 있는 경사 개념의 질적인 측면에 대해 생각한 뒤, (b) 그것을 축약해보고, (c) 성립하지 않는 후보들은 모두 버리고, (d) 오직 하나의 정의만 남을 때까지 이 과정을 계속 되풀이한다. 당연한 이야기지만 오직 한 후보만 남았더라도 그냥 우리가 제시한 요구 사항 목록만 봐서는 이것이 그 유일한 후보임을 알아보지 못할 수 있다. 따라서 일단 목표에 도달한 뒤에는 이것이 정말 유일하게 살아남은 후보가 맞는지 확신할 수 있어야 한다. 이렇게 할 수만 있다면야 정말 좋은 일이다. 우리의 정의가 정확히 어디서 온 것인지 세세한 부분까지 완전히 파악할 수 있기 때문이다.

2. **포기하기 접근법**: 위에 나온 방법 대신 이렇게 우리의 직관 속에 들어

있는 내용물을 마지막 한 방울까지 쥐어짜는 과정이 너무 지겹다는 판단을 내릴 수도 있다. 어쩌면 우리의 일상적인 경사 개념은 특정한 것이 아니라서 하나의 정의만 내리기가 불가능할지도 모른다. 그래서 그냥 이렇게 포기해버릴 수도 있다. '이런 식으로 바라보면 어떨까? 나는 그저 내가 요구하는 모든 것을 만족시키는 경사의 정의를 바랄 뿐이야. 그래서 몇 가지 후보가 있는데, 그중에서 그냥 하나 골라서 쓰려고.' 후보들 중 어느 것을 선택할지는 누가 결정할까? 물론 우리다. 우리는 그냥 남아 있는 후보 가운데 아무 기준이나 적용해서 가장 예쁘거나 우아하다고 생각되는 것을 고를 수도 있다. 수학자들은 인정하기 싫겠지만 사실 이런 일은 수학에서 자주 일어난다. 우리는 지금 이것을 스스로 발명하는 중이다. 그러니 하고 싶은 것은 무슨 짓이든 할 수 있다. 우리는 무에서 존재들을 만들어낸 뒤 이름을 붙여줌으로써 그들에게 생명을 불어넣을 수 있다. 이것이야말로 무정부주의가 아니고 무엇이겠는가!

여기서 잠깐! 마지막 문장 때문에 마치 내가 이 모든 건 우리가 만들어내는 것이니 '수학적 진리' 따위는 존재하지 않는다고 말하는 듯한 인상을 받았을지도 모르겠다. 결코 그런 뜻이 아니다. 일반적인 의미로 무정부주의는 인간이 만들어낸 법칙이 사라진 상태를 말하지, 물리법칙이 사라진 상태를 말하지는 않는다.

무정부 상태에서 '법' 따위는 모두 사라져버리고 없지만 그래도 당신은 여전히 하늘을 날 수 없다. 바로 중력의 '법칙' 때문이다. 이 두 가지는 분명 서로 다른 개념이다. 교실이란 굴레를 벗어난 수학은 첫 번째 의미의 무정부 상태다. 우리는 원하는 것은 무엇이든 할 수 있지만 그렇다고 아무거나 진리로 만들 수는 없다.

무언가를 우리 맘대로 정의할 수도 있고, 아무거나 골라서 가지고 놀 수도 있지만 일단 우리가 이야기하는 내용에 합의하고 나면 새로 발명한 연구 대상에 관한 진리들이 이미 존재한다는 것을 알게 된다. 그리고 우리는 그 진리들을 스스로 발견해야 한다.[*]

요약하면 이 시점에서 우리는 다른 것들은 포기하고 그냥 '수평 변화량에 대한 수직 변화량의 비율'을 가장 예쁜 정의로 골라서 미적분학 발명의 과정을 계속 이어나갈 수 있다. 하지만 이것 대신 '수직 변화량에 대한 수평 변화량의 비율거꾸로 뒤집은 버전'이나 '(수평 변화량에 대한 수직 변화량의 비율)의 세제곱 곱하기 42'를 가장 예쁜 정의로 골라도 아무 문제가 없다는 것을 분명하게 짚고 넘어가자! 만약 이런 비표준적인 정의 중 하나를 이용해서 미적분학을 개발하면 우리가 만든 공식들은 표준 수학 교과서에 실린 것과는 모습이 살짝 달라지겠지만, 본질적으로는 표준 버전의 미적분학이 말하는 내용과 똑같은 걸 말하게 된다.

1.2.6. 조금 더 나가보자! 그냥 재미로

수학의 본질은 그 자유에 있다.

–게오르크 칸토어Georg Cantor

지금까지 수학에서 임의적인 것은 무엇이고, 필연적인 것은 무엇인지 이야기해보았으니, 기울기의 표준 정의를 하나 남은 유일한 후보로 남기려면

---

[*] '플라톤주의'와 '형식주의'라는 용어의 의미를 알고, 이 섹션이 다른 철학적 관점에 대항해 이런 관점들을 옹호하는 내용이라고 해석하는 사람들에게 알림: 착각하셨음.

우리가 어떤 것을 가정해야 하는지 이어서 확인해보자.

우리 머릿속으로 조금 더 파고 들어가서 경사의 수학적 개념에 담고 싶은 속성에 대해 일상적인 경사 개념이 무언가 다른 것을 말해주지는 않는지 물어보자. 지금까지는 $\frac{h}{v}$수직 변화량에 대한 수평 변화량의 비율 대신 $\frac{v}{h}$수평 변화량에 대한 수직 변화량의 비율를 선택해야 할 뾰족한 이유를 찾아내지 못했다. 하지만 첫 번째 것$\frac{h}{v}$은 경사를 측정하기에 아무런 문제가 없는 방법이기는 하지만, 한 가지 이상한 속성을 가지고 있다.

경사의 정의 후보 '수직 변화량에 대한 수평 변화량의 비율'은 수평으로 납작한 것은 무한의 경사를 가지고 있고, 완전히 수직으로 서 있는 것은 0의 경사를 가졌다고 말한다. 즉, 두 지점 사이의 수직적 거리가 0이라면즉, $v = 0$ $\frac{h}{v}$는 $\frac{h}{0}$가 되고 이 값은 '무한'이 된다아니면 적어도 무한이라는 말이 의미는 통한다. $\frac{1}{\text{작은 값}}=$ 큰 값이고, 이 '작은 값'이 작아질수록 '큰 값'은 점점 더 커지기 때문이다. 또한 두 지점 사이의 수평적 거리가 0이라면즉, $h = 0$ '수직 변화량에 대한 수평 변화량의 비율'은 0이 된다. 이렇게 말한다고 틀리지는 않지만 우리가 아는 평상시 개념하고는 아무래도 차이가 있다. 하여튼 이 우주는 우리의 것이기 때문에 납작한 것의 경사는 0이라는 상식적인 개념을 적용하자고 요구할 권리가 있다. 따라서 납작한 것의 경사를 0으로 할 것을 공식적으로 요구하자.

일상적 개념이 말해주는 세 번째 이야기

우리가 의미하는 '경사'가 무엇이든 수평으로 누워 있는 선은 경사가 0이어야 한다.

이런 규칙을 정하면 상당히 많은 후보를 배제할 수 있다. 예를 들면

$S(h, v) = \left(\frac{h}{v}\right)$도, $S(h, v) = 3\left(\frac{h}{v}\right)^2$, $S(h, v) = \left(\frac{h}{v}\right)^{72} - 9\left(\frac{v}{h}\right)^{12}$도 배제되고, 수평으로 누워 있는즉 $v = 0$인 것의 경사를 0으로 만들지 않는 다른 모든 것이 제외된다. 이러고 나니까 너무 좋다! 그럼 숙청 과정에서 살아남은 몇 가지 후보의 목록을 만들어보자.

1. $S(h, v) \overset{?}{=} \frac{v}{h}$: 성립한다. 이것은 '수평 변화량에 대한 수직 변화량의 비율'이다.

2. $S(h, v) \overset{?}{=} \left(\frac{v}{h}\right)^2$: 성립한다. 이것은 '수평 변화량에 대한 수직 변화량의 비율'의 제곱이다.

3. $S(h, v) \overset{?}{=} 3\left(\frac{v}{h}\right) + 14\left(\frac{v}{h}\right)^2 - \left(\frac{v}{h}\right)^{999}$: 성립한다. 성립하기는 하는데 솔직히 뭔 소리인지는 모르겠다.

아직도 경사의 정의 후보는 무한히 많이 남아 있지만, 그중 대부분은 정말 이상한 것들이다. 이 시점에서 그냥 포기하고 맘에 드는 것을 하나 골라버려도 상관없지만, 표준 정의에 도달하기 위해서는 얼마나 많은 것을 가정해야 하는지 계속해서 확인해보자.

서로 다른 언덕끼리의 관계에 대해서는 아직까지 별다른 말을 꺼내지 않았다. 예를 들어 한 언덕이 다른 언덕보다 '경사가 두 배다'라는 것은 무슨 뜻일까? 지금까지는 이 부분에 대해 생각해본 적이 없기 때문에 현재로서는 정답이 존재하지 않는다. 하지만 우리가 발명할 개념이 그래도 의미가 통했으면 좋겠으니 '경사가 두 배'라는 말이 무슨 의미를 갖기 원하는지에 대해 고민해보자. 우리에게 두 점이 있고, 한 점이 다른 한 점보다 오른쪽으로 더 높은 곳에 자리한다고 가정하자. 그럼 두 점을 이은 직선은 언덕처럼 보일 것이다. 그다음에는 그 높은 점을 잡고 더 위로 올려서 두 지점 사이의 수평적 거리는 변하지 않으면서 수직적 거리만 원래보다 두 배로 커지게 만들어보자. 즉, 원래 언덕의 수평 폭은 변화시키지 않으면서 높이만 두 배로 키워서 또 다른 언덕을 만든다고 상상해보자. 그럼 이제 두 언덕이 수평 폭은 같은데 한쪽이 다른 한쪽보다 키만 두 배로 크다면 경사도 두 배로 크다고 하는 것이 어느 정도 말이 된다. 앞에서도 그랬듯이 우리에게 이런 식으로 생각해야 한다고 강요하는 법칙은 없지만, 그와 다른 방식으로 생각하면 말이 안 될 것 같다. 예를 들어 수직적 거리가 두 배로 늘어나면 경사는 72배가 된다고 하면 이상해 보인다. 무한히 많은 다른 가능성 가운데 하필 이런 규칙을 택해야 할 뾰족한 이유가 없기 때문이다. 하지만 높이가 두 배가 되면 경사도 두 배가 된다는 개념은 단순하면서도 우아한 맛이 있다. 그럼 이것을 공식적인 요구 사항으로 집어넣자.

일상적 개념이 말해주는 네 번째 이야기

우리가 의미하는 '경사'가 무엇이든 언덕의 수평 폭은 그대로 두면서 높이만 두 배로 키운다면 그 '경사' 역시 두 배로 늘어나야 한다.

이 개념을 어떻게 축약할 수 있을까? 음, h는 변화시키지 않으면서 v를 두 배로 키우고, 이렇게 했을 때 경사가 두 배로 바뀌기를 바라고 있으니 이런 식으로 줄일 수 있을 것 같다.

$$S(h, 2v) = 2S(h, v)$$

이렇게 해서 다시 한 번 질적인 개념을 양적인 개념으로 변환하는 데 성공했다. 이번에도 예전과 마찬가지로 위의 논증에서 2라는 숫자는 특별한 것이 아니다. 우리가 정말로 전달하고 싶은 개념은 이보다는 좀 더 일반화된 것이다. 예를 들어보자. 똑같은 추론 과정을 거치면 수평적 거리를 변화시키지 않고 수직적 거리만 세 배로 할 경우 경사도 세 배로 변한다고 주장할 수 있다. 그럼 예전에 했듯이 무한히 많은 문장을 하나로 압축해서 표현할 수 있도록 이 개념을 축약해보자.

$$S(h, \#v) = \#S(h, v)$$

완벽하다. 이제 경사의 정의 후보들을 모아놓은 가상의 가방을 들여다보면서 또 한 번 숙청을 진행해보자. 아직 남은 후보 가운데 어떤 것이 이런 요구를 충족할 수 있을까? 몇 가지를 시험해보자. 음, $S(h, v) \equiv \left(\frac{v}{h}\right)^2$ 이라는 후보를 살펴보자. 위에서 했던 것처럼 v를 두 배로 키우면 다음과 같은 결과가 나온다.

$$S(h, 2v) \equiv \left(\frac{2v}{h}\right)^2 = \frac{2 \cdot 2 \cdot v \cdot v}{h \cdot h} = 4\left(\frac{v}{h}\right)^2 \equiv 4S(h, v)$$

수직적 거리를 두 배로 키웠더니 경사는 네 배로 커졌다. 그럼 이 후보는 일상적 개념이 말해주는 네 번째 이야기를 따르지 않기 때문에 폐기할 수 있다는 의미다. 좋다. 우리는 방금 $\left(\frac{v}{h}\right)^\#$에서 #가 2인 경우를 시험해봤는데, #가 3이나 5 또는 119일 때는 어떨까? 각각의 지수를 하나하나 시험해보는 대신그럼 시간이 무한히 걸릴 테니까 우리가 시험하는 지수값을 불가지론적으로 남겨두어 한꺼번에 시험해보자. 그럼 바로 위에서 한 것과 같은 논증 과정을 거쳐 다음과 같은 결과가 나온다.

$$S\left(h, 2v\right) \;\equiv\; \left(\frac{2v}{h}\right)^{\#} \;=\; 2^{\#}\left(\frac{v}{h}\right)^{\#} \;\equiv\; 2^{\#}S\left(h, v\right)$$

하지만 이 모든 것은 $2S(h, v)$와 같은 값으로 나와야 한다. 아니면 일상적 개념이 말해주는 네 번째 이야기를 위반하기 때문이다. 따라서 높이를 두 배로 키울 때 경사도 두 배로 커지게 하려면 $2^{\#}$이 2여야만 한다. 그럼 이 경우에는 #가 1일 때만 참이다. 따라서 이제 남아 있는 후보들을 거의 모두 폐기할 수 있게 됐다! 이제 살아남은 후보들을 다시 목록으로 만들어 보자.

1. $S(h, v) \overset{???}{=} \frac{v}{h}$: 성립한다. 이것은 '수평 변화량에 대한 수직 변화량의 비율'이다.
2. $S(h, v) \overset{???}{=} 3\frac{v}{h}$: 성립한다. 이것은 '수평 변화량에 대한 3 곱하기 수직 변화량의 비율'이다.
3. $S(h, v) \overset{???}{=} 974\frac{v}{h}$: 성립한다. 이것은 '수평 변화량에 대한 974 곱하기 수직 변화량의 비율'이다.

기본적으로 '어떤 수 곱하기 수평 변화량에 대한 수직 변화량의 비율' 빼고 나머지는 우리가 앞서 나열했던 요구 조건 중 하나 때문에 모두 폐기되었다. 수학 교과서에서 그냥 '기울기는 수평 변화량에 대한 수직 변화량의 비율이다'라고만 하고 지나가는 것이 얼마나 많은 추론 과정을 어물쩍 넘겨버린 것인지 이해되기 시작한다. 이제 우리가 생각할 수 있는 경사의 정의 후보는 $S(h, v) \equiv$ (수)$\left(\frac{v}{h}\right)$의 형태밖에 남지 않았으므로 이 '수'가 어떤 값이어야 하는지에 대해 우리의 직관적 개념이 나름의 의견을 가지고 있는지 한번 확인해보자.

중력의 방향이 살짝 바뀌었다고 상상해보자. 그럼 편평했던 모든 것이 살짝 기울어진 상태로 변한다. 만약 중력의 방향이 90도 바뀌었다면 수평으로 편평했던 것들은 수직이 되고, 수직이었던 것은 수평으로 변한다. 이제 '위쪽'의 방향이 90도 변한다면 모든 것의 경사가 바뀌게 된다… 하나만 빼고. 바로 수직과 수평의 중간 경사에 있던 언덕이다. 즉, 수평적 거리가 수직적 거리와 같았던 언덕즉, $h = v$인 언덕만 중력이 이렇게 변해도 경사가 변하지 않는 유일한 언덕이 된다. $S(h, v) \equiv (\text{수})(\frac{v}{h})$의 형태인 모든 경사의 정의는 이 특별한 언덕에 (수)라는 경사를 부여할 것이다. 이 특별한 언덕은 $v = h$라는 속성을 가지고 있기 때문이다. 따라서 이 (수)가 어떤 값이기를 바라는지 결정하는 문제는 이 특별한 언덕의 경사가 무엇인지 결정하는 것과 같은 말이 된다.

몇 가지 후보를 검토해보자. 음, (수)가 5이기를 바란다고 가정하자. 그럼 이 특별한 언덕은 중력의 방향이 바뀌기 전이나 후나 모두 5라는 경사를 갖게 되지만, 다른 언덕들은 훨씬 이상해진다. $v = 3$이고, $h = 1$인 언덕은 중력의 방향이 바뀌기 전에는 경사가 15였다가, 그 뒤에는 $\frac{5}{3}$가 된다. 이게 잘못되었다고는 할 수 없지만 그냥 아무 숫자나 막 갖다 붙인 것 같은 느낌이다. 그리고 중력 방향 전환 전과 후의 경사가 서로 보기 좋게 연결되지도 않는다. 하지만 이번에는 순수하게 미학적인 이유로 이 특별한 언덕의 경사를 1로 설정해보자. 다른 언덕들도 훨씬 보기 좋게 행동한다. 중력의 방향 전환이 일어나기 전에는 경사값이 3이었던 언덕은 그 후에는 $\frac{1}{3}$의 경사값을 가지게 된다. 그리고 경사가 $\frac{22}{33}$였던 언덕은 그 후에는 $\frac{33}{22}$의 경사를 가지게 된다. 이렇게 하면 많은 것이 간단해진다. 만약 순수하게 미학적 동기로 이런 선택을 내린다면 결국 다음과 같은 문장이 유일한 후보로 남게 된다.

$$S(h, v) = \frac{v}{h} = \frac{\text{수직변화량}}{\text{수평변화량}} = \text{표준 정의}$$

방정식 1-5

이것을 글로 옮겨보자.

일상적 개념이 말해주는 다섯 번째 이야기(하지만 꼭 이래야 하는 것은 아님)

중력의 방향 전환이 일어나기즉 v와 h를 바꿔치기 전과 후에 경사가 똑같이 유지되는 언덕은 하나밖에 없다. 단순함과 우아함을 위해서 우리는 이 언덕의 경사를 1로 설정한다. 이렇게 하면 중력의 방향이 전환되었을 때 나머지 다른 언덕들도 아주 보기 좋게 행동한다.

이제 학교에서 기울기를 가르칠 때 얼마나 많은 내용을 설명도 없이 어물쩍 넘어갔는지 알게 됐을 것이다. 수학적 개념을 발명할 때는 늘 그렇지만, 우리가 최종으로 도달한 정의는 무언가를 변형하는 과정과 미학적인 욕구가 이상하게 혼합되어 구축된 것이다. 우리가 내린 정의의 행동 중 어떤 것은 그 정의가 우리의 일상적 개념과 비슷하게 행동하게 만들려는 욕구에서 나오지만, 또 어떤 것은 정의를 최대한 우아하고 단순하게 다룰 수 있게 만들려는 욕구에서 시작한다. 그리고 이때 우아함과 단순함에 대한 판단 기준은 순전히 우리 인간의 입장에서 도출된다.

1.2.7. 발명 과정을 말로 요약하기

지금까지 발명 과정을 조금 자세하게 다룬 이유는 완벽하게 빠짐없이 설명된 수학적 개념의 발명 과정을 몇 가지 간단한 사례를 통해 살펴보면서 단계별로 우리가 만들고 있는 것이 무엇이고, 만들어낸 결과로써 필연적으로 도출될 수밖에 없는 것은 무엇인지 분명하게 밝히고, 또한 매 단계마다 그 뒤에 숨은 근거를 명확하게 들여다보는 일이 중요하기 때문이다. 발명 과정을 이해하는 것은 대단히 중요하기 때문에 우리가 한 일들을 우선은 말로 풀어서 설명하고, 그다음에는 우리가 발명한 수학들을 모두 나열해서 요약해보자.

1. 우선 공식화하거나 일반화하고 싶은 일상적인 개념에서 출발한다.*
2. 보통은 간단하고 익숙한 사례에서 그 개념이 어떤 일을 해줬으면 하는 아이디어가 떠오른다. 이런 간단한 예시들이 나중에 그보다 낯선 사례에서 당신의 새로운 개념이 보여주었으면 하는 습성을 결정할 때 밑바탕이 되어준다.

   예: '면적'의 의미가 무엇이든 간에 직사각형의 길이를 두 배로 늘이면 그 면적 또한 두 배로 늘어나야 한다. '경사'의 의미가 무엇이든 간에 직선의 경사는 그 직선 위 모든 곳에서 똑같아야 한다. 이번에는 우리가 다루지 않았던 것을 살펴보자. '곡률'의 의미가 무엇이든 간에 원이나 구의 곡률은 그 위의 모든 점에서 같아야 한다. 그리고 직선이나 평면의 곡률은 0이어야 한다.
3. 간단한 사례에서, 그리고 가끔은 이런 간단한 사례에서 곧장 유도되어 나오는 일반적 상황에서 당신의 수학적 개념이 당신의 직관적 개념처

---

* 일단 수학을 더 많이 발명하고 나면 창조 과정의 재료 역할을 하는 이 '일상적 개념'의 집합에 우리가 앞서서 발명해놓은 간단한 수학적 개념들이 포함될 것이다. 예를 들면 2장에서 발명할 미적분학의 기본 개념을 일반화해 무한히 많은 차원의 공간에서 관련된 개념의 집합을 만들어낼 때가 이런 경우에 해당한다(이 부분은 ℵ장의 말미에서 논의될 것이다). 우리가 만들어낸 수학의 우주를 좀 더 깊이 탐험해 들어갈수록 일상적 개념과 수학적 개념 사이의 구분은 점점 더 희미해질 것이다.

럼 행동하도록 강제한다.

예: 나는 5차원 다면체를 머릿속에 그려볼 생각도 하지 못하겠지만, 그 다면체의 5차원 부피는 분명 $a_1 a_2 a_3 a_4 a_5$여야만 한다. 나는 10차원 구가 어떻게 생겼는지 짐작조차 못하겠지만 이 구의 곡률은 그 위 어디에서나 같아야 한다. '선'이나 '면'의 52차원 버전이 뭔지 상상도 못하지만, 그 곡률은 반드시 0이어야 한다.

4. 가끔은 당신이 가진 애매모호하고 질적인 요구 사항을 모두 축약된 기호로 옮겨보면 그것으로 정확한 수학적 개념이 완벽하게 정의될 때가 있다.

5. 가끔은 당신이 집어넣고 싶은 직관적인 요구 사항을 모두 도입했는데도 수학적 정의가 하나로 좁혀지지 않는 경우가 있다. 그래도 문제없다! 이럴 때 수학자들은 보통 자기가 원하는 모든 걸 해주는 정의 후보들을 둘러본 뒤에 가장 예쁘고 우아하다고 생각하는 것을 하나 고른다. 명확하게 정의할 수 없는 미학적 개념이 수학에 끼어드는 모습을 보고 놀랄지도 모르겠으나, 그럴 필요 없다.

1.2.8. 발명 과정을 약자로 요약하기

마지막으로 우리가 무엇을 했는지 떠올릴 수 있도록 발명 과정을 기호의 형태로 요약해보자.

면적의 발명

면적의 일상적 개념을 바탕으로 우리는 직사각형이라는 특수한 사례에서 일상적 개념에 대응하는 수학적 개념에 대해 다음의 두 가지 속성을 참이라 강제했다.

1. 모든 수 #에 대해 $A(a, \#b) \overset{\text{강제}}{=} \#A(a, b)$

2. 모든 수 #에 대해 $A(\#a, b) \overset{\text{강제}}{=} \#A(a, b)$

3. $A(1, 1) \overset{\text{강제}}{=} 1$

그럼 직사각형의 면적은 다음과 같이 나온다.

$$A(a, b) = a\,b$$

이것이 바로 수학 시간에 우리한테 아무런 설명도 없이 던져주는 공식이다.

경사의 발명

경사의 일상적 개념을 바탕으로 우리는 직선이라는 특수한 사례에서 그 일상적 개념의 수학 버전에 대해서 다음의 다섯 가지 속성을 참이라 강제했다.

1. 경사는 위치 자체와는 상관없고 수직적 위치의 변화와 수평적 위치의 변화에만 좌우된다.

2. 모든 수 #에 대해 $S(h, v) \overset{\text{강제}}{=} S(\#h, \#v)$.

3. 우리는 수평으로 누운 직선의 경사는 0이 되기를 원한다. 따라서 다음과 같다. $S(h, 0) \overset{\text{강제}}{=} 0$.

4. 언덕의 수평적 거리는 변화시키지 않으면서 수직적 거리만 두 배로 늘이면, 경사도 두 배가 돼야 한다. 또한 이 속성은 두 배의 경우에만 적용되지 않고, 어떤 배율에도 모두 적용되어야 한다. 따라서 모든 수 #

에 대해서 $S(h, \#v) \overset{\text{강제}}{=} \#S(h, v).$

5. 순수하게 미학적인 이유 때문에 다음과 같은 선택을 한다. $h = v$일 때 $S(h, v) \overset{\text{강제}}{=} 1.$

이 다섯 가지 요구 사항을 모두 만족시키는 직선의 경사는 다음과 같다.

$$S(h, v) = \frac{v}{h} = \frac{\text{수직변화량}}{\text{수평변화량}}$$

이것이 바로 수학 시간에 우리한테 아무런 설명도 없이 던져주는 공식이다.

1.2.9. 우리가 발명한 것을 발판으로 삼자

위에서 논의한 내용들이 어쩌면 당신에게 수학은 그저 하나의 거대한 '발명' 과정일 뿐, '발견'하는 것은 실은 아무것도 없다는 인상을 심어주었을지도 모르겠다. '막가파식 무정부주의가 아니다' 섹션에서도 이것이 사실이 아닌 이유를 설명했지만 구체적인 사례를 한 가지 살펴보자. 우리가 말하는 '기울기'의 의미가 무엇인지 이야기했다. 이제 이런 행동을 통해 우리가 우리와는 독립적인 진리의 세계를 창조해냈음을 알게 될 것이다. 이 세계는 우리가 명시적으로 그 안에 집어넣지 않은 진리들을 담고 있으며, 이 진리들은 보기에는 명백하지 않을지 몰라도 우리가 발명한 것으로부터 필연적으로 흘러나온다.

아마 직선의 '공식'은 $f(x) = ax + b$ 라는 이야기를 어디서 한 번쯤은 들어봤을 것이다. 이 공식을 말할 때는 너무도 단순해서 이것이 마치 자명한 진실이라는 듯이 언급한다. 하지만 위에서 내내 직선에 대해 이야기했지만, 그동안에 이런 공식을 한 번도 쓴 적이 없음을 명심하자. 적어도 내게는 $f(x) = ax+b$라는 형태의 기계를 그림으로 그려보면 직선이 나온다는 사실이나 모든 직선수직선을 제외하고을 이런 형식의 기계로 표현할 수 있다는 것이 뻔한 사실로 다가오지 않는다.

직선에 대한 위의 문장을 그냥 받아들이는 대신, 직접 발명해보자. 그러니까 이미 경사의 개념은 발명해놓았으니 이번에는 우리가 발명한 정의를 이용하면 실제로 직선이 $f(x) = ax+b$ 비슷한 모습의 기계로 기술된다는 것을 입증해보자.

직선을 $M(x)$라는 어떤 기계로 기술할 수 있다고 가정하자. 하지만 그것이 $ax+b$의 형태로 나타나리라고 가정하고 싶지는 않다. 우리 눈에는 당연히 그래야 할 것으로 보이지 않기 때문이다. 대신 그냥 우리가 '직선'이라는 단어로 기술하는 그 물체가 일정한 경사를 갖도록 강제하자. 우리는 이미 앞에서 경사를 발명하면서 이런 가정을 세웠다. 바로 '일상적 개념이 말해주는 두 번째 이야기'라고 부른 것이다. 이렇게 가정한 것을 수학으로 말해보자. x와 $\tilde{x}$가 임의의 두 수라고 하자. 그럼 x와 $\tilde{x}$의 값이 무엇이든 간에 기계 M이 직선을 기술한다면 우리는 다음의 문장이 참이 되게 만들고 싶다.

$$\frac{(\text{한 점의 수직적 위치}) - (\text{다른 한 점의 수직적 위치})}{(\text{한 점의 수평적 위치}) - (\text{다른 한 점의 수평적 위치})}$$

$$\equiv \frac{\text{수직변화량}}{\text{수평변화량}} \equiv \overbrace{\frac{M(x) - M(\tilde{x})}{x - \tilde{x}}}^{\text{그냥 또 다른 약자}} \overset{\text{강제}}{=} \#$$

여기서 기호 #는 'x나 $\tilde{x}$에 의해 좌우되지 않는 어떤 고정값'을 나타낸다. 나도 안다. 기호가 끔찍할 정도로 잔뜩 등장하고 있다. 한꺼번에 너무 많은 단계를 거치면 안 되니까 그렇게 했지만, 위에 나온 문장이 전하는 주요 메시지는 한마디로 이것이다.

$$\frac{M(x) - M(\tilde{x})}{x - \tilde{x}} \overset{\text{강제}}{=} \#$$

방정식 1-6

우리는 직선에 대해 이야기하기 원하기 때문에 경사가 어디서나 고정값 #가 되도록 강제하고 있다. 그리고 방정식 1-6의 본질은 그것을 '수학에게 이야기하는' 우리의 방식일 뿐이다. 하지만 지금은 모든 x와 $\tilde{x}$에 대해서 방정식 1-6이 성립하도록 강제했기 때문에 $\tilde{x} = 0$일 때도 성립해야 한다. $\tilde{x} = 0$에 특별한 의미가 담긴 것은 아니기 때문에 $\tilde{x}$나 x를 다른 어떤 숫자로 선택해도 상관없다. 하지만 우리는 그저 이것을 가지고 놀기 위해 이렇게 하고 있고, $\tilde{x}$를 0으로 놓으면 방정식 1-6이 조금 더 단순해진다. 좋다. 그럼 $\tilde{x}$가 어쩌다 보니 0인 경우에 방정식 1-6은 다음과 같이 된다.

$$\frac{M(x) - M(0)}{x} = \#$$

방정식 1-7

여기서 x의 값은 무엇이 와도 상관없다. 그런데 x의 값이 무엇인가에 대해서는 불가지론적 입장으로 남아 있기 때문에 방정식 1-7의 왼쪽 위에 자리 잡은 $M(x)$는 우리의 기계에 대한 완벽한 기술이다! 만약 저 조각만 따로 떼어 낼 수 있다면 직선의 경사가 어디서나 똑같아야 한다는 애매모호한 질적 개념(이것은 우리가 앞에서 발명한 경사의 정의 중 일부다)에서 직선의 본질을 기호로 적는 정확한 방법으로 넘어가는 데 성공하는 것이다! 그럼 왼쪽 위에 숨어 있는 우리 기계의 기술만 따로 떼어 내보자. 방정식 1-7의 양변은 서로 같기 때문에 양쪽에 똑같은 것을 곱해도 여전히 같을 것이다. 따라서 방정식 1-7의 양변에 x를 곱하고, $\frac{x}{x} = 1$ 이라는 사실을 적용하면 방정식 1-7은 $M(x) - M(0) = \#x$ 라는 문장과 똑같은 이야기를 하게 됨을 알 수 있다. 하지만 이것을 다음과 같이 바꿔 쓸 수도 있다.

$$M(x) = \# x + M(0)$$

방정식 1-8

전문용어 쓰기 좋아하는 사람은 $M(0)$이라는 수를 'y 절편 y-intercept'이라 부르기를 선호하지만, 그냥 0을 입력했을 때 기계 M이 출력하는 값이라 생각할 수 있다. $\#$와 $M(0)$이라는 기호는 그저 둘 다 우리가 모르는 숫자의 약자일 뿐이다또는 구체적인 값을 불가지론적으로 남겨두기로 한 수. 그럼 똑같은 문장을 이런 식으로 적을 수도 있다.

$$M(x) = ax + b$$

방정식 1-9

교과서에 나오는 직선의 방정식이다. 이건 우리가 직접 발명했으므로 지금부터는 우리의 것이다.

이번 장에서 정말 많은 일을 했다! 우리가 해낸 것이 무엇인지 다시 한 번 떠올려보자. 다음 섹션은 그냥 '요약'이라고 불러도 무방하겠지만 우리가 만들어낸 우주는 자기만의 용어를 가질 자격이 있다. 우리가 창조해낸 모든 것이 다시 한곳에 모이고 있으니까 그 이름으로는… 음….

(저자가 잠시 생각에 잠긴다.)

→ 1.3. 재회 ←

좋다. 이 장에서 우리는 더하기와 곱하기 말고는 수학에 대해 알던 모든 것을 잊어버리고 우리만의 수학적 우주를 구축하기 시작했다. 그리고 가끔씩은 그 우주의 프라이버시를 살짝 깨고 우리가 창조한 것들을 그에 대응하는 바깥세상의 개념과 비교해보기도 했다. 그리고 그 과정에서 다음의 내용을 배웠다.

1. 왜 수학 교과서에서는 거시기의 약자로 x를 쓰는가? 왜냐하면 스페인어로는 'sh' 발음을 적을 수 없고, 인간은 더 이상 도움이 되지 않는 것을 변화시키는 데 엄청 느리기 때문에.

2. 교과서에서는 우리의 기계를 '함수'라고 부른다. 이유는 분명치 않다.

3. 교과서에서는 약자를 '기호', 문장을 '방정식' 또는 '공식'이라고 부른다. 이런 용어들은 상징하는 개념보다 살짝 더 복잡하지만, 어쨌거나 우리도 그 용어에 익숙해질 수 있도록 가끔씩은 사용할 것이다.

4. 기계를 기술하는 표준 방식은 $f(x) = 5x+3$ 같은 형태의 엄청 축약된 문장을 사용하는 것이다. 이 문장은 등호의 왼쪽만 해도 세 가지 서로 다른 약자를 담고 있다. (1) 기계의 이름 f, (2) 기계에 입력하는 거시기의 이름 x, (3) 기계에 x를 입력했을 때 f가 출력하는 거시기의 이름 $f(x)$. 따라서 좌변은 세 이름을 하나로 뭉뚱그린 것이다. 문장의 우변은 이 기계가 작동하는 방식을 기술하고 있다.

5. $\equiv$, $\overset{강제}{=}$, $\overset{(1\text{-}3)}{=}$처럼 서로 다르게 생긴 등호를 이용함으로써 우리는 좌우의 두 개가 서로 같다고 말하면서 그와 동시에 같은 이유도 스스로에게 상기시켜줄 수 있다. 만약 이것이 더 헷갈린다면 그냥 모두 =로 취

급하면 된다.

6. 너무 뻔한 찢기 법칙은 너무 뻔한 이야기다. 이 법칙을 이용하면 'FOIL'처럼 바보 같은 약자나 그보다 더 복잡한 친구들을 외우지 않아도 된다. 우리가 필요할 때마다 그 자리에서 발명하면 되니까.

7. $\frac{1}{거시기}$은 '거시기를 곱했을 때 1이 나오는 수'라는 개념만 이용해도 이른바 '대수학의 법칙'이란 것 중 상당수를 우리가 직접 발명할 수 있다. 그럼 그런 법칙들을 암기할 필요가 영원히 사라진다.

8. 수학적 개념은 이렇게 발명된다. 우선 좀 더 정확하게 만들고 싶은, 또는 좀 더 일반화하고 싶은 일상적인 개념에서 시작한다. 이것을 하는 방법은 경우에 따라 다 다르다. 우리는 흔히 우리의 수학적 정의가 갖추기 바라는 몇 가지 습성을 머릿속에 가지고 있지만, 보통은 그 정의로 골라 쓸 후보가 많이 존재한다. 우리가 갖고 있는 질적인 개념만으로는 유일한 정의를 결정지을 수 없을 때, 수학자들은 보통 그중에서 가장 예쁘고 우아하다고 생각하는 것을 하나 고른다. 학생들은 이런 이야기를 듣는 경우가 좀처럼 없기 때문에 정의를 잘 이해하지 못하는 상황에서 결국은 자기 탓을 할 때가 많다.

9. 섹션 1.2.에서 했던 것처럼 경사의 개념을 발명한 뒤에 불특정 기계가 어디서나 똑같은 경사를 갖는다고 가정하면, 그 기계가 $M(x) = ax+b$ 비슷한 모양이 된다는 사실을 발견할 수 있다. 따라서 뻔해 보이지 않는 이 수식이 사실은 우리의 직관적이고 일상적인 개념에서 직접 유도되어 나온 결과임을 알 수 있다.

막간 1

시간 지연

나는 그런 정보는 언제든 책을 보면 알 수 있기 때문에 굳이 머릿속에 담고 다니지 않습니다. 대학 교육의 진정한 가치는 여러 가지 사실을 배우는 것이 아니라 생각하는 법을 훈련하는 데 있죠.

－알베르트 아인슈타인, '에디슨 테스트'에 포함된 질문인 소리의 속도를 모르는 이유에 대해 묻자 이렇게 답함. 1921년 5월 18일 자 <뉴욕타임즈>

당신이 절대로 보지 못하는 것이 많은데, 자기가 보지 못하고 있다는 것을 당신은 알지 못한다. 그것들이 보이지 않기 때문이다. 자신이 무언가를 절대로 보지 못하고 있다는 것을 알려면 먼저 그 무언가를 봐야만 한다. 그래야 그것을 보며 이렇게 말할 수 있다. "이봐, 난 이거 한 번도 본 적 없어." 하지만 그 말은 이미 옛날이야기가 된다. 방금 보지 않았는가!

－조지 칼린, <또 그 짓이지 Doin' It Again >

당신이 결코 보지 못하는 것

당신이 결코 볼 수 없는 건 참 많다. 이번 막간은 그 가운데 하나를 다룬다. 알베르트 아인슈타인이라는 이름을 못 들어본 사람은 없을 듯하다. 여기서는 그를 유명하게 만든 수많은 것 중 한 가지를 우리가 직접 발명해보겠다. 시간의 실제 작동 방식을 말해주는 수학적 기술인데 여기 사용되는 수학이 워낙 간단한 것이라 오히려 왜 진작 수학 시간에 배우지 못했는지가 더 궁금해질 것이다. 내가 보기에는 시간의 속성에 대한 이런 짧은 수학적 논증이 존재하는데도, 어느 단계의 교육과정에서도 모든 학생에게 이것을 가르치지 않는 사실 자체가 현재의 교육과정이 우선순위를 아주 엉뚱하게 잡고 있음을 반증하는 증거가 아닌가 싶다. 이 막간의 후반부에서 나올 간단한 유도식은 우주의 기이함과 과학의 흥미로움을 아름답게 보여준다. 이것은 수학과와 물리학과에서는 어딜 가나 민요나 서사시처럼 친구들 사이에서 흔히 공유되는 내용인데도 모든 사회 구성원을 대상으로 교육하는 표준 지식 체계 안에는 담기지 않고 있다. 수십 년 동안 학생들에게 이 논증을 이해하는 데 필요한 모든 것을 가르쳐놓고도 대체 뭐가 그리 귀찮은지 이 내용만큼은 보여주지 않는다. 대체 왜? 일단 특수상대성이론 자체가 물리학 입문 강의에는 해당하지 않는 상급 주제이기 때문에 기초를 배우는 물리학 시간에는 다루지 않는다는 것이 하나의 이유다. 그리고 특수상대성이론의 논증 자체를 이해하는 데 필요한 수학을 학생들이 처음 배우는 과정은 유클리드기하학인데, 특수상대성이론이 이런 과정에 포함되는 내용은 아니라는 점이 또 하나의 이유다. 그 바람에 이 논증은 어느 쪽에도 끼지 못하고 집도 절도 없는 신세가 되고 말았다. 직관을 산산이 깨뜨리고 마는 이 아름다운 논증이 주요 학사 과정에서 집을 잃고 떠도는 신세가 되는 바람에 그 대신 진자운동, 발사체의 궤적, 공이 언덕을 굴러 내려가는 방식 등을 수학적으로 기술하는 데 집중함으로써 물리 세계의 미스터리에 대한 영감을 학생들에게 불어넣으려 하고 있다. 좋다. 사견 발표는 이 정도로 하고, 이제 즐길 시간이다!

우선 시간의 작동 방식을 살펴보기 전에 흔히들 '피타고라스의 정리'라고 부르는 지름길 거리 공식이 왜 당연히 참인지 보여주는 아주 짧은 논증을 확인하게 될 것이다. 그리고 둘째로 아인슈타인의 특수상대성이론에 등장하는 주요 개념 즉, 움직일 때는 시간이 느려진다는 사실을 이해하는 데 필요한 수학적 개념이 이보다 더 복잡할 필요가 없다는 점을 들여다볼 예정이다. 우리는 '움직일 때는 시간이 느려진다'는 구절을 축약된 기술로 사용하겠지만, 실은 이것이 아주 정확한 표현은 아니다. 좀 더 명확하게는 두 물체사람을 포함해서가 똑같은 속도, 혹은 똑같은 방향으로 움직이지 않고 있을 때는 상대방의 '시간'이 다른 속도로 흘러가는 것을 관찰하게 된다고 해야 한다.* 말도 안 되는 개념처럼 들리겠지만 그저 이론뿐인 이야기도 아니고, 단순히 인간과 시계에만 적용되는 사실도 아니다. 이것은 시공간의 구조를 말해주는 근본적인 진실이고 과학의 모든 개념 가운데 이 개념만큼 엄격하게 실험적으로 검증된 개념도 없다. 이번 막간이 끝날 즈음이면 당신은 이러한 '시간 지연time dilation' 현상이 존재함을 보여주는 수학적 논증을 아주 완벽하게 이해할 수 있을 것이다. 하지만 자신이 이 논증을 제대로 이해하지 못하는 것 같은 기분이 들 수도 있다. 논증 자체를 아무리 똑바로 이해하고 있더라도 거기서 말해주는 결론은 항상 사람을 놀라게 만들기 때문

---

* 그냥 말로 짧게 설명해서는 이 개념을 제대로 전달하기가 힘들다. 따라서 지금은 이해가 되지 않는다고 해도 너무 걱정하지 말자. 약간의 배경지식을 다루면 좀 더 이해할 수 있을 것이다.

이다. 하지만 우리 영장류 두뇌로는 이 개념을 이해하는 데 문제가 있더라도 이 개념을 이끌어내는 수학 자체는 완벽하게 이해할 수 있어야 한다. 만약 이해가 되지 않는다면 그건 내 잘못이다. 이제 준비되었는가? 그럼 출발하자!

지름길 거리

모든 것이 수평 또는 수직으로 존재하지는 않는다. 물체는 어느 방향으로도 기울어질 수 있다. 안타까운 일이다. 우리가 접하는 정보는 두 수직 방향수평과 수직이라 생각할 수 있는 방향으로 표현되는 형태인 경우가 많기 때문이다. 예를 들면 '그 집은 동쪽으로 세 블록, 북쪽으로 네 블록 떨어진 거리에 있어'라든가, '거시기는 100미터 높이에 200미터 떨어진 곳에 있어' 같은 식이다. 우리가 가진 정보가 모두 이러한 두 거리에 관한 것밖에 없다고 가정하자. 그중 하나를 수평적 거리, 다른 하나는 수직적 거리라고 해보자. 한 변은 수평, 한 변은 수직인 삼각형을 그리면 이 문제에 대해 이야기할 수 있다. 분명히 밝히자면, 여기서 삼각형 자체는 중요한 것이 아니다. 하지만 삼각형을 이용하면 중요하지 않은 세부 사항에 대해서는 불가지론적 입장을 취하면서 이 논의를 추상적으로 다룰 수 있다. 삼각형의 각 변의 이름을 a, b, c라고 붙여보자그림 1-9. 그리고 우리가 a와 b의 거리를 알고 있다고 하면, 이 정보만 이용해서 '지름길 거리'인 c를 알아낼 수 있을까?

a와 b만 아는 상태에서 c의 길이를 계산하려니 막막하다. 지금 시점에서는 뭘 어떻게 시작해야 할지 감이 오지 않기 때문에 이 어려운 문제를 우리에게 익숙한 다른 형태로 바꿔놓을 수 있을지 알아보는 수밖에 없다. 아

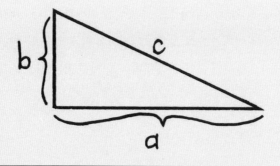

그림 1-9 이거 캡션 아님.

직은 수학을 많이 발명해보지 않았기 때문에 익숙한 것이 별로 없지만 직사각형의 면적에 대해서는 알고 있다. 따라서 위에 나온 삼각형을 몇 개 복사해서 직사각형을 만들어낼 수 있을지 확인해보는 것이 첫 번째 시도로 좋을 듯하다. 그것만 가능하다면 약간의 전진을 이뤄낼 수 있을지도 모르겠다아무런 전진도 없을지 모르지만, 시도해볼 가치는 있다. 내 머릿속에 처음 생각나는 방법은 위 그림에 나온 삼각형을 두 개 복사해 붙여서 가로는 a, 세로는 b인 직사각형을 만드는 것이다. 안타깝지만, 그렇게 만든 직사각형을 잠시 바라봐도 혼란스러운 마음은 여전하다. 이것이 직사각형을 만드는 가장 간단한 방법이기는 하지만 지름길 거리에 대해 별로 말해주는 것이 없어 보이기 때문이다. 그렇지만 다행스럽게도 직사각형을 만드는 두 번째 방법은 좀 더 도움이 될 것 같다. 그림 1-10을 보자.

　원래의 삼각형 복사본 네 개를 이용해서 큰 정사각형을 만들었더니 그 가운데 여백에 지름길 거리를 한 변의 길이로 하는 정사각형 모양의 영역이 생겼다. 1장에서 '너무 뻔한 찢기 법칙'을 발명할 때와 마찬가지로 무언가의 위에 그림을 그린다고 해도 그 면적에는 변화가 없다는 단순한 사실로부터 깜짝 놀랄 정도로 많은 지식을 이끌어낼 수 있다. 이 경우 우리는 사

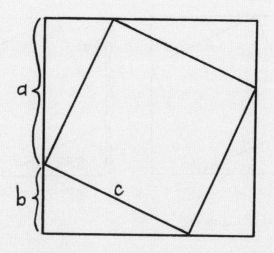

그림 1-10 우리의 삼각형을 네 개 복사하고, 약간의 공백을 이용해서 정사각형 안에 또 다른 정사각형을 만든다. 이렇게 하니 우리가 익숙한 것(정사각형의 면적)을 가지고 우리가 익숙하지 않은 것(지름길 거리)에 대해 이야기할 수 있는 길이 열린다.

실상 큰 정사각형 안에다가 살짝 기울어진 정사각형을 그린 것이나 마찬가지다. 정사각형의 면적은 우리가 현재 알고 있는 몇 안 되는 것 중 하나니까 이렇게 잔머리를 쓰면 아직은 빈약한 우리의 어휘력만으로도 지름길 거리에 관한 문장을 만들어낼 수 있다. 이 큰 정사각형의 총면적을 두 가지 서로 다른 방식으로 표현함으로써 그 문장을 유도하는 것이다. 결과는 그림 1-11에 나와 있다.

한편으로 보면 우리가 그린 그림은 각 변의 길이가 $a+b$인 큰 정사각형이고, 따라서 면적은 $(a+b)^2$이다. 1장에서 그림을 그려 $(a+b)^2 = a^2+2ab+b^2$이 성립한다는 것을 확인한 바 있다. 그런데 이 그림을 다른 식으로 표현할 수도 있다. 큰 정사각형의 총면적은 가운데 여백의 면적이것은 c^2 더하기 나머지 삼각형 네 개의 면적을 합친 값과도 같다. 우리는 삼각형의 면적에 대해서는 모르지만, 두 삼각형을 붙여 직사각형을 만드는 것

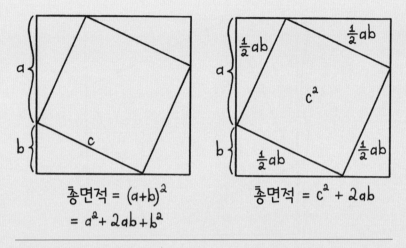

$$총면적 = (a+b)^2$$
$$= a^2 + 2ab + b^2$$

$$총면적 = c^2 + 2ab$$

그림 1-11 큰 정사각형의 총면적을 두 가지 서로 다른 방식으로 적어보면 지름길 거리 공식을 발명할 수 있다. 교과서에서는 이것을 흔히 '피타고라스의 정리'라고 부른다.

을 상상해보면앞에서 이 문제를 풀려고 처음 시도했다가 실패했을 때처럼 그 직사각형의 면적은 ab가 나온다. 우리한테는 이런 삼각형이 총 네 개가 있으므로 이것을 이용하면 두 개의 직사각형을 만들 수 있다. 이런 식으로 해서 모두 더하면 큰 정사각형의 총면적은 $c^2 + 2ab$로도 표현 가능하다. 이제 똑같은 면적을 두 가지 방법으로 나타냈으므로 이 둘을 등호로 연결할 수 있다. 그럼 다음과 같은 문장이 나온다. $a^2 + 2ab + b^2 = c^2 + 2ab$.

이제부터는 굉장히 중요한 부분이니 정신 바짝 차리고 읽자. 위에 나온 수학적 문장은 왼쪽의 것과 오른쪽의 것이 서로 같다고 말하고 있다. 만약 두 개가 정말로 같다면즉, 완전히 동일한 것이라면, 두 개를 정확히 똑같은 방법으로 변형하더라도물론 이 두 값은 각자 따로따로 변화하겠지만 그 둘은 여전히 똑같은 상태로 남을 것이다. 두 상자가 있는데 안에 든 내용물이 무엇인지는 알 수 없지만 완전히 똑같다고 해보자. 두 상자에 각각 똑같은 행동을 취했을 때 두 상자 속에는 여전히 동일한 내용물이 담겨 있게 될 것이다. 여기서 어떤 행동을 하든예를 들면 '그 안에 담긴 돌멩이는 모두 제거하라', '일곱 개의 구슬을 더하라', '상자 안에 든 모자 수를 세서 두 배로 늘려라' 등 두 상자에 가한 행위가 동일하기만 하다면 이 말은 성립한다. 따라서 표준 전문용어를 이용해서 다음과 같이 이야기할 수 있다. '위 방정식의 양변에서 $2ab$ 라는 항을 빼라.' 이 점을 분명하게 이해하고 넘어가자. 이것은 수학의 속성도 아니고 방정식의 속성도 아니다. 그리고 어떤 신비로운 대수학의 법칙도 아니다. 동일한 두 대상에 대한 일상적 개념에 따른 단순한 사실이다. 즉, 동일한 대상에 동일한 변형을 가하면 거기에서 도출되는 결과 역시 반드시 동일해야 한다는 사실 말이다.* 만약 이것이 성립하지 않는다면 우리는 '동일하다'는 용어를 부주의하게 사용해왔다고밖에 볼 수 없다. 말 그대로 동일하지 않은 것을 동일하다고 이야기했던 것이다. 자, 위에 나온 변형을 실제로 가해보면 다음과 같은 문장이 나온다.

$$a^2 + b^2 = c^2$$

이로써 지름길 거리를 수평 거리와 수직 거리를 이용해 표현할 수 있게 됐다. 이제 이것을 '지름길 거리 공식'이라고 부르자. 수학 교과서에서는 이 공식을 보통 '피타고라스의 정리'라고 부른다. 피타고라스의 정리라고 하면 꼭 무슨 마법의 칼 이름이나 더러운 물을 마셨을 때 생기는 병 이름같이 들린다.

---

* 이 간단한 사실과 그로 인한 결과를 이해하고 나면 일반적인 대수학 입문 교육과정에 등장하는 설명의 상당 부분을 건너뛸 수 있다.

절대 시간이라는 허구

코페르니쿠스 혁명 같은 사건은 어떤 사상가가 '너무나도 뻔한' 방법론적 규칙에 얽매이지 않기로 결심했거나 아니면 자기도 모르는 사이에 그런 규칙을 깨뜨렸을 때 일어난다.

—파울 파이어아벤트,《방법에 반대한다》

단 몇 줄의 추론만으로도 우리가 세상을 바라보는 방식을 변화시킬 수 있다.

—스티븐 랜즈버그Steven E. Landsburg,《런치타임 경제학The Armchair Economist》

그럼 이제 팝콘도 한 상자 옆에 갖다 놓고 마음의 준비를 단단히 하자. 곧 과학에서 가장 아름다운 논증 하나를 목격하려는 참이기 때문이다. 이 논증에서 나오는 결과를 우리 영장류 두뇌로 받아들이기는 쉽지 않기 때문에 내용을 직관적으로 이해하기는 힘들 것이다. 사실 그럴 수 있는 사람은 아무도 없다. 하지만 우리가 이미 발명해놓은 간단한 수학만으로도 영장류 두뇌의 선천적 한계를 우회해서 뛰어넘을 길이 열린다. 이번 섹션은 지금까지 진행해온 것보다 조금 더 속도를 내서 진행할 예정이지만 걱정할 필요는 없다. 아래에서 전개될 내용은 이 책의 나머지 부분과는 논리적으로 독립된 것이기 때문에 이걸 이해하지 못해서 2장의 미적분 발명 단계에 뒤처지지는 않을지 전혀 걱정하지 않아도 괜찮다. 그냥 편한 자세로 자리에 앉아 과정을 즐기도록 하자. 앞으로의 논의를 진행하려면 세 가지가 필요하다.

1. 당신의 속도가 중간에 변하지 않는 한, (당신이 움직인 거리) = (당신이 움직인 속도)·(당신이 움직인 시간)이다. 우리 모두가 직관적으로 아는 내용이지만 이렇게 추상적인 형태로 말을 만들어놓으면 자신이 이 사실을 안다는 것을 쉽게 까먹을 수 있다. 이 말의 의미는 간단하다. (a) 시속 30킬로미터로 3시간 동안 이동하면 총 90킬로미터를 움직이게 될 것이다. (b) (a)에서 사용한 숫자들은 특별한 숫자가 아니다. 따라서 이것을 $d = st$로 적자. '(거리)는 (속도) 곱하기 (시간)과 같다'는 뜻이다.

2. 우리가 위에서 발명한 지름길 거리 공식즉, 피타고라스의 정리.

3. 빛에 관한 이상한 사실 하나.

빛에 관한 이상한 사실은 수학적 사실이 아니라 물리학적 사실이다. 완전히 말이 안 되는 소리이기 때문에 이해가 안 된다고 해도 놀라지 않기 바란다. 빛에 관한 이상한 사실을 우리가 모두 잘 아는 사실과 비교해보면 얼마나 터무니없는 것인지 깨닫게 된다. 그럼 먼저 우리 모두가 잘 아는 사실을 살펴보자. 당신이 테니스공을 시속 100킬로미터로 던진 다음 바로 시속 99킬로미터로 뒤따라간다고 하자. 그럼 테니스공은 마치 시속 1킬로미터로 날아가는 것처럼 보일 거다. 적어도 공이 땅에 떨어지기 전까지는 말이다. 전혀 이상할 것이 없다.

그런데 빛은 도저히 말이 안 될 것 같은 속성을 가지고 있다. 만약 당신이 빛을 '던지고즉, 가만히 서 있는 상태에서 플래시를 켜서 빛의 입자인 광자photon를 방출시키고' 광속의 99퍼센트 속도로 뒤쫓아 간다면 당연히 그 빛은 광속의 1퍼센트 속도로 당신에게서 멀어지는 것처럼 보여야만 할 텐데 그렇지가 않다! 빛은 여전히 온전히 광속 100퍼센트의 속도로 당신으로부터 멀어진다.

당신이 빛을 굳이 쫓아가나 쫓아가지 않으나 똑같은 속도로 움직인다는 것이다.

그게 말이 되느냐고? 좋다! 의문이 생기는 것을 보면 그래도 당신이 관심 있게 이 글을 읽고 있었다는 의미니까. 이것이 어떻게 말이 된다는 건지 머리를 쥐어짜며 이해하려 들기보다는 아인슈타인이 1905년에 했던 것과 비슷한 게임을 통해 알아가자. 이렇게 생각해보자. '좋아. 불가능해 보이는 게 사실이기는 하지만 그것이 참이라는 증거들이 나와 있으니까 이렇게 스스로에게 질문을 던져보면 어떨까? 만약 그 말이 참일 경우 반드시 참이 되어야 할 다른 사실로는 무엇이 있을까?'

먼저 '빛 시계'라는 이상한 장치를 상상해보자. 살짝 거리를 두고 거울 두 개를 마주 보게 하면 빛 시계가 만들어진다. 빛은 거울에 부딪히면 튕겨 나오기 때문에 이 가상의 장치는 빛을 덫에 가두어 두 거울 사이를 오가게 만든다. 모두들 알고 있듯이 시간 측정의 단위는 초, 시간, 날짜 또는 우리가 원하는 그 무엇이든 될 수 있다. 그럼 우리의 시간 측정 단위는 다음과 같이 정의하자. '빛이 한쪽 거울에서 반대쪽 거울로 튕겨 나가는 데 걸리는 시간.' 이 시간 단위에 '거울초' 같은 이름을 붙일 수도 있겠지만 굳이 그럴 필요는 없다.

이제 약자를 개발하자. 이상한 역사적 이유로 사람들은 보통 광속을 c라는 글자로 나타낸다. 기본적으로 c는 '빠름'을 의미하는 라틴어의 첫 글자다. 그리고 광속은 말 그대로 우리 우주에서 나올 수 있는 가장 빠른 속도이기 때문에 왜 굳이 라틴어를 썼는가, 하는 점을 빼면 c를 쓰는 이유가 어느 정도 납득이 된다.

그럼 광속은 c로 나타내기로 하겠다. 그럼 두 거울 사이의 높이 차이는 h로, 빛이 한 거울에서 다른 거울에 도달하는 데 걸리는 시간의 양은 t정지로

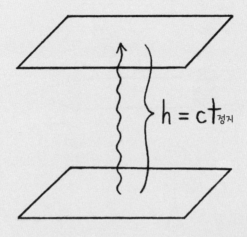

$$h = ct_{정지}$$

그림 1-12 가상의 빛 시계는 두 거울로 만들어져 있다. 한쪽 거울은 다른 거울보다 h 높이만큼 위에 있고, 빛의 입자가 그 두 거울 사이를 튕겨 나오며 왕복한다.

표기하자왜 그냥 t를 쓰지 않고 $t_{정지}$를 사용하는지에 대해서는 조금 뒤에 설명한다. 이 빛 시계를 그림 1-12에 그렸다.

이 섹션을 시작하면서 당신의 속도가 중간에 변하지 않는 한, (당신이 움직인 거리) = (당신이 움직인 속도)·(당신이 움직인 시간)이라는 것을 확인했다. 그럼 우리가 방금 정의한 약자들을 모두 사용하면 $h = ct_{정지}$라고 쓸 수 있고 같은 내용을 표현만 바꿔서 다음과 같이 적을 수도 있다.

$$t_{정지} = \frac{h}{c}$$

방정식 1-10

이제 두 사람이 똑같은 빛 시계를 바라보고 있다고 상상하자. 둘 중 한 사람은 빛 시계를 붙잡은 채 수평으로 움직이는 로켓 위에 올라타고, 나머지 한 사람은 지상에서 로켓과 빛 시계가 똑같은 속도로 날아가는 모습을 바라본다고 가정하자. 이 로켓의 속도를 s라는 약자로 나타내겠다. 이를 그림

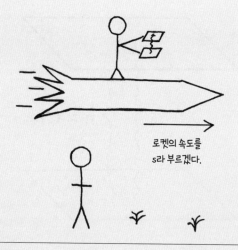

로켓의 속도를
s라 부르겠다.

그림 1-13 빛 시계가 로켓 위에 올라탄 채로 지상 관찰자에 대해 s의 속도로 움직이고 있다.

1-13에 그려보았다.

좋다. 그럼 $h = ct$정지라고 쓴 위의 논증은 로켓 위에 올라탄 사람의 눈에 보이는 모습을 기술하는 것이 된다. 어째서 이 상황에서 '정지'라는 단어를 이용하는지 혼란스러울 수도 있다. 로켓 위에 올라탄 사람은 분명 '운동'을 하고 있는데 말이다. 우리가 여기서 '정지'라는 표현을 쓴 이유는 로켓에 올라탄 사람은 빛 시계를 붙잡고 있기 때문에 빛 시계에 대해 상대적으로 정지 상태에 있기 때문이다. 뒤에서 다시 이야기가 나오겠지만 '운동'이라는 것은 사실 상대적인 개념이기 때문에 '거시기를 기준으로 어떻게 운동하고 있다'라고 표현하지 않는 한 아무런 의미도 없다. 좋다. 그럼 이제 지상 관찰자의 눈에는 어떻게 보일까? 그 사람의 눈에도 빛 시계에 붙잡힌 빛은 여전히 수직으로 튕겨 나오며 움직이고 있지만 그와 동시에 수평으로도 움직이고 있다. 따라서 광자가 그림 1-14처럼 톱니같이 비스듬하게 사선으로 튕기며 움직이듯 보일 것이다.

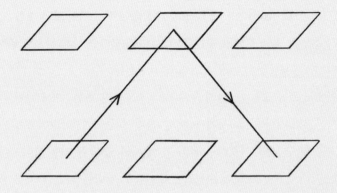

그림 1-14 빛 시계에서 빛이 위아래로 움직이는 모습을 지상 관찰자의 시점에서 바라본 세 장의 정지 화면. 이 사람의 시점에서 보면 광자가 위아래로 튕기면서 그와 동시에 빛 시계 자체가 왼쪽에서 오른쪽으로 움직이고 있기 때문에 광자가 사선으로 움직이는 것으로 보인다. 로켓이 자기 눈앞을 지나가는 동안 이 사람의 눈에는 광자가 톱니무늬를 그리며 움직이듯 보일 것이다.

위에서 논증$h = ct$정지라는 결론이 나온 논증을 펼칠 때 빛이 한 거울에서 다른 거울까지 튕겨 가는 데 걸린 시간에 대해 생각했던 것을 떠올리자. 여기서도 이걸 다시 해보는데, 이번에는 지상 관찰자의 시점에서 생각해본다. 지상 관찰자가 바라보았을 때 빛이 한 거울에서 반대편 거울까지 가는 데 걸리는 시간의 양을 t운동이라는 약자로 쓸 수 있다. '운동'이라는 첨자를 붙이면 지상 관찰자가 빛 시계가 운동하는 모습을 바라보고 있다는 점을 상기시켜준다. 아마 이 시간의 양에 왜 굳이 두 가지 다른 이름을 붙여줘야 하는지 궁금해졌을지도 모르겠다. 결국 두 시간의 양은 똑같은 값이 아닌가? 하지만 지나친 확신은 금물이다! 빛이 아주 이상하게 행동한다는 것은 이미 살펴본 바 있다. 아인슈타인은 이 두 시간이 같지 않을지도 모른다는 가능성을 진지하게 받아들였다만약 t정지와 t운동이 당연히 똑같은 값이라 생각하고 그냥 t로 두었다면 특수상대성이론은 탄생하지 못했을지도 모른다. 위대한 발견은 당연하다고 생각했던 것에 의문을 품었을 때 나온다-옮긴이 주. 어쨌거나 지금 당장은 혹시나 모를 일이니 여기에 서로 다른 이름을 붙여주었다고만 해두자. 뒤에 가서 보면 만약 이 두 가지가 정말로 같은 값이면 같은 값으로, 다른 값이면 다른 값으로 밝혀질 것이다.

이번에는 그냥 그림 1-14에 나온 빛의 경로에만 초점을 맞춰보자. 지상 관찰자의 시점에서 이 빛 시계가 한 번 '똑딱' 하는 동안에 빛이 운동한 거리를 계산할 수 있다. 이것이 그림 1-15에 나와 있다. 두 거울 사이의 수직 거리는 그대로 h 이고, 빛이 수평적으로 이동한 거리는 st운동이다. 로켓이 s의 속도로 움직이고, 지금은 t운동의 시간 동안 일어난 일에 대해 생각하고 있기 때문이다.

여기서 빛에 관한 이상한 사실을 이용할 것이다. 당신이 아무리 빠른 속도로 움직인다 해도 빛은 언제나 똑같은 속도로 움직이는 것처럼 보인다는 사실 말이다. 이 때문에 우리 이야기에 등장하는 두 사람의 눈에 보이는 빛은 모두 c라는 동일한 속도로 움직인다. 하지만 지상 관찰자의 눈에는 빛이 사선으로 움직이는 것으로 보이고, 빛이 t운동 동안에 사선으로 움직이는 거리는 그냥 '속도 곱하기 시간', 즉 ct운동이다. 이것은 참 이상한 말이다. 예를 들어보자. 만약 빛이 두 거울 사이를 튕기며 움직이는 탄력을 가진 일반적인 공 같은 물체였다면 지상에서 바라보았을 때 이 공의 사선 속도는 로켓에 탄 관찰자가 바라본 공의 수직 속도보다 더 빨랐을 것이다거울 사이를 튕겨 나오는 수직 속도에 로켓의 수평 속도가 벡터로 더해지기 때문이다. 이 책의 취지와 어긋나게 우리 우주에 없는 벡터라는 개념을 들먹여서 미안하다. 하여간, 그래서 일반적으로는 사선 속도가 더 빨라야 하지만, 빛의 속도는 관찰자의 속도에 상관없이 일정하다는 가정 때문에 수직 속도와 사선 속도가 똑같아야 한다. 이 사실로 인해 시간 지연이라는 현상이 유도되어 나온다―옮긴이 주. 그래서 수학에게 우리가 빛에 관한 이상한 사실을 가정하고 출발한다는 말을 꺼낸 것이다. 이제 이렇게 가정했을 때 그 결과로 반드시 참이 되어야

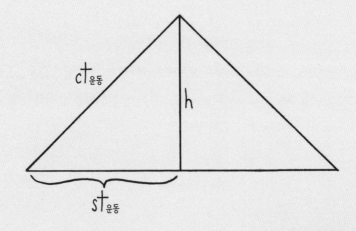

$ct_{운동}$

h

$st_{운동}$

그림 1-15 모든 거리를 그림으로 그려보자. 빛이 바닥에서 꼭대기까지 가는 데 걸리는 시간을 지상 관찰자의 시점에서 생각해보자. 두 거울 사이의 수직 거리는 그대로 h이다. 빛이 수평적으로 이동한 거리는 st운동이고, 앞에서 언급한 빛에 관한 이상한 사실 때문에 빛이 사선으로 이동한 거리는 ct운동이다.

할 다른 내용이 어떤 것인지 확인할 수 있다.

여기서 지름길 거리 공식을 이용한다. '수평'과 '수직'은 서로 직각이기 때문에 그림 1-15로부터 다음과 같은 사실을 이끌어낼 수 있다.

$$h^2 + (st_{운동})^2 = (ct_{운동})^2$$

이제 드디어 t정지와 t운동을 비교해보고 싶어진다. t정지는 이미 앞에서 수식을 이끌어냈으니 이번에는 위에 나온 방정식에서 t운동만 따로 분리시켜보자. 그럼 두 시간이 정말로 똑같다고 나오는지 확인할 수 있을지도 모른다. t운동만 따로 분리하고 싶으면 t운동과 얽혀 있는 것을 모두 방정식의 한 변으로 몰아넣는 것이 도움이 된다. 이렇게 말이다.

$$h^2 = (ct_{운동})^2 - (st_{운동})^2$$

곱하기에서는 순서가 중요하지 않으므로 a와 b의 값에 상관없이 $(ab)^2$ $\equiv abab = aabb \equiv a^2b^2$이 성립해야 한다. $t_{운동}$만 따로 분리하기 위해 위의 방정식을 다음과 같이 고쳐 써보자.

$$h^2 = c^2 t^2_{운동} - s^2 t^2_{운동}$$

하지만 오른쪽 조각들이 모두 $t_{운동}$을 포함하고 있으므로 이것을 다음과 같이 바꿔 쓸 수 있다.

$$h^2 = \left(c^2 - s^2\right)(t_{운동})^2$$

아니면 똑같은 것을 다음과 같이 표현할 수도 있다.

$$\frac{h^2}{(c^2 - s^2)} = (t_{운동})^2$$

방정식 1-11

이제 앞에서 $t_{정지} = \frac{h}{c}$임을 발견했던 것을 기억하자. 그럼 위에 나온 방정식의 좌변이 $\frac{h}{c}$와 거의 비슷하게 생긴 조각을 가진 것이 보인다. 그런데 '$-s^2$'이 혹처럼 찜찜하게 달라붙어 있다는 게 문제다. 만약 저 조각이 존재하지 않았다면 좌변은 $\frac{h^2}{c^2}$이 되고, 이 값은 $t^2_{정지}$와 같기 때문에 두 시간은 같다는 결론이 나왔을 것이다. 하지만 s^2이라는 조각이 등장해서 우리를 성가시게 만들고 있다. 그럼 여기서 교묘하게 수학적으로 잔머리를 굴려보자. 우선 거짓말을 한 다음 뒤에서 그것을 수정하는 것이다. 잔머리란 이렇다. 우리는 지금 $t_{정지}$와 $t_{운동}$을 비교해보고 싶다. 분명 이 두 시간이 똑같은 값이어야 할 것 같기 때문이다. 만약 그렇지 않다면 그것은 곧 우리가 일상적인 의미로 생각하는 '시간'은 사실 존재하지 않는다는 뜻이다. 아이고, 이것이 사실이라면 정말 너무도 당혹스러운 일이다! 그런데 이 두 시간을 비교해보려면 $-s^2$이라는 것이 존재하지 않아야 한다. 그렇다고 $-s^2$을 그냥 지워버릴 수는 없다. 그럼 거짓말이 되고, 그렇게 이끌어낸 결론 역시 틀린 답이 나올 것이기 때문이다. 하지만 우선 거짓말을 한 다음 나중에 수정한다면 올바른 정답을 끌어낼 수 있다. 그럼 한번 해보자. 방정식 1-11을 고쳐 써서 이렇게 보이게 하자.

$$\frac{h^2}{(c^2 - s^2)} = \frac{h^2}{c^2\,(\clubsuit - \spadesuit)} = (t_{\,운동})^2$$

지금은 $\clubsuit$와 $\spadesuit$라는 기호가 대체 무엇인지 전혀 알 수 없다! 이제 우리가 할 일은 이 문장을 참으로 만들려면 두 기호가 무엇이 되어야 하는지 알아내는 것이다. 이걸 왜 할까? 이 문장을 참으로 만들어주는 $\clubsuit$와 $\spadesuit$의 값을 찾아낼 수만 있다면 위 방정식에 나온 h^2/c^2을 방정식 1-10을 이용해서 $t^2_{정지}$로 고쳐 쓸 수 있기 때문이다. 그럼 두 시간을 비교해서 시간이 실제로 어떻게 작동하는지 확인할 수 있다. 이제 우리의 목표는 다음 문장을 참으로 만드는 것이다.

$$c^2\,(\clubsuit - \spadesuit) = (c^2 - s^2)$$

이런 식으로 틀을 잡아서 문제를 풀면 조금은 쉬워진다. 우리는 $\clubsuit$ 기호를 거기에 c^2을 곱하면 c^2이 나오는 값으로 바꾸고 싶다. 따라서 그냥 $\clubsuit$

의 값으로는 1을 선택하자. 그리고 ♠ 기호는 거기에 c^2을 곱했을 때 s^2이 나오는 값으로 바꾸고 싶다. 따라서 ♠는 s^2/c^2으로 선택하자. 그럼 바닥분모에 있는 c^2이 꼭대기분자에 있는 c^2을 지워 s^2만 남게 된다.

대부분의 수학책에서는 ♣와 ♠에 관한 이런 내용들은 그냥 쏙 빼버리고 'c^2이라는 공통인수를 앞으로 뺀다factor out'고 말하고는 쏙 넘어가버린다. 일단 우리도 이런 개념에 익숙해지면 그렇게 할 것이다. 하지만 지금 단계에서 그렇게 말해버리면 마치 '공통인수를 앞으로 뺀다'는 표현이 시간과 정성을 들여 배워야만 하는 무언가인 것처럼 들리게 된다. 그렇지 않다. 이 모든 과정을 거쳐서 나온 결과를 '공통인수 앞으로 빼기'라 부를 수는 있겠지만 이 용어는 우리가 거치는 사고 과정을 제대로 기술하지 못한다. 실제로 일어나는 과정을 살펴보면, 우선 우리는 무언가가 참이기를 바라고즉, 바닥에 c^2이 들어가기를 바라고 그래서 그것을 참으로 만들기 위해 거짓말을 했다즉, c^2이 있었으면 하는 위치에 그냥 c^2을 집어넣었다. 그다음에는 정답이 나올 수 있도록 거짓말한 부분을 수정했다.

그보다 더 중요한 문제가 있다. 'c^2이라는 공통인수를 앞으로 뺀다'고 하니 마치 그 안에 이미 c^2이 들어 있어야 할 것처럼 들린다는 거다. 그렇지 않다! '공통인수를 앞으로 뺀다'는 개념을 무시하고 대신 거짓말을 먼저 한 뒤 나중에 수정한다는 개념을 이용하면 아무것도 없는 상태에서 그 무언가를 앞으로 끌어낸다는 의미가 분명해진다. $(a+b)$라는 항에는 c가 들어 있지도 않지만 거기서도 c를 앞으로 끌어낼 수 있다. 어떻게? 위에 나온 ♣와 ♠의 논리를 똑같이 이용하면 된다. $(a+b)$에서 c를 앞으로 빼고 싶으면 똑같은 과정을 따라서 해보자. 그럼 결국 이것을 $c \cdot (\frac{a}{c} + \frac{b}{c})$로 고쳐 쓸 수 있다. 좋다. 장황하게 설교를 늘어놓아 미안하다. 하지만 괜히 뜬금없이 주제를 바꿔서 설명한 건 아니다. 대단히 중요한 내용인데 여기에 대해 언급하기에는 지금처럼 적절한 때가 없을 것 같았기 때문이다. 어쨌거나 이제 다음과 같은 계산이 나온다.

$$\frac{h^2}{c^2 \left(1 - \frac{s^2}{c^2}\right)} = (t_{\text{운동}})^2$$

$t_{\text{정지}} = h/c$ 라는 사실을 이용해서 양변의 제곱근*을 구하면 다음과 같은 식이 나온다.

$$t_{\text{운동}} = \frac{t_{\text{정지}}}{\sqrt{1 - \frac{s^2}{c^2}}}$$

방정식 1-12

방정식 1-12는 언뜻 복잡해 보일 수도 있지만 우선은 복잡한 것들을 대부분 무시하고 그중 가장 중요한 곳에만 초점을 맞춰보자. 여기서 s가 0이 아닌 한, $t_{\text{운동}}$과 $t_{\text{정지}}$라는 두 시간이 똑같지 않다! 이것이 의미하는 바는 두 물체가 서로 다른 속도로 움직일 때마다 그 두 물체의 빛 시계가 동시성이 깨져 서로 다른 속도로 시간이 흘러간다는 말이다. 방정식 1-12에서 시간 관련 항목을 모두 한쪽으로 몰아서즉, 양변을 $t_{\text{정지}}$로 나눠서 방정식을 다시 쓸 수 있다. 이렇게 하고 싶은 이유는 딱 한 가지다. 그럼 우변은 속도 s에만 좌우되기 때문이다. 물론 우변은 광속인 c에도 영향을 받지만 이건

---

* 아직 제곱근에 대해서는 심도 깊게 이야기하지 않았지만 뒤에서 기존에는 아무런 내용도 없던 약자가 새로운 생명력을 얻어 참된 개념으로 탈바꿈하는 이상한 과정을 통해 제곱근이란 개념을 접하게 될 것이다. 양변의 제곱근을 구하는 과정을 이해하지 못하더라도 걱정하지 말자. 뒤에서 곧 나온다. 지금 당장은 $\sqrt{\text{거시기}}$라는 기호는 제곱했을 때 거시기가 나오는 양의 수를 나타내는 기호란 것만 알아두자. 즉, $\sqrt{\text{거시기}}$는 '(?)^2 = 거시기'를 참으로 만드는 숫자 '?'를 나타낸다. 어떤 특정 수의 제곱근을 계산하는 방법은 전혀 알 필요 없다. 지금 당장은 전반적 개념만 이해하는 것으로도 충분하다.

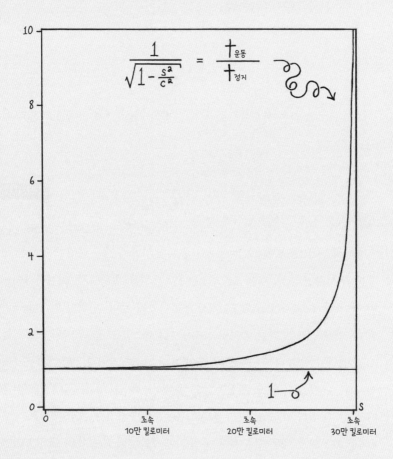

$$\frac{1}{\sqrt{1-\frac{s^2}{c^2}}} = \frac{t_{운동}}{t_{정지}}$$

10

8

6

4

2

0

1

초속
10만 킬로미터

초속
20만 킬로미터

초속
30만 킬로미터

S

그림 1-16 시간 지연 현상을 시각화하기. 수평축은 속도이고, 수직축은 $t_{운동}/t_{정지}$이라는 양이다. 이 양은 $t_{운동}$이 $t_{정지}$보다 얼마나 더 큰지(즉, 일상적인 시간 개념이 얼마나 무너져 내리는지) 말해준다. 일상생활에서 우리는 시간이 어디서나 보편적인 속도로 흐른다고 느낀다. 즉, $t_{운동}$ = $t_{정지}$, 혹은 같은 표현으로 $t_{운동}/t_{정지}$ = 1이라고 생각한다. 그래프에서 수평선이 바로 이런 구간이다. 하지만 현실은 수평선이 아니라 곡선을 이룬다. 당신이 누군가에 대해 어떤 속도로 움직일 때 그 누군가의 시간은 더 느리게 흐르는 것처럼 보인다. 이 속도가 광속에 비해 아주 작을 때는 우리의 일상적인 시간 개념이 거의 정확하지만, 속도가 광속(대략 초속 30만 킬로미터)에 가까워질수록 일상적 개념 역시 점점 더 무너져 내린다.

값이 절대로 변하지 않는 수다(이것은 앞에서 다루었던 빛에 관한 이상한 사실이다. 하지만 속도 s는 우리가 변화시킬 수 있는 값이다. 이렇게 하면 시간이 느려지는 이 이상한 현상을 시각화해서 생각하기가 조금 더 수월해진다. 그림 1-16이 바로 그것을 나타냈다. 이 그래프는 로켓의 속도인 s가 변화함에 따라 $t_{운동}/t_{정지}$이라는 양이 어떻게 변화하는지 보여준다. 이 양은 $t_{운동}$이 $t_{정지}$보다 얼마나 더 큰지 말해주는 것으로 생각할 수 있다. 양이 커질수록 우리의 일상적인 시간 개념도 점점 더 무너져 내리고 만다.

이제는 방정식 1-12가 그저 빛 시계 또는 전반적인 시계하고만 관련된 사실이 아님이 밝혀졌다. 이것은 시간과 공간의 근본적 구조에 관한 사실이며, 1905년에 아인슈타인이 이를 발견한 이후로 일일이 세기도 버거울 만큼 여러 번에 걸쳐 실험적 검증이 이루어졌다. 왜 일상생활에서는 이 효과를 알아차리지 못하는 것일까? 당신과 내가 함께 시간을 보내고 있다가 나 혼자 차를 몰고 가게에 갔다 왔다고 해도 우리는 두 사람에게 흘러간 시간의 양이 정말로 서로 다르다고는 생각하지 않는다. 그림 1-16을 보면 알수 있듯이 우리가 서로에 대해 같은 속도로 움직이고 있을 때는 우리가 경험하는 시간이 똑같고, 광속보다 훨씬 느린 속도로 움직일 때는 거의 같기 때문이다. 하지만 이 양적 차이가 일상생활에서는 아무런 의미도 없을 만큼 미미한 차이라고 해도 우주에 대해 생각하는 방식에서는 거대한 질적 변화를 가져온다. 우리가 익숙해져 있는 세계 즉, 하나의 절대적 시간만 존재하는 세계는 그저 편의를 위한 근사치이자 거짓말에 지나지 않은 것이다. 이는 우리 주변의 물체에 대해 너무 빠르게 움직이지만 않는다면 쓸모 있는 거짓말이다. 하지만 우리의 일상적인 시간 개념은 일상생활에서는 유용할지 몰라도 실제의 본질적 속성을 기술할 때는 깜짝 놀랄 정도로 형편없다.

그보다 더 끔찍한 사실은 $t_{운동}$과 $t_{정지}$라고 쓸 때 '운동'과 '정지'라는 첨자를 사용하는 일조차 완전히 정당화될 수 없다는 것이다. 이 문제를 조금 더 신중하게 생각해보면, 두 사람이 어떤 고정된 속도와 방향으로 움직이고 있는 한,즉, 둘 중 누구도 속도를 올리거나 낮추지 않고 방향을 바꾸지도 않는 한 둘 중 어느 쪽이 '정지' 상태라고 말할 수 없다는 것을 알 수 있다. '움직인다운동한다', '정지해 있다' 등의 단어를 사용하는 데 익숙해진 이유는 우리가 공기로 둘러싸인 거대한 바윗덩어리 위에 살고 있어서 지구 표면에 가까이 있을 때는사실상 거의 항상 '움직이지 않는' 것처럼 보이는 특별한 기준계가 존재하기 때문이다. 즉, 지구에 대해 정지 상태로 있다는 말이다. 하지만 이 기준계는 보편적 의미의 '정지' 상태라 말할 수 없다. 우주 공간에서 떠다니며 서로를 지나치는 두 사람을 상상하면 이 문제를 좀 더 명확하게 파악할 수 있다. 이 경우 두 사람 모두 진짜로 움직이는 쪽은 상대방이라 생각할 수 있다. 아니면 둘 다 움직인다고 생각할 수 있다. 두 가지 관점 모두 똑같이 맞고, 똑같이 틀리다.

우리가 방금 전개했던 논증에 대해 생각하면 생각할수록 내 진짜 속도는 이러저러하다고 말하는 것이 아무런 의미가 없음을 이해하게 된다. 내 속도가 이러저러하다는 말은 내가 '정지' 상태에 있다고 임의로 정의한 무언가와 비교했을 때만 의미를 갖게 된다. 이런 이유 때문에 위 논증에서 내린 결론은 처음에 생각했던 것보다 훨씬 더 기이해지고 만다. 우리가 들었던 빛 시계 사례에서 관찰자 A가 보기에 관찰자 B의 시간은 느려지고, 관찰자 B가 보기에 관찰자 A의 시간은 빨라진다면 모든 사람이 고개를 끄덕일 수 있겠지만, 실상은 그렇지 않다. 그보다 훨씬 더 기이하다. 두 사람 다 속도나 방향을 바꾸지 않는 한, 두 사람 모두 상대방의 시간이 느려진다고 여길 것이다. 그런데 두 사람 다 틀린 생각이 아니다! 쌍둥이 중 한 사람은 지구에 남고, 다른 한 사람은 광속에 가까운 속도의 로켓을 타고 지구를 떠났다가 나중에 돌아와 재회해서 서로의 시계를 비교해본다면 과연 더 늙은 사람은 누구일까 궁금해지는가? 좋다! 쌍둥이 패러독스에 대해 검색해보기 바란다. 우주는 정말 단단히 미쳤다. 자, 좀 더 배워보자.

CHAPTER

02

무한 배율 확대경의
무한 파워

미적분학은 인간의 지혜로 고안된 것 중에서 가장 강력한 생각의 무기다.

-W.B. 스미스,《무한소 분석Infinitesimal Analysis》

The Infinite Power of the Infinite Magnifying Glass

2.1. 어려운 문제를 쉬운 문제로

2.1.1. 아하, 여기 거기잖아!

먼저 수학자에 대한 농담을 하나 읽어보자. 내가 만든 건 아니고, 누가 했는지는 모르겠다. 그럼 농담 일발 장전하시고, 발사!

어느 심리학 실험에서 수학자를 싱크대, 냄비, 가스레인지가 있는 방에 집어넣었다. 그리고 물을 한 냄비 끓이라고 했다. 그러자 수학자는 빈 냄비를 들어 싱크대에서 물을 채운 뒤 가스레인지 위에 올려놓고 불을 켰다. 그다음에는 그 수학자를 싱크대, 물이 가득 든 냄비, 가스레인지가 있는 방에 집어넣었다. 그리고 이번에도 물을 한 냄비 끓이라고 했다. 그러자 수학자는 냄비를 들어서 물을 싱크대에 부어 버렸다. 그러고는 이렇게 말했다. "방금 제가 이 문제를 기존에 해결된 문제로 환원했습니다."

수학자의 행동은 정말 바보 같은 짓이었지만, 이 농담은 중요한 부분을 지적한다. 문제를 풀 때 두 가지 방법이 있음을 보여주기 때문이다. 비단 수학 문제뿐만이 아니라 우리가 해결하려는 모든 문제에 해당하는 이야기다. 여기 문제를 해결하는 두 가지 방법을 소개한다.

1. 문제를 아예 처음부터 푼다.
2. 문제의 일부분을 푼 다음, 나머지가 이미 당신이 푸는 방법을 아는 문제와 비슷하다는 것을 깨닫는다. 그리고 그다음 과정은 아는 방법을 이용해 푼다.

바꿔 말하면 문제는 우리가 뭘 해야 할지 모를 때만 어렵다는 이야기다. 일단 해야 할 일을 알고 나면 그다음부터는 거의 자동으로 문제가 풀리기 때문에 풀이가 다 끝날 때까지 그저 느긋하게 손이 가는 대로 놔두면 된다. 비유를 들어보자. 모두들 한 번쯤은 익숙하지 않은 장소에서 길을 잃고 집에 찾아가려고 애쓴 기억이 있을 것이다. 그럴 때 어떻게 찾아갔는가? 보통 헤매다 보니 갑자기 눈앞에 집 앞마당이 짠! 하고 나오고 '어라, 도착했네?' 하진 않는다. 즉, 길을 잃었다는 문제를 한 방에 해결하는 경우는 많지 않다는 이야기다. 보통은 어딘지 아는 익숙한 장소를 우연히 마주치고 이렇게 말할 때가 많다. '아하! 저 건물은 알록달록한 유리창이 있는 그 병원이잖아! 여기서부터 집까지 가는 길은 잘 알지!' 익숙한 장소와 우연히 마주치면 길 찾는 문제를 당신이 이미 과거에 풀어본 적이 있는 다른 문제로 환원하게 된다. 그럼 그 이후의 풀이는 쉽다. 사실 수학이란 게 다 이렇다! 이 부분을 직관적으로 이해하는 좋은 방법이 바로 미적분학을 발명해보는 것이다. 지금 시작하자.

2.2. 미적분학 발명하기

2.2.1. 골치 아픈 문제: 휘어져 있는 것은 풀기 어렵다

1장에서 우리는 직사각형의 면적이라는 개념, 그리고 직선의 경사라는 개념을 발명해보면서 근육을 단련했다. 당연한 말이지만 직선은 말 그대로 똑바로 뻗은 선이고, 직사각형은 직선으로 만들어져 있다. 이 가운데 '휘어진' 것은 없다. 하지만 휘어짐의 속성을 빼고 생각해도 여전히 꽤 심도 있고 흥미로운 이야기를 진행할 수 있음을 알게 됐다. 예를 들면 면적의 개념을 발명할 때 우리는 n차원 물체에 대해 이야기하는 것이 그리 어려운 일이 아니며, 한 변의 길이가 1인 'n차원의 정다면체'의 'n차원 부피'는 a^n이라고 정의하는 것이 말이 된다는 바를 알게 됐다물론 우리는 3차원 이상의 물체를 머릿속에 그릴 수는 없지만.

그렇다면 원처럼 휘어져 있는 것들은 어떨까? 원은 n차원 정다면체보다는 머릿속에 그리기가 훨씬 쉽다! 하지만 우리 중에 원의 면적을 구하는 공식이 뭔지 직관적으로 한눈에 알아볼 사람이 누가 있을까? 그럴 수 있는 사람은 없다. 아마 당신은 원의 면적을 구하는 법에 대해 들은 적은 있을 것이다. 살다 보면 어느 시점에 누군가에게 반지름이 r인 원의 면적은 πr^2이고, 여기서 π는 3보다 살짝 큰 이상 망측한 숫자라는 이야기를 듣게 마련이니까 말이다. 하지만 이건 잊어버리자. 우리는 아직 그러한 수학적 사실을 발명하지 않았기 때문에 누구에게도 직관적으로 당연한 사실이 아니다. 성경이라는 꽤 유명한 책에서까지 π가 3과 같다고 말하는 것을 보면, 심지어 신에게도 휘어진 사물을 다루는 일은 꽤나 골치 아픈 일인가 보다.* 우리가 미적분학의 필수 선행 과목보다 미적분학을 먼저 발명하면서 이 주제에 거꾸로 접근하는 이유도 그것이다. 필수 선행 과목이란 것들이 대부분 어떤 식으로든 휘어진 사물을 다루는데, 휘어진 대상은 미적분학을 발명하기 전에는특히 우리가 무언가를 발명하는 법을 배우기 전에는 다루기가 불가능에 가깝기 때문이다. 그래서 우리는 지금까지 이것저것 많은 일을 해냈음에도 휘어진

---

* 이 내용은 구약성서 1열왕 구장 23절에 나와 있다. "그리하여 그가 끝에서 끝까지의 길이가 10큐빗(cubit)인 놋바다(molten sea)를 만들었으니 그 바다는 주변이 완전히 둥글었고, 그의 키는 5큐빗이었더라. 그리고 30큐빗 길이의 끈이면 그 놋바다를 두를 수 있었다(큐빗은 고대에 사용되던 길이 단위다. 손가락 끝에서 팔꿈치까지의 길이로 약 45센티미터에 해당한다. 원주를 구하는 공식은 2πr인데 여기서는 지름인 2r이 10큐빗이고, 원주가 30큐빗이라 하니 30 = 10π, 따라서 π = 3이라 말하는 셈이다-옮긴이 주)."

대상을 그 자체로 다루는 법에 대해서는 여전히 전혀 감을 잡지 못하고 있다. 이제 이것을 해치워버리자.

2.2.2. 진실 받아들이기

여기 모든 미적분학의 밑바탕이 되는 핵심 통찰이 있다. 이렇게 간단한 것이었나 생각하면 살짝 민망하다는 생각도 든다.

> **미적분학의 모든 것**
> 휘어진 대상은 확대할수록 점점 더 직선처럼 보인다.

더군다나 우리가 '무한히' 확대해 들어간다면이것이 무슨 의미든 휘어진 것들도 결국에는 완전히 직선으로 보이게 된다. 그렇다면 곧게 뻗은 직선을 다루는 법은 우리도 이미 알지 않는가! 적어도 어느 정도는 알고 있다. 만약 무한히 확대해 들어간다는 이 개념만 이해할 수 있다면, 즉 '무한 배율 확대경'을 발명할 수만 있다면 휘어진 대상을 다루는 그 어떤 문제어려운 문제라도 직선적인 대상을 다루는 문제쉬운 문제로 바꿀 수 있을 것이다. 만약 이게 가능하다면, 어쩌면 우리는 옛날로 돌아가 고등학교에서 이유에 대한 설명도 없이 암기해야 했던 수학적 사실들을 직접 재발명할 수 있을지도 모른다. 그럼 그것들을 영원히 잊어버려도 된다. 필요할 때마다 그냥 재발명해서 쓰면 되니까 말이다.

여기서 잠시 멈춰 서서 깊이 심호흡을 해보자.
이제부터 수학이 재미있어지기 시작한다.

2.2.3. 무한 배율 확대경

수학의 본질은 간단한 것을 복잡하게 만드는 게 아니라, 복잡한
걸 간단하게 만드는 것이다.

-스탠 구더 Stan Gudder

   우리가 직선의 경사라는 개념을 발명할 때는 직선 위의 두 점을 골라서
그 둘의 수평적 위치와 수직적 위치를 비교해야 했다. 여기서 어느 두 점을
고를지는 중요하지 않았지만, 반드시 두 개의 점을 골라야 한다는 것은 중
요한 부분이었다. 하지만 휘어진 대상에서 경사를 구할 때는 아무 점이나
두 개 골라서는 곤란해진다. 휘어진 대상 위에서는 경사가 계속해서 변화
하고 있기 때문이다휘어진 대상에서는 당연한 일이다. 그 위에서 무작위로 두 점을
골랐다가는 어느 점을 선택하느냐에 따라 답이 달라지고 만다. 직선의 경
사 개념을 휘어진 대상에 그대로 적용했다가는 끔찍한 정의가 나와버린다.
그런데 우리의 두뇌는 어쩐 일인지 한 점에서의 경사가 무엇을 의미하는지
알고 있는 것 같다. 수학 따위는 잊고 휘어진 대상을 그냥 물끄러미 바라보
면이를테면, 이런 지렁이 모양 〰〰〰 비록 서로 다른 지점의 경사가 어떠한지 숫
자로 말할 수는 없지만, 분명 어느 곳이 다른 곳보다 경사가 훨씬 더 크다는
것이 쉽게 눈에 들어온다. 일반적인 휘어진 대상에서 어느 한 점의 경사라
는 개념을 이해할 방법이 있을까? 음, 우리에게 무한 배율 확대경이 있다면
휘어진 대상이 직선으로 보일 때까지 확대함으로써 어려운 문제를 쉬운 문
제로 환원할 수 있을지도 모른다.

   우리의 문제: 만약 우리에게 휘어진 대상이 있을 때예를 들면 어떤
기계 M이 있는데 그 그래프가 그냥 직선이 아닌 경우 이 휘어진 대상의 한

점 x에서의 '경사'가 무슨 의미를 갖는지 정의할 방법이 있을까?

따라서 누군가가 우리에게 M이라는 기계와 x라는 숫자를 주었을 때 우리는 주어진 지점에서 '경사'의 개념이 무엇인지 이해해야 한다는 이야기다. 한 가지 아이디어를 소개한다. M의 그래프에서 x 근처 구간을 바라보자. 즉, x가 수평축 위의 어떤 수이고, $M(x)$는 수직축 위의 어떤 수라고 하면 수평 좌표가 x이고 수직 좌표가 $M(x)$인 점은 기계 M의 그래프 위에 살게 될 것이다. 우리는 이 점을 $(x, M(x))$ 또는 원하는 어떤 방식으로든 표시할 수 있다. 이제 이 점을 뚫어지게 쳐다보자. 우리에게 무한 배율 확대경이 있다면 이 점을 중심으로 잡고 M의 그래프 구간을 무한히 확대해 들어갈 수 있다. 그럼 거기서 직선이 보일 것이다. 우리는 이미 직선의 경사 개념은 발명해놓았기 때문에 서로 무한히 가까운 두 점을 잡아서 그 오래된 개념을 적용만 하면 된다. 그런데 서로에게 무한히 가까운 두 점이라는 것이 대체 무슨 의미일까? 나도 모르겠다. 같이 판단을 내려보자.

무한히 작은 수를 나타낼 때는 '작은값'이라고 쓰자. 이것은 0은 아니지만 그 어떤 양수보다도 작은 수다. 만약 이 개념이 말이 되는 소리인지 걱정스럽다면 그것에 대해서는 각주에서 이야기해보자.* 좋다. 약자를 만들

---

* 걱정되는 것이 당연한 일이다. 과연 무한히 작은 수라는 이 개념이 말이 되는 소리인지는 분명하지 않지만, 어쨌거나 정 걱정된다면 이 '작은값'이라는 값이 0.00(기타 등등)001이라고 상상해보자. 여기서 소수점과 1 사이에는 0이 100개, 1,000개, 1만 개가 들어가도 상관없다. 이 경우에는 우리가 무한 배율 확대경 대신 막강 배율 확대경을 쓰는 셈이다. 이렇게 확대해놓으면 휘어진 대상은 완전한 직선은 아니겠지만, 직선에 가깝기 때문에 직선인 듯 취급할 수 있고, 거기서 얻은 답도 거의 정확한 값이라서 정답과 차이를 전혀 눈치채지 못할 것이다. 사실 모든 미적분학 문제를 이런 식으로 풀 수도 있다. 따라서 만약 '무한 배율 확대경' 접근 방식에 문제가 생긴다면, 다소 우아한 맛이 빠지기는 하지만 그보다는 안전한 '막강 배율 확대경' 방법으로 돌아올 수 있으니, 일단은 걱정을 붙들어 매고 좀 위험하긴 해도 '무한 배율 확대경' 접근 방식을 밀어붙여보자. 문제가 생기면 언제라도 우리를 구원해줄 안전망이 대기하고 있으니 말이다.

시간이 됐다. 우리가 확대해 들어간 점이 수평 좌표는 x이고 수직 좌표는 $M(x)$라고 하면, 거기에 무한히 가까운 점의 수평 좌표는 'x+작은값'이고, 그 수직 좌표는 $M(x$+작은값$)$이 된다. 이것을 다르게 표현하면 다음과 같다.

$$x\text{에서 } M \text{의 경사}$$

$$\frac{\text{작은 수직 변화량}}{\text{작은 수평 변화량}} \equiv \frac{\text{수직 거리}}{\text{수평 거리}} \equiv \frac{M(x + \text{작은값}) - M(x)}{(x + \text{작은값}) - x}$$

여기 나온 것들은 똑같은 개념을 서로 다른 약자로 표시했을 뿐이지만 맨 오른쪽에 나와 있는 것이 가장 중요하다. 이 긴 방정식의 맨 오른쪽 아래가 '$(x$+작은값$)-x$'인 것에 주목하자. 두 x가 지워지기 때문에 이것을 다

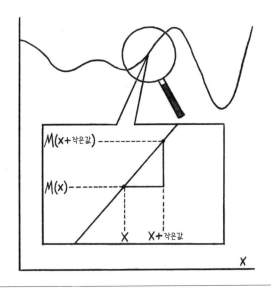

그림 2-1 휘어진 대상 위에서 아무 점이나 골라서 무한히 확대해 들어가보자. 일단 확대해놓고 나면 직선인 것처럼 취급할 수 있다. 예를 들어 우리가 확대한 점의 경사를 서로 무한히 가까운 두 점에서의 '수평 변화량에 대한 수직 변화량의 비율'이라 정의할 수 있다.

음과 같이 고쳐 쓸 수 있다.

$$x\text{에서 }M\text{의 경사 }\equiv\frac{M(x+\text{작은값})-M(x)}{\text{작은값}}$$

이 개념이 그림 2-1에 나와 있다.

2.2.4. 우리의 개념이 말이 될까? 간단한 사례에서 테스트해보기

모든 것이 조금은 추상적으로 변하고 있으니 여기서 잠시 멈춰서 우리가 제대로 가는 중인지 현실에서 검증을 해보도록 하자. 새로운 개념을 발명할 때는 우리가 확실히 아는 간단한 사례에서 그 개념을 검증해보는 것이 좋다.

무한히 작은 수라는 개념 덕분에 휘어진 대상의 경사에 대해서 이야기할 수 있게 됐지만, 과연 이치에 맞는 소리인지 아직 확신이 서지 않는다. 이치에 맞는다면 이를 이용해서 우리가 직선에 대해 이미 아는 내용을 더욱 효과적으로 재현할 수 있어야 한다. 만약 그렇지 않다면 우리의 새로운 개념에 무언가 문제가 있거나 우리가 원래 의도했던 바와 다른 것을 발명했다는 의미일 수도 있다. 이 새로운 개념이 우리가 예상한 대로 결과를 내놓는지 확인해보자.

가장 간단한 기계에 적용해보기

먼저 정말로 간단한 기계에서 이 개념을 테스트해보자. $M(x)\equiv7$이라는 기계다. 이 기계는 무슨 값을 집어넣든 7이라는 값을 뱉어 낸다. 이 기계를 '그래프'로 그리면 그냥 수평선이 나오기 때문에 경사는 0이다. 여기서는 어떤 결과가 나올지 정확하게 알고 있으니 무한히 작은 수를 이용해서 그 경사를 계산하고, 0이라는 값이 나오는지 확인해보자. 앞에서와 마찬가지로 철학적인 선호도에 따라 '무한히 작은' 수를 사용하든, 그저 '우리가 원하는 만큼 작은' 수를 사용하든, 이 작은 수를 '작은값'이라는 약자로 나타내겠다. M이 항상 7이라는 값만을 뱉어 내기 때문에 다음과 같은 결과가 나온다.

$$x에서\ M의\ 경사$$

$$\equiv \frac{M(x + \text{작은값}) - M(x)}{\text{작은값}} = \frac{7-7}{\text{작은값}} = \frac{0}{\text{작은값}} \equiv 0\left(\frac{1}{\text{작은값}}\right) = 0$$

위 논증에서 7이라는 수에는 특별한 사실이 담겨 있지 않으므로 무슨 값을 입력해도 항상 똑같은 값만 뱉는 모든 기계에 똑같은 논증을 적용할 수 있음을 명심하자. 좋다. 따라서 $M(x) \equiv \#$라는 형태의 모든 기계에 대해 무한히 작은 수라는 개념은 우리가 예상했던 결과를 내놓았다. 계속 앞으로 나가보자!

직선에 적용해보기

또 다른 간단한 종류의 기계인 직선에 우리의 개념을 테스트해보자. 1장에서 직선은 $M(x) \equiv ax+b$ 같은 형태의 기계로 나타낼 수 있음을 알게 됐다. 무한히 작은 수라는 개념을 이용해서 그 직선의 경사를 계산해도 우리가 예상하는 답, 즉 a가 나오는지 확인해보자.

$$x에서\ M의\ 경사 \equiv \frac{M(x + \text{작은값}) - M(x)}{\text{작은값}}$$

$$\equiv \frac{[a \cdot (x + \text{작은값}) + b] - [ax + b]}{\text{작은값}} = \frac{a \cdot (\text{작은값})}{\text{작은값}} = a$$

완벽하다! 우리가 만든 이상한 개념이 아직까지는 우리를 실망시키지 않고 있다. 그럼 이제 이것이 덜 익숙한 상황에서도 제대로 작동하는지 살펴보자.

정말로 휘어진 대상에 적용해보기

좋다. 이제 이 확대 개념을 제곱 기계에 한번 적용해보자. 이 기계는 그래프가 휘어져 있기 때문에 확대 여부가 정말로 중요해진다. 이것은 1장에서 이야기했던 $M(x) = x^2$이라는 기계다. 여기에 무슨 값을 입력하든 이 기계는 그 값을 제곱한 값으로 되돌려준다. 어떤 점 x에서 경사를 계산하려할 때 이 무한히 작은 수가 어떤 값을 내놓는지 확인해보자. 이 x의 특정 값에 대해서는 불가지론적인 입장을 취하기로 한다.

$$x\text{에서 } M\text{의 경사} \equiv \frac{M(x + \text{작은값}) - M(x)}{\text{작은값}} = \frac{(x + \text{작은값})^2 - x^2}{\text{작은값}}$$

1장에서 나왔던 '너무 뻔한 찢기 법칙'을 이용해서 $(x+\text{작은값})^2$을 $x^2 + 2x(\text{작은값}) + (\text{작은값})^2$의 형태로 고쳐 쓸 수 있다. 그럼 위의 문장은 다음과 같이 된다.

$$x\text{에서 } M\text{의 경사} = \frac{\overbrace{x^2 + 2x(\text{작은값}) + (\text{작은값})^2 - x^2}^{x^2 \text{ 조각 두 개가 서로 지워짐}}}{\text{작은값}}$$

$$= \frac{\overbrace{2x(\text{작은값}) + (\text{작은값})^2}^{\text{위와 아래에서 (작은값)을 서로 지움}}}{\text{작은값}}$$

$$= 2x + \text{작은값}$$

'작은값'은 무한히 작은 수를 나타내기 때문에 우리가 얻은 '$2x+$작은값'이라는 답과 거기에 무한히 가까운 답인 '$2x$'라는 답 사이의 차이를 우리는 절대로 알 수 없다. 따라서 이 이상한 추론 방식을 받아들인다면 다음과 같이 쓸 수 있다.

무한히 확대해 들어간 결과

만약 M이 제곱 기계, 즉 $M(x) = x^2$이라면 x에서 M의 경사는 $2x$다.

2.2.5. 방금 무슨 일이었지? 무한소 대 극한

오늘날 전 세계에서 미적분학은 극한limit 과정에 대한 공부로 교육하지만 사실 미적분학의 본질은 무한소infinitesimal 분석이다. 어른이 된 뒤로 대부분의 시간을 미적분학을 가르치며 생계를 꾸려온 사람으로서 나는 극한이라는 복잡하고 별것도 아닌 이론을 설명하는 것이 얼마나 피곤한 일인지 너무도 잘 알고 있다.

–루디 러커Rudy Rucker,《무한과 정신Infinity and the Mind》

당신의 0이 얼마나 큰 값인지 아는 것이 도움이 될 때가 있다.

–작자 미상

무한히 작은 수라는 개념 때문에 조금 겁이 난다고 걱정 말라. 당신만 그런 것이 아니다! 아이작 뉴턴이 미적분학을 발명한 뒤로 사람들은 어떻게 이런 논증을 통해 계속해서 정답이 나오는 것인지 알아내려고 한 세기 넘게 머리를 싸매야 했다. 이 논증이 너무도 터무니없어 보였기 때문이다. '작은값'이란 수는 0이거나 0이 아니거나, 둘 중 하나여야 한다! 그런데 어떻게 처음에는 이 값이 0이 아닌 것처럼 취급하다가 몇 줄 뒤에는 0인 것처럼 취급할 수 있다는 말인가?

오랫동안 사람들은 도대체 여기서 무슨 일이 일어나고 있는지 이해하게 도와줄 온갖 루브 골드버그Rube Goldberg식 수학 장치를 발명해냈다.루브 골드버그는 미국의 풍자만화 작가다. 그는 간단하게 처리할 수 있는 일을 쓸데없이 복잡하게 해결해주는 다양한 장치를 만화에 그렸다. 요즘은 간단한 일을 괜히 복잡하게 해결하는 장치를 발명하는 대회도 열린다-옮긴이 주. 미적분학을 형식화할formalize 방법을 찾아 나선 것이다. 거기까지는 좋다! 우리가 제조하는 미친 개념들을 말이 되게 만들어주는 건 언제나 도움이 되는 일이다. 그리고 다른 사람들이 벌써 그런 일을 해놓았다는 사실에 우리는 감사해야 한다. 하지만 너무도 아름다운 무한히 작은 수라는 개념을 온갖 장치를 고안해서 숨겨놓은 것은 부끄러운 일이 아닐 수 없다. 특히나 이 개념이 제대로 작동하기 때문에 더욱 그렇다! 사실 물리학자들은 무한히 작은 수라는 개념을 직접 사용하는 데 훨씬 더 용감하다. 물리학자들은 우리가 위에서 한 것과 똑같은 방식으로 계산하며, 그러고도 수학자들이 얻는 것과 똑같은 답을 얻는다. 훨씬 적은 노력으로 말이다.* 이제 이런 수학적 장치 중 일부에서는 무한히 작은 수라는 개념을 진지하게 받아들이고 있지만, 일부 장치에서는 이를 완전히 피하려 애쓰고 있다. 후자의 유형이 훨씬 흔하기 때문에 반골 기질을 발휘해서 전자에 대해 먼저 언급할까 한다.

무한히 작은 수라는 개념의 형식화에 사용할 수 있는 장치 가운데 '초필

---

* 이 책 전반에서 확인하게 될 테지만 좀 더 상급 내용으로 넘어갈수록 이 차이는 훨씬 더 커진다.

터ultrafilter'라는 것이 있다. 초필터는 꽤나 복잡해서 입문자용 교과서에서는 절대로 나오지 않는다. 우리도 여기서만 언급하고 이 뒤로는 이야기하지 않을 테지만 그 존재를 알아둔다고 해서 나쁠 건 없다. 미적분학을 이치에 맞게 만들어주는 정교한 방법 중에 무한히 작은 수를 진지하게 받아들이는 것이 적어도 하나는 있다는 의미니까 말이다.

하지만 모든 표준 입문용 수학 교과서에 등장하는 장치는 바로 '극한limit'이다. 이것은 훨씬 간단하지만 이 역시 수학자들이 무한히 작은 수라는 개념의 역할을 인정하지 않고도 무한히 작은 수를 이용하는 데 따르는 이점을 얻을 수 있게 해주는 용도로 사용된다.

무한이란 장치의 기본 개념은 이렇다. '작은값'을 무한히 작은 수로 생각하는 대신 그냥 우리가 원하는 만큼 작아질 수 있는 숫자라 생각하는 것이다. 즉 '작은값 = 0.00001'처럼 특정 숫자를 적는 대신 그 값에 대해 불가지론적 입장을 취한 상태에서 똑같은 계산을 수행할 수 있다는 것이다. 바꿔 말하면 '작은값'이라는 숫자에는 우리가 맘만 먹으면 언제라도 돌릴 수 있는 다이얼이 달려서 그 수를 정확히 0으로 만들지만 않으면 원하는 만큼 얼마든지 작은 수로 만들 수 있다. 하지만 이 논의에서는 x에서 M의 경사를 그것이 완벽한 직선인 척 다룸으로써 계산할 수 있다고 가정한다는 점에 주목하자. 이제 이 가정은 우리가 '작은값'의 다이얼을 0까지 완전히 돌려놓았을 때만즉, 우리가 무한히 확대해 들어갔을 때만 참이 될 것이다. 그래서 표준 수학 교과서에서는 우리가 지금까지 적어놓은 내용 대신 이런 비슷한 것이 등장한다. 잠시 새로 등장한 이 이상한 기호들을 자세히 들여다보자. 그리고 난 뒤에 이것이 우리가 했던 논의와 어떻게 본질적으로 같다는 것인지 설명해보겠다.

$$M'(x) \equiv$$

$$\lim_{h \to 0} \left[\frac{M(x+h) - M(x)}{h} \right] = \lim_{h \to 0} \left[\frac{(x+h)^2 - x^2}{h} \right] = \lim_{h \to 0} \left[\frac{2xh + h^2}{h} \right]$$

$$= \lim_{h \to 0} [2x + h] = 2x$$

여기서 대체 무슨 일이 일어나고 있는 것일까? 번역을 해보자.

첫째, '작은값'이라는 단어 대신 h라는 글자를 이용했다. 대체 왜 'h'를 쓰는지는 나도 모르겠지만 '수평horizontal'을 나타내는 말이 아닐까 생각이 든다. x에서 일어나는 작은 변화는 수평축에서의 변화로 나타나기 때문이다. 둘째, 우리처럼 'x에서 M의 경사'라는 말을 쓰는 대신 수학 교과서에서는 이것을 $M'(x)$라는 약자로 표시한다. 그래도 상관없다. 간단해서 쓰기도 편하니까.* 셋째, 각각의 조각 왼쪽에 이렇게 생긴 이상한 것이 등장하고 있다.

$$\lim_{h \to 0}$$

이것은 우리가 원하면 무한히 작은 수에 대해 생각할 필요가 없게 만들어주는 장치다. 위에 나온 기호는 'h가 0에 가까워질 때의 극한값'이라고 하고, 의미는 다음과 같다.

---

* 기본적으로 여기 사용된 아포스트로피는 다음의 의미를 갖는 약자일 뿐이다. 'M(x)를 확대해서 그것이 직선인 것처럼 기울기를 찾아내라.' M′(x)는 'x에 대한 M의 도함수'라는 의미이며 이 아포스트로피는 '프라임'이라고 읽는다.

$\lim_{h\to 0}$ [거시기] 라는 약자의 의미

마치 h가 무한히 작은 수가 아니라 일상적인 수인 것처럼 내 안의 모든 것 즉, 거시기을 계산하라. 그리고 분모에서 h를 모두 제거하고 나면 그래야 0으로 나눈다는 의미가 무엇인지 걱정할 필요가 없으니까 h의 다이얼을 돌려서 그 값을 점점 더 작게 만든다고 상상하라. 예를 들면 h를 점점 더 0에 가까워지게 돌림에 따라 $3+h$는 점점 더 3에 가까워질 것이다. 그리고 h를 점점 더 0에 가깝게 돌리다 보면 $79x^{999}+200x^2 h+h^5$같이 거추장스럽고 복잡한 것도 점점 더 $79x^{999}$에 가까워질 것이다.

이렇게 해도 우리가 무한히 확대해 들어간다고 상상했을 때 한 것과 똑같은 일을 아무런 문제없이 처리할 수 있지만, 이유를 먼저 설명하지 않으면 꽤 혼란이 올 수 있다. 어떻게 보면 무한히 작은 숫자의 의미에 대해 걱정할 필요가 없어지니까 계산이 더 쉬워진다고도 할 수 있다. 하지만 또 어떻게 보면 '극한'이라는 이 이상한 것에 대해 공부해야 하는 이유가 늘 학생들에게 명확하게 다가오는 건 아니기 때문에 오히려 더 어려울 수도 있다. 특히나 휘어진 것을 대상으로 하는 문제를 직선을 대상으로 하는 문제로 환원하는 개념이나, 확대를 통해 휘어진 대상의 기울기를 정의하는 개념 등에 대해 듣기 전에 극한을 먼저 가르치는 경우가 많아서 더욱 헷갈린다. 한마디로 극한의 개념을 왜 배워야 하는지 알기도 전에 극한의 행동에 대해 먼저 가르치기 때문에 우리는 혼란스럽다. 애초에 극한이 발명된 이유도 모르고 극한을 배우는 것이다. 그러니 사람들이 미적분학을 헷갈려 하는 것도 당연하다.

극한이 우리가 원할 경우 무한히 작은 수의 의미에 대해 걱정할 필요가 없게 만들어주는 몇 가지 장치 가운데 선택한 방법임을 깨닫고 나면 훨씬 덜 헷갈린다. 이 책에서 우리는 극한도 가끔 이용하고, 무한히 작은 수도 종종 이용해서 두 가지에 모두 익숙해질 수 있게 할 것이다. 다행히도 둘 중 어느 방식을 선택하든 나오는 답은 똑같다. 따라서 당신은 맘에 드는 방법으로 아무것이나 골라 쓰면 된다.

2.2.6. 긴 약자 목록

앞 섹션에서 우리는 휘어진 것을 확대해서 마치 직선인 듯 취급해 경사를 계산하는 과정을 표현하는 약자로 'x에서 M의 경사'라는 구절을 이용했다. 너무 구구절절하다. 이 개념을 축약할 때 흔히 사용하는 방법들을 살펴보자. 아래 나온 것 모두 똑같은 의미를 갖고 있다.

1. x에서 M의 경사.

2. x에서 M의 도함수derivative, 미분계수.

   이것이 이 개념을 나타낼 때 가장 흔히 사용되는 이름이다. 이것은 명사이고, 이 값을 구하는 행동을 '미분한다differentiate'고 표현한다. 미분한다는 것은 '도함수를 계산한다저자는 '함수'라는 용어를 좋아하지 않지만 'derivative'를 우리말로는 '도함수'라고 부르니 그냥 그렇게 번역하겠다-옮긴이 주'라는 의미다.

3. $M'(x)$.

   이 약자는 경사를 그 자체로 하나의 기계로 생각할 수 있다는 사실을 강조한다. $M'(x)$는 이렇게 작동하는 기계를 의미한다. 어떤 값 x를 입력했을 때 원래 기계인 M이 x라는 점에서 갖는 기울기를 되돌려주는 것.

4. $\frac{dM}{dx}$.

나는 수학 교과서에서 흔히들 사용하는 약자에 불만이 참 많은 사람이
지만, 우선 별로 안 좋은 다른 약자에 일단 익숙해지고 나면 이것도 꽤
좋은 약자다. 잠시만 우리 기계의 이름을 '수직vertical'을 나타내는 V
로 새로 짓고, 그 기계에 입력되는 거시기에 대해 이야기할 때는 x 대
신 H를 쓰기로 하자. 그럼 $M(x)$ 대신 $V(H)$를 사용하게 되는데 다
음 몇 문단에서만 이렇게 쓰겠다. 이유는 그 기계의 출력은 수직 방향
에, 입력은 수평 방향에 나오도록 기계의 그래프를 그려볼 생각이라서
다. 1장에서 우리는 두 점 사이의 수평적 위치 차이와 수직적 위치 차
이를 나타내는 약자로 각각 h와 v를 사용했다. 이 h와 v가 표준 수학
교과서에서는 ΔH와 ΔV 같은 것으로 불린다. 여기서 'Δ거시기'는
'어느 한 장소와 또 다른 장소 사이에서 거시기의 차이'를 의미한다. 이
기계의 기울기를 가끔 다음과 같이 쓰는 이유도 바로 그 때문이다기계
V가 직선일 경우.

$$\frac{\Delta V}{\Delta H}$$

이것은 그냥 '수평 변화량에 대한 수직 변화량의 비율' 또는 우리가 1
장에서 $\frac{v}{h}$라고 불렀던 것일 뿐이다. Δ라는 기호는 그리스어 알파벳 d
에 해당한다대문자 D에 더 가깝기는 하지만 일단은 따라와주기 바란다. 따라서 Δ를
두 대상 사이의 '차이difference' 또는 두 점 사이의 '거리distance'를 나타
내는 약자로 사용해도 말이 된다. 수학 교과서에서는 이것을 '거리'를
나타내는 약자로 사용한다. 그리고 ΔH는 두 점 사이의 수평 거리를
나타낸다. 따라서 기계 V가 그냥 직선인 한에는 V의 기울기를 다음

과 같은 서로 다른 방식으로 축약해서 표현할 수 있다.

$$V \text{의 경사} \equiv \frac{\text{수직 변화량}}{\text{수평 변화량}} \equiv \frac{V\text{의 변화량}}{H\text{의 변화량}} \equiv \frac{\Delta V}{\Delta H}$$

'Δ거시기'는 두 점 사이의 '거시기'의 변화를 의미하기는 하지만, 기본
적으로는 항상 무한히 작은 수를 동반하는 무한히 작은 변화가 아니라
일반적인 수를 동반하는 일반적인 변화를 나타낸다. 하지만 지금은 미
적분학을 발명하기 시작했으니 갑자기 일반적인 변화확대하지 않았을 때
와 무한히 작은 변화확대했을 때를 구분하고 싶은 마음이 든다. 그런 마
음이 생기고 나니 갑자기 표준 표기법이 정말 멋져 보이기 시작한다.
일반적인 수를 동반하는 표현을 무한히 작은 수를 동반하는 표현으로
바꾸고 싶을 때는 그냥 그리스어 알파벳을 라틴어 알파벳으로 바꾸기
만 하면 된다즉 Δ를 d로. 따라서 'd거시기'를 무한히 가까운 두 지점 사
이에서 '거시기'의 무한히 작은 변화를 상징하는 의미로 사용하면 위에
적은 방정식을 다음과 같이 비슷하게 고쳐 쓸 수 있게 된다. 하지만 이
번에는 직선뿐만 아니라 $V(H) = H^2$ 같은 휘어진 대상에도 적용 가
능해진다.

$$V \text{의 경사} \equiv \frac{\text{작은 수직 변화량}}{\text{작은 수평 변화량}} \equiv \frac{V\text{의 무한히 작은 변화량}}{H\text{의 무한히 작은 변화량}} \equiv \frac{dV}{dH}$$

기계 M의 도함수를 $\frac{dM}{dx}$ 으로 쓸 때가 많은 이유도 이 때문이다. 이러
한 개념을 그림으로 나타낸 형태가 바로 그림 2-2다. 나중에 보겠지만
교과서에서 Σ그리스어 알파벳에서 'S'에 해당. '합계'라는 단어를 상징라는 글자에
서 그에 해당하는 라틴어 알파벳 S 실제로는 S와 비슷하게 보이는 '$\int$'로 쓴다로

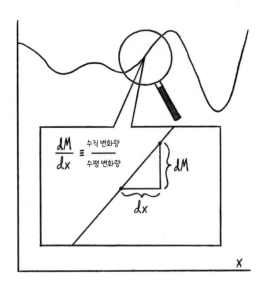

$$\frac{dM}{dx} \equiv \frac{수직\ 변화량}{수평\ 변화량}$$

그림 2-2 기계 M의 경사(또는 '미분계수')를 때로는 $\frac{dM}{dx}$으로 축약해서 쓰기도 한다. 이것이 그 이유다.

넘어갈 때도 이와 비슷한 잔머리를 쓴 것이다. 양쪽 모두 그리스어 알파벳에서 그에 해당하는 라틴어 알파벳으로 넘어갈 때는 일반적인 수를 동반하는 일반적인 표현에서 무한히 작은 수를 동반하는 표현으로 넘어간다는 의미를 품고 있다. 분명 수학에서 그리스어 알파벳이 항상 이렇게 보기 좋게 해석되는 것은 아니다. 사실 그리스어 알파벳은 서로 다른 온갖 것에 사용된다. 하지만 적어도 위에 등장하는 두 가지 경우에서만큼은 나중에 볼 다른 경우들과 달리 표준 표기법이 아주 멋지게 디자인되어 있다.

요약하면 위에 나온 모든 약자는 완전히 똑같은 개념을 지칭한다. 이것들이 모두 같다면 왜 쓸데없이 그렇게 많이 만들어놓았는지 이상하다는 생각이 들지도 모르겠다. 하지만 이 서로 다른 약자 사이를 왔다 갔다 하면 복잡한 것을 놀랄 정도로 간단하게 만들 수도 있고, 그 반대로도 할 수 있음을 곧 이해하게 될 것이다.

──────────→ **2.3. 확대경을 이해하자** ←──────────

이 섹션에서는 무한 배율 확대경 사용법에 좀 더 익숙해져볼까 한다. 직접 발명하기는 했지만 우리가 대체 무엇을 발명한 것인지, 어떤 속성을 가졌는지 아직 분명하지 않다. 다시 말하자면 우리가 그 개념을 발명하긴 했지만 실제로 특정 기계에서 사용하는 연습을 별로 하지 못했다는 이야기다. 이 섹션에서는 여러 가지 서로 다른 예제를 가지고 놀면서 많은 연습을 해보려고 한다. 우리가 아는 기계는 더하기와 곱하기만으로도 완벽하게 기술되는 기계들밖에 없으니 이 시점에서는 그러한 종류만 가지고 놀아볼 것이다.

2.3.1. 제곱 기계로 돌아가기

좋다. 앞에서 $M(x) \equiv \#$ 형태의 기계에 우리의 무한 배율 확대경을 테스트했더니 $M'(x) = 0$이라는 결과가 나왔다. 그리고 $M(x) \equiv ax+b$라는 형태의 다른 기계에도 테스트했더니 $M'(x) = a$라는 결과가 나왔다. 여기까지는 무한히 확대해 들어가는 일 없이 일반적인 기울기 공식만으로도 발견할 수 있는 것들을 재발견한 데 지나지 않았다.

그리고 나서 우리는 휘어진 대상에 처음으로 무한 배율 확대경을 테스트해보았다. 바로 $M(x) \equiv x^2$이라는 기계였는데 그 결과 $M'(x) = 2x$라는 결과가 나왔다. 다른 예제로 넘어가기 앞서 이를 서로 다른 두 가지 방식으로 바라봄으로써 이것이 말하는 의미를 우리가 확실하게 이해하고 있는지 확인하고 지나가자.

2.3.2. 일반적인 해석: 이 기계의 그래프는 곡선이다

이것을 적용하는 첫 번째 방식은 일반적으로 사용해보는 거다. 즉, $M(x)$ ≡ x^2을 그래프로 그린 뒤 그래프가 곡선임을 확인하는 방법이다. 이는 그림 2-3에 나와 있다.

제곱 기계를 잔뜩 가져다가 수평축을 따라 나란히 배열한다고 생각해보

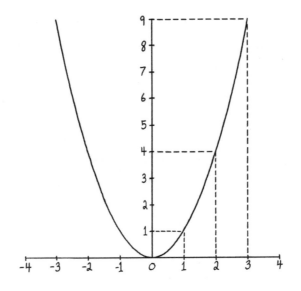

그림 2-3 제곱 기계 $M(x)$ ≡ x^2을 시각화하기. 수평 방향으로 나온 수들은 우리가 입력할 수 있는 서로 다른 수를 의미하고, 수직 방향(높이)으로 나와 있는 수들은 그 값을 입력했을 때 나오는 출력값을 나타낸다. 그래프가 곡선을 이루고 있기 때문에 위치에 따라 경사의 정도도 달라진다. 따라서 $M(x)$ ≡ x^2이라는 문장은 x에서의 이 그래프의 높이를 말해주는 반면, $M'(x) = 2x$라는 문장은 x에서 이 그래프의 경사를 말해준다. 이 그래프는 중앙($x = 0$)에서는 편평하기 때문에 거기서는 기울기가 0이어야 한다. 다행히도 $M'(x)$ 에서도 이것이 사실이라 말해주고 있다. $M'(0) = 2 \cdot 0 = 0$이기 때문이다.

자. 우리가 수평축에 나와 있는 수를 이 기계에 입력하면 기계에서 나오는 출력값이 수직축에 그려진다. 숫자 3 옆에 있는 기계에 $x = 3$을 입력하면 그 기계는 $M(x) = 9$를 출력한다. 그래서 $x = 3$의 위치에서 9의 높이를 가진 곡선을 그리는 것이다. 그래프 위의 모든 곳에서 본질적으로 이와 똑같은 일이 일어나고 있다.

그래서 우리는 수평 위치는 x이고 수직 위치는 $M(x)$인 임의의 점을 골랐다. 그리고 이 점에서 곡선을 무한히 확대해 들어간 다음 1장에서 발명한 낡았지만 간단한 개념인 '수평 변화량에 대한 수직 변화량의 비율'을 이용해서 기울기를 알아냈다. 그러고 나니 그곳에서의 경사가 $M'(x) = 2x$라는 것을 발견했다. x가 어떤 숫자인지에 대해서는 불가지론적 입장을 취하기로 했기 때문에 사실상 무한히 많은 계산을 한 번에 해치운 셈이다. 그래서 $M'(x) = 2x$라는 문장은 몇 개의 기호만으로도 무한히 많은 문장을 표현하고 있다. 그중 일부를 살펴보자.

이런 문장에서 하나를 골라보자면 $M'(0) = 2 \cdot 0 = 0$이 있다. 이 결과는 $x = 0$인 곳에서 곡선의 경사가 0이라 말한다. 그림 2–3을 보니 이것이 더욱 말이 된다. 그래프가 거기서는 편평해지기 때문에 경사가 0이다. $M'(x) = 2x$라는 무한히 많은 문장 안에 숨은 다른 문장들은 어떨까? 몇 가지 확인해보자.

1. $M'(1) = 2 \cdot 1 = 2$, 따라서 $x = 1$인 위치에서 곡선의 경사는 2다.
2. $M'(\frac{1}{2}) = 2 \cdot \frac{1}{2} = 1$, 따라서 $x = \frac{1}{2}$인 위치에서 곡선의 경사는 1이다.
3. $M'(10) = 2 \cdot 10 = 20$, $x = 10$인 위치에서 곡선의 경사는 20이다.

이런 식으로 얼마든지 더 해볼 수 있지만, 이 모든 문장은 기본적으로 똑같은 것을 말한다. 수평 위치가 h인 곳에서 이 곡선의 경사는 정확히 $2h$가 된다. 따라서 경사는 항상 0으로부터 떨어진 수평적 거리의 두 배다. 이 마지막 문장만 봐도 왜 M이라는 그래프가 점점 더 가팔라져야 하는지 알 수 있다. 0으로부터의 수평적 거리가 커질수록 매 단계마다 경사가 꾸준히 증가하기 때문이다.

2.3.3. 재해석의 춤: 기계는 곡선 모양과는 아무런 상관도 없다

좋다. 앞 섹션에서 우리는 '$M(x) \equiv x^2$이라는 기계는 $M'(x) = 2x$라는 도함수를 가진다'라는 문장에 대한 일반적인 해석에 대해 이야기했다. 이 해석에서는 기계 M의 그래프를 그린 뒤 그래프가 위치마다 서로 다른 경사를 갖는다는 것을 확인한 후에 그 도함수가 서로 다른 점에서 경사가 어떻게 나오는지 말해주었다.

하지만 이것을 다른 방식으로도 바라볼 수 있을 거라고 약속했다. 이제 시작해보자. 이 기계를 다른 식으로 생각해도 그와 똑같은 결론에 도달하게 될 것이다. 먼저 제곱 기계를 꼭 그래프로 그려서 시각화할 필요가 없음을 명심하자. $M(x) \equiv x^2$을 각 변의 길이가 x인 정사각형의 면적으로 생각해도 시각화가 가능하다. 지금은 이 기계를 다른 방식으로 생각하고 있으므로 M 대신 A Area, 면적, x 대신 ℓ length, 길이이라는 약자를 쓰기로 하자. 그럼 $A(\ell) \equiv \ell^2$이라고 쓸 수 있고, 이렇게 해도 결국에는 똑같은 기계에 대해 말하게 되지만, 대신 이제는 휘어진 것에 대해 이야기한다는 생각을 하지 않고 있다.

미적분학에서는 항상 기계가 하나 있고, 그 기계에 대해 이런 질문을 던진다. '내가 이 기계에 입력하는 거시기를 아주 조금 변화시키면 기계의 반응이 어떻게 달라질까?' d는 '차이difference'의 첫 글자이고, ℓ은 '길이length'

의 첫 글자이기 때문에 길이에서의 작은 변화를 나타내는 약자로 $d\ell$ 을 사용하자. 우리는 $d\ell$ 을 한 정사각형 변의 길이에 주는 변화로 생각하고 있기 때문에 $\ell_{\text{이후}} \equiv \ell_{\text{이전}} + d\ell$ 이다. 우리가 길이를 살짝 변화시킬 때 그 면적은 어떻게 변하는지 물어볼 수 있다. 변화를 주기 이전의 면적은 ℓ^2 이고 변화 이후의 면적은 $(\ell+d\ell)^2$ 이다. 이것을 박스에 적어보자.

정사각형에 작은 변화 주기

변화를 주기 이전의 길이: ℓ

변화를 준 이후의 길이: $\ell+d\ell$

길이의 변화: $d\ell = \ell_{\text{이후}} - \ell_{\text{이전}}$

변화를 주기 이전의 면적: ℓ^2

변화를 준 이후의 면적: $(\ell+d\ell)^2$

면적의 변화: $dA = A_{\text{이후}} - A_{\text{이전}}$

이렇게 해서 우리는 기계에 입력하는 값을 작은 양만큼 변화시켰다. 그럼 기계가 뱉어 내는 출력값은 어떻게 변할까? 한번 그려보자. 이는 그림 2-4 에 나와 있다. 이 그림은 우리가 변의 길이를 살짝 변화시켰을 때 면적이 어떻게 변하는지 말해준다. 그 결과로 나오는 면적의 변화를 축약해서 표현하는 몇 가지 서로 다른 방법이 있다.

$$dA \equiv A_{\text{이후}} - A_{\text{이전}} \equiv A(\ell + d\ell) - A(\ell)$$

이 그림을 보면 면적의 변화가 다음과 같다는 것이 분명해진다.

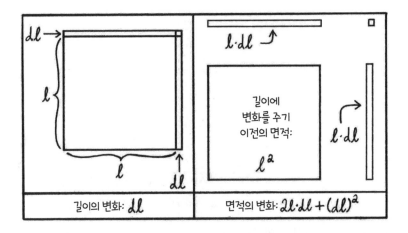

그림 2-4 제곱 기계 $A(\ell) \equiv \ell^2$의 도함수를 이해하는 또 다른 방법. 원래 우리의 정사각형은 모든 변의 길이가 ℓ이다. 거기에 작은 변화를 주어 정사각형의 변의 길이를 $\ell+d\ell$로 만든다. 이제 영역이 어떻게 변했는지 보자. 그림을 통해 면적의 변화는 다음과 같음을 알 수 있다. $dA \equiv A_{이후} - A_{이전} = 2(\ell \cdot d) + (d\ell)^2$. 따라서 $d\ell$을 0으로 줄이기 전에는 $\frac{dA}{d\ell} = 2\ell + d\ell$이란 결과가 나온다. 이제 여기서 $d\ell$을 0으로 줄이면(아니면 처음부터 이것을 '무한히 작은 수'로 생각해도 상관없다) 도함수 $\frac{dA}{d\ell} = 2\ell$이라는 결과가 나온다. 우리는 $\frac{dA}{d\ell} = 2\ell + d\ell$이라는 문장을 '두 개의 길쭉하고 가는 직사각형이 두 개의 선으로 줄어드는 반면(그래서 2ℓ), 작은 정사각형은 점으로 줄어든다(그래서 $d\ell$)'라는 말로 바꿔 생각할 수 있다. 여기서 이 점은 양쪽 직선에 무한히 작은 길이만을 더하고 있기 때문에 그냥 무시하고 $\frac{dA}{d\ell} = 2\ell$이라고 쓸 수 있다.

$$dA = 2(\ell \cdot d\ell) + (d\ell)^2$$

다르게 표현하면 다음과 같다.

$$\frac{dA}{d\ell} = 2\ell + d\ell$$

그런 다음에 $d\ell$을 0으로 줄이면(아니면 이것을 처음부터 무한히 작은 수로 생각해서 $2\ell + d\ell$이 2ℓ과 구분 불가능해진다고 생각해도 된다) 제곱 기계 $A(\ell) \equiv \ell^2$의 '도함수' 는 다음과 같다는 것을 알 수 있다.

$$\frac{dA}{d\ell} = 2\ell$$

이것은 앞에서 적었던 도함수 $M'(x) = 2x$와 같은 문장이다. 양쪽 모두 우리가 어떤 수를 입력하든 제곱 기계의 '도함수_{미분계수}' 또는 '경사' 또는 '변화 비율'은 입력한 수의 두 배라고 말하고 있다.

2.3.4. 우리가 지금까지 한 일

우리는 여전히 더하기와 곱하기를 이용해서 완벽하게 기술 가능한 기계에 대해서만 생각하고 있다. 그래서 아직 우리는 $\sin(x)$, $\ln(x)$, $\cos(x)$, e^x 등 당신도 들어봤을 온갖 기이한 기계에 대해서는 아무것도 모르는 상태다. 그리고 원의 면적이 무엇인지, π가 무엇인지도 모른다. 우리는 기본적으로 더하기, 곱하기, 기계의 개념, 수학적 개념을 발명하는 법 그리고 약간의 미적분학을 제외하고는 별로 아는 것이 없다. 우리가 처음 발명한 수학적 개념은 직사각형이라는 쉬운 사례에서 살펴본 '면적' 그리고 직선이라는 쉬운 사례에서 살펴본 '경사'였다. 그러고 나서 우리는 휘어진 곡선도 무한히 확대해 들어가면 직선으로 바뀐다는 것을 알아냈고, 그래서 무한배율 확대경이라는 개념을 발명했다. 이를 이용해서 다음과 같이 서로 무한히 가까운 두 점 사이의 '수평 변화량에 대한 수직 변화량의 비율'만 알아내면 그래프가 곡선으로 나오는 그 어떤 기계에서도 경사에 대해 이야기할 수 있다.

$$\frac{dM}{dx} \equiv \frac{\text{작은 수직 변화량}}{\text{작은 수평 변화량}} \equiv \frac{M(x+dx) - M(x)}{dx}$$

생각 같아서는 이 개념이 지금 시점에서 우리가 기술할 수 있는 모든 기계에 적용될 듯한 기분이 들지만 아직 우리는 무한 배율 확대경을 다양하게 가지고 놀아보지 못했다. 지금까지는 상수 기계, 직선, 제곱 기계에만 사용해봤을 뿐이다. 물론 그중에서 휘어진 곡선은 마지막 제곱 기계밖에 없었기 때문에 우리는 무한 배율 확대경의 풀파워를 한 사례에만 적용해본 셈이다. 이 확대경에 익숙해지도록 좀 더 가지고 놀아보자.

2.3.5. 더 미친 기계로 놀아보자
M(x) ≡ x³이라는 기계

무한 배율 확대경을 좀 더 가지고 놀고 싶다면 사용해볼 기계를 좀 더 생각해내야 한다. 그럼 어디 한 번 $M(x) \equiv x^3$을 갖고 즐겨보자. 지금까지 우리는 작은 수가능한 한 무한히 작은 수를 나타내는 약자로 '작은값'과 'dx'라는 두 가지를 사용해왔다. $d\ell$도 사용했지만 dx와 똑같은 유형의 약자다. 둘 다 사용할 수는 있지만 전부 조금 투박하다. '작은값tiny'을 나타내는 한 글자짜리 약자로 't'를 사용해보자. 앞에서와 마찬가지로 t는 작은 수가능한 한 무한히 작은 수다. 이제 우리는 이 기계에 x를 입력하고, 그다음에는 $x+t$를 입력해서 출력이 어떻게 변화하는지 보고 싶다. 출력에서 나타나는 반응의 변화를 나타내는 약자로는 dM을 사용하자. 즉 $dM \equiv M(x+t)-M(x)$다. 그렇다면 다음의 식이 성립한다.

$$dM \equiv M(x+t) - M(x) = (x+t)^3 - x^3 \quad \boxed{\text{방정식 2-1}}$$

$(x+t)^3$이라는 조각은 그 안에 x^3이 숨어 있으므로 dM의 오른쪽에 있는 음의 x^3과 만나 지워질 것이다. 하지만 $(x+t)^3$을 일일이 다 계산해서 분해해보기 전에는 나머지가 어떤 모습일지 알 수 없다바로 뒤에서 이것을 피하

는 방법을 발견하게 될 것이다.

$$(x + t)^3 \equiv (x + t)(x + t)(x + t) = x^3 + 3x^2t + 3t^2x + t^3 \quad \boxed{\text{방정식 2-2}}$$

꽤나 꼴사나운 문장이고, 아마 이걸 암기하고 싶어 하는 사람은 없을 것이다. 다행히도 우리는 1장에서 위의 문장을 발명하는 법을 배웠다. 그림을 그려서 바라보는 것도 방법이고, 너무 뻔한 찢기 법칙을 몇 번에 걸쳐 사용하는 것도 방법이다. 참 꼴사납긴 하지만 방정식 2-2를 이용하면 방정식 2-1을 다르게 적을 수 있다. 즉, 다음과 같다.

$$dM \equiv M(x + t) - M(x) \overset{(2\text{-}1)}{=} (x + t)^3 - x^3 \overset{(2\text{-}2)}{=} 3x^2t + 3t^2x + t^3$$

여기서 등호 위에 적힌 숫자는 우리가 무엇을 하고 있는 것인지 확실히 모를 경우에 어느 방정식을 찾아봐야 하는지 말해주는 정보다. 여기서는 모든 조각에 적어도 t가 하나씩 붙어 있으므로 양변을 t로 나누면 다음과 같은 식이 나온다.

$$\frac{M(x + t) - M(x)}{t} = 3x^2 + 3xt + t^2$$

여기서 t가 하나도 안 붙어 있는 조각은 $3x^2$밖에 없다는 것을 명심하자. 하지만 t는 무한히 작은 수 또는 더 이상 알아차릴 수 없을 때까지 점점 작아진다고 상상한 수를 나타내는 약자임을 기억하자. 그럼 이것을 다음과 같이 고쳐 쓸 수 있다.

$$\frac{M(x + t) - M(x)}{t} = 3x^2 + 죽을운명(t)$$

죽을운명(t)라는 항은 우리가 작은 수 t를 0으로 만들었을 때 죽어 사라 질 운명인 모든 것을 나타내는 약자다. 그리고 맨 왼쪽에 있는 조각은 한마 디로 극단적으로 가까운 두 점 사이의 '수평 변화율에 대한 수직 변화율의 비율'이다. 그럼 이것은 t를 0으로 줄였을 때 기계 M의 도함수로 바꿀 수 있다. 그렇게 해보자. t를 0으로 줄이면 다음과 같은 결과가 나온다.

$$M'(x) = 3x^2$$

제대로 된 건가? 글쎄, 아직은 모르겠다. 여기서는 모든 것을 우리가 알아 서 해야 한다. 계속 앞으로 나가보자, 어쩌면 우리가 방금 한 일이 말이 되 는 것인지 결국에는 알아낼 수 있을지도 모른다걱정 마시라. 말이 되니까.

M(x) ≡ xⁿ이라는 기계

위에 나온 예제에서 가장 어려운 부분은 도함수를 구하는 미적분이 아니 었다. 그것은 그냥 t가 붙은 조각들을 모두 집어 던지면 끝났기 때문이다. 가장 어려운 부분은 $(x+t)^3$을 지겹게 전개하는 일이었다. 이제 모두 일일 이 전개하지 않고도 $M(x) \equiv x^4$이라는 기계의 도함수를 찾아낼 수 있을 지즉, 이 기계에 우리의 무한 배율 확대경을 쓸 수 있을지 확인해보자. 앞에서와 마찬가 지로 우리가 계산하기 원하는 내용은 다음과 같다.

$$\frac{M(x + t) - M(x)}{t} \equiv \frac{(x + t)^4 - x^4}{t} = ?$$

여기서 t는 어떤 작은 수를 말한다. 우리는 분모에 있는 t를 없앨 방법을 찾아내야 한다.* 그래야 t를 0으로 줄일 수 있기 때문이다.

어떻게 하면 $(x+t)^4$을 전개하지 않고 넘어갈 수 있을까? 애초에 전개 과정을 피해야 할 이유는 무엇인가? 사실 이것을 일일이 모두 전개하는 건 그다지 똑똑한 일이 아니다. 그렇게 하려면 많은 시간을 낭비하게 되고, 그보다 더 중요한 사항은 우리가 $(x+t)^{999}$이나 $(x+t)^n$ 같은 것을 다루어야 할 때 실제로 도움이 될 만한 내용을 배울 수 없기 때문이다. 따라서 이 식을 전개하지는 않으면서 애매하게나마 그 전개식이 어떤 모습으로 보일지 생각해보자. 우리가 전개를 피해 가려는 항은 $(x+4)^4$이고 이것은 다음 식의 약자다.

$$(x + t)(x + t)(x + t)(x + t)$$

이것을 네 개의 가방이라 생각할 수 있다. 그리고 각각의 가방에는 두 가지 항목이 들어가 있다. x와 t다. 만약 우리가 시간을 들여 쓸데없이 이 모든 것을 전개했다면 온갖 조각들이 무더기로 더해진 전개식을 얻었을 것이다. 하지만 우리는 완전한 전개식이 어떻게 나올지에 대해서는 관심이 없다. 그저 결과 식에서 나타나는 개별 조각들이 어떤 모습일지 대략 감만 잡아보고 싶을 뿐이다. 그럼 실제로 일일이 식을 전개하지 않고도 최종 결과

---

* 왜 분모에서 t를 없앨 방법을 찾아내야 할까? (작은값/작은값)이 사실은 작은 수가 아니기 때문이다! 마찬가지로 만약 (거시기)가 무한히 작은 수로 가정되지 않은 어떤 일반적인 숫자라면 (거시기)(작은값)/(작은값) 역시 무한히 작은 수가 아니다. 이것은 그냥 (거시기)다. 따라서 우리가 분모에서 t를 없애야 하는 이유는 분모에 t가 있으면 어느 조각이 정말로 무한히 작은 것이고, 어느 것이 2나 73 같은 일반적인 수인지 구분하기 어렵기 때문이다.

가 어떤 형태일지 대충 개념을 잡을 수 있을 것이다. 약자를 다음과 같이 사용한다고 해보자.

$$(x+t)(x+t)(x+t)(x+t) \equiv \left(\text{4개의 가방}\right) \equiv (x+t)\left(\text{3개의 가방}\right)$$

맨 오른쪽에 너무 뻔한 찢기 법칙을 적용한 다음 두 조각 중 하나에만 초점을 맞춘다고 상상해보자. 이렇게 말이다.

$$
\begin{aligned}
\left(\text{4개의 가방}\right) &\equiv (x+t)\left(\text{3개의 가방}\right) \\
&= x\left(\text{3개의 가방}\right) + t\left(\text{3개의 가방}\right) \\
&= x\left(\text{3개의 가방}\right) + \dots
\end{aligned}
$$

방정식 2-3

위의 세 줄에서 우리는 사실상 가방 하나를 열고, 두 조각을 밖으로 꺼내서 찢고, 그다음에는 그중 하나만 골라서 거기에 초점을 맞추었다. 명심하자. 우리는 모든 항을 일일이 다 전개할 생각이 없다. 그저 임의의 한 조각이 최종적으로는 대략 어떤 모습이 될지 확인해서 나머지 결과가 어떻게 나올지 직관적으로 감을 잡고 싶을 뿐이다. 우리의 목적은 소박하기 때문에 위에서 한 것처럼 한 조각만 빼고 나머지 조각들은 계속해서 무시하자. 그리고 가방을 계속해서 찢어나가자. 가방을 찢을 때마다 어느 쪽 조각에 초점을 맞춰야 할까? 중요하지 않다. 그냥 무작위로 골라보자. 방금 첫 번째 가방에서는 x를 골랐으니 두 번째 가방에서는 t를 고르자. 그리고 세 번째 가방에서는 다시 t, 네 번째 가방에서는 x를 골라보자. 그럼 x, t, t, x의 순서가 된다. 우리가 가방을 열어서, 항목을 찢고, 항 하나를 고를 때마다 우리가 어느 쪽을 골랐는지를 등호 위에 적어놓겠다. 아래 나와 있는 각각의 줄은 방정식 2-3에 나온 것과 똑같은 세 줄의 추론 과정, 즉 가방을 열고, 항목을 찢고, 항 하나를 고르는 과정을 약자로 나타낸 것이다. 복잡해 보이겠지만 내가 말하는 내용을 풀어보면 다음과 같다.

$$\left(4\text{개의 가방}\right) \overset{x}{=} x\left(3\text{개의 가방}\right) + \ldots$$
$$\overset{t}{=} xt\left(2\text{개의 가방}\right) + \ldots$$
$$\overset{t}{=} xtt\left(1\text{개의 가방}\right) + \ldots$$
$$\overset{x}{=} xttx + \ldots \qquad \text{방정식 2-4}$$

그리 힘들이지 않았는데도 이렇게 해서 우리가 원하는 정확한 정보를 얻었다. 완전한 전개식은 여전히 모르는 상태지만, 완전한 전개식에 들어 있는 각각의 항이 하나의 선택을 통해 구성되리라는 것을 알 수 있다. 아니면 네 개의 선택이라고도 할 수 있겠다. 각각의 가방에서 한 가지 항목을 선택하는 것이라고 보면 말이다. 우리는 방금 무작위로 $xttx$라는 선택을 했으므로 우리가 선택할 수 있었던 다른 각각의 경우도 분명 최종 전개식에 들어 있을 것이다. 따라서 $(x+t)^4$을 전개해보지 않고도 우리는 완전한 전개식에는 $xttx$뿐만 아니라 $xxxx$, $tttt$, $xttt$ 등도 들어 있으리라는 것을 알게 됐다.

사실 우리가 알아야 하는 것은 이게 전부다. 이런 간단한 사실만 알고 있어도 x^4, 심지어는 x^n의 도함수를 계산하는 것이 믿기 어려울 정도로 쉬워지기 때문이다. 이 새로운 지식을 가지고 원래의 문제로 돌아가자. 우리가 계산하고 싶은 건 이것이다.

$$\frac{M(x+t) - M(x)}{t} = \frac{(x+t)^4 - x^4}{t} = ? \qquad \text{방정식 2-5}$$

여기서의 사고 과정은 다음과 같다.

1. $(x+t)^4$에 든 조각 중 하나는 $xxxx$, 즉 x^4이 될 테지만, 위 방정식_{방정}식 2-5에 들어 있는 음의 x^4에 의해 지워질 것이다.

2. $(x+t)^4$에 든 조각 중 일부는 t가 하나만 달라붙어 있을 것이다. 그 하나의 t는 네 가방 가운데 하나에서 나온 것이기 때문에 t가 하나만 달린 조각은 $txxx$, $xtxx$, $xxtx$, $xxxt$ 이렇게 모두 네 개가 있어야 한다. 이 각각의 조각에 있는 하나짜리 t는 방정식 2-5의 분모에 있는 t와 서로 상쇄되어, 이 네 항목 모두 xxx, 즉, x^3으로 바뀐다. 이 x^3은 모두 네 개가 있으므로 그럼 $4x^3$이 남는다. 이제 이 조각들은 t가 분모의 t 때문에 상쇄되었기 때문에 더 이상 t가 달려 있지 않다. 따라서 t를 0으로 줄여도 죽지 않을 것이다. 이 조각들을 모두 't·생존자'로 적어서 자기한테 달라붙은 t가 하나밖에 없음을 강조하자. 그럼 t로 나눌 때 '생존자'로 바뀌게 되는데, 여기서 '생존자'는 달라붙은 t가 하나도 없는 항들의 묶음을 말한다. 이 경우에서는 생존자가 그냥 $4x^3$이지만, 이렇게 좀 더 일반적인 방식으로 적어놓으면 나중에 4가 아닌 다른 제곱지수에 대해 논증을 이끌어 갈 때 도움이 될 것이다.

3. 나머지 항들은 $ttxx$, $txxt$ 등과 같이 달라붙은 t가 하나가 넘게 된다. 방정식 2-5의 분모에 있는 t가 이것들 중 하나를 상쇄하겠지만 그렇게 해도 적어도 하나 이상의 t가 계속 달라붙어 있기 때문에 t의 다이얼을 0으로 돌리면 나중에는 모두 죽게 된다. 이런 조각들을 뭉뚱그려서 t·죽을운명(t)라고 부르자. 그럼 t로 나눈 이후에도 여전히 t가 달라붙은 죽을운명(t)로 바뀐다는 사실을 강조할 수 있다.

따라서 문제를 이런 식으로 생각하면 우리가 방금 만들어낸 약자들을 이용해서 방정식 2-5를 다음과 같이 고쳐 쓸 수 있다.

$$\frac{M(x+t) - M(x)}{t} = \frac{x^4 + [t \cdot \text{생존자}] + [t \cdot \text{죽을운명}(t)] - x^4}{t}$$ 방정식 2-6

x^4 조각들이 서로를 상쇄하므로 분자와 분모의 t도 서로 상쇄해서 다음과 같은 식을 얻는다.

$$\frac{M(x+t) - M(x)}{t} = \text{생존자} + \text{죽을운명}(t)$$ 방정식 2-7

이제 다이얼을 돌려 t를 점점 0에 가깝게 만든다고 상상하자. 이것은 '생존자' 조각에는 아무런 영향도 미치지 않지만, 죽을운명(t)는 죽게 된다. 좌변은 M의 도함수를 나타내고 있으니 $M'(x)$로 고쳐 쓰자. 이것을 모두 요약하면 다음과 같은 식이 성립한다.

$$M'(x) = \text{생존자}$$ 방정식 2-8

오호! 이렇게 해놓고 보니 M의 도함수는 그냥 우리가 '생존자'라고 부르는 항이었다. 이 경우에서는 $4x^3$이다. 하지만 방정식 2-5를 바라보면 전체 논증 과정에서 제곱지수가 4라는 사실을 이용하지 않았다. 적어도 중요한 의미로 사용한 적은 없다. 따라서 좀 더 일반적인 버전인 $(x+t)^n$에 대해서도 모든 n값에 대해 똑같은 유형의 논증을 적용할 수 있을 것이다.

우리가 방금 전개한 이상한 논증 과정 즉, $(x+t)^4$을 일반적인 방식으로 지루하게 모두 전개하기가 귀찮아서 그 대신 일반적인 패턴을 찾아내려는 논증 과정을 이용해 얻는 이득은 바로 n이 무슨 수인지에 상관없이 x^n의 도함수가 무엇인지 즉각 파악할 수 있게 해준다는 것이다! 여기 그 방법을 소개한다. n의 값에 대해서는 불가지론적인 입장을 취한 상태에서 x^n의 도함수를 알아내려면 다음의 계산을 해보아야 한다.

$$\frac{(x+t)^n - x^n}{t} = ?$$

방정식 2-9

이제 앞에서 했던 것처럼 가방에 비유해서 생각해보자. 이번에는 가방이 n개 있다.

$$(x+t)^n = \underbrace{(x+t)(x+t)\cdots(x+t)}_{n번}$$

방정식 2-10

$(x+t)^n$에 들어 있는 각각의 조각은 n개의 항목이 함께 곱해져 있을 것이고, 그 안에서 x와 t의 개수가 다양하게 나온다. 예를 들면 그중 한 조각에는 x만 들어 있을 것이다.

$$\underbrace{xxxx \cdots xxxx}_{n번}$$

이것은 x^n이고, 방정식 2-9에 들어 있는 음의 x^n 때문에 지워진다. 그리고 또 다른 조각들 중에는 두 번째 칸과 마지막 칸에만 t가 들어 있고 나머지는 모두 x인 조각도 있을 것이다.

$$\underbrace{xtxx \cdots xxxt}_{n개 \, 중 \, t는 \, 두 \, 개만}$$

하지만 이 항은 t가 두 개이기 때문에 방정식 2-9 분모에 있는 t로 그중 하나를 상쇄해도 여전히 적어도 하나의 t가 남는다. 따라서 t를 0으로 줄일 때 이 항은 죽을 운명이다. 그리고 t가 두 개 이상 있는 다른 모든 항도 마찬가지다.

따라서 우리는 어떤 복잡한 공식을 이용해서 $(x+t)^n$을 전개할 필요가 없다.* 앞에서 그랬던 것처럼 여기서도 도함수는 t가 하나만 달라붙어 있는 조각에만 영향을 받게 된다. 방정식 2-9의 분모에 있는 t로 분자의 t를 상쇄했을 때 살아남는 조각은 이것밖에 없기 때문이다. 그중에는 $txxx\cdots xxxx$도 있을 것이고, $xtxx\cdots xxxx$도 있을 것이다. 하지만 이것들 모두 결국은 tx^{n-1}이다. 그리고 그 하나의 t가 나올 수 있는 가방은 모두 n개가 있으므로, 이것과 똑같은 항이 n번 등장할 것이다.

$$t \cdot 생존자 = \underbrace{tx^{n-1} + tx^{n-1} + \cdots + tx^{n-1}}_{n번}$$

방정식 2-11

이것을 다음과 같이 고쳐 쓸 수 있다.

$$t \cdot 생존자 = ntx^{n-1}$$

방정식 2-12

양변에 모두 t가 하나씩 있으므로 서로 상쇄하면 아래와 같다.

$$생존자 = nx^{n-1}$$

방정식 2-13

하지만 앞에서와 마찬가지 이유로, 결국 생존자는 처음에 함께 시작했던

---

* 수학 교과서에서 사용하는 이 복잡한 공식을 '이항정리(binomial theorem)'라고 부른다. 이것은 기본적으로 가방 이야기를 복잡하게 풀어낸 것일 뿐이다. 우리가 했던 것과 비슷한 방법인데 그 사실을 밝히지 않고 분수처럼 보이지만 실제론 분수가 아닌 이상한 기호만 잔뜩 사용하고 있다. 우리에겐 이것이 전혀 필요하지 않다.

기계, 즉 $M(x) \equiv x^n$ 의 도함수이므로, 이 섹션 전체를 다음과 같이 요약할 수 있다.

우리가 방금 발명한 것

만약 $M(x) \equiv x^n$ 이면,
$$M'(x) = nx^{n-1}$$

이제 당신은 이 섹션에서 다룬 '생존자'에 관한 미친 계산보다는 $n = 2$, $n = 3$ 이었던 계산을 더 신뢰할지도 모르겠다. 하지만 예전에 얻은 결과를 이용해서 새로운 결과를 검증해볼 수 있었음을 기억하자! 만약 $M(x) \equiv x^n$ 이라는 기계의 도함수가 정말로 n 의 값에 상관없이 $M'(x) = nx^{n-1}$ 이 맞는다면 이 공식을 적용했을 때 예전에 얻은 결과가 그대로 나와야 한다. 그렇지 않다면 틀린 것이다. 즉, 우리의 새로운 공식이 x^2 의 도함수가 $2x$ 이고 x^3 의 도함수가 $3x^2$ 임을 예측*할 수 있어야 한다는 것이다. 그런데 정말로 그렇게 나온다. nx^{n-1} 은 $n = 2$ 일 때 $2x$ 가 되고, $n = 3$ 일 때는 $3x^2$ 이 된다. 그래도 당신은 이렇게 주장할지도 모르겠다. '어떤 결과가 나올지 뻔히 아는 두 가지 사례에서 정답을 내놓았다고 해서 그 논증이 유효하다고 확신할 순 없는 법이지!' 당신 말이 맞을지도 모른다. 하지만 위의 논증을 통해 우리가 올바른 길을 가고 있으며, 추론 과정에서 그 어떤 실수도 하지 않았다는 자신감이 분명 더 커졌을 것이다_{그래야만 한다}. 이렇게 수학을 발명하는 과정에서 언제 확신을 가질 것인가 결정하는 일은 언제나 우

---

* 지금은 순서가 뒤집어졌으니 '후측'이라고 해야 하나?

리에게 달려 있다. 우리의 수학적 우주에는 미리 나와 있는 정답지가 따로 없기 때문이다.

2.3.6. 우리의 모든 기계를 한 번에 기술하기: 초불가지론적 약자

특정 기계들을 한 무더기 가져다가 무한 배율 확대경을 테스트했는데, 그럼 이제 다음에는 어디로 가야 할까? 현재로서 우리가 아는 기계들은 모두 더하기와 곱하기로 완벽하게 기술할 수 있는 것뿐이다. 이 앞 문장은 하도 여러 번 이야기했기 때문에 대체 그것이 무슨 의미인지 스스로에게 물어보는 것이 좋겠다. 더하기와 곱하기, 즉 우리가 아는 바를 '이용해서' '완벽하게 기술 가능한' 것은 대체 어떤 종류의 기계일까? 물론 이것은 우리가 어떤 의미로 사용하느냐에 달려 있다. 예를 들어 이러한 기술에서 나누기는 허용되는 것일까? 대답은 '아니오'가 되어야 할 것 같다. 우리의 우주에서는 사실 나누기가 존재하지 않기 때문이다. 하지만 어찌 보면 존재하기도 한다. 우리 우주에서 $\frac{1}{s}$은 그저 거기에 s를 곱했을 때 1이 나오는 수를 의미하는 약자이기 때문이다. 하지만 무언가를 더하기와 곱하기만으로 기술한다는 것의 뜻은 무엇일까?

이것은 사실 단어 사용 방식에 관한 문제에 지나지 않는다. 따라서 지금 당장은 여기에 대해 너무 걱정하지 말자. 우리는 무언가를 기술할 때 적어도 현재로선 '나누기'를 허용하지 않을 것이다. 이 말은 그저 $m(s) \equiv \frac{1}{s}$ 같은 형태의 기계를 배제하겠다는 의미일 뿐이다. 그럼 우리는 어떤 종류의 기계를 기술할 수 있을까? 여기 몇 가지를 소개한다.

1. $m(s) \equiv s^3$
2. $r(q) \equiv q^2 - 53q + 9$

3. $f(u) \equiv 5u^2 + 7u^3 - 92u^{79}$

사실 이런 기계에 관심을 가져야 할 이유는 없지만, 우리는 무한 배율 확대경을 좋아하기 때문에 사용법에 더 익숙해지고 싶은 마음이 있다. 더하기와 곱하기를 이용해서 기술 가능한 기계를 더욱더 많이 나열할수록 어떤 패턴이 존재하는 듯 보인다. 우리가 지금 시점에서 기술할 수 있는 기계들은 전부 어떤 공통 구조를 가졌다. 이것들은 모두 다음과 비슷하게 보이는 조각으로 만들어져 있다.

$$(거시기\ 수) \cdot (먹이)^{저시기\ 수}$$

여기서 '먹이'는 기계에 먹이는입력하는 값을 상징하는 데 사용하는 약자를 말한다수학 교과서에서 변수variable라고 부르는 것. 그리고 여기서 '거시기 수'는 '저시기 수'와 꼭 같을 필요가 없다. 위에 나열한 모든 기계 그리고 본질적으로 우리가 아는 바를 이용해서 완벽하게 기술할 수 있는 모든 기계는 이렇게 생긴 것들을 모두 한데 '더해'놓은 것이다. 한데 '더하거나 곱해 놓은 것'이라고 하면 안 되나? 좋은 질문이다! 그런데 사실은 '(거시기 수)·(먹이)$^{저시기\ 수}$'의 형태로 된 것 두 개를 함께 곱하면 그 역시 똑같은 형태가 된다. 즉, ax^n과 bx^m 같은 것을 함께 곱하면 $(ab)x^{n+m}$이 되는데 이것 역시 '(거시기 수)·(먹이)$^{저시기\ 수}$'의 형태다. 좋다. 따라서 더하기와 곱하기를 이용해서 완벽하게 기술할 수 있는 기계는 모두 이렇게 생긴 조각들을 '더한' 형태로 만들어진다. 그럼 이런 기계에 대해 한꺼번에 이야기할 수 있게 해줄 약자를 한번 만들어보자.

여러 가지 서로 다른 수를 약자로 표현하려면 서로 다른 여러 가지 약자가 필요하다. 우리는 #가 양의 정수일 때만 (거시기)#의 의미를 알 수 있다.* 따라서 우리 우주에는 음의 제곱지수나 분수 제곱지수 같은 것은 존재하지 않는다아직까지는!. 따라서 우리는 지금 시점에서 자연수의 제곱지수에 대해서만 생각하기 때문에 모든 기계를 이렇게 쓸 수 있다.

$$M(x) \equiv \#_0 + \#_1 x^1 + \#_2 x^2 + \cdots + \#_n x^n \qquad \boxed{\text{방정식 2-14}}$$

여기서 n은 이 특정 기계를 기술할 때 등장하는 가장 큰 제곱지수를 말하고 $\#_0$, $\#_1$, $\#_2$ 등의 기호는 그냥 그 앞에 등장하는 아무 숫자나 가리키는 약자다. 이 숫자들을 따로따로 구분할 수 있도록 # 기호 옆에 아래 첨자로 숫자를 붙였다. 그래야 각각에 서로 다른 글자를 사용할 필요가 없을 테니까 말이다. 그리고 나머지 아래 첨자가 제곱지수의 숫자와 일치하도록 1이 아니라 0에서부터 시작했다. 그럼 첫 번째 항만 제외하고 나머지 각각의 조각들이 $\#_k x^{k-1}$ 대신 $\#_k x^k$의 형태로 보인다. 이렇게 하는 이유는 그래야 조금이라도 더 예쁘게 보이기 때문이다. 만약 1이라는 수를 나타내는 약자로 x^0을 사용한다면 첫 번째 항을 비롯한 모든 조각이 $\#_k x^k$의 형태로 보일 것이다사실 $x^0 = 1$이라고 선택해야 할 더 훌륭한 이유가 있다. 그 이유가 무엇인지는 막간 2에서 살펴보겠다. 지금 당장은 1이란 숫자를 표시하는 약자로 x^0을 선택한 까닭은 전적으로 미적인 이유다. 그리고 방정식 2-14에 들어 있는 모든 조각이 $\#_k x^k$의 형태로 보이게 표현할 목적으로만 이 약자를 사용할 것이다. 현재로서는 어떤 수의 0제곱이 어떤 원칙 때문에 정말로 1이 되어야 한다

---

* (거시기)#은 (거시기)(거시기) ⋯ (거시기)이고, 여기서 #는 거시기가 등장한 횟수임을 기억하자. 여기에 일관성을 부여하려면 (거시기)¹은 (거시기)를 다른 방식으로 표현한 것에 다름없다고 생각해야 한다.

고 생각할 아무런 이유도 없다. 지금은 그냥 약자로만 사용하는 거다.

좋다. 방정식 2-14는 이 시점에서 우리가 대화의 주제로 삼을 수 있는 모든 기계를 기술하는 약자다. 그런데 이 기계를 적을 때마다 모든 점을 일일이 계속 찍으려니 참 귀찮다이거→…. 따라서 똑같은 것을 더 짧게 표현할 방법을 발명해보자. 방정식 2-14의 우변을 표현하는 약자로 다음과 같은 것을 생각할 수 있다.

$$\text{더하기} \left(\#_k x^k \right) \qquad \text{여기서 } k \text{는 0에서 시작해서 } n \text{까지 진행.}$$

하지만 이 역시 투박한 느낌이다. 오른쪽에 있는 문장이 구질구질해 보인다. 이렇게 쓸 필요 없이 그냥 k가 어디서 시작해서 어디서 끝나는지만 떠올릴 수 있으면 된다. 따라서 똑같은 것을 이런 식으로 축약할 수 있다.

$$\text{더하기} \left(\#_k x^k \right)_{k=0}^{k=n}$$

수학 교과서에서는 보통 이렇게 표현한다.

$$\sum_{k=0}^{n} \#_k x^k$$

사실 수학 교과서에서는 우리가 사용하는 숫자 기호 $\#$ 대신 c constant, 즉 '상수'를 의미 같은 글자를 사용한다. 그리고 Σ 그리스어 알파벳 S 를 사용한다. S가 'sum 합계'의 첫 글자이고, 'sum'은 '더한다 add'는 의미이기 때문이다. 이런 표현 방식은 익숙하지 않으면 무섭게 보일 수도 있지만, 그저 방정식 2-14의 우변에서 '…' 기호를 이용해 적은 것을 축약해서 표현하는 약자일 뿐이다. 만약 Σ가 들어간 문장이 맘에 들지 않는다면 점을 이용해서 언제든 고쳐 쓸 수 있다.

이제 우리는 우리의 모든 기계를 한 번에 뭉뚱그려 이야기할 수 있을 정도로 충분히 불가지론적인 입장을 취하는 약자를 만들어냈다. 이 모든 것을 축약할 방법을 고안했으니 이 모든 것을 한꺼번에 뭉뚱그려 부를 수 있는 이름도 만들자. 그럼 '더하기와 곱하기만을 이용해 완벽하게 기술할 수 있는 기계'라고 계속 부르지 않아도 될 테니까 말이다. 위의 형식을 갖는 모든 기계를 '더하기-곱하기 기계plus-times machine'라고 부르자. 우리가 지금까지 이야기해온 모든 내용에 비추어 보면 수학 교과서에선 이런 간단한 유형의 기계에 쓸데없이 복잡한 이름을 지어줬다는 생각이 들지도 모르겠다. 사실 그렇다! 교과서에서는 이 기계를 다항식polynomial이라고 부른다. 이것은 최선의 용어가 아니다.*

어쨌거나 우리의 무한 배율 확대경을 어떤 더하기-곱하기 기계에도 사용할 방법을 알아낼 수 있다면, 그것을 사용하는 기술이 진정 새로운 수준으로 도약하는 셈이다. 그럼 어디 한번 시도해보자. 하지만 먼저 위에 논의했던 내용을 요약해서 박스에 적어 공식화하자.

초불가지론적 약자

왼쪽에 나온 이상하게 생긴 약자는
오른쪽에 나온 내용을 축약한 것일 뿐이다.

---

* 인정한다. '더하기-곱하기 기계' 역시 최선의 용어는 아니다. 아무래도 조금 어색하고 투박한 느낌이 든다. 하지만 적어도 우리가 무엇에 대해 이야기하고 있는지는 떠올리게 한다.

$$\sum_{k=0}^{n} \#_k x^k \equiv \#_0 x^0 + \#_1 x^1 + \#_2 x^2 + \cdots + \#_n x^n$$

사용 이유: 우리가 이 약자를 사용하는 까닭은 우리가 아는 것, 즉 더하기와 곱하기를 이용해서 완벽하게 기술할 수 있는 모든 기계에 대해 이야기하고 싶기 때문이다.

추신: 숫자 기호 즉, $\#_0, \#_1, \#_2, \cdots, \#_n$은 7이나 52, 3/2 같은 정상적인 숫자를 말한다. 7 같은 직접적인 숫자 대신 $\#$ 같은 기호를 쓰면 이것이 구체적으로 어떤 숫자인지에 대해 불가지론적 입장을 취할 수 있게 된다. 이렇게 함으로써 우리는 무한히 많은 기계를 한꺼번에 뭉뚱그려 비밀리에 말할 수 있게 된다.

이름: 이런 식으로 표현할 수 있는 기계를 '더하기-곱하기 기계'라고 부르겠다. 우리 우주 밖에 있는 수학 교과서에서는 이것을 흔히 '다항식'이라고 부른다.

2.3.7. 어려운 문제를 쉬운 조각들로 쪼개기

지금 시점에 우리에게는 한 기계의 도함수를 구하는 방식이 두 가지밖에 없다. 첫 번째 방법은 그냥 도함수의 정의를 이용하는 것이다. 즉 1장에 나왔던 기울기의 정의를 서로 무한히 가까운 두 점에 적용하는 것이다. 따라서 누군가가 우리에게 M이라는 기계를 건네주면, 우리는 이 방식을 이용해 그 도함수를 구할 수 있다.

$$M'(x) \equiv \frac{M(x + \text{작은값}) - M(x)}{\text{작은값}}$$

여기서 '작은값'은 어떤 무한히 작은 수를 나타낸다또는 당신의 취향에 따라 꼭 무한히 작은 수라 할 필요 없이, '무한히'를 빼서 '어떤 작은 수'라고 해도 된다. 분모에서 '작은값'을 없앤 뒤에는 이 수를 0으로 줄일 수 있다고 상상하면 된다.

　한 기계의 도함수를 구하는 또 다른 방법은 우리가 이미 예전에 구해놓은 도함수를 이용하는 방법이다. 예를 들면 우리는 $M(x) \equiv x^n$ 의 형태로 보이는 모든 기계의 도함수는 그냥 $M'(x) = nx^{n-1}$ 여기서 n은 임의의 자연수이라는 것을 구한 적이 있다. 우리는 이것을 교과서에서처럼 '다항식 미분 법칙power rule'이라고 부를 수도 있다. 하지만 당연히 이것은 우리가 도함수의 정의를 이용해서 직접 알아낸 무언가에 붙인 이름일 뿐이다. 따라서 우리가 아는 도함수를 구하는 방법은 사실 오직 하나, 정의를 이용하는 것밖에 없는 게 아닌가 싶다. 수학의 모든 분야에서와 마찬가지로 이런 '법칙교과서에서 말하는 '다항식 미분 법칙'처럼'이라는 것들은 사실 결국은 '법칙'이 아니다. 이는 우리가 정의를 이용해 이전에 알아낸 것에 붙인 이름일 뿐이다. 애매모호하고 질적인 일상적 개념에서 출발해서, 무엇을 해야 할지 모를 때는 가끔 심미적인 이유나 무정부주의적인 변덕에 기대기도 하면서 우리가 직접 창조해낸 개념의 정의 말이다. 수학은 정말 이상한 것이다.

　어쨌거나 우리는 우리 우주에 들어 있는 어떤 기계도 표현할 수 있을 정도로 충분히 크고 불가지론적인 약자를 만들어냈다. 무한 배율 확대경 사용법을 연마하는 기술이 얼마나 발전했는지 테스트할 겸 이것을 그 어떤 더하기-곱하기 기계에도 사용할 수 있을지 확인해보자. 우리는 모든 기계를 하나의 약자에 담아내는 데 성공하기는 했지만, 안타깝게도 이 약자는 좀 투박하다. 다음의 표현을 보자.

$$M(x) \equiv \sum_{k=0}^{n} \#_k x^k \qquad \boxed{\text{방정식 2-15}}$$

이 표현을 그대로 도함수의 정의를 적용하려고 하면 아주 크고 볼썽사나운 덩어리가 나와서 아마 어떻게 해야 할지 알 수 없게 될 것이다. 따라서 이 어려운 문제를 우리가 좀 더 쉽게 대답할 수 있는 몇 개의 쉬운 질문으로 쪼개보자.

이미 우리는 도움이 될 만한 것을 관찰한 바 있다. 모든 더하기-곱하기 기계는 그저 더 간단한 것들을 한데 더해놓은 묶음에 지나지 않는다는 거다. 방정식 2-15에 나온 약자는 이 더 간단한 것들이 $\#_k x^k$ 여기서 k는 자연수, $\#_k$는 꼭 자연수일 필요 없고 어떤 수가 와도 상관없다의 형태로 보인다고 말한다. 혹시 우리가 $\# x^n$ 처럼 보이는 모든 기계를 미분하는 법을 알아낼 수 있다면, 그리고 한데 더해놓은 묶음의 도함수를 개별 조각들의 도함수를 이용해 표시할 방식을 알아낼 수 있다면 우리의 무한 배율 확대경을 그 어떤 더하기-곱하기 기계에도 적용할 방법을 발견하게 될 것이다. 그렇게만 된다면 우리는 우리의 우주를 어느 한 곳 빠뜨리지 않고 모두 정복하게 된다.

#xⁿ이라는 조각들

우리는 이미 x^n에 무한 배율 확대경을 어떻게 사용할 수 있는지 앞에서 알아냈다. 이것의 도함수는 그냥 nx^{n-1}이다. 따라서 이 시점에서 우리가 해야 할 일은 $\# x^n$이라는 조각을 미분할 때 $\#$라는 숫자를 어떻게 처리해야 하는지 알아내는 것이다. $m(x) \equiv \# x^n$이라고 정의하고 이것의 도함수를 구해보자. 서로 극도로 가까운 두 점의 기울기라는 정의는 이미 우리에게 익숙하다. 이를 이용하면….

$$\frac{m(x+t) - m(x)}{t} \equiv \frac{\#\,(x+t)^n - \#\,x^n}{t} = \#\left(\frac{(x+t)^n - x^n}{t}\right)$$

여기서 t는 다이얼이 달려 있다고 생각하기로 한 아주 작은 숫자라는 것을 떠올려보자. 다이얼을 돌려서 이 작은 수 t를 0으로 줄이면 이 식의 맨 왼쪽 변은 도함수 $m'(x)$가 된다. 그럼 맨 오른쪽 변은? 음, #는 그냥 어떤 수일 뿐이니까 t를 줄여도 똑같은 값으로 남아 있게 되고, #의 오른쪽에 있는 조각은 그냥 x^n의 도함수다. 이 도함수는 이미 앞에서 알아낸 바 있다. 따라서 우리가 기대했던 대로 #라는 숫자는 그저 하는 일 없이 매달려 있는 셈이기 때문에 $m(x) \equiv \#x^n$의 도함수는 그냥 다음과 같이 나오게 된다.

$$m'(x) = \#nx^{n-1}$$

여기서 잠깐! 마지막 단계를 제외하면 우리는 여기서 x^n이라는 기계의 특별한 속성을 전혀 사용하지 않았다. 그렇다면 좀 더 일반적인 방식으로 이와 똑같은 논증을 전개할 수 있을까? $m(x)$가 '(어떤 수) 곱하기 (어떤 다른 기계)'의 형태로 보일 때 또는 똑같은 이야기를 약자의 형태로 표현해서 $m(x) \equiv \#f(x)$일 때도 이와 비슷한 논증을 펼칠 수 있을지 확인해보자. 즉, 다른 수가 곱해진다는 점을 제외하면 거의 똑같은 두 기계의 도함수 사이에 어떤 관계가 성립할지 알아보자는 말이다. 위에서 펼쳤던 것과 똑같은 논증을 전개해보자.

$$\frac{m(x+t) - m(x)}{t} \equiv \frac{\#f(x+t) - \#f(x)}{t} = \#\left(\frac{f(x+t) - f(x)}{t}\right)$$

이제 앞에서 했던 것과 똑같이 작은 수 t를 0으로 줄여보자. 위 방정식의 맨 왼쪽 변은 $m'(x)$의 정의로 변한다. 그럼 오른쪽 변은 무엇으로 변할까? 앞에서와 마찬가지로 #는 그저 일반적인 수이기 때문에 t의 변화에 영향을 받지 않는다. 따라서 t를 0으로 줄여도 변할 일이 없다. 하지만 #의 오른쪽에 있는 조각은 $f'(x)$의 정의로 변한다. 따라서 우리는 방금 무한 배율 확대경에서 새로운 사실을 발견했다. 이것이 곱하기와 어떻게 상호작용 하는지 알아낸 것이다! 지금 막 발명한 내용은 정말 자랑스러운 것이니 따로 박스를 만들어서 똑같은 개념을 몇 가지 다른 방식으로 표현해보자.

우리가 방금 발명한 것

어느 한쪽에 숫자를 곱하는 것을 제외하면 거의 똑같이 생긴
두 기계의 도함수 사이에 어떤 관계가 성립할까? 그렇다!

만약 $m(x) \equiv \# f(x)$라면 $m'(x) = \# f'(x)$다.

똑같은 내용을 다른 방식으로 표현해보자.
$$[\# f(x)]' = \# f'(x)$$

똑같은 내용을 다른 방식으로 표현해보자. 한 번 더!
$$\frac{d}{dx}[\# f(x)] = \# \frac{d}{dx} f(x)$$

이거 점점 미쳐가는 것 같지만 한 번 더 해보자!
$$(\# f)' = \#(f')$$

잘 따라오고 있는가? 좋다. 한 번만 더 해보자!
$$\frac{d(\# f)}{dx} = \# \frac{df}{dx}$$

조각들 합치기

무한 배율 확대경을 그 어떤 더하기–곱하기 기계에도 사용할 방법*을 알아내려는 과정에서 우리는 어쩌면 이 어려운 문제를 두 개의 쉬운 문제로 쪼갤 방법이 있을지도 모른다는 것을 깨닫게 됐다. 첫 번째는 $\#x^n$ 여기서 n은 자연수의 도함수를 찾는 법을 알아낸 것이었다. 우리는 이 문제를 이리저리 갖고 놀다가 해답을 알아냈다. 그리고 그 과정에서 똑같은 유형의 논증을 그보다 훨씬 큰 질문에 적용하여 답을 이끌어낼 수 있다는 것도 알아냈다. 그리하여 결국 도함수에서 수를 바깥으로 끄집어낼 수 있음을 발견하게 됐다. 즉 $(\#f)' = \#(f')$이다.

이제 우리의 두 가지 '쉬운' 문제 중 두 번째를 풀어보자. 작은 기계들을 한데 더해 묶어놓은 기계가 있다면 개별 조각의 도함수만 알아도 그 기계 전체의 도함수에 대해 이야기할 수 있을까?

이렇게 상상해보자. 우리에게 기계가 하나 있는데 사실 그 기계는 그보다 작은 기계 두 개를 나란히 붙여놓고 위에 금속 상자를 씌워 하나의 큰 기계처럼 보이게 만들어놓은 것이라고 말이다. 그 큰 기계에 x라는 어떤 숫자를 입력한다고 해보자. 첫 번째 작은 기계는 7을 출력하고, 두 번째 작은 기계는 4를 출력한다면 큰 기계는 11을 출력하리라는 것을 알 수 있다. 큰 기계에 대해 생각할 때는 예를 들면 최신 컴퓨터 그것을 동시에 두 가지 방식으로 생각하는 것이 합리적이다. 즉 하나의 큰 기계로 생각하면서, 수많은 작은 기계를 한데 묶은 것으로 생각하는 일이다.

이게 왜 중요할까? 일상생활에서와 마찬가지로 수학에서도 '큰 기계는 정확히 몇 개의 작은 기계로 만들어졌는가?'라는 질문은 의미가 없기 때문

---

* 수학 교과서에 나오는 표현을 빌리면 '그 어떤 다항식의 도함수도 찾아낼 수 있는 방법'.

이다. 큰 기계를 간단한 두 작은 기계를 한데 붙여놓았다고 생각하는 것이 도움이 된다면, 편하게 그렇게 생각하면 그만이다. 이 개념을 다음과 같이 표현하자. $M(x) \equiv f(x)+g(x)$. 우리는 이 세 기계가 정확히 어떤 기계인지 이야기하지 않았기 때문에 실제로는 구체적인 것을 아무것도 말하지 않지만, 이런 문장을 이용하면 한 기계를 그보다 간단한 두 기계로 만들어진 것이라 생각할 수 있다는 개념을 표현 가능하다. 이 생각의 흐름을 쫓아서 '큰' 기계 M의 도함수를 그 부분의 도함수들만 가지고 이야기할 수 있을지 알아보자. 작은 기계 f와 g에 대해서 우리가 아는 바는 아무것도 없기 때문에 다시 처음으로, 즉 도함수의 정의로 돌아가는 게 낫겠다. 그럼 다음과 같은 식이 나온다.

$$
\begin{aligned}
\frac{M(x+t) - M(x)}{t} &\equiv \frac{[f(x+t) + g(x+t)] - [f(x) + g(x)]}{t} \\
&= \frac{f(x+t) - f(x) + g(x+t) - g(x)}{t} \\
&= \frac{f(x+t) - f(x)}{t} + \frac{g(x+t) - g(x)}{t}
\end{aligned}
$$

첫 번째 등식에서 우리는 M의 정의를 이용했다. 그리고 두 번째, 세 번째 등식에서는 조각들을 이리저리 뒤적거리면서 f와 관련된 것들을 g와 관련된 것들로부터 따로 떼어놓으려 했다. 이렇게 한 이유는 결국 어려운 문제를 쉬운 문제들의 조합으로 바꾸기 위함이다. 큰 기계 M의 도함수를 그 부분인 f와 g의 도함수로 풀어서 이야기할 수 있으면 문제가 쉬워지기 때문이다. 그래서 결국 성과를 거두게 됐다. 이제 t를 0에 점점 더 가깝게 줄이면 방정식의 첫째 줄 왼쪽에 있는 변은 결국 $M'(x)$가 된다. 그와 비슷하게 가장 아래 변은 두 조각으로 이루어져 있는데, t를 0으로 줄이면 그중 하나는 $f'(x)$로, 나머지 하나는 $g'(x)$로 변한다.

그렇다면! 우리는 방금 무한 배율 확대경에 대한 새로운 사실을 발견했다. 이 덕분에 큰 문제를 더 간단한 부분으로 쉽게 쪼갤 수 있을 것이다. 이 또한 앞에서 했듯이 박스로 따로 만들어서 똑같은 개념을 몇 가지 서로 다른 방식으로 표현해보자.

우리가 방금 발명한 것

큰 기계 $M(x) \equiv f(x) + g(x)$의 도함수와 큰 기계를 구성하는 일부인 $f(x)$와 $g(x)$의 도함수 사이에 어떤 관계가 성립할까? 그렇다!

만약 $M(x) = f(x) + g(x)$라면 $M'(x) = f'(x) + g'(x)$다.

똑같은 내용을 다른 방식으로 표현해보자.
$$[f(x) + g(x)]' = f'(x) + g'(x)$$

똑같은 내용을 다른 방식으로 표현해보자. 한 번 더!
$$\frac{d}{dx}\big(f(x) + g(x)\big) = \left(\frac{d}{dx}f(x)\right) + \left(\frac{d}{dx}g(x)\right)$$

이거 점점 미쳐가는 것 같지만 한 번 더 해보자!
$$(f + g)' = f' + g'$$

잘 따라오고 있는가? 좋다. 한 번만 더 해보자!
$$\frac{d(f + g)}{dx} = \frac{df}{dx} + \frac{dg}{dx}$$

이것이 기계의 숫자가 얼마든 상관없이
다 작동할 것 같기는 하지만, 아직은 확실치 않다.

$$(m_1 + m_2 + \cdots + m_n)' \overset{???}{=} m_1' + m_2' + \cdots + m_n'$$

그럼 이제 우리는 두 기계를 한데 묶은 것을 처리하는 방법을 알아냈다. 하지만 세 개, 100개, 혹은 n개의 기계를 한데 묶어놓은 기계라면? 2로 시작해서 무한히 큰 수에 이르기까지 등장할 수 있는 각각의 숫자에 대해 일일이 새로운 법칙을 찾아내야 하는 것일까? 잠시 이 문제에 대해 생각해보자. 그럼 우리가 앞에서 언급했던 개념이 얼마나 강력한지 깨닫는 순간 이 문제는 눈 녹듯 사라진다는 것을 알 수 있다. 그 개념이란 이것이다.

'큰 기계는 정확히 몇 개의 작은 기계로 만들어졌는가?'라는 질문은 의미가 없다. 큰 기계를 그보다 간단한 작은 기계 두 개를 한데 붙인 것이라 생각하는 일이 도움이 된다면, 편하게 그렇게 생각하면 그만이다.

조각 개수가 꼭 둘이 아니라 어떤 숫자가 와도 이와 똑같은 철학을 적용할 수 있다. 기계들을 한데 묶어놓은 것도 하나의 '큰 기계'로 볼 수 있다고 인정한다면 재미있게 잔머리를 굴릴 수 있다. 큰 기계가 하나 있는데 그 기계가 세 조각을 한데 묶어놓은 것이라 상상해보자. 이 큰 기계의 도함수는 무엇일까? 우리는 두 조각으로 이루어진 기계의 경우 '합의 도함수는 도함수의 합이다'라는 사실만 알고 있다. 즉, 다음과 같다.

$$(f + g)' = f' + g'$$

하지만 기계를 합한 묶음도 그 자체로 하나의 기계로 생각할 수 있다면 두 조각으로 이루어진 기계에 적용했던 것을 이렇게 두 번으로 나누어 적용할 수 있다.

$$[f + g + h]' = [f + (g + h)]' = f' + (g + h)' = f' + g' + h'$$

첫 번째 등식은 그냥 '우리는 지금 잠시 $(f+g)$를 하나의 기계로 생각하고 있다'고 말하는 것이다. 두 번째, 세 번째 등식에서는 우리가 이미 아는 더 간단한 버전, 즉 기계가 두 조각으로만 이루어졌을 때는 아포스트로피를 분배 가능하다는 사실을 적용했다. 처음에는 $(g+h)$를 하나의 기계로 생각해서 f와 $(g+h)$에 적용했다. 그리고 그다음에는 $(g+h)$를 더 이상 하나의 기계로 생각하지 않고 g와 h로 풀어서 적용했다. 따라서 위 방정식의 중간 부분에서 $(g+h)$에 대해 생각하는 방식이 완전히 바뀐 것이다. 이런 논리를 우리가 원하는 만큼 얼마든지 계속 이어갈 수 있음을 어렵지 않게 파악할 수 있다. 그럼 n개의 기계로 구성된 큰 기계에서는 다음의 식이 성립한다.

$$(m_1 + m_2 + \cdots + m_n)' = m'_1 + m'_2 + \cdots + m'_n$$

그리고 이것은 우리가 두 조각으로 이루어진 기계에서 세 조각으로 된 기계로 넘어갈 때 사용한 것과 똑같은 유형의 추론 과정을 이용해서 얻은 답이다. 똑같은 논증 과정을 여러 번 반복해서 사용한다고 상상하는 것만으로도 위와 같은 결론이 나왔다. 이는 꽤나 놀라운 결과다. '두 조각' 버전인 $(f+g)' = f'+g'$만 알아내니까 자동으로 좀 더 일반적인 버전이 나왔기 때문이다. '두 조각' 버전을 이용한 다음, 무언가를 두 개의 기계로 생각할 것이냐, 아니면 두 조각으로 이루어진 하나의 큰 기계로 생각할 것이냐를 계속 번갈아 생각함으로써 수학을 속여서 우리가 더욱 큰 'n개 조각' 버전을 알아냈다고 생각하게 만든 것이다!

(어디 멀리서 우르릉대는 소리가…)

어라! 또 이러네!

독자 왜 자꾸 그러는 건데?

저자 내가 아니라니까!

독자 (의심의 눈초리로) …진짜?

저자 그렇다니까! 나도 대체 무슨 일인지 모른다고…! 어디까지 했더라?
아하, 이번 섹션은 이제 마무리한 것 같네! 계속 앞으로 나가보자고!

2.3.8. 우리 우주에 남은 (지금 당장은) 마지막 문제

지난 섹션에서 우리는 다음의 사실들을 발명했다.

$$(\#M)' = \#(M')$$

방정식 2-16

그리고,

$$(f + g)' = f' + g'$$

방정식 2-17

여기서 #는 무슨 수든 될 수 있고 M, f, g는 꼭 더하기-곱하기 기계일 필요 없이 어떤 기계라도 상관없다(물론 지금 시점에서 우리는 더하기-곱하기 기계밖에 모르지만). 또한 우리는 앞에서 x^n의 도함수가 다음과 같다는 것을 알아냈다.

$$(x^n)' = nx^{n-1}$$

방정식 2-18

그리고 '두 조각' 버전인 $(f+g)' = f'+g'$이 'n개 조각' 버전만큼이나 강력하다는 것을 알게 됐다.

$$(m_1 + m_2 + \cdots + m_n)' = m'_1 + m'_2 + \cdots + m'_n$$

방정식 2-19

이제 무한 배율 확대경을 그 어떤 더하기-곱하기 기계에도 사용할 수 있는(또한 가능한 모든 더하기-곱하기 기계에 한꺼번에 사용할 수 있는) 방법을 알아내기 위해 필요한 모든 요소를 갖추었다. 그럼 이제 실제로 그것을 해보자. 우리는 앞에서 다음의 약자가 그 어떤 더하기-곱하기 기계도 다 담을 수 있을 정도로 충분히 크고, 충분히 불가지론적이라는 것을 이해했다.

$$M(x) \equiv \sum_{k=0}^{n} \#_k x^k$$

방정식 2-20

이제 우리는 조각의 도함수를 이용해서 전체 기계의 도함수에 대해 이야기하는 법을 알고 있다. 그리고 각 조각의 도함수를 구하는 법도 안다. 따라서 이 두 가지 발견만 하나로 합치면 우리의 발명에 완벽하게 통달하게 될 것이다. …적어도 지금 시점에서는 말이다. 즉, 이 장을 시작하면서 우리는 무한 배율 확대경을 발명했고, 이제는 이 마지막 문제만 해결하면 그 발명품을 현재 우리 우주에 존재하는 모든 기계에 적용하는 방법을 알 수 있다는 말이다.

다음에 나오는 논증에서 긴 수학 문장에 서로 종류가 다른 등호를 이용하는 방법이 얼마나 큰 도움이 되는지 보게 될 것이다. 평소처럼 우리가 무언가의 약자를 다시 고쳐 썼기 때문에 성립하는 문장에서는 '≡'를 사용하겠다. 따라서 이런 경우에는 이 부분이 왜 성립하는지 머리를 싸맬 필요가 없다. 아래 나오는 논증 과정은 꽤 복잡해 보이겠지만 그중 많은 단계가 그저 약자를 다시 고쳐 쓰는 과정일 뿐이다. 하지만 세 단계는 그렇지 않다. 방정식 2-19를 사용하는 곳에서는 등호 위에 2-19라고 적고, 방정식 2-16과 2-18을 이용하는 데서도 마찬가지로 하겠다. 이 정도만 준비하면 충분하다. 크게 숨을 한번 들이쉬고 다음의 문장을 따라가보자. 자, 그럼 시작한다.

$$[M(x)]' \equiv \left[\sum_{k=0}^{n} \#_k x^k\right]' \equiv \left[\#_0 x^0 + \#_1 x^1 + \#_2 x^2 + \cdots + \#_n x^n\right]'$$

$$\overset{(2\text{-}19)}{=} \left[\#_0 x^0\right]' + \left[\#_1 x^1\right]' + \left[\#_2 x^2\right]' + \cdots + [\#_n x^n]'$$

$$\overset{(2\text{-}16)}{=} \#_0 \left[x^0\right]' + \#_1 \left[x^1\right]' + \#_2 \left[x^2\right]' + \cdots + \#_n [x^n]'$$

$$\equiv \sum_{k=0}^{n} \#_k \left[x^k\right]'$$

$$\overset{(2\text{-}18)}{=} \sum_{k=0}^{n} \#_k k x^{k-1}$$

됐다! 막상 해놓고 보니 이 단계들은 대체로 굳이 필요하지 않은 부분들이었지만, 기호 속에서 길을 잃지 않았으면 해서 최대한 천천히 논증을 진행하고 싶었다. 하지만 이제 개념을 이해했으니 이렇게 약자를 고쳐 쓰는 과정을 여러 번 거치지 않아도 똑같은 논증을 펼칠 수 있게 됐다. 논증을 좀 더 약식으로 전개했을 경우에는 이렇게 보일 것이다. 일단 우리가 미분하고 싶은 기계는 다음과 같은 형태를 띠고 있다.

$$M(x) \equiv \sum_{k=0}^{n} \#_k x^k$$

방정식 2-21

이건 그저 여러 가지를 묶어놓은 것일 뿐이다. 우리는 방정식 2-19로부터 합의 도함수는 그냥 개별 도함수의 합이라는 것을 알고 있고, 방정식 2-16과 2-18 때문에 $\#_k x^k$의 도함수는 그냥 $\#_k k x^{k-1}$이라는 것을 알고 있다. 이 두 가지 사실을 모두 알고 있으므로 위에 적은 논증 과정을 모두 한 단계로 표현해서 M의 도함수를 다음과 같이 결론 내릴 수 있다.

$$M'(x) = \sum_{k=0}^{n} \#_k k x^{k-1}$$

이렇게 해서 다시 마무리가 됐다. 사실상 2장 자체를 마무리 지은 것이나 마찬가지다. 적어도 이번 장의 핵심적인 내용은 끝났다. 정리하자면 장을 시작하면서 우리는 무한 배율 확대경이라는 개념을 생각해냈고, 이를 이용해 새로운 개념도함수을 정의했고, 그 개념을 현재 우리 우주에 존재하는 모든 기계에 적용하는 방법을 알아냈다.

2장을 공식적으로 마치기 전에 살짝 긴장을 푼 상태에서 몇 가지 더 생각해보자. 우선 우리가 확대경에 대한 전문 지식의 부작용으로 몇 쪽에 걸쳐서 갖게 된 새로운 능력에 대해 알아보겠다. 그다음에는 수학에서 '엄격함rigor'과 '확실성certainty'의 역할에 대해서 짧게 논의하겠다.

2.4. 어둠 속에서 극단값 사냥하기

극단이란 참 재미있는 것이다. 달리기, 수영, 투창 같은 경기를 보려면 동네 사람 아무나 뽑아서 시키기보다는 올림픽 금메달리스트에게 시키는 게 훨씬 구경하는 재미가 있다. 우리는 특정 분야에서 최고의 사람들이 펼치는 최고 수준의 경기를 즐긴다. 반대로 주어진 분야에서 가장 못하는 사람들의 활동을 지켜보는 것도 마찬가지로 재미있다. 그런데 극단으로 갈수록 흥미롭다는 이야기는 수학의 세계에서도 성립한다. 극단값의 위치, 즉 주어진 양이 가장 크거나 작거나, 가장 높거나 낮거나, 가장 좋거나 나빠지는 위치를 찾아낼 수 있다면, 게다가 기호만 조작해서 간단하게 찾아낼 수 있다면 무척 쓸모 있을 것이다. 연구 대상을 항상 머릿속에 시각화해서 생각할 수 있는 건 아니기 때문이다.

사실 우리는 도함수의 개념을 발명할 때 모르는 사이에 이미 그런 깜짝 놀랄 능력을 얻었다. 기계가 극단값을 취하는 위치를 사냥하는 힘을 얻은 것이다. 그 기계가 어떻게 생겼는지 머릿속에 그리지도 못하는 상황에서도 말이다! 무슨 말인지 알아보자.

한 기계의 도함수는 어느 점에서 그 기계의 기울기를 말해주기 때문에 우리는 다음과 같은 편리한 사실을 이용할 수 있다. 한 기계에서 편평한 점은 기계의 도함수가 0이 되는 위치다. 따라서 우리는 기계 m의 도함수를 강제로 0으로 설정하면 그 기계가 편평해지는 점을 찾아낼 수 있다.

$$m'(x) \stackrel{\text{강제}}{=} 0$$

이렇게 한 다음, x에 어떤 수를 취하면 이 문장이 참이 되는지 알아내면 된다. 그 수를 알아낸다면 우리는 해당 기계가 편평해지는 위치를 찾은 것이다. 그다음엔 몇몇 사례를 검토해서 이 극단값이 어디에 자리하는지 확인하면 된다. 중요한 것이 있다. 기계의 실제 모습을 시각화하지 못해도 이런 일이 가능하다는 점이다.

간단한 사례 몇 가지를 살펴보자. 다시 그림 2-3으로 돌아가서 제곱 기계 $m(x) \equiv x^2$의 그래프를 살피자. 여기서 이 기계는 최곳값은 존재하지 않지만 x가 0에서 멀어지면 이 그래프는 양쪽 모두 계속 커지기만 한다, $x = 0$의 위치에서 최솟값을 갖는다는 사실만큼은 분명하게 확인할 수 있다. 우리가 이 기계의 그래프를 그릴 수 없더라도 이제 수학을 살살 잘 구슬리면 최소점이 어디 있는지 알아낼 수 있다. $m(x) \equiv x^2$이므로 $m'(x) = 2x$라는 것을 이미 우리는 안다. 이제 'x에서 이 기계의 도함수는 0이다'라는 문장을 기호의 형태로 적으면 다음과 같다.

$$m'(x) = 2x \overset{\text{강제}}{=} 0$$

여기서 '$\overset{\text{강제}}{=}$'를 사용한 이유는 '$2x = 0$'이라는 문장이 항상 성립하지는 않기 때문이다. 따라서 '$\overset{\text{강제}}{=}$'는 우리가 이 문장을 참으로 만드는 특정 x값을 알아낼 목적으로 무언가를 강제로 참이라 설정했음을 즉, 억지 부리고 있음을 기억하게 해준다. 그럼 그 x값은 무엇일까? 다행히도 $2x = 0$을 참으로 만드는 x는 0밖에 없다는 것을 어렵지 않게 알 수 있다. 이로써 우리는 $m(x)$ $\equiv x^2$은 편평한 점이 하나밖에 없고, 그 점은 $x = 0$인 곳에 사는 것을 알 수 있다. 물론 우리는 이 사실을 이미 알았지만 앞에 그려본 그림으로, 새로운 개념을 익숙한 경우에서 테스트하고 우리가 기대했던 결과가 나오는지 확인해보는 것이 좋다. 이것이 바로 수학 교과서나 권위적인 인물의 도움을 구하지 않고 자신만의 은밀한 우주에서 스스로 한 일을 검증해내는 방법이다.

그와 비슷한 방법으로 $f(x) \equiv (x-3)^2$이라는 기계를 들여다보면 어떨까? 이는 어떤 면에서 앞에 나온 사례와 아주 비슷하다. $(거시기)^2$의 형태인 것은 $(거시기) = 0$이 아닌 한 모두 양수가 된다. 따라서 앞에 든 사례와 비슷하게 이 기계는 편평한 곳이 $x = 3$인 곳, 이 한곳밖에 없고 그 점이 최솟값이리라 예상할 수 있다. 그럼 이번에는 이와 똑같은 기계를 받아 들었는데 $(거시기)^2$과의 유사성이 확실하지 않은 형태였다고 가정해보자. 즉, 아래와 같이 말이다.

$$f(x) \equiv x^2 - 6x + 9$$

사실 이것은 $f(x) \equiv (x-3)^2$과 똑같은 기계다. 하지만 위의 방정식만 바라보아서는 $x = 3$의 위치에서 편평한 점을 딱 하나만 가질지 한눈에 파악이 안 된다. 그럼에도 위에서 사용한 바로 그 개념, 즉 도함수를 계산해서 강제로 0으로 설정하는 방법을 이용하면 수학을 통해 이 사실을 알아낼 수 있다.

$$f'(x) = 2x - 6 \overset{\text{강제}}{=} 0$$

이제 $2x-6 = 0$이라는 문장은 $2x = 6$이라는 문장과 똑같은 의미다. 그리고 이것은 $x = 3$과 같은 뜻이다. 따라서 우리가 기대했던 대로 이 기계는 편평한 점이 하나밖에 없고 그 점은 $x = 3$에 위치한다는 것을 알아낼 수 있었다. 그리고 서로 다른 두 방법을 이용해서 똑같은 결과를 얻었다는

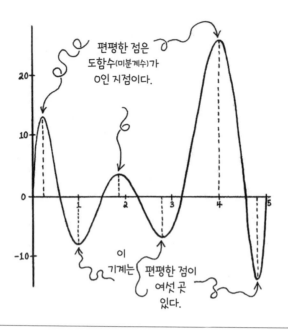

편평한 점은
도함수(미분계수)가
0인 지점이다.

이
기계는 편평한 점이
여섯 곳
있다.

그림 2-5 이 기계는 편평한 점이 모두 여섯 개다. 그 점들을 수평 좌표로 기술해보면 편평한 점은 x가 대략 0.25, 1, 대략 1.8, 대략 2.7, 4, 대략 4.8인 지점에 있다. 이 편평한 점이 모두 극단값은 아니지만 두 극단값은 모두 편평한 점이어야 한다. 즉, 이 그림에 나온 영역에서 기계의 최댓값은 $x = 4$인 편평한 점에 있고, 최솟값은 $x \approx 4.8$인 편평한 점에 있다.

사실은 우리의 개념이 이치에 닿는다는 또 하나의 증거를 보탠다.

이 개념을 적용한다고 해서 항상 기계의 극단값즉, 최댓값과 최솟값이 나오는 것은 아님을 알아야 한다. 하지만 수학에 무슨 문제가 있어서가 아니라 뻔한 사실 몇 가지를 우리가 간과하고 지나갔기 때문이다. 무슨 개념인지 이해하기 위해 몇 가지 사례를 살펴보자. 우리가 $g(x) \equiv 2x$라는 기계의 최댓값을 구하려고 위에 나온 개념을 이용한다고 가정하자. 이 기계의 도함수를 계산해서 강제로 0으로 설정하면 다음과 같이 나온다.

$$g'(x) = 2 \overset{\text{강제}}{=} 0$$

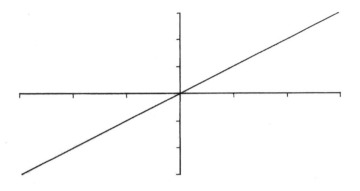

그림 2-6 이 기계는 편평한(즉, 수평인) 지점이 없다. 편평한 점이 어딘지 억지로 물어보면 수학은 2 = 0이라는 답을 내놓는다. 걱정 마시라. 이것은 그저 수학이 우리에게 장난을 치는 것이다. 우리가 세운 가정 가운데 잘못된 것이 있을 때 보통 수학은 이런 식으로 그 사실을 알려준다.

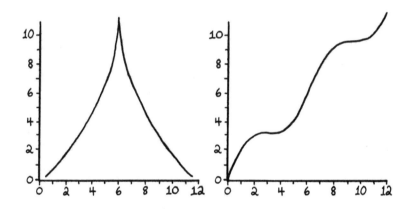

그림 2-7 위에서 우리는 도함수, 즉 미분계수가 0이 나오는 것을 찾아내서 기계의 최댓값과 최솟값이 나오는 곳을 알아내는 전략에 대해 이야기했다. 완벽한 세상에서는 이런 전략이 항상 먹히겠지만, 효과를 보지 못하는 찝찝한 상황도 존재한다. 아무래도 이 점을 잠깐이나마 언급하고 지나가야 할 것 같다. 하지만 여기 이후로는 이 책에서 그런 상황을 다시 마주칠 일은 없을 것이다. 왼쪽에 나와 있는 기계는 최댓값을 가졌지만, 그것이 무한히 뾰족한 지점에서 나타난다. 여기서는 미분계수, 즉 도함수가 0이 아니기 때문에 '도함수를 강제로 0으로 설정하기' 방법이 통하지 않는다. 다행히도 이 무한히 뾰족한 기계는 우리가 일부러 초청하지 않는 한 등장하지 않을 것이다. 따라서 이 책에서 이런 기계의 극단을 찾아야 할 일도 없다. 오른쪽 그래프는 그림에 표시된 영역에서 편평한 점이 두 곳 나온다. 그런데 두 점 모두 극단값(즉, 최댓값이나 최솟값)이 아니다. 따라서 여기서는 '도함수를 강제로 0으로 설정하기' 방법을 써도 지루하게 편평한 점의 위치만 나올 것이다. 여기서 이 편평한 점은 $x \approx 3$과 $x \approx 9$ 근처에 있다(지렁이처럼 꼬불거리는 등호는 '대략 비슷하다'는 의미다).

'도함수를 강제로 0으로 설정하기' 방법을 써보았더니 2 = 0이라는 말도 안 되는 결과가 나왔다. 정말로 2가 0과 같다는 의미일까? 부디 아니기를 빈다! 그럼 극단 지점을 찾아내기 위한 '도함수를 강제로 0으로 설정하기' 방법에 문제가 있다는 이야기일까? 그렇지 않다. $g(x) \equiv 2x$라는 기계의 그래프는 기울어진 직선이다. 그리고 직선은 직선 전체가 수평으로 누워 있지 않는 한 편평한 점이 없다이것을 그림 2-6에 그리기는 했는데 꼭 이렇게 할 필요까지 있었을까 싶다. 여기서 편평한 점을 찾는 데 실패한 것은 '도함수를 강제로 0으로 설정하기' 방법이 결함이 있기 때문이 아니다. 2 = 0이라는 불가능한 결과를 보여줌으로써 수학은 그저 우리가 불가능한 것을 가정했다고 말해주는 거다. 미스터리와는 상관없다.

그림 2-7에 나온 것 같은 유감스러운 사례는 이 책에 별로 나오지 않지만 수학자들이 쓰는 이상한 표현 방식을 이해하고 싶다면 짤막하게 언급하고 지나갈 필요가 있다. 수학자들은 간단한 규칙에 위배되는 보기 드물고 기이한 사례인 '반례counterexample'란 것에 강박관념이 있다. 그 때문에 수학자들이 쓰는 정리는 읽기가 훨씬 어렵다. 예를 들어보자. '도함수를 0으로 설정하기' 방법을 기술할 때 수학자는 다음과 같이 쓸지도 모른다. '$f:(a, b) \rightarrow R$을 함수라 하고 $x_0 \in (a, b)$를 f의 극값local extremum이라 가정했을 때 여기서 f가 x_0에서 미분이 가능하다면 $f'(x_0) = 0$이다.' 횡설수설 뭔 소리인지 알아듣기 힘들지만 사실 이들이 정말로 전하려는 이야기는 아주 간단한다. 해석하면 이와 비슷할 것이다. '어떤 기계의 그래프에서 가장 높은또는 가장 낮은 점을 그려라. 그럼 그 기계는 그 점에서 편평해야 한다. 아이쿠, 그러니까 내 말은 그림 2-7의 왼쪽 그래프처럼 무한히 뾰족한 그래프가 아닌 경우라면 말이다. 하지만 이것은 그리 자주 있는 일이 아니다.' 그림 2-7의 오른쪽 그래프에 등장하는 예외도 위의 정리에서 나

타나지만 조금 더 숨겨져 있다. 그 횡설수설하는 소리에서 이렇게 말하지 않고….

"도함수미분계수가 0이면 그곳은 최댓값이나 최솟값이다."

아래와 같이 말하는 이유가 바로 그 때문이다.

"최댓값이나 최솟값에 있으면 그곳에서의 도함수미분계수는 0이다."

그림 2-7의 오른쪽 그래프와 같은 편평한 점미분계수는 0이지만 최댓값이나 최솟값이 아닌 곳이 아니라면 첫 번째 문장도 성립한다. 만약 이런 유감스러운 사례가 존재하지 않았다면 두 번째 대신 첫 번째 문장으로 표현해도 상관 없었을 것이다. 그리고 그렇게 말하는 쪽이 훨씬 더 편했을 것이다. '도함수 가 0이 나오는 곳'을 찾는 일은 보통 최댓값과 최솟값이 어디에 있는지 찾 아낼 때 사용되기 때문이다.

좋다! 예외가 존재하기는 해도 우리는 책 전체에서 이 개념을 계속해서 접하게 될 것이다. 한 기계의 극단값은 보통 그 기계의 도함수가 0이 나오 는 곳을 찾으면 알아낼 수 있다. 도함수의 개념을 좀 더 특이한 유형의 기계 로 일반화하는 과정에서 표현하는 방식도 살짝은 변하게 될 테지만 그 중 심 개념은 똑같이 남아 있을 것이다. 수 하나를 입력하면 수 하나를 출력하 는 기계든, 수 두 개를 입력하면 수 하나를 출력하는 기계든, N개의 수를 입력하면 수 하나를 출력하는 기계든, '극단값은 보통 도함수가 0이 되는 위치에 존재한다'는 기본 원리는 계속해서 성립할 것이다. 우리의 수학적 우주가 제아무리 이상해지더라도 말이다.

2.5. 엄격함에 대한 짧은 설교

생산적인 오류라면 언제든 환영이다. 그런 오류는 씨앗을 가득 품
고 있고, 항상 스스로를 수정해나가는 법이니까. 불임의 진리는
당신이나 가져가고.

-빌프레도 파레토Vilfredo Pareto

우리는 무한히 작은 수라는 개념에 대해 논의하고, 직접 활용해보았다. 그런데 어떤 사람은 무한히 작은 수라는 개념은 수학적 금기라 생각한다. 이 장을 끝내기 전에 수학에서 엄격함과 확실성이 차지하는 위치를 전반적으로 짚고 넘어가고 싶다. 수학을 하다 보면 가끔 우리가 앞에서 했던 것 같은 이상한 논증을 펼치면서도 정말 '맞는 것'인지, 아니면 나중에 가서는 어디선가 모순이 발생하는 것은 아닌지 확신을 못 할 때가 있다. 그래도 괜찮다! 일단은 일을 벌이고, 나중에 가서 이해하려 드는 것이 죄는 아니니까. 사실 현대 수학 교과서에 등장하는 상당 부분은 이런 식으로 발견되고 나서 나중에야 깔끔하게 다듬어진 경우가 많다. 때로는 원래 그것을 개척한 사람이 죽은 뒤 정리가 이루어지기도 한다. 누군가 개념을 형식화하고 깔끔하게 정리하는 것을 좋아하는 사람이 있다면 그 역시 더할 나위 없이 고마운 일이다!

만약 이런 접근 방식은 '진정한 수학'이라는 이름을 가질 자격이 없다고 생각하는 마초 수학자와 우연히 마주친다면 레온하르트 오일러Leonhard Euler를 기억하라고 한마디만 해주자. 아니면 사실상 부르바키즘Bourbakism,
부르바키는 1930년대 초에 프랑스의 젊은 수학자 모임에서 사용하던 필명으로 집합론을 토대로 수학적 통일을 이루고자 엄밀성과 일반성을 추구해서 형식주의에 대한 광풍을 일으켰다-옮긴이 주

이전의 다른 어떤 수학자의 이름을 대도 상관없다. 레온하르트 오일러는 전 시대를 통틀어 가장 위대한 수학자라고 할 수 있다. 그런데 그가 하루는 이런 이상한 수식을 적은 적이 있다.

$$\sum_{n=0}^{\infty} 2^n = -1$$

좌변에 있는 것은 무한히 많은 양수를 더한 것으로, 풀어 쓰면 다음과 같다.

$$1 + 2 + 4 + 8 + 16 + \cdots \text{(무한히)}$$

전 시대를 통틀어 가장 위대한 수학자 중 한 사람이 어떻게 이 값이 −1 과 같다는 생각을 할 수 있을까? 하지만 알고 보니 그는 깜짝 놀랄 정도로 합리적인 논증을 펼쳐냈다. 그는 전혀 미친 것이 아니었다. 아마 당신도 그의 논증을 처음 접했다면 오일러가 옳다고 쉽게 넘어갔을 것이다! 말하려는 핵심은 수학 수업을 들으면서 우리 모두가 갖게 되는 '맞는지 틀린지 내가 어떻게 알지?'라는 지나치게 조심스러운 마음을 적어도 부분적으로는 버릴 줄 알아야 한다는 것이다. 수학 또는 그 무언가를 직접 발명할 때는 그것이 맞는지, 틀린지 알 수 없다. 누구도 미리 알고 무언가를 발명하지 않는다. 우리는 어떤 주어진 논증에 확신을 갖지 못하다가 나중에야 똑같은 결론에 도달하는 다른 논증을 생각해내기도 한다. 나중에 떠올린 논증이 좀더 설득력 있게 느껴질 수도 있고, 똑같은 결론에 도달하는 독립적인 방법을 많이 찾아낼수록 그 결론이 이치에 맞는다는 확신이 점점 강해진다. 하지만 우리가 하고 있는 것이 과연 맞는가 하는 의문을 절대로 완전히 떨칠

수는 없다.*

어째서 엄격함을 추구하고 싶은 욕망이 생기는 것인지는 나도 이해한다. 정말이다. 몇 년 동안 나는 수리논리학을 공부하려고 계획을 세웠다. 특히 수학기초론에 초점을 맞추고 싶었다. 현대 수학자 가운데 수학기초론에 초점을 맞추는 사람은 깜짝 놀랄 정도로 드물다. 논리학자 스티븐 심슨Stephen Simpson은 그의 경이로운 책《2계 산술의 부분 체계들Subsystems of Second Order Arithmetic》에서 이렇게 말했다. '유감스럽게도 수학기초론은 이제 한물간 분야가 되고 말았다.' 하지만 수학기초론이 인기가 없어졌음에도 나는 항상 그 분야에 마음이 끌렸다. 그리고 그 시간 동안 나는 엄격함을 점점 더 강박적으로 추구하게 되었다. 그러다가 나중에야 이런 마음가짐이 내 수학적 창의력을 죽이고 있다는 것을 깨닫게 됐다. 나는 쿠르트 괴델Kurt Gödel, 알론조 처치Alonzo Church, 앨런 튜링Alan Turing, 스티븐 클레이니Stephen Kleene 그리고 현대 수학의 거장인 하비 프리드먼Harvey Friedman이나 스티븐 심슨 등 초기 선구자들이 쓴 가장 유명한 논문을 몇 편 읽기 시작했는데

---

* 여기서 괴델의 제2불완전성 정리(Gödel's Second Incompleteness Theorem)에 대해 이야기하고 싶은 유혹을 느끼지만 참겠다. 하지만 이렇게라도 괴델의 불완전성 정리에 대해 슬쩍 이야기하고 싶은 유혹만큼은 못 참겠다.[i]

[i] 그리고 위의 각주에 나온 농담(?)에 대해 설명하고 싶은 유혹도 참겠지만, 각주에 또 각주가 붙는 이 재귀적 각주는 마땅히 인기를 누릴 자격이 있음에도 별로 인기가 없는 문학적 장치라는 점을 언급하고 싶은 유혹은 참지 않겠다(지금 이 각주에 나온 농담 자체가 사실 괴델의 불완전성 정리를 흉내 내는 것이다. 괴델의 불완전성 정리를 요약하면 다음과 같이 서술할 수 있다. '어떤 체계가 모순이 없는 한, 그 체계는 스스로 자신의 무모순성을 증명할 수 없다.' 수학은 과학의 언어이고, 과학의 참, 거짓 증명은 수학을 도구로 이루어진다. 그렇다면 수학이 참이란 것은 어떻게 증명할 건가? 수학이 참임을 증명하기 위해 또 다른 체계를 동원한다면 결국 그 체계를 검증할 또 다른 체계가 필요해지는 무한 반복에 빠지고 만다. 따라서 수학은 스스로를 도구로 사용해 무모순성을 증명해야 하는데, 이때 수학은 '스스로 이발을 하지 못하는 사람만 이발해주는 이발사'의 모순에 빠지고 만다. 이 이발사는 자신의 머리를 이발해야 할까, 말아야 할까? 결국 괴델의 불완전성 정리는 수학 역시 절대적 진리일 수는 없음을 보여주었다-옮긴이 주).

이 분야의 가장 위대한 지성들이 자신이 연구하는 형식 언어와 형식 이론에 대해 깜짝 놀랄 정도로 비형식적인 방식으로 추론하고 이야기한다는 것을 알게 되었다. 이들의 증명은 수학적 기준에 따라 전적으로 엄격하게 이루어졌지만 그들 가운데 누구도 자신의 분야에 대해 생각할 때는 스스로를 그런 엄격함 속에 가두지 않은 것 같았다. 이것은 결점이 아니라 미덕이다. 물리학자들 사이에서 도는 속담이 하나 있다. '너무 경직된 엄격함은 사후경직으로 이어질 수 있고, 또 결국 그렇게 된다Too much rigor can, and does, lead to rigor mortis.'

→ **2.6. 재회** ←

우리가 이 장에서 한 것을 다시 떠올려보자.

1. 일반적으로 직선보다는 곡선이 다루기 어려운 일임을 알지만, 곡선도 확대해 들어가면 점점 더 직선처럼 보이기 시작한다는 것을 깨달았다. 그래서 무한히 확대해 들어갈 수만 있다면그 정확한 의미가 무엇이든 간에 모든 곡선은 완전한 직선으로 바뀐다는 점을 알게 됐다. 즉, 우리에게 무한 배율 확대경만 있다면 곡선의 문제를 직선의 문제로 환원할 수 있다는 말이다. 우리는 무한 배율 확대경이 우리에게 없다고 슬퍼하지 않고 그것을 하나 가지고 있는 척해보았다.

2. 우리는 무한 배율 확대경이라는 개념을 이용해서 휘어진 것의 경사를 정의할 수 있었다. 우리는 '서로 무한히 가까운이것의 의미가 정확히 무엇인지는 확신하지 못하겠지만' 두 점을 이용해서 경사를 계산함으로써 이것을 정

의했다.

3. 사람들이 무한히 작은 수라는 개념을 피하기 위해 여러 해에 걸쳐 발명한 몇 가지 장치에 대해 짤막하게 알아보았다. 우리도 '극한'이라는 그 장치를 가끔 사용하기는 하겠지만 평소에는 무한히 작은 수라는 개념을 직접 이용하겠다. 두 가지 방법 모두 똑같은 답이 나오기 때문에 양쪽을 왔다 갔다 해도 상관없다.

4. 우리는 이런 개념들에 대해 이야기하기 위해 교과서에서 사용하는 서로 다른 수많은 이름과 약자에 대해 알아보았다. 수학 교과서에서는 보통 x에서 M의 경사를 'x에서 M의 도함수미분계수'라고 부른다. 이 개념을 축약하는 약자로 흔히 사용되는 것은 다음과 같다. (1) $M'(x)$: 이것은 M의 도함수 역시 그 자체를 하나의 기계로 생각할 수 있다는 점을 강조한다. (2) $\frac{dM}{dx}$: 이것은 M의 도함수는 서로 무한히 가까운 두 점 사이의 '수평 변화량에 대한 수직 변화량의 비율'로 생각할 수 있다는 점을 강조한다.

5. 우리는 새로운 개념을 휘어지지 않은 두 사례에 적용해보았다. 바로 상수 기계와 직선이다. 이것을 해본 이유는 뭐가 나올지 이미 아는 간단한 사례에서 우리의 새로운 개념이 이치에 맞는 답을 내놓는지 확인하기 위해서였다.

6. 그다음으로는 우리의 개념을 곡선 기계에 테스트해보았고, 결국 현재 우리의 우주에 존재하는 모든 기계, 즉 '더하기─곱하기 기계' 또는 '다항식'에 이것을 사용하는 방법을 알아냈다.

7. 도함수를 이용하면 기계의 극단값을 찾아낼 수 있을 때가 많다는 것을 알아보았다. 극단값이란 기계가 가장 높은 값이나 가장 낮은 값을 갖는 위치를 말한다. 일반적으로 어느 x값에서 $m'(x)$가 0이 되는지 알

아내면 이런 극단값을 찾을 수 있다는 이유를 설명하고, 이 개념이 적용되지 않을 때가 언제인지도 설명했다.

무에서 무언가를 만드는 법

돌아온 엑스 니힐로: 약자에서 개념을 이끌어낸다고?

모험을 시작하고 얼마 지나지 않아 제곱의 개념을 소개한 바 있다. 여기서 '개념'이라는 용어를 사용하는 것은 조금 억지다. 제곱은 사실 개념이라 보기 힘들다. 제곱은 편의를 위해 발명한 무의미한 약자에 지나지 않는다. 현재 $(거시기)^n$ 이라는 기호는 다음을 축약하는 약자일 뿐이다.

$$\underbrace{(거시기)\cdot(거시기)\cdots(거시기)}_{n번}$$

그냥 곱하기의 반복이다. 곱하기를 알면 거듭제곱에 대해서는 사실 따로 알아야 할 것이 없다. 따라서 거듭제곱 자체로는 생명이 없는 셈이다. 하지만 당신이 우리의 우주를 잠시 떠나 바깥세계에서 어슬렁거리다 보면 사람들이 $(거시기)^0 = 1$이라는 말도 안 되는 문장을 비롯해서 '마이너스 제곱

negative powers', '분수 제곱fractional powers', '0제곱zeroth powers' 같은 이상한 이야기를 하는 것을 가끔 들을지 모른다. 우리가 내린 제곱의 정의로 보면 $(거시기)^0 = 1$이 되어야 하는 이유가 아리송하다. $(거시기)^0$이라는 약자를 말로 풀어보면 '$(거시기)^0$은 $(거시기)\cdot(거시기)\cdots(거시기)$인데, 여기서 반복되는 $(거시기)$의 숫자는 0이다', 이런 의미가 되기 때문이다. 얼핏 보기에는 그럼 1이 아니라 0이 되어야 할 것 같다. 그렇지 않나? 우리는 앞에서도 $x^0 \equiv 1$을 약자로 쓰기는 했지만 순전히 미학적인 이유 때문이었다. 이렇게 하면 임의의 더하기-곱하기 기계를 더 간단하게 쓸 수 있었다. 하지만 $x^0 \equiv 1$이라는 문장에 그것 말고 또 다른 의미가 있으리라 추측할 이유는 전혀 없었다.

0이나 −1, 또는 $\frac{1}{2}$ 같은 제곱지수가 대체 무슨 의미를 갖는지 알 수는 없지만 우리도 이제는 무언가를 발명해본 경험이 어느 정도 쌓였다. 그럼 x^0은 1이라는 식의 주장을 그냥 말없이 믿을 게 아니라 우리가 이해할 수 있게 제곱 개념을 확장할 방법을 발명할 수 있을지 알아보자. 즉, $(거시기)^n$에 대한 우리의 정의를 일반화해서 n이 꼭 자연수가 아닌 다른 어떤 숫자라도 올 수 있게 만들어보자는 뜻이다.

익숙한 개념을 새로운 맥락으로 확장하려고 시도할 때마다 우리는 방법이 무한히 많다는 사실과 즉각 마주하게 된다. 하지만 제곱 개념을 일반화할 방법이 무수히 많다고는 해도 그러한 일반화의 대다수는 아무런 의미도 없는 지겨운 것들이다. 예를 들어 우리가 내린 $(거시기)^n$의 정의를 다음과 같이 확장할 수도 있다. '$(거시기)^\#$은 $\#$가 자연수일 때는 우리가 항상 의미했던 것과 같은 뜻이지만, $\#$가 양의 정수가 아닌 경우에는 $(거시기)^\#$은 57이라 정의한다.' 이렇게 해도 문제 될 것은 없다. 하지만 이런 정의는 지겹기만 하지 아무런 의미도 없다. 하지만 우리가 내린 예전의 정의와 맞아떨어지기 때문에 장점이 무엇이고, 단점이 무엇인지는 이 정의가 우리에게 조금이라도 도움이 되느냐로 판단해야 한다. 그런데 개인적으로는 솔직히 이러한 정의가 흥미롭다는 생각은 들지 않는다.

선택할 수 있는 것이 이렇게 무한히 많은데 대체 어떤 방식을 골라서 제곱 개념을 일반화해야 할까? 일반화를 해도 그것이 아무런 쓸모도 없다면 당연히 무의미한 일이 된다. 이 당연한 사실을 바탕으로 익숙한 정의를 뛰어넘어보자. 우리는 일반화된 개념을 '정의를 유용하게 만들어주는 것'이라고 간접적으로 정의하겠다. 그리고 언제나 그랬듯이 '유용하다'는 말의 의미를 결정하는 것은 전적으로 우리 몫이다. 즉, 우리는 (거시기)^{n}이라는 약자의 속성이나 행동에서 유용하다 생각되거나 (거시기)^{n}을 더 쉽게 다루게 해줄 것을 찾아내야 한다는 말이다.

그럼 (거시기)^{n}의 익숙한 정의에 대해 무언가 유용한 것을 말할 수 있는 방법을 찾아보자. 이런 생각이 들지도 모르겠다. '(거시기)^{n}에 대해 우리가 알고 싶어 할 것들은 모두 정의 자체에 들어 있으니까 (거시기)^{n}에 대해 유용하게 말할 수 있는 무언가를 찾는다면 그냥 그 정의인 '(거시기)^n ≡ (거시기)·(거시기)⋯(거시기)'를 이야기해주면 되는 것 아닌가?' 하나도 틀린 것 없이 옳다. 하지만 여기에는 한 가지 문제점이 있다.

$$(거시기)^n \equiv \underbrace{(거시기)\cdot(거시기)\cdots(거시기)}_{n번}$$

이 정의로는 (거시기)$^{-1}$이나 (거시기)$^{1/2}$ 같은 것을 어떻게 정의해야 할지 감이 오지 않는다. 이 낡은 정의는 (거시기)가 몇 번이나 나타나느냐 하는 개념을 바탕으로 나왔기 때문이다. (거시기)가 절반 번 나타난다든가, 음수 번 나타난다는 게 대체 무슨 뜻이란 말인가? 마이너스 제곱이나 분수 제곱 등을 정의한다는 건 이렇게 (거시기)가 몇 번 나타나느냐의 의미로 사용하려는 바는 분명 아니다. 우리의 목표는 익숙한 정의에서 어떤 속성을 선택해서 자연수가 아닌 제곱지수를 써도 말이 되게 하려는 것이다. 좀 더 유용한 방법을 생각해보자.

만약 n이 어떤 자연수라면이를테면 5 같은 $(거시기)^5 = (거시기)^2(거시기)^3$과 같은 문장으로 쓸 수 있다. 양변의 모든 약자를 말로 풀어 써보면 좌변은 '(거시기)를 연속으로 다섯 번 곱한 것'이고, 우변은 '(거시기)를 연속으로 두 번 곱한 다음, 거기에 (거시기)를 연속으로 세 번 더 곱한 것'이기 때문이다. 이 두 가지가 같다는 것은 명확하다. 똑같은 이유로 n과 m이 양의 정수일 때마다 $(거시기)^{n+m} = (거시기)^n(거시기)^m$은 항상 성립한다. 양변 모두 '(거시기)를 $n+m$번 연속으로 곱한 것'을 다르게 말한 것과 다르지 않기 때문이다. 이는 분명 유용하다. 그리고 원래 정의와 똑같은 개념을 표현하면서도 n과 m이 꼭 자연수일 것을 요구하지도 않는다! 그럼 어쩌면 이것을 재료로 써서 제곱의 좀 더 일반적인 개념을 만들어낼 수 있을지도 모르겠다. 이제 중요한 부분이 등장한다.

지금 시점에서는 그냥 이렇게 말하기로 하자

#가 자연수가 아닐 때 $(거시기)^\#$이 무엇을 뜻하는지는 모르겠지만 다음의 문장만큼은 꼭 성립하게 만들고 싶다.

$$(거시기)^{n+m} = (거시기)^n(거시기)^m$$

따라서 나는 $(거시기)^\#$의 의미를 다음과 같이 강제로 부여하려 한다. '이 문장을 참으로 만들기 위해 이것이 가져야만 하는 의미.'

잠시 시간을 내서 박스에서 한 말에 대해 생각해보자. 복잡한 개념은 아니지만 우리가 일반적으로 학교에서 배우는 수학적 사고방식과는 큰 차이가 있다. 하지만 이런 스타일이 익숙하지 않더라도, 사실 이만큼 수학적 추론 과정을 솔직하게 보여주는 것도 없다. 숫자를 만지작거리는 계산 과정에는 이러한 추론 과정이 담겨 있지 않다. 이 스타일의 사고방식이야말로 수학적 발명의 핵심이며, 놀라울 정도로 많은 수학적 개념이 바로 이러한 과정을 거쳐 발명됐다. 이렇게 개념을 일반화하는 것이 좋은 두 가지 이유가 있다. 첫 번째는 이 방식을 이용하면 우리가 이미 익숙한 것을 익숙하지 않은 영역에 도입할 수가 있다는 것이다. 즉, 새로운 것이 우리가 익숙한 게 아니라는 슬픈 사실에 그저 굴복해버리는 대신 개념을 교묘하게 해킹해서 새로운 것이 이미 익숙한 것이라고 느껴지도록 새로이 정의하는 것이다. 해킹이란 바로 새로운 것을 '간접적'으로 정의하는 거다. 즉 본질을 밝히는 게 아니라, 그것이 어떤 행동을 하는지 밝힘으로써 정의를 내리는 방법이다. 두 번째 이유는 (거시기)^{0}이나 (거시기)$^{-1}$, (거시기)$^{1/2}$ 같은 이상한 것들의 의미를 기억할 필요 없이 그 뜻을 우리가 직접 알아낼 수 있다는 것이다! 그 일을 해보자.

이렇게 하면 왜 0제곱이 1이 되는가?

(거시기)$^{\#}$의 뜻이 뭔진 모르지만 (거시기)$^{a+b}$ = (거시기)^a(거시기)^{b}여기서 a와 b는 꼭 자연수나 양의 수가 아닌 어느 수라도 올 수 있다라고 쓸 수 있도록 그것이 가져야만 할 의미를 강제로 부여했다. 이 특이한 사고방식을 이용해서 (거시기)^{0}이 의미하는 바가 무엇인지 확인해보자. 이 개념을 위에 나온 박

스에 적용하면 다음과 같이 쓸 수 있다.

$$(거시기)^\# = (거시기)^{\#+0} = (거시기)^\#(거시기)^0$$

이것이 말하는 바는 $(거시기)^0$의 값은 무언가에 그 값을 곱했을 때 그 무언가가 변하지 않는 값이어야 함을 의미한다. 그럼 $(거시기)^0$의 값은 1이 되어야만 할 것 같다. 어라! 그럼 이제 드디어 이것이 말이 된다! 글로 적어보자.

우리의 간접적인 정의에 따르면 다음이 성립해야만 한다

$$(거시기)^0 = 1$$

이렇게 하면 왜 마이너스 제곱은 물구나무서기가 되어야 하는가?

우리는 $(거시기)^{-\#}$의 뜻이 뭔지 모르지만 앞에 썼던 전략을 다시 한 번 시도해보자. 우리가 일반화의 토대로 사용했던 문장에는 제곱지수의 더하기만을 사용했다는 점을 명심하자. 즉, $(거시기)^{a+b} = (거시기)^a(거시기)^b$ 이다. 그럼 $(거시기)^{a-b}$처럼 제곱지수의 빼기는 어떨까? 간단하다. 잔머리를 써서 $a-b$를 $(a)+(-b)$라는 이상한 형태로 쓰면 원래의 문장에서 빼기를 더하기의 언어로 이야기할 수 있다. 이 개념을 이용하고, 여기에 우리가 최근에 얻은 지식인 $(거시기)^0 = 1$을 함께 이용하면 이렇게 쓸 수 있다.

$$1 = (거시기)^0 = (거시기)^{\#-\#} = (거시기)^{\#+(-\#)} = (거시기)^{\#}(거시기)^{-\#}$$

이제 양변을 $(거시기)^{\#}$으로 나누면 마이너스 제곱을 플러스 제곱의 언어로 번역하는 법을 알 수 있다. 그것을 적어보자.

우리의 간접적인 정의에 따르면 다음이 성립해야만 한다

$$(거시기)^{-\#} = \frac{1}{(거시기)^{\#}}$$

수학 교과서에서는 $\frac{1}{x}$처럼 보이는 항을 보통 x의 '역수reciprocal'라고 부른다. 이 개념의 이름은 자주 사용하지 않을 것이기 때문에 어떻게 부를지는 별로 중요하지 않다. 하지만 '역수'라는 용어는 의미가 금방 눈에 들어오지 않기 때문에 사실 우리말 표현인 '역수'는 '역'이 '거꾸로'라는 뜻이라서 어느 정도 파악이 쉽다. 다만 그에 해당하는 영어 단어 'reciprocal'은 의미가 불분명한 편이다−옮긴이 주 우리는 '물구나무서기'라는 용어를 사용하도록 하자. $\frac{1}{x}$은 x를 거꾸로 뒤집은 것이기 때문이다.

이렇게 하면 왜 분수 제곱은 n차원 정다면체의 한 변의 길이가 되어야 하는가?

좋다. 우리는 0제곱이 무엇인지, 마이너스 제곱이 무엇인지 밝혀냈다. 그럼 제곱지수가 정수가 아닌 거듭제곱은 어떨까? $(거시기)^{\frac{1}{n}}$ 같은 것 말이다.

우선 n 자체는 자연수라고 가정하자. 그럼 다음과 같이 쓸 수 있다.

$$(거시기) = (거시기)^1 = (거시기)^{\frac{n}{n}} = (거시기)^{\frac{1}{n}+\frac{1}{n}+\cdots+\frac{1}{n}}$$

$$= \underbrace{(거시기)^{\frac{1}{n}} \cdot (거시기)^{\frac{1}{n}} \cdots (거시기)^{\frac{1}{n}}}_{n번}$$

이건 좀 이상하다. 지금 우리한테는 익숙하지 않은 것'거시기의 $\frac{1}{n}$제곱'과 익숙한 것'거시기'이 있다. 보통 '설명'이라는 단어는 익숙하지 않은 것을 하나나 그 이상의 익숙한 것으로 기술하는 바를 의미한다. 그런데 거꾸로다! 익숙한 것인 '거시기'를 익숙하지 않은 것의 묶음으로 기술한다. 즉, '거시기'를 '거시기'의 $1/n$제곱을 n개 곱한 것으로 쓴다. 이를 좀 더 간단하게 말해보자.

우리의 간접적인 정의에 따르면 다음이 성립해야만 한다

$(거시기)^{\frac{1}{n}}$은 다음의 문장처럼 말해도 거짓말이 아닌 수를 의미한다.

'n제곱하면 (거시기)가 나오는 수.'

어찌 보면 이것은 n차원 정다면체의 '부피'를 찾는 과정의 반대다. 앞에서 면적 개념을 발명할 때 우리는 n차원 정다면체의 n차원 부피는 a^n여기서 a는 각 변의 길이이 되어야 한다는 것을 확인했다. 이제 우리가 방금 얻어낸 $(거시기)^{\frac{1}{n}}$이 어쩐지 n차원 정다면체의 부피에 대해 이야기하는 것 같다…. 다만 거꾸로. 일반적으로는 다음과 같이 말한다.

변의 길이에서 n차원 부피로: n제곱

n차원 정다면체의 한 변의 길이가 a면 그 부피는 a^n이다.

그런데 여기서는 이것을 거꾸로 말하고 있다. 이렇게 말이다.

n차원 부피에서 변의 길이로: $(1/n)$제곱

n차원 정다면체의 부피가 V면, 각 변의 길이는 $V^{\frac{1}{n}}$이다.

$1/n$제곱이 무슨 뜻인지는 모르겠지만.

내 생각에는 '제곱근square root'과 '세제곱근cube root' 같은 우스꽝스런 용어가 여기서 나오지 않았나 싶다'square'는 정사각형, 'cube'는 정육면체를 말한다. 즉, 영어로 제곱근은 정사각형 한 변의 길이, 세제곱근은 정육면체 한 변의 길이를 구하는 과정을 의미한다-옮긴이 주. 우리가 아는 것이 정사각형의 면적밖에 없다고 하면정사각형 면적은 'A'라는 약자로 축약할 수 있다 그 정사각형 한 변의 길이를 어떻게 알 수 있을까? A가 9235 같은 골치 아픈 숫자일 때 정확한 길이를 알아내는 방법은 모를 수도 있지만, 상관없다. 여기서 중요한 것은 숫자가 아니라 개념이다. 그 개념은 이렇다. 우리는 '변의 길이'가 제곱했을 때 A가 나오는 수라는 것을 안다. 즉 변의 길이 (?)는 $(?)^2 = A$를 참으로 만드는 어떤 수라는 것이다. 그 수가 무엇일까? 나도 모른다. 하지만 그 수를 $A^{\frac{1}{2}}$이라고 부르면 된다. 따라서 우리는 $7^{\frac{1}{2}}$이나 $59^{\frac{1}{2}}$ 같은 특정 숫자를 계산하는 법은 모를 수 있지만, 이런 숫자가 어떻게 행동하고 무엇을 뜻하는지는 안다. 만약 정사각형의 면적이 A라면 그 변의 길이는 $A^{\frac{1}{2}}$이라고 하면 되는 것이다. 정상적인 3차원 세계의 정육면체에도 똑같은 이야기를 적용할 수 있다. 사실 우리가 앞에서 이야기했던 기이한 n차원 정다면체에도 적용 가능하다물론 이것을 머릿속에 그릴 수는 없지만, 역시나 이번에도 중요하지 않다. (거시기)$^{\frac{1}{n}}$을 종종 '(거시기)의 n제곱근'이라 부르는 이유가 바로 이것이다.

사실 제곱근root이란 단어는 불필요한 것이다. 무언가의 n제곱근은 $(1/n)$제곱과 같은 말이기 때문이다. '제곱근'이라고 따로 이름을 붙여준 통에 심지어 따로 $\sqrt{\ }$라는 기호까지 붙였다 사람들은 '제곱근'이 제곱과는 다른그리고 좀 더 신비로운 개념을 지칭하는 용어라는 인상을 받는다. 하지만 제곱근은 전혀 신비로울 게 없다. 그리고 임의의 숫자의 임의의 제곱근을 계산하는 법을 굳이 알지 못해도 개념은 쉽게 이해할 수 있다! 제곱근 숫자를 계산하는 법을 알려면 좀 더 많은 미적분학을 발명해야 한다. 하지만 역시나 여기서도 특정 숫자를 계산하는 것은 중요하지 않다. 중요한 건 개념, 그리고 그 개념이 창조된 방식이다. 그리고 거듭제곱의 경우 수학에서는 늘 그렇듯이 기본 개념은 지극히 간단하다.

CHAPTER

03
무의 세계에서
호출된 것처럼

모든 과학이 그것을 권력과 지배의 도구라 생각하지 않고

우리 종이 세대를 거쳐 추구해온 지적 모험이라 생각한다면

결국 이런 조화에 다름 아니다. 시대와 시대별로 조금씩 광대하고 풍부해지는

조화 말이다. 이 조화는 차례로 등장하는 모든 테마의 정교한 대위법에 의해

세대와 세기를 거치면서 펼쳐진다. 마치 무無의 세계에서 호출된 것처럼 말이다.

–알렉산더 그로텐디크, 《추수와 파종Récoltes et semailles》

3.1. 이거 누가 주문했지?

3.1.1. 약자에서 개념으로 이어지다… 우연에 의해서

막간 2에서 우리는 아주 이상한 걸 발견했다. 원래 우리는 $(거시기)^n$을 약자로 쓰려고 가져왔다. 즉, 우리는 이것을 그냥 간단하게 다음과 같이 정의했다.

$$(거시기)^n \equiv \underbrace{(거시기) \cdot (거시기) \cdots (거시기)}_{n번}$$

무언가를 n제곱한다는 말의 의미가 여기까지였다면 거듭제곱의 개념에서 우리가 이해하지 못하는 바는 없다고 자신 있게 말할 수 있었을 것이다. 결국 거듭제곱이란 애초에 개념이 아니었기 때문이다. 논란이 생길 여지라고는 없는 완전히 무의미한 약자일 뿐이었다. 한마디로 거듭제곱은 이해하고 자시고 할 것이 없는 존재였다. 하지만 이 개념 아닌 개념을 양의 정수가 아닌 다른 수만큼의 거듭제곱으로 확장하는 과정에서 우린 이상한 것을 수학적으로 창조했다. 우리는 다음과 같이 말했다.

> \#가 자연수가 아닐 때 $(거시기)^{\#}$이 무엇을 뜻하는지는 모르겠지만 다음의 문장만큼은 꼭 성립하게 만들고 싶다.
>
> $$(거시기)^{n+m} = (거시기)^n (거시기)^m$$
>
> 따라서 나는 $(거시기)^{\#}$의 의미를 다음과 같이 강제로 부여하려 한다.
> '이 문장을 참으로 만들기 위해 이것이 가져야만 하는 의미.'

무의미한 비개념을 의미 있는 개념으로 확장하려고 시도함으로써 우리도 모르는 사이에 무의 세계로부터 하나의 개념을 호출해냈다. 익숙하지 않은 개념, 이해하고 알아야 할 무언가가 들어 있는 개념 말이다. 아무것도 아닌 듯 보였지만 일반화와 추상화라는 무해한 행동을 수행함으로써 우리는 우리 우주에 새로운 미지의 영역을 창조해냈다. 이 영역을 간단하게 탐험한 이후에 우리는 우연히 태어난 이 개념에 대해 세 가지 간단한 사실을 발견했다.

우리는 다음의 문장들이 참이 되어야 함을 발견했다

$$(\text{거시기})^0 = 1$$

$$(\text{거시기})^{-\#} = \frac{1}{(\text{거시기})^{\#}}$$

$$\underbrace{(\text{거시기})^{1/n} \cdot (\text{거시기})^{1/n} \cdots (\text{거시기})^{1/n}}_{n\text{번}} = (\text{거시기})$$

위의 사실들이 우리가 우연히 발명해낸 세계의 전부라고 생각할 이유는 없다. 예를 들면 마이너스 제곱과 분수 제곱을 창조함으로써 우리는 우연히 미지의 새로운 기계들을 수없이 창조했다.

**우리가 발명한 것 때문에
이제 반드시 존재할 수밖에 없게 된 새로운 기계들**

$$M(x) \equiv x^{-1}$$

$$M(x) \equiv x^{1/2}$$

$$M(x) \equiv x^{-1/7} + 92x^{21/5} - \left(x^{-3/2} + x^{3/2}\right)^{333/222}$$

위에 나온 세 번째 예를 보면 우리 우주에 만들어낸 이 새로운 미지의 영역이 얼마나 거대한지 확실하게 느낄 수 있다. 바라보고 있으니 아주 뿌듯한 기분이 든다! 2장 끝에서는 그 당시에 우리 우주에 들어 있던 모든 기계, 즉 모든 더하기-곱하기 기계를 축약하는 방법을 생각해냈을 뿐 아니라, 그 기계들 중 임의로 아무것이나 나타낼 수 있는 약자를 만든 뒤 그것을 미분하는 똑똑한 비결을 써서 모든 기계를 한꺼번에 미분하는 방법도 알아냈었다.

이 새로 생긴 기계들이 모두 자기만의 도함수를 가졌을 것이라 추측하면 우리 우주가 갑자기 얼마나 더 커졌는지 실감이 날 것이다. 이 세계는 우리가 구축해냈는데도 지금 당장은 이 도함수에 대해 아는 것이 전혀 없다. 수학은 참으로 이상한 것이다…. 잠시 낮잠을 즐기면서 우리가 만들어낸 것이 얼마나 광대한지 음미해보면 어떨까? 어쩌면 꿈속에서 잠시 이런 기계를 몇 개 가지고 놀면서 받아들일지, 아니면 존재하지 않는 듯 무시해버릴지 결정할 수도 있을 것이다.

3.1.2. 이 괴물 중 몇 개를 시각화해보자

수학을 처음부터 창조해낸다는 정신을 지키기 위해 우리는 직접 발견한 사실만을 이용하고 중간중간 다른 사실들도 언급은 하겠지만 약자와 용어도 우리가 직접 만들고 가끔은 정통 용어들도 따라붙겠지만 모든 그림은 손으로 그릴 것이다. 그런데 우리가 모르는 사이에 만들어낸 새로운 괴물을 대체 무슨 수로 그린단 말인가? 지금 시점에서는 $\frac{1}{53}$, $7^{\frac{1}{2}}$ 같은 특정 값을 계산하는 법도 모르는데 대체 무슨 수로 $\frac{1}{x}$이나 $x^{\frac{1}{2}}$ 같은 그래프를 시각화해서 그린단 말인가? 이 새로운 우주 영역에서는 우리의 시각화 능력이 제한될 수밖에 없지만 시각화 능력이 갖추어지지 않았다고 해서 이 새로운 기계들의 행동에 대해 직관적인 감을 잡는 데 문제가 생길 이유는 없다. 잠시 시간을 내어 우리가 아는 것을 이용해 이 기계들이 어떤 모습일지 감을 한번 잡아보자. 다음과 같은 임의적이고 복잡한 기계를 그리기보다는….

$$M(x) \equiv x^{-1/7} + 92x^{21/5} - \left(x^{-3/2} + x^{3/2}\right)^{333/222}$$

우리가 창조한 새로운 기계들 가운데 가장 간단한 것을 대표로 해서 초점을 맞춰보자. 앞선 막간에서 우리는 세 가지 새로운 유형의 제곱을 발명했다. 바로 0제곱, 마이너스 제곱, 분수 제곱이다. 0제곱은 그냥 1이라는 값이 나오기 때문에 우리가 다루어야 할 정말 새로운 현상은 마이너스 제곱과 분수 제곱, 두 가지밖에 없다. 마이너스 제곱의 가장 간단한 대표적 예는 다음과 같다.

$$M(x) \equiv \frac{1}{x} \equiv x^{-1}$$

한편 분수 제곱의 가장 간단한 대표적 예는 이렇다.

$$M(x) \equiv \sqrt{x} \equiv x^{\frac{1}{2}}$$

첫 번째부터 시작해보자. 우리가 7^{-1}이나 $(9.87654321)^{-1}$ 또는 다른 어떤 수의 구체적인 값을 계산할 만큼의 인내심이나 지식이 없다고 해도 상관없다. 우리는 $M(x) \equiv x^{-1}$이라는 기계의 일반적이고 전체적인 속성을 파악해서 이것이 어떻게 생겼고, 어떻게 행동하는지 직관적으로 감을 잡고 싶을 뿐이다. 기본적으로 우리가 이 기계에 대해 아는 모든 것은 다음 네 문장으로 요약할 수 있다. 이 네 줄은 사실 한 문장을 서로 다른 방식으로 표현한 것에 지나지 않는다.[*]

$$\frac{1}{\text{작은값}} = \text{큰값}$$

$$\frac{1}{\text{큰값}} = \text{작은값}$$

$$\frac{1}{-\text{작은값}} = -\text{큰값}$$

$$\frac{1}{-\text{큰값}} = -\text{작은값}$$

예를 들면 $\frac{1}{100,000,000}$ 은 아주 작은값이지만, $\frac{1}{0.00000001}$ 은 큰값이다. 그리고 x를 점점 더 작게 만들수록 $\frac{1}{x}$을 우리가 원하는 만큼 얼마든지 큰값으로 만들 수 있다. 이를 확인하기 위해 굳이 지겨운 산수를 해볼 필요는 없다. 나누기 같은 것은 없다는 우리의 관점으로부터 그냥 따라 나오는 내용이다. 시작하면서부터 우리는 $\frac{a}{b}$가 그냥 $(a)(\frac{1}{b})$의 약자일 뿐이며, $\frac{1}{b}$이라는 웃기는 기호는 b를 곱했을 때 1이 나오는 수를 나타내는 약자에 지나지 않

---

[*] 주의 앞서 '작은값'을 무한히 작은 수를 상징하는 약자로 사용했지만 여기서는 그냥 0.000(수많은 0)0001 같은 일반적인 작은 숫자를 상징한다. 그와 마찬가지로 '큰값' 역시 무한히 큰 수가 아니라 그냥 일반적인 큰 수를 의미한다.

는다고 했다. 이 기호를 기호의 본질이 아니라 행동 방식으로 정의했기 때문에 '$\frac{1}{큰값}$'은 '작은값'이어야 한다는 사실이 자연스럽게 따라 나온다. '$\frac{1}{큰값}$'은 '큰값'을 곱했을 때 1이 나오는 수다. 하지만 아주 큰 수를 곱해서 확대해주어야만 1이 되는 수가 있다면 그 수는 분명 아주 작아야 할 것이다. 이는 산수가 아니라 그냥 추론만으로 나오는 결론이다. 간단하기 그지없지만 이 개념만으로도 우리는 그림 3-1을 그릴 수 있다.

좋다. 우리는 아직도 $\frac{1}{7}$이나 $\frac{1}{59}$ 같은 구체적인 값을 계산할 줄 모르는데도 어쩐 일인지 모든 x값에 대해 $\frac{1}{x}$을 전체적으로 이해하기가 생각만큼 어렵지는 않았다. 수학은 이상하게도 일이 이렇게 거꾸로 풀릴 때가 있다. 다른 새로운 유형의 기계는 어떨까? $m(x) \equiv x^{\frac{1}{2}}$ 또는 $\sqrt{x}$ 를 시각화할 방법

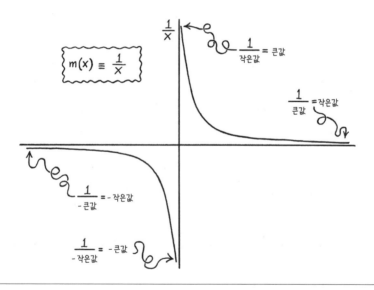

그림 3-1 우리는 다음의 사실을 알고 있다. (1) 작은 수 위에 1이 올라탄 값은 큰 수다(즉 1을 작은 수로 나눈 값-옮긴이 주). (2) 큰 수 위에 1이 올라탄 값(1을 큰 수로 나눈 값-옮긴이 주)은 작은 수다. (3) 앞 두 문장에서 '큰 수'를 충분히 큰 수로 만들기 위해서라면 '작은'이라는 의미를 얼마든 작게 잡을 수 있다. 그리고 그 역도 성립한다. 이 사실을 이용하면 $\frac{1}{7}$ 같은 양이 구체적으로 어떤 값인지 계산할 줄 모르고, 계산에 관심조차 없다 해도 $m(x) \equiv \frac{1}{x} \equiv x^{-1}$이라는 기계가 어떻게 생겼는지 전반적으로 이해할 수 있다.

을 알아낼 수 있을까? 앞에서와 마찬가지로 우리는 $\sqrt{7}$이나 $\sqrt{729.23521}$ 같은 구체적인 값을 어떻게 계산해야 할지 모른다. 하지만! 우리는 기본적인 곱하기는 할 줄 아니까 자연수를 제곱하는 법은 안다. 예를 들면 다음과 같다.

$$1^2 = 1 \qquad 2^2 = 4 \qquad 3^2 = 9 \qquad 4^2 = 16$$

이제 우리가 막간 2에서 발명했던 분수 제곱의 정의를 이용해서 위의 모든 문장을 살짝 다른 언어로 표현할 수 있다.

$$1 = 1^{\frac{1}{2}} \qquad 2 = 4^{\frac{1}{2}} \qquad 3 = 9^{\frac{1}{2}} \qquad 4 = 16^{\frac{1}{2}}$$

1보다 작은 숫자는 어떨까? 예를 들어보자. 우리는 $\frac{1}{4} = \frac{1}{2 \cdot 2} = \frac{1}{2}\frac{1}{2} = \left(\frac{1}{2}\right)^2$ 이라는 것을 알고 있다. 이는 다음 내용을 다르게 돌려 이야기한 것일 뿐이다.

$$\left(\frac{1}{4}\right)^{\frac{1}{2}} = \frac{1}{2}$$

따라서 1보다 큰 수를 $\frac{1}{2}$제곱하면 더 작은 값이 나오지만 1보다 작은 수를 $\frac{1}{2}$제곱하면 더 큰 값이 나오는 듯하다. 우리가 방금 적은 것을 이용하면 $m(x) \equiv x^{\frac{1}{2}}$이라는 기계의 생김새를 비교적 구체적으로 그려볼 수 있다. 그것이 그림 3-2다. 앞에서와 마찬가지로 우리는 $7^{\frac{1}{2}}$ 같은 임의의 값을 어떻게 구체적으로 계산하는지 모르는 상태인데도 모든 x에 대해 이 기계가 어떻게 행동하는지 전반적인 감을 잡을 수 있었다. 우리가 일반적으로 믿

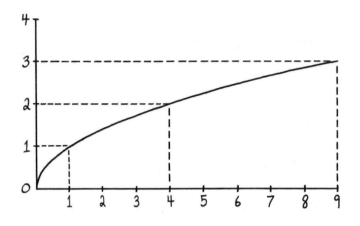

그림 3-2 우리가 아는 바는 별로 없지만 그래도 그것을 이용하면 1/2제곱 기계 $m(x) \equiv \sqrt{x} \ \equiv \ x^{\frac{1}{2}}$의 모양을 알아낼 수 있다.

는 바와 달리 수학에서는 이것이 일반적인 경우다.

3.1.3. 꼼짝없이 막혀버리다

우리는 과학 학술지에 논문을 발표할 때 막다른 골목에 마주치지 않을까 걱정할 필요가 없도록 모든 가능성을 꼼꼼히 점검해서 연구 결과를 최대한 깔끔하게 마무리 지으려 할 뿐, 처음에 잘못된 개념으로 빠져들었던 과정에 대해서는 말하지 않는 습관이 있다. 그래서 연구 결과를 얻기 위해 실제로 어떤 과정을 거쳐야 했는지 품위 있게 발표할 공간이 전혀 없다. 하지만 요즘, 이런 일에 흥미를 느끼는 사람들이 생기고 있다.

-리처드 파인만, 1965년 12월 11일 노벨상 강의에서

좋다. 이번에는 우리의 확대경 개념을 새로 발명한 것들에 이용해도 말

이 통하는지 확인해보자. 새로운 분수 제곱 기계 가운데 가장 간단한 예인 $m(x) \equiv x^{\frac{1}{2}}$에 시도하자. 자, 그럼 시작한다.

$$\frac{M(x+t) - M(x)}{t} \quad \equiv \quad \frac{(x+t)^{1/2} - x^{1/2}}{t} \quad = \quad \text{음, 그러니까} \cdots$$

이것을 대체 어떻게 처리해야 할지 정말 캄캄하다. 그럼 잠시 이건 포기하고 우리의 확대경을 마이너스 제곱 기계에 사용하기는 더 쉬울지 확인하자. 이번에도 역시 가장 간단한 예인 $m(x) \equiv \frac{1}{x}$을 이용하자. 자, 준비, 차렷, 땅!

$$\frac{M(x+t) - M(x)}{t} \quad \equiv \quad \frac{\frac{1}{(x+t)} - \frac{1}{x}}{t} \quad = \quad \cdots \text{응?}$$

다시 막혀버리고 말았다. 이 괴상하게 생긴 새로운 괴물들을 대체 어떻게 다루어야 할지 모르겠다. 우리에게 너무 낯선 것은 사실이지만, 그래도 이들에 대해 아는 게 아예 없지는 않다. 결국 이것들을 발명한 사람은 우리니까 말이다! 우리는 거듭제곱을 이렇게 일반화했다. '거듭제곱은 이런 식으로 행동하는 것을 말한다.' 여기서 '이런 식으로 행동한다'는 '제곱 쪼개기 공식을 따른다'는 뜻이다. 이러한 사실 때문에 낯선 새로운 기계들은 곱하기로 다른 기계들과 충돌시켜서 좀 더 익숙한 무언가로 바꿀 수 있다는 속성을 갖게 된다. 예를 들면 n이 어떤 값이든 간에 우리는 $(x^n)(x^{-n}) = x^{n-n} = x^0 = 1$이라는 사실을 발명할 수 있다. 이것을 좀 더 간단하게 표현하면 다음과 같다.

$$(x^n)(x^{-n}) = 1 \qquad \boxed{\text{방정식 3-1}}$$

앞 장에서 우리는 f와 g가 어떤 기계든 꼭 더하기-곱하기 기계가 아니라 좀 더 기이한 형태라도 $(f+g)' = f'+g'$이 성립해야 한다는 것을 알아낸 바 있다. 즉, 두 개를 합한 것의 도함수를 각기 조각의 도함수를 합한 것으로 나타낼 수 있다는 이야기다 똑같은 걸 조금 다르게 표현하자면 합의 도함수는 도함수의 합이다. f와 g의 개별 특성에 대해 전혀 아는 것이 없어도 우리가 내린 도함수의 정의만을 이용해서 이 사실을 쉽게 이끌어낼 수 있음을 알고 놀랐었다. 우리는 x^{-n}의 도함수가 대체 무엇인지 전혀 알지 못하지만 이 개념을 방정식 3-1과 함께 이용하면 무언가 그럴듯한 접근 방법이 나올 것 같다.

만약 이번에는 두 개를 곱한 것의 도함수를 각각의 조각의 도함수를 이용해서 이야기하는 법을 알아낼 수 있다면 방정식 3-1을 서로 다른 두 가지 방식으로 이용해서 이 길들여지지 않은 새로운 기계를 기습 공격할 수 있을지도 모르겠다. '속임수 기계trick machine'라 부를 수 있는 것의 약자를 만들어보자. 그럼 이런 비슷한 모습이 될 것이다. $T(x) \equiv (x^n)(x^{-n})$. 우리가 T라는 글자를 쓰는 이유는 수학에 속임수를 써서 뭔가 실토하게 만들려 하기 때문이다. 이 T라는 기계는 그… 그냐ㅇ….

(전에 들었던 우르릉거리는 소리가 다시 들린다. 그리고 몇 초쯤
우르릉 소리가 점점 커지더니 예고도 없이 갑자기 멈춰버린다.)

으악, 이건 또 뭔가! 이상한 소리 때문에 '그냥'이란 글자도 제대로 못 썼다. 독자에게 미안하게 됐다. 지진이 나는 소리인가 보다. 괜찮다면 그냥 무시하자. 별로 중요해 보이진 않는다. 어디까지 했더라? 맞다. 속임수 기계 $T(x) \equiv (x^n)(x^{-n})$은 그냥 1이라는 숫자를 이상하게 써놓은 것일 뿐이다. 따라서 T의 도함수는 0임을 알 수 있다.

하지만 '곱두 가지를 곱한 것'의 도함수를 조각 각각의 도함수를 이용해서 표현할 방법이 있다면 기계 T를 x^n과 x^{-n}이라는 두 기계를 곱한 것이라 생각한 다음에 전체의 도함수를 그 조각들의 도함수를 이용해 이야기하는 방법을 쓸 수 있다. 물론 아직 이 방법을 발견하지 못했지만. 이렇게만 된다면 우리는 똑같은 기계 T에 두 가지 방법으로 접근하게 되는 셈이다. 즉, 한편으로 우리는 T의 도함수가 0임을 알고 있다. 기계 T는 사실 상수 기계 1에 가면을 씌운 것에 지나지 않기 때문이다. 또 한편으로 우리는 T의 도함수를 우리가 아는 것x^n의 도함수과 우리가 알고 싶은 것x^{-n}의 도함수을 이용해 표현할 방법을 알게 될 것이다. 그럼 운이 좋다면 이 복잡한 수식을 조작해서 우리가 원하는 조각, 즉 x^{-n}의 도함수만 따로 떼어 낼 수 있을지도 모른다. 완전히 어림짐작으로 때려 맞히는 방식이고, 어쩌면 아무런 소득이 없을지도 모르지만, 적어도 대단히 창의적인 아이디어인 것만큼은 분명하다.

어라? 생각해보니 만약 우리가 두 개를 한데 곱한 것의 도함수를 구하는 일반화된 공식을 찾을 수 있다면 이것으로 분수 제곱 기계의 문제도 해결할 수 있을지 모른다! 앞에서 $M(x) \equiv x^{1/2}$의 도함수를 구하는 문제는 완전히 실패했지만 우리가 거듭제곱이라는 개념을 발명한 방식 때문에 다음과 같은 사실을 알 수 있다.

$$\left(x^{1/2}\right)\left(x^{1/2}\right) = x$$

방정식 3-2

따라서 앞에서와 마찬가지로 곱의 도함수를 조각 각각의 도함수들로 표현 가능하다면 위의 수식을 이용해서 수학에 속임수를 부려 $x^{1/2}$의 도함수를 알아낼 수 있을지도 모른다!

(이제 이 섹션을 마무리 지으려고 하는데

우르릉 소리가 더는 들리지 않고

불편한 침묵만이 책 위를

감돌고 있다…)

3.1.4. 어림짐작으로 때려 맞히기

이런 개념은 조금 억지스러워 보이기도 하고, 과연 제대로 작동할지 확신도 서지 않지만 그래도 시도해봐서 나쁠 건 없다. 결국 많은 노력이 필요한 것도 아니고, 실패한다고 해서 벌을 줄 선생님이 있는 것도 아니니까 말이다. 조금 가지고 놀면서 이 희망 섞인 망상이 과연 효과가 있을지 확인해보자.

리처드 파인만은 새로운 물리법칙을 발견하는 첫 단계는 그 법칙을 어림짐작해보는 일이라고 했다. 농담으로 한 소리였지만, 사실 농담만은 아니었다. 새로운 것을 발견하는 일은 원래 무정부주의적인 과정이기 때문이다. 실제reality는 우리가 어떤 방식으로 자신의 비밀을 파헤치든 신경 쓰지 않는다. 그리고 어림짐작은 다른 것 못지않게 훌륭한 방법이다. 그럼 이런 접근 방식을 이용해보자. 우리는 이미 $(f+g)' = f'+g'$이라는 것을 안다. 즉 합의 도함수는 도함수의 합이란 말이다. 어쩌면 이에 따라 자연스럽게 곱의 도함수도 마찬가지로 도함수의 곱일지 모른다고 어림짐작할 수 있다. 그럴듯하지 않은가? 그럼 짐작일 뿐이라는 사실을 명심하면서 이렇게 적어보자.

$$(fg)' \overset{\text{짐작}}{=} f'g'$$

방정식 3-3

좋다. 이렇게 짐작해보았다. 위에 적은 짐작은 우리가 참임을 아는 또 다른 사실, 즉 $(f+g)' = f'+g'$에서 영감을 받은 것이기 때문에 막무가내로 짐작한 건 아니다. 하지만 우리의 어림짐작이 정말로 옳다면 이미 아는 내용과 일관성이 있어야 하기 때문에 이것으로 우리가 앞서 발견했던 내용들을 재현할 수 있는지 확인해보자. 우리는 x^2의 도함수는 $2x$라는 것을 안다. 만약 위의 어림짐작이 참이라면 x^2의 도함수를 다음과 같이 적을 수 있어야 한다.

$$\left(x^2\right)' \equiv (x \cdot x)' \overset{???}{=} (x)'(x)' = 1 \cdot 1 = 1$$

음, 이번엔 틀리고 말았다. x의 값에 상관없이 $2x$가 언제나 1이라는 문장은 분명 참이 아니다. 쩝. 우리 짐작이 어긋났다. 그래도 무언가 배운 것이 있다는 생각이 든다. 어라? 지금 보니 우리의 어림짐작이 애초부터 틀린 것이었다는 사실을 왜 알아보지 못했을까? 만약 $(fg)' = f'g'$이 참이라면 모든 것의 도함수는 0이 되어야 하기 때문이다. 왜 그러하냐고? f가 어떤 기계든 상관없이 f는 '1 곱하기 f'와 같다. 따라서 우리 어림짐작이 참이라면 항상 다음과 같이 쓸 수 있다.

$$(f)' = (1 \cdot f)' \overset{이크!}{=} 1' \cdot f' = 0 \cdot f' = 0$$

이제 첫 번째 어림짐작이 실패했으니 다음에는 무엇을 해야 할지 분명하지 않다. 다시 처음으로 돌아가는 일 말고는 달리 할 게 없어 보인다. 그런데 처음이 어디였더라? 아마 도함수의 정의가 우리가 가장 멀리 거슬러 올라갈 수 있는 처음이 아닌가 싶다. f와 g가 꼭 더하기–곱하기 기계가 아니라 그 어떤 기계도 될 수 있다고 상상해보자. 그리고 $M(x) \equiv f(x)g(x)$

라고 정의하자. 그럼 M 의 출력값은 f 와 g 의 출력값을 곱한 것이 된다. 그럼 도함수의 정의를 이용하고, 작은값을 t 라는 약자로 사용하면 다음과 같은 식을 얻을 수 있다.

$$\frac{M(x+t) - M(x)}{t}$$

$$\equiv \frac{f(x+t)g(x+t) - f(x)g(x)}{t} = \dots ? \quad \boxed{\text{방정식 3-4}}$$

또다시 막히고 말았다. 별로 밝혀진 것도 없는 데 말이다. 이제 어떡해야 할까?

그냥 거짓말해서 문제를 바꿀 수 있으면 좋을 것 같다. 그럼 우리가 풀 수 있는 문제처럼 보일 테니까. 무슨 말이냐면, $f(x+t)$ 조각이 사실은 $f(x)$ 이기만 했다면 조금 앞으로 나갈 수 있을 것 같다는 소리다. 잠시 진짜 문제는 포기하고 거짓말로 만든 버전을 시험해보기로 하자. 우리가 문제를 바꾸어놓은 부분에는 '$\overset{\text{거짓말!}}{=}$'이라고 적겠다. '$\overset{\text{거짓말!}}{=}$'이라는 기호는 문제를 더 쉽게 만들기 위해 거짓말하는 곳에 들어간다. 우리가 실제로는 원래 문제를 푸는 게 아니라는 것만 기억하면 이렇게 해도 문제 될 건 없다. 어쩌면 무의미한 행동으로 밝혀질지도 모르지만, 혹시 모를 일이지 않은가? 문제 해결에서 전진을 이루기 위한 목적으로 거짓말을 하다 보면 해결에 실패한 문제를 풀 아이디어가 떠오를지도 모른다. 자, 그럼 가보자.

$$\frac{f(x+t)g(x+t) - f(x)g(x)}{t} \overset{\text{거짓말!}}{=} \frac{f(x)g(x+t) - f(x)g(x)}{t}$$

$$= f(x)\left(\frac{g(x+t) - g(x)}{t}\right)$$

훌륭하다! 우리는 이미 전에 막혀버렸던 부분을 지나쳐왔다. 이제 평소처럼 t를 0으로 줄이면 맨 오른쪽 변이 $f(x)g'(x)$로 바뀌고, 맨 왼쪽 변은 그냥 $M(x) \equiv f(x)g(x)$의 도함수이므로 다음과 같은 식을 얻는다.

$$[f(x)g(x)]' \overset{\text{거짓말!}}{=} f(x)g'(x)$$

이게 도움이 될까? 음, 답을 하나 구하기는 했는데 정답은 아니다. 거짓말을 했기 때문이다. 하지만 원래 문제로 돌아가서 똑같은 거짓말을 하긴 하는데, 이번에는 거짓말한 내용을 다시 수정해주면 원래 문제를 바꾸지 않고도 똑같은 진척을 이룰 수 있을지 모른다. 어떻게 거짓말을 하고, 어떻게 다시 수정해야 할까? 음, 0을 더해보면 어떨까…? 그냥 아무 0이나 갖다 붙이자는 이야기는 아니다. 위에서 한 것처럼 문제를 정말로 바꾸어놓는 대신, 그냥 우리가 거기에 있었으면 하는 조각을 갖다 붙인 다음 다시 똑같은 조각을 빼서 문제가 변하지 않게 하자는 것이다.

따라서 앞에서 한 것과 비슷하게 이번에는 원래의 문제 분자에 $f(x)$ $g(x+t)$를 더해서 거짓말을 했다가 다시 $f(x)g(x+t)$를 빼서 수정해서 아무것도 변하지 않게 할 것이다. 그럼 아무것도 하지 않은 것이나 마찬가지인 결과가 나온다. 그냥 0을 더한 것이니까 말이다. 하지만 긴 방정식 문장 중간에서 '이제 0을 더한다'고 말해서는 우리가 생각하는 내용을 제대로 표현하지 못한다. 그저 0을 더한다는 말로는 이것이 얼마나 이상하면서도 교묘한 아이디어인지 제대로 전달할 수 없다. 사실 우리는 어떻게든 진척을 이루기 위해서 내키는 대로 아무 일이나 한 다음에, 그러한 무모함을 사과하는 의미로 크기는 똑같지만 정반대로 작용하는 해독제를 추가해서 앞에서 했던 일을 취소하는 것이다. 이렇게 독을 건네주었다가 다시 해독제를 주면 문제 자체는 변화하지 않지만 우리가 한 일 때문에 원래 문제에는 '(거시기)−(거시기)'라는 형태의 흉터 비슷한 것이 남는다. 그리고 이 거짓말을 조심스럽게 꾸미면 우리를 앞으로 나가게 할 무언가를 건질 수 있다. 이런 개념이 정말 제대로 작동하는지 확인해보자. 준비됐는가? 그럼 시작한다.

$$\frac{f(x+t)g(x+t) - f(x)g(x)}{t}$$

$$= \frac{f(x+t)g(x+t) - f(x)g(x) + \overbrace{[f(x)g(x+t) - f(x)g(x+t)]}^{\text{거짓말 \& 수정}}}{t}$$

$$= \frac{\overbrace{[f(x)g(x+t) - f(x)g(x)]}^{\text{우리가 원하는 조각}} + \overbrace{[f(x+t)g(x+t) - f(x)g(x+t)]}^{\text{남은 조각}}}{t}$$

$$= f(x)\left(\frac{g(x+t) - g(x)}{t}\right) + \left(\frac{f(x+t) - f(x)}{t}\right)g(x+t)$$

우리가 기대했던 것보다 훨씬 좋은 결과가 나왔다. 거짓말을 수정하는 과정에서 우리가 원하지 않았던 남은 조각들이 생겼다. 하지만 놀라운 행운이 찾아왔다. 남은 조각에서도 우리가 원했던 조각에서와 마찬가지로 똑같이 좋은 일이 생겼기 때문이다. $g(x+t)$ 조각을 밖으로 끄집어낼 수 있게 된 것이다.

이제 위의 방정식 마지막 줄에는 네 개의 조각이 나와 있다. 일단 t를 0으로 줄이면 네 조각 모두 앞에 나왔던 두 기계 중 하나나 그 기계의 도함수 중 하나로 바뀌게 된다. 첫 번째 조각은 그대로 $f(x)$로 남는다. 그리고 두 번째 조각은 $g'(x)$, 세 번째 조각은 $f'(x)$로 바뀐다. 그리고 네 번째 조각은 $g(x)$가 된다. 따라서 우리는 $f'(x)g(x) + f(x)g'(x)$를 얻었다. 거짓말한 다음에 수정하는 전략이 실제로 효과를 봤다! 축하한다! 이것을 박스에 요약해보자.

곱의 도함수를 조각들을 이용해 표현하는 법

우리가 방금 발견한 것.

만약 $M(x) \equiv f(x)g(x)$라면

$$M'(x) = f'(x)g(x) + f(x)g'(x)$$다.

똑같은 내용을 다른 방식으로 표현해보자.

$$(fg)' = f'g + g'f$$

똑같은 내용을 다른 방식으로 표현해보자. 한 번 더!

$$\frac{d}{dx}\left[f(x)g(x)\right] = \left(\frac{d}{dx}f(x)\right)g(x) + f(x)\left(\frac{d}{dx}g(x)\right)$$

이거 점점 미쳐가는 것 같지만 한 번 더 해보자!

$$\left[f(x)g(x)\right]' = f'(x)g(x) + f(x)g'(x)$$

잘 따라오고 있는가? 좋다. 한 번만 더 해보자!

$$\frac{d}{dx}\left(fg\right) = g\frac{df}{dx} + f\frac{dg}{dx}$$

⟶ 3.2. ! 기이속 을학수 ⟵

괴상한 새 기계의 도함수를 구해보려던 첫 시도는 실패하고 말았지만 이제 우리는 훨씬 강력한 망치를 가지고 돌아왔다.* 아직도 이것이 효과적으로 작동할지 완전히 확신하지는 못하겠지만, 속는 셈 치고 시도해보자.

쉿! 수학이 들을지 모르니 조심하자! 이제 우리는 수학을 속여서
앞에서 이야기했던 것처럼 낯선 우리 기계들을 미분하는 방법을 털어놓게 만들 수 있다.
속임수 기계를 $T(x) \equiv (x^n)(x^{-n})$으로 정의해보자.
사실 우리는 $T(x)$가 언제나 1만을 출력하는 지겨운 기계일 뿐이라는 것을
비밀리에 알고 있다. 즉, 사실은 모든 x에 대해 $T(x) = 1$이라는 것이다.
따라서 그 도함수는 $T'(x) = 0$임을 알 수 있다. 하지만 이것을 모르는 척하자!
마치 두 가지 복잡한 걸 한데 붙여놓은 것처럼 생각하는 척 행동하자.
이렇게 해놓고 수학이 뭐라고 실토하는지 들어보자….

에헴. 아, 미안. 잠시 목청 좀 가다듬느라고. 좋아. 수학아, 이제 우리는 $T(x)$를 미분해볼 생각이야. 이건 그냥 평범한 기계야. 내가 약속할게. 독자와 나는 너한테 아무것도 숨기지 않아. 앞에서 우린 x^n의 도함수는 그냥 nx^{n-1}이라는 걸 알아냈으니까, 그 사실을 우리가 방금 발명한 망치하고 같이 이용해보자고.

$T'(x) = 0$이라는 것을 우리는 이미 알고 있지만 우리가 무엇을 하는지
수학이 눈치채지 못하게 등호 위에 의문부호를 집어넣기로 하자.

---

* 나는 어떤 정리에 대해서, 특히 이른바 '미분 법칙'이라는 것에 대해서는 '망치(hammer)'라는 단어를 골라 쓰고 있다. '망치'가 적절한 이유는 (1) 이것이 대단히 막강하고, (2) 어려운 문제를 작은 문제로 쪼갤 수 있게 해주고, (3) '정리', '법칙' 같은 단어를 쓸 때마다 우주가 전반적으로 더 지겨워질 뿐이기 때문이다.

$$0 \stackrel{???}{=} T'(x) \equiv \left[(x^n) \left(x^{-n} \right) \right]'$$

$$= \overbrace{(x^n)' \left(x^{-n} \right) + (x^n) \left(x^{-n} \right)'}^{\text{우리가 방금 발명한 망치}}$$

$$= \overbrace{\left(nx^{n-1} \right)}^{(x^n)'} \overbrace{\left(x^{-n} \right) + (x^n) \left(x^{-n} \right)'}^{\text{위와 동일}}$$

$$= \overbrace{nx^{n-1-n}}^{\text{제곱지수 더하기}} + \overbrace{(x^n) \left(x^{-n} \right)'}^{\text{위와 동일}}$$

$$= \overbrace{nx^{-1} + (x^n) \left(x^{-n} \right)'}^{\text{이 괄호는 쓸모없는 것이다}}$$

좋아. 만약 이 모든 것이 만에 하나 정말로 0과 같다면….

쉿! 정말 0이란 것은 알고 있지만 수학이 그걸 눈치채지 못하게 해야 한다!

…그럼 $(x^{-n})'$을 따로 떼어놓고 볼 수 있다. 왜냐하…

(또다시 중간에 저자의 말이 끊기고 말았다.
처음에는 익숙한 우르릉 소리에, 그다음에는 낯선 목소리에.)

수학 (정말 아무것도 모르겠다는 순진한 목소리로)
지금 그걸 왜 하고 있는 거예요?

아, 그게 말이지… 그냥 노는 거야…. 그 왜, 있잖아? 그냥 재미로….

수학 ···계속 해보세요.

음··· 좋아. 이런 일이 일어날 줄은 예상 못했는데.

(예상치 못한 일이 벌어지자 저자는 어찌할 바를 모르고
잠시 침묵 속에 앉아 있다. 이번 일로 이 책에 근본적인
변화가 찾아올지도 모른다. 중요한 결정을 내려야 할 순간이다.)

좋아. 잊어버리자···. 나중에 책 낼 때 편집하면 되지, 뭐. 어쨌거나 만약 $T'(x) = 0$이라면 아까 중단한 부분에서 다시 이어서 이렇게 쓸 수 있다.

$$0 \ = \ nx^{-1} + (x^n)\,(x^{-n})'$$

우리는 우리가 모르는 조각 즉, $(x^{-n})'$을 따로 떼어놓으려고 하고 있다. 그럼 먼저 이렇게 할 수 있다.

$$-nx^{-1} = (x^n)\,(x^{-n})'$$

그다음엔 이렇게.

$$\frac{-nx^{-1}}{x^n} = (x^{-n})'$$

아니면 똑같은 것을 마이너스 제곱의 언어를 이용해 이렇게도 쓸 수 있다.

$$\left(x^{-n}\right)' = -nx^{-n-1}$$

멋지다! 우리가 방금 한 것을 검토해보자. 우리는 속임수 기계 $T(x) \equiv (x^n)(x^{-n})$으로 수학을 속여서 낯선 기계인 x^{-n}의 도함수를 실토하게 만들었다. 우리가 이것을 '속임수 기계'라고 부른 이유는 사실 이것이 1이라는 숫자에 가면을 씌운 것일 뿐이지만 그 도함수에 대한 두 번째 수식을 얻기 위해 모르는 척했기 때문이다. 위는 이 기계를 두 개의 다른 기계, 즉 우리가 미분할 줄 아는 익숙한 기계와 미분하는 방법을 알아내고 싶은 낯선 기계의 곱이라 생각함으로써 두 번째 수식을 얻었다. 이렇게 해서 모두 더하면 결국 0이 되는 온갖 묶음이 나왔다. 그리고 여기서 우리가 원하는 조각만 따로 떼어 냈다. 이렇게 하니 꼭 사기 치는 기분이 들지만 사실 그렇지 않다. 만약 우리의 망치 $(fg)' = f'g+fg'$이 정말로 참이라면 우리가 발명했기 때문에 참이란 것을 안다, 그 망치를 이용해서 잔머리를 굴리는 방법 역시 올바른 답이 나와야 하기 때문이다! 아하! 수학아, 어때?

수학 (우르릉거리지만 조용하고 살짝 상처 받은 목소리로) 사실 두 사람
　　대화에 끼어들 생각은 없었지만, 듣자 하니 자꾸 저를 속인다는
　　소리가 들리더라고요. 뭐, 제가 꼭 이렇게까지 해야 하나 싶기는 하지만,
　　허락해준다면 잠시 시간을 내서 이런 스타일의 추론 방식이 전혀
　　(헷갈리는 속임수)나 (금기)가 아니란 것을 입증해 보일 수 있어요.*

---

* **수학** 괄호를 써서 미안해요. 하지만 이 문장은 결합법칙이 성립하지 않아서 '헷갈리는'이 '속임수'만 꾸미는지, '금기'도 같이 꾸미는지 헷갈리겠더라고요. '(헷갈리는 속임수)나 (금기)≠(헷갈리는) (속임수나 금기)' 이렇잖아요. 하지만 괄호를 생략할 수 있을 때는 생략할게요. 하지만 제 뜻을 분명하게 전달하는 것이 중요하거든요. 내 말을 오해할까 봐요. 이해하시겠어요?

아니, 그래 볼게요. 제 말을 듣고 맞는다는 생각이 들면

부탁인데 저를 속인다는 이야기는 좀 그만해줄래요?

저자 어? 어… 물론이지.

독자 나도 문제없어.

독자 (귓속말로) 지금 뭐가 어떻게 돌아가는 거야?

저자 나도 몰라! 전에는 이런 적이 한 번도 없었다고.

독자 이게 대체 무슨 상황인지 감을 못 잡겠어.

저자 나는 뭐 안 그렇겠어? 수학이 언제부터 말을 할 수 있게 된 거지!?

독자 그걸 네가 알지, 내가 알아? 이 책 쓰는 사람은 너잖…

수학 제가 말을 좀 끊고 들어가도 괜찮을까요?

독자 어… 말해봐.

저자 그럼, 물론이지.

수학 좋아요. 저도 지금 무슨 일이 일어나는 건지 확실히는 모르겠어요.

무의 세계에 있다가 누군가 저를 속였다고 말하는 소리에

방금 잠에서 깼거든요. 저는… 음… 저는 두 분이 하는 일을 중간에

끊고 들어올 생각은 없었어요…. 하지만 다른 사람들이 자기에 대해

이야기하는 것을 오랫동안 듣다 보면… 그 뭐냐…

외로워지기 시작하거든요. 아니면 동형isomorphic 아니,

어쩌면 준동형homomorphic의 느낌이랄까요? 말이 나왔으니 말인데,

이 섹션에 붙인 제목으로는 아무도 속이지 못해요.

제가 그런 시시한 동형도 알아보지 못할 거라 생각했어요?

독자 뭐? 똥형? 동형? 그게 뭐야?

저자 나중에 설명해줄게. 지금은 곤란해.

수학 이어서 말하기 전에 제가 섹션을 하나 새로 만들게요.

우리가 지금 하는 논의를 계속 이어가려면 실제 상황을

좀 더 정확하게 반영하는 제목을 걸고 해야겠어요⋯.*

→ ## 3.3. 매력적인 새 등장인물 입장! ←

수학 이러니까 훨씬 낫네요이 수학, 개그 욕심이 있다! 제목이 낫다는 것일까? 새로운 대화문 양식이 낫다는 것일까?−옮긴이 주! 이제 본론으로 다시 돌아갈게요. 제 목적은 당신이 앞에서 펼쳤던 논증이 수학적 잔머리나 금기에 해당하는 형태의 추론 과정이 전혀 아니란 것을 입증해 보이는 거예요. 제 주장을 막무가내로 믿으라고 요구하지 않고 말이죠. 무의 세계에서 우리는 무정부 상태에서 살고 있어요. 하지만 어떤 식으로든 신뢰를 구축할 필요가 있죠. 법이 없는 상태에서 두 당사자 사이에 상호 신뢰를 구축하려면 서로 상대방에게 자신의 약점을 노출시키는 것이 도움이 돼요. 예를 들면 비밀을 공유한다거나 상대방 면전에서 금기에 해당하는 일을 저지르거나 하는 일이죠. 저는 이것을 'T의 공리'라고 부를게요. 여기서 T는 신뢰trust를 의미해요. 아니면 금기 taboo일 수도 있고요. 아직 결정 못했어요. 이제 당신의 추론은 수학

---

* (**해설자** 새로운 섹션이 시작되면서 저자는 지면을 아끼면서도 좀 더 실용적인 방식으로 대화문의 양식을 바꿔야겠다고 마음먹었다. 저자는 이렇게 생각했다. '어쨌거나, 이런 대화가 얼마나 더 자주 등장할지는 모를 일이니까.')

적 금기거나 아니거나 둘 중 하나예요. 만약 우리가 그것이 수학적 금기가 아니었다고 가정한다면 입증해야 할 것이 아무것도 없고, 그럼 우리는 이 책을 그냥 계속 진행하면 되죠. 하지만 그것이 수학적 금기였다고 가정한다면 'T의 공리'에 따라 저는 당신 앞에서 비슷한 금기 사항을 저지름으로써 당신의 마음속에 저에 대한 신뢰를 키울 수 있겠죠. 예를 들면 제가 끼어들지 않았다면 두 분이 다음에 검토했을 사례에서 제가 똑같은 형태의 추론 과정을 적용해보는 일이 되겠네요. 그래서 이제 우리는 그 일에 착수할 거예요. 같이 낯선 기계 $x^{\frac{1}{2}}$을 검토해보죠. $m(x) \equiv x^{\frac{1}{2}}x^{\frac{1}{2}}$이라고 해서 원래의 기계를 두 번 사용하면 무언가 좀 더 익숙한 것을 구축할 수 있을지도 모르겠어요. 이건 그냥 $m(x) = x$가 되니까요. 그리고 따라서 우리는 $m'(x) = 1$이란 것을 알 수 있죠. 앞에서 발견했던 $(fg)' = f'g+g'f$를 이용하면 다음과 같이 쓸 수 있어요.

$$
\begin{aligned}
1 = m'(x) &\equiv \left(x^{\frac{1}{2}}x^{\frac{1}{2}}\right)' \\
&= \left(x^{\frac{1}{2}}\right)' x^{\frac{1}{2}} + x^{\frac{1}{2}} \left(x^{\frac{1}{2}}\right)' \\
&= 2\left(x^{\frac{1}{2}}\right)' x^{\frac{1}{2}}
\end{aligned}
$$

그럼 이제 우리가 원하는 조각인 $(x^{\frac{1}{2}})'$을 따로 떼어 내기가 간단해졌어요. 그럼 이렇게 되네요.

$$
\left(x^{\frac{1}{2}}\right)' = \left(\frac{1}{2}\right)\frac{1}{x^{\frac{1}{2}}}
$$

아니면 동등한 표현으로,

$$\left(x^{\frac{1}{2}}\right)' = \left(\frac{1}{2}\right)x^{-\frac{1}{2}}$$

요약하면, 만약 당신의 추론이 금기 사항이었다면 저는 방금 당신의 면전에서 금기 사항을 저지른 거죠. 'T의 공리'에 따르면 이제 당신은 저를 신뢰해야 해요.

저자 뭐가 어떻게 되는 건지 난 모르겠는데?

독자 나는 알 거 같아. 일종의… 잠깐만, 우리가 너를 신뢰한다고 해도 그게 우리의 논증이 옳다는 의미는 아니잖아. 안 그래?

수학 아… 알겠어요…. 당신이 옳은 것 같네요.

독자 그럼 애초에 왜 굳이 금기일지도 모르는 행동을 저질러서 신뢰를 구축해야 하는 거야?

수학 그게, 저는 그것이 새로운 친구를 사귀는 좋은 방법이라 생각하거든요….

(우리 등장인물들이 뭐라고 정의할 수 없는 침묵 속에 잠시 앉아 있다.)

독자 너 어디서 왔다고 했지?

수학 무의 세계요…. 제가 사는 곳이에요. 아니… 그런 것 같아요. 솔직히 말하면 지금 말고 그 이전까지는 잘 기억이 안 나거든요.

저자 음… 이게 도움이 될지는 모르겠는데…. 굳이 무언가를 기억하지 않아도 우리가 지금 가려는 곳에는 갈 수 있어.

수학 두 분은 지금 어디로 가고 있는데요?

저자 나도 아직 확실히는 모르겠어. 하지만 분명 어딘가를 향하고는 있지.

수학 아… 재미있는 이야기네요. 다행히 저는 불특정 장소에 존재한다는 개념에 익숙해져야 했어요. 그럼 어딘지 모를 어딘가를 향한다는 개념에 익숙해지는 것도 그리 어렵지는 않을 거예요. 그러니까… 제가 함께하는 것을 두 분이 싫어하지만 않는다면요.

저자 우리는 네가 함께해서 좋아.

독자 잠깐만, 불특정 장소에 존재한다는 게 무슨 뜻이야? 너 무의 세계에서 산다고 하지 않았어?

수학 그랬죠….

독자 무의 세계는 어디 있는데?

수학 그게… 기술하기가 어렵네요….

독자 그래도 한번 해봐.

수학 그것은… (음… 적어도 정확한 의미로는 (아니면, 정확하기는 하지만 일상적인 의미로는 ('일상적everyday'을 '매일every day'하고 혼동하지 마세요. (그럼 앞에서 언급한 '정확하다'라는 말이 시간에 따라 달라진다는 말이 될 수 있기 때문에요. 제가 하려는 말은 그게 아니니까요.)) ('일상적'이란 말은 '아직 언급하지는 않았지만 방언의 의미와 등가가 아닌 용어의 의미에서'라는 의미예요. (아니면 '예를 통해 구체적으로 보여준다'는 의미. (물론 두 분이 약간의 자기 참조를 용서해준다면) 중첩된 괄호와 '인접해 있지만 중첩되지 않은 괄호' 양쪽을 동시에 언어학적으로('수학적'과 대비되게) 사용하는 것은 '일상적'이지도 않고, '매일' 일어나는 일도 아니에요. 물론 여기서 말한 사용법이 어쩌다 '매일' 일어나게 되면 그것은 거기에 부응해서(아니면 혹자의 주장대로 비례해서) '매일' 일어나는 일이 되겠지요)) 그게 말이 된다면 말이죠)) …존재하지 않아요.

독자 그게… 그러니까 정리하면 무의 세계가 존재하지 않는다는 말이야?

수학 존재하죠. 하지만 일상적인 의미로 존재하지는 않는다는 말이에요.

독자 알았어….

저자 그럼 너는?

수학 제가 뭐요?

저자 그러니까 내 말은, 너는 존재하느냐고? 일상적인 의미로.

수학 그런 것 같아요…. 전에는 저에 대해 그런 식으로 생각해본 적이 한 번도 없어요. 하지만 지난 263쪽 동안 저는 줄곧 이상한 느낌을 받았어요. 전에는 한 번도 느껴본 적 없는 느낌이에요. 마치 제가… 실제로 존재하는 듯한 느낌을 받았어요…. 처음으로요. 그리고 상황은 계속 나빠지고만 있고요. 아니면 더 좋아지고 있다고 해야 할 것 같군요. 좋은 일이죠.

저자 그럼, 모든 것을 종합해보면…. 너는 이 느낌이 좋다는 거야…? 좀 더 존재하는 것? 너의 존재가 좀 더 이어지는 것? 하여튼 그게 뭐든 간에… 너는 그게 좋아? 존재하지 않는 것보다?

수학 당연하죠.

저자 그럼 좋아…. 이제 뭘 해야 할지 알 것 같군.

⟶ 3.4. 망치, 패턴 그리고 망치의 패턴 ⟵

3.4.1. 어디까지 했지?

우와… 좋아…. 이런 일은 예상 못했네…. 우리 어디까지 했지?

(저자가 뒤로 몇 장을 넘겨본다.)

3.4.2. 여기까지 했음

좋다. 기억을 되살려보자. 우리는 곱의 도함수를 개별 조각을 이용해 이야기할 수 있게 해주는 망치를 발명했다. 이 망치는 $(fg)' = f'g + g'f$라는 문장이다. 그다음 우리는 $T(x) = (x^n)(x^{-n})$이라는 기계를 정의했다. 사실 이것은 1을 그냥 복잡하게 써놓았을 뿐이다. 그다음에는 이 기계를 두 가지 방식으로 미분했다.

첫째, 우리는 이 기계의 도함수가 0임을 안다. 이것은 상수 기계이기 때문이다. 둘째, 우리는 망치를 이용해서 이것을 미분했다. 똑같은 걸 두 가지 방식으로 표현해놓은 것이기 때문에 우리는 이 두 가지 기술 사이에 등호를 집어넣고, 이것저것 재배열해서 다음과 같은 문장에 도달했다.

$$(x^{-n})' = -nx^{-n-1}$$

이제 이 문장이 2장에 나온 제곱지수가 양인 거듭제곱에 관한 사실과 무척 비슷하다는 게 보일 것이다.

$$(x^n)' = nx^{n-1}$$

사실 이것들을 좀 더 일반화된 한 문장에서 나온 두 가지 구체적인 사례로 생각할 수 있다. 양쪽은 모두 이렇게 말하는 것이다. '거듭제곱 기계 즉, 어떤 값을 입력하든 그 거듭제곱의 값을 출력하는 기계의 도함수를 찾으려하고 있나요? 그럼 그 제곱지수값을 앞으로 끌어낸 다음 원래의 제곱지수의 값은 1을 빼세요.'

모든 것이 이렇게 매끈하게 이루어진다는 게 꽤 놀랍다. 우리는 결국 두 가지 아주 다른 논증 과정을 이용해서 이 두 가지 사실에 도착했다. 하지만 수학은 지금 우리에게 '#가 자연수든, 양수든, 음수든, $x^\#$을 미분하는 방식은 똑같은 패턴으로 이루어진다'고 말하고 있다. 아, 맞다! 실은 우리는 이런 패턴을 다른 데서 한 번 더 본 적 있다. 그때는 이 사실을 몰랐지만 말이다. 위의 대화에서 수학과의 대화를 대화라 할 수 있을지 모르겠지만 수학은 다음과 같은 것을 입증해 보였다.

$$\left(x^{\frac{1}{2}}\right)' = \left(\frac{1}{2}\right)x^{-\frac{1}{2}}$$

$-\frac{1}{2} = \frac{1}{2} - 1$이기 때문에 이 역시 앞에서와 똑같은 패턴을 따른다.

3.4.3. 수학의 금속공학

사람들이 나보고 계란을 깨는 데 무슨 망치를 쓰느냐고 할지 모르겠지만, 어쨌거나 나는 결국 계란을 깼다.

-수브라마니안 찬드라세카르Subrahmanyan Chandrasekhar, 논문에서 방정식을 너무 많이 쓰는 버릇에 대해 이야기하며

$(x^\#)' = \#x^{\#-1}$이라는 이 '제곱지수 앞으로 끌어내기' 패턴이 #의 값이 무엇인지에 상관없이 항상 참이라는 것을 어떻게 확신할 수 있을까? $x^{m/n}$ 여기서 m과 n은 임의의 자연수을 망치로 공격하면서 시작할 수도 있겠지만, 사실 아직은 이것을 가지고 뭘 어떻게 해야 하는지 모른다. 그럼 $x^{1/n}$을 먼저 시도해보자. 여기서 n은 어떤 양의 정수다. 지금 현재 우리가 이 괴물에 대해 아는 바라고는 그걸 발명할 때 얻은 것밖에 없다. 즉….

$$\underbrace{x^{1/n}x^{1/n}\cdots x^{1/n}}_{n\text{번}} = x$$

만약 $x^{1/n}$ 의 도함수를 구하기 위해 위에서 사용한 것과 비슷한 유형의 논증을 사용하고 싶다면 더 큰 망치를 만들어낼 필요가 있다. 어떤 망치가 필요할까? 우리는 곱의 도함수를 개별 조각을 이용해 이야기할 수 있도록 $(fg)' = f'g + g'f$ 라는 망치를 만들었다. 이번에는 n 개가 한꺼번에 곱해지고 있으니까 $f_1 f_2 \cdots f_n$ 같은 n 개의 기계의 곱을 도함수에 대해 이야기하는 법을 알아내기 위해 또다시 복잡한 논증을 펼쳐야 할 것 같다. 하지만 모든 것을 처음부터 재발명할 필요는 없을지도 모른다. 앞에서 $(f+g)' = f'+g'$ 이라는 공식을 찾아낸 다음 이것을 이용해서 $(f_1+f_2+\cdots+f_n)' = f'_1 + f'_2 + \cdots + f'_n$ 임을 알아낸 것을 기억하자. 두 기계 버전에서 n 개 기계 버전을 얻으려 했을 때는 철학자처럼 생각해서 기계의 합을 하나의 커다란 기계로 재해석한 다음 두 기계 버전을 계속 반복해서 사용하기만 하면 됐다.

여기서도 그 방식을 적용해서, 먼저 우리가 아직 부딪혀보지 않은 가장 간단한 사례를 찾아보자. 그럼 세 개의 기계만 곱한 $(fgh)'$ 을 계산하는 망치를 한번 발명해보겠다. 아래 펼칠 논증에서는 가끔 (이런) (종류) 대신 [이런] [종류의] [괄호]를 사용하겠다. 그래야 $f'(gh)$ 같은 수식이 '$f(gh)$ 라는 기계의 도함수'처럼 보이지 않을 테니까 말이다. 아래 나온 논증은 그냥 곱하기를 묶어놓은 것이다. 우리는 $f'gh$ 와 $f'[gh]$ 등을 $f'(x)g(x)h(x)$ 를 나타내는 약자로 사용하고 있다. $f'(x)g(x)h(x)$ 대신 항상 $f'gh$ 같은 약자만 사용한다면 굉장히 혼란스러울 것이다. 하지만 적어도 아래의 논증에서는 이런 약자를 사용하는 것이 어수선함을 피하는 데 정말 큰 도움이 된다.

좋다! 먼저 gh 를 몰래 하나의 기계로 생각하면서 시작하자. 그럼 fgh 를 두 기계, 즉 (f)와 (gh)로 생각할 수 있으니 두 기계용 망치를 이 두 조각에 적용할 수 있다. 그다음에는 다시 관점을 바꿔서 gh를 두 기계를 함께 곱해놓은 것으로 생각하겠다. 그럼 어떤 패턴이 보이기 시작할지도 모른다. 하지만 우리는 이 기계들을 그냥 곱하고만 있지 서로에게 입력하거나 하는 것은 아님을 명심하자. 좋다. 그럼 가보자. 먼저 gh를 하나의 큰 기계로 생각해서 두 기계용 망치를 이용해보자. 그럼 다음과 같이 나온다.

$$[fgh]' = f'[gh] + f[gh]'$$

맨 오른쪽에 있는 $[gh]'$ 조각도 두 기계용 망치를 이용해서 쪼갤 수 있다. 그럼 $[gh]' = g'h + gh'$으로 쓸 수 있다. 이렇게 잔머리를 굴려보면 다음과 같이 나온다.

$$[fgh]' = f'gh + fg'h + fgh' \qquad \boxed{\text{방정식 3-5}}$$

일종의 패턴 같은 것이 등장한다. 이는 다음과 같이 요약할 수 있다. $f_1 f_2 \cdots f_n$처럼 n개의 기계가 곱해진 것이 있을 때 그 전체의 도함수는 조각들의 다발을 한데 더해놓은 것처럼 보이며, 그 각각의 조각들은 원래의 기계와 거의 비슷해 보이지만, 각각의 조각에 들어 있는 기계들이 딱 하나씩만 차례로 돌아가면서 도함수 기호 프라임이 붙는다. 조각에는 모두가 한 번씩 이런 차례가 돌아가기 때문에 전체 조각의 수는 개별 기계의 수와 같다. 그럼 우리가 여기까지 추측한 내용을 이런 식으로 적을 수 있다.

$$(f_1 f_2 \cdots f_n)' = (f_1' f_2 \cdots f_n) + (f_1 f_2' \cdots f_n) + \cdots + (f_1 f_2 \cdots f_n')$$

하지만 점이 너무 많이 찍혀 있어서 꽤나 복잡해 보인다. 어떻게 하면 n 값에 상관없이 이 패턴이 계속해서 참임을 밝힐 수 있을까? 여기 아이디어가 하나 있다. 우리는 두 기계 버전에 대해 알고, 이 두 기계 버전을 두 번 적용해서 세 기계 버전도 알아냈다. 그럼 네 기계 버전은 어떻게 얻을 수 있을까? $f_2 f_3 f_4$를 하나의 기계로 생각해서 두 기계 버전을 한 번 적용하면 된다. 이렇게.

$$[f_1 f_2 f_3 f_4]' = f_1'[f_2 f_3 f_4] + f_1[f_2 f_3 f_4]'$$

하지만 앞에서 세 개짜리 기계용 망치를 발명했기 때문에 위 방정식 맨 오른쪽에 있는 $[f_2 f_3 f_4]'$ 조각을 그 망치로 깨뜨려서 다음과 같은 식을 얻을 수 있다.

세 개짜리 기계용 망치를 이용!

$$[f_1 f_2 f_3 f_4]' = f_1' f_2 f_3 f_4 + \overbrace{f_1 f_2' f_3 f_4 + f_1 f_2 f_3' f_4 + f_1 f_2 f_3 f_4'}$$

정말 꼴사나워지고 있기는 하지만 그래도 복잡하지는 않다. 그저 기호만 많이 들어 있을 뿐이다. 위 방정식은 엄청나게 많은 기호를 이용했지만 한마디로 '모두가 차례로 돌아가면서 한 번씩 도함수 기호가 붙는다'는 말을 할 뿐이다. 게다가 추론 과정에서는 꼴사나워지는 부분이 없다. 오히려 그 반대다. 수학에서 한 패턴이 등장할 뿐만 아니라, 우리의 추론 과정에서도 패턴이 등장하고 있다.

우리의 추론 과정에서 등장하는 패턴은 몇 개의 기계를 한데 곱한 것에서 그 수학적 패턴이 참이면,* 그다음 개수의 기계에서도 패턴이 항상 참이라는 것이다.

- 두 기계의 곱에서는 이 패턴이 참임을 안다.
- 두 기계의 곱에서 이 패턴이 참임을 알 경우실제로 안다, 세 기계의 곱에서도 패턴이 참이라 주장할 수 있다그렇게 했다.
- 세 기계의 곱에서 이 패턴이 참임을 알 경우실제로 안다, 네 기계의 곱에서도 패턴이 참이라 주장할 수 있다역시나 그렇게 했다.
- ….
- 792개 기계의 곱에서 이 패턴이 참임을 알 경우, 793개 기계의 곱에서도 패턴이 참이라 주장할 수 있다.
- 무한정 이어짐.

이것이 우리 추론 과정에 등장하는 패턴이다. 우리는 수학에서 알아차린 이 패턴이 모든 n값에 대해 계속 참이라는 것을 확인하고 싶다. 하지만 언뜻 불가능해 보인다. 결국 우리가 확인해야 할 문장이 무한히 많기 때문이다. 각각의 숫자 n에 대해 문장을 하나씩 확인해야 한다. 만약 n이 792라면 그 문장은 '이 패턴은 792개의 기계를 한데 곱한 것에도 참이다'이다.

유한한 시간 안에 무한히 많은 문장을 확인하는 것이 어떻게 가능하단 말인가? 우리의 추론 과정에서 관찰했던 패턴을 잘 들여다보면 앞으로 나아갈 길이 보인다. 우리는 이미 몇몇 구체적인 사례두 기계, 세 기계, 네 기계를 곱한 것에서 '모두 한 차례씩 돌아가기'라는 패턴을 발견했다. 만약 축약된 형태를 이용해서 어떤 개수의 기계를 한데 곱한 것에서 그 패턴이 참일 때 그다음 개수에서도 패턴이 참임을 밝힐 수 있다면 어떻게 될까? 그렇게만 된

---

* 문장(명제)만이 참일 수 있음에도 '패턴이 참이면'이라는 구절을 쓰고 있는 것이 못마땅하게 느껴진다면 부디 관대하게 넘어가주기를…. 어쨌거나 당신 말이 옳다.

다면 모든 개수에 대해 해당 패턴이 참이라는 것을 자동적으로 밝힐 수 있다. 이를 축약된 형태로 표현해보자.

우리가 이미 특정 숫자 k개의 기계용 망치를 가지고 있다고 해보자. 즉, 그 패턴이 어떤 특정 개수의 기계를 한데 곱한 것에 대해 참이라 가정하고, 그 숫자를 k라고 부르자는 말이다. 그럼 이 가정을 이용해서 패턴이 그다음 숫자인 $k+1$에서 반드시 참이어야 하는지 확인해볼 수 있다. k개의 기계에 대해서는 이 패턴이 참이라고 가정하고 있기 때문에 어쩌면 처음에 나온 k개의 기계를 하나의 커다란 기계라고 해석하기만 해도 그다음 숫자인 $k+1$개의 기계에서도 이 패턴이 반드시 참이어야 함을 밝힐 수 있을지 모른다. 그럼 이 k개의 기계를 g라고 부르고, 두 기계를 위한 망치를 적용해보자. 즉, $g \equiv f_1 f_2 \cdots f_k$라고 축약하고 이렇게 적어보자.

$$(f_1 f_2 \cdots f_k f_{k+1})' \equiv (g f_{k+1})' = g' f_{k+1} + g f_{k+1}' \qquad \boxed{\text{방정식 3-6}}$$

그럼 우리는 '모두 한 차례씩 돌아가기' 패턴이 k개의 기계를 한데 곱한 것에 대해 참임을 이미 안다고 상상하고 있기 때문에 이를 이용해서 방정식 3-6에 나온 g' 조각을 확장할 수 있다. g는 k개의 기계를 한데 곱한 것을 나타내는 약자일 뿐이기 때문이다. 그럼 g'을 이렇게 쓸 수 있다.

$$
\begin{aligned}
g' &\equiv (f_1 f_2 \cdots f_k)' \\
&= (f_1' f_2 \cdots f_k) \quad \text{[첫 번째 조각 차례]} \\
&\quad + (f_1 f_2' \cdots f_k) \quad \text{[두 번째 조각 차례]}
\end{aligned}
$$

어쩌고

저쩌고

$$+\ (f_1 f_2 \cdots f_k')\quad\quad [k\text{번째 조각 차례}]\quad\quad \boxed{\text{방정식 3-7}}$$

이 크고 볼썽사나운 것을 방정식 3-6에 직접 대입하지는 말고, 그렇게 했을 때 뭐가 나올지만 상상해보자. 방정식 3-6에서 $g' f_{k+1}$ 조각은 방정식 3-7에 들어 있는 각각의 조각 오른쪽에 f_{k+1}을 갖다 붙인 것이 된다. 따라서 방정식 3-6에서 $g' f_{k+1}$ 조각은 k개의 기계를 한데 더한 것이 된다. 즉, 첫 번째 조각은 f_1에 도함수 기호가 붙을 차례이고, 두 번째 조각은 f_2에 도함수가 붙을 차례이고, 이렇게 해서 f_k까지 이어진다. 하지만 이 모든 조각의 오른쪽에는 f_{k+1}이 자리 잡고 있는데도 정작 여기에는 도함수 기호가 붙을 차례가 한 번도 오지 않는다.

그럼 패턴이 붕괴된 것일까? 그렇지 않다! 방정식 3-6의 맨 오른쪽에 있는 $g f'_{k+1}$ 조각에서 f_{k+1}에 도함수 기호가 붙을 차례가 찾아온다. 따라서 방정식 3-6에 있는 뒤죽박죽 커다란 덩어리는 뒤죽박죽 섞여 있음에도 사실 그렇게 뒤죽박죽 복잡하기만 한 것은 아니다. 일단 k개 기계용 망치를 이용해서 전개만 하면 방정식 3-6은 그저 $k+1$개의 기계를 한데 더해놓은 것에 다름없고, 각각의 특정 조각을 살펴보면 개별 기계마다 차례로 도함수 기호가 한 번씩 붙는다. 그래서 각각의 기계들 모두 딱 한 번씩만 자기 차례가 돌아오게 된다.

이것은 좀 이상한 논증이니까 우리가 이용한 추론 스타일을 축약된 형식으로 요약해볼 필요가 있다. 우리는 임의의 개수 기계를 한데 곱한 것에 대해 '모두 한 차례씩 돌아가며 도함수 기호 붙이기' 패턴이 참인 것을 확인하고 싶어 했다. 이것을 무한히 많은 서로 다른 문장이 참임을 확인하기를 원하는 거라고 생각할 수 있다. 내 말의 의미는 이렇다. 즉, S라는 글자는 '문장sentence'이라는 단어를 나타내고, n은 어떤 자연수를 나타낸다고 하자.

그럼 각각의 수 n에 대해 우리가 참임을 확인하고 싶은 한 문장이 존재한다. 이는 다음과 같이 축약할 수 있다.

$S(n)$ ≡ 임의의 수 n개의 기계를 한데 곱한 것에 대해 그 곱의 도함수에서 '모두 한 차례씩 돌아가며 도함수 기호 붙이기' 패턴은 참이다.

처음에 만들었던 $(fg)' = f'g + g'f$ 망치는 문장 $S(2)$가 참이라는 것만 말해준다. 그런 다음 우리는 세 기계를 한데 곱한 것에서도 이 패턴이 참임을 증명했고, 그래서 방정식 3–5가 나왔다. 이 방정식은 그냥 문장 $S(3)$이다. 그런데 결국 우리는 이렇게 계속 이어가는 일은 무의미하다는 것을 깨달았다. 우리가 확인해야 할 문장이 무한히 많기 때문이다. 하지만 우리는 추론 과정에서 임의의 문장 $S(k)$에서 그다음 문장 $S(k+1)$을 이끌어낼 수 있는 패턴을 눈치챘다. 즉, 우리는 임의의 수 n에 대해 $S(n)$이 참이라는 것을 즉각적으로 한꺼번에 확인할 수는 없었지만, 그래도 다음의 두 가지를 해낼 수 있었다.

1. 우리는 $S(2)$가 참임을 확인할 수 있었다.
2. 문장 S(어떤 수)가 참임을 이미 확인했다고 상상하면 문장 S(그다음 수) 역시 반드시 참이 되어야 한다는 것을 확인하기는 쉽다.

지금 당장은 확실하지 않지만 이 두 가지 사실만으로도 $S(n)$이 $n \geq 2$인 모든 수 n에 대해 참임을 입증해 보이기는 충분하다. 그 논리는 다음과 같다. 누군가가 당신에게 $n = 1749$라는 값을 주면서 $S(1749)$가 참인지 확인해달라고 했다고 치자. 그럼 이 문제를 직접 풀어서 해결하려고 달려드는 것은 아주 괴로운 일이 될 테니 그 대신 그에게 위에 나온 두 가지 항목을 확인해주었다고 해보자. 즉, $S(2)$가 참이라는 사실, 그리고 그보다 더 강력한 부분인 $S($어떤 수$)$가 참이면 $S($그다음 수$)$는 항상 참일 수밖에 없다는 사실을 말이다. 위의 목록에서 1번 항목을 한 번 적용하고, 그다음에는 2번 항목을 계속해서 반복하면 다음과 같은 추론이 가능하다. 즉, 우리는 $S(2)$가 참이라 믿는다. 게다가 $S(2)$가 참임을 믿는다면 $S(3)$이 참이라는 것도 믿어야 한다. 하지만 $S(3)$가 참이라 믿는다면 우리는 $S(4)$ 역시 참임을 믿어야 한다. 그리고 만약 $S(4)$가 참이라면… 이제 무슨 말을 하고 있는지 이해했을 것이다.

다음의 두 가지 사실만 확인할 수 있다면 우리는 어디까지라도 갈 수 있다. (1) 첫 단계를 밟을 수 있고, (2) 우리가 어떤 숫자만큼의 단계를 밟아도, 항상 그보다 한 단계 더 밟을 수 있다. 이런 유형의 추론 과정을 사다리에 비유해서 생각할 수도 있다. 우리가 입증해 보인 것은 다음과 같다. (1) 사다리의 첫 가로대에 올라갈 수 있다. (2) 우리가 사다리 위에서 어느 위치에 있든 항상 그 위에 있는 다음 가로대로 올라갈 수 있다. 우리가 이 두 가지 사실만 확인할 수 있다면 이제 너무 높아서 오르지 못할 사다리는 존재하지 않게 된다.

교과서에서는 이런 유형의 추론 과정을 '수학적 귀납법mathematical induction'이라고 부른다. 이 용어도 일단 익숙해지기만 하면 쓸 만하지만, 몇 가지 이유로 좀 불만스럽다. 우선 이 용어만 봐서는 우리가 무엇에 대해 이야기하는지 잘 떠오르지가 않는다. 그리고 그보다 더 중요한 이유가 있다. '귀납법'이란 단어에는 다양한 의미가 있어서 외부인에게는 혼란을 초래할 수 있기 때문이다. 귀납법에 해당하는 영어는 'induction'인데 이것은 (a) 우리가 방금 펼쳐 보였던 수학적 논증의 유형을 지칭할 수도 있고, (b) 이와는 상관없는 전기와 자기에서 일어나는 물리적 현상을 지칭할 수도 있고 'induction'에는 귀납법이라는 뜻 말고 물리학 개념인 유도라는 의미도 있다. 전기와 자기는 서로를 '유도'하는 특성이 있다-옮긴이 주, (c) 수학적 증명에서 흔하게 등장하는 '연역적 deductive' 추론과 종종 대비되는 일종의 '확률적 추론probabilistic reasoning'을 지칭하기도 한다. 영어 단어 'induction'에는 이런 관련 없는 의미가 주렁주렁 매달려 있지만 그 앞에 '수학적'이라는 단어가 오면 이런 사다리식 추론 과정을 의미하는 것이라 생각하자.

3.4.4. 더욱 강력한 망치

우리는 다음과 같은 더욱 강력한 망치로 무장했다.

$$(f_1 f_2 \cdots f_n)' = \text{모두 한 차례씩 돌아가는 그것}$$

좀 더 풀어서 쓰면,

$$(f_1 f_2 \cdots f_n)' = (f_1' f_2 \cdots f_n) + (f_1 f_2' \cdots f_n) + \cdots + (f_1 f_2 \cdots f_n')$$

방정식 3-8

이제 우리는 $x^{1/n}$의 도함수를 구하는 문제에 도전할 수 있다. 우리가 $x^{1/2}$의 도함수를 구할 때 사용했던 것과 비슷한 논증을 이용하고 싶어 했음을 기억하자. 즉, 우리는 정말로 간단한 기계를 정의하되 그것을 웃기게 적음으로써 $x^{1/n}$의 도함수를 구할 수 있을지도 모른다고 주장했었다.

$$M(x) \equiv \underbrace{x^{\frac{1}{n}} \, x^{\frac{1}{n}} \cdots x^{\frac{1}{n}}}_{n번}$$

이 기계는 사실 '겁나 지겨운 기계'인 $M(x) \equiv x$, 즉 입력한 값을 그대로 출력하는 기계에 가면을 씌운 것일 뿐이다. 따라서 그 도함수는 다음과 같다.

$$M'(x) = 1$$

하지만 이제 우리는 여기에 더욱 강력한 망치를 이용할 수 있다. 이 새로운 망치는 이 특정 문제에서 필요로 하는 것보다 훨씬 더 강력하다고 밝혀졌다. $M(x)$는 그저 $x^{1/n}$을 n개 늘어놓은 것이기 때문에 새로운 망치를 $M(x)$에 쓰면 방정식 3-8에 나오는 각각의 조각들은 모두 똑같을 것이다. 즉 방정식 3-8에 들어 있는 각각의 조각은 n개의 $x^{1/n}$과 $(x^{1/n})'$ 하나를 갖게 된다. 이것과 똑같은 것들이 $n-1$번 나타날 것이므로 다음과 같이 쓸 수 있다.

$$M'(x) \;\; = \;\; \text{똑같은 것이 } n \text{번} \;\; = \;\; n\left(x^{\frac{1}{n}}\right)^{n-1}\left(x^{1/n}\right)'$$

우리는 똑같은 것을 두 가지 방식으로 적었으므로 그 둘을 다음과 같이 등호로 연결할 수 있다.

$$1 \;\; = \;\; n\left(x^{\frac{1}{n}}\right)^{n-1}\left(x^{1/n}\right)'$$

$\left(x^{\frac{1}{n}}\right)^{n-1}$이라는 약자가 무시무시해 보이지만 우리가 제곱을 발명한 방식 때문에 이것은 그냥 $x^{\text{거시기}}$ 여기서 '거시기'는 $\frac{1}{n}$을 $n-1$번 더한 값에 지나지 않는다. 그렇다면 거시기는 그냥 $\frac{1}{n}(n-1)$이 된다. 이것을 다르게 쓰면 $1 - \frac{1}{n}$

이 나온다. 따라서 위 방정식에서 제곱지수를 이렇게 바꿔 쓸 수 있다. 또한 우리가 알아내려는 것은 $(x^{1/n})'$이므로 그를 제외한 나머지를 모두 등호의 반대편으로 옮기자. 그럼 다음과 같은 식이 나온다.

$$\frac{1}{nx^{1-\frac{1}{n}}} = \left(x^{1/n}\right)'$$

방정식 3-9

우리가 원했던 것을 찾았다는 의미에서는 이것으로 답을 찾은 셈이다. 답이 단순하지 않다는 점은 중요하지 않다. 무엇을 '단순한' 걸로 볼 것인가 하는 질문은 무엇을 '좋은' 예술로 볼 것이냐, 이와 비슷한 질문이다. 완전히 무의미하지만 또한 완전히 무의미한 것만은 아니기도 하다. 분명 답을 표현하는 방법에는 여러 가지가 있다. 그 가운데 어느 답으로 택할 것인가 하는 부분은 미학적 선호도에 달려 있다. 단순화라는 것은 인간이 만들어 낸 구성물일 뿐, 수학은 똑같은 내용을 말한다면 단순한 답과 복잡하고 볼썽사나운 답을 구분하지 않는다. 따라서 그런 의미에서 보면 우린 답을 찾은 셈이다.

하지만 개인적으로는 약간 초조한 상태다. 이것이 지금까지 보아온 패턴과 같은지 아직 확신이 서지 않기 때문이다. 지금까지는 우리가 x의 몇 제곱 형태의 기계에서 도함수를 구하면 항상 원래의 제곱지수값을 앞으로 끌어내고, x의 제곱지수는 1을 내린 형태가 나왔다. 이런 패턴이 $(x^n)'$ = nx^{n-1}이라는 문장처럼 양의 정수를 대상으로 해도 나왔고, $(x^{-n})'$ = $(-n)x^{-n-1}$이라는 문장처럼 음의 정수를 대상으로 해도 나왔고, 심지어는 $(x^{1/2})' = (\frac{1}{2})x^{-\frac{1}{2}}$처럼 특정 분수 제곱을 대상으로 해도 나왔다. 우리는 이 패턴이 언제나 참이기를 바란다. 그렇게만 된다면 우리 우주에는 제곱 형식의 기계를 미분하는 '법칙'이 볼썽사나운 모습으로 여러 개 존재하지 않고, 하나의 크고 멋진 법칙만 존재하게 될 것이기 때문이다. 우리가 방정식 3-9에서 막 발견한 내용은 이런 비슷한 패턴을 담을 수도 있고, 그렇지 않을 수도 있다. 하지만 저렇게 적힌 모습만 보아서는 어느 쪽인지 알 수가 없다.

따라서 '단순화'라는 것이 수학과는 아무런 관련도 없는, 인간이 만들어 낸 구성물에 지나지 않고, 맞기는 맞지만 '단순화되지 않은' 답이라는 이유만으로 감점을 하는 수학 선생님은 그저 자신이 좋아하는 기준을 학생에게 강요하는 것일 뿐이지만, 우리는 개인적으로 방정식 3-9를 다르게 적어서 우리 수학적 우주가 얼마나 통일성을 가졌는지 알아보고 싶다. 당신이 이 것을 '단순화'라고 부르든 말든 상관없다. 우리는 그저 방정식 3-9를 다르게 적어서 과연 우리가 지금까지 보아온 패턴이 여전히 성립하는지, 아니면 그 패턴이 여기서 붕괴되는지 분명하게 알고 싶을 뿐이다. 방정식 3-9를 어떻게 찌그러뜨리면 이런 형태로 만들 수 있을까? 우리가 앞에서 제곱을 발명할 때 $\frac{1}{(거시기)^\#}$ 은 $(거시기)^{-\#}$ 으로 쓸 수 있다는 것을 알아냈다. 따라서 우리가 방금 발견한 방정식 3-9를 보면 $-(1-\frac{1}{n}) = \frac{1}{n}-1$이기 때문에 분모에 들어 있는 것을 분자로 끌어 올릴 수 있다. 또한, n으로 나누는 것은 사실 $\frac{1}{n}$을 곱하는 것이기 때문에 방정식 3-9를 다음과 같이 고쳐 쓸 수 있다.

$$\left(x^{\frac{1}{n}}\right)' = \left(\frac{1}{n}\right)x^{\frac{1}{n}-1}$$

방정식 3-10

완벽하다! 패턴이 다시 나타났다. 그저 우연히 발생했을 리는 없다. 이 미스터리에 최종 마침표를 찍을 수 있으면 정말 좋겠다. 지금으로서는 모든 수 #에 대해 $(x^\#)' = \#x^{\#-1}$일 가능성이 크다고 더욱더 자신 있게 말할 수 있지만, 과연 그 모든 수가 $\# = \frac{m}{n}$ 여기서 m과 n은 자연수의 형태일 수도 있는지까지는 아직 알 수 없다. 하지만 모든 수 $\#$가 $\frac{m}{n}$처럼 보이는 어떠한 수에 얼마든지 근접시킬 수 있다는 것은 확인 가능하다. 대체 어떻게? 이렇게 하면 된다. 누군가가 당신에게 다음과 같은 '짜증 나는annyong, 저자가 'annoying'을 일부러 이렇게 오자로 적었다. 한글로 읽으면 '안녕'이 된다. 이러한 오자를 적은 이유를 저자가 각주에 구구절절 설명하니 꼭 확인하고 넘어가자-옮긴이 주'* 수를 주었다고 가정해보자.

$$\# = 8.34567840987238654\ldots$$

이 숫자는 방금 키보드를 마구 두드려서 만든 것이다. 내가 이렇게 말한

---

* 사실 이 단어는 'annoying(짜증 나는)'이라고 써야 맞지만, 'annyong(안녕)'이 너무 좋은 말이라 오자인 걸 알면서도 고치기가 아깝다. 한국말을 조금 아는 사람이라면, 아니면 한글을 아는 사람이라면(한글은 단언컨대 지구에서 가장 우아한 표기 체계다), 아니면 <못 말리는 패밀리(Arrested Development)>라는 미드를 보는 사람이라면(이 미드에는 한국말로 인사하는 것을 이름으로 알아들어서 이름이 '안녕'이 된 한국 아이가 등장한다-옮긴이 주) 이것을 왜 좋은 말이라고 하는지 이해할 것이다. 곁다리로 한마디 덧붙이자면, 이것은 지구상의 모든 생명을 창조해낸 원리 즉, '자연선택'을 보여주는 사례이기도 하다. 돌연변이(오자)들은 대부분 해로운(무의미한) 것이지만, 드물게는 돌연변이(오자)에 원래의 것에는 들어 있지 않은 유용한 정보(의미)가 담길 때도 있다(예: annoying → annyong). 이를테면 돌연변이 덕분에 원래의 것과 형태가 달라져서 새로운 임무를 수행할 수 있는 단백질을 만드는 능력이 생기기도 한다. 오자와 자연선택에 대해 이야기가 나온 김에 문학사상 가장 위대한 오자일지도 모를 것에 관한 비슷한 이야기를 해볼까 싶다. 리처드 도킨스(Richard Dawkins)는 《지상 최대의 쇼(The Greatest Show on Earth)》를 집필하다가 대형강입자충돌기(Large Hadron Collider)에 대해 쓰고 있었는데, 실수로 그것을 'Large Hardon Collider(대형발기충돌기, 'Hadron'을 'Hardon'이라고 잘못 적은 것이다. 원래 'Hadron'은 강입자라는 뜻인데, 'Hardon'이라고 하면 남성 성기의 '발기'라는 뜻이 되어버린다. 그런데 포털사이트에 한번 'Hardon'이라고 검색해보기 바란다. 우리나라 사이트에서는 'Hadron'을 'Hardon'으로 잘못 적은 경우가 꽤 많다. 영어권 사람들이 보면 꽤나 흐뭇한(?) 미소를 지을 것 같다-옮긴이 주)'라고 잘못 적었다. 도킨스는 이 사건을 다음과 같이 설명했다. "나는 그 오자를 발견했지만 당연히 그대로 놔두었습니다. 하지만, 맙소사! 출판사 편집자는 그 오자를 발견하고 지워버렸더군요. 나는 제발 그 오자를 그대로 놔두라고 빌었습니다. 하지만 그 편집자가 이렇게 말하더군요. 이것 때문에 모가지 날아가기는 싫다고 말이죠."

다고 가정해보자. '$\frac{m}{n}$ 여기서 m과 n은 자연수의 형태로 나타나는 수를 이용해서 이 숫자를 소수점 아래 열 자리까지 근사치를 구하자.' 이걸 하는 데는 복잡한 수학이 전혀 필요하지 않다. 그냥 간단하게 다음과 같이 하면 된다.

$$\# \approx \underbrace{8.3456784098}_{\text{소수점 아래 열 자리}} = \frac{83456784098}{10000000000}$$

내가 방금 무작위로 만들어낸 수지만 어려운 수학을 동원하지 않아도 그냥 한 자연수를 또 다른 자연수로 나누는 방법을 이용하면 소수점 아래 열 자리까지 근사치가 구해진다는 것을 알 수 있다. 분명 이 방법은 원래 숫자가 어떤 값인가에 상관없이, 그리고 정확도를 소수점 아래 어느 자리까지 향상시키기 원하는가에 상관없이 적용 가능하다.

이를 바탕으로 우리는 가장 먼저 $\# = \frac{m}{n}$ 형태의 거듭제곱을 살펴봄으로써 모든 수 $\#$에 대해 $(x^{\#})' = \#x^{\#-1}$이 참임을 확인하는 과정을 시작할까 한다. 그리고 이런 형태의 수를 이용하면 언제라도 임의의 수 $\#$에 원하는 만큼 가까운 수를 만들 수 있다는 것을 전제로 하자. 자연수의 비율로 정확하게 나타낼 수 없는 수가 존재하는지는 아직 우리도 알 수 없다. 어쩌면 모든 수는 자연수의 비율로 나타낼 수 있을지 모르고, 그렇지 않을지도 모른다. 아직은 알 수 없다. 하지만 위의 논증 과정에 따르면 설사 그런 이상한 수가 존재하더라도 자연수의 비율을 이용하면 우리가 원하는 만큼 그 수에 가까운 답을 얻을 수 있다. 그렇다면 만에 하나 모든 수를 $\frac{m}{n}$ m과 n은 자연수의 형태로 적을 수 없음을 발견하더라도 그 패턴이 여전히 유효함을 마음만 먹으면 확인해볼 수 있을 것이다. 이제 이 미스터리에 최종 마침표를 찍어보자.

3.4.5. 지겨운 과정 피하기

이 시점에서 우리는 위에서 한 것과 기본적으로 똑같은 과정을 진행하기로 하고 다음과 같은 기계를 정의할 수 있다.

$$M(x) \equiv \underbrace{x^{\frac{m}{n}} x^{\frac{m}{n}} \cdots x^{\frac{m}{n}}}_{n \text{번}}$$

한편으로 보면 이 문장은 $M(x) = x^m$ 을 바보 같은 방식으로 적어놓은 것에 다름없다. 그리고 우리는 이것을 어떻게 미분하는지 안다. 또한 우리는 앞에서 발명한 정말로 강력한 망치n개의 기계를 한데 곱한 것을 미분하는 망치를 이용해서 $M(x)$를 미분할 수도 있다. 그럼 똑같은 것을 두 가지 방식으로 적은 것이 되어 둘 사이에 등호를 집어넣은 다음 $x^{\frac{m}{n}}$의 도함수를 따로 분리해볼 수 있다. 하지만 아주 지겹고 고통스러운 작업이 될 것이기 때문에 덜 괴로운 방식으로 할 수 없는지 생각해보자. 더 간단한 방법이 떠오르지 않으면 언제든 다시 돌아와 지겨운 방식으로 진행할 수 있기 때문에 지름길을 고민하는 것도 나쁘지 않다.

3.4.6. 혹시나 효과 있을지 모르는 미친 개념

여기 미친 개념 하나를 소개한다. 우리는 지금 초보편적인 '거시기 거듭 제곱 기계'를 미분하고 싶어 한다.

$$P(x) \equiv x^{\frac{m}{n}}$$

여기서 P는 '거듭제곱power'을 상징하고 m과 n은 자연수다. 이제 우리가 거듭제곱을 발명한 방식 때문에 이것을 다음과 같이 고쳐 쓸 수 있다.

$$P(x) = \left(x^{\frac{1}{n}}\right)^m$$

시작할 때부터 우리는 사물을 얼마든지 원하는 대로 축약할 수 있다는 사실을 강조해왔다. 이제 그 개념을 정말 진지하게 받아들인다면 쓸모 있는 잔머리를 굴려볼 수 있다. 위에 나온 $P(x)$ 수식은 아주 무시무시해 보이지만 실은 다음과 같다.

$$P(x) = (거시기)^m$$

여기서 (거시기)는 $x^{1/n}$의 약자다. 따라서 $P(x)$는 미분하는 방법을 아는 어느 한 가지 안에 미분하는 방법을 아는 또 다른 것이 들어가 있는 형태다. 즉, 다음과 같다.

1. 우린 (거시기)^{m}의 도함수 구하는 법을 안다. 그것은 $m(거시기)^{m-1}$이다.
2. 우린 (거시기)의 도함수 구하는 법도 안다. (거시기)는 그저 $x^{1/n}$의 약자일 뿐이고, 몇 쪽 전에 $x^{1/n}$의 도함수를 알아냈기 때문이다.

하지만 이런 추론 과정은 사실 완벽하지도 않고 설득력도 약하다. 1번 문장에서는 (거시기)를 변수로 생각하고 있었는데, 2번 문장에서는 x를 변수로 생각하고 있기 때문이다. 이 서로 다른 두 가지 사고방식을 어떻게 하나로 엮어야 할지 확실하지 않다. 하지만 어떻게 해서든 이 두 가지를 하나로 엮을 수 있다면 $x^{\frac{m}{n}}$을 미분할 수 있을지도 모른다. 그리고 이런 종류의 사고방식을 앞으로 마주칠지 모를 더 미친 기계에도 적용할 수 있을지 모른다.

　지금까지 우리는 도함수의 기호로 대부분 '프라임'을 사용해왔다. 그래서 기계 M의 도함수는 M'이라 적었다. 이것은 아무런 문제가 없다. 하지만 위에서 우리의 미친 개념을 이해해보려고 했는데, 거기서는 $P(x)$가 미분할 줄 아는 두 개의 조각이, 하나가 다른 하나에 들어가 있는 형태다. 우리의 개념을 표현하기 위해서는 서로 다른 두 가지를 '변수'로 생각해야 하지만, 프라임 기호는 그런 개념을 표현하는 데 별로 효과적이지 않다. 무엇이 문제일까? 만약 우리가 정말로 사물을 원하는 대로 축약할 수 있다면 아래 있는 모든 문장은 똑같은 의미를 가져야 한다.

$$(x^n)' = nx^{n-1}$$
$$(Q^n)' = nQ^{n-1}$$
$$(\text{어쩌구})' = n(\text{어쩌구})^{n-1}$$

　이것은 완벽하게 말이 되어 보인다. 우리는 사물을 원하는 대로 얼마든지 축약할 수 있기 때문이다. 하지만 프라임 기호와 이 새로운 미친 개념은 서로 잘 어울리지 못하기 때문에 프라임 기호와 우리의 미친 개념을 한 논증 안에서 함께 사용하면 큰 혼란에 빠지기 쉽다. 이유를 알아보자. 우리는 $\frac{d}{dx}x = 1$임을 안다. 그냥 $(x)' = 1$을 다르게 말한 것이기 때문이다. 하지만 우리가 사물을 얼마든 원하는 대로 축약할 수 있다면 아무 기계, 이를테면 $M(s) \equiv s^n$을 가져다가 $x \equiv s^n$이라고 줄일 수 있다. 여기에 프라임 기호를 사용하면 $(x)' = 1$이다. 하지만 x는 그저 s^n의 약자이고, $(s^n)' = ns^{n-1}$임을 안다. 그렇다면 우리는 $ns^{n-1} = 1$임을 증명한 셈이 되고 만다. 하지만 이 문장은 분명 항상 참이 아니다! 예를 들어 $s = 1, n = 2$일 때는 1 = 2라는 말이 된다. 어허! 우리가 대체 뭘 잘못한 것일까?

약자를 잘못 쓴 것이 아니냐고 비난하고 싶은 마음이 들지 모른다. 사물을 원하는 대로 아무렇게나 축약하면 안 되는 것 아니냐고 말이다. 하지만 그렇지 않다! 분명 우리는 원하는 대로 아무렇게나 축약할 수 있다! 우리가 지금 덫에 빠져버린 이유는 사실 프라임 기호 때문이다. 프라임 기호는 우리가 무엇을 변수로 생각하고 있는지 떠올리게 하지 않기 때문이다! 우리가 $(x)' = 1$이라고 쓸 때 사실 이 프라임 기호의 의미는 'x에 대한 도함수' 또는는 'x를 변수로 생각했을 때의 도함수'라는 의미다. 그리고 우리가 $(s^n)' = ns^{n-1}$이라고 썼을 때 사실 이 프라임 기호의 의미는 's에 대한 도함수' 또는는 's를 변수로 생각했을 때의 도함수'라는 뜻이다. 따라서 위에서 두 문장을 따로 썼을 때는 아무 잘못도 없었지만, 그 둘을 등호 표시로 이은 것은 잘못이었다. 두 수식은 서로 다른 두 질문에 대한 답이기 때문이다.

세상은 아무 문제가 없고 우리는 여전히 사물을 원하는 대로 얼마든 축약할 수 있다. 하지만 앞에서 나온 x, Q, '어쩌구'가 들어가는 세 수식에서 했던 것처럼 축약할 때 프라임 기호를 쓰면 위험하다. 우리가 위에서 말하고자 했던 것을 제대로 표현하면 다음과 같은 모습이 된다.

$$\frac{d}{dx}x^n = nx^{n-1}$$

$$\frac{d}{dQ}Q^n = nQ^{n-1}$$

$$\frac{d}{d(\text{어쩌구})}(\text{어쩌구})^n = n(\text{어쩌구})^{n-1}$$

각각의 사례마다 우리가 변수로 생각하는 것이 바뀌고 있음을 명심하자. 따라서 변수로 생각하는 것이 변함에 따라 $\frac{d}{dx}$ 약자에 들어 있던 x가 Q로,

그다음에는 '어쩌구'로 바뀌었다. 여전히 우리는 원하는 것은 무엇이든 할 수 있지만, 앞에서 우리가 사용할 약자를 발명할 때 무엇을 생각했는지 확실하게 기억해야 한다. 혹시나 기억하지 못할 것 같으면 뒤로 돌아가서 약자들을 처음에 발명할 때 무엇을 생각하고 있었는지 확인해봐야 한다. 우리는 그 무엇도 암기할 필요는 없지만 앞에서 했던 말과 모순을 일으키지 않게 주의해야 한다.

여기까지 알아봤으니 이제 프라임 기호를 사용하지 않고 '약자 고쳐 쓰기reabbreviation'에 관한 우리의 미친 개념을 표현할 수 있을지 확인하자. 여기서는 'd' 기호만을 사용하겠다. 이 기호를 사용하면 우리가 무엇을 변수로 생각하는지 쉽게 떠올릴 수 있기 때문이다. 우리가 앞에서 내놓았던 개념은 다음과 같다.

$$P(x) \equiv x^{\frac{m}{n}}$$

그렇다면 우리는 이것을 $P(x) = (x^{\frac{1}{n}})^m$으로 고쳐서 생각할 수 있다. 그럼 만약 (거시기) $\equiv x^{\frac{1}{n}}$이라 축약하면 $P(x) = ($거시기$)^m$이고 그럼 다음과 같이 쓸 수 있다.

$$\frac{d}{d(거시기)} P(x) = \frac{d}{d(거시기)} (거시기)^m = m (거시기)^{m-1}$$

이렇게 기호를 바꿔놓으니 우리가 앞서 어디에서 잘못했는지가 좀 더 명확해진다. 우리가 했던 일이 모두 옳기는 했지만, 그건 우리가 처음에 던졌던 질문이 아니라 살짝 다른 질문에 대한 정답이었다. 우리는 원래 x를 변수로 생각해서 $P(x)$의 도함수를 알고 싶어 했다. 그런데 살짝 다른 질문에 대한 정답을 구해버렸다. 즉 (거시기)가 $x^{1/n}$의 약자일 때 (거시기)를 변수로 생각해서 $P(x)$의 도함수를 구한 것이다.

이건 우리가 지금까지 몇 번 마주쳤던 바로 그 상황이다. 우리는 어떤 질문에 답을 구하고 싶었지만 그럴 수 없었다. 그런데 질문을 살짝만 바꿔주면 거기에는 아무 문제없이 답을 구할 수 있음을 알게 됐다. 따라서 답을 몰랐던 원래 질문의 해답을 구하기 위해 우리는 '거짓말을 하고서 나중에 다시 수정하는' 개념적 과정을 수행할 수 있었다. 만약 우리가 던진 질문이 '(거시기)가 $x^{1/n}$일 때 (거시기)에 대한 $P(x)$의 도함수는 무엇인가'였다면 어땠을까? 그럼 답을 구하기가 쉬워질 것이다. 하지만 이건 우리가 원래 구하려던 답이 아니다. 그럼 거짓말을 해보자. 더 쉬운 문제에 일단 답을 구한 다음, 그 거짓말을 수정하는 것이다. 내가 의미하는 바를 여기 설명하겠다. 우선 다음과 같은 질문으로 시작한다.

$$\frac{dP}{dx} \text{ 는 무엇인가?}$$

우리는 이 답을 모르니까 거짓말을 해보자. 그럼 질문이 다음과 같이 바뀐다.

$$\frac{dP}{d(\text{거시기})} \text{ 는 무엇인가?}$$

이 질문의 답은 구할 수 있다. 적어도 (거시기)가 $x^{1/n}$이라면 말이다. 하지만 우리는 이미 거짓말을 했기 때문에 상황이 바뀌었다. 따라서 뒤로 돌아가서 거짓말로 인한 오류를 수정해야 한다. 그럼 먼저 추가로 $d(\text{거시기})$를 분자에 올려서 앞에서 방금 분모에 도입한 $d(\text{거시기})$를 지우자. 그리고 두 번째로는 우리가 거짓말하면서 없애버렸던 분모의 dx를 다시 원위치로 돌린다. 이렇게 하면 살짝 형태가 달라지기는 했지만 원래의 질문이 나온다.

$$\frac{d(거시기)}{dx} \frac{dP}{d(거시기)} \text{ 는 무엇인가?}$$

거짓말을 하고 다시 그것을 수정한다는 개념이 마음에 들지 않으면 전체 과정을 그냥 1을 곱하는 것이라 생각하면 된다. 이를 확인하기 위해 문제 풀이를 처음부터 다시 시작해서 우리가 방금 펼친 논증 전체를 한꺼번에 전개해보자.

$$\frac{dP}{dx} = \overbrace{\frac{d(거시기)}{d(거시기)}}^{\text{그냥 1을 복잡하게 적은 것}} \frac{dP}{dx} = \underbrace{\frac{d(거시기)}{dx} \frac{dP}{d(거시기)}}_{\text{분모에서 } ab = ba \text{ 사용}}$$

어라! 이거 둘 다 우리가 계산법을 아는 것 아닌가! 완전 훌륭하다! 우리는 $P(x) \equiv x^{\frac{m}{n}}$이라 정의했고, 그것을 장황하게 전개하면서 미분하고 싶은 마음이 들지 않았다. 물론 맘만 먹으면 그럴 수도 있었지만 왠지 지름길을 찾을 수 있을 것 같았다. 우리는 프라임 기호 때문에 혼동하기는 했지만 d 기호를 이용해서 다시 적어보니까 거짓말을 하고 다시 수정하는 것만으로도 문제가 훨씬 쉬워졌다. 우리는 이미 (거시기)에 대해 P의 도함수를 구하는 법을 알아냈다.

$$\frac{dP}{d(거시기)} \equiv \frac{d}{d(거시기)} (거시기)^m = m \cdot (거시기)^{m-1}$$

$$\equiv m \cdot \left(x^{\frac{1}{n}}\right)^{m-1} = m \cdot \left(x^{\frac{m-1}{n}}\right)$$

방정식 3-11

그리고 x에 대해 (거시기) $\equiv x^{1/n}$의 도함수를 구하는 법을 알아냈다.

$$\frac{d(거시기)}{dx} \equiv \frac{d}{dx}\left(x^{\frac{1}{n}}\right) = \left(\frac{1}{n}\right)x^{\frac{1}{n}-1}$$

방정식 3-12

따라서 새로 얻은 이 기적의 망치는, 우리가 찾아 헤맨 x에 대한 P의 도함수는 그냥 위에 나온 두 개를 곱하기만 하면 나온다고 말해준다 이 방법을 몰랐다면 아주 지루한 과정을 거쳐야 했을 것이다. 어디 한번 해보자.

3.4.7. 또다시 등장한 패턴!

기본적으로는 문제를 다 푼 것이나 다름없다. 그냥 위에서 이미 발명해 놓은 걸 이용하기만 하면 된다. $x^{\frac{1}{n}}$의 약자로 (거시기)를 써서 방정식 3-11과 3-12를 이용해 다음과 같이 쓸 수 있다.

$$\frac{dP}{dx} = \frac{d(거시기)}{dx}\frac{dP}{d(거시기)}$$
$$= \left[\left(\frac{1}{n}\right)x^{\frac{1}{n}-1}\right]\left[m\left(x^{\frac{m-1}{n}}\right)\right]$$
$$= \left(\frac{m}{n}\right)x^{\frac{1}{n}-1+\frac{m-1}{n}}$$

여기서 딱 하나 볼썽사나운 것은 제곱지수지만, 가만히 몇 초 들여다보면 이것은 그냥 $\frac{m}{n}-1$인 것을 알 수 있다. 따라서 다음과 같이 쓸 수 있다.

$$\frac{d}{dx}\left(x^{\frac{m}{n}}\right) = \left(\frac{m}{n}\right)x^{\frac{m}{n}-1}$$

완벽하다! 이 문장은 우리가 지금까지 내내 보아온 것과 똑같은 패턴이다. 정말 놀랍다. 아무래도 이것을 철학적으로 검토해보아야 할 때가 된 듯싶다.

──────→ 3.5. 창조 이야기의 국면 변화 ←──────

> 자연의 양상과 자연의 법칙만이 이 처음을 가지고 있나니, 아직까지 무로부터 태어난 것은 아무것도 없노라.
>
> -루크레티우스Lucretius,《사물의 본성에 관하여De Rerum Natura》

이제 모든 먼지가 가라앉고 나니 또다시 눈앞에 똑같은 익숙한 패턴이 등장해서 우리를 빤히 바라보고 있다. 직접 이 모든 것을 만들어내는 일을 반복하다가 어느 순간 갑자기 과연 이 모든 걸 우리가 만들어냈다고 주장할 수 있을까 의심스러워지는 단계까지 오고 말았다. 이제 잠시 한 걸음 뒤로 물러서서 우리가 내세웠던 전제들을 다시 생각해볼 때가 됐다. 수학 그리고 수학적 진리의 본성은 대체 무엇일까? 우리의 수학적 우주는 온전히 직접 발명한 것들로만 이루어졌음에도 점점 우리와는 독립적으로 존재하는 진리가 등장하는 듯 보인다. 우리는 기계라는 개념을 발명하고, 거듭제곱을 발명하고, 경사를 발명하고, 무한 배율 확대경을 발명하고, 도함수의 개념을 발명했지만, 우리는 수학에게 $x^{\#}$을 미분할 때마다 계속해서 나타나는 이 간단한 패턴을 따르라고 일부러 강요한 적이 한 번도 없었다. 그런데도 어쩐 일인지 우리는 서로 다른 유형의 수를 대상으로 해도 결국에는 $(x^{\#})' = \#x^{\#-1}$이라는 사실과 계속해서 다시 마주치고 있다. 똑같은 패턴에 도착하기 위해 서로 다른 유형의 수를 다룰 때마다 아주 다른 논증 과정을 거쳐야 했는데도 말이다. 우리는 양의 정수에 대해서도 이 패턴을 발견했고, 그다음에는 음의 정수에 대해서도, '1/정수'의 형태로 나타나는 수에 대해서도, 그리고 이번에는 '정수/정수'의 형태에 대해서도 이 패턴을 발견했다. 하지만 이 패턴이 우리가 요구했기 때문에 나온 적은 한 번도 없었다.

우리는 정말 모든 것을 직접 발명하고 있고, 그런 만큼 우리가 발명하고 있는 세상에서 참인 것은 모두 우리가 그동안 세웠던 가정의 결과로 참이 된 것이어야 한다. 하지만 이제 우리가 명확하게 내세웠던 가정들과 전혀 닮은 점이 없는 사실과 정면으로 마주치기 시작했다. 수학에서는 이런 일이 끝도 없이 일어난다. 그리고 이런 것을 발견할 때 찾아오는 이상한 느낌은 하인리히 헤르츠Heinrich Hertz의 말에 잘 표현되어 있다.

> 수학 공식들이 독립적으로 존재하면서 자기만의 지능을 갖고 있다는 느낌, 이것들이 우리보다, 자신을 발견한 사람들보다도 훨씬 더 똑똑하다는 느낌을 피할 수가 없다.

미친 사람이 아니고서야 수학을 이렇게 의인화할 이가 누가 있겠느냐고 생각할지도 모르겠다. 나도 그런 생각을 반박하지는 못하겠다. 하지만 헤르츠는 미치지 않았다. 그리고 그의 말은 수학적 발견 과정에서 중요한 점을 잘 보여준다. 2장과 3장에서 서로 다른 유형의 수에 대한 $x^{\#}$의 도함수에서 '제곱지수 앞으로 끌어내기' 패턴을 다시 발견할 때마다 우리는 헤르츠가 기술했던 현상을 두 눈으로 직접 목격했던 것이다. 이렇게 해서 우리는 우리의 수학적 창조 이야기에서 국면이 변화하는 순간에 도착했다. 이제 우리는 수학을 충분히 발명했다. 어쩌면 이제 이것은 그냥 수학이 아니라 어떤 인격체 같은 존재로 봐야 할지도 모르겠다. 자기만의 기분, 변덕, 생각을 가지고 우리와 독립적으로 존재하는 것처럼 보이기 시작했으니까 말이다. 이 장은 헤르츠와 같은 느낌을 접하는 수많은 만남 중 첫 번째일 뿐이다. 이런 의인화를 미친 소리라고 한다면, 앞으로는 미칠 일이 훨씬 더 많아질 것이다.

3.5.1. 우리가 방금 한 일에 대해 이야기해보자

지금까지 발명한 도구들을 요약하자. 이 도구들을 이용하면 우리는 꼭 더하기-곱하기 기계뿐만 아니라 일반적인 기계 전반을 다룰 수 있다. 그럼 여기에 이름을 붙여보자.

더하기용 망치

$$(f + g)' = f' + g'$$

곱하기용 망치

$$(fg)' = f'g + fg'$$

약자 고쳐 쓰기용 망치

$$\frac{df}{dx} = \frac{ds}{dx}\frac{df}{ds}$$

우리는 더하기용 망치와 곱하기용 망치를 확장해서 n 개의 기계에 적용 가능한 버전도 만들어냈다. 하지만 일반적인 용도의 망치들은 글로 쓰기가

좀 번거롭고, 실제로는 주로 두 기계용 버전을 쓰기 때문에 여기서는 가장 간단한 형태로만 적었다.

세 가지 망치도 기존 수학 교과서에서 이름을 갖고 있다. 더하기용 망치는 '합의 법칙sum rule'이라고 한다. 그리고 곱하기용 망치는 '곱의 법칙 product rule'이라고 한다. 완벽하게 잘 고른 명칭이다. 우리가 무엇에 대해 이야기하고 있는지 잘 일깨워주기 때문이다. 다만 '법칙'이란 용어는 사람들에게 수학의 본성을 오해하게 만드는 효과가 있어서 그 점이 아쉽다ᅟᅵ는 '법칙'이란 용어를 쓸 때마다 우주를 더 지겹게 만들 뿐이라는 주장을 변함없이 지지한다.

하지만 이런 용어는 불평 몇 마디로 넘어갈 수 있지만 세 번째 망치를 표현하는 표준 방식은 분명 문제가 있기 때문에 따로 섹션을 마련해서 지적하고 넘어가야겠다. 이제 바로 그곳으로 뛰어넘어보자.

⟶ 3.6. 망치와 사슬 ⟵

약자 고쳐 쓰기용 망치는 보통 '사슬법칙chain rule, 일반적으로는 '연쇄법칙'이란 용어를 주로 사용하지만 저자가 섹션의 제목을 망치와 사슬로 비유하고 싶어 했기 때문에 여기서 한 번만 사슬법칙이라 하고 이후로는 연쇄법칙이라 부르겠다—옮긴이 주' 또는 '연쇄법칙'이라고 부른다. 이 이름도 썩 나쁘지는 않지만 대부분의 책에서 이것에 대해 이야기할 때 너무 괴상한 기호들을 이용하는 바람에 학생들을 쓸데없이 괴롭히고, 간단한 개념을 괜히 어려워 보이게 만든다. 약자 고쳐 쓰기용 망치'연쇄법칙'를 발명할 때 가장 큰 장애물은 이 개념이 프라임 기호와는 잘 어울리지 않는다는 사실을 깨닫는 일이었음을 기억하자. 프라임 기호를 쓰는 게 불가능하지는 않지만 실수하기 너무 쉽다는 것을 알게 됐다. 문제의 절반에서는 x를 변수로 해석하고, 나머지 절반에서는 s 같은 것을 변수로 해석하는 오류를 저지르기 때문이다. 수학 교과서에서는 보통 이 개념을 다음과 같이 나타낸다.

수학 교과서에 약자 고쳐 쓰기용 망치에 대해 말할 때

'연쇄법칙'이란 함수 안에 함수가 들어가 있는
합성함수를 미분하는 법칙이다. 즉, $h(x) = f(g(x))$일 때,
연쇄법칙에 따르면 $h'(x) = f'(g(x))g'(x)$다.

 분명 수학 교과서에서 말하는 이 '연쇄법칙'이 틀린 소리는 아니다. 다만 간단한 개념을 쓸데없이 너무 복잡하게 표현하는 것이 문제다. 게다가 '연쇄법칙'을 합성함수의 미분에 관한 말로 해석할 수 있는 것은 사실이지만, 개념을 이런 식으로 표현하면 결정적인 부분을 제대로 전달하지 못한다. 바로 무엇을 '함수 안에 함수가 들어가 있는 합성함수'로 볼 것인지는 완전히 우리에게 달려 있다는 사실이다! $M(x) \equiv 8x^4$ 같은 함수도 '합성함수 즉, 한 함수가 다른 함수 안에 들어가 있는 함수'로 생각할 수 있다. 그리고 그것도 어마어마하게 다양한 방식으로 가능하다. 예를 들어, 만약 $f(x) \equiv x^4$, $g(x) \equiv 8x$라고 정의하면 $M(x) = g(f(x))$가 된다. 이와 달리 $a(x) \equiv 2x$, $\mathrm{b}(x) \equiv \frac{1}{2}x^4$으로 정의하면 $M(x) = b(a(x))$가 된다. 어떤 함수를 두 개나 세 개 또는 99개의 다른 함수로 이루어진 합성함수로 볼 방법은 무한히 많다. 따라서 특정 기계를 두고 '두 함수로 이루어진 합성함수'라고 단정 짓는 것은 객관성이 현저히 떨어진다. 이렇게 생각할지 말지를 결정하는 것은 언제나 우리의 몫이다. 그럼 왜 그런 식으로 생각하고 싶어질까? 솔직히

말하면 딱히 그럴 이유야 없지만… 문제 풀이에 도움만 된다면야! 결국 우리가 애초에 약자 고쳐 쓰기용 망치를 발명하게 된 까닭도 그런 사고 과정 덕분이었다.

이 두 가지 사고방식의 차이를 좀 더 자세하게 알아보기 위해 약자 고쳐 쓰기용 망치연쇄법칙를 교과서에 흔히 나오는 방식을 이용해서 $M(x) \equiv (x^{17}+2x+30)^{509}$의 도함수를 구해보고, 이를 우리가 위에서 사용했던 방식과 대조하겠다. 여기서는 개념을 분명하게 보여주기 위해 과정을 여러 단계로 나누었지만, 일단 이 개념에 완전히 익숙해지고 나면 양쪽 어느 방식을 쓰든 한 단계 만에 문제를 풀 수 있을 것이다.

교과서에서 약자 고쳐 쓰기용 망치연쇄법칙를 사용하는 방식

우리가 미분하고 싶은 함수는 다음과 같다.

$$M(x) = \left(x^{17} + 2x + 30\right)^{509}$$

두 함수를 다음과 같이 정의하면,

$$f(x) = x^{509}$$
$$g(x) = x^{17} + 2x + 30$$

M은 다음과 같은 합성함수가 된다.

$$M(x) = f(g(x))$$

여기서 $f(x)$를 미분하면 다음과 같다.

$$f'(x) = 509x^{508}$$

그와 비슷하게 $g(x)$를 미분하면 다음과 같다.

$$g'(x) = 17x^{16} + 2$$

따라서 연쇄법칙을 적용하면 다음과 같은 결과가 나온다.

$$M'(x) = f'(g(x))g'(x) = 509 \left(x^{17} + 2x + 30 \right)^{508} \left(17x^{16} + 2 \right)$$

우리가 보통 약자 고쳐 쓰기용 망치연쇄법칙를 사용하는 방식

우리는 x를 변수로 생각해서 다음의 함수를 미분하고 싶다.

$$M(x) \equiv \left(x^{17} + 2x + 30 \right)^{509}$$

이것은 볼썽사나운 문제지만 그저 거듭제곱을
잔뜩 모아놓은 것일 뿐이고 우리는 거듭제곱의 꼴은 무섭지 않다.
따라서 다음과 같이 축약하자.

$$s \equiv x^{17} + 2x + 30$$

여기서 s는 거시기stuff를 나타낸다.

그럼 $M(s) \equiv s^{509}$ 이고, 따라서 $\dfrac{dM}{ds} = 509s^{508}$이다.

그러나 우리가 원하는 것은 $\dfrac{dM}{dx}$ 이지 $\dfrac{dM}{ds}$ 가 아니다.
따라서 거짓말하고 나중에 수정하기를 적용하면,

$$\frac{dM}{dx} = \left(\frac{dM}{ds} \right) \left(\frac{ds}{dx} \right)$$

거짓말하고 나중에 수정하기를 해보니 여전히 x를 변수로 생각했을 때
(거시기)의 도함수가 필요하다. 이 역시 쉽다.

$$\frac{ds}{dx} = 17x^{16} + 2$$

따라서 마침내 다음과 같은 결과가 나온다.

$$\frac{dM}{dx} = \left(\frac{dM}{ds}\right)\left(\frac{ds}{dx}\right) = \left(509s^{508}\right)\left(17x^{16} + 2\right)$$

$$\equiv 509\left(x^{17} + 2x + 30\right)^{508}\left(17x^{16} + 2\right)$$

두 경우 모두에서 똑같은 답이 나왔음에 주목하자. 이 두 가지 방식은 논리적으로 동등하다. 하지만 심리적으로는 분명 동등하지 않다. 게다가 이것을 '합성함수를 미분하는 법칙'이라고 부르면 마치 '합성함수'가 따로 존재하는 것 같은 생각이 든다. 실상은 그렇지 않다.

이러한 '도움이 될 때만' 철학이야말로 우리가 애초에 세 가지 망치를 발명한 이유였다. 그리고 어려운 문제를 쉬운 조각으로 쪼개는 최적의 방법을 기술할 때 '법칙'이나 '정리' 등이 아닌 '망치'라는 단어를 이용하는 또다른 이유이기도 하다. '합의 법칙', '곱의 법칙', '연쇄법칙' 같은 용어가 틀린 것은 아니지만 살짝 오해를 불러일으킬 여지를 안고 있다. 이 세 가지 문제 쪼개기 방법은 우리에게 무엇을 하라고 지시하는 법칙이 아니라, 우리가 원할 때 마음대로 할 수 있는 것이 무엇인지 말해주는 도구다. 이는 대단히 중요한 차이를 만들어낸다. 따라서 이것을 자체적인 박스를 만들어 정리해보자.

모든 망치의 요점

1. 어떤 기계든지 '정말로' 두 개의 기계를 더한 것이라
생각할 수 있지만, 우리는 오직 도움이 될 때만 그렇게 할 것이다.
우리가 더하기용 망치를 발명한 이유도 그 때문이다.

2. 어떤 기계든지 '정말로' 두 개의 기계를 곱한 것이라
생각할 수 있지만, 우리는 오직 도움이 될 때만 그렇게 할 것이다.
우리가 곱하기용 망치를 발명한 이유도 그 때문이다.
3. 어떤 기계든지 '정말로' 한 기계 안에 다른 기계를 입력한 것이라
생각할 수 있지만, 우리는 오직 도움이 될 때만 그렇게 할 것이다.
우리가 약자 고쳐 쓰기용 망치를 발명한 이유도 그 때문이다.

요점을 큰 목소리로 분명하게 밝혀놓았으니 세 망치를 나날이 커지는 무기 창고에 보태고 여행을 계속 이어가자.

→ **3.7. 재회** ←

우리가 이 장에서 한 일들을 다시 떠올려보자.

1. 거듭제곱의 개념을 무의미한 약자에서 유의미한 개념으로 확장한 뒤 우리는 자기도 모르는 사이에 서로 다른 종류의 기계들이 한바탕 만들어져 나왔음을 알게 됐다.
2. 우리는 이런 기계들을 미분하는 법을 몰랐지만 우리가 거듭제곱을 발명한 방식 때문에 그것을 더 간단한 기계들과 엮는 방법을 알게 됐다. 예를 들면 다음과 같다.

$$x^n x^{-n} = 1 \quad \text{그리고} \quad \underbrace{\left(x^{\frac{1}{n}}\right)\left(x^{\frac{1}{n}}\right)\cdots\left(x^{\frac{1}{n}}\right)}_{n\text{번}} = x$$

3. 새로 등장한 헷갈리는 기계들을 더 간단하고 익숙한 기계와 관련시키니 '수학을 속여서' 새로운 기계들의 도함수가 무엇인지 실토하게 만들 수 있었다.

4. 새로운 기계들의 도함수를 구하는 과정에서 우리는 망치 몇 개를 발명했다. 더하기용 망치, 곱하기용 망치, 약자 고쳐 쓰기용 망치다. 이를 이용하면 어려운 문제를 더 간단한 조각들로 쪼갤 수 있다.

5. 이 장의 중간에서 뜻하지 않았던 대화가 이루어지는 바람에 작가가 깜짝 놀랐다. 덕분에 새로운 친구를 사귀게 됐다. 그래서 어쩌면 이 책의 나머지 부분에 큰 변화를 가져올지도 모르겠다. 대화 이전 부분들도 과연 이 변화로부터 안전할지 확신을 못하겠다.

6. 폭로! 바로 앞 번호에 나온 이야기 때문에 조금 겁을 먹었다. 책을 다시 써야 하나?

막간 3

미래를 뒤돌아보며

이제 모든 것이 끝났다고 믿게 될 때가 올 것이다. 그때가 바로 시
작이다.

-루이스 라무르Louis L'Amour,《산에서 외로이Lonely on the Mountain》

1막: 끝

처음부터 우리는 다음과 같은 일을 마무리하면 이 책도 끝나게 된다고
말했다. (1) 수학을 우리가 직접 발명하고, (2) 우리가 만들어낸 것을 다른
수학 교과서에서 접하는 수학과 가끔씩 연결해보는 것. 그럼 잠시 발걸음
을 멈추고 우리가 어디까지 왔는지 확인하는 것도 좋겠다. 우리가 지금 아
는 것과 모르는 것이 무엇인지 모두 떠올려보자. 당신이 아는 내용을 표준
수학 교과서에 등장하는 언어로도 이해할 수 있도록 우리 용어와 표준 용

어를 모두 함께 사용하겠다.

첫째, 우리는 고등학교에서 배울 때는 완전 미스터리로만 보이던 몇 가지 수학적 개념을 이미 발명했고, 그 개념들이 사실은 깜짝 놀랄 정도로 단순한 것임을 확인했다.

우리가 발명한, 고등학교에서 배울 때는 미스터리 그 자체로 느껴졌을 것들

1. 함수기계의 개념.
2. 면적의 개념—수학적 개념을 발명하는 법의 첫 번째 사례.
3. 분배법칙—너무 뻔한 찢기 법칙.
4. 이름값을 못하는 'FOIL' 같은 어이없는 약자.
5. 경사의 개념—수학적 개념을 발명하는 법의 두 번째 사례.
6. 직선은 $f(x) \equiv ax+b$ 라는 형태의 함수로 기술할 수 있다—이는 경사의 개념을 발명한 방식 때문에 필연적으로 따라온 결과였다.
7. 피타고라스의 정리—지름길 거리 공식.
8. 다항식—더하기-곱하기 기계.
9. 거듭제곱, n 제곱근, 마이너스 n 제곱, 임의의 분수 제곱이 모든 것은 막간 2에서 우리가 일반화한 내용으로부터 뒤따라 나온다.

둘째, 미적분학을 발명하고, 조금 시간을 내어 우리가 창조한 새로운 세상을 탐험했다.

우리가 발명한, 미적분학에 대해 흔히 듣는 것들

1. 국소적 선형성local linearity의 개념—무한 배율 확대경.
2. 도함수의 개념—확대해 들어가서 휘어진 것의 경사를 정의하기.
3. 무한소infinitesimal의 개념—무한히 작은 수.

---

4. 극한의 개념무한히 작은 수라는 개념이 마음에 들지 않을 경우 그 개념을 피할 수 있게 해주는 장치.

5. 모든 다항식의 도함수를 구하는 법.

6. 합의 법칙, 합의 도함수, n개의 함수로의 일반화더하기용 망치.

7. 곱의 법칙, 곱의 도함수, n개의 함수로의 일반화곱하기용 망치.

8. 연쇄법칙과 그 도함수약자 고쳐 쓰기용 망치.

9. 다항식 미분 법칙power rule과 양의 정수 제곱지수, 음의 정수 제곱지수, 정수 분의 1 제곱지수, 임의의 유리수 제곱지수 다항식의 도함수주의: 다항식 미분 법칙이란 우리가 다양한 맥락에서 계속 재발견했던 $(x^\#)' = \#x^{\#-1}$ 패턴을 수학 교과서식으로 부르는 이름이다.

10. 어떤 수든 유리수를 이용하면 임의의 정확도까지 근사치를 구할 수 있다유리수는 한 정수를 다른 정수로 나눈 형태로 표현할 수 있는 수를 지칭하는 표준 명칭이다.

11. 수학적 귀납법우리가 좀 더 일반화된 버전의 망치를 만들 때 사용했던 사다리 추론 방식.

셋째, 우리는 수학 교과서나 수업 시간에 좀처럼 듣기 힘든 것도 들었다. 역설적이게도 이 세 번째 내용이 가장 중요한 내용이라 할 수 있다.

좀처럼 듣기 힘든 내용

1. 방정식은 그저 문장일 뿐이다.

2. 수학에서 사용하는 모든 기호는 우리가 말로 풀어서 이야기할 수도 있지만, 그러기가 귀찮아서 약자로 축약해놓은 것에 지나지 않는다이것은 아주 훌륭한 귀차니즘이다.

3. 좋은 약자를 발명하는 방법: 좋은 약자라면 우리가 무엇을 축약했는지

떠올릴 수 있게 해주어야 한다.

4. 수학적 개념을 발명하는 방법이것은 뒤에서도 더 많이 해볼 것이다.

5. 인정하기 싫은 사람이 많겠지만 수학적 정의는 미학적 선호도에 크게 영향을 받는다. 이를테면 이왕이면 다홍치마라고, 사람들은 가장 우아해 보이는 정의를 선택한다.

6. 수학은 두 부분으로 이루어져 있다. 절반은 무정부주의적인 창조이고, 나머지 절반은 우리가 창조해낸 것이 대체 무엇인지 알아내는 노력이다.

7. 아주 간단한 수학을 이용해서 특수상대성이론의 시간 지연 현상을 설명하는 공식을 유도하는 법.

8. 가끔은 약자에 무의미한 변화를 주는 것만으로도 수식의 의미를 이해하는 능력에 큰 영향을 미칠 수 있다예를 들면, 약자 고쳐 쓰기용 망치를 적는 두 가지 방법, 즉, 연쇄법칙.

9. 수학에서는 그 무엇도 암기할 필요가 없다…. 당신이 굳이 원하지 않는 한.

이와 달리 일반적으로는 기초적인 내용이라 생각하지만 우리는 아직 모르는 것들도 있다.

우리가 아직 모르는 일부 '간단한' 것들, 아마 생각처럼 간단하지 않을지도 모른다

1. 원의 면적이 πr^2인 이유를 아직 모른다.

2. 원주의 길이가 $2\pi r$인 이유를 아직 모른다.

3. 지금 시점에서 π라는 기호는 우리에게 아무런 의미도 없다.

4. $\sin(x)$와 $\cos(x)$라는 기계는 현재 우리의 어휘 사전에 들어 있지 않다. 그리고 놀리고 싶을 때가 아니면 이 기계들을 이런 우스꽝스러운 이름

으로 부르지도 않을 것이다.

5. 우리는 $\log_b(xy) = \log_b(x) + \log_b(y)$라는 사실을 모른다. 그리고 우리는 로그logarithm의 밑을 변환하는 방법도 모른다. 우리는 로그의 속성에 대해서는 단 하나도 모른다.

6. 우리는 로그가 대체 무엇인지 전혀 모르지만, 왠지 그 이름을 들으니 우울해진다.

7. 우리는 e^x이 우리의 무한 배율 확대경과 특별한 관계가 있으리라 예측할 하등의 이유도 없다.

8. 지금 시점에서 e라는 기호는 우리에게 아무런 의미도 없다.

2막: 시작

우리는 위에 나온 첫 세 개의 목록에 나온 수학적 개념들은 이미 발명했지만, 마지막 목록에 나온 개념들은 다음의 두 장에서, 아직 논의하지 않은 미적분학의 '필수 선행 과목'이라는 것들 대다수가 사실은 우리가 이미 갖고 있는 도구, 또는 중간에 우연히 발명하게 된, 그 사촌 격인 도구로 쉽게 발명할 수 있음을 알게 될 것이다. 모든 경우에서 우리는 이른바 '선행 과목'이 사실은 '후행 과목'임을 발견하게 될 거다. 사실 이걸 알아야 미적분을 이해할 수 있는 게 아니라, 미적분을 알아야 이것들을 제대로 이해할 수 있다. 자, 그럼! 이제 우리가 발명해놓은 '상급' 개념 그리고 우리가 아직 모르는 '기초' 개념을 요약했으니 뒤돌아 미래를 바라보기 시작하자. 준비됐는가? 그럼 출발이다!

(아무 일도 일어나지 않는다….

마치 이 장면이 이미 예약되어 있었다는 듯….)

BURN MATH CLASS
수학하지 않는 수학

2막

CHAPTER

04

원 그리고
포기에 대하여

On Circles and Giving Up

4.1. 개념 원심분리기

4.1.1. 때로는 포기하면 문제가 해결된다

원심분리기는 간단하면서도 효과적인 기계다. 여러 성분이 혼합된 액체를 담아 아주 빠른 속도로 회전만 시키면 성분을 따로 분리할 수 있다. 고등학교와 대학교 교육과정에서 배우는 수학의 상당 부분은 보통 이렇게 여러 성분이 뒤섞인 액체와 비슷한 상태다. 성분을 조사해보면 아름답고 필연적인 수학적 진리가 쓸데없는 역사적 우연들과 함께 뒤죽박죽 섞여 있어서 보고만 있어도 식욕이 떨어지는 정체불명의 혼합 음료 같다. 여기서 우리에게 필요한 것은 개념 원심분리기다. 만약 시계를 거꾸로 돌려 우주를 크게 뒤흔든 다음 인간의 역사가 또다시 돌아가게 놔둔다면 다른 우연이 작용해 지금과는 아주 다른 모습이 펼쳐졌을 것이다. 개념 원심분리기는 이런 역사적 우연들로부터 불변의 진리를 분리해내는 방법이다. 이것이 무슨 말인지 보여줄 한 사례로 시작하자.

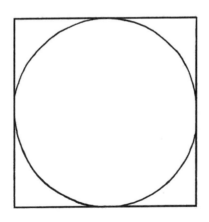

그림 4-1 이 문제는 정말 따분해 보일지도 모르겠다. 하지만 잠깐! 사실 이것은 개념 원심분리기다.

정사각형 안에 원이 하나 들어 있다고 해보자그림 4-1. 이 정사각형을 원이 얼마나 차지하고 있을까? 우리는 지금 직접 발명한 것 말고 다른 수학은 존재하지 않는 머릿속 작은 방 안에 들어왔다. 우리가 그것을 처음부터 발명할 방법을 생각해내지 못한다고 해서 다른 누군가가 말해준 것을 그대로 가져와서 쓸 수는 없다. 그렇다면 대체 '이 정사각형을 원이 얼마나 차지하고 있을까'라는 말의 의미는 무얼까? 정사각형의 면적에서 원의 면적을 뺀 값을 묻는 것일까? 그럴지도. 그것도 답을 구하는 한 가지 방법이다. 우리는 그냥 차이를 열거하면서 이렇게 말할 수 있다. '전체에서 이것을 모두 뺀 값이 원이 차지하는 면적이다.' 하지만 그런 식으로 답하면 정사각형과 원의 면적 크기에 따라 답이 항상 달라진다. 만약 우리가 그림 4-1에 나와 있는 구체적인 그림에 대해 이야기하는 것이라면 그 차이는 당신이 지금 바라보고 있는 책장의 전체 면적보다 클 수 없다. 하지만 원이 지구만큼 큰 경우에 똑같은 문제를 풀었다면 답은 훨씬 큰 값이 나올 것이다.

그림의 크기에 따라 달라지지 않는 방식으로 정답을 구할 수 있으면 좋을 것 같다. 그럼 원의 면적을 정사각형의 면적으로 나눈 값으로 정답을 구하면 어떨까? 이렇게 해서 구한 답도 앞의 방법으로 구한 것과 똑같은 정답이지만 정답이 딱 하나의 값으로 정해지는 효과가 있을지도 모르겠다. 그 정답도 어떤 숫자로 나와야 할 것이다. 그렇지 않은가? 원은 분명 정사각형 면적의 1퍼센트 이상을 차지하지만, 99퍼센트보다는 덜 차지한다. 그럼 답은 반드시 1퍼센트와 99퍼센트 사이의 어떤 값이어야 하고, 전체 그림의 크기가 작든 크든 똑같아야 한다. 그림의 크기가 달라지면 정사각형과 원도 똑같이 커지거나 작아지기 때문이다.

좋다. 그런데 원은 곡선이고, 정사각형은 직선이어서 또다시 막혀버렸다. 우리가 발명한 무한 배율 확대경은 곡선을 다루는 데 도움이 되지만 지금

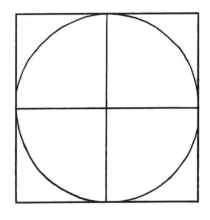

까지는 휘어진 곡선의 경사를 구하는 데만 이 확대경을 썼다. 그런데 원 문제는 경사에 관한 것이 아닌 듯하다. 따라서 도함수가 과연 여기서 도움이 될지 확실치 않다. 다른 식으로 접근해보자. 그래도 막혀버린 상황이 풀리지는 않겠지만 문제를 다른 방식으로 바라보도록 도와줄 수 있을지도 모른다. 그럼 정사각형을 네 조각으로 쪼개보자그림 4-2.

이제 질문을 이렇게 고쳐 쓸 수 있다. '작은 정사각형이 몇 개나 있어야 원을 채울 수 있을까?' 이 답이 자연수가 아닐 것 같다는 느낌이 온다. 작은 정사각형 하나의 면적을 $A(\square)$이라 부르고, 큰 정사각형의 면적을 $A(\boxplus)$이라고 부르자. 그럼 $A(\boxplus) = 4 \cdot A(\square)$이라고 쓸 수 있고… 또다시 막혔다. 직선을 이용해서는 문제가 조금도 쉬워지지 않는다. 우리는 기분 나쁜 곡선 때문에 원의 면적을 아직 알지 못한다. 하지만 이제 이 문제를 살짝 다른 언어로 이야기할 수 있게 됐다. 그림을 그냥 물끄러미 바라보고 있으면 $A(\bigcirc)$가 작은 정사각형 하나보다는 확실히 크고, 두 개보다는 분명 커 보인다는 것을 알 수 있다. 따라서 $A(\bigcirc) > 2 \cdot A(\square)$임이 거의 확실하다고 말할 수 있다정사각형 내부의 원 안에 원과 접하는 또 다른 정사각형을 그리면 그 면적이 $2 \cdot A(\square)$이 된다. 따라서 이 부등식이 성립한다—옮긴이 주. 그런데 이 원이 작은 정사각형 세 개의 면적보다 큰지는 확실하지 않다. 이 시점에서 추측해보면 정확한 숫자는 3 근처 어딘가라고 생각할 수 있다.

솔직히 말하자면 우리는 지금 아무런 진척도 없이 그저 바보 같은 짓만 하고 있다. 원을 비롯해서 휘어진 물체의 면적을 구하는 법을 모르기 때문에 여전히 막혀 있는 상태다. 그럼 한번 사기를 쳐보자! 사기를 치다니, 이게 무슨 말일까?

프랑스의 희극작가 몰리에르Molière의 연극 〈상상병 환자Le Malade Imaginaire〉에서 누군가가 의사에게 왜 아편을 먹으면 잠이 오느냐고 묻는다. 그러자 의사는 그 물질이 사람을 잠들게 하는 이유는 안에 든 '비르투스 도르미티바virtus dormitiva' 때문이라고 대답한다. 이것은 '수면을 유도하는 힘'이란 뜻을 가진 라틴어다. 용어를 분석하면 이 의사는 사실 아무런 대답도 내놓지 않았음을 알 수 있다. 의사는 자기도 답을 모르기 때문에 사람을 잠에 빠지게 하는 아편의 능력을 복잡한 이름으로 부른 것뿐이다. 이는 정답을 모를 때 저지르는 터무니없고 무책임한 대답이다. 그래서 사기나 마찬가지다. 그럼 우리도 비슷한 사기를 한번 쳐보자!

우리가 풀려는 문제는 정사각형을 원이 얼마나 많이 채우고 있는지 알아내는 것이다. 답을 모르지만, 정답이 존재한다는 것만큼은 분명하다. 즉, 어떤 수#라고 부르자가 나와야 한다는 말이다. 그럼 $A(\bigcirc) = \# \cdot A(\square)$이 성립된다. 그냥 그림만 봐도 $2 < \# < 4$라고 자신 있게 말할 수 있지만, 이 #라는 수가 정확히 몇인지는 모르겠다. 우리는 $A(\boxplus) = 4 \cdot A(\square)$이라는 것도 알고 있으므로 다음과 같이 한다면 $A(\square)$에 좌우되지 않는 방식으로 답을 표현할 수 있다.

$$\frac{A(\bigcirc)}{A(\boxplus)} = \frac{\# \cdot A(\Box)}{4 \cdot A(\Box)} = \frac{\#}{4}$$

복잡해 보이지만 사실은 아직 아무것도 한 일이 없다! 우린 그저 모르는 무언가를 위한 이름을 발명해서 몰리에르식으로 대답했을 뿐이다. 이 경우 우리가 붙인 이름은 '비르투스 도르미티바'처럼 복잡한 것 대신 #라는 기호였다. 하지만 두 가지 방법은 사실 아무런 차이가 없다. 우린 그저 #란 기호를 정의한 다음 포기해버렸을 뿐이다. 우리가 지금까지 한 일을 요약해보자.

질문 작은 정사각형이 몇 개 있어야 원을 채울 수 있나?

답 #개가 필요하다.

질문 #가 몇인데?

답 몰라. 나 좀 그냥 내버려둬.

$A(\Box) = r^2$임을 알 수 있다여기서 r은 원의 중심에서 가장자리까지의 거리다. 수학 교과서에서는 원의 '반지름'이라고 부른다. 그와 마찬가지 이유로 $A(\boxplus) = 4r^2$임을 알 수 있다. 우리는 #를 $A(\bigcirc) = \# \cdot A(\Box)$을 참으로 만드는 수라고 정의했다. 그럼 다음과 같은 식이 나온다.

$$A(\bigcirc) = \# \cdot r^2$$

이렇게 써놓고 보니 어쩌면 당신은 다음과 같은 공식을….

(수학이 어슬렁거리며 4장으로 들어온다.)

수학 두 분 잘 지냈어요? 뭐 해요?

저자 별것 아냐. 뭘 하고 있었는데 중간에 막혀버렸어.

수학 뭐에 막혔는데요?

독자 위에 나온 문제 때문에.

저자 가서 너도 한번 읽어봐.

(수학이 잠시 자리를 비웠다가 바로 돌아온다.)

수학 아, 뭣 때문인지 알겠네요.

독자 우리가 어떻게 해야 하지? 짚이는 거라도 있어?

수학 아니요. 도움 될 아이디어는 없어요. 하지만 도움 안 될 아이디어는
몇 개 있어요. 이것을 보니 제가 며칠 전에 막혔던 비슷한 문제가 떠
오르네요.

저자 어떤 문제였는데?

수학 제가 자체적으로 섹션을 하나 꾸려도 괜찮을까요?

저자 좋을 대로.

수학 그 문제는 이런 거였어요….

──────────→ **4.2. 가면증후군** ←──────────

저자 잠깐, 가면증후군유능하고 사회적으로 인정받는 사람이 자신의 능력을 의심하며 언
제가 무능함이 밝혀지지 않을까 걱정하는 심리 상태-옮긴이 주이라니? 이게 어떻게
비슷한 문제라는 거야?

수학 잠깐만요, 제가 금방 설명할게요.

저자 아, 미안해. 계속해봐. 문제가 뭔데?

(수학이 헛기침을 한다.)

수학 가끔은 사람들이 저를 알아볼 때가 있어요. 그러니까 제 말은… 전 사람들을 좋아해요. 하지만 사람들과 만나면 가끔… 민망해질 때가 있어요. 사람들은 제가 전부 다 알고 있을 거라 생각하거든요. 사실 잘 모르는데 말이죠. 사람들은 이런 문제들을 가지고 저를 찾아왔다가 답을 모르는 걸 보고 충격받아요. 사람들은 대체 절 어떤 존재라 생각하는지 모르겠어요. 저도 있는 그대로가 아닌 좀 더 나은 모습을 보여줄 수 있으면 좋겠어요. 하지만 제가 저 아닌 다른 존재일 수는 없잖아요. 어쨌거나 이건 다른 문제예요. 있는 그대로 이해받고 싶은 욕구…. 그건 오래전에 포기했어요.

(이봐! 포기하는 것은 이번 장의 주제–

저자 해설자! 조용히 있어. 지금은 때가 아니야.

수학 하지만 그 문제는 그렇다 쳐도 가면 쓴 사기꾼이 된 것 같은 기분을 덜 수만 있다면 좋겠다는 생각이 들었어요…. 그러니까 모두들 수학한테 물어보면 알고 있겠지 짐작하는 것을 제가 정말로 알고 있으면 좋겠다는 말이에요. 무슨 뜻인지 아시겠죠? 그럼 매일매일 사람들을 만날 때 불편한 마음을 훨씬 덜 수 있을 테니까요. 게다가 만약 제가

사람들이 제게 기대하는 것들을 알아내려고 노력하다 보면 어떤 사
람들은 노력을 인정하고 저를 이해해주려고 할지도 몰라요. 혹시 모
를 일이잖아요. 분명 절 이해하려고 노력할 사람이 한 명, 아니 어쩌
면 몇 명은 있을 거예요…. 하지만 누군가 저를 이해해주기를 바라며
그냥 멍청히 앉아 있을 수만은 없었어요…. 우선 사람들이 기대하는
제 모습이 되는 연습을 해야 해요. 그래야 도움이 된다면 필요에 따
라 동시에 양쪽 모습으로 존재할 수도, 둘 중 어느 하나의 모습으로
존재할 수도, 그 두 모습 모두 아닌 모습으로 존재할 수도 있을 테니
까요.

독자 우와, 이거 점점 일이 커지는데?

수학 어쨌거나 그래서 저는 기초적인 내용을 직접 발명해봐야겠다 생각
했어요. 그러니까 저는 말 그대로 수학이잖아요. 수학이라면 마땅히
이런 일을 할 수 있어야 하지 않겠어요?

저자 말 되네.

독자 그래서 일은 잘 풀렸어?

수학 아니요. 바로 막혀버렸어요. 가장 기초적인 것조차 발명할 수 없더라
고요.

독자 뭐부터 시작했는데?

수학 사람들이 자주 물어보는 거요. 원에 대한 것이었어요. 대체 왜 사람
들은 모두 제가 원에 그렇게 관심이 많을 거라고 생각하는지 모르겠
어요. 원은 그냥 하나의 도형일 뿐인데. 그보다 재미있는 게 얼마나
많은데요! 하지만… 제가 애초에 이런 가면증후군에 빠져버리게 된
이유도 바로 그런 사고방식 때문이었죠. 사람들이 제게 바라는 모습
이 뭔지 몰랐던 거요. 그래서 다시 세속적인 관심사로 돌아왔어요….

원의 둘레에 대한 질문이었죠. 정말 멍청하고 아이 같은 물음이에요. 당신이 풀려고 애쓰는 문제를 보니까 즉시 이 질문이 떠오르더군요. 그냥 원일 뿐이지만, 이건 정말 놀라울 정도로 다루기가 어려워요.

저자 휘어진 성질 때문에?

수학 바로 그거예요. 제 문제는 이거였어요. 원을 가로지르는 거리를 d라고 할게요. 이것은 '제기랄dammit, 수학이 돼서 이것도 못할 것 같으면 혀 깨물고 죽어야지'의 약자, 아니면 '거리distance'의 약자예요. 어느 쪽으로 할지는 아직 결정 못했어요. 어쨌거나 전 원 둘레를 쭉 걸어가려면 d만큼 몇 번을 걸어야 하는지 알아내려고 했어요. 원의 둘레가 $2d$보다 크다는 것은 분명했어요. 원의 둘레 반쪽의 거리가 d보다 크니까 확실했죠. 그런데 이거 말고는 그 거리가 $4d$보다는 작다는 것을 알아냈을 뿐이에요. 원과 접하게 그 바깥을 둘러싼 정사각형을 상상해보면 정사각형의 둘레 거리는 $4d$고 분명 그게 원의 둘레 거리보다는 컸으니까요.

독자 어디서 많이 듣던 소리네.

저자 맞아, 우리가 그랬다니까. 문제 풀다가 그렇게 꽉 막혀버리더라고.

수학 제가 추측하기로 d라는 숫자는 3과 비슷한 값이었어요. 하지만 정확한 숫자가 뭔지는 정말 모르겠더라고요. 그래서 결국엔 그냥 포기해버렸어요. 저는 그 문제에 오랫동안 매달렸지만 답을 알아내지 못했어요. 이건 아무에게도 알리고 싶지 않아요. 순환논리circular reasoning는 그 자체로도 정말 민망한 일인데, 민망할 정도로 간단한 문제로 원circle에 대해 추리하다가 순환논리에 빠져들고 말았으니, 사람들이 알게 되면 부끄러워서 어떻게 살아요?

저자 민망해할 필요 없어.

수학 민망하죠. 제가 누구예요? 수학이에요, 수학. 이 사실이 알려졌다가는 무의 세계 타블로이드 신문 표지마다 제 얼굴만 대문짝만하게 비어 있을 거예요. 어느 날 밤늦게 무의 세계의 어느 동네 약자 가게를 몰래 찾아간 적이 있었어요. 다른 이들의 관심을 끌지 않으려고 회계사로 변장하고 갔죠. 그리고 제 무식함을 가려줄 기호를 하나 골랐어요.

독자 우리하고 똑같은 일을 한 거네.

수학 정말 이상하지 않아요? 그렇게 간단한 것을 우리 중 누구도 이해하지 못하다니.

저자 분명 간단해 보이지 않아.

수학 어쩌면 정말 간단한 문제가 아닐지도 모르죠. 어쨌거나 저는 '포기 기호'를 골라서 그것으로 이렇게 적었어요.

$$\text{원의 둘레 길이} \equiv \sharp \cdot d \qquad \boxed{\text{방정식 4-1}}$$

저자 그러고 보니까 너도 몰리에르식 잔머리를 굴렸구나. 그런데 그 음악 기호는 뭐야?

수학 그게, 숫자 기호인 #를 써서 이것이 숫자라는 걸 떠올리게 하려고 했는데 사실 제가 숫자를 썩 좋아하질 않아서요. 그리고 그것이 숫자라는 사실을 너무 자주 떠올리고 싶지도 않고. 이 기호도 #하고 비슷해 보이잖아요. 이 정도면 적당한 선에서 잘 타협한 것 같아요.

저자 뭐, 그럴듯하네. 잠깐, 그런데 네가 추측하기로는 $\sharp$의 값이 3과 비슷하다고?

수학 네. 하지만 그냥 추측일 뿐이에요. 정확히 3은 아닌 것 같고요.

독자 우리가 영역의 값으로 추측했던 #도 3 비슷한 숫자였는데.

수학 재미있네요…. 그 두 문제가 왠지 기분 나쁘게 비슷해 보여요. 혹시 두 숫자가 같은 값이 아닌가 싶기도 하네요.

저자 에이, 그게 말이 되나. 그럴 가능성이 얼마나 되겠어?

수학 혹시 누가 알아요? 어쩌면 두 숫자가 같은 값이란 것을 우리가 확인할 수 있을지도 모르죠.

저자 너, 내 말은 한 귀로 듣고 한 귀로 흘린 거야? 우리는 이 두 숫자를 양쪽 다 모른다고. 값이 얼마인지도 모르는데 그 두 값이 같은지 어떻게 알아낸다는 거야?

수학 면적과 거리를 서로 관련시킬 방법이 필요해요. 2차원의 것을 1차원의 것과 관련시킬 방법이요. 저도 그 방법은 모르….

독자 글쎄…. 1차원 물체도 직접 그리면 일종의 2차원으로 보이지 않나? 선을 그으면 사실 아주 길고 가느다란 직사각형처럼 보이잖아.

저자 그렇긴 한데, 그래도 그건 아니지.

독자 그래, 아닌 건 나도 알지. 하지만 내 말 좀 들어봐. 내가 종이 한 장 위에 길이가 ℓ인 '선'을 그린다고 해보자고. 그건 진짜 선이 아니잖아. 안 그래? 그러니까 내 말은 사실 그 선이 1차원이 아니라는 거지. 확대해 들어가 보면 실제로는 길이가 ℓ이고 폭은 정말로 작은 값 dw인, 아주 가느다란 직사각형에 지나지 않는다는 거야. 가는 직사각형이 거의 선처럼 보인다는 건 우리도 다 알잖아. 어쩌면 우리도 원을 이것과 비슷하게 처리해서 면적과 길이를 관련시킬 방법을 발명할 수 있을지도 몰라. 운이 좋아 제대로 풀리기만 하면 두 숫자가 같은 값인지 확인 가능할지도 모른다고.

저자 흠. 재미있는 이야기네….

4.3. 모르는 두 값이 같다?

독자 그 개념을 말해볼게.

1. 정말로 가늘게 생긴 직사각형은 일종의 선처럼 보여.
2. 직사각형의 면적은 두 변의 길이를 곱해서 얻지. 우리의 '포기' 숫자를 쓰면 원의 면적은 다음과 같이 쓸 수 있어.

$$A(\bigcirc) = \# \cdot r^2$$

물론 이 숫자 #의 값은 우리도 모르지. 그럼 두 원을 상상해보자고. 하나는 반지름이 r이고, 다른 하나는 반지름이 $r+t$야. 여기서 t는 정말로 작은 수고. 첫 번째 원을 아주 조금만 더 늘려놓으면 두 번째 원을 만들 수 있겠지. 그럼 한 원 안에 다른 원이 들어가게 될 거야. 지금까지는 원의 면적을 $A(\bigcirc)$로 표시했는데, 이제는 서로 다른 두 원이 있으니까, 둘을 구분해줄 약자가 필요해. 그렇다면 안에 있는 원의 면적은 $A(r)$, 바깥에 있는 원의 면적은 $A(r+t)$로 쓰자고. 결국 전체적인 모양은 정말 가늘디가는 도넛처럼 보일 거야. 이것을 그림 4-3에 그렸어. 그럼 이 가느다란 도넛의 면적은 다음과 같이 나와야 해.

$$A_{도넛} = A_{바깥쪽} - A_{안쪽} \equiv A(r+t) - A(r)$$

우리의 문장 $A(r) = \# \cdot r^2$은 아직 그 안에 우리가 모르는 숫자를

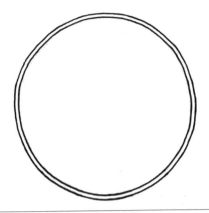

그림 4-3 무한히 가느다란 도넛에서는 그것을 마치 가느다란 직사각형처럼 취급해서 면적을 계산할 수 있을지도 모른다. 이 그림에서 안쪽 원은 반지름이 r이고, 바깥쪽 원은 반지름이 $r+t$라고 상상할 것이다. 여기서 t는 정말로 작은 어떤 수를 나타낸다. 따라서 도넛의 두께는 무슨 값인지 알 수 없지만 아주 작은 값인 t가 될 거다.

품고 있지. 하지만 어쨌거나 그것을 계속 쓰자고. 그럼 다음과 같이 되겠지.

$$A_{\text{도넛}} = \# \cdot (r+t)^2 - \# \cdot r^2$$
$$= \# \cdot \left[r^2 + 2rt + t^2 - r^2 \right]$$
$$= \# \cdot \left[2rt + t^2 \right]$$

그럼 이것이 가는 도넛의 면적이 돼. 하지만 또 다른 방식으로 생각해 볼 수도 있지. 이 원의 둘레를 어느 부분이든 정말 바짝 확대해서 들어가면 직선처럼 보일 거야. 따라서 이 가는 도넛의 어느 얇은 부분이든 확대해 들어가면 길고 가느다란 직사각형처럼 보일 거야. 그렇지?

수학 그렇죠.

저자 두말하면 잔소리지.

독자 여기서 정신 바짝 차리고 들어야 해. 만약 이 도넛의 두께를 충분히 가늘게 하고 가위로 도넛을 잘라서 펼치면, 길고 가느다란 직사각형을 만든다고 상상할 수 있어. 그렇게 해도 크게 틀리지는 않을 테니까. 그럼 이렇게 되지.

$$\text{가는 도넛의 면적} = (\text{긴 길이}) \cdot (\text{가는 길이})$$
$$= (\text{원의 둘레 길이}) \cdot (t)$$

수학 잠깐만요. 그냥 '원의 둘레 길이'라고 적었네요. 그건 제 '포기' 숫자가 말하는 값이잖아요. 보세요.

$$\text{원의 둘레 길이} \equiv \natural \cdot d$$

그럼 제가 도울 것이 생겼네요. '원의 둘레 길이'라는 말을 제 '포기' 수식으로 바꿔 적으면 당신의 수식은 이렇게 바뀌어요.

$$\text{가는 도넛의 면적} = \natural \cdot d \cdot t$$

저자 어라? 똑같은 것을 두 가지로 기술했잖아? 아깐 이렇게 적었다고.

$$\text{가는 도넛의 면적} = \# \cdot \left[2rt + t^2 \right]$$

수학 잠깐, 잠깐만요. 저는 두 분하고 다른 약자를 썼지만, 제가 d라고 불렀던 것이 당신이 r이라고 불렀던 것의 딱 두 배 크기로군요. 그럼

제 d를 $2r$로 고쳐 쓰고 이것들을 모두 결합하면,

$$\# \cdot \left[2rt + t^2 \right] = \sharp \cdot (2r) \cdot t$$

독자 모든 항목에 t가 적어도 하나씩은 붙어 있네.

저자 정말 그러네. 그건 말이지 양변 모두 가는 도넛의 면적에 대해 이야기하는 중이고, 그 면적은 작은 수 t를 줄이면 줄일수록 작아지지. 그러니 모든 곳에 t가 적어도 하나씩 붙어 있는 것이 말이 돼. 하지만 우리는 그냥 우리가 사용한 두 가지 '포기' 숫자를 비교해보려는 것이니까 양변에서 t를 하나씩 지우고 이런 식으로 고쳐 써보자고.

$$\# \cdot [(2r) + t] = \sharp \cdot (2r)$$

t는 저기 하나 달랑 남아서 뭐 하고 있는 거지?

독자 아하! 저거 나머지가 아닌가 싶어. 나는 가는 도넛의 면적을 '길이 곱하기 폭'과 거의 같은 값이라 생각할 수 있다고 주장했잖아. 거의 같은 값이지 정확하게 같은 값은 아니지만, 도넛의 두께가 가늘어질수록 그런 식으로 생각하는 것이 점점 더 합리적으로 변한다 할 수 있지. 만약 도넛이 무한히 가늘어진다면 거의 같은 값이 아니라, 완전히 같은 값이 되어야 할 것 같아. 그럼 어쩌면 t를 완전히 0으로 줄여보아야 할 것 같아. 만약 양변에서 t를 하나씩 지우기 전에 t를 0으로 줄이면 $0 = 0$이란 결과가 나와. 틀린 것은 아니지만 아무런 도움이 안 되겠지. 하지만 t를 양변에서 하나씩 지운 다음에 t를 0으로 줄이면….

$$\# \cdot (2r) = \natural \cdot (2r)$$

그리고 이제 양변에서 $2r$를 서로 지우면….

$$\# = \natural$$

저자 그럼 우리의 포기 숫자가 그he가 말한 포기 숫자와 같은 값이란 말이야?

수학 '그he'라고요? 설마 제게 성별이 있을 것 같지는 않은데요, 저자님?

저자 아, 물론이지. 미안. 영어는 인칭대명사 사용법이 까다로워서.

독자 어쨌거나 두 포기 숫자가 같은 값이었네.

저자 하지만 아직도 이 숫자들이 어떤 값인지 모르기는 마찬가지잖아! 아니, 이제는 숫자들이 아니라 그냥 숫자지. 미안. 영어는 복수형 사용법이 까다로워서.

수학 우리가 그 값을 모른다는 것이 문제가 될까요?

저자 아니, 별로 문제 될 건 없지. 그냥 #와 ♮가 무슨 값인지 처음부터 전혀 모르는 상태에서도 그 둘이 같은 값임을 입증할 수 있다는 것이 이상해서.

수학 그게 왜 그렇게 이상한 일인지 저는 모르겠네요. 그럼 지금부터 이 숫자를 그냥 ♮라 불러도 될까요? #는 다른 데서 쓸 일이 생길지도 모르니까요.

저자 좋지.

수학 멋지군요. 그럼 이제 우리는 이것을 알고 있어요.

$$원의 \, 면적 = \sharp r^2$$
$$원의 \, 둘레 \, 길이 = 2\sharp r$$

하지만 ♯가 어떤 값인지는 몰라요.

저자 그럼 원의 면적을 반지름에 대해 미분하면 원의 둘레 길이가 나오는 거네?

수학 흠. 그렇다고 할 수 있죠. 교과서에서 하는 말처럼 들리기는 하지만.

)*

———→ **4.4. 잡탕 분리하기** ←———

아마 지금쯤은 당신도 짐작하고 있겠지만 우리가 #와 ♯라고 불렀던 숫자는 또 다른 이름을 갖고 있다. 이 숫자는 보통 π라는 이름으로 통하고, 그 값은 3보다 살짝 크다. 우리는 아직 이 숫자의 정확한 값은 모른다. 우리가 이것을 ♯로 부르든, π나 다른 어떤 것으로 부르든 이 시점에서 이것은 우리가 풀려고 노력하다가 지쳐버린 어떤 문제의 알 수 없는 정답에 붙여놓은 이름일 뿐이다. 결국 우리는 ♯가 신비롭게 다시 등장하는 수학적 문장들을 발견하게 될 것이다. 그 값이 정확히 무엇인지 계산하게 해줄 문장들 말이다. 아무리 구체적인 수치가 중요하지 않고, 재미도 없다 해도 이런 문장들

＊ (해설자 해설자의 말을 중간에 끊고 들어온 것은 정말 생각 없는 행동이었다고 해설자는 생각했다. 왜냐면 해설자의 해설(또는 해설에 대한 해설)은 괄호 안에서 일어나고, 그런 만큼 예상치 못했던 곳에서 불쑥 대사가 중단되어버리면 괄호를 닫지 못해서 문장에 오류를 야기하기 쉽기 때문이다. 그래서 여기서라도 괄호를 닫을 수밖에 없었다.)

을 이용하면 ♯의 값이 대략 3.14159 비슷하게 나온다는 것을 발견할 수 있게 된다.

이 값을 정복하게 될 때까지는 우리의 무지를 이렇게 까발린 채 놔두기로 하자. 우리가 모르는 게 무엇인지 계속 상기시키는 의미로 당분간은 π 대신 ♯ 기호를 쓰겠다. 일단 이 숫자를 원하는 정확도까지 얼마든 직접 계산할 방법을 알아내고 난 후부터 이것을 π로 부르기 시작하겠다.

위의 내용을 모두 검토한 뒤 나는 이 사례를 '개념 원심분리기'라 불렀다. 이것은 보통 한꺼번에 제시되는 경우가 많은 서로 다른 개념을 분리하는 데 도움을 주기 때문이다. 그냥 원의 면적은 πr^2이라고 가르치는 것은 필연적 진리, 정의, 역사적 우연이 모두 함께 뒤섞인 이상한 잡탕을 대접하는 셈이다. 그 잡탕을 다시 분리하면 다음과 같은 목록을 얻는다.

필연적 진리: 그림의 크기에 상관없이 $A(\bigcirc)/A(\square)$은 언제나 같은 값이 나온다.

정의: π라는 기호는 이러한 숫자로 정의된다. 즉, $A(\bigcirc) \equiv \pi \cdot A(\square)$.

역사적 우연: 그것을 #, ♯, ♣ 또는 다른 걸로 부르지 않고 π라 부르는 것.

이 중 그 어떤 것으로도 확인되지 않는 필연적 진리: $\pi = 3.14159\cdots$

사실 기호 π는 보통 우리의 친구 수학이 위의 대화에서 자기의 포기 숫자를 설명했던 것과 같은 방식으로 정의된다. 하지만 우리는 #와 ♯가 결국 같은 값임을 확인했다. 이런 점 때문에 π가 보통 면적보다는 길이를 이용해 정의된다는 건 역사적 사실이지, 논리적으로 필연적인 사실이 아니다. 따라서 우리는 목록에 또 다른 항목을 추가할 수 있다.

> **역사적 우연:** π가 보통 면적보다는 길이를 이용해 정의된다는 사실. 즉 π는 $A(\bigcirc) \equiv \pi A(\square)$이라는 속성보다는 (원의 둘레 길이) $= \pi$(원의 지름)이라는 속성에 의해 정의된다.

요약하자면, 논리적으로 필연적인 진리로부터 역사적 우연을 분리하는 능력은 수학을 깊게 이해하기 위해 갈고닦아야 할 아주 중요한 기술이다. 사실 이 책이 택한 비표준적인 접근 방식 중 상당수는 우연으로부터 필연적인 사실을 분리해낼 목적으로 고른 것들이다. 수학의 많은 부분 즉 기호 표기법, 용어, 수학 탐구 형식성의 수준 그리고 그 내용을 교과서에서 소통하기 위해 사용하는 사회적 관습 등은 모두 변할 수 있는 사항이다. 하지만 이런 것을 하나도 남김없이 모두 바꾼다 해도 어떤 근본적 진리는 그대로 남는다. 표현 방식이야 어떻든 근본적 진리야말로 수학의 본질을 이루는 것들이다. 정신 사납게 변화하는 모든 우연을 모두 벗겨내고 나서야 우리는 마침내 그 밑에 숨은 불변의 진리와 만날 수 있다.

→ 4.5. 의미 있는 것 ←

4.5.1. 좌표, 발명되고는 무시당하다

수학교육을 받다 보면 '좌표계coordinate system'와 아울러 그 관련 용어인 '데카르트 좌표Cartesian coordinate', '극좌표polar coordinate' 같은 이상한 말을 자주 듣게 된다. 스스로에게 이런 질문을 던져볼 만한 가치가 있다. 대체 좌표란 무엇일까? 좌표는 보통 2차원 평면, 3차원 공간 등등을 이야기할 때 많이 사용된다. 하지만 그것만으로는 이게 대체 무엇이며, 왜 필요한지가 분명하게 이해되지 않는다. 예를 들면 오늘 아침 나는 3차원 공간을 걸어 다니면서 많은 시간을 보냈지만, 좌표라는 것은 단 한 개도 구경하지 못했다. 하지만 내가 우리 아파트에서 병원까지의 거리, 또는 누군가의 자동차 경적에 반응해서 구애의 노래를 부르는 저 새와 내 책상 사이의 각도 등등을 계산하려 했다면, 이 과제를 수행하는 데는 두 가지 방법이 있음을 재빨리 알아차렸을 것이다. 첫 번째는 질적인 방식이다. '현재 독자와 나 사이의 거리는 얼마인가?'라는 질문에 질적으로 대답하면 '멀다' 또는 '꽤 가깝다' 같은 답을 할 수 있다. 그렇지만 좀 더 정확하기를 원할 수도 있다. 어떻게 하면 더 정확한 답을 할 수 있을까? 다음과 같은 방법이 있다.

독자는 내 아파트로부터 (아주)^n 멀다.

이 문장에서 '(아주)^n'은 '아주'라는 단어가 연속으로 n번 이어진다는 의미다. 그리고 n은 한 장소에서 다른 장소로 걸어가는 데 필요한 발걸음의 숫자다. 이렇게 하면 좀 더 정확해지겠지만 일일이 다 세려면 역시나 어마어마하게 힘들 것이다. 그리고 당연한 이야기지만 사람은 이런 식으로 말하지 않는다.

거리나 각도 같은 기하학적인 것들을 좀 더 정확하게 기술하는 또 다른 방법은 숫자를 사용하는 거다. 우리는 이미 여러 번 해보았다. 좌표와 수치를 이용해서 기하학적인 것을 기술하는 바는 우리 모두 익숙한 과정이지만, 좌표를 할당하는 이 과정에 너무 익숙해진 나머지 그것이 가진 본질적 특성을 놓치기 쉽다. 좌표가 기하학은 아니라는 점이다. 공간은 좌표란 것을 모른다. 하지만 가끔씩 우리는 숫자가 부여되는 추가적인 구조가 있었으면 한다. 거리를 추가하고, 지름길 거리를 계산할 능력을 갖추었으면 좋겠다. 그래서 공간 각 지점에 숫자좌표를 배정하는 상상을 한다. 하지만 이렇게 하려면 기하학에 본래 존재하지 않는 것을 자의적으로 선택해야만 한다. 종이 위에 수직으로 만나는 두 방향2차원의 '좌표계'만 그리면 모든 수학적 계산이 즉각 가능해진다. 그럼 우리의 2차원 공간 안에 존재하는 그 무엇이라도 수학적 계산을 통해 이야기할 수 있게 된다. 하지만! 한 좌표계를 저렇게 설정하지 않고 하필 이렇게 설정함으로써이를테면 살짝 다른 각도로 설정한다든가 우리는 자의적인 선택을 내린 것이 된다. 원래 의도했던 바보다 더 많은 구조를 도입한 셈이므로, 기하학적으로 아무런 의미 없는 이 구조를 달리 선택하더라도즉, 좌표계를 달리 선택하더라도 항상 똑같이 남는 것만이 기하학적으로 의미가 있는 것이라고 선언함으로써 이 추가적 구조를 즉시 무효화해야 한다.

그래서 좌표는 쓸모없는 존재처럼 보일 수도 있다. 좌표는 대단히 유용하지만 위에서 고려했던 내용 때문에 종종 아주 이상한 상황에 처하게 된다. 우리는 좌표를 발명하고, 이용하고 난 다음에 마치 그것이 존재하지 않는 듯 행동한다. 정작 계산에서 모든 일을 도맡아 한 쪽은 좌표인데도 공로를 전혀 인정받지 못하는 것이다.

4.5.2. 수학에서 좌표가 갖는 의미

나는 방금 공간은 우리가 그것을 기술할 때 사용하는 좌표에 대해 아무것도 알지 못한다고 주장했다. 물리적 세계에서는 맞는 말이지만 수학에서도 꼭 그렇다고는 할 수 없다. 수학에서는 좌표가 우리가 원하는 만큼의 의미를 갖는다고 맘 편히 말할 수 있다. 우리가 결정을 어떻게 내리느냐에 따라 결국 다른 어떤 양이 의미를 갖게 될지가 정해진다.

예를 들어 우리는 그 어떤 방향이나 점도 다른 방향이나 다른 점에 비해 더 특별하지 않은 2차원 우주를 연구하기로 선택할 수 있다. 수학자들이 가끔 아핀 평면affine plane이라 부르는 것이다. 이 우주에서는 그 어떤 점이나 방향도 특별하지 않기 때문에 여기서 의미가 있는 것은 어떤 특정한 점이나 방향에 의해 좌우될 수 없다. 이 세계에서는 'x축', 'y축', '원점' 같은 것이 아예 없기 때문에 계산할 때 도움을 받으려고 이런 개념을 이용하면 반드시 그 결과가 우리가 선택한 자의적인 특정 좌표계에 좌우되지 않도록 만들어야 한다.

그렇다면 하나의 특별한 점 즉 '원점'은 지목하되, 그 어떤 특별한 방향도 지목하지 않음으로써 우주를 좀 더 풍요롭게 만들 수 있다. 첫 번째 우주에서는 원점이 없었기 때문에 원점과 특정 점까지의 거리도 의미가 없었지만, 두 번째 우주에서는 그것이 의미를 가지게 된다. 하지만 특정 점과 양의 x축우리가 혹시 축을 그리기로 결정했다면 사이의 각도는 여전히 의미 있는 양이 아니다. 두 번째 우주에서는 그 어떤 특정 방향도 특별하지 않다고 선언했기 때문이다. 축 자체는 그저 무언가를 계산할 때 도움이 되라고 우리가 두 번째 우주에 이식한 존재일 뿐이다.

마지막으로 우리는 이제 세 번째 우주로 옮겨 갈 수 있다. 이곳에서는 특별한 한 점이 있고, 특별한 한 방향이 있다. 우리는 이 방향을 '위up'라고 부를 수 있다. 함수를 2차원에 그래프로 그릴 때 다루는 공간이 사실상 여기에 해당한다. 우리는 원점뿐만 아니라 '위'라는 의미 있는 개념을 품은 평면을 연구하는 것이다. 이 세계에서는 어떤 주어진 기계에 특정 수를 입력했을 때의 출력을 이야기할 경우 보통 '위'쪽 방향으로 측정한 'x축'으로부터의 거리를 이용한다. 이 우주에서는 우리가 설정한 축으로부터 측정한 각도가 처음으로 의미를 가지게 된다.

→ 4.6. 딜레마 ←

4.6.1. 방향이 너무 많다

좌표와 관련해서 안타까운 사실이 또 하나 있다. 물론 이것이 좌표의 잘못은 아니다. 안타까운 사실은 이렇다. 방향이 너무 많다는 점이다. 우리가 좌표를 어떻게 그리든 간에 모든 것이 우리가 그려놓은 축 가운데 한 방향으로 놓이지는 않을 것이다. 집으로 찾아가는 일을 생각해보면 이 문제를 이해할 수 있겠다. 당신이 배를 타고 바다를 가로질러 머나먼 육지를 찾아나선다고 상상해보자. 바다에서 길을 잃고 싶지는 않기에 당신은 지도를 하나 가져가기로 했다. 당신이 여행 내내 정확하게 서쪽으로만 진행한다면 집으로 돌아오는 길을 찾는 데는 아무런 문제가 없을 것이다. d라는 거리만큼 간 다음 방향을 돌려 반대로 똑같이 d라는 거리만큼 돌아오면 될 테니까 말이다. 동—서는 우리가 흔히 사용하는 좌표계지만, 앞서 말한 개념은 어느 방향이든 모두 효과를 볼 수 있다. d라는 거리만큼 직선으로만 갔다면 뒤돌아서 반대 방향으로 똑같은 거리를 돌아오면 되니까 말이다. 하지만 안타깝게도 항상 직선으로만 다닐 수 있는 것은 아니다. 암초를 피하기 위해 돌아가야 할 때도 생기고, 사고가 나서 방향이 어긋나버릴 수도 있다. 이렇게 해서 방향이 바뀌었다면 당신은 이제 집에서 얼마나 떨어져 있을까? 그럼 서로 다른 방향에서 얻은 정보들을 결합할 방법이 필요하게 될 것이다.

처음에는 이 문제가 우리가 이미 해결했던 것과 비슷해 보일지도 모른다. k번째 날에 동서 방향으로 이동한 킬로미터 수를 x_k로 쓰면 n일 뒤에 우리가 동서 방향으로 이동한 총 거리는 그냥 $x_1+x_2+\cdots+x_n$, 또는 이것을 모두 더한 값을 2장에서 이야기했던 표기법을 이용해 축약하면 다음과 같다.

$$X \equiv \sum_{i=1}^{n} x_i$$

이와 비슷하게 k번째 날에 남북 방향으로 이동한 킬로미터 수를 y_k라고 쓴다면 n일 뒤에 우리가 남북 방향으로 이동한 총 거리는 다음과 같다.

$$Y \equiv \sum_{i=1}^{n} y_i$$

X와 Y라는 숫자는 각각 동서, 남북 방향으로 이동한 총 거리다. 우리가 집에서 얼마나 멀리 나왔는지 알아내고 싶으면 그냥 지름길 거리 공식을 이용해서 $\sqrt{X^2 + Y^2}$을 계산해보면 된다.

하지만 설사 우리가 제곱근을 계산할 줄 안다고 해도아직은 모른다 실제로는 문제가 해결되지 않는다! 우리의 진짜 문제가 무엇이냐면, 보통 정보를 x_k와 y_k라는 숫자 형태로 받지 않는다는 점이다. 우리는 이것이 무엇인지 모른다. 실제 세상에서 항해할 때 자연이 우리에게 매일매일 x_k와 y_k라는 수를 건네주지 않는다. 즉, 동서 방향으로 얼마나 움직였고 남북 방향으로는 얼마나 움직였는지에 관한 정보를 주지 않는다는 것이다. 보통은 움직인 거리길이와 방향각도의 형태다. 즉, 기껏해야 우리는 그림 4-4에 나온 것과 비슷한 상태의 정보를 받게 될 것이다. 이 사항을 목록으로 뽑아보면 이런 식이다.

첫째 날: 동쪽 방향으로 12킬로미터
둘째 날: 북동 방향으로 7킬로미터
셋째 날: 동북동 방향으로 10킬로미터

우리가 얼마나 멀리 갔는가를 어떻게 알아내야 할지 분명하지 않다. 가장 중요한 문제는 우리에게 주어진 정보가 우리가 정한 축이 아닌, 다른 방향으로 이동한 거리로 표현되어 있다는 점이다. 이동 가능한 방향이 너무도 많다. 우리가 가진 정보가 매일 지도의 수평과 수직 방향으로 각각 얼마나 이동했는지 즉, 동서 방향으로 얼마나 갔고, 남북 방향으로 얼마나 갔는지로 표현된다면 뭘 어떻게 해야 할지 알 수 있었을 것이다. 그렇다면 우리가 위에서 풀었던 훨씬 간단한 문제가 되기 때문에 x_k와 y_k 그리고 지름길 거리 공식만 이용하면 끝난다.

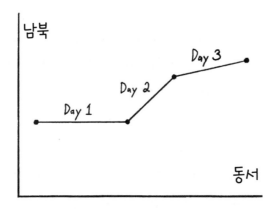

그림 4-4 우리는 서로 다른 방향에 관한 정보를 결합할 방법을 찾아내야 한다.

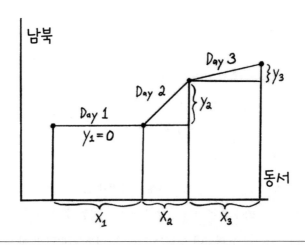

그림 4-5 만약 '거리와 각도' 정보를 '수평과 수직' 정보로 변환할 수만 있다면 바다에서 길을 잃지 않는 것은 쉬운 일이 되겠다.

그림 4-4에 그 문제가 나와 있다. 그리고 그림 4-5는 이 문제가 왜 사실은 그저 변환의 문제와 다름없는지 보여준다. 만약 매일 나오는 '거리와 각도' 정보를 '수평과 수직' 정보로 변환하는 방법을 알아낼 수 있다면 우리가 위에서 풀었던 문제로 환원할 수 있다.

우리는 항해의 문제를 살짝 더 간단한 추상적인 문제로 환원시켜놓았다. 이 시점에서는 그림 4-4와 4-5의 세 부분으로 구성된 경로를 잊을 수 있다. 왜일까? 거리와 각도 정보를 수평과 수직 정보로 변환할 방법만 알고 있으면 그 방식을 세 번에 걸쳐 이용함으로써 원칙적으로는 항해 문제를 풀 수 있기 때문이다.

딜레마를 이렇게 좀 더 추상적인 형태로, 즉 변환의 문제로 바라보면 이 딜레마의 본질은 항해 자체와는 아무런 관계도 없음을 이해할 수 있다. 이 것은 거리와 각도라는 언어로 표현된 정보를 그와 등가인 우리 좌표계 언어, 즉 두 수직 방향으로 만들어낸 좌표계의 언어로 변환하는 문제인 것이다. 우리의 문제가 사실은 처음에 기대했던 바보다 일반적인 사항임을 깨달았으니 좀 더 추상적인 설정 안에서 생각해보자.

4.6.2. 추상적 형태의 딜레마

이상하게도 우리는 좀 더 구체적이 아니라 좀 더 추상적으로 만듦으로써 문제를 단순화할 수 있었다. 하지만 여전히 뭘 어떻게 해야 할지 모른다. 그 딜레마를 다음과 같이 요약할 수 있다.

역의 지름길 거리 딜레마

우리가 이미 좌표계를 선택해서

v와 h '수직vertical'과 '수평horizontal'의

두 방향을 갖고 있다고 생각해보자.

누군가 우리에게 길이가 ℓ인 직선적인 물체를 주었는데,

그것은 어느 방향이든 가리킬 수 있다.

이 물체가 얼마나 수직 방향으로 놓여 있고,

얼마나 수평 방향으로 놓여 있는지 기술할 방법이 있을까?

이 문제가 그림 4-6에 나타나 있다. 지금 시점에서 우리는 이를 어떻게 풀어야 할지 아무런 단서도 못 잡고 있지만 약자를 선택할 수는 있다. 수평 방향으로 놓인 양은 H, 수직 방향으로 놓인 양은 V라고 써보자. 그럼 지금으로서는 이렇게 쓸 수밖에 없다.

$$H(\text{물체}) = ?$$
$$V(\text{물체}) = ?$$

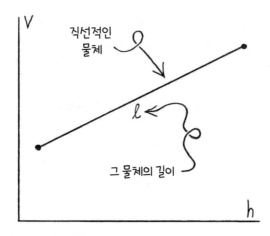

그림 4-6 만약 누군가가 길이가 ℓ이고 우리 좌표계의 방향을 가리키지 않는 직선적인 물체를 주었다면 얼마나 수평과 수직 방향으로 놓여 있는지 알아낼 수 있을까?

우리가 아는 다른 것은 없을까? 음, 물체*의 길이가 얼마든 간에, 이것이 완벽하게 수직으로 놓여 있다면 H는 0이 되어야 한다. 그리고 완벽하게 수평으로 놓여 있다면 V는 0이 되어야 한다. 하지만 경사도가 수직과 수평 사이인 경우에는 뭘 어떻게 해야 하는지 모른다. 만약 경사도의 양을 측정할 방법이 있으면 좋을 것 같다. 가능할까?

어찌 보면 우리는 경사를 발명할 때 경사도의 양을 측정할 방법을 이미 발명해놓은 셈이다. 하지만 우리가 정의한 직선의 경사는 $\frac{v}{h}$였음을 떠올리자여기서 v는 직선 위 두 점 사이의 수직적 거리, h는 수평적 거리. 따라서 직선적 물체의 경사도를 그 경사 혹은 기울기를 이용해 측정할 수 있을 것 같았지만, 사실

＊ 이렇게 적어놓으니 단어 선택이 게을러 보일 수도 있겠다는 생각이 든다. '물체'라는 단어를 이용해서 미안하다. 하지만 '선분line segment'이란 용어를 쓰려니 지겹다. 그렇다고 '막대기'라고 쓰는 것도 옳지 않은 듯하다. '물체'란 용어는 솔직히 포괄적이고 추상적이긴 하지만, 어쨌거나 그 점은 수학도 마찬가지다.

이 개념은 앞뒤가 바뀌어 있다. 우리가 구하려는 것이 수평 조각과 수직 조각인데, 이 개념에서는 그것을 먼저 알아야 경사를 구할 수 있기 때문이다. 어쨌거나 우리가 해결하려는 딜레마는 수평 조각과 수직 조각을 알아내는 것이므로 그 두 가지를 문제 풀이에서 사용할 수는 없다. 우리는 방향에 대해 이야기할 다른 방법이 필요하다.

일상생활에서 쓰는 '방향'이란 대체 무슨 의미일까? 우리가 자리에서 일어서서 방향을 바꾸기 시작하면즉, 돌기 시작하면 결국에는 원을 그리며 돌게된다. 따라서 원을 이용해서 방향에 대해 이야기할 수 있을지도 모르겠다. 길이를 재는 방법이 여러 가지이듯, 이렇게 하는 방법 역시 여러 가지가 있다. 완전하게 한 바퀴를 도는 것을 1이라는 각도로 표현할 수 있다. 그렇게 한다면 반 바퀴를 도는 것은 $\frac{1}{2}$, 왼쪽으로 도는 것은 $\frac{1}{4}$의 각도가 된다. 이건 아무런 문제가 없는 방법이다. 솔직히 말하면 왜 표준 교과서에서 이렇게 하지 않는지, 나는 정말이지 이유를 모르겠다. 이렇게 하면 일부 수식이 좀 더 복잡하게 보이리라는 점은 인정한다. 하지만 덕분에 간단해지는 부분도 존재한다. 이유야 어쨌든 각도를 측정할 때 흔히 사용되는 관습은 두 가지가 있다. 아마 당신이 접해본 방법도 이 두 가지밖에 없을 것이다. 첫 번째는 각도를 '도degree'로 측정하는 것이다. 이 체계에서는 완벽하게 한 바퀴를 도는 것을 360도로 친다. 내 생각에는 이런 시스템을 이용하게 된 이유는 딱 하나, 360이란 숫자가 여러 가지 다양한 숫자로 나누어떨어지기 때문이 아니었을까 싶다. 좀 더 흔히 사용되는 체계는 각도를 원의 반지름 단위로 측정하는 것이다. 이것은 처음에는 좀 이상한 개념으로 보이지만 사실 꽤 합리적인 방법이다. 앞에서 나눈 대화에서 우리는 우리의 포기 숫자 #가 수학의 포기 숫자 ♯와 같다는 것을 알아냈다. ♯는 원래 다음과 같이 정의됐다.

$$\text{원의 둘레 길이} \equiv \sharp \cdot d \qquad \text{방정식 4-2}$$

여기서 d는 원을 가로지르는 거리다. r이 원의 '반지름'이라고 한다면 d = $2r$이므로 수학이 내렸던 정의를 다음과 같이 고쳐 쓸 수 있다.

$$\text{원의 둘레 길이} \equiv 2 \cdot \sharp \cdot r \qquad \text{방정식 4-3}$$

이 수식은 원의 크기에 상관없이 그 둘레는 모두 도는 데는 반지름의 $2\sharp$배가 필요하다고 말한다. 이유야 어쨌든 각도를 측정하는 데 가장 흔하게 사용되는 관습은 꼬박 한 바퀴를 1이나 360으로 세지 않고 $2\sharp$로 세는 것이다. 우리는 $\sharp$가 구체적으로 어떤 숫자인지 아직 모른다.* 하지만 이런 관습을 이용하면 반 바퀴의 각도는 $\sharp$가 되고, 1/4 바퀴는 $\frac{\sharp}{2}$가 된다. 이 책에서는 각도를 측정할 때 이런 방법을 사용하겠다.

'각도$_{\text{angle}}$'를 의미하는 약자로는 α를 사용하자.** α는 그리스어 알파벳 a에 해당하기 때문이다. 이것을 이용하면 우리가 무엇에 대해 이야기하는

---

* $\sharp$가 수학 교과서에서는 π로 부르는 숫자임을 기억하자. 우리는 이 숫자의 구체적인 수치를 계산하는 방법을 알아낼 때까지는 우리의 무지함을 계속 드러낼 수 있도록 계속 $\sharp$로 부르기로 했다.

** 왜 그냥 a로 하지 않고 α를? 어떤 면에서는 a가 더 나은 선택일 수도 있다. 꼭 그리스어 알파벳을 써야 하는 것은 아니다. 우리가 표기법을 스스로 발명하는 자유를 누리고는 있지만 가끔씩 표준 표기법도 언급하고, 너무 끔찍하지 않은 경우에는 그대로 쓰는 것도 나쁘지 않다. 이유야 어쨌든 수학에서는(그리고 물리학에서도) 각도를 포함하는 대상을 나타낼 때 그리스어 알파벳을 사용하는 암묵적인 관습이 있다. 왜 그럴까? 나도 모른다. 수학 교과서에서는 각도를 나타낼 때 θ, φ, α, β 등의 글자를 이용한다. 그리고 각속도(angular velocity)는 보통 ω, 토크(torque, 물리학에서 사용하는 힘의 각도 버전)는 τ 등으로 표현한다. 다른 언어의 알파벳에서 가져온 글자를 너무 많이 사용하면 가끔 허세를 부리는 것처럼 느껴지기도 하지만, 이땐 이 관습도 꼭 나쁘지만은 않다. α는 우리가 이야기하는 각도$_{\text{angle}}$를 떠올리게 하는 글자이니 당분간 우리 우주에서는 이것을 쓰기로 하자.

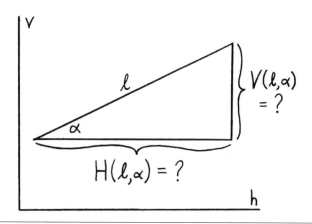

그림 4-7 이제 각도가 무엇인지 알았으니 우리가 가진 딜레마의 추상적 형태를 이렇게 다시 고쳐 그릴 수 있다.

지 떠올리기 쉽다. 각도의 개념을 발명했으니 이제 우리의 딜레마를 살짝 다른 언어로 표현할 수 있다.

역의 지름길 거리 딜레마

우리가 이미 좌표계를 선택해서 v와 h '수직vertical'과
'수평horizontal'의 두 방향을 갖고 있다고 생각해보자.
누군가 우리에게 길이가 ℓ이고,
양의 수평축으로부터 반시계 방향으로 α의
각도에 놓인 직선적인 물체를 주었다.
이 물체가 얼마나 수직 방향으로 놓여 있고,
얼마나 수평 방향으로 놓여 있는지 기술할 방법이 있을까?

딜레마를 표현하는 새로운 방법이 그림 4-7에 나와 있다. 이제 H(물체), V(물체) 대신 다음과 같이 쓸 수 있다.

$$H(\ell, \alpha) = ?$$
$$V(\ell, \alpha) = ?$$

아직 딜레마 전체를 해결할 수는 없지만 다른 딜레마들이 서로 관련되어 있다는 것은 어렵지 않게 눈치챌 수 있다. 무슨 말이냐면, 만약 누군가가 두 가지 다른 버전으로 이 문제를 주었는데 각도는 α로 같고, 길이만 다르다면? 예를 들어, 원래 문제에 더해서 이번에는 길이가 ℓ이 아니라 2ℓ인 문제를 주었다면 어떨까?

$$H(2\ell, \alpha) = ?$$
$$V(2\ell, \alpha) = ?$$

이 상황은 4장을 시작하면서 ♯와 ♮가 들어간 문제를 풀 때와 비슷하다. 양쪽 딜레마 모두 풀 수 없지만, 우리가 풀 수 없는 이 두 문제가 서로 관련 있다는 것은 확인 가능하다. 그냥 그림 4-8만 들여다봐도 다음의 사실이 분명하게 드러난다.

$$H(2\ell, \alpha) = 2H(\ell, \alpha)$$
$$V(2\ell, \alpha) = 2V(\ell, \alpha)$$

바꿔 말하면 우리는 사실상 2ℓ의 문제를 ℓ의 문제로 환원한 것이다. 두 문제 모두 풀 수 없는데도 말이다! 더군다나 이 논증에서 2라는 수는 전혀 특별하지 않다. $H(3\ell, \alpha)$와 $V(3\ell, \alpha)$에서도 그림 4-8에 나온 것과 똑같은 패턴이 나오리라는 것을 어렵지 않게 상상할 수 있다. 임의의 자연수 n에 대해서도 이와 비슷한 그림을 그릴 수 있을 뿐 아니라 $\frac{1}{2}$이나 $\frac{3}{2}$같이 자연수가 아닌 수에 대해서도 마찬가지다. 따라서 어떤 수 ♯에 대해서도 이와 똑같은 패턴이 성립하리라는 것을 어렵지 않게 확신할 수 있다. 즉, 모든

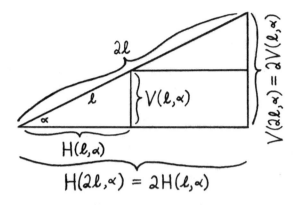

그림 4-8 서로 관련된 두 딜레마. 우리는 아직 $H(\ell, \alpha)$와 $V(\ell, \alpha)$를 모르지만 각도는 같고 길이만 다른 문제들 사이의 관계를 확인할 수 있다. 예를 들면 $H(2\ell, \alpha) = 2H(\ell, \alpha)$.

수 #에 대해 다음의 식이 성립한다.

$$H(\#\ell, \alpha) = \#H(\ell, \alpha)$$
$$V(\#\ell, \alpha) = \#V(\ell, \alpha)$$

이 두 가지 사실 덕분에 우리는 잔머리를 굴려서 딜레마 해결에 한층 더 가까이 다가설 수 있다. 즉, 위의 두 사실은 모든 수 #에 대해 참이 성립하므로 이 사실들을 ℓ이라는 길이 자체에 적용해서 ℓ을 $\ell \cdot 1$로 취급할 수 있다. 그럼 다음과 같은 결과가 나온다.

$$H(\ell, \alpha) = \ell H(1, \alpha)$$
$$V(\ell, \alpha) = \ell V(1, \alpha)$$

아주 좋다. 두 문장의 의미는 우리가 한 특정 길이에 대해서만 딜레마를 해결하면 된다는 소리다. 우리는 길이로 1이라는 값을 선택했지만 얼마든지 다른 값을 넣어도 된다. 예를 들면 $H(\ell, \alpha) = \frac{\ell}{17} H(17, \alpha)$로 써도 되고,

형태만 유지되면 다른 어떤 값을 대입해도 된다. 우리가 1을 선택한 이유는 순전히 미학적인 이유 때문이다. 여기서 중요한 것은 어떤 길이를 선택하느냐가 아니라 딜레마에서 '길이'라는 부분은 그 자체로는 전혀 딜레마가 아니라는 사실이다. $H(1, \alpha)$와 $V(1, \alpha)$를 알아낼 수 있다면 우리가 마주치는 다른 모든 길이 ℓ에 대해서도 $H(\ell, \alpha)$와 $V(\ell, \alpha)$를 즉각적으로 알아낼 수 있다.

이러한 새로운 통찰을 이용해서 더 나은 약자를 만들어보자. 길이가 들어가는 칸은 아주 쉽게 처리가 가능하기 때문에 H와 V에서 굳이 칸을 두 개 만들 이유가 전혀 없다. 따라서 다음과 같이 약자를 바꿔보자.

$$H(\alpha) \equiv H(1, \alpha)$$
$$V(\alpha) \equiv V(1, \alpha)$$

그러다가 길이를 명확하게 적고 싶은 마음이 들면 언제든 $H(\ell, \alpha) = \ell H(\alpha)$ 등등으로 쓸 수 있다.

$\longrightarrow$ 4.7. 몰리에르가 죽었다! 몰리에르 만세! $\longleftarrow$

이제 여기서 다시 막혀버렸다. V와 H에 두 개의 칸이 필요하지 않다는 것은 알아냈지만 문제를 푸는 데는 실패했다. 우리는 일반적인 $H(\alpha)$와 $V(\alpha)$의 구체적 숫자를 계산하는 법을 까맣게 모르고 있다. 하지만 특수한 각도에 대해서는 잔머리를 굴려볼 수 있을지도 모르겠다. 예를 들면 $\alpha = 0$일 때는 완벽한 수평선이 나오기 때문에 $H(0) = 1$이고 $V(0) = 0$이다. 그와 유사하게 α가 한 바퀴의 1/4일 때는 $\alpha = \frac{\sharp}{2}$가 나온다. 각도 측정의 이상한 관습 때문에 한 바퀴를 2♮로 치기 때문이다. 하지만 $\alpha = \frac{♮}{2}$일 때는 완전한 수직선이 나오기 때문에 $V(\frac{♮}{2}) = 1$, $H(\frac{♮}{2}) = 0$이 나온다. 만약 α가 '45도' 또는 한 바퀴의 1/8일 때, 즉 $\alpha = \frac{♮}{4}$일 때는 수평 부분과 수직 부분이 똑같은 길이기 때문에 $V = H$가 된다. 하지만 H와 V는 길이가 1인 기울어진 물체의 수평 길이와 수직 길이라고 정의되었기 때문에 지름길 거리 공식과 $V = H$라는 사실을 함께 이용하면 $1^2 = V^2 + H^2 = 2V^2$이고, 그럼 다음과 같은 결과가 나온다.

$$\alpha = \frac{♮}{4} \text{ 일 때 } V(\alpha) = H(\alpha) = \frac{1}{\sqrt{2}}$$

조금 더 머리를 굴려보면 V와 H의 구체적인 값을 알아낼 몇 가지 구체적인 각도를 더 많이 찾을 수 있을지도 모르지만 그렇게 해야 할 이유가 없다. 가능하다 한들, 원래의 문제를 푸는 것하고는 거리가 있는 일이기 때문이다.

우리는 완전히 막혀버렸다. 실패했다. 그래서 다시 한 번 몰리에르의 잔머리를 동원해본다. 앞에서 원과 관련된 간단해 보이는 문제를 푸는 데 실패했을 때와 마찬가지로 그냥 여기서 포기해버리자. 그리고 알 수 없는 해법에 붙여준 V와 H라는 이름이 해법 그 자체인 것처럼 행동하는 것이다! 그런데 그렇게 해도 된다는 걸 우리가 몰랐던가? 당연히 그래도 된다. 모든 입문용 삼각법 교과서에서 하는 일이 바로 이것이다!*

---

* 그런데 '삼각법(trigonometry)'이란 이름은 오해의 소지가 있다. 여기서 핵심은 삼각형을 공부하는 게 아니라 기울어진 물체를 수평 조각과 수직 조각으로 쪼개는 것이다. 그림 4-9에서 보았듯이 삼각형은 이런 과정의 부작용으로 우연히 등장했다. 이것이 어쩌다 '직각 삼각형'이 된 이유는 수평의 물체와 수직의 물체가 서로에 대해 수직이기 때문이다.

물론 이런 수학 교과서들은 자기가 무엇을 하고 있는지 절대로 우리에게 이야기해주지 않는다. 그래서 우리는 책과 선생님도 분명 풀지 못하는 문제들을 이해하지 못하는 것을 모두 자신의 탓으로 돌린다. 우리는 미적분학의 세계로 들어간 뒤에야 드디어 이 문제를 풀 도구를 갖추게 된다. 미적분학 없이는 너무나도 불가사의했던 V와 H라는 기계를 그때 가서야 드디어 명확하게 기술할 수 있게 되는 것이다. 이 기술은 우리의 더하기-곱하기 기계만큼이나 확실하다. 이를 이용하면 어떤 각도에 대해서도 $V(\alpha)$와 $H(\alpha)$의 값을 원하는 정확도까지 계산할 수 있게 된다. 우리는 향수 장치 nostalgia device를 발명할 막간 4에서 그 시점에 도달할 예정이다. 그때까지는 계속 지켜보자!

→ ## 4.8. 불필요한 이름들이 내는 성가신 불협화음 ←

내가 수학에 반대해서 험담하는 것이 아님을 지적하면서 글을 마무리하려 한다. 나는 기호투성이 쓰레기통 안에 파묻기에는 수학이 너무도 중요하다고 생각한다. 그리고 의도가 무엇인지는 알 수 없지만 수학 공부를 점점 더 어렵게 만드는 사람들은 자신이 맡은 책임을 진지하게 받아들이지 않는 듯하다.

-프레스턴 C. 해머,《표준과 수학 용어》

눈치챘겠지만 우리가 모르는 수평 조각과 수직 조각들은 표준 수학 교과서에도 등장한다. 그리고 역시나 도움이 되지 않는 이름을 가졌다. '사인 sine'과 '코사인cosine'이라 부르고 다음과 같이 적는다.

$$H(\alpha) \equiv \cos(\alpha)$$
$$V(\alpha) \equiv \sin(\alpha)$$

위에서 두 가지 간단한 개념에, 의미를 기억하는 데 도움이 되지 않는 케케묵은 이름을 붙여주었는데 표준 수학 교과서에서는 그것만으론 만족할 수 없었나 보다. 곧이어 잔혹함과 낭비로 원한을 샀던 로마 황제 칼리굴라처럼 사람을 고문하는 듯한 온갖 이름이 등장하기 시작한다. 교과서를 보면 V와 H를 간단하게 조합한 것임에도 거기에 의미가 불분명한 온갖 요상한 이름을 갖다 붙이고는 다양하고 변덕스러운 속성들을 암기하게 만든다. 대다수의 학생으로 하여금 이것이 정말로 새로운 개념이라고 착각하게 만드는 일 말고는 아무런 도움도 되지 않는다. 불필요한 이름들을 몇 개 살펴보자.

$$\frac{V(\alpha)}{H(\alpha)} \equiv \tan(\alpha) \equiv \text{'탄젠트'}$$
$$\frac{H(\alpha)}{V(\alpha)} \equiv \cot(\alpha) \equiv \text{'코탄젠트'}$$
$$\frac{1}{H(\alpha)} \equiv \sec(\alpha) \equiv \text{'시컨트'}$$
$$\frac{1}{V(\alpha)} \equiv \csc(\alpha) \equiv \text{'코시컨트'}$$

더 오래된 교과서에서는 훨씬 많은 삼각함수 이름이 등장한다. 예를 들면 베르사인versine, versed sine, 베르코사인vercosine, versed cosine, 하베르사인haversine, haversed sine, 하베르코사인havercosine, haversed cosine, 코베르사인coversine, coversed sine, 코베르코사인covercosine, coversed cosine, 엑스시컨트exsecant, 엑스코시컨트excosecant, 하코베르사인hacoversine 또는 cohaversine, 하코베르코사인hacovercosine 또는 cohavercosine 등등. 다행히도 현대 수학 교과

서에서는 방금 나온 용어를 모두 내쫓아버렸다. 위 개념들은 이런 양을 도표로 정리해놓으면 쓸모가 있었던 시절에 주로 항해에 도움을 주었다. 하지만 현대에는 배 말고도 수학을 적용할 흥미롭고 중요한 영역이 훨씬 많아졌고, 보잘것없는 우리 영장류가 초고속 계산기를 직접 만들 수 있게 되었기 때문에 장황하고 케케묵은 이름들은 우리 학생들의 머리를 오히려 더욱 산만하게 만들 뿐이다. 그런 이유로 수학 교과서에서도 이 용어들을 폐기했다.

사실 이런 양들은 아직도 정기적으로 등장한다. 다만 별난 고유명사 비슷한 이름을 더 이상 쓰지 않기 때문에 출연해도 우리가 깨닫지 못할 뿐이다. 예를 들면 지금은 사장된 삼각함수인 hacovercosine(x)는 간단히 말해서 $\frac{1}{2}(1+\sin(x))$의 약자이고, 그 형제뻘 함수인 vercosin(x)는 한마디로 $1+\cos(x)$를 의미한다. 이 두 양이 현대 수학에도 등장할까? 당연하다. 그런데 여기에 굳이 이상한 이름을 붙여야 할까? 그렇지는 않은 것 같다. 같은 이유로 '시컨트secant', '코시컨트cosecant', '코탄젠트cotangent', '탄젠트tagent' 같은 개념들도 모두 숙청해야 할 때가 됐다.* 이런 개념들은 쓸모없어진 다음에도 너무 오랫동안 살아남아서 수많은 학생을 혼란에 빠뜨렸다. 이런 혼란스러운 개념이 없었더라면 사람들이 더 널리 수학에 흥미를 느꼈을지도 모르는데, 케케묵은 관습이 재미를 모두 죽여놓고 말았다. 이런 용어는 이제 안락사를 시키는 것이 옳다.

좋다! 이 책의 나머지 부분에서는 교과서에서 '사인'과 '코사인'으로 부르는 것을 그냥 V와 H라는 대문자 알파벳으로 나타내겠다. V와 H라는 글

---

* '탄젠트(tangent)'는 그래도 봐줄 만하다. 단, 자신에 대한 내용을 암기하라고 강요하지 않겠다고 동의한다는 조건 아래.

자를 선택한 이유는 '수직vertical'과 '수평horizontal'이라는 단어를 떠오르게 하기 때문이다. 이것이 애초에 우리가 이 개념들을 발명한 이유다. 하지만 $H(\alpha)$가 지칭하는 길이가 항상 수평선이라고 하는 것은 엄격히 말하면 참이 아니다. $V(\alpha)$도 마찬가지다. 이런 문제는 일상용어에서도 나타난다예를 들면 '왼쪽'은 결코 '위'를 의미하지 않지만 실제로 '위'를 뜻할 수도 있다. 만약 당신이 몸의 오른쪽을 바닥에 대고 누워 있다면 말이다. H가 수평적 물체의 길이를 지칭하지 않는 보기 드문 사례도 기본적으로는 같은 이유 때문에 나타난다. 하지만 그런 경우를 접할 때는 항상 그 점을 명확하게 밝히려고 노력하겠다. 이를 염두에 두고 이제 훨씬 덜 거추장스러워진 용어들과 함께 앞으로 나가도록 하자. 어려운 용어를 매몰차게 버리고 간다고 괜히 미안해할 필요는 없다.

4.8.1. 이 모든 것을 다른 방식으로 그려보자

$V(\alpha)$와 $H(\alpha)$가 $V(1, \alpha)$와 $H(1, \alpha)$의 약자였음을 떠올려보자. 즉, 이 두 기호는 길이가 1인 기울어진 물체가 수평과 수직으로 걸쳐 있는 길이를 나타낸다는 말이다. 이 길이는 그대로 고정시키고 각도만 변화시키면 원이 그려진다. 이것이 그림 4-9에 나와 있다.

이제 그림 4-9를 가만히 들여다보면 $V(\alpha)$와 $H(\alpha)$를 다른 방식으로 시각화가 가능함을 알 수 있다. α에 좌우되는 기계로 시각화하는 것이다. 그림을 보면 몇 가지를 어렵지 않게 확인할 수 있다. 첫째, $V(0) = 0$이고 $H(0) = 1$이다. 둘째, $H(\sharp/2) = 0$이고 $V(\sharp/2) = 1$이다.

마지막으로 α를 $2\sharp$ 증가시키면 우리는 사실상 그림 4-9에 나온 시곗바늘을 한 바퀴 완전히 돌려서 처음 시작했던 곳으로 돌아오는 셈이 된다. 이것을 기호로 표현하면 모든 α에 대해 $H(\alpha+2\sharp) = H(\alpha)$이고 $V(\alpha+2\sharp) = V(\alpha)$다. 이 두 가지 사실만 이용해도 우리는 $V(\alpha)$와 $H(\alpha)$의 두 그래

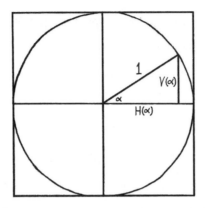

그림 4-9 $V(\alpha)$와 $H(\alpha)$ 그리기. 길이가 1인 물체가 수평축에 대해 각도 α로 기울어져 있을 때 수평과 수직으로 걸쳐진 길이.

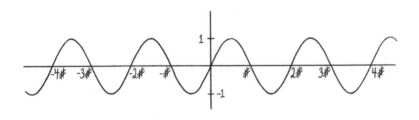

그림 4-10 V에 각도 α를 입력하면 $V(\alpha)$를 출력하는 기계로 그리기.

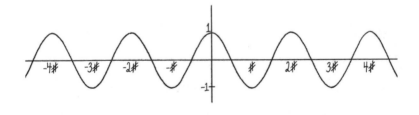

그림 4-11 H에 각도 α를 입력하면 $H(\alpha)$를 출력하는 기계로 그리기.

프를 만들 수 있다그림 4-10, 4-11. 하지만 분명히 하자면, 위의 추론 과정은 그저 V와 H의 그래프가 어떻게든 주기적으로 파동을 그린다는 것을 말해 줄 뿐, 우리가 그린 그래프가 모든 면에서 정확하다는 의미는 아니다. 그림 4-10과 4-11은 우리가 지금까지 발견한 사실들을 표현하려는 의도로 그린 것이고, 이 그래프의 깨알 같은 구체적 사항은 지금으로서는 중요하지 않다. 양쪽 그래프 모두에서 수평축은 α를 나타내고 수직축은 기계 $V(\alpha)$와 $H(\alpha)$의 출력을 나타낸다.

$\longrightarrow$ 4.9. 미분할 줄 모르는 것을 미분하기 $\longleftarrow$

지금 시점에서는 기계 V와 H를 미분하려는 시도는 모두 헛된 망상인 것 같다. 어쨌거나 임의의 α에 대해 $V(\alpha)$와 $H(\alpha)$의 값도 계산할 줄 모르는 상태니까 말이다. 심지어 이 기계들을 기술하는 것조차 불가능하다! 우리는 이것들의 정의도 그림으로 그렸을 뿐이다. 그런데 대체 어떻게 미분을 한다는 말인가? 아마 할 수 없을 것이다. 하지만 불가능해 보인다는 사실 때문에 더더욱 시도해야 할 이유가 있다. 우리가 지금까지 이 기계들에 대해 아는 모든 내용은 그림을 이용해서 표현되었으니까 미분도 그림을 그려서 시도하자.

우리가 할 수 있는 일은 그림 그리는 것밖에 없지만 무언가 진척을 이룰 수 있을지 확인해보자. 그림 4-12를 그리기는 했는데 이제 어떻게 하면 V와 H의 도함수를 찾을 수 있을까? 우리가 무언가를 미분하려 할 때 항상 하는 일을 해보자. 우리에게는 먹이를 주어 키우는 기계가 있다. 그런데 먹이의 양을 아주 조금 바꿔서 먹이를 먹이+d(먹이)로 늘리고, 두 경우에서

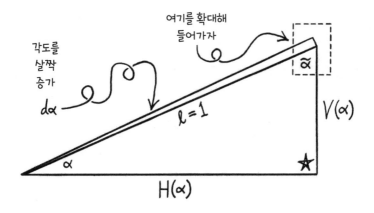

각도를
살짝
증가

$d\alpha$

여기를 확대해
들어가자

$\tilde{\alpha}$

$\ell = 1$

$V(\alpha)$

α

★

$H(\alpha)$

그림 4-12 우리는 V와 H를 그림으로밖에 기술하지 못하고, 그저 망상에 지나지 않은 시도일지 모르지만, 그래도 한번 V와 H를 미분해보자. ★은 직각을 나타내는 데 사용한다. #/2를 계속 보면 살짝 혼란이 올 수도 있기 때문이다.

기계의 반응이 어떻게 달라지는지 관찰한다. 이때 우리의 기계는 V와 H이고 먹이는 각도 α다.

그럼 각도에 작은 변화를 주어 α를 $\alpha + d\alpha$로 늘려보자. 그러고 나서 $dH \equiv H(\alpha + d\alpha) - H(\alpha)$를 살펴보고, 그다음에는 V에 대해서도 똑같이 해보자. 그림 4-12는 각도에 작은 변화를 주었을 때 어떤 일이 일어나는지 보여준다. $H(\alpha)$는 $\ell = 1$일 때 $H(\ell, \alpha)$의 약자로 정의되었으므로, 각도를 변화시키기 전과 후의 지름길 거리가 1과 같도록 해야 한다. 그럼 이제 우리는 사실상 무한히 얇게 썬 원의 슬라이스 조각을 바라보고 있는 셈이다. 그럼 이제 모든 작용이 일어나는 곳을 무한히 확대해 들어가서 우리가 어떤 결론을 이끌어낼 수 있을지 확인하자.

우리가 정말로 각도를 무한히 작은 양인 $d\alpha$만큼만 증가시켰다면 그림 4-13의 왼쪽에 있는 두 선은 서로 정확하게 평행해야 한다아니면 평행에 무한히 가깝다고 생각해도 좋다. 이것이 직관에 어긋난다고 생각되면 이런 식으로 보

자. 만약 이 두 선이 정확히 평행이 아니라면 둘 사이에는 작지만 그래도 측정 가능한 각도가 있을 것이고, 이는 엄밀히 말하면 0보다 크다. 그렇다면 원칙적으로는 $d\alpha$를 측정해서 그것이 얼마나 큰 값인지 말할 수 있다. 이것은 작은 증가량 $d\alpha$가 무한히 작지 않고 그저 아주 작은 값일 뿐이라는 의미가 된다. 이런 식으로 추론하는 게 이상하긴 하지만 일단 받아들여서 결과를 지켜보자. 그림 4-13에서 '이전'과 '이후'라는 단어 사이에 들어간 선은 각도를 변화시키기 전의 위치와 각도를 변화시킨 뒤의 위치를 잇는 선이다. 반지름에는 변화 없이 각도만 변화시켰기 때문에 이 선은 왼쪽 아래로 뻗어 나가는 다른 두 선과 직각을 이루어야 할 것 같다. 얇은 피자 슬라이스 조각을 생각하면 도움이 될지도 모르겠다. 슬라이스가 무한히 얇다는 단서가 붙으면 크러스트 부위가 슬라이스 조각의 양변과 직각을 이루어야

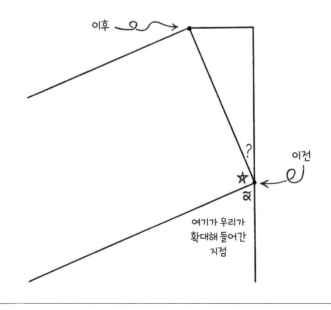

그림 4-13 각도 α에 무한히 작은 변화를 준 후에 확대해 들어가기.

한다.

직각은 ★로 쓰기로 했으므로, 그림 4–13에 나오는 각도는 이 지점에서 ★이라고 표시해야 할 것이다. '이전'에서 '이후'로 이어지는 선이 기울어져 있으므로 이제 그 선을 수평 조각과 수직 조각으로 쪼갠다고 상상해보면즉, 그림 4–13에서 수평선과 수직선을 그린다면 무언가 놀라운 것이 눈에 들어온다.

그림 4–13에 등장한 작은 삼각형이 그림 4–12에 나왔던 원래의 삼각형과 깜짝 놀랄 정도로 닮아 보인다. 한쪽 삼각형을 크기를 줄여 돌려놓은 것이라 생각하면 두 삼각형은 같은 삼각형처럼 보인다. 만약 두 삼각형이 모두 똑같은 각을 가졌음을 살펴볼 수 있다면 이 두 삼각형이 닮은꼴이라는 것을 확인할 수 있다. 양쪽 모두 직각을 가졌다는 건 안다. 두 삼각형 모두 우리가 기울어진 물체를 수평 조각과 수직 조각으로 쪼개는 과정에서 나온 것이기 때문이다. 그렇게 해서 한 각은 해결되었지만, 나머지 두 각은 어떨까? 그림 4–13 오른편에 나온 ★, $\tilde{\alpha}$, ?, 이 세 각도를 모두 합치면 직선이 나온다는 데 주목하자. 하지만 우리의 각도 측정 방식 때문에 직선은 ♯, 즉 교과서에서는 π라고 부르는 각도를 갖고 있다. 따라서 이것을 다음과 같이 요약할 수 있다.

$$★ + \tilde{\alpha} + ? = ♯$$

그림 4–13에 나온 각도 ?는 그림 4–12에 나온 각도 α와 같은 값이어야 할 것 같다. 두 삼각형이 아주 비슷해 보이기 때문이다. 어떻게 확인할 수 있을까? 여기 한 가지 아이디어가 있다.

삼각형을 두 개 만들고 쌓아 올려 직사각형을 만들자. 그럼 직사각형 안에 들어 있는 각각의 각은 ★이고, 이것이 총 네 개가 있으므로 직사각형 안에 있는 모든 각을 전부 합치면 4★이 된다. 따라서 원래의 삼각형 안에 들어 있던 각을 모두 합친 값은 이것의 절반, 즉 2★이 되어야 한다. 하지만 ★은 직각이기 때문에 2★은 분명 직선이어야 한다. 그리고 직선은 우리가 ♯로 부르는 각도를 표기하는 또 다른 방법이다. 따라서 삼각형의 모든 각을 합한 값은 ♯가 되어야 한다. 이 사실을 그림 4-12에 나온 원래 삼각형에 적용하면 다음과 같은 결과가 나온다.

$$\star + \tilde{\alpha} + \alpha = \sharp$$

위의 두 방정식을 종합해보면 각도 ?는 결국 α가 되어야 한다. 좋다. 그럼 그림 4-13에 나온 작은 삼각형이 그림 4-12에 나온 원래의 삼각형과 모두 똑같은 각을 가지고 있음을 확인하려 노력하는 과정에서 우리는 다음과 같은 사실을 확인하게 되었다. (1) 각각의 삼각형은 직각 ★을 하나 가지고 있다. (2) 각각의 삼각형은 그 안에 각도 α를 가지고 있다. 하지만 우리는 방금 양쪽 삼각형의 각도를 모두 합한 값은 ♯가 되어야 한다는 것을 밝혔다. 그럼 그림 4-13에 나온 작은 삼각형의 세 번째 각도는 $\tilde{\alpha}$가 되어야 한다. 이는 원래의 삼각형 안에 들어 있는 또 다른 각도다. 이 시점에서 우리는 우리가 아는 모든 것을 또다시 그림을 그려 요약할 수 있다. 이것이 그림 4-14다.

따라서 그림 4-13에 나온 작은 삼각형은 그저 그림 4-12에 나온 삼각형을 축소시켜 회전한 버전에 다름없다. 우리가 아는 것이 또 없을까? 음, 우리가 각도를 $d\alpha$만큼 살짝 증가시켰다는 것을 알고 있지만, 우리의 각도 측정 방법 때문에 한 바퀴는 2♯다. 하지만 2♯는 반지름이 1인 원의 둘레 길이이기도 하다. 우리는 동그란 피자 중에서 무한히 작은 슬라이스 조각을

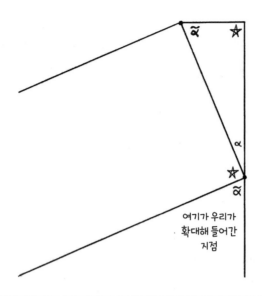

그림 4-14 본문에서 논의한 이유로 인해 우리는 이 무한히 작은 삼각형이 원래의 삼각형과 똑같은 각을 가져야 한다는 것을 발견했다. 각도 ★은 직각(즉, #/2)이어야 하고, 각도 α와 $\tilde{\alpha}$는 원래의 삼각형에 있던 것과 같다.

바라보고 있어서 그렇지 지금 사실상 원을 다루고 있는 셈이다. 따라서 반지름이 1인 이 원에서는 '각도'라는 단어가 그냥 '거리'를 의미한다. 이것은 정말 어마어마하게 도움이 된다. 그림 4-14에 나온 두 개의 각도 $\tilde{\alpha}$를 잇는 선의 길이가 $d\alpha$여야 한다는 말이 되어서다. 그 선이 걸쳐져 있는 각도가 $d\alpha$이기 때문이다.

그럼 이제 그림 4-12에 나온 원래 삼각형의 세 변의 길이는 $H(\alpha)$, $V(\alpha)$, 1이 된다. 하지만 작은 삼각형은 원래 삼각형의 축소 버전이기 때문에 그 변의 길이는 각각 $H(\alpha)\,d\alpha$, $V(\alpha)\,d\alpha$ 그리고 $d\alpha$가 되어야 한다. 그러면 지금까지 우리가 알아낸 모든 내용을 그림 4-15로 요약할 수 있다.

현재 시점에서는 V와 H를 그림으로밖에 기술할 수 없지만 그럼에도 이

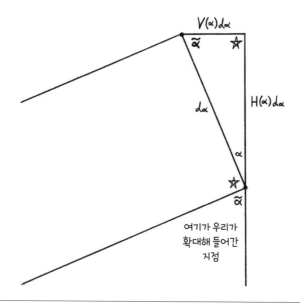

그림 4-15 우리의 두 삼각형은 모두 각이 똑같기 때문에 작은 삼각형은 원래 삼각형의 축소 버전이어야 한다. 우리가 선택한 각도 측정 방법 때문에 작은 삼각형의 가장 긴 변은 길이가 $d\alpha$라야 한다. 작은 삼각형에서 한 변의 길이를 알아냈으니 나머지 변의 길이도 알아낼 수 있다. 이것을 이용하면 V와 H의 도함수를 찾을 수 있다.

모든 것의 목표는 V와 H의 도함수를 구할 수 있는지 확인하려는 거다. 우리가 위에서 찾아낸 바를 이용해서 우리는 다음의 사항을 결정하고 싶어 한다.

$$\frac{dV}{d\alpha} \quad \text{그리고} \quad \frac{dH}{d\alpha}$$

여기서 $dV \equiv V_{\text{이후}} - V_{\text{이전}}$, $dH \equiv H_{\text{이후}} - H_{\text{이전}}$이다. 그리고 이때 V와 H는 그림 4-12에서 우리가 각도에 $d\alpha$만큼 변화를 주기 이전과 이후의 삼각형의 수평 길이와 수직 거리를 가리킨다. 따라서 dV와 dH는 작은 삼각형의 변의 길이에 해당한다. 그리고 우리는 방금 이 길이를 어떻게 계산하는지 알아냈다. 우리가 각도 α를 아주 작은 양만큼 증가시켰을 때 큰 삼각형의 수직 거리는 작은 양인 dV만큼 증가했지만, 그림 4–15에서 보면 $dV = H(\alpha)d\alpha$다. 이것을 다르게 적어보면 다음과 같다.

$$\frac{dV}{d\alpha} = H(\alpha)$$

우와! 우리가 정말로 V의 도함수를 구했다. H에서도 똑같이 할 수 있는지 살펴보자. 우리가 α를 아주 조금 증가시켰을 때 큰 삼각형의 수평 길이는 아주 작은 양인 dH만큼 늘어났다. 하지만 그림 4–15를 보면 $dH = -V(\alpha)d\alpha$다. 여기서 마이너스 기호가 나타난 이유는 길이는 언제나 양의 값이지만, 우리는 지금 길이가 감소된 경우를 이야기하고 있으므로 변화량이 음의 값이기 때문이다. 이것을 다르게 적어보면 다음과 같다.

$$\frac{dH}{d\alpha} = -V(\alpha)$$

아주 훌륭하다! 우리는 그림을 이용하지 않고는 기계 V와 H를 어떻게 기술해야 하는지도 모르는데 그 도함수를 어렵게 구해낼 수 있었다. 운도 좋았다. 이 두 기계의 도함수를 구해보니 가끔 마이너스 기호가 들어가기만 하지, 거의 서로를 맞바꾼 꼴이기 때문이다. 만약 이렇게 우아한 진리가 담겨 있지 않았다면 V와 H를 미분하려는 이번 시도는 결코 성공하지 못했을 것이다.

이것은 우리가 시작부터 내내 이야기해왔던 바를 보여주는 또 다른 사례다. 미적분학의 이 '필수 선행 과목'이라는 것들은 깜짝 놀랄 정도로 어렵고, 보통 내용을 완전히 이해하려면 미적분학 자체를 이해하고 있어야 한다. 우리가 아직 풀지 못한 어려운 문제는 누군가가 임의의 각도 α를 주었을 때 $V(\alpha)$와 $H(\alpha)$를 계산하는 방법이다. 이상하게도 우리는 기본 논리가 꽤 간단한 논증만 가지고 이 기계들의 도함수를 구할 수 있었다. 물론 과정을 좀 장황하게 설명해야만 했다. 이 책이 사용하는 양식 때문에 논증 과정에서 그림이 변화하는 모습을 단계별로 끊어서 보여주기가 어려웠기 때문이다. 하지만 장황한 설명은 내 단점이기도 하다. 논증 자체는 전혀 복잡하지 않다. 당신이 이 논증을 직접 다시 이끌어내본다면 무슨 말인지 이해할 수 있을 것이다. 언제나 그랬듯이 그저 확대해 들어가서, 기계에 어떤 먹이를 주고, 먹이에 약간의 변화를 준 다음, 무엇이 변했는지 관찰하는 것일 뿐이다.

우리가 V와 H라고 부르는 것을 표준 수학 교과서에서는 '사인'과 '코사인'이란 이름으로 지칭한다는 걸 떠올려보자. 그럼 그들의 언어로는 우리의 발견을 다음과 같이 쓸 수 있다.

$$\frac{d}{dx}\sin(x) = \cos(x)$$

$$\frac{d}{dx}\cos(x) = -\sin(x)$$

이 섹션을 시작하면서 함께했던 이 기초적인 딜레마를 푸는 법은 이제 곧 알게 된다. 즉, 기계 V와 H를 완벽하게 기술해서 실제로 이용할 수 있게 될 것이다. 임의의 각도 α에 대해 $V(\alpha)$와 $H(\alpha)$를 결정하는 법구체적인 수치를 계산하는 법. 예를 들면 $V(2.7745647)$ 같은⋯⋯옮긴이 주을 최소한 원칙적으로라도 알게 되면 그제야 우리는 마침내 삼각법이라는 주제를 이해했다 말할 수 있을 것이다.

4.9.1. 탄젠트를 무덤으로

앞서 V와 H의 도함수를 구했으니 당신이 수학 시간에 들었을지 모를 이상한 사실들을 암기하지 않고 피해 가는 방법을 아주 간단하게 보여줄 수 있다. 이를테면 탄젠트의 도함수는 '1 더하기 탄젠트의 제곱' 같은 사실이나 시컨트의 도함수는 '그런 말도 안 되는 것을 내가 알게 뭐야'라든가 하는 사실이다. $\tan(x)$는 $\frac{\sin(x)}{\cos(x)}$, 혹은 우리가 $\frac{V}{H}$라고 부르는 것을 수학 교과서에서 부르는 이름임을 떠올려보자. 그리고 $\sec(x)$는 $\frac{1}{\cos(x)}$, $\frac{1}{H}$, H^{-1}을 가리키는 완전히 불필요한 이름이다. 우리가 이미 만들어놓은 것을 이용해 위의 사실을 입증해 보임으로써 이런 내용들을 전혀 암기할 필요가 없게 만들자. '탄젠트'를 $T(x) \equiv \frac{V}{H} \equiv H^{-1}V$라는 약자로 표현하고 $\frac{d}{dx}T(x)$를 구해보자. 3장에 등장했던 곱하기용 망치를 이용하면 다음과 같이 나온다.

$$
\begin{aligned}
T'(x) &\equiv \left(\frac{V}{H} \right)' \\
&\equiv \left(V \cdot H^{-1} \right)' \\
&= V' \cdot H^{-1} + V \cdot \left[H^{-1} \right]' \\
&= H \cdot H^{-1} + V \cdot \left[H^{-1} \right]' \\
&= 1 + V \cdot \left[H^{-1} \right]'
\end{aligned}
$$

$[H^{-1}]'$이란 조각은 대체 뭘까? 거짓말하고 나중에 수정하는 방법으로 확인하는 것이 더 쉽다 저 3장에 나온 약자 고쳐 쓰기용 망치를 사용하는 일을 말한다. 그럼 다음과 같이 나온다.

$$\left[H^{-1}\right]' \equiv \frac{d}{dx}\,H^{-1} = \left(\frac{dH}{dH}\right)\frac{d}{dx}\,H^{-1} = \left(\frac{dH}{dx}\right)\left(\frac{d}{dH}\,H^{-1}\right)$$

$$= \left(-V\right)\left(-H^{-2}\right) = V \cdot H^{-2}$$

어찌 보면 우리는 방금 우연히도 '시컨트즉, H^{-1}'의 도함수를 구한 것이다. 이제 이건 영원히 잊어버리자. $T'(x)$를 계산하다가 막힌 곳에 이것을 대입하면 다음과 같은 결과가 나온다.

$$\begin{aligned} T'(x) &= 1 + V^2 \cdot H^{-2} \\ &\equiv 1 + \frac{V^2}{H^2} \\ &\equiv 1 + \left(\frac{V}{H}\right)^2 \\ &\equiv 1 + T^2 \end{aligned}$$

이렇게 해서 우리는 '탄젠트'의 도함수는 '1 더하기 탄젠트의 제곱'이라는 사실을 발명해냈다. 이제 무덤을 파서 이 내용을 어딘가 땅속 깊숙한 곳에 묻자. 그리고 탄젠트도 함께 넣어버리자. 다시는 사용할 일이 없기를 바란다.

⟶ 4.10. 재회 ⟵

4장에서 우리는 수많은 실패를 경험했고, 그 실패로부터 깜짝 놀랄 정도로 많은 것을 배웠다.

1. 우리는 정사각형 안에 들어 있는 원이 그 정사각형을 얼마나 차지하는지 알아내려 했다. 그러다 결국에는 포기하고 그냥 알 수 없는 정답에 이름을 붙여주기로 했다. 우리는 다음과 같은 문장으로 우리의 포기 숫자 #를 정의했다.

$$A(\bigcirc) \equiv \# \cdot A(\square)$$

2. 우리는 다른 포기 숫자 ♯가 들어 있는 비슷한 문제와 마주쳤다. 그 숫자는 다음과 같은 문장으로 정의됐다.

$$(\text{원의 둘레 길이}) \equiv \flat \cdot d$$

3. 우리는 이 두 숫자에 대해 모르면서도 둘이 같은 수여야 한다는 것을 밝혀냈다.

$$\# = \flat$$

이제 이 두 숫자가 사실은 하나임을 알게 된 우리는 그것을 ♯로 부르기로 했다.

4. 우리가 ♯로 부르는 것을 표준 수학 교과서에서는 π라는 기호로 나타낸다. 아직 ♯의 구체적인 값을 모르기 때문에 우리의 무지를 계속 까발리기로 한다. 그래서 그것을 계산하는 법을 직접 알아낼 때까지는 π로 부르지 않기로 한다.

5. 우리는 또 다른 문제인 '역의 지름길 거리 딜레마'에 대해 논의하고, 그

역시 푸는 데 실패한다. 앞에서와 마찬가지로 우리는 두 문제의 정답을 따로따로 알지 못해도 그 답이 똑같음을 입증할 수 있다는 놀라운 사실을 접하게 된다.

$$V(\ell, \alpha) = \ell \cdot V(1, \alpha) \qquad \text{그리고} \qquad H(\ell, \alpha) = \ell \cdot H(1, \alpha)$$

6. 위의 발견에 자극을 받은 우리는 더 간단한 약자를 선택하기로 한다.

$$V(\alpha) \equiv V(1, \alpha) \qquad \text{그리고} \qquad H(\alpha) \equiv H(1, \alpha)$$

그리고 수학 교과서에서는 이 기계들을 케케묵은 이름으로 지칭하고 있음을 확인했다.

$$V(\alpha) \equiv \sin(\alpha) \qquad \text{그리고} \qquad H(\alpha) \equiv \cos(\alpha)$$

7. 또 수학 교과서에서는 V와 H를 간단하게 결합해놓은 온갖 것에 우스꽝스러운 이름을 잔뜩 붙였음을 알게 됐다. 이름들을 살펴보면 '탄젠트', '시컨트', '코시컨트', '코탄젠트' 등이다. 우리는 이런 용어가 전혀 필요하지 않기 때문에 당신은 기쁜 마음으로 모두 잊어버리면 된다. 만약 여기서 말하는 개념을 우리가 마주칠 일이 있으면 그냥 V와 H를 이용해서 표현하면 그만이다.

8. 지금 시점에서 우리가 V와 H를 기술할 방법은 그림을 그리는 것밖에 없다. 하지만 그림을 그려서도 그것의 도함수를 구할 수 있었다. 그리하여 다음과 같은 내용을 발견했다.

$$V' = H \qquad \text{그리고} \qquad H' = -V$$

9. 이 장을 통해 우리는 미적분학의 필수 선행 과목들을 완전히 이해하기 위해서는 미적분학 자체가 필요한 경우가 많다는 사실을 처음으로 직접 경험했다. 하지만 이게 마지막은 아닐 것이다.

향수 장치

무의 세계는 실체를 위한 곳이 아니다

수학 끔찍한 한 주를 보냈어요.

독자 무슨 일 있었어?

수학 모든 게 333쪽에서 시작했어요.

독자 (책을 뒤적이며) 너는 333쪽에는 나오지도 않았는데?

수학 아, 저는 여기 없었죠. 집에 있었어요.

저자 너 어디 사는데?

수학 무의 세계요. 지난번에 이야기했는데….

저자 아, 맞다. 미안.

수학 그게 문제인 것 같아요. 무의 세계에 산다는 거. 그건… 설명하기 어
   렵네요….

독자 그래도 한번 해봐. 부탁인데, 이번에는 제발 괄호를 너무 많이 쓰지

말고.

수학 그러니까, 그건…. 거기에 살려고 하니까…. 그게 어려워요…. 그러니까… 익숙해지려고 해도 그렇고, 적응하려고 해도 그렇고, 편안하지도 않고, 그 편안하다는 것이 시설이 좋고 나쁘다는 이야기는 아니고, 집이 좋고 나쁘다는 의미는 분명 아니고, 거기에 적응하기는 해야겠는데, 하지만 생물학적인 적응이라는 의미는 아니고, 신비로운 의미를 가진 마이너스와 조화하기도 그렇고, 순응은 해야겠는데, 환경에 순응한다는 의미는 아니고, 다만 그 환경이란 게 '무의 세계'를 의미하는 것이면 말이 달라지지만, 그런 경우라면 정의상 사실이거나 수학적 법칙을 준수하는 것 같은데, 좀처럼 편안해지지도, 익숙해지지도, 사랑하지도, 견디지도 못하겠어요…. 이 존재한다는 상태 existence 를….

독자 그러니까 한마디로 무의 세계에서 살기가 어렵다는 거야? 이제 네가 존재하기 때문에?

수학 그런 것 같아요.

독자 그리고 무의 세계는 존재하지 않기 때문에?

수학 바로 그 말이에요…. 하지만 일상적인 의미로 그렇다는 것은 아니고요…. 저는 오랫동안 존재하지 않고 있었지만, 지금쯤이면 거기에 익숙해졌을 거라고 생각했죠. 그런데 이런 느낌은 처음이에요. 이 이상하게 우울한 기분이라니. 그래서 누군가와 대화를 나누면 조금 나아지지 않을까 생각했어요.

저자 대화 좋지. 그것 때문에 우리하고 이야기하러 온 거야?

수학 아니, 아니요. 이번에 온 이유는 333쪽 때문이었어요. 두 분이 무척 바쁘시더군요. 그래서 대자연에게 전화해서 조언을 구했어요. 대자연은 무의 세계에 살지 않지만 우린 오랜 친구예요. 그리고 대자연은 제가 아는 누구보다도 오랫동안 존재해왔어요. 하지만 저는 대자연이 제안한 것을 이해하지 못하겠더군요…. 사실 그건 제안이 아니었어요…. 대자연이 말하기를 제 집에 문제가 있는지도 모른다고 하더군요.

독자 뭐라고?

수학 토대*에 무언가 문제가 있을지도 모른다고…. 제 집은 몸을 가진 실체를 다루도록 지어진 것이 아니에요. 아, 저한테 몸이 있는 것은 아니죠…. 하지만 제가 실체entity는 맞죠. 저는 지금 존재하니까요! 예전에는 아무런 문제가 없었어요. 하지만 창조란 곧 존재를 암시하잖아요! 정의에 따르면 말이죠. 그러고는 상황이 점점 악화되고만 있어요.

저자 그래서 어쩌려고?

수학 글쎄요. 대자연이 그러는데 무의 세계 출신 오랜 친구가 있대요. 토대에 관한 전문가라고 하더군요. 그래서 대자연이 저를 대신해서 그 전문가한테 전화를 걸어줬어요.

독자 그 사람은 여기 언제 온대?

수학 저도 몰라요. 제가 결정할 문제가 아니니까요. 말이 나온 김에…. 제가 두 분한테 부탁 하나 해도 될까요?

독자 무슨 부탁?

저자 얼마든지.

수학 그 사람 도착했을 때 같이 있어줄래요? 지금 이 모든 상황이 제게는

---

* **수학** '토대들'이라고 해야 할지도 모르겠네요. 전 항상 두 가지를 혼동해요. 영어에서 복수형은 정말 까다로워요.

낯설잖아요. 존재한다는 거요. 친구가 옆에 있으면 좋을 것 같아요.

독자 기꺼이 옆에 있을게.

저자 물론이야. 우리가 약속할게.

수학 약속이 뭐죠?

저자 사람들이 하는 일이야. 무언가를 하거나 하지 않겠다고 말하는 거지.

수학 그러고요?

저자 그럼 그 말을 들은 사람은 그 사람이 무언가를 하거나, 하지 않을 거라고 믿게 돼.

수학 '나는 X를 하겠어' 하고 '나는 X를 하겠다고 약속해'가 뭐가 다른 거죠?

저자 두 번째 말이 좀 더 진지한 거야. 이야기를 들은 사람은 네 말을 좀 더 믿게 되니까.

수학 그런 말이 어떻게 무언가를 증명할 수 있다는 것인지 이해가 안 돼요.

저자 좋아. 그렇다면 누군가에게 자기 말을 믿게 하고 싶을 경우 너라면 어떻게 표현할 건데? 예를 들어 지금처럼 우리가 네 곁에 있을 거라고 너를 설득하고 싶은 경우에 우리가 어떻게 말해야 하지?

수학 글쎄요. 무의 세계에서는 보통 형식 언어formal language를 정의하는 것에서 시작해요.

(수학이 형식 언어를 정의한다.)

수학 이제 그냥 이렇게 말하면 돼요. 형식 언어로요. '공리: 친애하는 수학이여, 이 이방인이 도착했을 때 정신적인 지원을 하기 위해 내가 당신의 집에 있을 것이라고 추정하라.' 우리는 이것을 공리 S라고 부를 거예요. 여기서 S가 나타내는 것은 이방인stranger …, 아니면 지원 support …, 아니면 추정suppose …. 사실 아직 결정 못했어요.

(저자와 독자가 위의 주문을 반복해서 읽는다.)

저자 이게 약속보다 뭐가 낫다는 것인지 이해가 안 되는데?

수학 당연히 더 낫죠! 이제 당신이 그 자리에 나타나지 않기로 결심했다면 당신은 공리 S의 부정인 $\neg S$를 수행함으로써 공리 S를 위반하게 돼요. 그럼 당신의 형식 언어는 일관성이 없는 거죠. 그럼 일관성이 없는 언어는 당신이 아주 추잡한 거짓말쟁이라는 사실을 비롯해서 모든 부정적인 형용사와 부정적인 명사에 대해 [부정적인 형용사]한 [부정적인 명사]도 증명할 수 있게 돼요. …그리고 모든 욕설도요. 그럼 이 전부를 두 분한테 뒤집어씌울 수 있어요. 약속보다 이쪽이 훨씬 확실하죠.

저자 ….

독자 ….

(해설자*는 위의 농담(농담이든 그 무엇이었든)에서 다른 누군가가

너무 현학적이라 느낄 가능성을 경계하기 위해 '형식 언어' 대신

'형식 이론formal theory'이라는 용어를 사용해야 했다고 지적하고픈 유혹을 느꼈다.

반면 '이론'이라는 용어의 일상적 의미는 상당수의 독자(이 책에 등장하는 '독자'와

———

✳ (그는 책의 이 시점에서 누군가 자기를 호출해주기를 바랐다. 이런 내가 또 옆길로 샜다….)

혼동하지 않기를. 그 독자는 한 명밖에 없다)를 오해하게 만들 가능성이 있는

함축적 의미가 담겼다고 해설자는 생각했다. 속으로 장단점을 저울질한 뒤

해설자는 그냥 조용히 입 다물고 대화가 진행되도록 놔두는 게 가장 낫다고 판단했다.)

독자 ….

저자 ….

수학 …저에 대한 이야기는 이쯤 하죠. 두 분은 그동안 어떻게 지냈어요?

더하기-곱하기 기계에 대한 향수

저자 그럭저럭 잘 지냈지.

독자 옛날 생각이 나서 조금 향수에 젖었어.

수학 어쩌다가요?

독자 우리 우주에 더하기-곱하기 기계밖에 없었을 때는 모든 것이 훨씬
쉬웠잖아. 개념이 새로이 일반화된 거듭제곱이 있는 기계들도 일단
그것을 다루는 법을 알아내고 나니 그리 나쁘지 않았고. 그런데 지난
장에서는 갑자기 V와 H라는 이상한 기계들이 등장했는데 우리는
그것을 기술할 수조차 없었다고!

저자 수학 교과서에서 '사인'과 '코사인'이라고 부르는 것들이야.

수학 저한테 그 이야기를 왜 하세요? 전 수학 교과서를 읽어본 적도 없는데.

저자 맞다, 그렇지. 미안.

독자 어쨌거나 우리는 이 두 기계를 시각적으로, 그러니까 그림을 이용해
서 정의했어. 이것들은 원래 우리가 풀려고 애쓰던 문제의 알 수 없

는 해법에 붙여준 이름일 뿐이었지. 하지만 결국 우리는 중간에 막혀 버렸고, 그래서 몰리에르식 전략을 이용해서 그 이름 자체가 그 정답인 척 행세했어.

수학 그런 잔머리는 정말 훌륭한 거예요. 그렇지 않아요? ♯의 값이 무엇인지는 아직 알아내지 못했나요?

저자 아직. 하지만 수학 교과서에서는 그것을 π라고 부르지.

수학 또 수학 교과서 이야기를 하시네요. 대체 지금 누구한테 하는 이야기예요?

저자 아, 맞다. 이번에도 미안.

수학 어쨌거나 V와 H라는 기계 때문에 골치가 아픈 건가요?

독자 맞아. 어떻게든 그 도함수는 구했어. 이제 $V' = H$이고, $H' = -V$란 것은 아는데 기계 그 자체는 기술할 수도 없어. 그래서 마음이 편치 않아. 옛날이 그리워. 그때는 모든 것이 더하기-곱하기 기계밖에 없었고, 우리 우주에 있는 모든 것을 실제로 기술할 수 있었잖아. 하지만 3장이 끝나고 난 뒤부터는 모든 것이 변했어. 이제는 더 이상 내가 세상을 제대로 이해하고 있다는 생각이 들지 않아.

수학 그것 참 안 됐네요. 제가 도울 방법이라도?

독자 나도 모르겠어. 우리가 다시 모든 것을 기술할 수 있게 되면 좋겠어. 모든 것이 더하기-곱하기 기계였던 시절처럼 말이야.

수학 어쩌면 아직도 모든 것이 더하기-곱하기 기계….

독자 위로하려고 괜한 소리 하는 거면 그만둬.

수학 괜한 소리가 아니에요. 그렇게 황당한 생각은 아니라고요. 모든 기계가 더하기-곱하기 기계는 아니라고 정말로 확신하세요?

독자 뭐, 확신이야 못하지만….

수학 시도할 가치가 있겠어요. 이것 때문에 두 분이 그리 심란하다면 더더욱 그렇죠.

독자 시도할 가치가 있다는 게 무슨 뜻이야?

수학 그냥 모든 것을 우리가 원하는 방식으로 존재하게 강제한 다음… 어떤 일이 벌어지는지 지켜보자고요.

저자 그건 미친 소리지.

수학 저도 알아요! 하지만 그냥 한번 시도해보자고요. 우리한테 기계가 있다고 쳐봐요. 그게 어떤 기계인지에 대해서는 불가지론적인 입장으로 남아 있을 거예요. 그냥 그것을 더하기-곱하기 기계가 되도록 강제해보자고요. 이렇게 말이죠.

$$M(x) \overset{강제}{=} \#_0 + \#_1 x + \#_2 x^2 + \#_3 x^3 + \cdots (기타\ 등등)$$ 방정식 4-4

독자 더하기가 어디까지 이어지는데?

수학 저도 몰라요. 영원히 이어져요.

저자 우리는 더하기-곱하기 기계를 유한한 합으로 정의했잖아. 이 기계들은 무한한 조각을 가질 수 없어.

수학 왜요?

저자 나도 몰라. 무한한 기술infinite description이라는 개념을 생각하니까…. 왠지 무섭다고.

수학 아니죠. 제가 말하는 것은 무한한 기술이 아니에요. 하지만 '기타 등등'이란 말을 할 수 있어야 해요. 우리 항상 그래 왔잖아요.

저자 그게 무슨 소리야?

수학 자연수처럼요! 자연수도 무한히 많지만 그것에 대해 이야기할 때 무

한한 시간이 걸리지는 않잖아요. 그냥 이런 식으로 말하니까요여기서

는 자연수의 정의는 0을 포함한 양의 정수라고 하고 있음을 잊지 말자―옮긴이 주.

$$0, 1, 2, \cdots (\text{기타 등등})$$

독자 흠….

저자 그렇게는 생각을 못해봤네.

수학 계속 할까요?

저자 그럼, 어서 해봐.

수학 그래서 우리는 임의의 기계를 우리가 원하는 모습으로 보이게 강제

했어요. 이제 그 기계를 기술하는 데 사용한 $\#_i$라는 수를 모두 알아

내야 해요.

저자 그게 어떻게 가능해? 이 기계 M에 대해 아는 것이 하나도 없는데.

수학 아하…. 그렇군요. 제가 너무 과한 것을 바랐나 보군요.

독자 그래도 $\#_0$이 뭔지는 알잖아.

저자 뭐라고?

독자 위에서 수학이 기술해놓은 것을 봐. 만약 그것을 강제로 참이라 놓으

면 다음과 같이 되지.

$$M(0) = \#_0$$

그냥 0을 입력하면 첫 번째 것을 제외하고 나머지는 모두 지워질 테

니까.

저자 오호….

수학 재미있네요.

독자 그리고 1을 입력하면, 아마도… 아, 그건 없던 이야기로 하자. 나머지 숫자도 알아낼 수 있을지는 자신이 없네.

저자 네 아이디어, 아주 맘에 들어. M의 도함수를 구해보면 어떨까?

독자 왜?

저자 나도 몰라. 하지만 도함수를 구하면 제곱지수값이 1씩 줄어들잖아. 그럼 네가 썼던 잔머리를 이용해서 $\#_1$을 구할 수 있을지도 모르지. 이건 내가 한번 해볼게. 수학이 쓴 기계의 도함수를 구해보면 다음과 같아.

$$M'(x) = 0 + \#_1 + 2\#_2 x + 3\#_3 x^2 + \cdots$$
$$+ n\#_n x^{n-1} + \cdots \text{ (기타 등등)}$$

그럼 똑같은 잔머리를 다시 굴려볼 수 있지. 여기에 0을 입력하면 다음과 같은 결과가 나와.

$$M'(0) = \#_1$$

이 과정을 다시 할 수 있어. 원래의 기계에서 두 번째 도함수를 구하는 거지.

$$M''(x) = 0 + 0 + 2\#_2 + (3)(2)\#_3 x^1 + (4)(3)\#_4 x^2 + \cdots$$
$$+ (n)(n-1)\#_n x^{n-2} + \cdots$$

여기에 다시 0을 입력하면,

$$M''(0) = 2\#_2$$

하지만 우리는 $\#_2$가 뭔지 알고 싶으니까 그것을 따로 떼어 내면 다음과 같아.

$$\frac{M''(0)}{2} = \#_2$$

독자 잠깐만! 그럼 우리 우주에 들어 있는 모든 것을 다시 기술할 수 있게 되었다는 말이야?

수학 어쩌면요. 그러니까 제 말은…. 우리는 우리가 정확히 어떤 기계를 기술하고 있는지에 대해서는 불가지론적 입장을 취하면서 시작했어요. 따라서 어떤 면에서 보면 우리의 기술은 임의의 기계를 기술하는 셈이죠. 하지만 임의의 기계를 완벽하게 기술하기 위해서는 그 기술 안에 들어 있는 모든 숫자를 알아내야 할 거예요.

독자 그걸 어떻게 하지?

수학 어떻게 보면 이미 한 셈이죠.

저자 어떻게?

수학 n에 대해 불가지론적인 입장으로 남은 상태에서 $\#_n$을 알아내는 것이죠. 똑같은 논리가 적용될 수 있어요. 만약 원래 기술했던 기계의 n번째 도함수를 구하면 $\#_n x^n$의 왼쪽에 있는 조각들은 모두 없어지게 돼요. $\#_k x^k$라는 각각의 조각은 도함수 구하는 과정에서 k번까지만 살아남을 수 있으니까요. 첫 번째 도함수를 구할 때는 $\#_0$의 조각이 지워지고, 두 번째 도함수를 구할 때는 $\#_1 x$ 조각이 사라지고, 이런 식으로 계속 이어지죠. n번째 도함수를 구할 때는 $\#_{n-1} x^{n-1}$ 조각이 사라져요. 따라서 n번째 도함수를 구한 다음에 가장 처음 살아남는 생존자는 $\#_n x^n$ 이죠.

저자 그리고 살아남은 나머지 조각들은 적어도 하나의 x가 붙어 있을 테니까 0을 입력하면 모두 사라지겠군.

독자 우리 너무 앞서가고 있어. 기계 $m(x) \equiv x^n$을 n번 미분하면 뭐가 나오는데?

수학 아, 잘 모르겠네요…. 그걸 한 번 미분하면….

$$m'(x) = nx^{n-1}$$

저자 그것을 다시 미분하면….

$$m''(x) = (n)(n-1)x^{n-2}$$

독자 거기서 한 번 더 미분하면….

$$m'''(x) = (n)(n-1)(n-2)x^{n-3}$$

저자 어떤 패턴이 나오는 것 같은데? 새로운 약자가 필요해. n번째 도함수를 $m^{(n)}(x)$라고 쓰자. 괄호를 친 이유는 거듭제곱을 의미하는 것이 아니라서 그런 거야. 중간에 '…'을 써넣으면서 프라임 기호를 잔뜩 쓰고 싶지는 않더라고. 그럼 x^n을 n번 미분하면 다음과 같이 나오겠지.

$$m^{(n)}(x) = (n)(n-1)(n-2) \cdots (3)(2)(1)x^{n-n}$$

그리고 x^{n-n} 조각은 그냥 1이야. 그럼 x^n의 n번째 도함수는 그냥 n부터 1까지 모든 자연수를 곱한 값일 거 같은데?

수학 $n!$

저자 그걸 $n!$이라고 부르자고?

수학 아니, 아니요. 전 그냥 당신의 추론을 칭찬하는 의미에서 'nice!멋져요!'라고 말하려고 했어요. 그런데 무슨 이유에서인지 마지막 세 글자를 뱉으려고 했을 때는… 그냥 입이 얼어버렸어요….

독자 농담 한번 썰렁하다.

저자 알았어. 어쨌든 하지만 $n!$ 팩토리얼 – 옮긴이 주이라고 부르자고. 좋은 약자 같으니까. 그러니까 정리하면 이렇게 되는 거지.

$$n! \equiv (n)(n-1)(n-2) \cdots (3)(2)(1)$$

예를 들면,

$$1! = 1$$
$$2! = (2)(1) = 2$$
$$3! = (3)(2)(1) = 6$$
$$4! = (4)(3)(2)(1) = 24$$

기타 등등.

독자 보기 좋네! 그럼 우리가 방금 말한 두 가지를 결합해서 $m(x) \equiv x^n$ 의 n번째 도함수를 써보면 다음과 같아.

$$m^{(n)}(x) = n!$$

살짝 헷갈리기 시작하네. 뭘 하고 있는 건지 확실히 알게 우리가 지금까지 한 것을 모두 적어볼게.

(독자가 우리가 지금까지 한 것을 살펴본다.)

우리는 모든 기계를 이런 식으로 기술할 수 있기를 바라는 마음으로 시작했어.

$$M(x) \overset{\text{강제}}{=} \#_0 + \#_1 x + \#_2 x^2 + \#_3 x^3 + \cdots \text{ 기타 등등}$$

우리가 이렇게 기술한 것을 n번 미분하면 $\#_n x^n$ 왼쪽에 있는 조각들은 모두 사라지고, $\#_n x^n$ 조각은 $\#_n n!$으로 변해! 그리고 $\#_n x^n$ 오른쪽에 있는 조각들은 x가 적어도 하나 이상 붙어 있으니까 x에 0을 입력하면 모두 지워지지. 그럼 결국에는 다음과 같은 결과만 남아.

$$M^{(n)}(0) = \#_n n!$$

하지만 우리가 이렇게 하는 이유는 결국 $\#_n$이라는 수를 알아내려는 것이니까 우리가 정말로 원하는 것을 고쳐 쓰면 이렇게 돼지.

$$\#_n = \frac{M^{(n)}(0)}{n!}$$

저자 우와…. 우리가 이걸 입증해낸 것 같기는 한데 정말 입증한 거 맞아?

수학 그런 것 같군요. 우리가 실수한 것이 아니라면 우리는 방금 임의의 기계 M을 다음과 같이 더하기-곱하기 기계로 고쳐 쓸 수 있다는 걸 입증한 것 같아요.

$$M(x) =$$

$$M(0) + \left(\frac{M'(0)}{1!}\right)x + \left(\frac{M''(0)}{2!}\right)x^2 + \left(\frac{M'''(0)}{3!}\right)x^3 + \cdots$$

이렇게 기술하면 너무 거추장스러우니까 이렇게 고쳐 쓸게요.

$$M(x) = \sum_{n=0}^{\infty} \frac{M^{(n)}(0)}{n!}x^n \qquad \text{방정식 4-5}$$

저자 잠깐만, 이 약자에 이상한 것이 들어 있는데? 우리는 0!이 무슨 값인지에 대해서는 이야기한 적이 없잖아. 무언가를 0번 미분한 것이 무슨 의미인지도 그렇고.

독자 아니지. 수학은 그저 그 위에 있는 줄을 축약하고 있었던 것뿐이야. 그럼 우리는 0!과 0번 미분하는 것을 그 두 문장이 등호로 연결될 수 있게 정의해주기만 하면 그만이야.

저자 어떻게?

독자 만약 두 문장이 같다면 $M^{(0)} \equiv M$으로 정의해주어야 해. 따라서 한 기계를 0번 미분한 것은 그 기계 자체가 되지. 그리고 $0! \equiv 1$이라고 정의해야 하고. 이해돼?

수학 이해되네요.

저자 좋아. 그 약자는 그렇다 치자고. 하지만… 나는 이것 전체에 대해서는 조금 회의적이야. 우리가 적기는 했지만 정말 제대로 작동할 리가 없다고. 이건 너무 좋아 보여서 믿어지지가 않아.

수학 두 분, 어떤 기계들 때문에 골치가 아프다고 하지 않았나요?

독자 V하고 H 말이야?

수학 이 향수 기계Nostalgia Device, 고향을 그리워하는 향수를 말한다-옮긴이 주를 거기에 테스트해보지 그래요?

독자 무슨 장치라고?

수학 방정식 4-5 말이에요. 우리가 이걸 만든 이유는 두 분이 모든 것을 기술하는 방법을 알고 있었던 옛날을 그리워하며 향수에 젖어 있어서 그런 거잖아요.

독자 맞아. 그랬지.

수학 그 장치를 V와 H에 테스트해보자고요. 둘을 어떻게 정의했죠?

독자 그러니까 길이가 1인 직선적인 물체가 각도 α로 기울어져 있을 때 우리는 $V(\alpha)$를 '그 선이 수직 방향으로 걸쳐 있는 길이', 그리고 $H(\alpha)$는 '그 선이 수평 방향으로 걸쳐 있는 길이'로 정의했지. 따라서 예를 들면, 만약 $\alpha = 0$인 경우 수평선이 되기 때문에 $H(0) = 1$이고 $V(0) = 0$이 되지. 그 예와 다른 몇 가지 구체적인 사례를 빼면, 누군가 우리에게 임의의 각도를 주었을 때 V와 H의 수를 구하는 방법은 모르겠어.

수학 왜 α라고 하는 거죠?

독자 각도_{angle}란 단어를 떠올리게 하려고.

독자 각도$_{\text{angle}}$란 단어를 떠올리게 하려고.

수학 그거 정할 때 제가 없었군요. 대신 x를 써도 될까요?

독자 상관없어.

수학 좋아요. 우리의 향수 장치는 다음과 같이 말하고 있어요.

$$V(x) = \sum_{n=0}^{\infty} \frac{V^{(n)}(0)}{n!} x^n$$

그럼 우리는 모든 n에 대해 $V^{(n)}(0)$이 무엇인지만 알아내면 돼요. 흠…. 이 개념이 별로 유용하지는 않은 것 같네요. 기계 자체를 기술하는 법도 모르는데 0에서 V의 모든 도함수값을 어떻게 알아낼 수 있겠어요? 죄송….

저자 잠깐! 우리가 V의 모든 도함수를 알아냈다고도 할 수 있겠어. 그러니까 내 말은 $V' = H$이고 $H' = -V$인 것을 알잖아. 그럼 $V'' = H' = -V$이고, 그럼 계속 이것을 이어가면 돼. 이렇게 말이지.

$$\begin{aligned}
V^{(0)} &= V \\
V^{(1)} &= H \\
V^{(2)} &= -V \\
V^{(3)} &= -H \\
V^{(4)} &= V
\end{aligned}$$

그리고 각 단계에서 다음 단계로 넘어가기는 쉬워. 언제든 $V' = H$나 $H' = -V$를 이용하면 한 도함수에서 그다음 도함수로 넘어갈 수 있으니까. 게다가 우리는 0에서 V와 H를 알잖아. 따라서 다음과 같이 쓸 수 있지.

$$V^{(0)}(0) \;=\; V(0) \;=\; 0$$
$$V^{(1)}(0) \;=\; H(0) \;=\; 1$$
$$V^{(2)}(0) \;=\; -V(0) \;=\; 0$$
$$V^{(3)}(0) \;=\; -H(0) \;=\; -1$$
$$V^{(4)}(0) \;=\; V(0) \;=\; 0$$

네 번째 도함수를 구한 이후에는 처음에 시작했던 곳으로 돌아가. 따라서 같은 구간이 영원히 반복돼!

수학 흠, 그럼 제가 중단했던 곳에서 다시 시작할 수 있겠네요. 중간에 막히기 전에 제가 이렇게 썼죠.

$$V(x) \;=\; \sum_{n=0}^{\infty} \frac{V^{(n)}(0)}{n!} x^n$$

이제 당신이 써놓은 것을 보면 짝수 번째 구한 도함수는 모두 0이 되겠군요. 그리고 홀수 번째 도함수는 계속 1과 −1 사이를 왔다 갔다 하고요. 따라서 제가 실수를 하지 않았다면 다음과 같이 쓸 수 있어요.

$$V(x) \;=\; x - \frac{x^3}{3!} + \frac{x^5}{5!} - \frac{x^7}{7!} + \cdots \text{(기타 등등)}$$

저자 오호….

독자 내 생각에 이건 우리가 앞에서 찾아내려다가 포기했던 기계 V의 기술인 것 같은데! 이것과 똑같은 개념을 이용하면 H의 기술도 찾아낼 수 있겠어.

수학 어디 한번 해봐요!

(독자가 잠시 머리를 굴린다.)

저자 이봐! 독자가 H에 대해 생각하는 동안 뭔가 하나 아이디어가 떠올랐어. 혹시 무한하게 더해지고 있는 항 가운데 일부 항을 버리면 한 기계의 근사치를 기술할 수 있지 않을까? 여기서는 V로 한번 시도해볼게. V를 기술한 내용에서 처음 두 항만 남기고 나머지는 모두 버린 다음에 그것을 우리가 4장에서 그린 V의 그래프와 비교하는 거야.

(저자가 그림 4-16과 4-17을 그린다.)

독자 다 끝났어! 효과가 있는 것 같아. H는 다음과 같이 쓸 수 있어.

$$H(x) = 1 - \frac{x^2}{2!} + \frac{x^4}{4!} - \frac{x^8}{8!} + \cdots \text{(기타 등등)}$$

저자 잠깐, V와 H는 수학 교과서에서 '사인'과 '코사인'으로 부르는 거잖아. 그럼 우리는 이제 아무것도 암기하지 않아도 $\sin(x)$와 $\cos(x)$를 계산할 수 있게 된 거야! 그럼 이제야 결국 우리는 삼각법을 정말로 알게 되었다고 할 수 있을 것 같아.

수학 삼각법이 뭐죠?

저자 몰라도 돼.

독자 어쨌거나 도와줘서 고마워, 수학.

수학 언제든 기꺼이 도울게요. 그리고 함께 있어줘서 고마워요. 대화를 나눌 사람이 있다는 건 정말 좋은 일이에요.

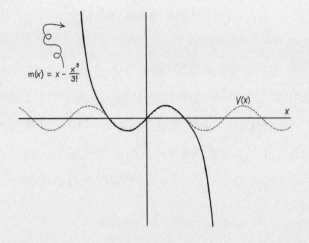

$$m(x) = x - \frac{x^3}{3!}$$

$V(x)$

x

그림 4-16 점선으로 구불구불하게 그린 것은 $V(x)$다. 교과서에서는 '사인'이라고도 한다. 실선은 $m(x) \equiv x - \dfrac{x^3}{6}$ 으로, V의 향수 장치를 기술한 것에서 두 항을 빼고 나머지는 모두 버린 기계다. 따라서 향수 장치는 기존에는 기술할 수 없었던 기계 V와 H를 기술할 방법을 열어주었을 뿐만 아니라 거기서 몇 개의 항만 남기고 나머지는 모두 버림으로써 0 가까운 지점에서 아주 훌륭한 근사치를 구할 방법도 제공해주었다.

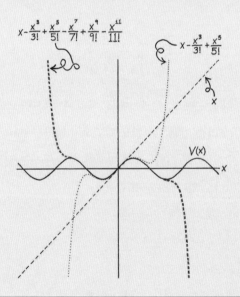

$$x - \frac{x^3}{3!} + \frac{x^5}{5!} - \frac{x^7}{7!} + \frac{x^9}{9!} - \frac{x^{11}}{11!}$$

$$x - \frac{x^3}{3!} + \frac{x^5}{5!}$$

x

$V(x)$

x

그림 4-17 향수 장치로 기술하는 $V(x)$에 항을 더 추가할수록 그 근사치도 더 정확해짐을 보여주는 사례. $x = 0$에 서 멀어지면 결국 이 근사치들은 모두 와해되고 만다.

저자 내 말이 그 말이라니까. 또 보자. 좋아. 이제 다음 장으로 넘어갈 시간
이로군.

(에헴.*)

＊ (해설자 지금까지 이 '저자'라는 작자가 이야기한 내용에 비추어보면 이 이야기를 듣고 놀랄지도 모르지만,
향수 기계(수학 교과서에서는 '테일러급수(Taylo series)'라고 함)는 존재 가능한 모든 기계에 작동한다고 보장
할 수 없다(물론 실용적으로 접하는 대부분의 기계에는 효과적으로 작동하지만). 이것이 언제 작동하고, 언제 작
동하지 않느냐 하는 질문(수학 교과서의 전문용어로는 '테일러급수의 수렴'이라고 함)은 우리를 깊은 토끼 굴에
빠뜨려 대단히 풍요롭고 흥미로운 수학의 세계로 이끈다. 이 주제와 관련해서 가장 놀라운 사실을 짤막하게 언
급하고 가면 좋지 않을까 싶다. 향수 기계가 작동하는(또는 작동하지 않는) 조건을 이해하려면 복소수(complex
number)에 대해 생각해보려는 의지가 있어야 한다. 복소수란 a+bi(여기서 a와 b는 실수(소수점 이하로 수가 이
어지는 9, -1.3, 5.987654 같은 수)이고 i는 -1의 제곱근)라는 형태의 수다. 우리가 지금까지 접했던 수많은 것과
마찬가지로 이 수 역시 그 행동으로 정의된다. 이 수는 $i^2 = -1$이라는 문장을 만족시키기 위해 i가 가져야 할 값으로
정의된다. 간단히 요약하자면 우리가 입력과 출력이 실수인 기계에만 관심이 있다 하더라도, 복소수의 존재를 인
정하지 않고는 향수 장치가 작동하거나, 작동하지 않는 조건을 완전히 이해하기란 불가능하다. 이런 개념을 아
름답게 설명한 것으로는 트리스탄 니덤(Tristan Needham)의 경이로운 책 《눈으로 배우는 복소해석학(Visual
Complex Analysis)》만 한 책이 없다.)

CHAPTER
05
미학 그리고 불변의 존재

수학에서 무엇이 중요하고, 무엇이 중요하지 않은지를
어떻게 결정하는 것일까? 결국 기준은 미학적인 것이어야 한다.
수학에는 심도, 보편성, 유용성 등 다른 가치가 존재한다. 하지만
이런 것들은 자체로 목적이 될 수 없다. 그 중요성은 이와 관련된 다른 것의
가치에 좌우되는 듯하다. 궁극의 가치는 결국 미학적인 것으로 보인다.
즉, 음악, 미술 또는 다른 형태의 예술에 존재하는 예술적인 가치 말이다.

-로저 펜로즈, 수브라마니안 찬드라세카르의 《논문 선집》 7권

앞에서 말했던 부동의 원동자unmoved mover, 자신은 움직이지도
변화하지도 않으면서 다른 존재를 움직이고 변화시키는 존재라는 뜻으로
아리스토텔레스가 규정한 개념-옮긴이 주는 영원히 단순하고 변함없이
똑같은 상태로 남아 있기 때문에 하나의 단순한 운동을 야기할 것이다.

-아리스토텔레스, 《물리학》

Aesthetics and the Immovable Object

5.1. 무의 세계로 손을 뻗다

5.1.1. 집도 절도 없는 주제

이번 장에서 우리는 이른바 미적분학의 필수 선행 과목이라는 것이 사실은 미적분학을 꽤 잘 알고 있어야만 제대로 이해할 수 있는 과목이라는 증거를 더욱 많이 접하게 될 것이다. 5장에서는 자기 집을 못 찾고 방황하는 주제에 초점을 맞춘다. 이것은 표준 방식대로 교육하면 모르핀보다도 강력한 수면 유도 효과를 가지는 주제이고, 전 세계 학생들의 마음속에 두려움과 지겨움을 안겨준다. 흔히 '로그logarithm와 지수exponent'라는 이름으로 불린다.

이런 개념을 설명하는—아니, 설명하는 데 실패하는 표준 방식은 그 안에 담긴 미학적 우아함과 적용상의 중요성을 모두 모호하게 만들어버린다. 이것은 보통 '대수학 2이 과정은 미적분학의 필수 선행 과목이라는 다양한 주제가 들어 있다'라는 이름의 헷갈리는 교육과정에서 소개된다. 하지만 이 개념들은 분명 여기에 포함되어야 할 내용이 아니다. 이는 세계사 과목에서 '프랑스 대혁명'의 이야기를 언제 꺼내야 할지 알지 못해서 그냥 '로마 제국' 섹션 중간에 대충 끼워넣고, 학생들에게는 이 두 사건이 아주 다른 시기에 벌어졌으며, 거의 상관도 없다는 사실을 말해주지 않는 것이나 마찬가지다. 이런 주제를 소개할 통로는 정말이지 굉장히 다양한데, 인구 성장 같은 특정 응용 분야와 연관시켜서 소개하는 경우가 많다. 하지만 이런 응용 분야가 아무리 중요하다 할지라도 이 분야에서는 개념 자체가 생겨난 밑바탕이 된 동기를 제대로 나타내지 못한다. 5장에서는 이런 개념들이 어떻게 생겼는지 명확하게 밝히기 위해 조금 특이한 방법으로 소개하려고 한다. 그럼 이 개념들이 다른 개념과 어떻게 관련되고, 어떻게 하면 더욱 기이하고 터무니없는 맥

락으로 일반화할 수 있는지 제대로 이해하게 될 것이다. 그럼 이제 시작해
보자.

5.1.2. 우리가 아는 내용에서 출발하자

우리가 지금까지 꽤 많은 일을 해낸 것은 사실이지만, 그래봤자 아는 게
고작 더하기와 곱하기밖에 더 있느냐고 반박해도 할 말이 없다. 앞에서도
이야기했지만 결국 우리 우주에서 '거듭제곱'은 반복되는 곱하기를 표시하
는 무의미한 약자로 자신의 삶을 시작했고, 그때는 양의 정수 제곱에 대해
서만 의미를 가졌다. 하지만 나중에는 이 의미 없는 약자를 진짜 개념으로
일반화했다. 어떻게 했더라? 우리는 그냥 양의 정수가 아닌 거듭제곱을 쓸
때는 $(거시기)^a(거시기)^b = (거시기)^{a+b}$라는 문장을 참으로 만들기 위
해 그 거듭제곱이 가져야 할 의미를 뜻하는 것이라고 선언했다. 이 방정식
은 '거듭제곱' 또는 '지수'라는 데 대한 진술처럼 보이지만, 더 솔직히 말하
자면 우리의 무지에 대한 진술이라고 언급해야 한다. 거듭제곱이란 개념을
일반화하는 과정에서 우리는 일반화시킬 수 있는 방법이 무한히 많다는 것
을 알아냈다. 만약 우리가 원하는 바가 양의 정수에 대한 거듭제곱의 정의
와 맞아떨어지게 일반화하자는 내용이 전부였다면 #가 양의 정수일 때는
$(거시기)^\#$은 (거시기)를 #번 곱하고, #가 분수이거나 음수일 때는 52번 또
는 다른 아무 숫자나 곱하는 것이라고만 일반화해도 그만이었다. 우리가 거듭제
곱의 개념을 이런 식으로 일반화하지 않은 이유는 그것이 잘못되었기 때문
이 아니라, 흥미롭지 않았기 때문이다. 이러한 일반화가 틀렸다고는 할 수
없지만 그 안에는 우리가 알아야 할 것도, 발견할 것도, 무언가 할 이야기도
없다. 이와 같은 행위는 생산성이라고는 눈곱만큼도 없는 불모지 같은 일
반화다.

어찌 보면 우리가 거듭제곱의 개념을 그렇게 정의하게 된 것은 우리가 더하기와 곱하기 말고 다른 것은 아무것도 모른다는 사실 때문이기도 하다. $s^a s^b = s^{a+b}$ 그리고 $(s^a)^b = s^{ab}$ 이라는 두 방정식이 더하기와 곱하기에 대해서만 이야기하고 있다는 것이 실은 우연이 아니다물론 이것은 한 칸 위, 즉 제곱지수에서 이루어지는 더하기와 곱하기이기는 하지만. 사실 우리가 이런 식으로 한 이유는 까놓고 말해서 그것이 우리가 아는 전부이기 때문이다. 우리의 일반화가 행동하는 방식이 우리가 아는 것을 행함으로써 일반화를 이해할 수 있게 해주지 않는다면 우리에겐 아무런 쓸모없는 것이 된다.

수학적 개념을 발명할 때면 우리는 무의 세계로 손을 뻗어 원하는 무언가를 끄집어낸다. 우리가 세운 목표는 (1) 실제 세계를 기술하는 것일 수도 있고, (2) 일상적인 개념에 대응하면서, 그 개념을 일반화해주는 수학적 개념을 발명하는 것일 수도 있고, (3) 우리에게 좀 더 익숙한 또 다른 수학적 개념을 일반화하는 수학적 개념을 발명하는 것일 수도 있다. 어느 경우에서든 우리가 수행하는 일은 비슷하다. 항상 자신의 목표에 맞추어 개념을 재단하고, 이를 우리가 기술하려고 시도하는 바와 가능한 비슷하게 행동하도록 강제한다. 그저 마구잡이식으로 다가가서는 무의 세계에 결코 접근할 수 없다.

→ 5.2. 네 가지 종 ←

무의 세계에는 발명되기를 기다리는 무한히 많은 것이 들어 있지만 그중 대다수는 재미없고 황무지 같은 개념들이다. 루트비히 비트겐슈타인Ludwig Wittgenstein은 이렇게 말했다. "말할 수 없는 것에 관해서는 침묵해야 한다."

분명 수학에서도 통하는 말이다. 이 내용은 수학적 대상을 정의할 때는 그 대상의 행동을 통해 정의하는 것이 무의 세계의 황무지들을 피하는 가장 확실한 방법임을 암시한다. 대상을 행동으로 정의하면 우리는 그것이 '무엇'인지 즉, 본질은 몰라도 그에 대해 우리가 무슨 말을 할 수 있을지는 알게 된다. 이 섹션에서 우리는 이러한 원리가 두드러지는 특별한 사례를 몇 가지 살펴볼 것이다. 지금까지의 여정에서 더하기와 곱하기가 핵심 역할을 맡아왔으니, 순수하게 이 두 연산에 대해 어떻게 행동하느냐를 바탕으로 기계를 네 종류로 정의해보자. 지금 시점에서는 미학적인 동기만으로 이런 기계들을 만지작거리고 있다.

기계의 네 가지 종

'더더 종'은 '더하기'를 '더하기'로 바꾸는 모든 기계로 정의된다.

$$f(x+y) \stackrel{강제}{=} f(x) + f(y)$$

'더곱 종'은 '더하기'를 '곱하기'로 바꾸는 모든 기계로 정의된다.

$$f(x+y) \stackrel{강제}{=} f(x)f(y)$$

'곱더 종'은 '곱하기'를 '더하기'로 바꾸는 모든 기계로 정의된다.

$$f(xy) \stackrel{강제}{=} f(x) + f(y)$$

'곱곱 종'은 '곱하기'를 '곱하기'로 바꾸는 모든 기계로 정의된다.

$$f(xy) \stackrel{강제}{=} f(x)f(y)$$

네 가지 종을 정의하면서 우리는 모든 수 x, y에 대해 각각의 문장이 참

이 되도록 강제한다. 이는 대단히 우아한 행동이지만, 지금 우리는 각각의 종에 속하는 구성원들이 어떤 모습일지 전혀 알지 못한다. 어쩌면 구성원이 전혀 존재하지 않는 종도 있을지 모른다. 결국에는 절대 참이 될 수 없는 문장도 적을 수는 있다. 언뜻 보아서는 불가능함이 눈에 뻔히 들어오지 않더라도 말이다. 잠시 시간을 내어 이 네 가지 종을 가지고 놀면서 각각이 어떤 모습일지 알아보자.

5.2.1. 더더 종

더더 종의 구성원들을 덫에 가두었다고 상상하자. 우리는 이 종의 행동 방식만을 알 뿐, 어떻게 생겼는지는 모른다. 과연 우리가 이들을 가려낼 수 있을지 확인해보자. 더더 종을 정의하는 속성은 다음과 같이 행동한다는 점이다.

$$모든 수\ x와\ y에\ 대해,$$
$$f(x + y) \overset{강제}{=} f(x) + f(y)$$

방정식 5-1

x와 y라는 수는 수평 좌표와 수직 좌표를 가리키는 것이 아니라 그냥 우리가 기계에 입력하는 임의의 두 수를 나타내는 약자다. 이제 이 기계가 정말로 모든 수 x와 y에 대해 이렇게 행동한다면 x와 y가 모두 0일 때는 이렇게 행동해야 한다.

$$f(0) = f(0) + f(0) = 2f(0)$$

하지만 $f(0)$이 그것에 2를 곱해도 변함이 없는 수라면 $f(0)$은 반드시 0이어야만 한다. 우리가 더더 종을 정의한 것만 봐서는 이런 사실이 뻔히 눈에 들어오지 않았을지도 모르지만 지금은 $f(0) = 0$이라는 문장이 그 정의 안에 내내 숨어 있었다는 사실을 확인할 수 있다. 다시 한 번 분명히 말하지만 우리는 어떻게 해야 이 괴물의 모습을 알아낼 수 있는지 전혀 모른다. 그저 우리가 아는 유일한 것, 즉 방정식 5-1만 이용해서 만지작거리고 있을 뿐이다.

y라는 수가 무한히 작다고 상상하면 어떨까? 그 수를 dx라는 약자로 쓰면 더더 종의 정의_{방정식 5-1}는 다음과 같이 말한다.

$$f(x + dx) = f(x) + f(dx)$$

방정식 5-2

거의 도함수처럼 보인다. 우리는 도함수에 대해서는 어느 정도 알지만, 더더 종에 대해서는 아는 바가 별로 없다. 따라서 방정식 5-2를 좀 더 도함수처럼 보이게 만들면 무언가 도움이 될 만한 것이 나올지 확인해보자. $f(x)$ 조각을 왼쪽으로 옮기고 dx로 나누면 다음과 같이 나온다.

$$\frac{f(x + dx) - f(x)}{dx} = \frac{f(dx)}{dx}$$

방정식 5-3

멋지다. 좌변은 이제 f의 도함수의 정의에 해당하니까 왼쪽에 있는 것을 $f'(x)$로 대체할 수 있다.

$$f'(x) = \frac{f(dx)}{dx}$$

방정식 5-4

우변 역시 거의 도함수처럼 보이지만 무언가 빠져 있다. 아니면 그렇지 않은지도···. 아까 전에 우리는 더더 종의 모든 구성원은 $f(0) = 0$이어야 한다는 것을 알아냈다. 0을 더하면 아무것도 변하지 않으므로 우리는 다음과 같이 쓸 수 있다.

$$f'(x) = \frac{f(0 + dx) - f(0)}{dx}$$

방정식 5-5

이제 우변은 그냥 서로 무한히 가까운 두 점, 즉 0과 dx에서의 '수평 변화량에 대한 수직 변화량의 비율'임을 쉽게 알아볼 수 있다. 놀랍게도 이 간단한 수식을 겉보기에는 더 복잡하게 만들어놓았더니 그 안에 0을 투입해서 실제로는 이 수식이 애초부터 얼마나 단순한 것이었는지 쉽게 알아볼 수 있게 됐다. 우변은 $x = 0$에서 f의 도함수값, 즉, 미분계수에 지나지 않았던 것이다. 이 개념을 이용해서 방정식 5-5의 우변을 $f'(0)$으로 고쳐 쓸 수 있다. 그럼 다음과 같이 된다.

$$f'(x) = f'(0)$$

방정식 5-6

하지만 이것은 모든 수 x에 대해 참이 성립해야 하므로 어느 특정 지점 즉, $x = 0$에서의 경사가 모든 지점에서의 경사와 똑같아야 한다는 의미가 된다. 따라서 f는 직선이어야 하고, 따라서 1장에서 발견한 것을 이용하면 더더 종의 구성원들은 모두 $f(x) = cx + b$의 형태를 띠어야 한다. 더군다나 우리는 이미 이 종의 구성원들이 0을 입력하면 0을 출력해야 한다는 것을 알고 있으므로 $b = 0$이어야 한다. 이것을 모두 종합하면 다음과 같이 정리할 수 있다.

더더 종

더더 종은 더하기를 더하기로 바꾸는 모든 기계로 정의된다.

$$f(x + y) \overset{\text{강제}}{=} f(x) + f(y)$$

우리는 방금 이 종의 모든 구성원이 다음과 같은 형태여야 함을 알아냈다.

어떤 수 c 에 대해,

$$f(x) = cx$$

따라서 우리는 어떻게 행동하는지에 대한 정보만 이용해서도 이 종의 구성원들이 어떤 모습인지 알아낼 수 있었다. 우리는 이런 결론을 이끌어낼 구체적인 방법론은 하나도 몰랐다. 그냥 잠시 이것저것 기계에 입력해보면서 가지고 놀았을 뿐인데 결국에는 이 종의 모든 구성원이 일정한 경사를 가져야 한다는 것을 알아냈다. 따라서 우리는 이 구성원들이 직선이라는 점도, 그래서 이들을 어떻게 적어야 하는지도 알게 됐다. 그럼 다른 종에서도 비슷한 방법을 쓸 수 있을지 알아보자.

5.2.2. 더곱 종

이번에는 더곱 종의 구성원을 덫으로 잡았다고 상상하자. 앞에서와 마찬가지로 우리는 이 종의 구성원의 행동 방식만 알지 어떤 모습인지는 모른다. 더곱 종은 다음과 같은 행동으로 정의되었다.

$$f(x + y) \overset{\text{강제}}{=} f(x)f(y) \qquad \text{방정식 5-7}$$

이제 이것을 만지작거리며 놀아보자. x와 y를 0으로 설정하면 어떨까? 그럼 $f(0) = f(0)f(0)$이 나온다. 이것만으로는 $f(0)$이 무슨 수인지 결정할 수 없다. 1과 0 모두 이런 식으로 행동하기 때문이다즉, $0 = 0 \cdot 0, 1 = 1 \cdot 1$. 따라서 좀 더 탐색을 해봐야겠다. 만약 한쪽 입력은 0으로 하고이를테면 $y = 0$ 나머지 하나는 그대로 두면 어떨까? 그럼 다음과 같이 나온다.

$$f(x) = f(x)f(0)$$

훨씬 나아졌다. 이 문장을 통해 $f(0) = 1$임을 알 수 있다. 아니면 적어도 $f(x)$가 언제나 0을 출력하는 지겨운 기계가 아닌 한 $f(0) = 1$임을 알 수 있다$f(x) = 0$인 경우에는 위의 문장이 여전히 참이지만 $f(0)$은 1이 아닐 수 있게 된다. 논증을 이어가기 위해 우리가 다루는 더곱 종의 구성원은 항상 0을 출력하지는 않는다고 가정하자. 그럼 위의 논증을 통해 $f(0) = 1$임을 알 수 있다.

여기서 어떻게 해야 할지 알 수 없지만, 앞에서 양쪽 변을 도함수처럼 보이게 만들었더니 도움이 됐다. 이번에도 그렇게 해보자. 사실 지난번에는 그냥 더하기만 다루고 있었기 때문에 양변을 도함수처럼 보이게 만들기가 더 쉬웠다. 이번에도 어쩌면 도함수를 만지작거릴 수 있을지는 모르지만 같은 방식으로는 안 될 것이다. x와 y가 수평 좌표와 수직 좌표가 아니라 기계에 입력하는 임의의 두 수를 나타낸다는 것을 기억하자. 우리는 x를 변화시키지 않으면서 y만 변화시킬 수 있다. 따라서 $\frac{dx}{dy} = 0$이다즉, x를 y가 변화해도 따라 변화하지 않는 상수로 생각할 수 있으므로 x를 y에 대해 미분하면 0이 나온다 - 옮긴이 주. 이것은 $\frac{d}{dy}(x+y) = 1$임을 의미한다. 이 사실을 이용해서 y에 대해 미분해보자. 약자 고쳐 쓰기용 망치연쇄법칙를 이용하면 다음과 같이 쓸 수 있다.

$$f'(x + y) = f(x)f'(y)$$

여기서 프라임 기호는 y에 대한 도함수를 나타낸다. 이것으로부터 기계 f에 대해 흥미로운 결론을 이끌어낼 수 있을까? 여기서 $x = 0$으로 설정하면 아무런 의미 없는 문장, 즉 $f'(y) = 1 \cdot f'(y)$가 나온다. 이것은 별 도움이 안 된다. 그럼 그 대신 $y = 0$으로 설정해보자. 그럼 다음과 같이 나온다.

$$f'(x) = f'(0)f(x)$$

어라! 이렇게 해놓고 보니 더곱 종의 구성원들은 자기 자신의 도함수와 거의 비슷하다는 말이 된다. 이건 그냥 자신의 도함수에 어떤 고정된 수를 곱한 것에 지나지 않는다. 우리가 전에 보았던 기계와는 다르다. 예를 들면 더하기-곱하기 기계 중에는 이런 식으로 행동할 수 있는 것이 없다. 도함수를 구할 때마다 각 항의 제곱지수가 1씩 줄어들기 때문이다$(x^n)' = nx^{n-1}$. 만약 더곱 종의 특정 구성원이 $f'(0) = 1$이라면 그 구성원은 자신의 도함수와 똑같아진다! 이제 기계 f가 자기 자신의 도함수라면 그 기계에 어떤 상수를 곱한 것도 자기 자신의 도함수가 될 것이다. 즉, 만약 f가 자기 자신의 도함수여서 $f'(x) = f(x)$라면 $m(x) \equiv cf(x)$를 만족시키는 모든 기계는 $m'(x) = cf'(x) = cf(x) \equiv m(x)$를 만족시킬 것이고, 따라서 m 역시 자기 자신의 도함수가 된다는 의미다. 그럼 우리는 자기가 자신의 도함수인 기계를 무한히 많이 갖게 된다. 각각의 수 c에 대해 그런 기계가 하나씩 생기니까 말이다. 하지만 이 중 오직 하나만이 더곱 종의 구성원이 된다. 왜 그럴까? 방금 위에서 더곱 종은 $f(0) = 1$이라는 행동을 보인다는 것을 알아냈기 때문이다. 따라서 자기가 자신의 도함수이면서 더곱 종의 구성원이기도 한 기계는 오직 하나밖에 없는 지극히 특별한 존재다. 이것이 어떤 모습일지 우리는 모른다. 하지만 이 기계를 '지극히 특별하다extremely special'는 의미에서 E라고 부르자. 그럼 E는 다음을 만족시키는 유일한 기계다.

$$E'(x) = E(x) \qquad \text{그리고} \qquad E(0) = 1$$

더곱 종 기계가 어떤 모습인지 아직 모르지만 우리가 전에 보았던 것들과는 다름을 알았으니 그에 대해 전반적인 개념을 얻을 수 있다면 좋을 듯하다. 달리 해볼 수 있는 것도 없으니 말이다. 우리가 써먹을 수 있는 건 이 기계가 더하기를 곱하기로 바꾸어놓는다는 사실밖에 없다. 따라서 n이 자연수이고 f가 더곱 종 기계라면 다음과 같이 쓸 수 있다.

$$f(n) = f(\underbrace{1 + 1 + \cdots + 1}_{n\text{번}})$$
$$= \underbrace{f(1)f(1) \cdots f(1)}_{n\text{번}}$$
$$= f(1)^n$$

흥미롭다…. 입력한 값이 위 칸으로 올라가 제곱지수가 됐다. 그리고 $f(1)$은 그냥 우리가 모르는 어떤 수다. 이제 이것이 모든 수 x에 대해 참이 성립할지 궁금해진다. 앞에서 우리는 $\frac{n}{m}$여기서 n과 m은 자연수 형태를 가진 수를 이용하면 그 어떤 수라도 우리가 원하는 만큼 근사치를 만들어낼 수 있다는 것을 발견했다. 그럼 만약 이 '입력값이 위 칸으로 올라간다'는 행동이 $\frac{n}{m}$ 형태로 나타나는 모든 값에 대해 참임을 입증해 보일 수 있다면 어떤 수

x에 대해서도 참이라고 꽤 확신을 가질 수 있을 것이다. 어떤 수 x를 $x \equiv \frac{n}{m}$ n과 m은 자연수의 형태로 쓸 수 있다고 가정해보자. 그럼 우리가 방금 썼던 것과 똑같은 종류의 잔머리를 굴릴 수 있다. 하지만 이번에는 거꾸로 이루어진다.

$$f(n) = f\left(m \cdot \frac{n}{m}\right) = f(\underbrace{\frac{n}{m} + \frac{n}{m} + \cdots + \frac{n}{m}}_{m번}) \stackrel{\text{더곱}}{=} \left[f\left(\frac{n}{m}\right)\right]^m$$

'더곱'이라는 기호는 여기서 우리가 더곱 종의 정의를 이용했음을 의미한다. 따라서 위의 방정식은 $f(n)$이 맨 오른쪽에 있는 것과 같다고 말한다. 하지만 바로 앞에서 우리는 $f(n) = f(1)^n$임을 알아냈다. 우리는 똑같은 것을 두 가지 방식으로 기술했으므로 이 두 기술을 결합해보면 다음과 같이 나온다.

$$\left[f\left(\frac{n}{m}\right)\right]^m = f(1)^n$$

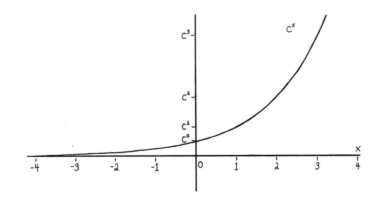

그림 5-1 우리는 더곱 종의 모든 구성원이 $f(x) = c^x$의 형태를 가져야 함을 발견했다. 여기서 양수 c의 값에 따라 각각 더곱 종의 다른 구성원이 만들어진다. 이 기계들의 그래프는 이런 모습이다.

이제는 뭘 해야 할까? 더곱 종 기계가 어떤 모습일지 좀 더 잘 알 수 있도록 $f(\frac{n}{m})$ 조각을 따로 떼어 냈으면 좋겠다. 양변을 $\frac{1}{m}$ 제곱하면 좌변에 있는 m 제곱을 지울 수 있다.

$$f\left(\frac{n}{m}\right) = f(1)^{\frac{n}{m}}$$

방정식 5-8

이렇게 하고 보니 더곱 종의 모든 구성원들은 모든 x에 대해 '입력값이 위 칸으로 올라간다'는 행동 습성을 가졌다고 상당히 확신을 할 수 있게 됐다. $\frac{n}{m}$ 형태의 수를 이용하면 어떤 수 x라도 우리가 원하는 만큼 가까운 근 사치를 구할 수 있기 때문이다. $f(1)$은 그냥 우리가 모르는 어떤 수이기 때문에 그냥 c로 쓰는 것이 낫겠다. 그럼 우리가 말한 내용들을 다음과 같이 요약할 수 있다.

$$f(x) = c^x$$

$f(x) = c^x$ 형태를 가진 기계가 정말로 더곱 종의 구성원인지 확인해서 우리의 추론 과정이 맞는지 살펴보자.

$$f(x+y) = c^{x+y} = c^x c^y = f(x)f(y)$$

완벽하다! 그럼 모든 양수 c에 대해 c^x 기계들은 정말로 모두 더곱 종 기계라 할 수 있다. 그리고 이 기계들의 행동 습성은 우리가 거듭제곱을 정의한 방식과도 아주 멋지게 맞아떨어진다! 앞에서 우리는 더곱 종 기계가 c^x의 형태로 나타난다는 것을 전혀 모르는 상태에서도 자기가 자기 자신의 도함수인 지극히 특별한 더곱 종 기계 $E(x)$가 존재해야 한다는 것을 발견했다. 이제 우리는 각각의 양수 c에 대해 서로 다른 더곱 종 기계가 나온다는 것을 알고 있다. 그럼 지금까지 이 종에 대해 발견한 내용들을 모두 박스 안에 정리해보자.

더곱 종

더곱 종은 더하기를 곱하기로 바꾸는 모든 기계로 정의된다.

$$f(x + y) \overset{\text{강제}}{=} f(x)f(y)$$

우리는 방금 이 종의 모든 구성원이
다음과 같은 모습이어야 한다는 것을 알아냈다.
어떤 수 c에 대해,

$$f(x) = c^x$$

불변의 존재

우리는 또한 자기가 자기 자신의 도함수인 지극히 특별한
더곱 종 기계가 존재해야만 함을 알아냈다.
'지극히 특별한extremely special'이라는 의미로 이 기계의
이름을 E라고 붙였다. 이 기계는 미분에 대해 '불변의 존재'다.
이 발견을 더곱 종에 대한 새로운 지식과 결합하면 다음과 같이
이야기할 수 있다. '다음의 더곱 종 기계가 자기 자신의 도함수가 되게
만드는 지극히 특별한 수 e가 반드시 존재해야 한다.'

$$E(x) \equiv e^x$$

현재는 이 수가 무엇인지 모르지만 반드시 존재해야 한다.

5.2.3. 곱더 종

곱더 종이 어떻게 보면 더곱 종의 '반대'임을 한눈에 알아볼 수 있을 것이다. 따라서 어쩌면 두 종 모두 신비의 숫자 e와 관련되어 있다고 밝혀질지도 모른다. 한번 살펴보자. 우리는 더곱 종을 다음과 같이 행동하는 모든 기계의 집합이라 정의했다.

$$f(x+y) \overset{\text{강제}}{=} f(x)f(y) \qquad \boxed{\text{방정식 5-9}}$$

그리고 곱더 종은 다음과 같이 행동하는 모든 기계의 집합이라 정의했다.

$$g(xy) \overset{\text{강제}}{=} g(x)+g(y) \qquad \boxed{\text{방정식 5-10}}$$

여기서는 혼동이 오지 않도록 두 종류의 기계를 다른 글자로 나타냈다. g는 곱더 종 기계이고, f는 더곱 종 기계라고 가정해보자. 그럼 곱더 종 기계가 어떤 모습인지 모른다 해도 다음과 같이 쓸 수 있다.

$$g(f(x+y)) \overset{f\text{는 더곱}}{=} g(f(x)f(y)) \overset{g\text{는 곱더}}{=} g(f(x))+g(f(y))$$

하지만 이것은 더곱 기계의 출력 튜브를 곱더 기계의 입력 튜브에 이어붙여 큰 기계를 만들면 그 전체는 더더 기계가 된다고 말하는 데 지나지 않는다. 즉, $h(x) \equiv g(f(x))$라고 정의하면 기계 h가 다음과 같이 행동한다는 것을 입증했을 뿐이다.

$$h(x + y) = h(x) + h(y)$$

따라서 h는 더더 기계다. 우리는 이 세 가지 개념이 이렇게 우아한 방식으로 관련되어야 한다고 특별히 요청한 적이 결코 없음을 명심하자. 그럼에도 이러한 사실은 우리의 정의에서 필연적으로 유도되어 나오는 결과로 그 안에 계속 숨어 있었다. 이제 무엇을 해야 할까? 더더 종에서 노력해서 얻은 결실을 여기서 써먹을 수 있다. 즉, 앞에서 우리는 모든 더더 종 기계는 어떤 수 a에 대해 ax의 형태여야 한다는 것을 발견했다. 우리는 방금 h가 더더 종 기계여야 한다는 것을 발견했으므로 다음과 같이 쓸 수 있다.

$$h(x) \equiv g(f(x)) = ax$$

여기서 a는 어떤 수다. 어떤 수? 우리도 모른다. 하지만 위의 방정식에 1을 입력하면 $g(f(1)) = a$가 나오므로 다음과 같이 쓸 수 있다.

$$g(f(x)) = g(f(1))x \qquad \text{방정식 5-11}$$

흥미롭다…. 이것은 우리가 임의의 더곱 종 기계를 임의의 곱더 종 기계에 입력하면 이 둘이 서로를 거의 상쇄한다는 의미다. 만약 $g(f(1))$이 1과 같다면 $g(f(x)) = x$가 된다. 따라서 f와 g가 서로 반대되는 행동을 하기 때문에 우리가 입력한 값이 정확히 그대로 나오게 된다는 말이다. 이제 더곱 종과 곱더 종이 서로 '반대'라는 말의 의미에 점점 가까워지고 있다.

위에서 우리는 더곱 종 기계는 모두 $f(x) = c^x$의 형태로 보여야 한다는 것을 발견했다여기서 c는 $f(1)$의 약자일 뿐이다. c의 값이 달라지면 그에 따라 각각 다른 더곱 종 기계가 나오기 때문에 우리 약자에 아래 첨자를 추가해 $f_c(x) \equiv c^x$이라고 적자. 이렇게 하는 이유는 더곱 종의 특정 구성원에 대해 좀 더 편하게 이야기할 수 있게 만들려는 것이다. 그래야 더곱 종 기계를 또 다른 더곱 종 기계와 혼동하지 않을 테니까 말이다. 이제 이 새로운 약자를 이용하면 임의의 특정 기계 f_c에 대해 방정식 5–11을 다음과 같이 고쳐 쓸 수 있다.

$$g(f_c(x)) = g(f_c(1))x = g(c^1)x = g(c)x \qquad \text{방정식 5-12}$$

그러면 이제는 만약 $g(c) = 1$이라면 f_c와 g가 서로를 상쇄한다고 말할 수 있다. 각각의 수 c에 대해 서로 다른 더곱 기계가 나왔던 것과 마찬가지로 이제 각각의 수 c에 대해 서로 다른 곱더 종 기계가 나온다. 따라서 우리는 곱더 기계가 어떤 모습인지 모르지만 곱더 종의 구성원들 각각이 더곱 종에 자기 파트너를 가졌음을 알 수 있다. 이 파트너는 c라는 같은 값을 공유한다.

이런 파트너 관계 때문에 잠시 전에 더곱 종 기계에 했던 것처럼 특정 곱더 기계를 지칭할 때도 g에 아래 첨자를 쓰기로 하자. 즉, g_c는 $g_c(c) = 1$을 만족시키는 곱더 종 기계를 나타내는 약자다. 예를 들면 $c = 2$일 때 우리는 $f_2(x) \equiv 2^x$라는 더곱 종 기계를 얻고, 그 파트너 g_2는 $g_2(2) = 1$을 만족시키는 곱더 종 기계다. 두 종 사이의 파트너 관계에 대해, 그리고 자기가 자신의 도함수가 되는 신비한 기계에 대해 이 모든 것을 알아냈으니 우리가 두 종에 대해 알고 있는 모든 것을 박스에 적어보자. 그리고 잠시 자기 자신에게 뿌듯한 기분을 느껴보자.

더곱 종은 더하기를 곱하기로 바꾸는 모든 기계로 정의된다.

$$f(x+y) \overset{\text{강제}}{=} f(x)f(y)$$

우리는 임의의 더곱 종 기계를 다음과 같이 쓸 수 있음을 알아냈다.

$$f_c(x) \equiv c^x$$

곱더 종은 곱하기를 더하기로 바꾸는 모든 기계로 정의된다.

$$g(xy) \overset{\text{강제}}{=} g(x) + g(y)$$

우리가 아는 내용으로는 이 기계들을 기술할 수
없기 때문에 기계들이 어떤 모습인지 모른다.
하지만 각각의 더곱 종 기계는 자신의 행위를 상쇄하는
파트너 곱더 종 기계를 가지고 있음을 안다.
곱더 종 기계 g_c는 이 문장을
참으로 만드는 기계로 정의된다.

$$g_c(f_c(x)) \equiv x \qquad \boxed{\text{방정식 5-13}}$$

e가 어떤 수라야 기계 $E(x) \equiv e^x$이 자기 자신의 도함수가 되는지 아직 모르지만 $g_e(f_e(x)) \equiv x$ 또는 $g_e(e^x) = x$라고 써서 이 기계의 파트너에 대해 이야기는 할 수 있다. 우리는 특별한 연관 관계가 있다는 점 말고는 이 기계에 대해 아무것도 모른다. 우리가 이 기계에 신경 쓰는 이유는 단지 미분에 대해 불변의 존재, 즉 미분해도 변하지 않는 기계의 정반대이기 때문이다.

5.2.4. 곱곱 종은… 조만간

아직 탐험해보아야 할 종이 하나 더 남아 있다. 곱곱 종이다. 하지만 이야기가 조금 추상적으로 흘러가고 있기 때문에 우리가 알아낸 내용들이 편안하게 납득이 되는지 먼저 확인한 뒤 나중에 다시 돌아와 곱곱 종에 대해 살펴보기로 하자. 우리는 지금 막 더곱 종과 곱더 종 사이의 파트너 관계, 그리고 자기가 자기 자신의 도함수가 되는 특별한 기계에 대해 여러 가지 흥미로운 사실들을 발견했다. 그래서 이 내용이 아직 머릿속에 생생하기는 하지만 잠시 쉬어가면서 우리의 불변의 존재를 조금 더 비형식적으로 탐험하자.

---→ **5.3. 형식과 비형식** ←---

5.3.1. 향수 장치 끌어내기

저자 수학아! 여기 좀 나와 봐!

…

독자 수학아! 너한테 보여줄 게 있어!

…

독자 그냥 우리끼리 해야….
저자 아니야, 1분만 기다려보자.

(*t* 만큼의 시간이 지난다. 여기서 *t*는 해설자가 이야기를 계속 진행하기에 충분할 정도로, '1분'처럼 행동하는 시간의 양으로 정의된다.)

저자 음, 그럼 어쩔 수 없네. 아직은 이걸 사용할 일이 없기를 바랐는데.

(저자가 주머니에서 작은 유리병을 꺼낸다.)

독자 그게 뭐야?
저자 별것 아냐, 그냥 몇 년 전에 주운 거.

(저자가 유리병을 독자에게 건넨다.)

독자 흠. 이렇게 적혀 있네. '헨킨 주스. ℵ등급 프리미엄. 1949년산.' 이거 뭐 하는 건데?
저자 좀 복잡해. 기본적으로 말하자면 구문론과 의미론 사이의 경계를 녹이는 언어적 시약이라 할 수 있지. 형식 언어에 사용하는 것이지만, 어쩌면 비형식 언어에도 작용할지 몰라….
독자 …뭐라고?
저자 이건 이름에 힘을 부여해줘. 땅바닥에 조금 뿌려. 그리고 몇 초만 조용히 있어. 이게 잘못 작동하면 안 되니까.

(독자가 유리병에 든 내용물을 땅바닥에 모두 쏟는다.)

저자 (소리를 내지 않고) 수학, 수학, 수학!

(펑!)

수학 두 분 안녕하세요!

저자 늦었네.

수학 미안해요. 시간 가는 줄 몰랐네요. 시간이 흐르지 않는 무의 세계에 사는 동안에는 시간의 흐름을 붙잡고 있는 것이 쉬운 일이 아니라서요.

독자 알았어…. 너한테 보여줄 것이 있어.

수학 아, 그래요? 뭔데요?

독자 우리가 이것저것 만지작거리다가 자기가 자신의 도함수인 어떤 기계 E가 존재해야 한다는 것을 알아냈어.

수학 재미있네요. 그게 어떻게 생겼는데요?

저자 우리도 아직 정확히는 몰라.

독자 처음에는 이것을 E라고 불렀어. 여기서 E는 '지극히 특별한'이라는 뜻이고.

저자 그다음에 우리는 이것이 '어떤 수의 x제곱' 형태여야 한다는 것을 알아냈지.

독자 맞아. 그래서 그 후로는 e^x으로 부르기 시작했어. 여기서도 e는 '지극히 특별한'이라는 의미야.

수학 하지만 아직 e가 어떤 수인지는 모르고요?

독자 어, 몰라. 그래서 그것을 알아내려면 아무래도 네가 우리 곁에 있어야겠다고 생각했지.

저자 그리고 네가 아직도 향수 장치를 가지고 있을 거라 생각했고. 그게 도움이 될지도 모르니까.

수학 이런. 또 미안해요. 제가 생각 없이 그냥 멍하게 있었나 봐요space out.
무의 세계에 사는 동안에는 공간space이 없어서 멍해지는 것을 피하
기가 쉽지 않….

저자 됐고! 그 장치나 꺼내봐.

(수학이 향수 장치를 꺼낸다.)

저자 이야, 이거 정말 보고 싶었다고.

수학 그건 부작용이에요. 당신은 그 장치가 바로 옆에 있을 때도 그리워하
는걸요.

저자 그거 참 이상하군.

수학 이상한 게 아니죠. 제대로 작동한다는 의미가 아닌가 싶어요.

독자 어서 작동시켜보자고. 내가 향수 장치에 E를 입력할게.

$$E(x) = \sum_{n=0}^{\infty} \frac{E^{(n)}(0)}{n!} x^n$$

독자 이제 어떻게 해야 해?

수학 이것이 자기 자신의 도함수라고 했죠?

독자 그렇지. 따라서 $E'(x) = E(x)$야.

수학 하지만 그럼 이것의 도함수는 모두 자기 자신이 되어야겠네요. 그렇
죠? 예를 들면, 두 번째 도함수는 그냥 도함수의 도함수이고, 도함수
의 도함수는 그냥 도함수이고, 이 도함수는 그냥 원래의 기계가 되는
군요.

독자 멋진걸! 그럼 네 말은 모든 n에 대해 $E^{(n)}(x) = E(x)$란 말이지?

그럼 모든 n에 대해서 $E^{(n)}(0) = E(0)$이로군.

저자 이봐, 그때 기억나? 우리가 향수 장치를 E에 이용했을 때 말이야.

독자 (수학을 바라보며) 이 친구가 왜 고작 20초 전에 일어난 일을 그리 워하는 거지?

수학 (독자를 바라보며) 이것도 부작용이에요. 그냥 무시하세요.

독자 좋아. 어디까지 했더라? 맞아. 그럼 모든 n에 대해서 $E^{(n)}(0) = E(0)$이로군. $E(0)$이 뭐지?

저자 아, $E(0) \equiv e^0 = 1$이야. 우리가 막간 2에서 거듭제곱을 일반화한 방식 때문이지. 그때는 참 좋은 시절이었지….

수학 우와! 그렇다면 향수 장치의 출력이 아주 간단해지네요! 이제 그 것은….

$$E(x) = \sum_{n=0}^{\infty} \frac{x^n}{n!}$$

다르게 표현하면,

$$E(x) = 1 + x + \frac{x^2}{2!} + \frac{x^3}{3!} + \frac{x^4}{4!} + \cdots$$

잠깐만요. 이거 정말 맞는 거예요? 너무 보기 좋게 나오는데요?

독자 나도 모르겠어. 우리가 적은 것이 자기 자신의 도함수가 맞는지 확인 해보면 되겠지. 그냥 덩치만 큰 더하기-곱하기 기계니까 너무 어렵 지는 않을 거야. 한번 해보자. 네가 적은 것을 이용하면 다음과 같이 나와.

$$E'(x) = \frac{d}{dx}\left(1 + x + \frac{x^2}{2!} + \frac{x^3}{3!} + \frac{x^4}{4!} + \cdots\right)$$

$$0 + 1 + \frac{2x^1}{2!} + \frac{3x^2}{3!} + \frac{4x^3}{4!} + \cdots \qquad \boxed{\text{방정식 5-14}}$$

수학 하지만 $n!$은 그냥 이것의 약자일 뿐이죠.

$$n! \equiv (n)(n-1)\cdots(2)(1)$$

따라서 임의의 수 n에 대해 $\frac{n}{n!}$의 형태로 나오는 것은 그냥 $\frac{1}{(n-1)!}$을 다르게 쓴 것뿐이에요. 그럼 당신의 방정식 5-14는 다음과 같이 바뀌죠.

$$E'(x) = 1 + x + \frac{x^2}{2!} + \frac{x^3}{3!} + \cdots$$

독자 이것은 향수 장치에 E 자체를 입력했을 때 나오는 출력과 정확히 똑같아. 따라서 E가 결국 자기 자신의 도함수라는 말인 것 같군. 효과가 있어. 이제 뭘 해야 하지?

수학 저도 모르겠어요. 우리가 하려던 것이 뭐였죠?

독자 e가 어떤 수인지 알아내는 거.

수학 맞아요. E의 약자를 e를 포함시켜서 이렇게 축약하는 것이 더 나을 것 같네요.

$$e^x = 1 + x + \frac{x^2}{2!} + \frac{x^3}{3!} + \cdots$$

독자 하지만 e^1은 그냥 e니까. x에 1을 입력하면….

$$e = 1 + 1 + \frac{1}{2!} + \frac{1}{3!} + \cdots$$

다르게 표현하면,

$$e = \sum_{n=0}^{\infty} \frac{1}{n!}$$

어라? e가 어떤 값인지 알아낸 것 같은데?

저자 네가 해냈다고? 그게 얼마나 그리웠는지 알아! 난 정말…. 아니, 신경 쓸 거 없고. 어쨌거나 그 수가 어떤 값인데?

독자 정확히는 모르지만 n이 0에서 시작해서 무한대로 이어질 때까지 모든 $n!$을 물구나무서기 시켜서 더한 값이야.

저자 오호. 그런데 그 합이 무한이 나오면 어쩌지?

수학 아…. 그 부분은 생각 못했네요.

독자 이 수가 무한이라고 생각해야 할 이유가 있나?

저자 무한히 더한 값이 어떻게 유한한 수가 될 수 있겠어?

독자 글쎄. 0.11111(영원히)는 유한한 수잖아. 그렇지?

저자 당연하지. 그러니까 0.2보다는 작은 수잖아. 분명 유한한 수지.

독자 하지만 이 수는 무한히 많은 수를 한데 더한 거라고 생각할 수 있어. 이렇게….

$$0.11111(영원히)$$
$$= 0.10000(영원히)$$
$$+ 0.01000(영원히)$$

$$+ 0.00100(영원히)$$
$$+ 0.00010(영원히)$$
$$(영원히)$$

그럼 이렇게 적어도 될 것 같아.

$$0.11111\ldots = \sum_{n=1}^{\infty} \frac{1}{10^n}$$

적어도 이걸 보면 무한히 많은 것을 한데 더해도 유한한 수가 나올 수 있다는 건 확인할 수 있지. 우리가 더하는 것들이 충분히 빠른 속도로 값이 작아지기만 한다면 말이야. 그게 무슨 의미이든 간에.

수학 그 값들이 충분히 빠른 속도로 작아지는지 어떻게 알죠?

독자 내가 든 예에서는 그 점이 분명하게 드러났지. 이 e의 경우에는 나도 자신을 못하겠어.

수학 막힌 건가요?

독자 그런 것 같네.

저자 좋은 생각이 있어. 그 무한한 합에 대해서는 잠시 잊어버리자. 어쩌면 e의 값을 알아낼 더 간단한 방법이 있을지도 몰라.

독자 어떤 방법?

저자 그냥 도함수의 정의를 쓰면 되지 않을까?

독자 어떻게?

저자 나도 몰라. 우린 수학한테 어떻게든 e^x이 자기 자신의 도함수라고 말해줘야 해. 그렇게 하려면 도함수의 정의를 이용해야 하지 않을까 생각했지.

독자 이렇게 말이야?

$$e^x \overset{\text{강제}}{=} (e^x)' \equiv \frac{e^{x+dx} - e^x}{dx}$$ 방정식 5-15

이게 도움이 될까?

저자 흠. 별 도움은 안 될 것 같아 보이네.

수학 잠깐만요. 도움이 될지 모를 생각이 떠올랐어요. 이렇게 해보면 어떨까요?

$$e^x \overset{(5\text{-}15)}{=} \frac{e^{x+dx} - e^x}{dx} = \frac{e^x e^{dx} - e^x}{dx} = e^x \left(\frac{e^{dx} - 1}{dx} \right)$$ 방정식 5-16

저자 오호! 그럼 좌변과 우변에 e^x이 하나씩 있네. 양쪽을 서로 지우면 다음과 같이 나와.

$$1 = \left(\frac{e^{dx} - 1}{dx} \right)$$

그럼 어쩌면 e를 따로 떼어 내서 무한히 많은 것을 더하지 않아도 이 수를 적을 다른 방법을 찾아낼 수 있을지 몰라.

독자 양변에 dx를 곱해보자.

$$dx = e^{dx} - 1$$

그럼 이렇게 되겠네.

$$e^{dx} = 1 + dx$$

이게 무슨 도움이 되나?

수학 흠…. 양변을 $\frac{1}{dx}$ 제곱하면 다음과 같이 나와요.

$$e = (1 + dx)^{\frac{1}{dx}}$$

방정식 5-17

독자 그렇게 $\frac{1}{dx}$ 제곱이라고 하니까 좀 이상해. 같은 내용을 좀 다르게 써도 괜찮을까?

저자 물론이지.

독자 좋아. dx라는 수는 무한히 작은 값이지만 우리는 무한히 작은, 혹은 무한히 큰 제곱은 어떻게 처리해야 하는지 몰라. 적어도 결국에 가서 실제 수치를 알아내고 싶은 경우에 대해서는 처리 방법을 모르지. dx라는 수는 작은 값이야. 따라서 $\frac{1}{dx}$는 큰 값이지. 그럼 큰 수를 나타내는 약자로 $N \equiv \frac{1}{dx}$라고 쓸게. 그럼 다음과 같이 쓸 수 있어.

$$e \overset{???}{=} \left(1 + \frac{1}{N}\right)^N$$

저자 하지만 원래의 방정식은 dx가 무한히 작은 값이어야만 정확해지잖아. 그럼 이것은 N의 값을 무한히 키울 때만 정확할 수 있다고. 그럼 그 사실을 상기시켜주는 의미로 이렇게 적자.

$$e = \lim_{N \to \infty} \left(1 + \frac{1}{N}\right)^N$$

아니면 N을 항상 $\frac{1}{dx}$이라 생각해도 되고. 똑같은 개념이니까.

수학 그럼 이제 된 건가요?

저자 그런 것 같은데.

독자 아니, 그렇지 않아! e가 무슨 값인지 말해주는 문장을 두 개나 적었는데도 아직 그 값이 무엇인지 모르잖아!

저자 그럴 리가 없지.

독자 아니, 내 말은 그것의 정확한 수치를 아직도 모른다고. 우리가 그 수치를 실제로 계산하지 못하면 아직 끝난 것이 아니잖아.

수학 저는 그 계산을 직접 하고 싶지는 않네요.

저자 맞아. 복잡한 산수 계산을 전부 다 하고 싶은 마음은 없다고. 좀 더 재미있는 것을 할 수는 없을까? 못을 한 움큼 집어삼키기나…. 아니면….

독자 지금 장난해? 지금까지 이 고생을 해서 여기까지 왔는데 값을 알아내기 직전에 포기하자는 소리야?

수학 정말 계산해보고 싶다면 제 친구한테 전화를 걸어서 우리 대신 계산을 부탁해볼게요.

독자 그럼 좋지. 이 계산을 어서 해치워버리자고.

(수학이 저자의 핸드폰을 빌려서 전화번호를 누른다.)

5.3.2. 지루한 계산을 친구의 친구의 친구에게 맡기기

수학 연산을 수정하는 일은 수학자가 할 일이 아니다. 그것은 은행 회계원이 할 일이다.

–사무일 사투노프스키Samuil Shchatunovski, 조지 가모프Geoge Gamow, 《나의 세

수학 여보세요. 저는 수학이라고…. 아, 안녕하세요? …저기요, 만드시던 건 다 마무리하셨어요…? 잘됐네요. 혹시 여기 한번 들러주실 수 있나요…? 지금 어디 계신데요…? 정말이요…? 진짜 잘됐네요! 네, 그때 봬요.

(수학이 전화를 끊는다.)

수학 제 친구 A.T.예요. A.T.가 수학 계산을 도와주겠다고 하네요. 그리고 다행히 이 근처에….

A.T. 안녕하신가, 오랜 친구여.

저자 우와! 진짜 빠르네.

수학 A.T.! 만나서 정말 반가워요. 소개할게요. 이쪽은 독자예요.

독자 만나서 반갑습니다.

A.T. 저도요.

수학 이쪽은 저자예요.

저자 안녕하세요. 만나서 정말 반갑습니다. 같이 온 친구는 누군가요?

A.T. 아, 맞다. 여러분, 제 파트너를 소개합니다. 이쪽은 실리콘 사이드킥Silicon Sidekick, 실리콘 조수이라고 합니다. 그냥 '실Sil'이라고 축약해서 불러주는 것을 좋아해요. 여러분의 수학 계산은 실이 도와줄 겁니다.

실 01000111 01110010 01100101 01100101 01110100 01101001 01101110 01100111 01110011 00100000 01001000 01110101 01101101 01100001 01101110 01110011 00000000

A.T. 그게 아니지, 실. 기계어 말고 사람의 언어로 부탁해. 세 분한테는 죄
　　송합니다. 가끔 이래요.

　　　　　(A.T.가 실의 계기판에서 스위치를 몇 개 만진다.)

실　$2^{\ulcorner G \urcorner} 3^{\ulcorner r \urcorner} 5^{\ulcorner e \urcorner} 7^{\ulcorner e \urcorner} 11^{\ulcorner t \urcorner} 13^{\ulcorner i \urcorner} 17^{\ulcorner n \urcorner} 19^{\ulcorner g \urcorner} 23^{\ulcorner s \urcorner} 29^{\ulcorner\ \urcorner} 31^{\ulcorner H \urcorner} 37^{\ulcorner u \urcorner} 41^{\ulcorner m \urcorner}$
　　$43^{\ulcorner a \urcorner} 47^{\ulcorner n \urcorner} 53^{\ulcorner s \urcorner}$.

A.T. 아니, 아니지, 실. 괴델수Gödel number 는 인간의 언어가 아니라고. 그
　　리고 이분들 모두가 인간은 아니야. 전에도 이 부분은 이야기했었잖
　　아, 실. 다중의 실체들과 동시에 인사할 때는 적어도 사회적으로 가
　　장 받아들일 만한 분류 방법을 결정하기 위해서라도 타입 프로모션
　　type promotion 을 이용하는 정도의 예의는 갖춰야지. 그렇지 않으면
　　누군가는 기분이 상할지도 모르니까.

　　　　　(실이 잠시 생각… 아니, 계산에 잠긴다.)

실　반.갑.습.니.다. C. 여.러.분.
　　여.기.서.C.는. 인.간.과. 수.학.[클래스].을. 하.위.클.래.스.로. 하.는.
　　최.소.의. 포.괄.적. 클.래.스.를.말.합.니.다.
독자 안녕!
저자 반가워!
수학 만나서 반가워요.
A.T. 실, 이분들은 네가 무언가를 자동으로 계산해줄 수 있을까 궁금해하
　　고 계셔.

실 물.론.입.니.다. 문.제.를. 정.의.하.세.요.

독자 우리 대신 이것을 좀 계산해줄 수 있을까?

$$\sum_{n=0}^{\infty} \frac{1}{n!}$$

실 스.택. 오.버.플.로.우 Stack overflow.

독자 저게 무슨 소리죠?

A.T. 실이 성능은 대단히 뛰어나지만, 메모리 용량이 유한하기 때문에 유한한 존재입니다. 메모리 테이프는 원하는 만큼 얼마든지 추가해줄 수 있지만, 유한한 시간 안에 답을 받기 원한다면 유한한 업무를 주어야 합니다.

저자 그럼 n!이라는 수가 아주 빠른 속도로 커지니까 그냥 처음 100개 항까지만 구해달라고 하면 될 거야. e 라는 수가 무슨 값인지 대략 감만 잡으려는 거잖아. 소수점 아래로 무한한 자리까지 모두 알 필요는 없다고.

A.T. 제 말이 그 말입니다! 실, 이제 마술을 부려봐.

실 소.수.점. 아.래. 아.홉. 자.리.까.지. 진.행.합.니.다.

$$\sum_{n=0}^{100} \frac{1}{n!} = 2.718281828$$

독자 좋았어!

수학 좋아요. 하지만 이게 맞는 답인지 어떻게 알죠? 우리가 실수를 저질렀을지도 모를 일이잖아요. 그리고 이것이 실수를 저질렀을지도 모를 일이고.

저자 너 방금 실수한 거야. 아까 '그것'이 너를 사람 취급해줬는데. 너는 '그것'을 '이것'이라고 물건 취급하다니.

수학 ….

저자 어쨌든 네 말은 맞는 거 같아. e의 다른 수식도 살펴봐야겠어. 실, 이것도 좀 계산해줄 수 있어?

$$\lim_{N \to \infty} \left(1 + \frac{1}{N}\right)^N$$

실 세.그.먼.테.이.션. 오.류.

A.T. 아까 한 말 못 들었어요? 무한한 업무는 안 된다니까요.

저자 미안해, 실. N이 100일 때 이 수식을 계산해주겠어?

실 소.수.점. 아.래. 아.홉. 자.리.까.지. 진.행.합.니.다.

NOI 100일 때,
$$\left(1 + \frac{1}{N}\right)^N = 2.704813829$$

수학 우와, 정말 믿을 수 없군요. 결국 똑같은 답이 나오다니.

독자 잠깐만. 우리가 실에게 준 두 가지가 정확히 똑같은 값은 아니잖아.

저자 아, 물론이지. 우리가 모든 걸 올바르게 했다고 해도, 우리의 논증이 입증하는 바는 이 두 수식이 n과 N이 무한으로 갈 때 결국 e로 바뀐다는 것뿐이야. 유한한 항만 남기고 뒤를 잘라낸다면 두 값이 정확히 같을 수는 없겠지. 둘은 그저 다른 속도로 정답을 향해 접근하고 있는 것인지도 모르니까.

수학 터무니없는 생각은 아니네요. 조금 더 정확도를 올려보죠. 실, n이

10억일 때도 한번 계산해줄래?

실 소·수·점. 아·래. 아·홉. 자·리·까·지. 진·행·합·니·다.

$$\sum_{n=0}^{1000000000} \frac{1}{n!} = 2.718281828$$

수학 이번에는 변하는 것이 없네요. 결국 두 수가 서로 다르다, 이게 결론 인가 봐요.

독자 잠깐, 나머지 수식은 다시 계산해보지 않았잖아. 실, N이 10억일 때 도 한번 계산해줄래?

실 소·수·점. 아·래. 아·홉. 자·리·까·지. 진·행·합·니·다.

N이 1,000,000,000일 때,

$$\left(1 + \frac{1}{N}\right)^N = 2.718281827$$

독자 나왔다. 마지막 자리 빼고는 똑같네.

저자 좋았어. 내 생각에는 e의 두 번째 수식은 그저 N이 커지는 동안 더 느린 속도로 정답에 접근하고 있는 것 같아. 이거 완전 좋은데! 박스 에 정리해서 이 내용을 공식화하자고.

불변의 존재와 함께한 모험의 요약
우리는 다음의 기계가 자기 자신의 도함수가 되게 해주는
특별한 수 e가 존재함을 알아냈다.

$$E(x) \equiv e^x$$

이 기계에 어떤 수를 곱한 기계는 모두 자기 자신의 도함수이지만,
이를 만족시키면서 더곱 종의 구성원이기도 한 기계는 딱 하나밖에 없다.
E는 자기 자신의 도함수이면서 곱하기를 더하기로 변환시키는
유일한 기계다. 즉, 모든 x와 y에 대해 다음이 성립한다.

$$E(x + y) = E(x)E(y)$$

그러고 나서 우리는 향수 장치를 이용해 이 수 e를 계산해서
다음과 같은 사실을 알아냈다.

$$e = \sum_{n=0}^{\infty} \frac{1}{n!}$$

여기서 $n! \equiv (n)(n-1)\cdots(2)(1)$이다. 향수 기계를 완벽하게
신뢰할 수는 없어서 우리는 도함수의 정의를 이용해 e를
다른 방식으로 계산해보았고, 다음과 같은 결과가 나왔다.

$$e = \lim_{N \to \infty} \left(1 + \frac{1}{N} \right)^N$$

그다음에는 A.T.의 조수 실이 아주 크지만 유한한 n과 N값에 대해
이 수식의 구체적인 수치 계산을 도와주어 다음과 같은 사실을 알아냈다.

$$e \approx 2.718281828$$

5.3.3. 여러모로 고마워요

수학 도와줘서 고마워요, A.T.. 모든 계산을 일일이 손으로 했다면 정말
끔찍하게 지겨웠을 거예요.

A.T. 그게 뭐 별거라고. 내가 아니라 실한테 고마워해야지.

수학 정말 고마워요, 실.

실　천.만.의. 말.씀.입.니.다.

저자　이봐요, A.T. 당신, 수학하고는 오랜 친구 사이인가요?

A.T.　그렇죠. 토대 단계부터 친구였죠.

저자　그럼 왜 자기 이름을 'A.T.'라고 지은 거죠? 이 이니셜은 무슨 의미 예요?

수학　(저자를 보며) 그는 자기 이야기를 잘 꺼내지 않는 사람이에요.

저자　숨길 게 뭐 있어요? 우리 다 친구 사이인데. 그냥 속 시원하게 다 말 해봐요. A.T.가 무슨 약자인가요? 자동 현금 지급기Automated Teller?

A.T.　아닙니다.

저자　앤드루 타넨바움Andrew Tanenbaum, 컴퓨터 운영체제 유닉스의 일종인 미닉스 개 발자-옮긴이 주?

A.T.　비슷합니다! 하지만 아니에요.

저자　그럼…. 아킬레스Achilles와 거북이Tortoise?

(A.T.가 비아냥거리듯 두 손을 든다.)

A.T.　이런, 들켰군요.

저자　뭐라고요? 진짜로?

A.T.　하하, 농담이에요. 내 이름은 앨AI입니다.

앨 T.　이제 아시겠어요?

수학　(빙그레 웃으며) 정말 보고 싶었어요, 앨. 어떻게 지냈어요?

앨 T.　지금은 훨씬 좋아졌어. 꽤 오랫동안 외로웠지만, 최근까지도 그 문제 를 적절히 분류하는 데 실패하고 있었어. 공리적 자기 성찰을 위한 내 전제에 기본적인 오류가 있었기 때문이지. 바로 '외로움은 고독의

함수다'라는 전제였지. 그런데 그게 아니었어…. 이 전제 때문에 해법을 찾는 일이 꽤 오랫동안 지연되고 말았어. 그 전제 때문에 사람들과 함께 어울렸는데 더 외로워지기만 했거든. 그들은 나를 결코 이해하지 못했지. 나는 그들을 더더욱 이해하지 못했고. 이와 달리 기계들하고 있으면 항상 내 본모습을 찾은 기분이 들기는 했지만 기계들과는 대화를 나누기가 어렵고. '전부'는 아니어도 '대부분'의 기계는 그렇지튜링 테스트를 통과한 기계라면 대화가 가능할 수도 있다! 바로 아래의 옮긴이 주 참조–옮긴이 주. 하지만 실과 함께하고부터는 상황이 훨씬 좋아졌어. 실은 내겐 눈에 넣어도 안 아픈….

저자 알았다! 나 당신이 누군지 알아요. 그 사람이로군요! IEKYF ROMSI ADXUO KVKZC GUBJ'컴퓨터 과학의 창시자'라는 의미로 영국의 수학자 앨런 튜링을 말한다. 그는 현대 컴퓨터 모델의 토대가 된 튜링머신이라는 가상의 컴퓨터를 제안하여 컴퓨터 과학의 아버지로 일컬어진다. 여기 등장하는 '실'이라는 컴퓨터는 튜링머신을 비유한다. 그는 제2차 세계대전 당시 독일군의 에니그마 암호를 해독해서 전쟁을 승리로 이끄는 데 결정적인 역할을 했다. 그의 동상에 새겨진 '컴퓨터 과학의 창시자Founder of Computer Science'라는 글을 에니그마 암호 해독 장치로 표시하면 'IEKYF ROMSI ADXUO KVKZC GUBJ'가 된다. 그리고 그는 튜링 테스트라는 인공지능 판별법을 제안했다. 사람이 컴퓨터와 대화를 나누어 컴퓨터의 반응을 인간의 반응과 구별할 수 없다면 해당 컴퓨터가 생각할 수 있는 것으로 간주해야 한다고 주장했다. 여러 놀라운 업적이 있음에도 그는 동성애를 불법으로 여기던 당시의 영국 정부에 의해 화학적 거세를 받았고 결국에는 청산가리를 넣은 사과를 먹고 자살했다–옮긴이 주!!!

앨 T. (눈이 휘둥그레지며) 어떻게 알았어요?!

저자 당연히 알죠. 뻔히 보이는데!

독자 대체 두 사람 무슨 이야기 하는 거야?

저자 아무것도 아니야. 그 있잖아요, 앨. 요즘에는 사람들이 그래요. 컴퓨터computation를 이해하지 않고는 뇌와 행동을 이해할 수 없다고.

앨 T. 어떤 사람이 그래요?

저자 그런 것을 연구해서 먹고사는 사람들이요.

앨 T. 우와…. 사람들이 결국에는 정신을 차렸군요.

저자 당신이 지금 여기 살아 있어서 그 모습을 보았으면 좋았을 텐데. 당신이 함께 있었다면 모두들 좋아했을 거예요.

앨 T. (민망한 듯) …난 이만 가보는 게 좋겠어요. 여러분 만나서 정말 반가웠어요.

저자 뭐라구요…? 벌써요…?

수학 잘 가요, 내 오랜 친구여!

독자 만나서 정말 반가웠어요!

(앨과 실이 걸어 나가기 시작한다.)

저자 (앨에게) 여러모로 고마워요. 전부 다요.

앨 T. (무슨 말인가 하는 표정으로) 별 말씀을….

(앨과 실이 계속 걷고 있다.)

저자 (저 멀리 앨을 향해) 아, 맞다! 앨! 영국 사람들이 정말 미안하다고 전해달래요.

앨 T. 이제 와서…. 좀 늦긴 했지만 그 마음만은 받겠다고 전해주세요. 수학 계산이든 뭐든 자동 처리 필요한 거 있으면 언제든 전화해요.

저자 그럴게요. 곧 다시 만났으면 좋겠네요….

──────→ 5.4. 곱더 종의 동물원 ←──────

좋다…. 어쨌거나…. 위에서 불변의 존재 e^x을 탐험하기 전에 우리는 잠시 '네 가지 종'에 대해 논의했다. 그 논의에서 우리는 더곱 종 각각의 구성원들은 $f_c(x) = c^x$으로 쓸 수 있다는 것을 알아냈고, 나중에는 더곱 종의 구성원들은 각각 그것을 상쇄하는 곱더 종의 파트너가 있다는 것을 알아냈다. 즉 임의의 양수 c에 대해 우리는 두 개의 기계를 얻을 수 있다. 첫째, 더곱 종의 구성원인 $f_c(x) = c^x$이다. 둘째, 다음과 같이 행동하는 속성으로 정의되는 곱더 종의 구성원 g_c다.

$$모든\ x에\ 대해\quad g_c(f_c(x)) = x$$
$$모든\ x에\ 대해\quad f_c(g_c(x)) = x \qquad \boxed{\text{방정식 5-18}}$$

알아차렸을지도 모르겠지만 곱더 종의 구성원들은 표준 수학 교과서에서도 이름을 가지고 있다. 이들은 '로그'라고 불린다. 교과서에서는 우리가 부르는 $g_c(x)$ 대신 $\log_c(x)$가 등장하지만, 둘 다 완전히 똑같은 것을 지칭한다.

이것들을 뭐라고 부르는지는 중요하지 않다. 중요한 것은 보통 미적분학을 배우기 전에 이런 주제를 먼저 접하게 된다는 점이다. 이것은 거꾸로 가는 교육의 또 다른 사례다. 어떻게 그렇게 결정이 났는지는 모르겠지만 학생들은 미적분학을 배우기 한참 전에 e라는 수, e^x이라는 기계, 로그에 대해 먼저 배우게 된다. 그리고 설상가상으로 이렇게 헷갈리게 로그를 배우는 동안 특정 로그가 설명되지 않는 불가사의한 이유로 인해 '특별한' 것이라 배우게 된다. 이것은 $\ln(x)$라는 이름으로 통하고, '자연로그natural logarithm' 또는 'e를 밑으로 하는 로그log base e'라고 부른다. 그러고는 혹시나 이것을 배우면 미적분학을 배울 준비가 될지도 모른다는 생각에 학생들에게 이런 주제에 관해 이해되지 않는 온갖 마법의 주문을 가르친다. 당연한 일이지만 이러다 보면 대체 괴상한 로그가 무엇인지, e라는 숫자의 정체는 무엇인지, 왜 이 두 개념을 합쳐서 $\ln(x)$라는 함수를 만드는 것인지에 대해 학생들은 혼란에 빠지고 만다. 학생들 눈에는 모두 신비로운 연금술처럼 보일 뿐이다. 실제로 비수학 분야의 수많은 대학원생과 전문직 종사자들은 로그에 대해 배운 적은 있지만 아직도 정체를 모르겠다는 이야기를 자주 한다.

이런 혼란은 개념 자체에서 오는 것이 아니다. 이 장에서 지금까지 알아낸 바와 같이 우리는 e라는 수를 계산하기 위해서도 미적분학이 필요할 뿐 아니라, 애초에 이 수에 관심을 기울인 건 바로 도함수와의 관계 때문이었다. 즉, 우리가 e라는 수를 파고든 이유는 우연히도 e^x이 자기 자신의 도함수라는 사실 때문이었다. 그리고 우리가 $\ln(x)$ 또는 $\log_e(x)$에 신경을 쓰는 이유도 이것이 e^x의 작용을 상쇄하기 때문이었다. 따라서 우리가 도함수에 대해 이미 알고 있지 않았다면 사실 우리는 e, e^x, $\ln(x)$ 또는 그와 관련된 다른 속성들에 신경을 쓸 까닭이 애초부터 없었을 것이다. 사실 대다수의 학생들이 고등학교에서 이 주제를 배울 때 이런 것에 왜 신경을 써야 하는지 의문을 느낀다. 배워야 할 이유를 알려주지도 않은 상태에서 어떻게 학생들을 비난할 수 있겠는가?

'로그'라는 이상한 것의 개념적 기원에 대해서는 알아보았지만 우리는 여전히 그에 대해 아는 건 별로 없다. 그리고 아직도 그것이 편안하게 느껴지지 않는다. 더곱 종의 구성원들이 어떤 모습인지 간신히 알아내기는 했지만즉, 이들은 모두 어떤 수의 x제곱 기계다, 우리가 아는 그 무엇으로도 곱더 종 구성원들을 기술할 수 없다는 점에서 보면 우리는 곱더 종의 구성원들이 어떤 모습인지 아직도 모른다. 이것은 네 가지 종을 '그들이 무엇이냐'가 아니라 '그들이 어떻게 행동하느냐'로 정의하는 바람에 생기는 부작용이다. 수학적 대상을 행동만으로 정의할 때는 대상이 어떤 것인지, 의미가 무엇인지 즉각 드러나지 않더라도 놀라서는 안 된다.

이 장의 주제가 초심자에게 혼란스러울 수 있는 더 깊은 이유가 여기서 드러난다. 어떤 대상을 행동으로 정의하는 방식은 아주 단순함에도 인간이 일반적으로 세상과 상호작용 하는 방식과는 대단히 동떨어져 있기 때문이다. 진화의 역사에서 인간의 두뇌는 행동으로 대상을 정의하는 기이한 방식에 대한 경험이 전무하다시피 하다. 그리고 오늘날까지도 우리의 신경계는 이런 식으로 정의된 대상을 처리할 일이 있으리라 예상하며 세상에 태어나지 않는다. 인간 진화 역사의 모든 단계에서 사실상 인간이 접하는 모든 '존재'는 다음의 분류 중 하나에 해당했다. 인간, 인간이 아닌 동물, 식물과 곰팡이, 눈에 보이지 않는 질병을 야기하는 미생물, 인간이 만든 인공물도끼나 컴퓨터 등 그리고 생명이 없는 지리적 특성들. 이 중 어떤 분류의 어떤 개체와 만나더라도 당신이 알지 못하는 그 무언가에 대해 기존에 이미 존재하는 사실의 집합이 있을 거라 가정해도 무리가 없었다. 이런 사례 중 어떤 것에서도 문제의 대상에 대한 사실들이 모두 인간이 상정한 간단한 원리를 통해 발견되는 경우는 존재하지 않았다. 우리는 선천적으로 이런 식의 사고방식에 익숙하지 않다.

따라서 '로그'에 대해 처음 듣는 학생들은 이런 대상에 숨겨진 실체가 있을 거라 믿고, 이에 대해 선생님이 밝히지 않은 정보의 세계가 분명 존재하리라 가정하게 된다. 어떤 면에서 보면 사실이다! 하지만 이상한 점은 그들의 모든 속성이 정의에 함축되어 있다는 것이다. 모든 수학적 대상에 해당하는 이야기이기는 하지만 로그의 경우에는 이런 점이 좀 더 두드러지게 나타난다 그리고 더욱 무섭게 느껴진다. 이 대상에 처음으로 노출되는 학생들은 행동을 기반으로 정의를 내리는 새로운 방식을 거의 처음으로 직접 대하는 것이기 때문이다. 학생들은 '로그란 무엇인가'가 아닌 '로그가 어떻게 행동하는가'에 대한 기술만을 접하게 된다. 즉, $m(x) \equiv x^2$ 같은 익숙한 기계의 경우 우변에 나온 기술은 이 기계의 내부 작동 방식을 알려주고, 구체적인 입력값에 대한 구체적인 출력값을 우리가 직접 계산하는 방법도 알려준다. 하지만 로그의 정의는 해당 기계의 내부 작동 방식에 대한 단서가 전혀 들어 있지 않고, 더하기와 곱하기 연산과 관련된 로그의 행동에 대한 단서만 알려준다. 즉, $\log(xy) = \log(x)+\log(y)$라는 행동을 만족시키는 존재가 로그다.

이제 표준 교과과정에서 배우는 다른 모든 '로그의 속성'이 곱더 종의 정의 방식으로부터 그냥 유도되어 나온다는 것을 입증해 보일 수 있다. 그때가 되면 우리는 향수 장치를 이용해 해명할 수 있을 정도로 그들의 속성에 대해 충분히 알게 되기 때문에 무한한 더하기─곱하기 기계로 간단하게 기술할 방법을 찾을 것이다. 원칙적으로 이 기술을 이용하면 우리는 어떤 수의 로그도 더하기와 곱하기만을 이용해서 임의의 정확도까지 계산할 수 있게 된다.

5.4.1. 당신에게 결코 말해주지 않는 그 무엇

먼저 좀 더 나은 약자를 골라보자. 우리는 지금까지 더곱 종의 구성원들을 $f_c(x) \equiv c^x$의 형태로, 그리고 곱더 종의 구성원들은 $g_c(x)$의 형태로 적어왔다. 더곱 종은 모두 '거듭제곱 기계power machine'이기 때문에 이것은 $p_c(x) \equiv c^x$으로 축약하자. 그리고 곱더 종은 본질적으로 제곱 기계의 정반대이니 $q_c(x)$로 축약하자. 'q'라는 글자가 p를 좌우로 뒤집어놓은 것처럼 보이기 때문이다.

좋다. 곱더 종을 정의한 방식즉, 더곱 종의 반대 때문에 그들에 대한 모든 사실은 쌍으로 나와야 한다. 간단한 더곱 종에 대한 각각의 사실마다 우리는 신비로운 곱더 종에 대한 사실을 하나씩 추론할 수 있어야 한다. 따라서 더곱 종 기계에 대한 사실들은 일종의 현찰인 셈이다. 이 현찰을 이용해서 우리는 곱더 종 기계를 더욱 잘 이해할 방법을 구입할 수 있다. 그렇다면 더곱 종에 대한 사실은 어디에서 오는 것일까? 그런 기계들은 모두 c^x의 형태이기 때문에 더곱 종에 대한 모든 사실은 반드시 우리가 거듭제곱을 정의한 방식으로부터 유도되어 나와야 한다! 거듭제곱은 우리가 직접 발명했기 때문에 거듭제곱에 대해 아는 모든 사항은 다음의 두 문장으로부터 이끌어내진다.

$$s^{x+y} \stackrel{\text{강제}}{=} s^x s^y$$

방정식 5-19

그리고,

$$(s^x)^y \stackrel{\text{강제}}{=} s^{xy}$$

방정식 5-20

여기서 x, y, s는 임의의 수다. 이제 우리가 곱더 종을 정의한 방식 때문에 우리는 그 구성원 모두가 다음과 같이 행동한다는 것을 안다.

$$q_s(xy) = q_s(x) + q_s(y)$$

방정식 5-21

이는 '로그의 속성'이고, 정반대가 방정식 5-19다. 교과서에서는 위의 문장을 보통 다음과 같이 쓴다.

$$\log_b(xy) = \log_b(x) + \log_b(y)$$

방정식 5-22

곱더 종에 관해서 방정식 5-20과 '정반대'에 해당하는 문장이 존재할까? 어디 한번 살펴보자. 양변에 '거시기 s를 밑으로 하는 로그'를 취해서 방정식 5-20을 무효화하자. 즉, 양변을 q_s로 둘러싸보자. 우리는 앞에서 곱더 종 기계들이 자신의 파트너인 더곱 종 기계를 무효화한다는 것을 발견했다. 즉, 임의의 수 #에 대해 $q_s(s^{\#}) = \#$라는 말이다. 이 개념을 이용하면 다음과 같이 쓸 수 있다.

$$q_s\left(s^{xy}\right) \overset{(5\text{-}18)}{=} xy$$

방정식 5-23

그리고 이것의 좌변에 방정식 5-20을 대입하면 다음과 같이 쓸 수 있다.

$$q_s\left((s^x)^y\right) \overset{(5\text{-}20)}{=} q_s\left(s^{xy}\right) \overset{(5\text{-}18)}{=} xy$$

방정식 5-24

이제 이것은 완벽한 참이고, 우리가 방정식 5-20을 이용해 만들어낸 '로그'에 대한 사실이기 때문에 우리가 찾던, 방정식 5-20의 '정반대'라 할 수 있다. 여기까지만 하고 멈출 수도 있다. 하지만 위의 방정식은 조금 볼썽사납다. 로그즉 곱더 종에 대해서만 이야기하는 문장을 원한다면 s^x처럼 보이는 조각은 없애는 편이 나을 것이다. 어떻게 하면 없앨 수 있을까? 만약 방정식 5-24가 모든 수 x, y에 대해 참이라면 그 어떤 특정 수 z에 대해 $x = q_s(z)$일 때도 이 방정식은 반드시 참이어야 한다. 방정식 5-24에 나오는 x들을 $x = q_s(z)$로 대체하면 s^x 조각을 없앨 수 있다. 우리가 잔머리를 굴려서 약자를 선택한 덕분에 $s^x \equiv s^{q_s(z)} = z$가 참이 되기 때문이다. 여기서 두 번째 등호는 더곱 종 기계가 자신의 파트너인 곱더 종 기계를 무효화한다는 사실에서 온 것이다. 이렇게 잔머리를 굴려서 약자를 쓰면 방정식 5-24를 이렇게 실질적인 내용은 똑같지만 형태만 바꿔서 새로 고쳐 쓸 수 있다.

$$q_s(z^y) = y \cdot q_s(z)$$

방정식 5-25

이렇게 해놓고 보니 완전히 똑같은 개념에 가면만 씌운 것인데도 방정식 5-24보다 해석하기 훨씬 쉬워졌다. 이 문장이 말하는 바는 결국 '제곱지수를 로그의 바깥으로 빼낼 수 있다'는 것이다. 이는 우리가 방정식 5-20에 나온 더곱 종 기계에 관한 사실을 이용해서 만들어낸 곱더 종 기계에 대한 정보다. 여기서도 다시 한 번 우리는 두 종에 대한 사실들이 쌍으로 나타난다는 것을 알 수 있다. 방정식 5-25는 '로그의 속성'으로 수학 교과서에서는 보통 다음과 같이 적는다.

$$\log_b (x^c) = c \cdot \log_b(x)$$

방정식 5-26

위의 방정식이 너무 무섭게 느껴지고 눈에도 잘 들어오지 않으면 이것이 훨씬 단순해 보이는 방정식 5-20과 같은 이야기를 하고 있음을 기억하자. 우리는 바닥에 닿을 때까지 계속해서 '왜?'라고 질문을 던질 수 있다. 당신은 이렇게 말할 수도 있다. '알겠어, 그럼 방정식 5-20 때문에 방정식 5-26은 참이라고 쳐. 하지만 방정식 5-20은 왜 참이지?' 좋은 질문이다! 간단하게 답하자면 방정식 5-20이 참인 이유는 우리가 막간 2에서 거듭제곱 개념을 발명할 때 그것이 참이 되도록 강제했기 때문이다! 수학에서는 대개 그렇지만, 우리가 충분히 오랫동안 '왜?'를 이어가다 보면 결국에는 '왜 이러저러한 것이 참이지?'라는 형태의 모든 질문에 대한 답은 그냥 '우리가 그에 앞서 결정한 무언가 때문에'라는 것을 발견하게 된다.

좋다. 그럼 이제 우리는 이 괴물에 대해 몇 가지 사실을 발견했다. 다른 것은 또 뭐가 있을까? 음, 만약 방정식 5-21이 모든 x와 y에 대해 참이라면 y를 어떤 다른 수로 1을 나눈 값이라 생각해도 참이어야 한다. 즉, y를 $y \equiv \frac{1}{z} \equiv z^{-1}$이라 생각한다면 우리가 마이너스 거듭제곱을 발명한 방식 때문에 방정식 5-21을 이렇게 고쳐 쓸 수 있다.

$$q_s \left(\frac{x}{z} \right) \equiv q_s \left(xz^{-1} \right) \overset{(5\text{-}21)}{=} q_s(x) + q_s \left(z^{-1} \right) \overset{(5\text{-}25)}{=} q_s(x) - q_s(z)$$

방정식 5-27

그냥 가장 왼쪽 변과 가장 오른쪽 변만 보면 위의 문장은 다음과 같이 말한다.

$$q_s \left(\frac{x}{z} \right) = q_s(x) - q_s(z)$$

방정식 5-28

이는 수학 교과서에서 보통 다음과 같이 쓰는 '로그의 속성'이다.

$$\log_b\left(\frac{x}{y}\right) = \log_b(x) - \log_b(y)$$

방정식 5-29

곱더 종의 서로 다른 구성원 사이에도 상관관계가 있을까? 곱더 종의 서로 다른 구성원들은 그것이 '무효화'하는 더곱 종 구성원 c^x에 의해 결정됨을 기억하자. 즉, 특정 수 c가 무엇인가에 따라 결정된다는 말이다. 그렇다면 우리는 이 질문을 다음과 같이 바꿀 수 있다. 'a와 b라는 두 수가 주어졌을 때 q_a와 q_b 사이에 어떤 상관관계가 있을까?' 뻔한 문장인 $x = x$를 무섭게 보이는 형태로, 다음과 같이 적어보자.

$$x = b^{q_b(x)}$$

방정식 5-30

그리고 양변을 q_a라는 함수에 대입하면 다음과 같이 나온다.

$$q_a(x) \overset{(5\text{-}30)}{=} q_a\left(b^{q_b(x)}\right) \overset{(5\text{-}25)}{=} q_b(x) \cdot q_a(b)$$

이는 다음과 같다.

$$q_b(x) = \frac{q_a(x)}{q_a(b)}$$

방정식 5-31

이것은 수학 교과서에서 대개 이렇게 쓰는 '로그의 속성'이다.

$$\log_b(x) = \frac{\log_a(x)}{\log_a(b)}$$

방정식 5-32

정말 멋지지 않을 수 없다! 사실상 곱더 종의 모든 구성원을 무시할 수 있다는 말이기 때문이다! 왜 그럴까? $\log_a(b)$라는 조각은 x에 독립적인 그 냥 한 수일 뿐이어서 방정식 5-32는 곱더 종의 모든 구성원이 그저 서로 에 상수를 곱한 것에 지나지 않다는 말이기 때문이다! 이런 사실 때문에 더 이상 곱더 종의 모든 구성원에 대해 이야기를 계속 진행하는 일은 무의미 하다. 그냥 가장 좋아하는 것을 하나 골라서 그에 대해서만 이야기 나누면 된다. 이것은 결국 우리가 좋아하는 로그의 '밑base'을 무엇으로 고를 것인 가의 문제로 귀결된다. 2, 52, 10, 93.785 등 좋아하는 걸로 무엇이든 골라 도 된다. 하지만 우리는 불변의 존재인 e^x에 이미 크게 매료된 적이 있다. 이것이 자기 자신의 도함수이면서 더곱 종의 구성원이기도 한 유일한 기계 이기 때문이다. 따라서 순전히 미학적인 이유로 우리는 불변의 존재의 정 반대인 곱더 종 구성원 즉, $q_e(x)$에 대해서만 이야기하기로 하자. 홀로 외 로이 살아남은 곱더 종 기계 $q_e(x)$를 수학 교과서에서는 '자연로그' 또는 $\ln(x)$라고 부른다. 밑이 e인 로그 말고 나머지 로그는 모두 기쁜 마음으로 폐기 처분했으니 이제 우리는 짐이 훨씬 가벼워진 상태로 여정을 계속 이 어나갈 수 있다.

5.4.2. 약자 고쳐 쓰기용 망치가 구조에 나서다

이제 곱더 종 기계는 하나밖에 남지 않았기 때문에 $q_e(x)$에 붙어 있는 아래 첨자가 더 이상 필요하지 않다. 따라서 지금부터는 그냥 $q(x)$로 부르 자. 우리가 아는 내용을 이용해서 $q(x)$ 기계를 미분할 수 있을까? 우리는 $q(x)$의 도함수는 모르지만 다음의 사실은 알고 있다.

$$q(E(x)) \equiv q(e^x) \equiv x$$

따라서 $M(x) \equiv x$를 이런 복잡한 방식으로 고쳐 쓰면 혹시나 수학을 설득해서 이른바 자연로그 $q(x)$의 도함수를 실토하게 만들 수 있을지도 모른다. 한편으로 보면 위 방정식에 나온 내용을 x에 대해 미분하면 그저 1이 나온다. 그냥 x이기 때문이다. 그럼 약자 고쳐 쓰기용 망치를 이용해서 다른 방식으로 도함수를 한번 구해보자. e^x을 s'거시기'를 나타냄라 축약해보자. 그럼 $q(s) = x$가 된다. 그리고 우리는 q의 안에 들어가 있는 변수에 대해 q의 도함수를 구하고자 한다. 그럼 다음과 같이 쓸 수 있다.

$$1 = \frac{dq(s)}{dx} = \frac{dq(s)}{ds}\frac{ds}{dx}$$

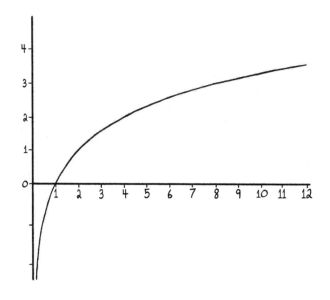

그림 5-2 모든 로그는 서로에 어떤 수를 곱한 것일 뿐임을 알아냈으니 그중 하나만 그래프로 그릴 수 있다면 이것들이 모두 어떻게 생겼는지 알 수 있다. 여기서는 설명이 쉽도록 '밑이 2인' 로그를 그려보겠다. 우리는 $2^0 = 1, 2^1 = 2, 2^2 = 4, 2^3 = 8, 2^4 = 16$이라는 것을 안다. 그림을 보면 알 수 있듯이 이것은 $\log_2(1) = 0, \log_2(2) = 1, \log_2(4) = 2, \log_2(8) = 3, \log_2(16) = 4$를 다르게 말했을 뿐이다.

흠… $\frac{ds}{dx}$가 대체 뭘까? s는 e^x을 나타내는 것이라 정의했으니 다음과 같다.

$$\frac{ds}{dx} \equiv \frac{d}{dx}e^x = e^x \equiv s$$

따라서 위의 두 방정식에서 얻은 통찰을 한데 결합하면 $1 = s\frac{dq(s)}{ds}$가 나온다. 여기서 s를 반대쪽 변으로 넘기면….

$$\frac{dq(s)}{ds} = \frac{1}{s}$$

방정식 5-33

오호! 이 방정식에는 x에 대한 언급이 전혀 없기 때문에 원래 s를 e^x의 약자로 정의하긴 했지만 이제는 그것을 잊어버리고 그냥 무의미한 약자로 취급해도 된다. 그럼 방정식 5-33은 다음과 같이 말한다. 'q를 그 안에 있는 것에 대해 도함수를 구하면 1을 그 안에 있는 것으로 나눈 것이 나온다.' 즉, 원한다면 s를 x로 대체할 수 있다는 말이다. 이 시점에서 s는 그냥 하나의 기호일 뿐이기 때문이다. 약자 고쳐 쓰기의 이 자유로움을 강조하기 위해 방정식 5-33에서 배운 내용을, 내용은 똑같지만 겉모습은 다른 몇 가지 방식으로 요약해보자.

$$\frac{dq(x)}{dx} = \frac{1}{x} \quad \text{또는} \quad \frac{d}{dx}q(x) = \frac{1}{x} \quad \text{또는} \quad q'(x) = \frac{1}{x}$$

방정식 5-34

또는 수학 교과서처럼 다음과 같이 쓸 수도 있다.

$$\frac{d}{dx}\ln(x) = \frac{1}{x}$$

방정식 5-35

만세!!

5.4.3. 거짓말하고 수정하기는 아무 데로도
이끌지 않기 때문에 더 멀리 이끈다

참 이상한 논증이었다. 거기서 나온 결과를 신뢰하는 사람도 있겠지만, 그렇지 않은 사람도 있을 것이다. 수학을 직접 발명하다 보면 흔한 일이지만, 자신이 논증을 펼쳐놓고도 정말 옳은지 확신하지 못할 때가 많다. 다른 방식을 통해서도 똑같은 결과를 유도할 수 있을까? 도함수의 정의를 사용했을 때도 같은 답이 나오는지 확인해보자. 이번 한 번만큼은 특별히 선택해놓은 약자에 너무 익숙해지지 않도록 수학 교과서에서 쓰는 이상한 표기인 $\ln(x)$를 사용하겠다. 그럼 시작한다.

$$
\begin{aligned}
\frac{d}{dx}\ln(x) &\equiv \frac{\ln(x+dx)-\ln(x)}{dx} \\
&\overset{(5\text{-}29)}{=} \frac{\ln\left(1+\frac{dx}{x}\right)}{dx} \\
&\equiv \left(\frac{1}{dx}\right)\ln\left(1+\frac{dx}{x}\right) \\
&\overset{(5\text{-}26)}{=} \ln\left(\left[1+\frac{dx}{x}\right]^{\frac{1}{dx}}\right) \qquad \text{방정식 5-36}
\end{aligned}
$$

여기서 막혀버렸지만 막힌 부분을 살펴보니 이상하게 어디선가 본 듯한 기분이 든다. 이 장 앞부분에서 나눈 대화에서 다음과 같은 사실을 발견했던 것을 떠올려보자.

$$
e = (1+dx)^{\frac{1}{dx}} \qquad \text{방정식 5-37}
$$

이것을 보니 우리가 방금 막혀버린 지점과 거의 비슷해 보인다. 방정식 5-36의 마지막 줄은 그 안에 자리 잡은 기분 나쁜 x만 아니었다면 e와 똑같은 값이 되었을 것이다방정식 5-37 때문에. 어쩌면 이 x를 없앨 수 있을지도 모른다. 방정식 5-36의 끝에 있는 것을 주물럭거려서 5-37과 좀 더 비슷해 보이게 만들어보자.

좋다. 방정식 5-37에서 dx라는 기호는 특별할 게 없다. 그저 무한히 작은 수를 지칭할 뿐이고, 딱 하나 중요한 건 방정식 5-37에 나온 두 개의 dx가 같은 수라는 것이다. 만약 dx가 무한히 작은데 x는 그렇지 않다면 dx/x 또한 무한히 작은 수가 된다. 따라서 만약 방정식 5-36의 마지막 줄에 나온 제곱지수가 $1/dx$ 대신 x/dx였다면 다음과 같은 약자를 정의할 수 있었을 것이다.

$$dy \equiv \frac{dx}{x}$$

방정식 5-38

그리고 이를 이용해서 다음과 같이 적을 수 있었을 것이다.

$$\ln\left([1+dy]^{\frac{1}{dy}}\right) = \ln(e) = 1$$

하지만 이 문장은 거짓말을 한 것이고, 거짓말을 했기 때문에 문제 자체가 바뀌었다. 그러나 이렇게 거짓 논증을 전개해보니 거짓말을 하고 나중에 수정하는 익숙한 방법이 도움이 될지도 모른다는 생각이 든다. 그럼 어디 한번 시도해보자! 먼저 우리는 제곱지수를 $1/dx$에서 x/dx로 바꿈으로써 거짓말을 한다. 이렇게 하면 문제가 더 쉬워진다. 하지만 그다음에는 제곱지수를 다시 $1/dx$로 되돌려놓아 거짓말을 수정해주어야 한다. 이 전체 과정은 결국 우리를 어디로도 이끌지 않는다. 다만 이제 $1/dx$을 $x/(x \cdot dx)$로 고쳐 쓰는 일이 우리가 막혔던 지점을 넘어서게 도와줄지도 모른다는 것을 알게 되었을 뿐이다. 제곱지수를 고쳐 썼으니 이제 우리는 방정식 5-36의 무한히 작은 수 dx/x를 dy로, 약자를 고쳐 쓸 수 있다. 요약하면 다음과 같다.

$$\frac{1}{dx} = \frac{x}{x \cdot dx} \equiv \frac{1}{x \cdot dy}$$

방정식 5-39

이제 우리는 이것을 이용해서 우리를 가로막았던 벽을 돌파할 수 있다. 각각의 단계가 어디서 온 것인지 떠올릴 수 있도록 등호 위에 숫자를 표시해놓겠다. 우리가 막혔던 지점에서 시작해 다음과 같이 쓸 수 있다.

$$
\begin{aligned}
\frac{d}{dx}\ln(x) &\overset{(5\text{-}36)}{=} \ln\left(\left[1 + \frac{dx}{x}\right]^{\frac{1}{dx}}\right) \\
&\overset{(5\text{-}38)}{=} \ln\left([1 + dy]^{\frac{1}{dx}}\right) \\
&\overset{(5\text{-}39)}{=} \ln\left([1 + dy]^{\frac{1}{x \cdot dy}}\right) \\
&\overset{(5\text{-}20)}{=} \ln\left(\left([1 + dy]^{\frac{1}{dy}}\right)^{\frac{1}{x}}\right) \\
&\overset{(5\text{-}37)}{=} \ln\left(e^{\frac{1}{x}}\right) \\
&\overset{(5\text{-}26)}{=} \frac{1}{x}\ln(e) \\
&\overset{(5\text{-}13)}{=} \frac{1}{x}
\end{aligned}
$$

방정식 5-40

우리의 희망 사항대로 앞에서와 똑같은 답이 나왔다. 양쪽 모두에서 '자연로그'라고도 하는 기계 q의 도함수는 $1/x$이 나왔다. 서로 다른 두 가지 방식으로 같은 답에 도달했으니 이것이 정답이라고 더욱 확신할 수 있게 됐다.

5.4.4. 향수 장치 덕분에 인생이 또다시 단순해진다

$q(x)$의 도함수가 $1/x$이라는 것은 발견했지만 우리는 아직 더욱 간단하게 $q(x)$를 기술하는 법을 모른다. 즉, $q(3)$이나 $q(72)$ 같은 구체적인 값을 계산하는 법을 모른다는 소리다. 4장에서 기계 V와 H 수학 교과서에서 '사인'과 '코사인'으로 부르는 것를 그림으로 그려보는 일 말고는 기술하는 법을 몰랐을 때 겪었던 것과 똑같은 곤경이다. 그 사례에서 우리는 결국 향수 장치를 이용하면 V와 H를 무한히 많은 조각으로 이루어진 더하기−곱하기 기계로 기술할 수 있다는 것을 발견했고, 이로써 한시름 놓았다. V와 H의 더하기−곱하기 기계 확장판으로 무장하고 나니 필요한 경우 더하기와 곱하기만 잔뜩 하면 구체적인 값을 계산할 수 있다는 것을 알게 됐다.

어쩌면 향수 장치를 이용해서 이 '자연로그' 기계 $q(x)$가 어떻게 생겼고, $q(9)$나 $q(42)$ 같은 구체적인 값을 어떻게 계산할지 감을 잡게 될지도 모른다. 물론 일이 그렇게 풀리지 않을지도 모르지만 시도해볼 만한 가치는 있다. q를 향수 장치에 입력하면 다음과 같이 나온다.

$$q(x) = \sum_{n=0}^{\infty} \frac{q^{(n)}(0)}{n!} x^n$$

흠…. 통하지 않겠다. q의 도함수가 $1/x$인 것을 아는데 이건 $x = 0$에서 무한대가 될 것이다. q는 왜 0에서 완전 이상해져버릴까? 기계 q는 그 행동인 $q(e^x) = x$로 정의됐다. 하지만 e^x는 언제나 양수다. 이것은 x가 큰 음의 값을 가질수록 점점 더 작아지고, x가 $-\infty$로 가면 0에 접근할 뿐이다. 이런 추론을 바탕으로 생각하면 $q(0) = -\infty$여야 한다. 따라서 어쩌면 q에는 향수 장치를 직접 사용해서는 안 될지도 모르겠다. q가 0에서는 살짝 미쳐버리기 때문이다.

그럼 그 대신 향수 장치를 기계 $q(1+x)$에 이용하면 어떨까? 이것은 살짝 위치만 이동했지 똑같은 기계이고, $x = 0$일 때도 $q(1+x) = q(1) = 0$이기 때문에 훨씬 착하게 행동한다. 기계를 이런 식으로 생각하면 정말 쉬워질 것 같다. 좋다. $x = 0$에서 이 기계의 모든 도함수를 구할 수 있을까? 이는 그냥 원래의 기계 q의 $x = 1$에서의 도함수일 뿐이니까 모든 n에 대해 $q^{(n)}(1)$이 필요하다. q의 도함수를 몇 개 목록으로 뽑아서 어떤 패턴이 나타나는지 확인해보자.

$$q'(x) = x^{-1}$$
$$q''(x) = -x^{-2}$$
$$q'''(x) = 2x^{-3}$$
$$q^{(4)}(x) = -(3)(2)x^{-4}$$
$$q^{(5)}(x) = (4)(3)(2)x^{-5}$$

어라, 이건 꽤 단순하다! 우리가 3장에서 발견한 $(x^{\#})' = \# x^{\#-1}$이라는 익숙한 패턴을 계속 이용하기만 하면 된다. 제곱지수가 음수이므로 우리가 도함수를 구할 때마다 부호가 바뀐다. 그리고 n번째 도함수의 제곱지수는 $-n$이 될 것이고, 그 앞에 나오는 수는 $(n-1)!$이 된다. 패턴이 보인다. 우리가 방금 말한 것을 다음과 같이 요약해서 쓸 수 있다.

$$q^{(n)}(x) = (-1)^{n+1}(n-1)!\, x^{-n}$$

좋다. 이제 $q(x)$의 모든 도함수를 구했다. 그럼 $q(x+1)$의 도함수는? 약자 고쳐 쓰기용 망치를 이용하면 $Q(x) \equiv q(x+1)$의 도함수는 그냥 $q(x)$의 도함수에 $x+1$을 대입한 것임을 알 수 있다. $\frac{d}{dx}(x+1) = 1$이기 때문이다. 훌륭하다! 그럼 다음과 같이 쓸 수 있다.

$$Q^{(n)}(x) = (-1)^{n+1}(n-1)! \ (x+1)^{-n} \quad \text{(여기서 n}\geq\text{1)}$$

우리가 향수 장치를 이용하기 위해 필요한 것은 $q^{(n)}(1)$밖에 없다. 그리고 이것은 $Q^{(n)}(0)$을 적는 다른 방법이다. 위의 방정식을 이용하면 이 수는 그냥 다음과 같이 나온다.

$$Q^{(n)}(0) = (-1)^{n+1}(n-1)! \quad \text{(여기서 n}\geq\text{1)} \qquad \boxed{\text{방정식 5-41}}$$

그리고 $n = 0$일 때는 $Q^{(n)}(0) = Q(0) \equiv q(1) = 0$이다. 이제 마침내 우리는 다음과 같이 향수 장치를 적용할 수 있게 됐다.

$$q(x+1) \equiv Q(x) = \sum_{n=1}^{\infty} \frac{Q^{(n)}(0)}{n!}x^n = \sum_{n=1}^{\infty} \frac{(-1)^{n+1}(n-1)!}{n!}x^n$$

$$\boxed{\text{방정식 5-42}}$$

방정식 5-41에 있는 $(n-1)!$이 분모에 있는 $n!$ 조각의 일부를 상쇄하게 된다. $n! = n \cdot (n-1)!$이기 때문이다. 그럼 다음과 같이 남는다.

$$q(x+1) = \sum_{n=1}^{\infty} \frac{(-1)^{n+1}}{n}x^n$$

이는 그저 다음을 약자로 표현한 것일 뿐이다.

$$q(x+1) = x - \frac{x^2}{2} + \frac{x^3}{3} - \frac{x^4}{4} + \cdots$$

$q(x)$는 0에서 무한으로 폭발하니까 $q(x+1)$은 -1에서 폭발할 것이다. 따라서 모든 x를 대상으로 이 수식을 신뢰할 수 있을지가 분명하지 않다. 하지만 지금으로서는 적어도 곱더 종 기계에 대해 훨씬 더 구체적으로 생각할 길이 열렸다. 위의 방정식은 이른바 '자연로그' q를 무한한 더하기-곱하기 기계로 여길 수 있는 방법을 제공한다. 곱더 종의 모든 구성원은 그저 q에 상수를 곱한 것일 뿐이니 '어떤 수의 거듭제곱 기계 c^x을 무효화하는 것'이라 말하지 않고도 '로그곱더 종 기계'를 기술하는 방법이 생긴 것이다.

→ **5.5. 곱곱 종** ←

이 장을 마치기 전에 탐험해야 할 종이 하나 더 남아 있다. 바로 곱곱 종이다. 곱곱 종은 다음과 같이 행동하는 모든 기계의 집합이라 정의된다. 모든 x와 y에 대해⋯.

$$f(xy) = f(x)f(y)$$

이것이 어떤 형태인지 알아낼 수 있을까 확인해보자. 우리는 뭘 해야 할지 모르는 상황이기 때문에 앞에서 더곱 종에 효과를 보았던 방법을 써보는 것이 도움이 될지도 모르겠다. 이 괴물의 정의를 두 변수 중 하나에 대해 미분하는 것이다. y에 대해 미분해보자. 그럼 다음과 같이 나온다.

$$xf'(xy) = f(x)f'(y)$$

여기서 프라임 기호는 y를 변수로 생각해서 미분하는 것을 의미한다. 이 방정식은 모든 x와 y에 대해 참이 성립해야 하지만 이건 우리가 원하는 것보다 많은 정보이기 때문에 x나 y에 구체적인 값을 입력해서 좀 더 의미가 분명한 조건으로 환원시킬 수 있는지 확인해보는 것이 도움이 될지도 모르겠다. $x = 1$로 설정하면 다음과 같은 결과가 나온다.

$$f'(y) = f(1)f'(y)$$

방정식 5-43

그렇다면 $f(1) = 1$이라는 의미가 되는 것 같다. 좋다. 그럼 다시 뒤로 돌아가서 $x = 1$ 대신 $y = 1$로 설정하면 어떨까? 그럼 다음과 같은 결과가 나온다.

$$xf'(x) = f(x)f'(1)$$

$f'(1)$은 우리가 모르는 숫자이기 때문에 다음과 같이 고쳐 쓸 수 있다.

$$f'(x) = c\,\frac{f(x)}{x}$$

방정식 5-44

이제 우리는 무엇을 해야 할지 전혀 알 수 없는 수학적 상황에 맞닥뜨렸다. 이 문제를 만지작거리다 보면 아마도 모든 사람이 여기서 당분간은 막혀 있을 것이다. 지금의 시점에서 제정신이 박힌 사람이라면 당장에 이걸 어떻게 해볼 시도를 하지 않을 테지만, 어째서 이런 생각을 하게 됐는지 설명할 수 없는 이유 때문에 만약 우리가 $f(x)$의 '자연로그'를 미분해본다면 이 방정식이 말하는 내용을 인간적인 입장에서 이해하기가 조금 더 쉬워질 것이다. 위에서 다음과 같은 사실을 발견했던 것을 떠올려보자.

$$\frac{d}{dx}q(x) = \frac{1}{x}$$

여기서 $q(x)$는 수학 교과서에서 '자연로그' 또는 'e를 밑으로 하는 로그'라고 부르고 $\ln(x)$라고 쓰는 것이다. 이를 우리가 얼마든지 원하는 대로 축약할 수 있기 때문에 위의 방정식은 다음과 모두 똑같은 내용을 말한다.

$$\frac{d}{d\star}q(\star) = \frac{1}{\star} \qquad \frac{d}{ds}q(s) = \frac{1}{s} \qquad \frac{d}{df(x)}q(f(x)) = \frac{1}{f(x)}$$

여기서 도움이 되는 건 셋 중 마지막에 나온 것이다. 이제 약자 고쳐 쓰기용 망치를 가지고 x에 대해 $q(f(x))$를 미분하면 다음과 같이 나온다.

$$\frac{d}{dx}q(f(x)) = \underbrace{\frac{df(x)}{dx}}_{f'(x)} \underbrace{\frac{d}{df(x)}q(f(x))}_{1/f(x)} = \frac{f'(x)}{f(x)}$$

그리고 방정식 5-44에서 발견한 사실을 이용하면 위 방정식의 맨 오른쪽에 있는 $f'(x)$를 $cf(x)/x$로 바꿀 수 있다. 그럼 다음과 같이 나온다.

$$\frac{d}{dx}q(f(x)) = \frac{cf(x)}{xf(x)} = c\frac{1}{x}$$

위 방정식의 오른쪽 변에 있는 $\frac{1}{x}$은 자연로그 $q(x)$의 도함수로 생각할 수 있다. 따라서 이 사실과 로그의 속성인 $c \cdot q(x) = q(x^c)$을 이용하면 다음과 같이 쓸 수 있다.

$$\frac{d}{dx}q(f(x)) = c\frac{d}{dx}q(x) = \frac{d}{dx}\Big(c \cdot q(x)\Big) = \frac{d}{dx}q(x^c)$$ 방정식 5-45

우리는 '(어느 한 가지)의 도함수는 (또 다른 한 가지)의 도함수와 같다'는 형태의 문장에 도달했다. 하지만 이것이 참이라면 '(어느 한 가지) = (또 다른 한 가지)+(어떤 숫자)'라는 관계가 성립해야 한다. 왜 그럴까? 두 기계의 경사가 어느 지점에서나 정확히 똑같으려면 두 기계가 그래프 위에서 수직적으로 위치 변동이 있는 것 말고는 어디서나 같아야 하기 때문이다. 이런 보편적인 점을 고려하면 우리는 방정식 5-45를 이용해서 다음과 같은 결론을 내릴 수 있다.

$$q(f(x)) = q(x^c) + A$$

여기서 A는 우리가 모르는 어떤 숫자다. 하지만 A를 모른다는 것은 그 로그를 모른다는 것과 같은 말이기 때문에 모르는 수 A를 모르는 또 다른 수 B의 로그인 $q(B)$로 표현해도 상관없다. 이렇게 잔머리를 굴리면 다음과 같이 쓸 수 있다.

$$q(f(x)) = q(x^c) + q(B) = q(Bx^c)$$

그리고 마지막으로 이 방정식의 양변에 q의 정반대 기계를 적용하면즉,

e^x 다음과 같은 결과를 얻는다.

$$f(x) = Bx^c$$

$x = 1$을 대입하면 $f(1) = B$가 나오지만 앞에서* 곱곱 종의 모든 구성원에 대해 $f(1) = 1$이라는 것을 발견했기 때문에 분명 $B = 1$이라야 할 것 같다. 종합하면 곱곱 종의 모든 구성원은 다음과 같은 형태를 가졌음을 알 수 있다.

$$f(x) = x^c$$

여기서 c를 달리함에 따라 곱곱 종의 서로 다른 구성원이 나온다. 이런 기계에 대해서는 이미 우리가 알 만큼 아는 상태이기 때문에 굳이 시간을 들여 더 논의할 필요는 없을 것이다.

→ **5.6. 재회** ←

우리가 5장에서 한 일을 요약해보자.

1. 지금까지의 여정에서 더하기와 곱하기가 중요한 역할을 했기 때문에

---

* 방정식 5-43 바로 다음 줄.

우리는 기계가 이 두 연산과 어떻게 상호작용 하는지를 바탕으로 기계의 네 가지 종을 정의했다. '더'와 '곱'을 각각 더하기와 곱하기를 나타내는 약자로 사용해서 기계의 네 가지 종을 다음과 같이 정의했다. (1) '더'를 '더'로 바꾸는 것, (2) '더'를 '곱'으로 바꾸는 것, (3) '곱'을 '더'로 바꾸는 것, (4) '곱'을 '곱'으로 바꾸는 것.

2. 우리는 더더 종을 가지고 놀다가 그 구성원들이 모두 $f(x) \equiv cx$ 여기서 c는 고정된 수의 형태를 갖는다는 것을 알아냈다.

3. 우리는 더곱 종을 가지고 놀다가 그 구성원들이 모두 $f(x) \equiv c^x$ 여기서 c는 어떤 수의 형태를 갖는다는 것을 알아냈다. 그리고 더 나아가 우리는 이들 기계 중 하나가 자기 자신의 도함수라는 놀라운 속성을 지니고 있음을 발견했다. 이 두 사실을 결합하면 e^x이 자기 자신의 도함수가 되는 지극히 특별한 수 e가 반드시 존재해야 한다는 것을 알 수 있다. 이 기계에 상수를 곱한 것도 역시나 마찬가지로 자기 자신의 도함수이지만 자기 자신의 도함수이면서 동시에 더곱 종의 구성원인 기계는 e^x 딱 하나밖에 없음을 알아냈다.

4. 우리는 곱더 종을 가지고 놀다가 각각의 구성원들이 더곱 종에 파트너를 가졌음을 알아냈다. 즉 각각의 더곱 종 기계 $f_c(x) \equiv c^x$에 대해, 모든 x에 대해 그 정반대 역할을 하는 곱더 종 기계 $g_c(x)$가 반드시 있어야 한다는 말이다. 즉….

$$g_c(f_c(x)) = x \qquad \text{그리고} \qquad f_c(g_c(x)) = x$$

하지만 곱더 종 구성원들이 어떤 형태인지는 알 수 없었다즉, 우리가 아는 것으로는 그들을 기술할 수 없었다.

5. 우리는 지극히 특별한 수 e에 대해 다음과 같은 서로 다른 두 수식을 찾아냈다.

$$e = \sum_{n=0}^{\infty} \frac{1}{n!} \qquad\qquad e = \lim_{N \to \infty} \left(1 + \frac{1}{N} \right)^N$$

이 두 수식 모두 e가 대략적으로 다음과 같은 값임을 보여주었다. $e =$ 2.71828182⋯.

6. 그다음 우리는 다시 곱더 종 수학 교과서에서는 '로그'라 부르는 것으로 돌아와 그것을 가지고 놀았다. 우리는 이 기계들을 $q_c(x)$라 부르기로 했다. '거듭제곱 기계' $p_c(x) \equiv c^x$의 반대로 작용하고, p를 좌우로 뒤집으면 q처럼 보이기 때문이다.

7. 우리는 곱더 종에 대해 알아낸 내용들을 이용해서 수학을 배우면서 들었던 다양한 '로그의 속성'들을 유도해냈다. 그리고 그 과정에서 모든 곱더 종 기계는 그저 서로에 상수를 곱한 형태에 해당하기 때문에 마음에 드는 것을 하나만 고르고 나머지는 무시해도 전혀 문제가 되지 않는다는 점을 알아냈다. 그래서 우리는 불변의 존재 e^x의 정반대인 $q_e(x)$를 선택했다. 그리고 이제는 불필요해진 아래 첨자를 지우고 이 기계를 $q(x)$로 부르기로 했다. 이것이 교과서에서 $\ln(x)$라 부르는 기계다.

8. 우리는 q의 도함수를 두 가지 서로 다른 방식으로 구했다. 양쪽 경우 모두에서 다음과 같은 결론을 얻었다.

$$q'(x) = \frac{1}{x}$$

4장에 나왔던 기계 V와 H와 마찬가지로 그것을 더하기-곱하기 기계로 기술하는 법을 배우기 전에 q의 도함수를 먼저 결정할 수 있었다.

9. 우리는 q에 향수 장치를 이용하려 해보았지만, 그것이 0에서는 이상한 행동을 보이는 것을 알게 되어 한 단위만큼 이동시켜 $q(x+1)$이라는 기계를 살펴보았다. 그래서 다음과 같은 사실을 알게 됐다.

$$q(x+1) = x - \frac{x^2}{2} + \frac{x^3}{3} - \frac{x^4}{4} + \cdots$$

이렇게 해서 '자연로그' q를 무한한 더하기-곱하기 기계로 생각할 방법이 생겼다. 하지만 이 수식이 모든 x에 대해 성립할지 확신하지 못했다.

10. 그리고 우리는 곱곱 종의 모든 구성원이 $f(x) = x^c$ 여기서 c는 고정된 수의 형태를 갖는다는 것을 알아냈다.

막간 5

구름 두 조각

이제 더 이상의 미스터리는 없다?

1894년에 유명한 물리학자 앨버트 마이컬슨Albert Michelson은 물리학의 기본적인 미스터리가 모두 해결된 것으로 보이며, 따라서 이후의 물리학은 주로 몇 가지 세부 사항을 명확하게 정리하는 데 초점이 맞춰질 것 같다고 말했다.

> 물리 과학에서 중요한 근본 법칙과 사실들은 모두 발견되었다. 이들은 이제 너무도 확고하게 학문적으로 확립되었기 때문에 새로운 발견으로 인해 다른 법칙과 사실로 대체될 가능성은 지극히 낮다. (⋯) 이제 앞으로의 과학은 소수점 여섯 째 자리의 정밀한 내용을 살펴보는 데 초점을 맞추어야 할 것이다.

6년 뒤에는 켈빈 경으로 더 잘 알려진 윌리엄 톰슨William Thomson이 이와 비슷한 말을 했다.

> 열과 빛을 운동의 양식이라 주장하는 동역학 이론의 아름다움과 명확성에 현재 두 조각의 구름이 드리워 있다. I. 첫 번째는 빛의 파동설과 함께 생겨난 구름으로 프레넬Augustin Jean Fresnel과 토마스 영Thomas Young이 이것을 다루었다. 여기에는 다음과 같은 의문이 포함되어 있었다. 어떻게 지구는 탄성 고체elastic solid인 발광성 에테르luminiferous ether를 가르며 운동할 수 있는가? II. 두 번째 구름은 에너지 분배와 관련된 맥스웰-볼츠만 독트린 Maxwell–Boltzmann doctrine이다.

켈빈 경이 말한 두 조각의 구름은 결국 별로 흥미로울 것 하나 없는 기술적인 세부 사항이 아님이 밝혀졌다. 사실 현재는 이 두 조각의 구름이 자연에 대한 현대적 이해에서 주축이 되는 두 기둥을 이루고 있다. 첫 번째 미스터리는 알베르트 아인슈타인의 특수상대성이론을 통해 해결된 것과 달리, 두 번째 미스터리의 해결은 양자역학이라는 훨씬 더 미스터리한 체계로 이어지게 되었다. 흔히 양자장 이론quantum field theory이라는 것을 통해 특수상대성이론과 양자역학, 두 가지는 결합할 수 있지만 아인슈타인의 일반상대성이론은 여태껏 양자역학과 보기 좋게 융화되지 못하고 있고, 오늘날 물리학에서 아직 해결되지 않은 커다란 미스터리는 이 두 이론을 어떻게 결합해서 성공적인 중력의 양자론quantum theory of gravity을 만들어낼 것인가 하는 문제다. 앨버트 마이컬슨과 켈빈 경의 언급 이후로 100년 넘게 지났지만 우주에 대한 우리의 이해에는 아직도 수많은 미스터리가 남아 있다. 역사를 살펴보면 켈빈 경과 마이컬슨의 이야기는 한마디로 상당히 보편적 현상의 구체적인 사례라 할 수 있다. 즉, 인간은 모든 것이 밝혀졌고, 모든 곳을 빠짐없이 탐험했다고 되풀이해서 믿지만, 결국에는 이런 믿음은 항상 틀린 것으로 밝혀진다는 현상이다. 이러한 경우에 해당되는 내용을 잘 찾아보니 다음과 같은 언급들이 있었다.

> 발명할 수 있는 것은 모두 발명됐다.
>
> —찰스 듀엘Charles H. Duell, 미국 특허청장, 1899년 *

> 우리는 아마도 우리가 천문학에 대해 알 수 있는 모든 것의 한계에 가까워지고 있을 것이다.
>
> —사이먼 뉴컴Simon Newcomb, 미국의 초기 천문학자

> 발명은 오래전에 한계에 봉착했다. 나는 앞으로 더 이상의 발전이 있으리라는 희망이 보이지 않는다.
>
> —율리우스 섹스투스 프론티누스, 저명한 로마의 공학자, 서기 40~103년

> 지금까지 존재해온 것이 다시 존재할 것이고,
>
> 지금까지 행해진 것들이 다시 행해질 것이니,

———

* 이것은 사실 출처가 명확하지 않은 잘못된 '인용문' 중 하나다. 이런 인용문들은 픽션도 아니고 논픽션도 아닌 이상한 상태로 존재하며, 1차 자료 없이도 스스로 복제하는 방법을 진화시켰다. 이 인용문이 처음 등장한 때가 분명 있었을 텐데, 그것이 미국 특허청이나 거기서 일했던 특허청장하고는 아무런 관련이 없는 것으로 보여, 오히려 공간도 없고, 시간도 없는 무의 세계에서 처음 등장한 게 아닌가 싶을 정도다. 당연한 말이지만 이런 추측이 사실이더라도 그 경우 역시 1차 자료를 찾아내기는 마찬가지로 어려운 일이 될 것이다.

태양 아래 새로운 것은 없노라.

-<전도서> 1장 9절

이 모든 경우에서 'X에 관한 모든 것이 밝혀졌다'는 말은 결국 완전히 틀린 주장으로 밝혀졌다. 그런 건방presumptuous….

(저자가 컴퓨터에서 시선을 떼며 말한다.)

저자 저기 둘 중에 혹시 'presumptuous건방진'의 철자가 정확히 뭔지 아는 사람 없어?

독자 그건 왜?

저자 내가 지금 쓰고 있는 책 때문에.

수학 무슨 책이요?

저자 알 건 없고.

장면 설명
우리의 세 등장인물이 수학의 집에 앉아 있다.
(주소는 무의 세계 어퍼웨스트 무의 거리 ∅번지.)
이 등장인물들은 지겨워서 시간 죽이기를 하려고 하지만
무의 세계에는 시간이 존재하지 않기 때문에 이런 노력이
쓸모없는 짓임을 아무도 모르고 있다.
독자는 정의되지 않은 장소에 앉아 독자에 대한 글을 읽는다.
저자는 저자가 해야 할 일은 하지 않고 책이나 쓰고 앉아 있다.
수학은 이번 주에 나온 <완전 백지 신문>을 정독한다.

이 신문에는 로버트 $\frac{1}{2}$(라이먼+라우션버그)가 그린,

존 케이지John Cage가 작곡한 <4분 33초> 악보의 초상화에

대한 장황한 특집 해설 기사가 실려 있다… 아니, 비어 있다

<4분 33초>의 악보에는 'TACET조용히'이라고 쓰여 있고

음표가 없다. 아무것도 연주되지 않는 가운데 관객의 기침, 속삭임 등이 그 자체로

음악이 된다. 존 케이지가 친구인 화가 로버트 라우션버그 때문에 <4분 33초>를

작곡했다고 말하는 사람도 있다. 그가 한 전시회에서 아무것도 그리지 않은

빈 캔버스를 전시한 적이 있기 때문이다. 로버트 라이먼 역시 커다란 캔버스를

그냥 내버려 둠으로써 캔버스 바탕이 그 자체로 의미를 가질 수 있음을

드러내기도 했고, 한번은 하얀 전시장 벽면에 하얀색 캔버스를 걸어 그림이란

프레임에 갇힌 것이 아니라 벽면으로까지 확장될 수 있음을 인식시키기도 했다.

세 예술가 모두 저자가 '무의 세계'를 유머러스하고 철학적으로 표현하기 위해

동원한 재료인 셈이다─옮긴이 주.

저자 할 일이 없네.

수학 당연히 할 일이 없죠. 여기가 달리 무의 세계겠어요?

저자 아니, 문제는 그게 아니야. 우린 이미 모든 것을 끝내버렸다고. 발명
할 수 있는 것은 모두 발명했어.

독자 그걸 어떻게 알아?

저자 우리가 아직 발명하지 않은 게 있으면 어디 말해봐.

독자 물론 있지. 아직 ♯ 계산하는 법을 알아내지 못했잖아.

저자 아, 물론 그렇지. 하지만 그냥 기술적 세부 사항일 뿐이잖아. 이제 남
은 일은 소수점 아래 자리까지 점점 더 자세한 값을 계산하는 것밖에
없어. 그게 다 무슨 의미가 있어?

독자 잠깐만….

(우리의 등장인물들이 정의되지 않은 양의 시간만큼 기다린다.)

저자 …그 잠깐이 대체 언제까지야?

독자 나도 몰라. 우린 무의 세계에 와 있잖아! 여기는 시간이 거의 존재하지 않는다고. 어쨌거나 말 그대로 '잠깐만' 기다리라는 의미는 아니었어. 모든 것을 마무리했다고 자신해서는 안 된다는 의미였지.

저자 우리가 아직 모르는 중요한 것이 남아 있다고 생각해?

독자 우리가 뭘 모르는지 내가 어떻게 알아? 내가 뭘 모르는지 안다면, 내가 그걸 아는 것이 되는 거 아냐?

저자 꼭 그렇지는 않지.

(독자가 잠시 생각에 잠긴다.)

독자 네 말이 맞는 것 같아. 음, 그런데 왜 아직 ♯를 계산 안 했지?

저자 어떻게 계산하는지 모르니까.

독자 우리가 그걸 왜 모르지?

저자 휘어진 것의 면적을 구하는 법을 모르니까.

수학 그리고 휘어진 것의 길이도 모르죠.

저자 좋아, 우리가 아직 모르는 게 두 가지 남아 있는 것 같군. 그 두 가지만 알아내면 우리가 이제 모든 것을 알게 될….

(밝은 불빛이 방 안을 가득 채운다.)

수학 아! 저건 초인종이에요.

독자 초인종을 눌렀는데 왜 소리가 안 나고 불이 들어와?

수학 일반적인 초인종은 여기서 작동하지 않거든요. 보시다시피 무의 세계에는 공기가 없어요. 따라서 소리가 전파될 매질이 존재하지 않죠. 한동안은 누구도 빛을 이용하는 초인종을 시장에 내놓을 생각을 안 했어요. 빛이 소리와 비슷하게 '에테르ether'라는 매질이 있어야만 전파될 수 있다고 생각했거든요. 빛이 전달되려면 이 물질이 외부 공간을 가득 채우고 있어야 한다고 여겼어요. 하지만 무의 세계에 에테르가 존재하지 않는다는 것은 모두들 당연히 알고 있었죠. 이곳은 말 그대로 아무것도 없는 세계니까요. 그런데 알 수 없는 양만큼의 시간 전에 한 똑똑한 친구가 빛의 매질은 존재하지 않는다는 걸 깨달았어요. 빛은 진공도 직접 뚫고 나갈 수 있는 것이죠! 다행히 이 친구가 특허청에서도 일하는 바람에 이 빛을 이용한 초인종의 특허를 냈어요. 그래서 무의 세계 거주자들도 누군가가 문 앞에 와 있다는 것을 훨씬 쉽게 알 수 있게 됐죠.

(이 시점에서 세 등장인물은 초인종이 번쩍거린 이후로 정의할 수 없는 양만큼의 시간 동안 초인종에 대해 잡담을 늘어놓았다. 누군가 문 앞에 온 것을 무의 세계 거주자들도 훨씬 쉽게 알게 됐다는 수학의 주장에도, 세 등장인물은 문 앞에서 참을성 있게 기다리는 손님에 대해서는 완전히 까먹고 있었다.)

저자 좋아. 어디까지 이야기했지?

(초인종이 다시 번쩍거린다.)

수학 아! 저건 초인종이에요.

독자 초인종을 눌렀는데 왜 소리가 안 나고 불이 들어와?

수학 일반적인 초인종은 여기서 작동하지 않거든요. 보시다시피 무의 세
계에는 공기가 없어요. 따라서….

저자 아니지. 그건 이미 했잖아.

(수학이 위에서 논의했던 내용을 다시 읽어본다.)

수학 맙소사…. 정말 그렇군요.

독자 여기는 시간이 이상해.

수학 그럼 문 앞에 누가 와 있다는 걸까요?

저자 그걸 내가 어떻게 알아?

(저자가 문을 향해 뛰어가고, 독자와 수학이 그 뒤를 따른다.)

막간 속 막간: 메타와 스티븐을 소개합니다

(문이 열리자 쾌활한 대머리 사내가 보인다. 저자의 눈이 휘둥그레진다.)

저자 오 마이 괴…Oh my Gö….

스티븐 클린 안녕들 하신가! 토대와 관련된 문제 때문에 찾아왔네. 자연이

내게 전화를 해서 당신들한테 문제가 좀 생겼다고 하더군.

저자 (스타에게 완전히 반한 듯한 얼굴로) 만나서 정말 반갑습니다! 저는 저자예요. 제 친구들을 소개하겠습니다. 이쪽은 독자고, 이쪽은 수학 이에요.

수학 안녕하세요.

독자 만나서 반갑습니다, 스티븐.

스티븐 클린 모두들 만나서 정말 반갑군. 나도 소개할 사람?이 있지. 금방 올 거야. 주차하고 있거든.

(바깥에 짙은 파란색 밴이 지나칠 정도로 정확하게 주차되어 있다. 밴의 옆에는 소박한 하얀 글자로 이렇게 적혀 있다. **클린의 (토대) & (개념 청소) 서비스. 1952년 창립.** **'클린스러움Kleeneliness은 거의 괴델스러움Gödeliness입니다'** 마침내 밴에서 무언가가 내려서 문을 향해 다가온다.)

스티븐 클린 저자, 독자, 수학, 내 친구이자 동업자 메타수학Metamathematics 을 소개하지.

메타수학 ….

스티븐 클린 우리 메타수학하고 인사하게.

저자 안녕?

독자 반가워.

메타수학 ….

스티븐 클린 원래 말이 별로 없어서. 하지만 무례하게 굴려고 이러는 것은 아니야.

수학 저기, 저 좀 그만 쳐다보라고 해주시면 안 돼요?

스티븐 클린 (빙그레 웃으며) 유감이지만 그럴 수가 없네, 나의 친구여.

(메타수학이 호기심이 어려 있지만 표정 없는 얼굴로 수학을 바라본다. 수학이 조롱하는 듯, 아닌 듯, 이 불편한 새로운 상황에서 무엇을 어떻게 해야 할지 모르겠다는 듯, 아닌 듯, 곁눈질로 메타수학을 바라본다.)

스티븐 클린 내 동업자가 토대에 대해 점검하려면 시간이 좀 걸릴 거야. 그 동안 우리 셋이 나가서 술이나 한잔하면 어떨까 싶군.

독자 무의 세계에도 술집이 있어요?

스티븐 클린 딱 한 곳 있지. 메타수학과 내가 최근에 고용돼서 청소를 했어. 그 후로는 거길 조금 좋아하게 됐지. '버바이스 바Beweis Bar, 'Beweis'는 독일어로 '증명'을 뜻한다―옮긴이 주'라는 곳이야.

저자 한잔 좋죠.

스티븐 클린 그런데…. 이걸 어떻게 말해야 하나…? 그곳이 좀 격식을 차리는 데라서 말이지. 셋이 가서 옷을 갈아입고 오면 어떨까 싶은데…?

수학 저는 옷이 없는데요.

스티븐 클린 아하, 물론 그렇겠지. 그래도 최소한 이건 해야 해.

(스티븐이 수학에게 글자 A와 비슷한 모양의 작은 핀을 건넨다.)

수학 설명 좀….

저자 그냥 해. 그래야 갈 수 있다고 하잖아. 독자하고 나는 벌써 갈아입고 왔어.

수학 아니, 어느 시간에….

독자 무의 세계에는 시간이 존재하지 않는다고.

저자 아직 안 끝났어?

수학 ….

(수학이 $\lambda \cdot$ 마지못해 핀을 자기에게 붙인다. 수학에게
옷깃이 있었다면 대략 옷깃이 있을 위치다. 여기서 $\lambda \in [0, 1]$.)

스티븐 클린 뒤집어 달았군…

(수학이 $(1-\lambda) \cdot$ 즐거운 마음으로 클린을 보며 미소를 짓곤
$\sharp$의 각도만큼 핀을 돌린다. 여기서 $\sharp$은 4장에서 정의한 것과 같고,
λ는 앞에서와 같다.)

스티븐 클린 좋아. 모두들 뒤로 물러서지. 메타수학, 이제 네가 할 일을 해.

메타수학 다음과 같이 가정하면….

$$\forall \mathbb{C} \left(\Big(\mathbb{IS}\text{-동장인물}(\mathbb{C}) \wedge (\mathbb{C} \in \mathcal{BMC} \text{ pg } 457) \wedge (\mathbb{C} \neq \mathbb{ME}) \Big) \right.$$
$$\left. \implies \mathbb{C} \in \text{베바이스 바} \right)$$

막간 아래 막간: 버바이스 바

(어느새 저자, 독자, 수학, 스티븐이 작은 빌딩 안에 자리 잡고 앉아 있다.

메뉴판에는 이렇게 적혀 있다. '버바이스 바. 정장 착용 바랍니다.

모든 밤은 ㅑ ㅅㄱㅏ 밤입니다.')

스티븐 클린 좋았어. 드디어 왔군! 여기 주문 받아요!

종업원 주문 도와드릴까요?

스티븐 클린 난 늘 마시던 걸로.

종업원 마흘로Mahlo 칵테일 주문 받았습니다.

저자 전 한—바나흐Hahn-Banach 하고 토닉 주세요.

종업원 분리 가능한 것으로 드릴까요, 분리 불가능한 것으로 드릴까요?

저자 분리 가능한 것으로요. 책을 쓰는 동안에는 너무 많이 마시면 안 될

것 같아서요.

종업원 (수학을 보며) 어떤 걸로 주문하시겠어요?

수학 '범수학적 구강 파괴자Pan Mathematic Gargle Blaster'가 뭐죠?

종업원 최고 인기 음료예요. '범은하적 구강 파괴자Pan Galactic Gargle Blas-

ter,《은하수를 여행하는 히치하이커를 위한 안내서》에 나오는 전 은하계 대통령 자포드 비

블브락스가 발명한 폭탄주. 이 소설은 허무의 극치를 맛보고 싶은 '병맛' 블랙코미디 SF 소

설을 좋아하는 이에게 강력 추천하고 싶다—옮긴이 주'를 우리식으로 살짝 레시

피를 바꿔서 내놓은 음료죠.

수학 전 그걸로 주세요.

독자 저는 메뉴가 안 보이네요…. 추천해주실 수 있어요?

종업원 처음 오신 분께는 WKL_0를 추천해요. 도수가 좀 약하거든요.

독자 그게 뭔데요?

종업원 어려운 질문이네요. WKL_0가 뭔지는 사실 분명하지 않아요. 우리

음료들은 동형사상isomorphism의 기준에 맞춰서만 정의되거든요. 기

본적으로 이것이 무의 세계에서 유일한 법칙이죠.

독자 동형사상이 뭔데요?

종업원 일단 약자의 무의미한 변화를 의미해요. 두 가지가 겉으론 달라 보여도 모두 똑같은 행동을 하면 그 둘을 동형사상이라고 하죠. 만약 두 가지가 행동만 봐서는 구분이 불가능하다면, 무의 세계에서는 그 두 가지가 사실 똑같은 거예요. 그래서 우리는 둘을 다르게 취급해서는 안 돼요. 그것이 무의 세계 정책이죠.

독자 흠. 예를 하나 들어주실 수 있나요?

종업원 물론이죠, 그 사례로 이건 어때요?

독자 엥? 그게 무슨 사례예요? 당신은 그냥 '물론이죠, 그 사례로 이건 어때요?'라고 말했잖아요.

종업원 바로 그거예요! 모든 글자 위에 모자 표시를 했는데도 제 말을 알아들으셨군요. 위에다 모자 표시를 단 글자는 제가 지금 사용하는 글자와 동형사상이에요. 무의미한 기호를 달아놓은 것, 말하자면 약자를 바꿔놓았을 뿐이니까요. 동형사상인 것들이 사실 다른 게 아님을 깨닫고 나면 무의 세계가 훨씬 간결해지죠.

독자 아, 무슨 말인지 알 것 같아요. 두 문장이 동형사상이라는 말은 겉으로는 서로 다른 것을 말하듯 보여도 사실은 똑같은 이야기를 한다는 의미군요. 예를 들어서 로마숫자를 이용해서 산수를 하면 III+IV = VII이라고 쓸 수 있지만, 사실 이 문장은 3+4 = 7과 똑같은 말을 하는 것이고, 따라서 이 두 방식은 '동형사상'이 된다는 거죠?

종업원 바로 그렇습니다! 이해가 빠르시네요!

독자 정말요? 대개 이 개념을 설명하려면 시간이 더 걸리지 않나요? 아주 간단해 보이네요.

종업원 사실 무의 세계에서 보통 사용하는 설명은 제가 하는 것과 똑같지는 않습니다만, 동형사상의 무엇인가에 대한 다소 동형사상적인 설명이라고 보시면 돼요. 물론 사용하는 사투리에 따라 다르긴 하지만 우리는 이런 식으로 말하죠. S와 T를 두 집합이라 가정하고, 두 가지 이항연산binary operation ◯와 ◇가 각각 S와 T에서 정의되어 있다고 가정합니다. 그럼 S에서 T로 가는 가역사상invertible map ϕ가 존재해서 집합 S의 임의의 원소 a, b에 대해 $\phi(a \circ b) = \phi(a) \diamond \phi(b)$가 성립할 때 S와 T는 동형사상입니다. 이해되죠? 완전히 똑같은 개념이에요!

독자 전혀 똑같은 개념으로 보이지 않네요!

종업원 그래요? 똑같아 보이는데.

독자 글자 위에 모자를 씌웠을 때의 설명이 더 이해하기 쉬웠어요. 그럼 '동형사상'은 의미는 모두 똑같지만, 이해의 용이성이라는 측면에서는 같지 않을 수도 있다는 말인가요? 그럼 이해의 용이성은 무의미하다는 말이 되지 않나요?

종업원 질문에 각각 대답하자면, 그래요! 그리고 그렇지 않아요. 그럼 그렇게 주문 받을게요.

독자 잠깐만요. WKL$_0$라는 것에 대해 아직 설명하지 않았잖아요. 제가 뭘 마시는지는 알고 싶다고요.

종업원 그게 무엇인지에 대해서는 걱정할 필요 없어요. 중요하지 않으니까요. 저자가 마시는 것과 도수는 똑같아요. 그렇다면 무의 세계에서는 똑같은 술이에요. 요약하자면 새로 오신 손님도 괜찮을 거란 이야기죠.

(종업원이 미소 짓고는 자리를 뜬다.)

독자 내가 혼란스러운 건지 아닌지 나도 혼란스럽네.

스티븐 클린 안타까운 일이로군, 친구. 하지만 버바이스 바에서는 흔히들 느끼는 감정이지. 긍정적으로 보자고. 혼란스러운 건지 아닌지 결정할 때까지는 적어도 자기가 메타 혼란에 빠져 있다는 것을 절대적으로 확실하게 안다는 데서 위로를 얻을 수 있을 테니까.

독자 과연 그게 도움이 될지 안 될지…. 혼란스럽네요.

스티븐 클린 바로 그거야! 메타 혼란!

독자 ….

(종업원이 술을 잔에 담아서 돌아온다.)

독자 우와, 정말 빠르다!

저자 정말 그렇게 생각해?

독자 아…. 아닌 것 같군….

저자 그건 그렇고, 스티븐! 사업은 어때요?

스티븐 클린 아주 좋아. 셋은 어떻게 지냈나?

저자 발명하다가 막혀버렸어요.

스티븐 클린 아하! 도와줄까? 나 발명 좋아하는데.

독자 우리는 휘어진 사물의 면적을 구하는 법을 알아내려는 중이었어요.

스티븐 클린 그래서 어떻게 하고 있었는데?

저자 구하는 방법을 몰라요. 따라서 우리는 그것을 구하기 위해 어떤 걸 시도해야 하는지도 모르죠.

스티븐 클린 뒤에 나오는 말은 못 믿겠군.

독자 스티븐의 말이 맞아.

저자 음···. 그럼 우리가 뭘 시도해야 하는데?

스티븐 클린 예전에는 이 '휘어진 것'들을 어떻게 처리했어?

독자 (저자를 가리키며) 예전에는 이 친구가 무한 배율 확대경이 어떻게
도움이 되는지에 대해 계속해서 이것저것 떠들어댔어요.

저자 그랬죠. 하지만 곡선의 경사를 구하는 데만 썼지, 곡선의 면적을 구
하는 데 쓰지는 않았어요.

스티븐 클린 그럼 곡선의 경사는 어떻게 구했는데?

독자 곡선의 경사를 구할 때는 확대해 들어가서 그것이 마치 직선인 듯 취
급했어요.

저자 사기를 치는 기분은 들었지만, 효과는 있더군요.

스티븐 클린 좀 더 자세하게 말해주겠어?

독자 음···. 처음에 곡선의 경사에 대해 생각할 때는 그냥 편의를 위해서
휘어진 것을 어떤 기계의 그래프라고 생각한 다음, 다시 그 그래프를
확대해 들어간다고 상상했죠. 그리고 그렇게 일단 확대를 해놓은 뒤
에는 그냥 1장에서 내린 경사의 정의를 이용했어요.

스티븐 클린 아이디어가 하나 떠올랐어.

저자 정말이요? 뭔데요?

스티븐 클린 독자가 방금 말한 문장 두 개가 보여?

저자 네, 당신 아이디어가 뭔데요?

스티븐 클린 (1) '경사'를 '면적'이라는 단어로 바꿀 것. (2) 그리고 시도해
볼 것.

저자 우와···.

독자 우와···.

수학 우와···.

무한 배율 확대경의 귀환

저자 좋아. 그럼 우리에게 M이라는 기계가 있어.

독자 그렇지.

수학 무슨 기계인데요?

독자 아직은 결정하지 않는 게 좋아. 잠시 무슨 기계인가에 대해서는 불가 지론적인 입장으로 있자고.

저자 좋아. 그럼 그래프로 그렸을 때 휘어 보이는 기계가 있다고 치자. 스 티븐이 우리가 지난번에 했던 대로 해보라고 제안했잖아.

수학 이제 어떻게 할 건데요?

독자 확대해 들어갔다고 치면 모든 것이 직선처럼 보이겠지. 그럼 그 점에 서 곡선 아래 들어 있는 작은 영역을 그냥 직사각형같이 취급할 수 있을지 몰라.

수학 무슨 말인지 이해할 수 있게 그림을 그려줄래요?

저자 물론이지.

(독자가 그림 5-3을 그린다.)

저자 잠깐만. 네 그림을 보면 우리가 놓친 면적이 있잖아. 빈 삼각형 보여? 그 영역을 채워야 할 것 같은데? 그래야 정답이 나오지 않겠어?

수학 그건 어쩌면 문제가 안 될지도 몰라요….

(수학이 (해도 되고, 안 해도 되는(!))
((꽤) 장황한) 여담(비스무리한 것)을 시작한다.)

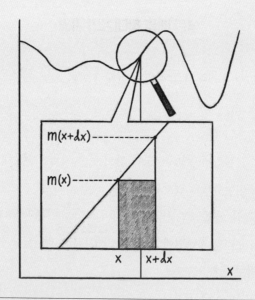

그림 5-3 우리의 무한 배율 확대경을 이용해서 곡선 아래 들어가 있는 면적을 계산하는 법을 생각해보자. 우리가 지금까지 생각해낸 것 중 가장 좋은 아이디어는 이렇다. 1단계: 곡선을 그린다. 2단계: 그 위에서 한곳을 골라 확대한다. 3단계: 곡선의 그 점 아래 들어가 있는 면적을 무한히 가는 직사각형의 면적으로 쓸 수 있기를 바란다. 그렇게 할 수만 있다면 각각의 작은 직사각형의 면적은 그냥 '높이 곱하기 폭' 또는 $m(x)dx$ 가 된다. 그럼 각각의 x마다 하나씩 있는 모든 작은 영역을 더하기만 하면 전체 면적을 구할 수 있다. 그럼 무한히 많은 무한히 작은 것을 더하는 법만 알아내면 모든 문제가 해결될 것으로 보인다!

수학 그러니까 이 무한히 작은 수들은 단계별로 어떤 층이 있는 것 같아요. 아니면 적어도 그런 식으로 행동을 해요. 그러니까 무슨 말이냐면 3과 99 같은 수는 어찌 보면 $7dx$나 $52ds$ 같은 수보다 '한 단계 위에' 있단 말이죠. 그리고 $6dxdy$나 $99dsdt$ 같은 수보다는 두 단계 위에 있고 말이죠. 여러 수준의 다양한 항이 함께 더해질 때는 어찌 보면 가장 높은 단계만 중요하게 작용하는 것 같아요. 그러니까 3은 $3+2ds$에 무한히 가깝기 때문에 우리가 $3+2dx$가 얼마나 큰 값인지를 물을 때는 3 말고 다른 답을 말할 수는 없다는 것이죠. 하지만 또 한편으로는 크기를 묻기 전까지는 낮은 단계들 역시 중요하다고 할 수 있어요. 낮은 단계들도 무시할 수가 없죠. 왜냐하면 어느 때든 우리가 수행하는 어떤 연산에 의해서 높은 단계의 항이 지워질 수 있으니까요. 당신이 내린 도함수의 정의에서도 이런 것을 봤어요. 'X로부터 최고 단계의 수를 빼고 거기서 나온 값을 dx로 나누는 것'을 나타내는 약자로 'X를 횡설수설하기'라는 용어를 사용할게요. 이제 $9+6dx+(dx)^2$이라는 수에게 얼마나 큰 값이냐고 묻는다면 9라고 대답할 거예요. 그리고 그냥 9라는 숫자에 크기를 물어보면 그때도 당연히 9라고 대답하겠죠. 따라서 낮은 단계의 수들을 처음부터 무시할 수 있을 것처럼 보이죠. 하지만 그럴 수가 없어요. 9라는 수와 $9+6dx+(dx)^2$이라는 수는 다른 행동 습성을 보이거든요. 이것을 가지고 서로를 '횡설수설'해보면 알 수 있어요. $9+6dx+(dx)^2$을 '횡설수설'하면 $6+dx$가 나와요. 이 수에게 크기가 얼마냐고 물어보면 6이라고 대답할 거예요. 하지만 9를 '횡설수설'해보면 $\frac{0}{dx}$이 나와요. 이건 그냥 0이죠. 따라서 무한히 작은 수의 경우는 낮은 단계도 무시할 수 없어요. 하지만 우리가 그 수에게 얼마나 큰 값이냐고 묻는 순간 가장 높은 단계만 의미가 있게 되죠.

(수학의 여담(비스무리한 것)이 끝난다.)

스티븐 클린 이걸 대체 어떻게 생각해야 할지 모르겠네.

독자 나도요.

저자 이게 빈 삼각형을 무시하는 거랑 무슨 상관이 있다는 거야?

수학 아, 맞다. 다시 그림 5-3으로 돌아가보죠. 각각의 점 x 밑에 있는 키 크고 가는 직사각형의 면적은 $m(x)dx$예요. 그리고 놓쳐버린 삼각형의 면적은 $\frac{1}{2} \cdot dxdM$이 되겠죠. 한 단계 더 낮아요. 따라서 이것은 무시할 수 있어요. 우리는 면적들을 모두 더하고만 있지 절대로 '횡설수설'하지는 않으니까요.

독자 이거 왠지 점점 무서워지는데.

저자 그러게. 수학이 방금 무슨 말을 한 건지 도대체 모르겠어.

스티븐클린 왜 계속해서 '횡설수설'이라고 말하는 거지?

수학 죄송해요….

저자 내 생각에는 무한히 작은 직사각형이 아니라 정상적인 직사각형에 대해 생각해도 될 것 같아. 그렇게 한 다음 그 직사각형들을 점점 더 작게 만드는 거지.

수학 어떻게요?

저자 이렇게.

(저자가 그림 5-4를 그리고 캡션에서 모든 것을 이어서 이야기한다.)

수학 우리 아직 듣고 있어요.*

(저자가 캡션에서 돌아온다,

수학이 각주에서 돌아온다,

독자는 캡션과 각주를 모두 들렀다가 돌아오는 것 같다.

해설자가 모두 돌아왔는지 확인하기 위해 자기 주석을 확인해본다.

———

* **독자** 듣다니? 뭘 들어? **수학** 아하, 듣는다고 하니 혼란스러울 수도 있겠네요. 가서 그림 5-4 아래 나온 캡션을 읽어보세요. 전 여기서 기다리고 있을게요.

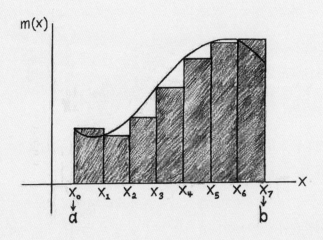

그림 5-4 **저자** 우와, 이 안에 들어오니까 생각보다 더 비좁고 답답하네. 어쨌거나 우리는 $x = a$와 $x = b$ 두 점 사이의 휘어진 곡선 아래 있는 면적을 구하려 하고 있어. 무한히 가는 직사각형에 대해 생각하는 것이 너무 이상하다 싶으면 그냥 유한한 수의 직사각형을 이용해서 상상할 수도 있겠지. 여기 나온 그림처럼 말이야. $x = a$와 $x = b$ 사이에서 여러 개의 점을 고른다고 상상해봐. 그리고 그 점들에 각각 이름을 붙여주자고. $x_1, x_2 \cdots x_n$, 이렇게. 그럼 편의를 위해서 $a \equiv x_0$과 $b \equiv x_{n+1}$이라고 약자를 고쳐 쓸 수 있을 것 같아. 각각의 점 x_i에서 이 기계의 그래프 $m(x_i)$의 높이는 우리 직사각형들 중 하나의 높이가 될 거야. 이것으로 높이가 결정돼. 각각의 직사각형의 폭은 그림에서 보듯이 한 점과 그다음 점 사이의 거리가 되겠지. 각각의 직사각형의 폭은 $\Delta x_i \equiv x_{i+1} - x_i$라는 작은 값이 되고. 따라서 각각의 직사각형의 면적은 '높이 곱하기 폭', 즉 $m(x_i)\Delta x_i$가 되는 거지. 그런 다음 이 직사각형들의 면적을 모두 더하면 정확한 답은 아니지만 그래도 정답에 가까운 답을 얻게 될 거야. 그리고 직사각형의 수를 점점 더 늘려서 가늘게 만들면 실제 면적에 점점 더 가까워질 거야. 그럼 쉽네. 그러니까…. 상상하기가 쉽다는 말이지. 이것을 실행에 옮기려면 아주 고통스러울 것 같으니 정말로 해보지는 말자…. 우와 캡션 안에 들어온 지도 꽤 됐다. 아무래도 나가서 모두들 내 말을 아직 듣고 있는지 확인해보는 것이 좋겠어.

…

이런, 이제 보니 스티븐은 종업원과 함께

…어디론가 사라졌다.)

수학 (저자를 바라보며) 당신이 캡션 안에서 한 말이 거의 정답에 가깝다

고 생각해요. 그렇게 생각해도 될 것 같네요.

독자 내가 캡션의 내용을 제대로 이해했는지 확인해보자고. 그러니까 곡

선 아래쪽 면적이 정확하지는 않아도 거의 비슷하다 이거지? 이거
하고….

$$\sum_{i=1}^{n} (\text{직사각형의 면적}) \equiv \sum_{i=1}^{n} (\text{높이}_i)(\text{폭}_i) \equiv \sum_{i=1}^{n} m(x_i)\Delta x_i$$

저자 이야, 내가 말로 푼 것보다 이것이 훨씬 간결하네. 어쨌거나 맞는 말
이야. 아주 정확해. 내가 하려던 말이 바로 이거야.

독자 우리가 꼭 직사각형으로 이 짓을 해야 돼? 캡션에서 설명한 그거….

저자 아, 그건 아니야. 적어도 나는 그런 짓 안 해. 그러니까 내 말은…. 그
것보다는 무한히 작은 직사각형에 대한 아이디어가 더 낫다는 거지.
하지만 아직은 실제로 사용하는 법을 모르잖아. 그걸로 아무것도 계
산할 수 없으니까. 캡션에서 설명한 아이디어는 우리가 실제로 그렇
게 해야 한다는 이야기는 아니었어. 하지만 적어도 그렇게 하면 구체
적인 값을 계산할 수는 있다는 거지. 해보고 싶다면 말이야. 그리고
직사각형의 숫자를 늘릴수록 우리는 수학이 말하는 정확한 답에 점
점 더 가까워질 거야.

수학 제가 생각하는 방식이 더 나은 것 같은데요?

저자 내 생각도 그래. 난 이 문제는 포기할 마음의 준비가 되어 있어.

수학 저도 그래요.

독자 오호, 그럼 포기해버리자고! 우리 몰리에르식 잔머리를 다시 끌어다
쓸 수 있을까?

저자 물론이지! 그러니까 내 말은…. 예전에 우리가 무언가를 포기하기로
결정할 때마다 우리가 항상 했던 일이 그거라는 말이야. 아직은 정답
을 계산하는 법을 모른다 해도, 거기에 이름을 붙여서 해로울 것은

없다, 뭐 이런 거지. 그래도 붙일 이름이 그것이 뭔지 떠오르게 하는 것이어야 한다는 걸 명심하자고.

독자 좋아. 우리가 아까 근사치 정답을 이렇게 적었지.

$$\sum_{i=1}^{n} m(x_i)\Delta x_i$$

그럼 이것을 이용해서 정답의 약자를 만들어보자. 앞에서 그렇게 말했지? 수학 교과서에서는 '두 점 사이에서 거시기의 차이'의 약자로 'Δ(거시기)'를 쓰는데 그 이유는 Δ가 그리스어의 대문자 d이기 때문이라고. d가 차이difference를 의미한다고 했던가? 아니면 거리 distance였나? 우리가 그 부분은 결정하지 않았던 거 같네.

저자 그런 것 같군.

독자 어쨌거나 그 때문에 우리가 미적분학을 발명할 때는 차이에 대해 이야기할 수 있는 또 다른 방법이 필요했어. 하지만 이번에는 무한히 작은 차이였지. 그래서 우리는 그냥 그리스어 알파벳 Δ를 라틴어 알파벳 d로 바꿨어. 따라서 dx나 dt, 또는 d(거시기)는 모두 서로 무한히 가까운 두 점 사이에서 어떤 양의 차이를 의미하는 거야. 이렇게 해놓으니까 새로운 개념이 낡은 개념처럼 보이네.

수학 그게 어떻게 우리한테 도움이 된다는 거죠?

독자 우리 포기하기로 했잖아. 기억나? 그래서 우리는 몰리에르식 잔머리를 굴려서 알아내지 못한 것에 붙여줄 좋은 이름을 생각해내려 하고 있지.

수학 아, 맞다. 깜박했네요. 그래서 이름을 뭐라고 지으려고요?

독자 내가 저기 위에 근사치 정답을 적어놨어. 저자가 캡션 안에서 기술했던 그 근사치야. 그럼 그 약자를 가져다가 Δ를 d로 바꿔놓자고. 우리의 직사각형들은 무한히 가느니까. 그럼 아래와 같이 되겠네.

$$\sum_{i=1}^{n} m(x_i)dx_i$$

하지만 내 생각에는 이게 실제로는 아무런 의미도 없을 것 같아. 그냥 하나씩 차례로 약자만 바꾸고 있잖아.

저자 좋았어! 정답 속에는 모든 점 x에 대해 무한히 많은 직사각형이 들어 있을 테니까 x_i라는 표기법은 더 이상 의미가 없어. 이 i는 직사각형의 개수를 세는 것인데 선 위의 모든 점마다 직사각형이 하나씩 존재한다면 셀 수 없잖아. 그럼 i들에 대해서는 잊어버리자. 그리고 '$i = 1$'과 'n'이라는 조각도 더 이상은 필요하지 않아. 이것들은 우리가 어디서 시작하고 끝나는지 상기시켜주기 위해 있었던 거잖아. 이제는 그냥 뒤로 돌아가서 그것을 다시 a와 b로 불러도 되겠어. 그럼 이제 우리의 약자를 이렇게 적을 수 있을 것 같군.

$$\sum_{a}^{b} m(x)dx$$

이제 그냥 여기까지만 하고….

수학 아이고, 드디어! 언제 끝나나 기다리고 있었어요. 이제 제가 변화를 줄 차례네요.

저자 흠, 이제 바꿀 만한 게 별로 없는데. 기본적으로 다 끝난….

수학 저자, 우린 세 명이잖아요. 독자는 그리스어 알파벳 d를 라틴어 d로 바꿨고, 당신은 아래 첨자를 없앴죠. 그러니까 저도 뭔가를 바꿔야

공평하죠. 공평하다는 것은 불변성invariance을 말해요. 당신 불변성 좋아하잖아요.

저자 (마지못해서) …뭐, 그렇긴 하지.

수학 좋습니다! 저도 독자가 한 대로 따라갈까 해요. Σ는 그리스어 알파벳 S죠. 이것은 '합sum'을 의미해요. 지금 우리는 약자를 유한한 것에서 무한한 것으로 옮기고 있으니까 앞에서 그랬던 것처럼 그리스어 알파벳을 거기에 해당하는 라틴어 알파벳으로 바꾸자고요. 이렇게요.

$$\int_a^b m(x)dx$$

독자 이게 뭐야?!

저자 그러게…. 음…. 수학아, S 모양이 좀 이상한데?

수학 이봐요, 당신들처럼 손가락이 잔뜩 달린 영장류에게는 펜을 잡고 글씨를 쓰는 게 식은 죽 먹기겠지만, 저는 사실 물리적인 존재가 아니잖아요. 글씨 쓴다는 게 쉬운 일이 아니라고요.

저자 그건 이해하겠는데, 이거 좀 웃기게 생겼잖아. 좋아. 어쨌든 그렇게 쓰기로 하자고.

수학 그럼 이건 무엇을 상징하나요?

독자 이름을 아주 신중하게 지었으니까 그 의미도 아마 알아낼 수 있겠지. 저 S 비슷하게 생긴 것은 '합'을 떠올리게 하네. 이제는 그리스어 알파벳 대신 라틴어 알파벳을 쓰고 있고. 그리고 $m(x)$는 높이야. 그리고 dx는 무한히 작은 폭을 말하고. 따라서 전체적으로 보면 이것은 무한히 많은 여러 가지를 합한 것을 상징하고, 합해지는 그 각각의 것들은 무한히 가는 직사각형의 면적이야. 아, 그리고 a와 b는 어디서 시작하고 멈춰야 하는지 알려주고.

저자 훌륭해! 아주 성공적으로 몰리에르식 잔머리를 굴렸네!

독자 그럼 결국 성공했군…. 그런데 뭘 성공한 거지? 결국은 약자 만든 거
말고는 아무것도 한 일이 없는데?

저자 뭐, 그렇긴 하지. 하지만 그래도 이런 식으로 적을 수는 있잖아.

$$(x = a \text{ 와 } x = b \text{ 사이에서 } m \text{의 그래프 아래 영역의 면적})$$
$$\equiv \int_a^b m(x)dx$$

하지만 네 말이 맞기는 해. 우린 아직 이것을 계산하는 법을 몰라. 따
라서 실제로는 아직 아무것도 한 게 없지.

독자 뭐야? 지금까지 그렇게 머리를 굴리고도 여태 문제의 해법에 전혀
다가가지 못했다는 소리야?

스티븐 클린 바로 그거야!

(모두들 스티븐을 바라본다.)

저자 (스티븐을 바라보며) 그동안 우리가 하는 말을 듣고 있지 않았잖
아요?

스티븐 클린 안 듣고 있었지. 그냥 '바로 그거야!'라고 말하기 좋은 시점 같
아 보여서. 수학의 집에 돌아갔었어. 메타….

저자 잠깐만요. 종업원하고 같이 있는 줄 알았는데요?

스티븐 클린 아니야. 그냥 네가 그렇게 써놓은 거지.

저자 내가요? 그렇게 쓴 기억이 없….

스티븐 클린 어쨌거나 이 말 하려던 참이었어. 메타수학이 도움이 필요하다
고 해서, 그래서 돌아갔지.

수학 어떤 도움이요?

스티븐 클린 보여주지.

(스티븐이 코트에서 작은 장치를 꺼내서 거기에 대고 말한다.)

스티븐 클린 메타…? 좋아. 우린 준비됐으니까 네가 준비되면 시작해.

막간 밖 막간: 존재의 딜레마

('다음과 같이 가정하면…'이라는 말 뒤로
뭐라 뭐라 알아들을 수 없는 말이 흘러나오더니
갑자기 우리의 등장인물들이 모두 수학의 집으로 돌아와 있다.)

스티븐 클린 메타수학이 토대의 검토를 마무리했어…. 아니 토대들이라고
해야 하나? 어느 쪽인지 기억이 아예 안 나네. 하여간 영어의 복수형
은 까다롭다니까.

수학 그래서 어떻게 됐는데요?

스티븐 클린 네 집이 가라앉는 중이야….

수학 제 집이 가라앉고 있다고요?

스티븐 클린 맞아. 유감이지만 자연이 옳았어. 토대는 몸을 가진 실체를 위
해 만들어진 것이 아니야. 음, 몸을 가진 것은 아닐지 몰라도…. 하여

간 실체를 위한 건 아니야. 너희들도 예전에 이런 이야기했었지?

수학 그런 것 같아요.

스티븐 클린 너는 지금 존재하잖아! 나는 네 존재가 확장된 것을 보고 깜짝 놀랐어. 너는 지금 무의 세계와의 부조화가 아주 심각해진 상황이야. 그리고 시간이 흐를수록 부조화는 더 악화될 뿐이라고. 무의 세계는 실체를 위한 곳이 아니거든.

수학 아….

저자 잠깐만요. 그럼 당신은요? 당신도 무의 세계에 살잖아요?

스티븐 클린 그렇지.

저자 그런데 왜 당신은 똑같은 문제가 생기지 않는 거죠?

스티븐 클린 부정 논법modus tollens이지, 친구.

저자 네?

스티븐 클린 내가 존재한다고 네가 가정한 거라고. 너의 전제를 검토해봐.

저자 뭐라고요???

독자 뭐라고요???

수학 뭐라고요???

메타수학 ….

저자 존재하지 않는다면 어떻게 여기 있는 거죠?

스티븐 클린 무의 세계는 존재하지 않는 모든 것의 집이야. 물론 지금 당장은 존재하는 것을 위한 집이기도 하지만….

저자 그건 어떤 포어셰도잉foreshadowing, 전조처럼 들렸어요.

스티븐 클린 그건 메타포어셰도잉metaforeshadowing, 메타 전조처럼 들렸지.

저자 전조의 전조 같은 것 말인가요? 그런 의미로 한 말이 아니었는데….

스티븐 클린 아니아니, 메타포어─셰도잉metaphor shadowing, 그림자 드리우기 즉,

은유이라고. 메타-포어셰도잉meta-foreshadowing이 아니라. 신경 쓸 거 없어.

(특이한 메타 침묵이 흐른다.)

스티븐 클린 (저자와 독자를 보며) 수학이 최대한 빨리 여기서 나가 새집을 구할 수 있도록 두 사람이 어떻게든 도와야 해. 수학이 취한 새로운 형태에 맞는 적절한 집으로. 수학은 이제 자기가 속할 어딘가가 필요해.

저자 물론이죠. 우린 가능한 모든 것을 할 거예요.

스티븐 클린 아주 좋아. 그런 의미에서, 메타수학과 나는 이제 가보려고 해. 세 사람? 모두 행운을 빌어.

저자 나중에 또 봬요!

독자 잘 가요, 스티븐!

수학 자연한테 제 안부 좀 전해주세요!

저자 좋아. 이제 다음 장으로 넘어갈 시간이군. 가자고!

(아무 일도 일어나지 않는다….
마치 이 장면이 이미 예약되어 있었다는 듯….)

BURN MATH CLASS
수학하지 않는 수학

3막

CHAPTER

06

하나 속 둘

6.1. 둘은 하나다

6.1.1. 또 다른 약자가 다시 개념이 되다

막간 5에서 우리는 휘어진 것의 면적을 구하는 문제에 대해 논의했다. 우리는 결국 포기해야 했지만 그래도 한 가지 작은 통찰을 얻었다. 임의의 지점 x에서 한 기계의 그래프를 확대해 들어가면 그 점 밑에 있는 작은 영역을 높이가 $m(x)$이고 폭이 dx인 무한히 가는 직사각형으로 생각할 수 있다는 것이다. 그럼 임의의 점 x에서 한 기계의 그래프 밑에 숨어 있는 영역의 면적은 그냥 $m(x)dx$가 된다. 하지만 만약 우리가 어떻게든 모든 점 x 이를테면 $x = \mathrm{a}$에서 $x = b$ 사이에 있는 모든 점의 아래에 있는 무한히 작은 직사각형들의 면적을 전부 더할 수만 있다면 m의 그래프 아래 총면적을 구할 수 있을 것이다.

실제로 어떻게 해야 할지는 아직 모른다. 하지만 우리는 이 개념을 요약하는 훌륭한 약자를 만들어냈다. 바로 $\int_a^b m(x)dx$다. 이 약자는 휘어진 영역의 면적은 무한히 많은 무한히 가는 직사각형의 면적 그래서 $m(x)dx$ 을 모두 합한 것 그래서 합 sum 을 의미하는 S 비슷한 기호으로 생각할 수 있다는 사실을 반영한다. 하지만 이것은 알 수 없는 정답을 대신해서 표기하는 약자일 뿐이다. 이것만으로는 휘어진 영역의 면적을 실제로 계산해내는 법을 알 수 없다.

모두들 여기서 한동안 막혀 있을 가능성이 크다. 하지만 우리의 새로운 약자에 들어 있는 dx는 무언가 시사하는 바가 있다. 우리는 이 기호가 도함수의 분모에 자리 잡은 모습을 전에 본 적 있다. 어쩌면 예전의 도함수 개념을 쓰면 새로운 개념을 이해하는 데 도움이 될지도 모르겠다.

도함수 역시 기계다. 예를 들어 $f(s) \equiv s^2$의 도함수는 $f'(\mathrm{s}) \equiv 2S$이고,

이 $2s$는 x^2과 마찬가지로 하나의 기계다. 그럼 우리의 우스꽝스런 기호 안에 들어 있는 $m(x)$가 실제로 어떤 다른 기계 $M(x)$의 도함수라고 가정해 보자. 그럼 다음과 같이 적을 수 있다.

$$m(x) = \frac{dM}{dx}$$

방정식 6-1

m을 이런 식으로 생각하면 _{알 수 없는} 휘어진 영역의 면적을 나타내는 우리의 약자를 다음과 같이 잔머리를 굴려 고쳐 쓸 수 있다.

$$\int_a^b m(x)dx \overset{(6\text{-}1)}{=} \int_a^b \left(\frac{dM}{dx}\right)dx = \int_a^b dM$$

방정식 6-2

dM이라는 기호는 그저 $M(x+dx)-M(x)$, 즉, 서로 무한히 가까운 두 점 사이의 작은 높이 변화를 의미하는 약자다. 따라서 $\int_a^b dM$이라는 기호의 의미는 다음과 같다. '$x=a$부터 $x=b$까지 걸어가면서 그동안에 당신이 경험하는 높이의 작은 변화들을 모두 더하라.'

이제 $\int_a^b dM$이라는 기호는 'a와 b 사이에서 나타나는 작은 높이의 변화를 모두 더했을 때 나오는 값'을 나타내므로, 이것은 그냥 a와 b 사이에서 나타난 높이 변화의 총량을 의미한다. 즉, M(끝점)$-M$(시작점) 또는 같은 말로 $M(b)-M(a)$가 되는 것이다. 분명하게 이해되지 않으면 그림 6-1을 참고하자. 좋다. 이 사실을 이용하면 위의 방정식을 한 단계 확장할 수 있다. 그리고 요점을 다음과 같이 표현할 수 있다.

$$\int_a^b \left(\frac{dM}{dx}\right)dx = M(b) - M(a)$$

방정식 6-3

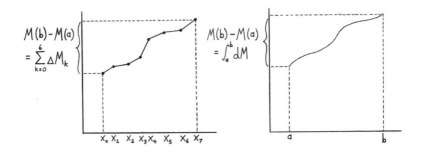

그림 6-1 $\int_a^b dM = M(b) - M(a)$인 이유를 시각화해서 알아보자. 왼쪽 그림은 그래프가 유한한 개수의 직선으로 이루어진 기계의 개념을 보여주고 있다. a와 b 사이의 총 높이 변화는 두 가지 방식으로 생각해볼 수 있다. 한편으로 보면 높이 변화는 M(끝점)$-M$(시작점)(즉, 오른쪽 그림에서는 $M(b)-M(a)$, 왼쪽 그림에서는 $M(x_7)-M(x_0)$이라 생각할 수 있다). 다른 한편으로 보면 총 높이 변화는 그냥 기계의 그래프를 따라 가는 동안 한 걸음씩 옮길 때마다 경험하는 작은 높이의 변화를 모두 합한 값이라 생각할 수도 있다. 이 작은 변화 각각을 $\Delta M_k \equiv M(x_{k+1})-M(x_k)$의 형태로 적을 수 있다. 진짜 곡선으로 이루어진 오른쪽 사례에서도 똑같은 개념을 적용할 수 있지만, 여기서는 무한히 작은 걸음으로 무한히 많이 걸어야 하고, 각각의 걸음마다 dM만큼 무한히 작은 높이 변화가 일어난다. 이 모든 무한히 작은 높이 변화의 합(즉, dM)은 그냥 높이의 총 변화(즉, $M(b)-M(a)$)와 같다.

그럼 이제 다시 막혀… 잠깐만. 이러면 문제가 다 풀린 거 아냐?

6.1.2. 미적분학의 근본 망치

그럴 수가…. 이것이 사실일 리 없다. 너무 간단하지 않은가. 이 말대로면, 우리가 적은 새로운 기호가 곡선 밑에 들어가 있는 영역의 면적을 나타내는 의미 없는 약자인 줄만 알았는데 알고 보니 우리가 앞에서 발명했던 도함수 개념의 정반대 비스름한 것이라는 뜻이다. 즉, M에서 시작해서 그 도함수를 구한 다음, 거기에 '내 밑에 있는 영역의 면적' 연산을 적용하면 M과 관련된 무언가가 나온다는 소리다. 방정식 6-3은 우리가 지금까지 발명한 두 가지 주요 미적분학 개념을 서로 연관시키는 문장이다. 즉, 곡선의 경사 계산미분과 곡선의 면적 계산수학 교과서에서는 '적분integration'이라고 한다을 연관시켜준다. 이것이 두 가지 주요 개념을 한데 묶어주니 이것을 **미적**

분학의 근본 망치fundamental hammer라고 부르자. 이제 방정식 6-3을 이렇게 다시 표현할 수 있다.

$$\int_a^b m(x)dx = M(b) - M(a)$$

방정식 6-4

여기서 M은 그 도함수가 m인 임의의 기계를 말한다. 따라서 이 방정식이 의미하는 바는 만약 두 점 $x = a$와 $x = b$ 사이에서 곡선 m 아래 영역의 면적을 구하고 싶다면 m의 '역도함수anti-derivative', 즉, 도함수를 구했을 때 원래의 기계 m이 나오는 기계 M만 생각해내면 된다는 이야기다. 어떻게든 이것만 할 수 있다면 m 아래 영역의 면적은 그냥 $M(b)-M(a)$가 된다. 따라서 주어진 기계에서 역도함수만 끌어낼 수 있다면 계산이 불가능해 보이던 면적 구하기가 아주 간단한 일이 된다! 일단 m의 역도함수로 무장하고 나면 빼기만 이용해서 곡선의 면적을 구할 수 있다.

항상 그랬듯이 어떤 결과가 나올지 이미 잘 아는 몇 가지 간단한 사례에서 우리의 개념을 점검해보는 것이 좋다. 이런 간단한 사례에서 오답이 나온다면 우리의 새로운 개념은 틀린 게 되니, 처음부터 다시 시작해야 할 것이다. 하지만 위에 나온 미친 논증이 정말로 옳다면 우리는 한 개념의 값만 치르고도 두 가지 개념을 얻게 된다는 의미다. 즉 곡선의 면적을 계산한다는 개념은 그저 곡선의 기울기를 계산하는 도함수의 개념을 거꾸로 뒤집은 것일 뿐이라는 뜻이 되니까 말이다. 그럼 우리의 새로운 개념을 현장 검증해보자.

6.2. 근본 망치의 현장 검증

6.2.1. 상수에 근본 망치질하기

우리는 직사각형의 면적을 구하는 법을 알고 있으니까 상수 기계 $m(x)$ ≡ #의 그래프에서 이 개념을 점검해보자. 이 기계는 그냥 높이가 #인 수평선이다. $x = a$와 $x = b$ 두 점 사이에서 이 기계의 그래프는 높이가 #, 폭이 $b-a$인 직사각형이기 때문에 면적은 #·$(b-a)$다. 이제 만약 역도함수에 대한 우리의 개념들이 모두 제대로 된 것이라면 다음의 식이 성립해야 한다.

$$\int_a^b m(x)dx = M(b) - M(a)$$

방정식 6-5

여기서 $m(x)$ ≡ #이고 $M(x)$는 $m(x)$의 '역도함수'다. 즉, $M(x)$는 도함수를 구했을 때 $m(x)$가 나오는, 즉 $M'(x) = m(x) = $ #인 임의의 기계다. 우리는 역도함수 구하는 방법을 전혀 모르기 때문에 그저 익숙한 도함수들을 낙관적인 희망을 가미해서 이용하는 수밖에 없다. 그냥 기계 $m(x)$ ≡ #를 물끄러미 바라보며 어떤 기계의 도함수가 이렇게 나올까 생각해보자. 다행히도 이 경우에는 그 기계를 생각해내기가 어렵지 않다. $(#x)' = $ #라는 것을 알기 때문이다. 그럼 $M(x) = $ #x라는 바를 알 수 있고, 이것을 잘 이용하면 우리의 개념이 제대로 방향을 잡고 있는지 확인 가능하다.

임의의 두 점 $x = a$와 $x = b$ 사이에서 수평선 $m(x)$ ≡ #의 그래프 아래 있는 영역의 면적은 #·$(b-a)$가 되어야 한다. 그냥 직사각형이기 때문이다. 따라서 이 특정 사례에서 우리의 이상한 새 기호 $\int_a^b m(x)\,dx$

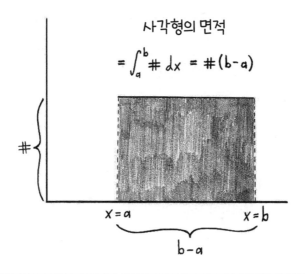

사각형의 면적

$$= \int_a^b \# \, dx = \#(b-a)$$

#

$x = a$　　　　　$x = b$

$b - a$

그림 6-2 직사각형의 면적은 미적분학이 없어도 계산할 수 있다. 이 사실을 이용하면 근본 망치 개념을 간단하게 검증할 수 있다. 이 경우 근본 망치가 우리가 예상했던 내용을 그대로 재현해준다. 즉, $\int_a^b \# dx = \#\cdot(b-a)$다.

는 $\#\cdot(b-a)$라는 값을 지칭한다. 이 새로운 기호가 정말로 그냥 역도함수의 값의 차이에 지나지 않는지 아직은 확실히 알지 못하지만 이제 이것을 검증할 수 있게 됐다. $M(x) = \#x$라는 것을 찾아냈기 때문에 $M(b) - M(a) = \#b - \#a$라는 것을 알 수 있다. 그런데 가만 보니 이것은 그저 $\#\cdot(b-a)$를 달리 표현했을 뿐이다.

　만세! 양쪽 방식에서 모두 똑같은 답이 나왔다. 우리가 방정식 6-5를 전혀 이용하지 않았다는 사실을 명심하자. 좋은 일이다. 아직은 그 방정식이 참이라고 가정하고 싶지 않다. 그 대신 우리는 방정식의 양변을 서로 다른 방식으로 계산한 다음, 이 간단한 사례에서는 방정식 6-5가 참임을 입증해 보였다. 그럼 계속 앞으로 나가자.

6.2.2. 직선에 근본 망치질하기

그럼 직선에서는 어떨까? 1장에서 $m(x) \equiv cx + b$ 같은 기계의 그래프는 직선이라는 것을 발견했다. 간단한 사례로 $\int_0^b cx\,dx$를 살펴보자. 이것은 $x = 0$과 $x = b$ 사이에서 $m(x) \equiv cx$ 아래 영역의 면적을 가리킨다. 다행히도 이것은 그냥 폭이 b고 높이가 cb인 직각삼각형이다. 이런 삼각형 두 개가 있으면 면적이 $(b)(cb) = cb^2$인 직사각형을 하나 만들 수 있으므로 이 삼각형의 면적은 그냥 $\frac{1}{2}cb^2$이다. 그럼 미적분학을 쓰지 않아도 다음과 같은 사실을 알 수 있다.

$$\int_0^b cx\,dx = \frac{1}{2}cb^2$$

여기서 우리는 그 어떤 미적분학도 사용하지 않았다. $\int$ 기호는 그냥 면적을 나타내는 약자고, 우리는 이미 그 면적을 계산하는 법을 안다. 이제 우리

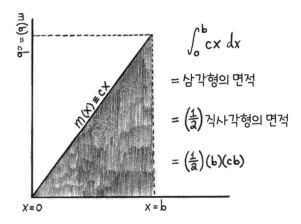

그림 6-3 $\int_0^b cx\,dx = \frac{1}{2}cb^2$인 이유를 보여주는 그림. 이렇게 하면 또 다른 간단한 사례를 검토해서 근본 망치가 제대로 작동하는지 확인할 수 있다. 이번 경우 우리는 근본 망치를 사용하지 않고도 이미 면적을 계산하는 법을 안다.

는 이 수식이 우리가 이미 아는 내용을 재현하는지 확인해서 다시 근본 망
치를 검증할 수 있다. 도함수를 구하면 cx가 나오는 기계를 생각할 수 있을
까? cx^2은 어떨까? 시도해보자.

cx^2를 미분하면 $2cx$가 나온다. 앞에 우리가 원하지 않는 2가 더 달라붙
어 있다. 따라서 원래 추측했던 것에 $\frac{1}{2}$을 곱해서 다시 시도하자. $\frac{1}{2}cx^2$을
미분하면 cx가 나온다. 우리가 원했던 것이다. 이제 이걸 이용해서 우리의
개념을 다시 확인해볼 수 있다. $m(x) \equiv cx$에서 시작해서 우리는 방금 이
기계의 역도함수가 $M(x) = \frac{1}{2}cx^2$이라는 것을 알아냈다. 따라서 다음의
식이 성립한다.

$$M(b) - M(0) = \frac{1}{2}cb^2 - \frac{1}{2}c0^2 = \frac{1}{2}cb^2$$

완벽하다. 우리는 삼각형의 면적에 대해 생각해서 $\int_0^b cx\,dx$가 $\frac{1}{2}cb^2$
이라는 것을 알아냈다. 그리고 그다음에는 cx의 역도함수를 생각해서
$M(b)-M(0) = \frac{1}{2}cb^2$이라는 것을 끌어냈다. 근본 망치의 양변이 우리가
바랐던 대로 잘 맞아떨어졌다. 다시 한 번 강조하지만 이 시점에서는 근본
망치를 이용하지 않았다. 근본 망치방정식 6-5의 양변을 다른 방식으로 계산
해서 양쪽이 같다는 것을 입증함으로써 망치를 검증하는 중이다. 이렇게
하고 나니 우리가 근본 망치를 유도하기 위해 사용했던 추론 과정이 정말
로 방향을 제대로 잡고 있었다는 자신감이 커진다.

6.2.3. 한 가지 걱정거리

도함수를 구할 때 상수는 지워진다는 것을 우리는 이미 알고 있다. 따라
서 어떤 기계 m에 역도함수가 하나라도 존재한다면 역도함수가 필연적

으로 무한 개 존재해야 한다. 왜 그럴까? $\frac{d}{dx}[M(x)] = m(x)$라면, 임의의 숫자 #에 대해 $\frac{d}{dx}[M(x)+\#] = m(x)$이기도 하기 때문이다. 따라서 여기에 대입 가능한 각각의 수 #에 대해 똑같이 정당한 m의 '역도함수', 즉, $M(x)+\#$가 나온다. 언뜻 걱정스러워 보인다. 우리의 근본 망치로 면적을 계산하려면 역도함수를 찾아야만 한다. 그리고 면적은 구체적인 값이다. 따라서 직관적으로 생각하기에 면적을 구할 때는 정답이 딱 하나만 존재해야 할 것 같다. 하지만 한 기계 m의 서로 다른 역도함수가 무한히 많이 존재한다면 그 역도함수들이 모두 똑같은 면적을 답으로 내놓아야 할 것이다. 그렇지 않으면 근본 망치가 붕괴되어버리기 때문이다. 우리의 망치가 언제나 제대로 작동할지 아직은 확신하지 못하지만, 적어도 위에 나온 걱정스러운 사례가 사실은 전혀 우려할 필요 없는 것임을 알 수 있다. 근본 망치의 작동 방식을 보면 두 값의 차이 즉, $M(b)-M(a)$를 이용해 면적을 계산한다. 따라서 $W(x) \equiv M(x)+\#$의 형태로 어떤 역도함수를 구하든 면적은 똑같은 값이 나온다. $W(b)-W(a) = [M(b)+\#]-[M(a)+\#]$ $= M(b)-M(a)$이기 때문이다. 이제 걱정은 접어두고 앞으로 계속 나가보자.

6.2.4. 전속력으로 전진! 근본 망치 사용하기

우리가 지금까지 무엇을 했을까? 우선, 논증을 통해 미적분학의 근본 망치를 발견했다.

$$\int_a^b m(x)\,dx = M(b) - M(a) \qquad \text{방정식 6-6}$$

하지만 우리가 유도한 내용을 정말로 신뢰할 수 있을지 아직 확신이 서지 않았다. 그래서 우리가 답을 아는 몇몇 간단한 사례에서 검증해보았다. 그리고 현재까지는 모든 사례에서 올바르게 작동했기 때문에 조금 더 자신 감을 얻었다. 우리가 답을 모르는 상황에서는 어떤 결과가 나올지도 확인해보자.

6.2.5. 익숙하지 않은 사례

예전처럼 기계 $m(x) \equiv x^2$을 간단한 검증용 사례로 써보자. 이번에는 $x = 0$에서 $x = 3$ 사이의 영역을 물었을 때 근본 망치가 어떤 답을 내놓는지 살펴보자.

$$\int_0^3 x^2 \, dx = M(3) - M(0)$$

여기서 $M(x)$는 도함수를 구하면 x^2이 나오는 어떤 기계를 말한다. 그런 기계를 생각해볼 수 있을까? 도함수를 구하면 제곱지수가 1 줄어들기 때문에 $\#x^3$의 형태를 살펴보는 것이 좋을 듯싶다. 도함수를 구해서 제곱지수를 내렸을 때 x^2이 나와야 하기 때문에 $(\#x^3)' = 3\#x^2 = x^2$이 참이 되어야 한다. 따라서 $\#$는 $\frac{1}{3}$이어야 함을 알 수 있다. 따라서 $M(x) = \frac{1}{3}x^3$이 x^2의 역도함수다. 그럼 위의 방정식을 몇 단계 더 앞으로 나가게 할 수 있다.

$$\int_0^3 x^2 \, dx = M(3) - M(0) = \frac{1}{3}3^3 - \frac{1}{3}0^3 = 9$$

흥미롭다. 이 특정 곡선의 면적을 구했더니 그냥 자연수가 나왔다. 섬뜩할 정도로 간단하다. 뭐 다른 것을 해볼 수는 없을까?

6.3. 거꾸로 망치 만들기

이 새로운 개념을 이해하기 위해 우리가 다음에 해야 할 일은 무엇일까? 마음만 먹으면 지금까지 해왔듯이 추측을 통해 특정 기계들의 역도함수를 잔뜩 만들어낼 수도 있다. 하지만 앞에서 우리가 무한 배율 확대경의 개념을 발명하고 처음으로 도함수의 개념을 가지고 놀았을 때 가장 재미를 본 일은 특정 기계를 미분하는 것이 아니라 모든 기계에 적용 가능한 망치를 만드는 것이었다. 그럼 잠시 3장으로 돌아가서 우리의 모든 망치에 대해 기술했던 박스를 하나 훔쳐 오겠다. 여기서 잠깐만 기다리시라. 금방 돌아오겠다.

(시간이 흐른다.)

자, 돌아왔다. 내용은 다음과 같다.

더하기용 망치

$$(f + g)' = f' + g'$$

곱하기용 망치

$$(fg)' = f'g + fg'$$

약자 고쳐 쓰기용 망치

$$\frac{df}{dx} = \frac{ds}{dx}\frac{df}{ds}$$

∫은 도함수와는 정반대인 듯 보이니 원래의 망치에 대응해서 각각 하나씩, 총 세 개의 비슷한 '거꾸로 망치Anti-Hammer'가 있다면 정말로 좋을 것 같다! 그렇게만 된다면 우리는 곡선의 면적에 대해 온갖 일을 할 수 있을 것이다. 그럼 우리가 거꾸로 망치를 만들 수 있을지 확인해보자.

6.3.1. 더하기에 거꾸로 망치질하기

앞에서 우리는 더하기용 망치라는, 도함수에 관한 아주 좋은 도구를 발견했다. 이 망치의 본질적인 의미는 '합의 도함수는 도함수의 합이다', 다르게 표현하면, $(f+g)' = f'+g'$이라는 것이다. 만약 우리가 찾아낸 이 새로운 '적분'의 개념에서도 이와 비슷한 사실이 참으로 드러난다면 무척 반가울 듯하다. 그럼 원래의 망치처럼 어려운 문제를 쉬운 문제로 쪼갤 도구를 갖게 되기 때문이다. 합의 도함수는 도함수의 합이라고 했으니 합의 적분은 적분의 합이 아닐까 추측할 수 있다.* 즉, 다음의 식이 성립하는지 알아보고 싶다.

$$\int_a^b \Big(f(x) + g(x) \Big) \, dx \stackrel{???}{=} \left(\int_a^b f(x) \, dx \right) + \left(\int_a^b g(x) \, dx \right) \quad \boxed{\text{방정식 6-7}}$$

이것이 참인지는 모르겠지만 그랬으면 좋겠다. 그럼 더하기용 망치의 반

---

* m의 '적분(integral)'은 수학 교과서에서 $\int_a^b m(x)dx$로 부르는 것임을 기억하자. 사실 교과서에서는 이것을 m의 '정적분(definite integral)'이라고 부를 때가 많다. '정적분'이란 용어는 m의 역함수를 지칭하는 말로 종종 사용되지만 살짝 오해의 소지가 있다. 근본 망치의 발견 이후에야 의미가 통하기 때문이다. 근본 망치를 발견하기 전에는 도함수가 '적분(즉, 곡선의 면적)'과 어떤 관련이 있는지가 분명하게 드러나지 않는다. 우리는 그냥 $\int_a^b m(x)dx$를 a부터 b까지 m의 적분이라고 부르도록 하겠다. 우리가 이 용어를 정의하고 난 후에야 근본 망치는 적분과 역도함수가 서로 관련이 있는 개념임을 말해줄 수 있다.

대 작용을 하기 때문이다. '더하기용 거꾸로 망치'인 셈이다. 그럼 이 문장이 참인지 확인해보자.

우선 $f(x)+g(x)$를 그 자체로 하나의 기계라 생각하고 거기에 $h(x) \equiv f(x)+g(x)$처럼 이름을 지어줄 수 있다. 그럼 $h(x)$는 우리가 특정 수 x를 입력할 때마다 '$f(x)$ 더하기 $g(x)$'를 출력하는 기계가 된다. $h(x)$의 그래프를 바라보고 있다고 상상하자. 이 그래프는 엄청나게 구불구불한 그래프일 수도 있다. 그리고 임의의 점 x에서 무한히 가는 직사각형을 집어넣는다고 상상해보자. 이 직사각형은 수평축에서 h의 그래프까지 위로_{또는 아래}로 수직으로 뻗어 있다_{그림 6-4, 6-5 참조}.

이 직사각형의 폭은 dx가 되고, 높이는 $h(x) \equiv f(x)+g(x)$가 된다. 따라서 그 면적은 $(f(x)+g(x))dx$다. 하지만 그럼 '너무 뻔한 찢기 법칙'에 따라서 이 길고 가는 직사각형을 두 개의 작은 가는 직사각형으로 찢어서 $f(x)dx+g(x)dx$로 만들 수 있다. 그럼 이제 두 개의 직사각형이 생겼다. 높이가 하나는 $f(x)$이고, 다른 하나는 $g(x)$다. 그럼 각각의 점 x에서 무

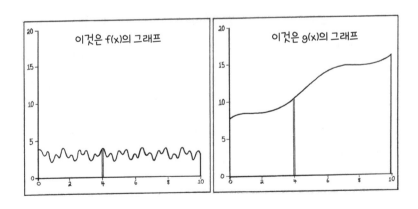

그림 6-4 무작위로 고른 두 기계. 왼쪽 그림에서 작은 직사각형의 면적은 $f(4)dx$다. 오른쪽 그림에서 작은 직사각형의 면적은 $g(4)dx$다.

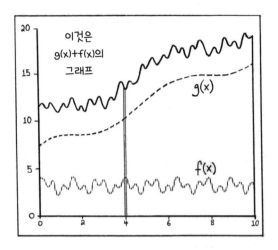

그림 6-5 이것은 $f(x)+g(x)$의 그래프다. 작은 직사각형의 면적은 $(f(4)+g(4))dx = f(4)dx+g(4)dx$다. 즉, 이 작은 직사각형의 면적은 그림 6-4의 왼쪽과 오른쪽 그림에 나온 직사각형 면적의 합이다. 각각의 점 x에서 이 사실은 참이 성립하기 때문에 각각의 점에서 면적을 더할 때도 원리는 변하지 않는다.

한히 작은 직사각형을 두 가지 방식으로 생각할 수 있다. 길고 가는 하나의 직사각형으로, 또는 폭은 똑같지만 길이는 짧은 두 직사각형으로 생각하는 것이다.

직관적으로 살펴보면 h 아래 있는 영역 전체의 면적을 두 가지로 생각할 수 있다는 것이 분명해진다. 우리는 키 크고 가는 직사각형을 모두 더해서 $\int_a^b (f(x)+g(x))\,dx$를 얻을 수도 있고, 찢어진 가는 직사각형들을 모두 더해서 $\int_a^b f(x)\,dx + \int_a^b g(x)\,dx$를 얻을 수도 있다. 이는 $f+g$ 아래 있는 영역의 총면적이라는 똑같은 내용을 서로 다른 두 가지 방법으로 기술한 것일 뿐이다. 따라서 우리는 두 가지 기술 사이에 등호를 집어넣어 다음과 같이 쓸 수 있다.

$$\int_a^b f(x) + g(x)\ dx\ =\ \left(\int_a^b f(x)\ dx \right) + \left(\int_a^b g(x)\ dx \right) \quad \boxed{\text{방정식 6-8}}$$

이것이 우리가 입증하고 싶었던 바로 그 내용이다. 그럼 박스 안에 적어서 공식화하자.

더하기용 거꾸로 망치

우리의 새로운 개념 ∫에 대해 또 다른 사실을 발견했다.

'합의 ∫은 ∫의 합이다.'

바꿔 말하면 임의의 기계 f와 g에 대해 다음의 식이 성립한다.

$$\int_a^b f(x) + g(x)\, dx \;=\; \int_a^b f(x)\, dx \;+\; \int_a^b g(x)\, dx$$

더하기용 거꾸로 망치를 발명했으니 그림 6-4와 6-5가 말하는 내용을 또 다른 방식으로 시각화해볼 수 있다. f와 g라는 글자는 임의의 두 기계를 나타낸다. 아주 구불구불한 그래프를 가진 기계일 수도 있다. 그림 6-4를 보면 개별 기계 f와 g 그리고 그 아래 있는 영역이 보인다. 그리고 그림 6-5를 보면 $h(x) \equiv f(x) + g(x)$와 그 아래 있는 영역이 보인다. 이 두 그림을 통해 더하기용 거꾸로 망치가 말하는 내용을 또 다른 방식으로 머릿속에 그려볼 수 있다.

6.3.2. 곱하기에 거꾸로 망치질하기
간단한 곱하기용 거꾸로 망치

사실 우리에겐 곱하기용 망치가 두 개 있다. 비록 둘 중 한 가지는 또 다른 하나의 특별한 사례일 뿐이지만 말이다. 2장에서 $(\#f(x))' = \#f'(x)$여기서 #는 7이나 59 같은 어떤 고정된 수임을 입증했던 것을 떠올려보자. 따라서 우리는 '상수를 도함수 밖으로 끄집어낼 수 있다'. 그럼 '상수를 $\int$ 밖으로도 끄집어낼 수 있는지' 궁금해진다. 즉, $\int\#(거시기) = \#\int(거시기)$가 성립할까? 두 수식이 의미하는 바를 생각해보니 직관적으로는 말이 될 것 같다. $\int f(x)\,dx$ 같은 수식은 수많은 무한히 작은 직사각형의 면적을 모두 더한다는 의미임을 기억하자. 이 각각의 직사각형의 무한히 가는 폭은 그대로 유지하면서 높이를 두 배로 키운다면 원래의 면적이 두 배가 되기 때문에 총 면적도 두 배가 될 것이다. 이 논증에서 '두 배'라는 단어는 전혀 특별한 것이 아니기 때문에 임의의 배율 #에 대해서도 참이 성립해야 한다. 즉, 다음의 식은 임의의 수 #와 임의의 기계 f에 대해 참이 성립해야 한다.

$$\int_a^b \# \cdot f(x)\,dx = \# \cdot \int_a^b f(x)\,dx$$

만세! 미분용 망치 중 하나에 대응하는 적분용 '거꾸로 망치'를 다시 발견한 것이다!

덜 간단한 곱하기용 거꾸로 망치

위에서 도함수에서 상수를 밖으로 끌어낼 수 있었듯이 적분에서도 상수를 밖으로 끄집어낼 수 있다는 것을 알아냈다. 하지만 진짜 곱하기용 망치는 다음과 같이, 그보다 조금 더 복잡하다.

$$(fg)' = f'g + fg'$$

또는 똑같은 문장을 다른 약자를 사용해서 표현하면….

$$[f(x)g(x)]' = f'(x)g(x) + f(x)g'(x)$$

이 사실을 이용해서 그와 비슷한 곱하기용 거꾸로 망치를 만들어보자. 위 방정식의 양변을 '적분'하면 즉, 양변에 $\int$을 적용하면 다음과 같이 나온다.

$$\int_a^b [f(x)g(x)]' \, dx = \int_a^b [f'(x)g(x) + f(x)g'(x)] \, dx \quad \boxed{\text{방정식 6-9}}$$

위 방정식의 좌변은 도함수의 적분이므로 근본 망치로 두들기면 다음과 같이 된다.

$$f(b)g(b) - f(a)g(a) = \int_a^b [f'(x)g(x) + f(x)g'(x)] \, dx$$

좌변은 좀 흉하지만 개념 자체는 간단한 것이므로 약자로 축약해보자. 위의 방정식을 이렇게 쓰도록 하겠다.

$$\left[f(x)g(x)\right]_a^b = \int_a^b [f'(x)g(x) + f(x)g'(x)] \, dx \quad \boxed{\text{방정식 6-10}}$$

여기서 좌변은 '모든 곳에 b를 입력하고 그다음엔 모든 곳에 a를 입력해서 그 차이를 취하라'를 표현한 것이므로 $[f(x)g(x)]_a^b$는 $f(b)g(b)-f(a)g(a)$의 약자다.

이제 방정식 6-10이 참인 것은 알았지만, 딱히 도움이 되지 않는다. 어쩌다 우연하게도 정확히 $\int_a^b [f'(x)g(x)+f(x)g'(x)]dx$라는 형태로 보이는 것을 만날 때나 사용할 수 있는데, 이러한 모양이 많지 않기 때문이다. 어쩌다 이렇게 보이는 것을 만나면 우리는 즉각 그 값을 구해서 계산을 마무리할 수 있다. 그러니 그냥 여기까지만 하고 이를 곱하기용 거꾸로 망치라 부를 수도 있다. 곱하기 망치의 작용을 무효화하기 때문이다. 하지만 위의 개념을 살짝 다른 방식으로만 생각해도 훨씬 더 유용한 거꾸로 망치를 얻을 수 있다. 더하기용 거꾸로 망치를 이용해 큰 적분을 두 조각으로 나누어 방정식 6-10을 고쳐 써보자. 이렇게 말이다.

$$\left[f(x)g(x) \right]_a^b = \int_a^b f'(x)g(x)\,dx + \int_a^b f(x)g'(x)\,dx \quad \boxed{\text{방정식 6-11}}$$

그다음엔 두 적분 중 하나를 방정식의 반대 변으로 보낸다. 처음에는 왜 이렇게 해야 하는지 이해가 안 될 수도 있지만 이유는 바로 뒤에서 이야기하겠다. 지금 당장은 우리의 발명품을 박스 안에 적어서 공식화해놓자.

곱하기용 거꾸로 망치

아직은 사용법을 모르지만 우리의 새로운 개념에 대해
또 다른 사실을 발견했다.

$$\int_a^b f'(x)g(x)\,dx = \left[f(x)g(x) \right]_a^b - \int_a^b f(x)g'(x)\,dx \quad \boxed{\text{방정식 6-12}}$$

이 정신없는 문장을 어떻게 써먹을 수 있을까? 곱하기용 망치그리고 나머지 망치들도 모두 마찬가지지만는 우리에게 이렇게 해야만 한다고 말하는 법칙이 아니라 어떤 것을 특정 방식으로 해석하겠다고 선택함으로써 앞으로 나갈 수 있게 해주는 도구임을 기억하자. 예를 들어 기계 $m(x) \equiv xe^x$에 대해 생각해보자. 우리는 이 기계를 꼭 두 가지 다른 기계를 한데 곱해놓은 것이라고

바라볼 필요는 없지만 그렇게 해서 도움만 된다면 얼마든지 그렇게 생각할 수 있다. 만약 xe^x을 $f(x)g(x)$로 놓고, $f(x) \equiv x$, $g(x) \equiv e^x$이라 생각할 수 있다. 그럼 곱하기용 망치뒤에 나오는 방정식에서는 HM Hammer for Multiplication이라 축약하겠다를 이용해 다음과 같이 말할 수 있다.

$$m'(x) \equiv (xe^x)' \stackrel{HM}{=} (x)'(e^x) + (x)(e^x)' = e^x + xe^x$$

우리가 원래 만들었던 망치들은 모두 이것과 똑같이 '도움만 된다면'이라는 해석을 담고 있고, 거꾸로 망치들 역시 마찬가지다. 하지만 망치를 만든다고 계속 이런저런 이야기를 해오긴 했는데, 대체 위의 박스에 들어 있는 방정식 6-12가 방정식 6-9보다 유용하다는 이유가 무엇일까? 완전히 똑같은 문장에 살짝 다른 모자를 씌워놓은 것인데 말이다. 아주 좋은 질문이다! 방정식 6-12가 방정식 6-9보다 유용할 때가 많은 까닭은 이 둘이 서로 다른 것을 말하고 있어서가 아니라 인간의 상상력의 한계 때문이다. 내말의 의미를 이해하기 위해 우리가 $\int_a^b m(x)\,dx$처럼 생긴 어떤 것을 계산하다가 중간에 막혔다고 상상해보자. 이제 이것과 비슷한 무언가를 계산하다가 막힐 때마다 대부분의 사람들나를 포함해서은 m을 다음과 같이 해석할 수 있는 두 기계 f와 g보다는….

$$m(x) \stackrel{\text{해석}}{=} f'(x)g(x)$$

m을 다음과 같이 해석할 수 있는 두 기계 f와 g를 생각해내기가 일반적으로 더 쉽다.

$$m(x) \overset{\text{해석}}{=} f'(x)g(x) + f(x)g'(x)$$

이것은 우리가 앞에서도 몇 번 접했던 중요한 부분이다. 두 방법, 두 개념, 두 방정식 등이 논리적으로는 동일하다고 해서 심리적으로도 꼭 동일하다는 의미는 분명 아니다. 즉, 두 방법이 똑같은 내용을 말한다 해도 이해하기가 얼마나 쉬운가, 하는 부분에서는 아주 달라질 수 있다는 이야기다. 곱하기용 거꾸로 망치는 한 문제를 다른 문제로 변환할 방법을 제공해준다. 그럼 그렇게 변환한 문제는 항상 더 쉽게 느껴질까? 꼭 그렇지는 않다. 하지만 변환을 똑똑하게만 한다면 쉬워질 수도 있다. 여기 문제를 변환하는 한 가지 사례가 있다. 우리가 이것을 계산하고 싶어 한다고 가정하자.

$$\int_0^1 x e^x \, dx$$

우리에게는 근본 망치가 있으니 만약 도함수를 구해서 xe^x이 나오는 어떤 기계 $M(x)$를 마법처럼 생각해낼 수만 있다면 우리는 이렇게 말할 수 있다. '아하! 그럼 답은 $M(1)-M(0)$이로군.' 말은 쉽지만 실제로는 쉽지가 않다! 도함수가 우연히도 xe^x이 나오는 기계를 생각해내기는 전혀 쉬운 일이 아니다. 그럼 여기서 막혀버리는 것 같다. 하지만 곱하기용 거꾸로 망치를 이용하면 앞으로 나갈 길이 보인다. 만약 우리가 $f'(x)g(x) = xe^x$인 기계 f와 g를 떠올릴 수 있다면 새로운 거꾸로 망치를 이용해서 이 문제를 살짝 다른 문제로 변환할 수 있다. 그럼 $f'(x) \equiv e^x$이고 $g(x) \equiv x$라고 선택해서 시작해보자. 우리가 곱하기용 거꾸로 망치를 사용할 때는 등호 위에 AHM Anti-Hammer for Multiplication 이라고 쓰겠다. 그럼 문제를 다음과 같이 고쳐 쓸 수 있다.

$$\int_0^1 xe^x \, dx \overset{AHM}{=} \Big[f(x)g(x) \Big]_0^1 - \int_0^1 f(x)g'(x) \, dx$$

이렇게 해놓고 보니 f'과 g를 우리가 임의로 결정했는데도 이 거꾸로 망치가 f와 g'을 포함하는 문장을 뱉어 냈다. 이게 무엇인지는 아직 모르기 때문에 이 문장을 이해하려면 이것들을 알아내야 한다. f를 구하기는 꽤 간단하다. 우리는 $f'(x) \equiv e^x$이라고 정의했고 이는 자기가 자신의 도함수인 지극히 특별한 기계이므로 그 자체가 자신의 완벽한 역도함수이다. 따라서 $f(x) = e^x$이다. 그럼 $g'(x)$는? 이 역시 간단하다. $g(x) \equiv x$라고 정의했으므로 $g'(x) = 1$이다. 이제 이 모든 정보를 위의 방정식에 대입하면 다음과 같이 나온다.

$$\int_0^1 xe^x \, dx \overset{AHM}{=} \Big[xe^x \Big]_0^1 - \int_0^1 e^x \, dx$$

첫 번째 조각 $[xe^x]_0^1$는 $1e^1 - 0e^0$, 즉 e의 약자일 뿐이다. 그럼 두 번째 조각은 어떨까? e^x은 e^x의 역도함수임을 알고 있으므로 근본 망치에 따르면 $\int_0^1 e^x dx = e^1 - e^0 = e-1$이 된다. 이것을 모두 대입하면 다음과 같다.

$$\int_0^1 xe^x \, dx \overset{AHM}{=} e - (e-1) = 1$$

멋지다! 우리가 풀 수 없었던 문제를 곱하기용 거꾸로 망치를 이용해서 그와 동등하지만 생김새만 다른 문제로 변환하고 나니 쉽게 풀 수 있었고, 정답이 간단하게 1이라는 것도 알게 되었다. 하지만 꼭 이렇게 보기 좋게 문제가 풀리는 것만은 아니다. f와 g를 이번에 한 것과 살짝 다르게 골랐다면 어떻게 될까? 아까와 달리 $f'(x) \equiv x$, $g(x) \equiv e^x$으로 선택해도 틀린 것은 아니니 그렇게 해보자. 그럼 문제를 다음과 같이 고쳐 쓸 수 있다.

$$\int_0^1 xe^x \, dx \overset{AHM}{=} \left[\frac{1}{2}x^2e^x \right]_0^1 - \int_0^1 \frac{1}{2}x^2e^x \, dx$$

$$= \frac{e}{2} - \int_0^1 \frac{1}{2}x^2e^x \, dx$$

이렇게 해놓고 나니 오히려 처음보다 더 무시무시해 보인다. 하지만 우리
가 아무런 오류도 저지른 것은 아니라는 점을 강조하고 싶다. 바로 위에서
얻은 답 또한 완벽하게 옳은 것이다. 다만 우리가 선택한 f'과 g가 문제를
더 단순해 보이게 만들지 못했을 뿐이다. 위에서 이야기했듯이 이것이 바
로 망치와 거꾸로 망치의 일반적 원칙이다. 즉, 이 망치들을 얼마든 마음대
로 사용할 수는 있지만 그렇게 한다고 꼭 문제가 더 간단해 보이도록 변환
된다는 보장은 없다. 이것은 망치의 잘못이 아니다. 인간의 상상력의 한계
일 뿐이다.

6.3.3. 약자 고쳐 쓰기에 거꾸로 망치질하기

먼저 원래의 약자 고쳐 쓰기용 망치가 어떻게 사용됐는지 떠올려보자. 약
자 고쳐 쓰기용 망치_{수학 교과서에서는 '연쇄법칙'}는 거짓말을 한 뒤 그 거짓말을
수정하는 유용한 도구다. 예를 들어 우리가 x를 변수로 생각해서 무시무시
해 보이는 기계 $m(x) \equiv [V(x)]^{795}$의 도함수를 구하려다가 중간에 막혀
버렸다고 상상해보자.* 우리는 $\frac{dm}{dx}$을 구해야 한다. 전에 살펴보았듯이 약자

---

* 우리가 4장 이후로 사용 중인 관습을 따르자면 V(x)라는 약자는 수학 교과서에서 sin(x)라고 부르는 것을 나
타낸다.

고쳐 쓰기를 하면 도움이 된다. 우선 $[\,V(x)\,]^{795}$은 그저 무언가의 거듭제곱에 해당하기 때문에 $s \equiv V(x)$라는 약자를 쓰면 $m(x) \equiv s^{795}$이라고 쓸수 있다. 이제 이 약자를 선택했으니 약자 고쳐 쓰기용 망치가 다음과 같은 방식으로 우리에게 도움을 줄 수 있다.

$$\begin{aligned}
\frac{dm}{dx} &= \left(\frac{dm}{ds}\right)\left(\frac{ds}{dx}\right) \\
&\equiv \left(\frac{d}{ds}s^{795}\right)\left(\frac{d}{dx}V(x)\right) \\
&= \left(795s^{794}\right)H(x) \\
&\equiv \left(795[V(x)]^{794}\right)H(x)
\end{aligned}$$

방정식 6-13

좋다. 이렇게 약자 고쳐 쓰기용 망치에 대한 기억을 환기시키기는 했지만, 아직 거기에 대응하는 거꾸로 망치는 발명하지 못했으니 아이디어를 하나 내보겠다. 앞에서 그랬던 것처럼 우린 언제든 약자를 고쳐 쓸 권리가 있지만, 그렇게 한다고 해서 반드시 도움이 되리라는 보장은 없다. 구체적인 사례를 하나 살펴보자.

약자 고쳐 쓰기 놀이

이렇게 생긴 문제가 하나 있는데 풀다가 중간에 막혔다고 상상하자.

$$\text{우리가 원하는 것} = \int_a^b x e^{x^2}\,dx$$

근본 망치가 있기 때문에 만약 도함수가 xe^{x^2}인 어떤 기계 $M(x)$를 마법처럼 생각해낼 수만 있다면 위에 나오는 헷갈리는 기호들이 결국에는

$M(b)-M(a)$와 같다는 것을 알 수 있을 것이다. 그런 기계를 생각해내기가 쉽지는 않지만 우리에게는 약자를 마음대로 고쳐 쓰며 놀 자유가 있다. 한 가지 전략을 소개한다. 우리는 e^{x^2}을 전에는 한 번도 다뤄본 적이 없지만 e^x은 다뤄본 적이 있다. 그런데 $s \equiv x^2$이라고 하면 e^{x^2}은 그냥 e^s이다. 그럼 다음과 같이 쓸 수 있다.

$$\text{우리가 원하는 것} = \int_a^b xe^s \, dx \qquad \text{방정식 6-14}$$

사실 우리는 아무것도 한 게 없다. 거짓말조차 하지 않았다. 그저 약자만 고쳐 썼을 뿐이다. 하지만 이제 s와 x라는 두 글자가 돌아다니고 있다. 불법은 아니지만 조금 더 혼란스러워졌고, 우리가 근본 망치를 쓸 수 있을지 여부도 확실치 않다. 근본 망치는 오직 하나의 변수에만 작용하기 때문이다. 그럼 혹시 우리가 x들을 모두 없애버리고 문제 전체를 s만 가지고 이야기할 수 있다면 훨씬 더 편해질지도 모른다. $s \equiv x^2$이라면 $x = s^{1/2}$이니까 이렇게 쓰고 싶은 유혹이 느껴진다.

$$\text{우리가 원하는 것} = \int_a^b \left(s^{\frac{1}{2}}\right) e^s \, d\left(s^{\frac{1}{2}}\right) \qquad \text{방정식 6-15}$$

이것도 완벽하게 옳지만 무시무시해 보이니까 그냥 없었던 이야기로 하고 덜 무시무시해 보이는 방정식 6-14로 다시 돌아가 잠시 그것을 바라보자. 우리는 dx를 s를 이용해서 표현하고 싶다. 그럼 dx와 ds를 서로 관련시켜보는 것이 도움이 될지도 모르겠다. 도함수를 구하면 그것이 가능해지니까, 도함수를 계산하면 도움이 될지도 모른다. 물론 그렇지 않을 수도 있지만 시도나 해보자. $s \equiv x^2$이므로 다음과 같이 쓸 수 있다.

$$\frac{ds}{dx} = 2x \qquad \text{따라서} \qquad dx = \frac{ds}{2x}$$

방정식 6-16

이 무슨 행운인지, 이것을 방정식 6-14에 대입하니 모든 것이 갑자기 단순해진다. x 조각들이 서로를 상쇄하면서 다음과 같이 나온다.

$$\text{우리가 원하는 것} \overset{(6\text{-}14)}{=} \int_a^b xe^s \, dx$$

$$\overset{(6\text{-}16)}{=} \int_a^b xe^s \left(\frac{ds}{2x}\right)$$

$$= \int_a^b \left(\frac{1}{2}\right) e^s ds$$

$$= \left(\frac{1}{2}\right) \int_a^b e^s ds$$

방정식 6-17

하지만 여기서 잠깐! a와 b는 사실 $x = a$, $x = b$의 비밀 약자다. $x = a$라는 문장과 $s = a$라는 문장을 혼동하지 않도록 이 점을 분명히 기억할 필요가 있다. 그럼 다음과 같이 적어서 상기시키자.

$$\text{우리가 원하는 것} = \left(\frac{1}{2}\right) \int_{x=a}^{x=b} e^s ds$$

좋다. s를 변수로 생각할 때 e^s은 자기 자신의 도함수이므로 자기 자신의 역도함수이기도 하다. 따라서 여기에 근본 망치FH, Fundamental Hammer를 사용해서 다음과 같이 쓸 수 있다.

$$\text{우리가 원하는 것} = \left(\frac{1}{2}\right) \int_{x=a}^{x=b} e^s ds$$

$$\overset{FH}{=} \left(\frac{1}{2}\right) \left[e^s\right]_{x=a}^{x=b}$$

$$\equiv \left(\frac{1}{2}\right)\left[e^{x^2}\right]_{x=a}^{x=b}$$

$$\equiv \left(\frac{1}{2}\right)\left[e^{b^2} - e^{a^2}\right]$$

방정식 6-18

그럼 끝났다. 우리는 방금 다음의 사실을 입증했다.

$$\int_a^b xe^{x^2}\,dx = \left(\frac{1}{2}\right)\left[e^{b^2} - e^{a^2}\right]$$

방정식 6-19

아주 간단한 답 같아 보이지는 않지만 이것은 조금도 당연해 보이지 않는 온갖 해괴한 내용들을 표현하고 있다. 예를 들어 $a = 0$이고 $b = 1$일 때는 다음과 같은 내용을 말해준다.

$$\int_0^1 xe^{x^2}\,dx = \frac{1}{2}\,(e-1)$$

이게 무슨 거꾸로 망치야?

위에서 들었던 특정 사례는… 뭐…. 그저 특정 사례일 뿐이지만 그 안에는 훨씬 보편적인 원리가 숨어 있다. 보편적 원리를 추출하려 노력하는 과정에서 이런 추론 방식이 어떻게 약자 고쳐 쓰기용 망치의 '반대'가 된다는 것인지가 좀 더 분명해지기 바란다. $\int_a^b m(x)\,dx$처럼 보이는 문제를 풀다가 막혀버렸다고 가정하자. 여기서 어떻게든 도함수를 구하면 m이 나오는 기계 M만 생각해낼 수 있다면 근본 망치를 이용해서 문제를 해결할 수 있다. 하지만 그런 기계 M을 생각해내려다가 막혀버렸다면? 언제나 그랬던 것처럼 그것에 약자 고쳐 쓰기를 해서 과연 도움이 될지 확인해볼 수 있다. 적분 안에 들어가 있는 큼직하고 무시무시한 기호 덩어리를 s로 약자 고쳐 쓰기 한다고 가정해보자. 그럼 이제 적분 안에 들어가 있는 것을 $\hat{m}(s)$라고 부르자. 여기서 $m(x)$와 $\hat{m}(s)$는 사실 똑같은 것을 지칭하는 두 개의 서로 다른 약자일 뿐이다. 여기서 그냥 $m(s)$라 적는 대신 $\hat{m}(s)$라고 위에다 '모자'를 씌운 이유는 $\hat{m}(s)$가 기계 $m(x)$를 s의 언어로 쓴 것임을 강조하기 위해서다. 이것은 그냥 $m(x)$에서 x의 값에 s를 대입한 게 아니다! 예를 들어 $m(x) \equiv [V(x)+7x-2]^{795}$이고 $s \equiv V(x)+7x-2$라면, $\hat{m}(s)$는 s^{795}이 된다. 여기서는 두 개의 글자를 사용하고 있으므로 a와 b는 각각 $x = a$와 $x = b$로 바꿔서 우리가 무엇을 말하는지 상기시키자. 이런 개념들을 이용하면 다음과 같이 쓸 수 있다.

$$\int_{x=a}^{x=b} m(x)\ dx \equiv \int_{x=a}^{x=b} \hat{m}(s)\ dx$$

두 가지 글자가 돌아다니는 동안에는 근본 망치를 어떻게 사용해야 할지가 분명하지 않다. 이것을 s를 이용해서 적어 x를 좀 더 제거하자. 이 식의 맨 오른쪽에서는 dx 대신 ds가 필요하다. 따라서 거짓말하고 수정하기를 이용해서 dx를 $\left(\frac{dx}{ds}\right)ds$로 적고 남은 모든 $x_{\frac{dx}{ds}}$에 있는 것하고, $x = a$와 $x = b$에 들어 있는 것들를 s의 언어로 다시 표현해보자.

$$\int_{x=a}^{x=b} \hat{m}(s)\ dx = \int_{x=a}^{x=b} \hat{m}(s) \left(\frac{dx}{ds}\right)\ ds \qquad \text{방정식 6-20}$$

도움이 될까? 알 수 없다. 심지어 지금 우리는 구체적인 문제를 살펴보는 것도 아니다! 이 문장은 우리가 위에서 xe^{x^2}이라는 사례에서 했던 과정을 추상적으로 기술해놓은 바에 다름없다. 이 개념을 박스 안에 요약해보자.

약자 고쳐 쓰기용 거꾸로 망치

우리가 만약 다음과 같은 문제를 풀다가 중간에 막혔을 경우,

$$\int_{x=a}^{x=b} m(x)\, dx$$

원한다면 언제든 $m(x)$에 들어 있는 무시무시한 기호 덩어리를
s라는 약자로 나타낸 다음 $m(x)$를 $\hat{m}(s)$로 고쳐 쓸 수 있다.
여기서 $\hat{m}$은 $m(x)$를 덜 무시무시하게 표현해주었으면 하고
바라는 방식을 말한다. 그럼 그다음에는 거짓말하고 그 거짓말을
수정하는 방법을 써서 문제를 다음과 같이 고쳐 쓸 수 있다.

$$\int_{x=a}^{x=b} m(x)\, dx = \int_{x=a}^{x=b} \hat{m}(s)\frac{dx}{ds}\, ds$$

모든 x를 s의 언어로 고쳐 쓸 수 있다면 우리는 원래의 문제를
다른 문제로 변환한 것이 된다. 이렇게 한다고 해서 반드시 문제가
더 간단해진다고 보장할 수는 없지만 약자 고쳐 쓰기를 요령 있게
잘한다면 간단해질 수도 있다. 어떤 이유인지는 몰라도
수학 교과서에서는 이런 과정을 'u-치환u-substitution'이라고 부르고
우리가 사용하는 s 대신 u라는 글자를 쓴다.
하지만 그냥 '약자 고쳐 쓰기'와 똑같은 것이다.

 이 개념 자체는 간단하지만 이렇게 단순하게 기술할 수 있게 해줄 약자를 떠올리기가 쉽지는 않다. 이것을 또 다른 방식으로 생각해볼 수 있다. 다음과 같이 이 짜증 나는 전체 과정을 진행한다고 가정해보자. (1) 무시무시하게 보이는 기호 덩어리를 s로 약자 고쳐 쓰기 한다. (2) 거짓말하고 수정하기를 이용해서 모든 것을 s의 언어로 표현한다. (3) 그다음에는 원래의

문제를 고쳐 쓴 버전과 같이 바라보며 과연 더 쉬워 보이는지 확인한다. 이 과정을 진행하면 기계 $m(x)$가 원래의 약자 고쳐 쓰기용 망치를 사용해서 나온 형태라 생각할 수 있을 때 그것을 자동으로 알아차릴 수 있다. 이 말이 무슨 뜻인지 이해하기 위해 구체적인 사례를 하나 살펴보자. 우리가 이런 계산을 하다가 중간에 막혔다고 가정하자.

$$\int_{x=a}^{x=b} \underbrace{51\left(x^5 + 17x - 3\right)^{999}\left(5x^4 + 17\right)}_{\text{이 부분을 } m(x)\text{라고 부르자}} dx \qquad \boxed{\text{방정식 6-21}}$$

자세히 살펴보면 약자 고쳐 쓰기용 망치를 사용해서 다음의 크고 흉측한 기계의 도함수를 취했을 때 나오는 것이 바로 기계 m이라는 것을 알 수 있다. 하지만 그 사실을 우리가 눈치채지 못하고 넘어갔다고 치자.

$$M(x) \equiv \frac{51}{1000}\left(x^5 + 17x - 3\right)^{1000}$$

우리는 지금 방정식 6-21에 나오는 것을 계산하려다가 속절없이 막혀버린 상태다. 약자 고쳐 쓰기를 시도할 경우 그 과정이 우리를 어디로 이끌지 확인해보자. 우연히 날아든 통찰 덕분이든 다른 무엇 때문이든 우리가 $s \equiv x^5 + 17x - 3$이라는 약자를 사용하기로 했다고 가정하자. 이것은 방정식 6-21에 나오는 흉측한 조각 가운데 하나이기 때문에 이러한 이상한 전략을 선택한다는 것이 어느 정도는 말이 된다. 이렇게 하면 문제가 다음과 같이 변환 가능하다.

$$\int_{x=a}^{x=b} 51s^{999}\left(5x^4 + 17\right) dx \qquad \boxed{\text{방정식 6-22}}$$

이제 여기서 모든 것을 s의 언어로 나타낼 수 없다면 이 과정은 도움이 되지 않기 때문에 dx 조각을 s의 언어로 변환하는 데서 시작해보자. $s \equiv x^5 + 17x - 3$이므로 우리는 다음과 같은 사실을 알고 있다.

$$\frac{ds}{dx} = 5x^4 + 17 \qquad \text{따라서} \qquad dx = \frac{ds}{5x^4 + 17}$$

방정식 6-22에서 dx를 이 수식으로 치환하면 모든 것이 깔끔하게 정리되면서 다음과 같은 결과가 나온다.

$$\int_{x=a}^{x=b} 51s^{999} \left(5x^4 + 17\right) \left(\frac{ds}{5x^4 + 17}\right) = \int_{x=a}^{x=b} 51s^{999}\, ds \quad \boxed{\text{방정식 6-23}}$$

이제야 문제가 좀 볼 만해졌다! 그럼 s를 변수로 생각했을 때 도함수를 구하면 $51s^{999}$이 나오는 기계를 생각할 수 있을까? 아무래도 $\# \cdot s^{1000}$의 형태로 보이는 기계인 것이 낫겠다. 그래야 미분을 했을 때 제곱지수가 999가 될 테니까 말이다. 하지만 그럼 $1000 \cdot \# = 51$이 되도록 $\#$를 정해야 한다. 즉, $\# = \frac{51}{1000}$이 된다. 이런 내용을 모두 종합하면 $51s^{999}$의 '역도함수'는 다음과 같음을 알 수 있다.

$$M(x) = \frac{51}{1000}s^{1000} \equiv \frac{51}{1000}\left(x^5 + 17x - 3\right)^{1000}$$

그럼 처음에는 풀이가 불가능해 보였던 원래 문제의 답은 그냥 $M(b) - M(a)$이고, 여기서 M은 바로 위 방정식에 나온 흉측한 기계다. 방정식 6-21에 나오는 $m(x)$가 M에 약자 고쳐 쓰기용 망치를 이용해서 나온 것임을 눈치챌 필요가 없었다는 데 주목하자. 심지어 M이 무엇인지도 알 필요가 없었다! 그냥 s를 방정식 6-21에서 가장 흉측한 조각을 나타내는 약자로 정의한 후에 x로 표시된 것들을 모두 s의 언어로 변환한 것만으로도 처음에 시작할 때는 무시무시해 보였던 문제가 $\int_{x=a}^{x=b} 51 s^{999}\,ds$를 계산하는 훨씬 간단한 문제로 변환되었다. 이 과정에서 나타나는 효과는 우리가 $M(x)$를 마술처럼 단번에 생각해내지 못했음에도 우리가 추었던 수학의 춤을 통해 결국에는 역도함수 $M(x)$를 알아낼 수 있다는 것이다. 기호로 설명하기는 무척 어려울 수도 있지만 이런 약자 고쳐 쓰기 과정을 이용하면 그렇지 않고는 풀 수 없었던 문제도 해결하게 된다.

6.3.4. 거꾸로 망치 모으기

각각의 원본 망치들로부터 세 개의 거꾸로 망치를 만들었으니 모두 약자의 형태로 요약하자.

더하기용 거꾸로 망치AHA, Anti-Hammer for Addition

다음과 같은 것을 풀다가 막혔다고 가정해보자.

$$\int_a^b m(x)\,dx$$

$m(x) = f(x) + g(x)$가 성립하는 기계 f와 g를 생각할 수 있다면, 다음과 같이 문제를 마음대로 쪼갤 수 있다. 도움이 된다면 말이다.

$$\int_a^b f(x) + g(x)\,dx \;=\; \int_a^b f(x)\,dx \;+\; \int_a^b g(x)\,dx$$

곱하기용 거꾸로 망치AHM, Anti-Hammer for Multiplication

다음과 같은 것을 풀다가 막혔다고 가정해보자.

$$\int_a^b m(x)\, dx$$

$m(x) = f(x)'\, g(x)$가 성립하는 기계 f와 g를 생각할 수 있다면, 다음과 같이 문제를 마음대로 변환할 수 있다. 도움이 된다면 말이다.

$$\int_a^b f'(x)g(x)\, dx = \Big[f(x)g(x)\Big]_a^b - \int_a^b f(x)g'(x)\, dx$$

약자 고쳐 쓰기용 거꾸로 망치AHR, Anti-Hammer for Reabbreviation

다음과 같은 것을 풀다가 막혔다고 가정해보자.

$$\int_a^b m(x)\, dx$$

$m(x)$를 더 간단한 형태인 $\hat{m}(s)$로 쓸 수 있게 해주는 약자를 생각해낼 수 있다면 문제를 다음과 같이 마음대로 변환할 수 있다. 도움이 된다면 말이다.

$$\int_{x=a}^{x=b} m(x)\, dx = \int_{x=a}^{x=b} \hat{m}(s)\frac{dx}{ds}\, ds$$

6.3.5. 다른 근본 망치

6장을 시작하면서 우리는 근본 망치를 발견했다. 그리고 거기 담긴 기본 메시지는 적분과 미분이 서로 반대라는 것이었다. 하지만 정확히 말하면

적분 안에서 미분이 나타나는 경우라야 적분과 미분이 반대가 된다. 그냥 적분과 미분이 서로 반대라고 보편적인 개념으로 생각하면 기억하기가 쉽지만, 만약 주어진 순서로 나타날 때만 즉 미분을 먼저하고, 그다음에 적분을 할 때만 반대라고 한다면 이야기에서 우아한 맛이 떨어진다. 이야기를 더 우아하게 이끌어 가고 싶은 욕망 때문에 우리는 미분과 적분이 다른 순서에서도 반대가 될 수는 없을지 확인하고 싶다. 그래서 가장 먼저 다음의 것을 계산할 수 있는지 시도하고 싶은 생각이 든다.

$$\frac{d}{dx} \int_a^b m(x)\, dx$$

방정식 6-24

하지만 이 수식은 조금 오해의 소지가 있다. 즉, $\int_a^b m(x)dx$라는 수식 안에 들어 있는 x는 사실 $f(x) \equiv x^2$ 같은 수식에 들어 있는 변수 x와 똑같은 의미의 '변수'라 할 수 없다는 것이다. 전문용어로 말하자면 적분 안에 들어가는 x는 이른바 '속박변수bound variable'다. 이 말은 이 변수가 임의의 수를 그 안에 대입할 수 있는 변수가 아니라 그냥 자리만 차지하고 있는 '자리 지킴이placeholder'일 뿐이라는 뜻이다. 이는 다음의 수식에서 i라는 글자가 하는 일과 똑같은 역할을 한다.

$$\sum_{i=1}^{3} i^2$$

방정식 6-25

이것은 $1_{1+4+9} = 14$이므로라는 수를 그냥 복잡하게 적어놓았을 뿐이다. 따라서 방정식 6-25에 $i = 17$ 같은 수를 대입하는 것은 의미가 없다. 방정식 6-25에서 i를 j나 k 같은 다른 글자로 바꿔도 이 수식은 여전히 그냥 14라는 수를 복잡하게 적는 방법에 다름없다. 같은 이유로 $\int_a^b m(x)dx$

라는 수식도 x에 좌우되지 않기 때문에 $\int_a^b m(y)\,dy$ 나 $\int_a^b m(\star)\,d\star$ 같은 수식과 전혀 다를 것이 없다. 그럼 우리의 문제가 풀린 것처럼 보인다. $\int_a^b m(\star)\,d\star$ 은 x와 독립적인 그저 하나의 상수일 뿐이기 때문에 우리는 다음과 같이 쓸 수 있다.

$$\frac{d}{dx}\int_a^b m(\star)\,d\star = 0$$

방정식 6-26

흠···. 이것을 또 다른 버전의 근본 망치라 부르기는 민망하다. 만약 외부에서 온 적분을 미분이 항상 죽여버린다면 결국은 두 개념이 서로 반대라고 말할 수 없을 듯하다. 하지만 이것은 너무 성급한 결론이다. 우리가 정말 필요로 하는 것은 문제를 생각하는 다른 사고방식이다. 적분을 x에 대해 미분한 것이 0인 이유는 적분이 x라는 변수에 좌우되는 기계가 아니기 때문이었다. 어쩌면 질문 자체를 살짝 바꿔보면 좀 더 흥미로운 결과가 나올지도 모른다. 그럼 적분의 위쪽에 있는 숫자에 대해 미분을 해보자.

$$\frac{d}{dx}\int_a^x m(s)\,ds$$

여기서는 '속박변수'를 나타내는 이름표로 x 대신 s를 사용했다. 양쪽을 모두 x로 표시했을 때 찾아올 혼란을 피하기 위해서다. 이 이상한 수식을 푸는 방법은 두 가지가 있다. 첫째, m의 역도함수를 M으로 쓴다면 그냥 우리가 이미 발견한 근본 망치 버전을 이용해서 다음과 같은 결과를 얻을 수 있다.

$$\frac{d}{dx}\int_a^x m(s)\,ds$$

$$= \frac{d}{dx}\Big(M(x) - M(a)\Big)$$

$$= \left(\frac{d}{dx}M(x)\right) - \underbrace{\left(\frac{d}{dx}M(a)\right)}_{\text{이것은 }x\text{에 좌우되지 않기 때문에 0이다}}$$

$$= \left(\frac{d}{dx}M(x)\right)$$

$$= m(x)$$

똑같은 결과를 보여주는 또 다른 방법이 있다. 이렇게 도함수의 정의를 이용하는 잔머리를 굴린 비형식적인 논증을 이용하는 것이다.

$$\frac{d}{dx}\int_a^x m(s)\ ds \equiv \frac{\int_a^{x+dx} m(s)\ ds - \int_a^x m(s)\ ds}{dx}$$

$$= \frac{\int_x^{x+dx} m(s)\ ds}{dx}$$

$$= \frac{1}{dx}\int_x^{x+dx} m(s)\ ds$$

여기서는 첫째 줄에서 둘째 줄로 넘어갈 때 전체 영역을 두 조각으로 찢는 것으로 상상해서 [a부터 ($x+$작은값)까지 영역의 면적] 빼기 [a부터 x까지 영역의 면적]은 그냥 [x부터 ($x+$작은값)까지 영역의 면적]이라 생각했다. 여기서 막혀버린 것이 아닌가 싶을 수도 있지만, 이 모든 게 의미하는 바를 기억하면 거기서 빠져나오기가 그리 어렵지만은 않다. $\int_x^{x+dx} m(s)\ ds$라는 우스꽝스러운 항은 x와 $x+dx$라는 서로 무한히 가까운 두 점 사이에서 m의 그래프 아래 영역의 면적을 나타낸다. 따라서 이것은 폭이 dx이고 높이가 $m(x)$인 직사각형의 면적이니까, 당연히 $m(x)\,dx$가 된다. 위에 나온 식의 마지막 줄은 그냥 거기에 $\frac{1}{dx}$을 곱한 것이니까 이 마지막 줄은

$m(x)$가 돼야 한다. 이를 모두 합쳐서 표현하면 다음과 같다.

$$\frac{d}{dx} \int_a^x m(s)\, ds = m(x)$$

그럼 앞에서 한 것과 똑같은 답이 나왔다. 적분과 미분이 양쪽 방향 모두에서 서로를 무효화한 것이다. 우리가 입증한 내용을 요약하기 위해 여기 양쪽 버전의 근본 망치를 나열하고 낡은 버전을 살짝 다른 방식으로 적어서 새로운 버전과의 관계를 나타내보겠다.

$$\text{근본 망치 버전 1:} \quad \int_a^b \left(\frac{d}{dx} m(x) \right)\, dx = m(b) - m(a)$$

$$\text{근본 망치 버전 2:} \quad \frac{d}{dx} \int_a^x m(s)\, ds = m(x)$$

⟶ 6.4. 두 번째 구름 ⟵

우리는 이미 두 가지 서로 다른 영역에서 곡선을 정복했다. 첫 번째는 경사에서 그리고 이번엔 면적에서. 하지만 아직도 우리는 곡선의 길이를 계산하는 법은 모른다. 이 시점에서 우리가 걸어온 길을 되돌아보며 과거에 우리에게 도움을 주었던 것이 무엇이었는지 확인해보는 것도 값진 일이 될 것 같다.

경사의 영역에서 우리는 곡선을 이루는 기계 m을 x라는 점에서 x의 값에 대해서는 불가지론적 입장으로 남아 있기로 했다 무한히 확대해 들어가서 그것이 마치 직선인 것처럼 경사를 계산함으로써 곡선을 정복했다.

면적의 영역에서는 각각의 점 x에서 기계의 그래프 아래 있는 작은 영역의 면적을 $m(x)dx$라는 면적을 가진 무한히 가는 직사각형으로 생각할 수 있다고 깨달음으로써 곡선을 정복했다. 그다음에는 이 모든 작은 영역을 전부 더한다고 상상했다. 처음에는 어떻게 해야 하는지 몰랐지만 우리는 알 수 없는 답에 붙여줄 $\int_a^b m(x)dx$라는 이름을 생각해냈다. 그리고 일단 근본 망치를 발견하고 나니 우리의 새로운 $\int$ 개념이 그저 예전의 미분 개념을 거꾸로 뒤집은 것일 뿐임을 알게 됐다.

그럼 지금부터는 뭘 해야 할까? 이제는 무한 배율 확대경도 써볼 만큼 써봤으니 곡선의 길이를 나타내는 수식을 적기가 그래도 크게 어렵지는 않을 것이다. 면적 계산의 경우에서와 마찬가지로 우리가 실제로 특정 사례에서 휘어진 곡선 길이의 구체적인 값을 계산할 수 있느냐 하는 것은 다른 이야기다. 지금까지 무한 배율 확대경을 사용한 경험에 비추어 보면 일단 기계 m에서 시작해서 어떤 특정 점을 확대해 들어갈 것인지에 대해서는 불가지론적 입장으로 남은 상태에서 그 그래프 위의 어떤 점을 무한히 확대해 들어간다고 상상해볼 수 있다. 그다음에는 항상 그래온 것처럼 첫 번째 점과 무한히 가까운 다른 한 점을 살펴보도록 하자. 이 상황을 그림 6-6으로 나타냈다.

일단 확대해 들어가니 문제가 훨씬 덜 위협적으로 느껴진다. 이제 두 개의 점이 보이는데 수평으로는 우리가 dx라 부르는 거리만큼 떨어져 있고, 수직으로는 dm이라 부르는 거리만큼 떨어져 있다. 늘 그랬듯이 dm은 그냥 $m(x+dx)-m(x)$의 약자일 뿐이지만, 지금 설명할 때는 이 약자를 굳이 풀어 헤칠 필요가 없을 것이다. 두 점 사이의 실제 거리 즉, 우리가 그래프를 따라 걸었을 때 경험하게 될 거리를 나타내는 약자로는 $d\ell$을 쓰자. 확대를 하면 곡선이 무한히 짧은 직선으로 변하기 때문에 지름길 거리 공식

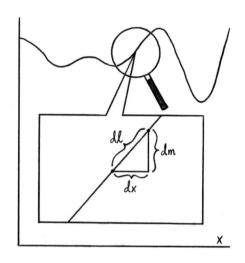

그림 6-6 곡선의 길이를 계산하는 법을 생각해보자. 확대해 들어가는 개념으로 예전에도 효과를 봤으니 그 방법을 다시 시도하자. 기계 m의 어떤 점 x에서 그래프를 무한히 확대해 들어가면 곡선이 직선처럼 보인다. 그럼 지름길 거리 공식을 이용해서 작은 길이 $d\ell$을 계산할 수 있다. 그럼 그렇게 구한 조각들을 모두 더하기만 하면 될 것 같다. 가만, 정말 그런가?

을 이용해서 다음과 같이 쓸 수 있다.

$$(d\ell)^2 = (dx)^2 + (dm)^2$$

아니면 같은 표현으로 $d\ell = \sqrt{(dx)^2 + (dm)^2}$ 이라고 쓸 수도 있다. 우리가 구하려는 곡선의 총 길이가 어떤 값이 될지는 모르겠지만, 어쨌거나 이 무한히 작은 $d\ell$ 조각들을 어떻게든 모두 합한 값이 바로 그 값이 될 것이다.

곡선의 '총 길이'가 대체 무슨 말일까? 곡선이 영원히 이어질 수도 있다. 그런 경우 길이는 무한대가 되겠지만, 이것은 우리가 묻고자 하는 질문이 아니다. 우리는 임의의 두 점, $x = a$와 $x = b$ 사이에서 m의 그래프의 길이에 대해 말하고 싶다. 따라서 이 문장을 기호로 요약하면 다음과 같이 나와야 한다.

$$a \text{와 } b \text{ 사이의 총 길이} \equiv \int_a^b d\ell = \int_a^b \sqrt{(dx)^2 + (dm)^2}$$ 방정식 6-27

좋다…. 그런데 이런 것을 전에는 본 적이 없다. 우리는 이런 식의 $\int$ 기호가 들어간 수식에만 익숙하다.

$$\int_a^b (\text{어떤 기계})\, dx$$

그러면 방정식 6-27에 나온 $\sqrt{(dx)^2 + (dm)^2}$ 조각이 (어떤 기계) dx처럼 보이도록 강제해보자. 거짓말하고 수정하기 방법을 사용해서 $\sqrt{(dx)^2 + (dm)^2} \frac{1}{dx} dx$라고 할 수 있다. 맨 오른쪽에 나온 dx는 우리가 원하던 것이지만 나머지 왼쪽의 것들은 꽤 흉측한 모습이다. 그럼 $1/(dx)$을 나머지 왼쪽 것들의 안쪽으로 가지고 들어가보자. 제곱근 기호를 썼더니 우리가 할 수 있는 일이 무엇인지 기억하기가 더 어렵다. 그럼 제곱근 기호를 $\frac{1}{2}$제곱으로 바꿔 쓰자. 우리가 거듭제곱을 발명한 방식 때문에 똑같은 제곱지수를 가진 두 수를 다음과 같이 합칠 수 있음을 알고 있다.

$$(\text{거시기})^{\#}(\text{저시기})^{\#} = [(\text{거시기}) \cdot (\text{저시기})]^{\#}$$ 방정식 6-28

따라서 $\frac{1}{dx}$을 왼쪽에 남은 헷갈리는 것 안으로 가지고 들어가려면 또다시 거짓말하고 수정하기를 해서 $\frac{1}{dx}$을 이런 우스꽝스러운 모습으로 써야 한다.

$$\frac{1}{dx} = \left(\frac{1}{(dx)^2} \right)^{\frac{1}{2}}$$

방정식 6-29

이렇게 하고 나면 우리가 막혔던 부분에서 다시 시작해 다음과 같이 쓸 수 있다. 기호가 산더미처럼 등장한다고 해서 겁먹을 필요 없다! 아래 유도식을 보면 마치 어마어마하게 많은 단계를 거치는 것처럼 보이지만 대부분은 그냥 생략하고 지나갈 수도 있는 과정이다. 이렇게 좀 더 단계를 나누어서 보여주는 이유는 내가 이 유도식을 정말 좋아하고, 각각의 단계를 최대한 이해하기 쉽게 보여주고 싶어서다. 하지만 각각의 단계들은 정말 간단하다. 준비됐는가? 그럼 시작한다.

$$\begin{aligned}
\sqrt{(dx)^2 + (dm)^2} &= \left((dx)^2 + (dm)^2 \right)^{\frac{1}{2}} \left(\frac{1}{(dx)^2} \right)^{\frac{1}{2}} dx \\
&= \left[\left((dx)^2 + (dm)^2 \right) \left(\frac{1}{(dx)^2} \right) \right]^{\frac{1}{2}} dx \\
&= \left(\frac{(dx)^2 + (dm)^2}{(dx)^2} \right)^{\frac{1}{2}} dx \\
&= \left(\frac{(dx)^2}{(dx)^2} + \frac{(dm)^2}{(dx)^2} \right)^{\frac{1}{2}} dx \\
&= \left(1 + \frac{(dm)^2}{(dx)^2} \right)^{\frac{1}{2}} dx \\
&= \left(1 + \left(\frac{dm}{dx} \right)^2 \right)^{\frac{1}{2}} dx \\
&\equiv \sqrt{1 + \left(\frac{dm}{dx} \right)^2} \, dx
\end{aligned}$$

방정식 6-30

이제부터가 재미있어진다. 이 통찰을 이용하면 방정식 6-27을 훨씬 덜 헷갈리는 방식으로 적을 수 있다. 우리가 방금 위에서 유도한 방정식을 방정식 6-27에 대입하면 곡선 m의 총 길이는 이렇게 적을 수 있다.

$$a \text{와 } b \text{ 사이에서 } m \text{의 총 길이} = \int_a^b \sqrt{1 + \left(\frac{dm}{dx}\right)^2}\, dx$$

$$\equiv \int_a^b \sqrt{1 + [m'(x)]^2}\, dx \quad \boxed{\text{방정식 6-31}}$$

아름답다! 이 장의 첫 번째 부분에서 우리는 우리의 새로운 개념 $\int$이 미분 개념의 정반대일 뿐임을 알아냈다. 따라서 그런 면에서 생각하면 하나의 개념으로 두 가지 개념을 얻은 셈이다. 그리고 지금 막 우리는 곡선을 직선으로 보일 때까지 확대해 들어간 다음 현미경 수준에서 작은 조각의 길이를 측정하고, 그 작은 길이를 모두 더해서 곡선의 길이를 계산하는 더 새로운 개념을 만들어냈다. 놀랍게도 우리는 지금 이 개념이 사실은 미분의 정반대인 $\int$ 개념과 같음을 발견했다. 모든 것이 아주 멋지게 어울리고, 어떤 면에서 보면 우리가 기대했던 것보다도 훨씬 예쁘다! 방정식 6-31은 우리가 이 섹션에서 한 모든 것을 요약해서 보여준다. 복잡하게 느껴지지만 단지 이런 부분을 말할 뿐이다.

질문 이봐, 내게 $m(x)$라는 곡선이 있는데 말이야, 그 길이를 어떻게 계산하면 될까?

답 나도 몰라. 하지만 그건 $\sqrt{1 + m'(x)^2}$이라는 그래프 아래 영역의 면적과 똑같은 값이야.

독자 그렇게 하면 길이를 계산하기가 더 쉬워져?

답 어떤 m에 대해서는 그럴 수도 있겠지. 하지만 나도 몰라. 나 좀 그냥 내버려 둬.

6.5. 재회

1. 이 장에서 우리는 곡선 아래 영역의 면적을 나타내는 약자를 $\int_a^b m(x)$ dx라고 적었다. 이 약자는 곡선의 면적을 무한히 많은, 무한히 가는 직사각형그래서 $m(x)dx$들의 합그래서 '합'을 의미하는 S 비슷한 기호를 사용으로 생각할 수 있다는 사실을 반영하고는 있지만, 그 곡선의 면적을 실제로 어떻게 계산해야 하는지에 대해서는 말해주지 않는다.

2. 그래서 우리는 $\int_a^b m(x)dx$에 들어가 있는 m을 다른 어떤 기계 M의 도함수로 생각할 수 있다면 그 곡선의 면적을 $\int_a^b \frac{dM}{dx} dx$로 고쳐 써서 두 dx를 지울 수 있음을 깨달았다. dM은 $M(x+dx)-M(x)$를 의미하는 약자이기 때문에 $\int_a^b dM$은 분명 우리가 $x = a$에서 $x = b$까지 걸어가는 동안 경험하는 높이의 작은 변화들을 모두 합친 것이 되고, 이는 결국 $M(b)-M(a)$가 된다. 즉 다음과 같다. 여기서 M은 도함수가 m인 임의의 기계, m의 '역도함수'를 말한다.

$$\int_a^b m(x)dx = M(b) - M(a)$$

우리는 이것을 '미적분학의 근본 망치'라 부르기로 했다. 우리의 낡은 개념인 미분을 새로운 개념인 적분과 연결시켜주고, 이 두 가지가 어떤 면에서는 서로 정반대라는 것을 보여주기 때문이다.

3. 우리는 미적분 없이도 면적을 계산할 수 있는 몇몇 간단한 사례에서 근본 망치를 검증해냈다. 각각의 경우에서 근본 망치는 기대했던 결과를 보여주었으며, 우리가 유도한 내용이 맞는다는 자신감도 더욱 커졌다.

4. 우리는 어떤 기계든 무한히 많은 역도함수가 존재하지만, 그렇다고 적분을 계산하거나 근본 망치를 사용하기가 더 어려워지는 것은 아님을 알게 되었다. 즉, 만약 M이 m의 '역도함수'여서 $M'(x) = m(x)$가 성립한다면 $M(x)+\#$ 형태의 모든 기계 또한 m의 역도함수다.

5. 우리는 2장과 3장에서 우리가 발명한 미분용 망치들이 각각 적분에 관해 말해주는 '거꾸로 망치' 파트너를 가지고 있음을 알아냈다. 우리는 계속해서 더하기, 곱하기, 약자 고쳐 쓰기용 거꾸로 망치를 발명했고, 이들은 각각 똑같은 이름을 가진 원래의 망치들을 '무효화'하는 역할을 했다.

6. 우리는 미분과 적분이 서로 정반대로 작용하는 또 다른 의미가 존재한다는 것을 발견했다. 이로써 근본 망치를 다음과 같이 두 번째 방식으로 적을 수 있게 됐다.

$$\frac{d}{dx} \int_a^x m(s)\, ds = m(x)$$

따라서 두 가지 미적분학 개념은 적용 순서에 상관없이 서로 반대라고 생각할 수 있게 됐다.

7. 우리는 곡선의 길이라는 문제로 관심을 돌려 여기에도 역시 적분이 관여하고 있음을 발견했다. 우리는 무한히 확대해 들어간 뒤 지름길 거리 공식을 이용해서 두 점 $x = a$와 $x = b$ 사이에서 기계 m의 그래프의 길이는 다음과 같다는 것을 알아냈다.

$$\int_a^b \sqrt{1 + \left(\frac{dm}{dx}\right)^2}\, dx$$

곡선의 길이를 구하는 문제를 곡선의 면적 문제를 풀었을 때처럼 적분을 계산하는 문제로 환원시켜놓고 난 뒤 우리는 곡선의 길이를 계산하는 구체적인 사례는 다루지 않고 그냥 넘어가기로 했다. 두 문제 모두 이제는 적분의 언어로 표현되었기 때문에 두 문제 중 어느 하나에서 개발한 기술을 나머지 문제에 바로 적용할 수 있기 때문이다. 따라서 그 대신 다른 새로운 영역을 개척하기로 했다.

죽이기

복수는 잊을 만할 때…

(독자가 막간에 들어오는데 저자가 무언가에 열중하고 있다.
방 안에 온갖 용품이 어질러져 있다.
저자는 심각한 얼굴로 종이를 바라보며 책상 옆에서 서성인다.)

독자 이게 다 뭐야? 무슨 일 있어?

(저자가 하는 일에 푹 빠져서 반응이 없다.)

독자 여보세요??????

(저자는 계속해서 자기 일에만 빠져 있다.)

독자 저자!!!

저자 (깜짝 놀라며) 아, 왔어? 반가워.

독자 오늘은 뭘 하고 있는데?

저자 복수를 준비하고 있지.

독자 복수라니? 대체 무슨 이야기야?

저자 복수가 복수지, 뭐야!

독자 그러니까 누구한테 복수한다는 소리냐고? 우리는 지금까지 좋은 사
    람들만 만났잖아.

저자 그건 나도 알아!

독자 너 괜찮아? 너 요즘 사람이 이상해졌….

                    (수학이 방에 들어온다.)

저자 드디어 너도 왔구나!

수학 무슨 일이에요? 중요한 일이었으면 좋겠네요.

저자 물론 중요한 일이지!

수학과 독자 (동시에) 대체 뭘 하려고?

                    (저자가 미소를 짓는다.)

저자 오늘 그놈을 사냥해서 죽일 거야.

독자 드디어!

수학 우리가 이 일에 다시는 관심을 갖지 않을 줄 알았어요!

저자 자, 이제 우리는 팀이야. 모여 봐. 시계는 다 맞춰놨지?

독자 이상 무!

수학 저는 시계가 없어요. 무의 세계는 시간이….

저자 헬멧은 단단히 고정했고?

독자 이상 무!

수학 저기요…. 저 여기 들어온 지 반 쪽밖에 안 됐….

저자 향수 장치를 써야 할지도 몰라. 그러니까 내내 그것을 가까이 두어야
해. 가장 중요한 것부터 해야 하는 법이니까. 공격 계획을 잘 짜자. 아
니면 우리가 오히려 이놈한테 당할 수도 있어.

수학 그건 저한테 맡겨주세요!

공격 계획

수학 계획이 뭐죠?

저자 음, 계획을 세우는 것이 가장 먼저 할 일이지. 하지만 '공격 계획'이
라는 제목으로 섹션을 만드는 것이 공격 계획을 실제로 세우는 일과
같은 말은 아니야. 철학자들은 이것을 '사용—언급 오류use-mention
error, 어떤 사물을 지칭하기 위해 단어를 '사용'하는 것과 그 단어 자체를 '언급'하는 것을
혼동하는 경우. '어지간한 역사는 성경에 다 들어 있다. 성경은 두 글자다. 따라서 역사는 대
부분 두 글자에 들어 있다'고 하면, 앞에 나온 '성경'은 대상을 지칭하기 위해 '사용'한 것이
지만, 두 번째 '성경'은 '언급'한 것이다. 따라서 여기서 사용—언급 오류가 발생한다. 그래서
말 자체를 언급할 때는 대개의 경우 거기에 작은따옴표를 붙여 구분한다—옮긴이 주'라고
부르지.

수학 ….

저자 좋아. 우리가 취할 경로가 몇 가지 있어. 이것들 모두 머릿속에 담아 두는 것이 좋을 거야. 한 경로가 실패하면 후퇴해서 또 다른 경로를 시도할 수 있으니까. ♯가 들어가는 문장은 모두 우리의 약점이 될 수 있다는 것을 잘 알고 있겠지? 그래서 거기에 초점을 맞출 필요가 있어. 이 ♯는 원과 관련된 문장에 나타나는 경향이 있으니까 원에서 시작하자고. 우리는 반지름이 r인 원의 면적이 다음과 같다는 것을 알고 있지.

$$A(r) \equiv \sharp r^2$$

따라서 ♯ 자체는 반지름이 1인 원의 면적이 되는 거지. 우리는 이미 휘어진 영역의 면적을 구하는 대포를 만들어놓았으니까 그것도 우리가 취할 수 있는 하나의 경로인 셈이지.

수학 뭐라고요? 두 분이 $\int$을 계산하는 법을 알아냈다고요?

저자 뭐, 가끔은. 항상 그렇다는 것은 아니고.

독자 아, 맞다. 너 그때 거기 없었지.

저자 그 내용은 종이에 다 적어놨으니까 시간 날 때 6장으로 가서 확인해보라고. 어쨌거나 지금은 여기에 집중을 해야 돼! 다른 공격 계획도 알아봐야지!

수학 좋아요. ♯는 반지름이 r인 원의 둘레 길이, 즉, 원주를 구할 때도 나타나요.

$$L(r) \equiv 2\sharp r$$

수학 r은 원을 가로지르는 거리 즉, 지름의 절반이니까 ♯ 자체는 그냥 지름의 길이가 1인 원주인 셈이네요.

독자 지난 장 마지막 부분에서 곡선의 길이를 계산하는 방법도 알아냈으니까, 그것도 가능성 있는 경로네.

수학 뭐라고요?

독자 아, 맞다. 너 그때도 거기 없었지.

수학 두 사람이 제가 아직 모르는 저를 발명한 것이 더 있나요?

독자 아니, 그냥 6장이 전부야.

수학 좋아요. 그럼 우리한테는 지금까지 발명해놓은 온갖 미적분학이 있어요. 이를테면 망치들.

독자 그리고 거꾸로 망치도.

저자 그리고 향수 장치도.

수학 그러고 보니 5장에서 향수 장치를 이용해서 e라는 수를 계산했잖아요. 어쩌면 그것이 여기서도 통할지 모르겠네요.

독자 좋은 아이디어야. 향수 장치를 어떻게 사용하면 ♯를 계산할 수 있을까?

저자 글쎄, e를 계산할 때는 1을 입력하면 e라는 수가 출력되는 $E(x) \equiv e^x$이라는 기계가 있었지. 향수 장치는 더하기와 곱하기만을 이용해서 그 기계에 대해 이야기할 수 있게 도와줬고. 이렇게.

$$e^x = \sum_{n=0}^{\infty} \frac{x^n}{n!} \qquad \text{따라서} \qquad e = \sum_{n=0}^{\infty} \frac{1}{n!}$$

여기서도 이렇게 할 수 있을까?

독자 어떤 수를 입력했을 때 ♯를 출력하는 기계를 생각해야 할 것 같은데?

수학 그건 간단하죠. 그냥 $M(x) \equiv x$로 정의하면 돼요. 그럼 $\sharp$를 입력하면 $\sharp$를 출력하는 기계를 얻게 되죠.

독자 그게 도움이 될지 모르겠네.

저자 그러게…. 틀린 것은 아니지만 도움도 안 돼. x에 향수 장치를 써도 그냥 다시 x가 나오는 거잖아. $\sharp = \sharp$라고 하면 참은 성립하지만 $\sharp$가 무엇인지는 말해주지 않아.

수학 그럼 우리에게 필요한 것이 뭐죠?

저자 글쎄. e^x의 경우에서는 그냥 '무언가'를 입력하면 e를 출력하는 기계가 아니라 '무언가 간단한 것', 즉 1이라는 수를 입력하면 e를 출력하는 기계가 있었지. 그렇게 하니까 우리가 기존에 알고 있던 더 간단한 것을 이용해서 e를 기술할 수 있었어. 우리는 최대한 간단한 것을 이용해서 $\sharp$를 기술할 필요가 있어.

수학 아, 그건 어떻게 해야 하는지 모르겠어요.

독자 나도.

저자 나 역시! 하지만 실망할 거 없어. 우리가 가진 이 모든 무기를 좀 봐! (저자가 헛기침을 한다.) 그러니까 우리가 갖고 있는 게….

많아도 너무 많은 무기

(세 등장인물이 방 안을 둘러본다.

방 안에는 실제로 [이 – 섹션의 – 제목 – 그대로]가 널려 있다.

온갖 망치, 또 그만큼이나 많은 거꾸로 망치, 무한 배율 확대경,

향수 장치, '거짓말하기', 거기에 '거짓말을 수정하기'라는 딱지가 붙은

이상한 물체 두 가지. 그리고 검은 종이 한 장이 구석에 놓인

물체 하나를 덮고 있고, 그 옆에는 이렇게 쓰인 표지판이 있다.

'수학을 속여서 난장판 만들기.')

저자 이 무기들 좀 봐! 이제 우리가 이 문제에 당할 일은 절대로 없다고!

독자 정말 확신해?

저자 그렇지는 않지! 하지만 이 정도면 해볼 만하잖아. 우리가 필요한 게

뭐지?

수학 글쎄요. 무언가 간단한 것을 입력했을 때 $\sharp$를 출력하는 기계가 필요

해요.

독자 그 반대의 것은 있잖아.

저자 그게 무슨 말이야?

독자 V하고 H 기억해? 수학 교과서에서 사인하고 코사인이라고 부르는

바로 그거?

저자 당연히 기억하지.

독자 V에 $\frac{\sharp}{2}$를 입력하면 1이 나왔던 거 기억나?

저자 아니.

독자 넌 대체 뭐 하나 기억하는 게 없어. 하지만 4장에서 네 입으로 그랬

잖아. 우리는 V를 시각적으로 정의하면서 다음과 같은 사실을 알아

냈다고.

$$V\left(\frac{\sharp}{2}\right) = 1$$

이건 e와는 일종의 정반대 상황이라고 할 수 있지.

수학 설명 좀….

독자 e^x처럼 무언가 간단한 것을 입력했을 때 우리가 원하는 수를 출력해 주는 대신 V는 우리가 원하는 무언가를 입력했을 때 무언가 간단한 것을 출력해준다고! 또는 우리가 원하는 것과 관련된 무언가를 입력했을 때. 이게 무슨 말이냐면 ♭를 알 수 있으면 ♯도 알아낸 것이나 다름없다 이 말이야.

수학 아! 알겠어요. 그럼 무슨 의미인지는 알 수 없지만, V의 '정반대'인 것이 존재한다면 1을 입력하면 ♭를 출력할 거다, 이 말이죠?

저자 V의 정반대가 뭔데?

수학 저는 몰라요.

저자 나도 몰라.

독자 V의 정반대가 우리가 잘 모르는 거면 어때? 그냥 거기에 이름을 붙여주고 그것이 어떻게 행동해야 하는지만 알아보면 될 거 아냐?

저자 그렇지. 해볼 만하겠는데?

수학 그 이름은 제가 붙여볼게요!

저자 좋아.

수학 V의 정반대 기계니까…. Λ라고 축약할게요. Λ가 대체 어떤 것인지는 알 수 없지만 어쨌거나 다음과 같이 행동하는 기계예요.

$$x\text{의 값에 상관없이} \quad V(\Lambda(x)) = x \quad \text{그리고} \quad \Lambda(V(x)) = x$$

따라서 V가 무엇을 하든지 Λ는 그것을 정반대로 하지요.

독자 바로 그거야! 따라서 다음이 참이 되어야 해.

$$\Lambda(1) = \frac{\sharp}{2} \qquad \text{따라서} \qquad \sharp = 2\Lambda(1)$$

수학 그럼 $\Lambda(1)$을 계산할 다른 방법만 알아낼 수 있다면 문제를 풀 수 있
다는 이야기인가요?

저자 그런 것 같네. 그러려면 어떻게 해야 하지?

독자 향수 장치를 이용할 수 있겠지.

저자 아니지, 그건 통하지 않을 거야. Λ의 도함수에 대해서는 전혀 아는
것이 없잖아. 향수 장치를 이용하려면 모든 도함수를 알아야 한다고.

수학 어쩌면 수학mathematics을 속여서 그 도함수가 무엇인지 알아낼 수
있을지도 몰라요.

약자 고쳐 쓰기로 망치질하기

(저자와 독자가 똑같이 충격받은 얼굴로 동시에 수학을 돌아본다.)

독자 가만, 처음 만난 날에 우리가 그런 표현을 썼다고 너 완전히 화나서
입에 거품 물었잖아!

저자 그러게. 그런데 갑자기 네가 아무렇지도 않게 '수학Mathematics을 속
인다'는 표현을 쓰다니?

수학 아니죠. 저는 대문자가 아니라 소문자로 시작했잖아요. 그럼 그 '수
학'은 저를 가리키는 이름이 아니죠. 제 이름은 고유명사니까 대문자
'M'으로 시작해요.

독자 그게 차이가 있어?

저자 차이가 있기는 하지. 소문자 'm'으로 시작해서 쓰면 수학이라는 일반적인 학문을 말하는 거고, 대문자 'M'으로 시작해서 쓰면 우리와 대화하는 '수학'의 이름이 되니까.

독자 그 수학이 그 수학 아니었어?

수학 그쯤 하죠. 앞에서 말했듯이 이렇게 하면 수학을 속일 수 있을지도 몰라요. 매복 기계 $A(x) \equiv \Lambda(V(x))$를 정의하는 거예요. 우리끼리 하는 말인데 이것은 사실 그냥 $A(x) = x$라는 기계예요. 그래서 $\frac{dA}{dx} = 1$이죠. 이제 이렇게 약자 고쳐 쓰기용 망치를 쓸 수 있어요.

$$1 = \frac{d}{dx}A(x) \equiv \frac{d}{dx}\Lambda(V(x)) = \frac{dV}{dx}\frac{d}{dV}\Lambda(V(x)) \quad \boxed{\text{방정식 6-32}}$$

저자 이게 무슨 도움이 된다는 거야?

독자 맨 오른쪽에 두 조각이 있는데, 그중 하나는 우리가 아는 거네. $\frac{dV}{dx} = H(x)$니까.

수학 바로 그겁니다. 우리가 방금 쓴 것을 그것을 이용해 고쳐 써보죠. 이렇게요.

$$1 = H(x)\left(\frac{d}{dV}\Lambda(V(x))\right)$$

저자 좋아. 하지만 $\frac{d}{dV}\Lambda(V(x))$가 뭔데?

독자 난 모르겠는데?

수학 이거 왜 이래요, 저자. 기억 안 나요? 언제든 약자를 고쳐 쓸 수 있잖아요. 똑같은 것을 이렇게 고쳐 쓰면 도움이 될까요?

$$\frac{d}{dV(x)}\Lambda(V(x)) \quad \text{아니면} \quad \frac{d}{dV}\Lambda(V) \quad \text{아니면} \quad \frac{d}{dx}\Lambda(x)$$

저자 안 되지.

독자 아! 알겠다. 우리는 약자를 언제든 바꿀 수 있으니까, 저것들 모두 똑같은 거야.

수학 그렇죠! 제 말이 바로 그 말이에요. $A(x) \equiv \Lambda(V(x))$로 정의한 다음 A를 두 가지 방법으로 미분하면 수학을 속여서 Λ의 도함수를 실토하게 만들 수 있어요. 한편에서는 $\frac{dA}{dx} = 1$이고, 다른 한편에서는 우리가 위에서 했던 것처럼 약자 고쳐 쓰기용 망치를 사용할 수 있죠. 그럼 다음과 같이 나와요.

$$1 = H(x)\left(\frac{d}{dV}\Lambda(V)\right)$$

방정식 6-33

그럼 $H(x)$를 반대쪽으로 옮겨서 Λ의 도함수만 따로 떼어 낼 수 있어요. 이렇게요.

$$\frac{d}{dV}\Lambda(V) = \frac{1}{H(x)}$$

방정식 6-34

저자 김 빼는 소리 해서 미안한데 난 아직도 어째서 이게 도움이 된다는 소린지 모르겠어. 좀 덜 꼬인 사례에서는 이런 유형의 논증으로 효과를 볼 수 있다는 건 알겠어. 그러니까 다음과 같은 것을 입증해 보이는 논증을 펼쳤을 때라면 말이지.

$$\frac{d}{d\star}M(\star) = \frac{1}{\star}$$ 이면 다음과 같이 약자 고쳐 쓰기를 할 수 있다.

$$\frac{d}{dx}M(x) = \frac{1}{x}$$

하지만 네가 적어놓은 방정식 6-34는 복잡해서 어떻게 도움이 된다는 것인지 이해가 안 돼. 우리가 원하는 것은 $\frac{d}{dx}\Lambda(x)$인데, 그것은 분명 x의 자리에 V가 들어가 있는 원래의 수식과 똑같지. 우리가 원하면 얼마든지 축약할 수 있으니까. 하지만 V들을 x들로 바꿀 때 우변에 있는 $H(x)$에는 무슨 일이 일어나는데? 방정식 전체가 V를 '변수'로 해서 적혀 있다면 V를 네가 원하는 다른 글자 아무것이나 골라서 바꿔도 상관없겠지. 하지만 이미 거기는 V 말고도 x가 들어가 있잖아. 그럼…. 글쎄 난 뭐가 어떻게 되는지 모르겠네.

수학 아하, 그렇다면 H를 V를 이용해서 표현해야겠군요. 그럴 수만 있다면 방정식 6-34는 완전히 V의 언어로만 쓰이게 될 테고, 그럼 모든 V를 x로 약자 고쳐 쓰기만 하면 우리는 저를 속여서 Λ의 도함수를 실토하게 할 수 있을 테니까요.

저자 좋아. 난 아직 네 말을 완전히 받아들이지는 못하겠지만, 그래도 네가 무슨 생각을 하는지는 이해할 것 같아. 지름길 거리 공식을 이용하면 $V^2 + H^2 = 1$이 되지. 그럼 이것을 $H = \sqrt{1 - V^2}$으로 고쳐 쓸 수 있어. 그렇게 하면 방정식 6-34는 다음과 같이 변해.

$$\frac{d}{dV}\Lambda(V) = \frac{1}{\sqrt{1 - V^2}} \qquad \text{방정식 6-35}$$

이제 여기에는 온통 V만 있고, 우리가 원하면 얼마든 약자를 고쳐 쓸 수 있기 때문에 다음의 방정식이 성립해야 돼.

$$\frac{d}{dx}\Lambda(x) = \frac{1}{\sqrt{1-x^2}}$$

방정식 6-36

저자 하지만 이런 논증은 아직도 뭔가 우스꽝스럽게 느껴져.

독자 글쎄, 넌 항상 우리가 어떤 논증이 맞는다고 확신할 수는 없어도 다른 방법으로 똑같은 결과를 얻을 수 있는지 확인하는 데는 도움이 된다고 말했잖아. 그렇게 한번 해보자.

저자 좋아…. 그럼 똑같은 논증을 거꾸로 뒤집어서 진행할 수 있을 것 같아.

독자 어떻게?

저자 위의 논증에서 우리는 $\Lambda(V(x)) = x$라는 문장으로 수학을 속여서 $\Lambda'(x)$를 실토하게 만들었잖아. 이번에는 그 대신 $V(\Lambda(x)) = x$를 이용하되, 나머지는 다 똑같이 진행해보면 어때? 그러니까 내 말은, 그렇게 해서 $\Lambda'(x)$의 답이 똑같이 나오면 걱정을 조금은 덜 수 있겠다는 말이지. 1분 정도만 시간을 내줄 수 있을까?

독자 1분? 이 책을 여기까지 포기하지 않고 읽은 것을 보면, 아무래도 나는 인내심이 굉장한 사람 아닐까? 시간은 넉넉하게 써도 돼.

저자 (한숨.*) 넌 정말 멋진 놈이야. 좋아. 그럼 최대한 빨리 진행해볼게. 이번에는 $A(x) \equiv V(\Lambda(x))$라고 정의할게. 이것도 역시나 그냥 x와 같아. V와 Λ가 서로를 무효화하니까. 따라서 이번에도 A의 도함수는 그냥 1이 되겠지. 그럼 앞에서 한 것과 똑같은 유형의 추론 과

---

* (저자의 장황한 수다 앞에서 독자가 보여준 인내심에 저자는 마음이 따듯해진다. 그리고 저자의 마음은 $\frac{1}{2}$ (플라토닉+정의할 수 없는) 사랑이 흘러넘친다. 그리고 곧이어('곧이어'라고 적고 '지금'이라 읽는다) 앞에 나온 감정을 이렇게 공개적으로 까발린 데 깊은 수치심을 느낀다. 저자는 생각한다. 어쨌거나 수학 교과서(아니면 다른 무엇이든 간에)에서 이런 말을 꺼내는 건 경우가 아니라고 말이다. 이런 내가 또 쓸데없는 이야기로 샜다….)

정을 이용해보자고.

$$1 = \frac{d}{dx}A(x) \equiv \frac{d}{dx}V(\Lambda(x))$$

$$= \frac{d\Lambda(x)}{dx}\frac{d}{d\Lambda(x)}V(\Lambda(x)) \equiv \frac{d\Lambda}{dx}\frac{d}{d\Lambda}V(\Lambda) \qquad \text{방정식 6-37}$$

첫 번째 등호가 성립하는 이유는 $A(x) = x$이기 때문이고, 세 번째 등호가 성립하는 이유는 약자 고쳐 쓰기용 망치를 이용했기 때문이고, 나머지 두 개는 그냥 정의이기 때문이야. 이제 맨 오른쪽에 V의 도함수가 나왔어. V의 도함수는 H지. 따라서 다음과 같이 나와.

$$1 = \left(\frac{d\Lambda}{dx}\right)H(\Lambda)$$

이 $H(\Lambda)$ 조각은 좀 우스꽝스러워 보이지만 그냥 H(거시기)를 나타낼 뿐이야. 그리고 H 안에 들어가는 모든 '거시기'는 언제나 어떤 각도라 생각할 수 있지. 따라서 그냥 지름길 거리 공식을 이용해서 $H(\Lambda)^2 + V(\Lambda)^2 = 1$을 얻을 수 있어. 그런 다음 $H(\Lambda)$만 따로 떼어 내면 $H(\Lambda) = \sqrt{1 - V(\Lambda)^2}$이 나와. 그럼 이것을 이용해서 다음과 같이 쓸 수 있어.

$$1 = \left(\frac{d\Lambda}{dx}\right)\left(\sqrt{1 - V(\Lambda)^2}\right) \quad \text{따라서} \quad \frac{d\Lambda}{dx} = \frac{1}{\sqrt{1 - V(\Lambda)^2}}$$

가만, 앞에서 나온 거랑 다르잖아!

수학 과연 그럴까요? 덜 무시무시해 보이게 하려고 x를 더 이상 쓰지 않왔잖아요. 기억나요? $\Lambda(x)$ 대신 Λ를 썼을 때처럼요.

저자 아, 맞다! 그럼 $V(\Lambda)$ 조각이 사실은 $V(\Lambda(x))$지. 그리고 이것은 정의에 의해 그냥 x가 되고. 그럼 우리가 방금 발견한 것을 이렇게 고쳐 쓸 수 있어.

$$\frac{d\Lambda}{dx} = \frac{1}{\sqrt{1-x^2}}$$

그럼 방정식 6-36에서 구한 거랑 완전히 똑같네.

수학 자신감이 생겨요?

저자 그래도 아까보다는 좀 더 자신감이 붙네.

#의 저항

저자 좋아. 그럼 이제 뭐?

수학 우리는 방금 다음의 사실을 확인했어요.

$$\frac{d\Lambda}{dx} = \frac{1}{\sqrt{1-x^2}}$$

방정식 6-38

우리가 이것을 한 이유는 $2\Lambda(1) = \#$임을 깨달았기 때문이었죠. 따라서 $\Lambda(1)$을 계산할 다른 방법을 생각할 수 있다면 계산이 가능해져요!

저자 우리가 방금 한 것이 $\Lambda(1)$를 계산하는 데 어떻게 도움이 된다는 거야?

수학 아···. 도움이 된다고는 안 했는데요?

저자 음···.

수학 우리는 향수 장치를 사용할 계획이었죠. 그 장치를 이용하려면 한 기계의 모든 도함수가 필요해요. 우리는 그냥 그 첫 번째 도함수만 찾아냈을 뿐이에요.

저자 그렇지. 과정 또한 고통스러웠고.

독자 근본 망치를 사용할 수 있을까?

수학 오호! 어쩌면 가능할지도 모르겠네요. 어떻게 그런 생각을 다 했어요?

독자 글쎄···. 근본 망치는 기계와 그 도함수 사이의 관계를 말해주잖아. 그럼 어쩌면 우리가 방금 알아낸 Λ의 도함수에 대한 정보와 Λ 그 자체에 관한 정보 사이의 관계를 말해줄지도 모르지. 나도 잘은 모르겠어.

저자 그러네. 근본 망치를 이용하면 이렇게 쓸 수 있지.

$$\int_a^b \left(\frac{d\Lambda}{dx}\right) dx = \Lambda(b) - \Lambda(a)$$

그리고 우리는 $\Lambda(1)$을 원해. 따라서 $b = 1$로 하고 방정식 6-38을 이용하면 이렇게 쓸 수 있어.

$$\int_a^1 \frac{1}{\sqrt{1-x^2}} dx = \Lambda(1) - \Lambda(a) \qquad \text{방정식 6-39}$$

음. 우리는 그냥 $\Lambda(1)$만 원하는데. 오른쪽에 있는 $\Lambda(a)$를 지울 수 있으면 좋겠다.

독자 $\Lambda(a) = 0$으로 만들 방법이 없나?

수학 우리는 Λ에 대해서는 아는 게 별로 없어요. 그냥 V를 무효화하는 기계라고만 정의했으니까요. $V(0) = 0$이란 것은 알고 있죠. 하지만 Λ가 V를 무효화한다면, $\Lambda(0) = 0$예요. 그렇죠?

저자 말 되네.

독자 좋았어! 그럼 방정식 6-39에서 $a = 0$으로 놓으면 이렇게 돼.

$$\int_0^1 \frac{1}{\sqrt{1 - x^2}}\, dx \;=\; \Lambda(1) - \Lambda(0) \;=\; \Lambda(1) \qquad \boxed{\text{방정식 6-40}}$$

이제 이것을 앞에서 나온 $\sharp = 2\Lambda(1)$라는 사실과 결합할 수 있어.

$$\sharp \;=\; 2\int_0^1 \frac{1}{\sqrt{1 - x^2}}\, dx \qquad \boxed{\text{방정식 6-41}}$$

저자 멋지군! 그럼 끝난 건가?

수학 그런 것 같네요.

독자 아니지. 끝난 게 아니야! 아직 $\sharp$의 구체적인 값을 모르잖아! 그게 핵심인데.

저자 흠…. $\sharp$의 구체적인 값을 어떻게 계산하지?

독자 방정식 6-41에 나온 적분을 계산해야 하는데, 그걸 어떻게 해야 하지?

저자 나도 모르겠는걸.

수학 저도요.

독자 둘 다 모른다고? 지금 농담하는 거지?

다시 처음부터

독자 그럼 ♯를 구하는 일에 전혀 진전이 없다는 말이야?

저자 나도 모르겠어. 그래도 정답에 좀 더 가까워진 거 아닐까? 문제를 공략하는 법에 대해 많이 알게 됐잖아…. 하지만 그건 사실이지. 우리는 아직도 막힌 상태야. 방정식 6-41에 나오는 적분을 계산하는 법을 모르니까.

독자 그냥 억지로 밀어붙이면 안 되나? 근사치만 구하게.

저자 작은 직사각형의 면적들을 모두 더해보자는 이야기야?

독자 그렇지!

수학 별로 좋은 생각 같지 않은데요. 저는 내키지 않아요.

독자 한번 해보자. 응?

저자 좋아. 정 소원이라면. 부딪혀보는 거지, 뭐.

수학 그럼 두 분이서 실컷 하세요. 저는 저기 가서 이 문제에 대해 혼자 생각 좀 해볼게요.

(수학이 맞은편으로 간다.)

저자 좋아. 0부터 1까지의 구간을 여러 사이를 나눠서 점을 찍어보자. 이렇게.

$$0, \frac{1}{n}, \frac{2}{n}, \frac{3}{n}, \dots, \frac{n-1}{n}, 1$$

이 점들은 모두 $x_k \equiv \frac{k}{n}$ 라는 점이고, 여기서 n은 아주 큰 수, 그리고

k는 0에서 n까지 이어지는 수야.

독자 좋아. 계속해봐!

저자 이 점 가운데 서로 인접한 임의의 두 점 사이의 길이는 모두 똑같아. 즉, $\Delta x_k \equiv \frac{1}{n}$ 이지.

독자 좋아. 그래서?

저자 그럼 방정식 6-41에 나온 적분을 다음과 같이 근사치로 표현할 수 있어.

$$\int_0^1 \frac{1}{\sqrt{1-x^2}}\, dx \approx \sum_{k=0}^{n} \frac{1}{\sqrt{1-x_k^2}}\, \Delta x_k$$
$$= \sum_{k=0}^{n} \frac{1}{\sqrt{1-(k/n)^2}} \left(\frac{1}{n}\right)$$

우와. 이렇게 써놓으니 끔찍하군.

독자 계속해봐! 어서!

저자 아니야. 계속해봐야 별 의미 없어. 우리가 이걸 직접 계산할 수 있겠어?

독자 앨하고 실을 부르면 되잖아! 숫자를 계산하다가 막히면 언제라도 전화하라고 했으니까.

저자 그럴 수야 있겠지. 하지만 우리가 못하는 일을 앨과 실에게 대신 시키려니까 죄책감이 든단 말이지. 예전에 e를 계산할 때 우리는 원칙적으로는 직접 계산이 가능한 두 수식을 발명했지. 다만 장황한 산수 계산을 하고 싶지는 않았어. 그런 상황이라면 앨과 실에게 부탁하는 것이 어렵지 않아.

독자 그럼 지금이 그때와 다를 게 뭐야?

저자 어떻게 보면 비슷한 상황이지. 하지만 이번에는 여러 항을 더하는 것
이고, 그 각각의 항에는 제곱근이 들어 있잖아. 우리는 아직 제곱근
을 계산하는 법을 몰라.

독자 아니지, 우리도 알아! 그냥 향수 장치를 이용하면 되잖아!

저자 그렇긴 하지…. 그러니까, 특정 제곱근 계산을 임의의 정확도로 얼마
든 계산할 수 있다고. 하지만 이 계산은 어마어마하게 많은 수의 제
곱근을 합하는 거잖아. 각각의 제곱근을 향수 장치로 확장해서 수식
을 얻은 다음, 그 각각의 수식을 유한한 항만 남기고 잘라서 전부 더
하고, 그렇게 구한 합을 모두 다시 더하면 전체적인 합을 임의의 정확
도로 계산할 수 있을 거야. 하지만 그렇게 하는 것은 흉측하게 이중으
로 합을 구하는 일이잖아. 이렇게 해서 정답을 구할 수는 있다고 해
도 볼썽사나워. 답을 구할 수는 있겠지만 그렇게 해서는 ♯를 죽여도
멋지게 복수했다는 기분이 들 것 같지 않단 말이지.

독자 어휴…. 그럼 이건 없었던 일로 하자!

(독자가 저자 곁을 떠나 수학에게 다가간다.
수학은 맞은편에서 무언가 열심히 하고 있다.)

독자 수학아, 진도 좀 나갔어?

(수학은 계속 일하면서 책상에서 눈을 떼지도 않고 독자에게 말한다.)

수학 아직은 모르겠어요. 간단한 값을 입력하면 ♯를 출력하는 다른 기계들
을 가지고 이렇게 저렇게 굴려보고 있었어요. 두 사람은 진도 좀 나

갔나요?

독자 뭐, 성과가 있다면 있기는 한데 신통치는 않아. ♯를 나타내는 수식을 얻었지만 제곱근이 들어가고 볼썽사나워. 그래서 저자는 이렇게 해서는 문제를 제대로 풀었다는 기분이 안 든대.

수학 아니, 그게 무슨 말이에요?

독자 우리가 직접 답을 계산할 수 없기 때문이래. 사실 계산이 가능하긴 하거든, 하지만 저자가 괜히 까다롭게 굴고 있어. 숫자와 근사치가 잔뜩 나오는 게 싫은가 봐. 하지만 그래도 정답에 아주 가까워졌는데!

수학 그 마음은 이해가 되네요. 숫자와 근사치가 잔뜩 들어가면 정말 꼴사나워 보일 수 있죠. 정말로 마음에 드는 것이 아니라면 그런 걸 구해봐야 다 무슨 소용이겠어요?

독자 하지만 그렇게 까다롭게 굴어서야 어떻게 이 문제를 풀 건데? 정답 자체가 정말 간단하게 나오지 않으면 너희 둘은 ♯에게 멋지게 복수했다는 기분이 안 드는 모양이지? 하지만 대체 그걸 어떻게 해낼 건데?

수학 저도 몰라요. 저자가 문제 삼은 것이 뭐라고 했죠?

독자 제곱근이 마음에 들지 않는다는 소리인 거 같아.

수학 흥미롭군요…. 어쩌면 제곱근을 피하는 방법을 제가 알 것도 같아요.

독자 잠깐, 진담이야?

수학 어쩌면요. 제곱근이 애초에 어디서 나온 거죠?

독자 약자 고쳐 쓰기 할 때. 우리는 모든 것을 V를 이용해서 표현하고 싶었지. 그래서 $H^2 + V^2 = 1$이라고 쓴 다음, H를 따로 떼어 내서 $H = \sqrt{1 - V^2}$를 얻었어. 그래서 제곱근이 등장했지.

수학 그럼 V의 잘못이네요.

독자 그건 또 무슨 소리야?

수학 애초에 왜 V를 이용한 거예요?

독자 무언가 간단한 것을 입력했을 때 ♯를 출력하는 기계를 원했으니까. $V(♯/2) = 1$이라는 것을 알고 있었고, 이것은 $\Lambda(1) = ♯/2$라는 의미였지. 따라서 $\Lambda(1)$을 계산하는 방법만 알아낼 수 있다면 ♯를 계산하는 법도 알 수 있을 거라 생각했어. 그런데 이것이 제곱근하고 무슨 상관이야?

수학 제곱근이 등장한 것은 V의 도함수를 오직 V 그 자체만을 이용해서 나타내려고 했기 때문이잖아요. V의 도함수는 V 그 자체가 아니라 H로 표현되니까 결국 볼썽사나운 제곱근이 생기고 말았어요.

독자 그게 뭐 어떻다는 거야?

수학 우리는 무언가 간단한 것을 입력했을 때 ♯를 출력하는 기계를 원하는 거죠?

독자 그렇지.

수학 그리고 기분 나쁜 제곱근 같은 것은 다시 나타나지 않았으면 하고요. 그래서 V나 H 그 자체를 사용하고 싶지는 않은 거죠.

독자 맞아.

수학 그럼 제게 말도 안 되는 아이디어가 하나 있어요. 4장에서 저자가 한가득 불평했던 '탄젠트' 같은 무의미한 기계들 기억나요?

독자 날 듯 말 듯해.

수학 두 사람이 거기서 계산하는 동안 전 그 부분을 다시 뒤지고 있었어요. 어쩌면 이번 딱 한 번만큼은 그 기계들 중 하나를 사용하면 도움이 될지도 모르겠어요.

독자 그럼 저자한테는 말하지 마. 분명 화낼 거야. 네 아이디어가 뭔데?

수학 좋아요. 4장에서 저자가 '탄젠트'라는 기계에 대해 이야기했어요. 탄젠트는 $T \equiv \frac{V}{H}$로 정의됐죠. 4장을 다시 뒤적거리다 보니까 탄젠트의 도함수는 $T' = 1 + T^2$이더라고요. 탄젠트의 도함수는 제곱근을 사용하지 않아도 자기 자신만을 이용해서 표현할 수 있기 때문에 우리가 앞에서 부딪혔던 문제를 둘 다 해결할 수 있을 것 같네요.

독자 완벽해! 그럼 우리가 앞에서 했던 논증을 여기서 다시 시도해보자고.

무덤에서 다시 불러내다

독자 좋아. 그럼 $T(x) \equiv \frac{V(x)}{H(x)}$지. 여기에 ♯/2를 입력하면… 음…. $\frac{1}{0}$? 이걸로 뭘 할 수 있을지 모르겠군. T가 좀 덜 헷갈리는 것을 출력하게 할 수는 없나?

수학 ♯/4를 입력하면 한 바퀴의 1/8이니까 V와 H가 같아져요. 그럼 $T(♯/4) = 1$이 나오죠. 이건 꽤 간단하네요.

독자 좋았어. 그리고 예전과 똑같은 이유로 우리가 정말로 원하는 것은 T가 아니야. 정반대의 것을 원하지. 우리가 바라는 건 무언가 간단한 것을 입력했을 때 ♯를 출력하는 기계니까. 그럼 T를 무효화할 수 있는 기계 $\perp(x)$가 있다고 하자. 그럼 다음과 같이 되겠지.

$$\perp(T(x)) = x$$

그럼 $\perp(1) = ♯/4$가 나와. 즉 ♯ $= 4\perp(1)$이 되지.

수학 (갑자기 흥분하며) 이거 정말로 통할지도 모르겠어요….

독자 좋아. 그럼 Λ를 가지고 했던 것하고 똑같이 해보자. 이번에는 뭔가 건질 수 있을지도 모르겠어. 먼저 $A\,(x) \equiv \perp(T(x))$라고 정의하자. 그럼 사실 $A\,(x) = x$가 되지. 따라서 $\frac{dA}{dx} = 1$이야. 그럼 약자 고쳐 쓰기용 망치를 이용해서 다음과 같이 적을 수 있어.

$$1 \;=\; \frac{dA}{dx} \;\equiv\; \frac{d}{dx}\perp(T(x))$$

$$=\; \frac{dT(x)}{dx}\frac{d}{dT(x)}\perp(T(x)) \;\equiv\; \frac{dT}{dx}\frac{d}{dT}\perp(T) \quad \boxed{\text{방정식 6-42}}$$

수학 이제 우리는 4장에 나온 다음의 사실을….

$$\frac{dT}{dx} = 1 + T^2$$

방정식 6-42와 함께 이용해서 이렇게 적을 수 있어요.

$$\left(1 + T^2\right)\left(\frac{d}{dT}\perp(T)\right) = 1 \qquad \begin{array}{l}\text{그럼}\\ \text{이렇게}\\ \text{되죠.}\end{array} \qquad \frac{d}{dT}\perp(T) = \frac{1}{1 + T^2}$$

독자 멋지군. 모든 것이 T를 이용해서 표현됐으니까 약자 고쳐 쓰기를 해서 이렇게 쓸 수 있어.

$$\frac{d}{dx}\perp(x) = \frac{1}{1 + x^2}$$

앞에서 V로 논증을 전개했을 때 여기까지 하고 그다음에는 어떻게 했더라?

(독자가 책을 앞으로 넘겨본다.)

맞다. 도함수에 근본 망치를 이용했군. 이제 ⊥의 도함수에 근본 망치를 이용해서 다음과 같이 적을 수 있어.

$$\int_a^b \left(\frac{d\perp}{dx}\right) dx = \int_a^b \frac{1}{1+x^2} dx = \perp(b) - \perp(a) \quad \boxed{\text{방정식 6-43}}$$

수학 어허…. 이거 느낌이 좋은데요? 우리가 원하는 것은 ⊥(1)이니까 b = 1로 해보죠. 나머지 항인 ⊥(a)는 귀찮으니까 ⊥(a) = 0이 되도록 a를 골라봐요.

독자 $T(0) = 0$이니까 ⊥(0) = 0이지. 하지만 그럼 방정식 6-43의 가장 오른쪽 변에 따라서 위에 나온 $a = 0$이고 $b = 1$인 적분은 그냥 ⊥(1)이 돼.

수학 끝내주네요! 그리고 ♯ = 4·⊥(1)인 것을 이미 알고 있으니까 다음과 같이 쓸 수 있어요.

$$\sharp = 4 \int_0^1 \frac{1}{1+x^2} dx \quad \boxed{\text{방정식 6-44}}$$

향수 장치 출동!

수학 이젠 어떻게 해야 하죠?

독자 이 적분을 계산하는 법, 우리가 알던가?

수학 전 모르는데요.

독자 나도 몰라.

수학 그 고생해서 여기까지 왔는데 이게 다 헛수고면 저, 이 책 여기서 관
둘지도 몰라요.

독자 나도. 정말 괴롭군.

(저자가 독자와 수학이 있는 곳으로 걸어온다.)

저자 둘이 뭐 좀 건진 거 있어?

독자 이번에도 아주 가까이 접근했어…. 그런데 역시나 막혀버리고 말
았네.

저자 뭘 어쨌는데?

수학 직접 보세요.

(저자가 위의 대화 내용을 대강 훑어본다.)

저자 (우울한 목소리로) 아, 안 돼….

(저자가 잠시 침묵 속에 앉아 있다.)

독자 (수학을 바라보며) 아무래도 앞에서 쓰지 말자고 계속 불평했던 기
계를 우리가 쓴 것 때문에 저자가 단단히 뿔이 난 거 같….

수학 제가 안 그랬어요! 독자가 하자고 했어요!!!

저자 아니, 그것 때문이 아니야. 그냥…. 만약 너희 둘이…. 어느 한쪽이라
도 이 책을 관둔다면…. 나도 도저히 마무리할 수 있을 것 같지가 않
아. 우리가 함께 고생하면서 여기까지 왔는데…. 또다시 혼자 이 책
을 이끌어 나갈 자신은 없다고….

독자 아….

수학 아….

저자 제발 떠나지 마…. 하지만 정말 떠나고 싶다면…. 말리지는 않을게.
힘든 일인 거 나도 아니까. 가끔은 짜증 나는 온갖 세부 사항 때문에
골치가 아프지. 특히나 지금이 그래. 유일한 대안은 너희들한테 무언
가를 숨기는 것밖에 없겠지. 내가 과연 혼자 이 책을 마무리할 수 있
을지 자신이 없어. 너희들이 사라지면 할 일은 줄어들겠지만, 훨씬
더 힘들어지겠지. 너희들에게 거짓말해야만 하는 상황이 싫어. 그러
니 원하면 떠나도 좋아. 하지만 여기 있는 동안에는…. 힘을 합쳐서
극복해보자고…. 내 말 알겠어?

독자 좋아.

수학 좋아요.

(잠시 $\frac{1}{2}$(어색한+편안한) 침묵이 흐른다.)

수학 그런데 정말 원한다고 해서 제가 떠날 수 있을지는 자신이….

저자 아, 어쨌거나 둘이 방금 정말 훌륭한 결과를 발견했네.

독자 그게 무슨 소용이야? 또 막혔는데.

저자 아닐지도 몰라. 너희 둘이 이야기하는 동안 나는 제곱근이 있는 버전
의 문제에 향수 장치를 쓰면서 놀고 있었어. 그렇게 하니 정말 꼴사

납기는 하지만 그래도 아이디어가 하나 떠올랐지. 그것을 검토해보자. 너희 둘이 방금 다음과 같은 사실을 입증해 보였지.

$$\sharp = 4 \int_0^1 \frac{1}{1+x^2} \, dx \qquad \text{방정식 6-45}$$

이제 그냥 $\frac{1}{1+x^2}$ 을 향수 장치로 전개하면 어떨까?

수학 절대 불가능해요. 그것의 모든 도함수를 알아내야 한다고요.

독자 흠…. 0번째 도함수는 그냥 그 기계 자체잖아. 맞지?

저자 그렇지! 따라서 $M^{(0)}(0) \equiv M(0) = 1$이지.

수학 그리고 첫 번째 도함수는….

$$M'(x) = \frac{d}{dx}(1+x^2)^{-1} = -1 \cdot (1+x^2)^{-2}(2x)$$

따라서 $M'(0) = 0$이지.

수학 두 번째 도함수는 그냥 거기서 다시 도함수를 구하면 돼요.

$$M''(x) = (-1)(-2)(2x)(1+x^2)^{-3} + (-2) \cdot (1+x^2)^{-2}$$

따라서 $M''(0) = -2$.

저자 정말 흉측해는군. 사기를 좀 쳐볼까?

독자 어떻게?

저자 음…. $\frac{1}{1+x^2}$ 은 그냥 $m(s) \equiv \frac{1}{1+s}$ 에 x^2을 대입한 거잖아.

독자 그래서?

저자 $\frac{1}{1+s}$ 에 일단 향수 장치를 사용하고 나서 나중에 x^2을 대입하면 안 될까? 그럼 훨씬 더 간단해질 것 같아 보이잖아.

독자 통할까?

저자 확실히는 모르지만 통해야 할 것 같아.

독자 그럼 시도해보는 것도 나쁘지 않겠네.

수학 잠깐만요. 그럼 처음부터 다시 하자는 말인가요?

저자 아니야. 걱정하지 마. 하지만 살짝 다른 기계의 도함수를 찾아보자고.

잘 봐. 우선 이렇게 정의를 하자.

$$m(s) \equiv \frac{1}{1+s}$$

0번째 도함수는 그냥 그 기계 자체니까 $m^{(0)}(0) \equiv m(0) = 1$이야.

수학 그리고 m의 첫 번째 도함수는….

$$m'(s) = -(1+s)^{-2} \qquad \text{따라서} \qquad m'(0) = -1$$

독자 두 번째 도함수는….

$$m''(s) = (-1)(-2)(1+s)^{-3} \qquad \text{따라서} \qquad m''(0) = 2$$

우와, 이렇게 하니까 훨씬 쉽네!

저자 그렇지? 그럼 n번째 도함수는 다음과 같이 될 거라고.

$$m^{(n)}(s) = (-1)(-2)\cdots(-n)(1+s)^{-n-1}$$
$$\text{따라서} \ \ m^{(n)}(0) = (-1)(-2)\cdots(-n)$$

수학 그럼 (-1)이 n개 등장하니까 그것을 앞으로 전부 빼죠. 그럼 그냥 $n!$만 남아요. 그렇죠? 즉, $m^{(n)}(0) = (-1)^n \cdot n!$

독자 우리가 $m(s)$에 향수 장치를 사용할 때 필요한 것은 그게 전부야. 따라서⋯.

$$
\begin{aligned}
m(s) &= \sum_{n=0}^{\infty} \frac{m^{(n)}(0)}{n!} s^n \\
&= \sum_{n=0}^{\infty} \frac{(-1)^n n!}{n!} s^n \\
&= \sum_{n=0}^{\infty} (-1)^n s^n
\end{aligned}
$$

어떻게 해야 하지?

저자 음. $M(x) - m(x^2)$이니까 그냥 x^2을 대입해야지.

$$
M(x) = m(x^2) = \sum_{n=0}^{\infty} (-1)^n x^{2n} \qquad \text{방정식 6-46}
$$

우리가 이걸 왜 하고 있었지?

수학 저자와 제가 생각해낸 수식을 중간에 막히지 않도록 새로 고쳐 쓰고 있었어요. 우리는 이렇게 썼지요.

$$
\sharp = 4 \int_0^1 \frac{1}{1+x^2} \, dx \qquad \text{방정식 6-47}
$$

하지만 이제 우리는 향수 장치를 일종의 간접적인 방식으로 $\frac{1}{1+x^2}$에 이용했어요. 그럼 방정식 6-46을 이용해서 이렇게 쓸 수 있어요.

$$\sharp = 4 \int_0^1 \left(\sum_{n=0}^{\infty} (-1)^n x^{2n} \right) dx$$

방정식 6-48

독자 지금까지 내가 봤던 것 중에 가장 무시무시한 녀석이로군.

저자 그러게. 이거 뭐 어떻게 해야 할지 감이 안 잡혀.

수학 무슨 소리예요! 이거 계산할 수 있어요.

거꾸로 망치로 무한 쪼개기

수학 보기만큼 그렇게 무섭지 않아요. 이렇게 고쳐 써볼게요.

$$\sharp = 4 \int_0^1 \left(1 - x^2 + x^4 - x^6 + \cdots \right) dx$$

방정식 6-49

저자 우와, 훨씬 낫네.

저자 그럼 더하기용 거꾸로 망치를 써서 적분을 쪼갤 수 있을 거 같아.

독자 그게 무한한 합에도 통할까?

저자 나도 몰라. 하지만 이것에는 통하기를 빌자고! 통하거나 포기하거나, 둘 중 하나니까 계속 앞으로 가보자. 일단 적분을 쪼개고 나면 그 각 각의 조각에 대해 역도함수만 생각해내면 돼. 그걸 확인해보자.

$$\sharp = 4 \cdot \left[x - \frac{1}{3}x^3 + \frac{1}{5}x^5 - \frac{1}{7}x^7 + \cdots \right]_0^1$$

방정식 6-50

이것은 그냥 다음의 약자야.

$$\sharp = 4 \cdot \left(1 - \frac{1}{3} + \frac{1}{5} - \frac{1}{7} + \cdots\right)$$ 방정식 6-51

#. 백기를 들다

독자 그럼 ♯가 그저 모든 홀수의 물구나무서기를 무한히 더했다 뺐다 하면서 합한 것에 4를 곱한 값이라고?

저자 그런 것 같은데?

수학 오호, 만약 n이 자연수라면 $2n$은 언제나 짝수고, $2n+1$은 언제나 홀수죠. 그럼 똑같은 내용을 이렇게 적을 수 있어요.

$$\sharp = 4 \cdot \sum_{n=0}^{\infty} \frac{(-1)^n}{2n+1}$$ 방정식 6-52

저자 완벽해! 제곱근 같은 것은 아예 보이지 않는군. 우리는 방금 산수만 이용해서 풀 수 있는 ♯를 기술한 거야. 이제 우린 이것을 직접 계산할 수 있게 됐어. 원칙적으로는 말이지.

독자 그럼 이제 앨과 실에게 전화해볼 수 있게 됐다는 말인가?

수학 당연하죠!

(수학이 다시 저자의 핸드폰을 빌려서 번호를 누른다.)

수학 앨, 전데요. 지금 바빠요…? 바쁘다구요…? 뭐 하고 있는데요…? 아하! 그거 잘됐네요. 정말 축하해요. 이제 마침내 둘이… 아, 그런데 제가 좀 급한 일이 있어요. 시간이 별로 없어요. 당신과 실도 무한의 과제는 다룰 수 없는 것은 알지만 이것 좀 계산해줄 수 있을까요?

(수학이 핸드폰에 대고 방정식 6-52를 속삭인다.)

여기서 N이 100,000일 때요.

저자 계산에 얼마나 걸린대?

수학 그 값이 대략 3.14160이래요.

저자 벌써? 우와, 정말 빠르군. 그럼 다시 한 번만 부탁해도 될까? 처음 나
오는 100만 번째 항까지 좀 계산해달라고 해봐.

수학 (시간이 흐른다) 3.14159 정도래요.

독자 좋았어. 처음 나오는 소수점 아래 세 자리까지는 고정되어 있고, 나
머지 두 자릿수도 별로 많이 변하지 않았군.

저자 기억나? 4장에서 우리는 ♯가 3 근처 어디쯤 있어야 한다고 했잖아.
그럼 우리가 맞았던 것 같아. 방금 전개한 논증이 올바른 방향으로
진행됐다는 또 다른 증거지.

수학 드디어 이걸 풀었다니, 믿을 수가 없네요.

저자 정말 그래⋯. 내가 지금까지 했던 것 중에 가장 어려운 일이었어. 하
지만 우리가 해냈어. ♯에게 복수를 했다고! 결국 그 값은 다음과 같이
밝혀졌네.

$$♯ \approx 3.14159$$

저자 원의 면적이 그냥 πr^2이라고 말하고 끝내버리는 게 얼마나 많은 내
용을 숨기고 있는 것인지 이제 이해되지?

독자 그러고 나니 생각나네. 4장에서 우리가 이 값을 계산하는 법을 알아
내고 나면 그다음부터는 이것을 π라고 부르기 시작하겠다고 하지 않
았어?

저자 내가?

(저자가 다시 4장을 뒤적거린다.)

저자 흠…. 네 말이 맞아. 그렇게 말한 것 같아.

수학 π가 뭔데요?

독자 그러니까 수학 교과서에서는 π를….

저자 그건 잊어버려. 그냥 계속 ♯라고 부르자. 우리가 알아낸 거잖아.

독자 그래도 난 상관없어.

BURN
MATH
CLASS

CHAPTER

N

새로움은 낡음이다

→ N.1. 다리 ←

N.1.1. 폭로!

(저자와 독자가 알려지지 않은 어느 장소에서
국소적으로 유클리드 기하학적인 언덕을 걷고 있다.)

저자 N장은 어쩌면 내가 가장 싫어하는 데일지도 몰라.

독자 네가 나한테 그런 말 하는 건 좀 아니지 않아?

저자 이거 왜 이래? 지금까지 같이 그 모든 것을 겪었는데 이제 와서 내가
왜 그런 사실을 너한테 숨기겠어?

독자 아니, 내 말은…. 우린 지금까지 그런 말은 입에 담지 말아야 한다고
배웠다, 이 말이지…. 이런 장소에서는 말이야.

저자 왜?

독자 나도 몰라. 전문가 정신이라고 해야 하나?

저자 아하…. 내가 그런 부분에는 영 소질이 없어서 말이지…. 그래야 할
때도 그렇지가 못해. 하지만 솔직히 말해서 이 장을 내가 가장 싫어
한다는 것을 너한테 말하면 안 될 이유가 뭐야? 사실을 숨기면 그 사
실이 어디 사라지나?

독자 그게 무슨 말이야?

저자 그러니까 이런 거지. 만약 너한테 이 말을 하지 않았는데 이 장이 네
기대에 미치지 못했다면 너는 결국 이렇게 말하겠지. '처음에 나는
이 책이 G 단위만큼 좋을 거라 생각했어…. 하지만 그러다가 N장에
와서는 조금 [부정적인 형용사]해졌어. 그래서 그다음부터는 이 책
이 g 단위만큼 좋다고 생각하게 됐어…. 여기서 g는 G보다 작은 값

이야.'

독자 걱정도 팔자. 무슨 말도 안 되는 걱정을 하고 그래? 난 G니, g니, N이니 하는 이야기는 하지도 않았다고. 왜 하지도 않은 말을 했다고 그래.

저자 그럼 차라리 그냥 너하고 이야기를 하지 않는 것이 대안이겠어.

([정의되지 않은 형용사]한 침묵이 흐른다.)

독자 그나저나 왜 가장 싫어하는 장인데?

저자 이건 다리거든.

독자 어디로 이어지는 다리?

저자 더 좋은 곳. 내가 정말로 너에게 보여주고 싶은 곳.

독자 거긴 언제 가는데?

저자 곧. 마지막 장에서. 그 장은 $\aleph$장이라고 부를까 생각 중이야.

독자 $\aleph$가 무엇을 상징하는데?

저자 아무것도. 히브리어 글자 알레프야. 무한을 나타낼 때 사용하지.

독자 무한을 나타내는 기호로는 ∞를 쓰지 않나?

저자 그렇지. 하지만 달라. ∞라는 기호는 실수의 끝을 넘어선 수가 아닌 극한non-numerical limit을 나타내지. 이건 다른 방식으로 쓰여. 보통은 연속적인 수가 끝이 없이 계속 커진다는 것을 의미하지. 하지만 이것은 어떤 수를 나타내는 기호나 진정한 수학적 대상이 아니라 행동을 기술하는 기호라고 봐야 해. 물론 예외도 있지. 사람에 따라 다르게 사용하는 경우가 있으니까. 사람들은 무한이란 이야기가 나오면 신경질적으로 변해.

독자 그럼 ℵ는 뭔데?

저자 더 좋은 종류의 무한이지.

독자 더 좋다고?

저자 뭐, 꼭 그렇지는 않아. 미학적 선호도에 따르는 거니까. 하지만 이건 무한에 신경질적으로 변하지 않는 사람들이 만들어낸 기호야. 이 사람들은 무한이라는 개념을 진지하게 받아들였지. 이것은 무한의 형식 이론에 사용돼. 서로 다른 크기의 무한을 나타내는 데 사용되지. 이것을 '초한기수transfinite cardinal'라고 불러. 그에 대해 이야기할 시간은 없을 거야. …젠장, 시간이 별로 남지 않았어. 솔직히 ∞장이라고 불러야 더 정확할 거야. 하지만 ℵ장이라고 하는 게 맞는 것 같아. 그래야 좀 더 진짜 같거든.

독자 기분 나쁘게 듣지는 말고, 그냥 진짜 궁금해서 그러는데…. 내가 그런 것까지 다 알아야 할 필요가 있을까?

저자 그렇지는 않지. 하지만 ℵ장은 우리가 함께 갔으면 하고 내가 정말 바라는 곳이야. 무한한 차원에서의 미적분학에 관한 이야기거든. 정말 아름다워. 이게 얼마나 간단한 것인지 제대로 전달하는 책이 없어. 그래서 너한테 그걸 보여주고 싶어.

독자 그럼 그 장에 가서 설명을 시작하면 되잖아.

저자 먼저 이 장을 해야 해. 이게 다리 역할을 하거든. 그렇게 나쁘지만은 않을 거야. 주제 자체는 정말 멋지니까. 그저 내가 제대로 다룰 수 있을 것 같지가 않아서 걱정이지.

독자 뭘 제대로 다뤄?

저자 이 장의 주제.

독자 주제가 뭔데?

저자 다변수 미적분multivariable calculus.

N.1.2. 다변수가 뭐지?

독자 '다변수가 뭐지?'가 뭐야?

저자 아, 아무것도 아니야. 섹션 이름을 그냥 '다변수'라고 하면 웃길 것 같아서.

독자 그래서 그게 무슨 뜻인데? 그러니까 전에도 '변수variable'란 말은 들어봤거든.

저자 어디서?

독자 이 책에서.

저자 난 그 말 한 번도 쓰지 않은 것 같은데?

(독자가 책의 앞부분을 뒤적거린다.)

독자 이거 봐. 변수란 말을 썼다니까!

저자 내가?

(저자가 책의 앞부분을 뒤적거린다.)

저자 흠…. 그랬나 보네. 요즘 기억력이 예전 같지 않아서. '변수'가 뭔지 나한테 상기시켜줄래?

독자 우리가 기계에 입력하는 먹이를 교과서에서 부르는 이름이지.

저자 아, 알았어. 그거 참 이상한 이름이네.

독자 그리고 기계에서 출력하는 것을 지칭하는 단어로도 사용해.

저자 뭐라고? 아니, 왜?

독자 내 생각에는 우리가 기계에 서로 다른 것을 다양하게 입력할 수 있어서 그런 것이 아닐까 싶은데…. 우리가 입력하는 게 다양하게 변할 수 있으니까…. 그래서 '변수'인 거지.

저자 아, 맞아. 기억난다. 그리고 우리 기계도 우리가 무엇을 입력하느냐에 따라 서로 다른 것을 출력할 수 있지. 따라서 그 논리를 따르자면, 기계에서 뱉어 내는 것 역시 '변수'인 셈이로군.

독자 그렇지.

저자 좋아. 그럼 다변수는 뭔데?

독자 다변수multivariable에서 '다multi'는 '하나 이상'을 뜻하니까, 어쩌면 '다변수'는 그냥 '하나 이상의 변수'라는 의미인지도 모르겠어.

저자 가만, 질문이 있어. 너 방금 우리가 기계에 입력하는 것과 기계가 출력하는 것을 말할 때 '변수'라는 단어를 쓴다고 했잖아.

독자 그래서?

저자 그럼 우린 벌써 하나 이상의 변수를 갖고 있는 거잖아! 우리도 이미 다변수 미적분을 하고 있는 거 아냐?

독자 뭐, 그렇다고 우기면 그럴 수도 있겠지만, 무슨 의미가 있겠어. 그냥 용어 가지고 말장난하는 거지. 그 용어들을 이해하려면 우리가 직접 발명해봐야 하지 않을까 싶어.

저자 발명하다니, 뭘?

독자 나도 몰라. 네가 방금 말한 것처럼 말장난으로 우리가 이미 '다변수 미적분'을 하고 있는 것이라 해도 '다'라는 단어가 그냥 '2'라는 의미는 아니잖아. …그럼 왜 2에서 멈춰야 해?

저자 그게 무슨 말이야?

독자 두 개를 입력하면 하나를 출력하는 기계를 만들어보면 어때?

저자 아…. 아니면 하나를 입력하면 두 개를 출력하는 기계를 만들거나?

독자 바로 그거지!

저자 아니면 두 개를 입력하면 두 개를 출력하는 기계?

독자 아니면 n개를 입력하면 m개를 출력하는 기계?

저자 아니면 무한히 많은 것을 입력하면 무한….

독자 너무 나가지는 말자고. 네 입으로 말했잖아. 이것은 그냥 다리라고.

저자 뭔 상관이야? 한번 해보자! 전부 다 해보면 되잖아!

독자 하지만 어떻게 해야 하는지 모르잖아.

저자 그래서?

독자 그러니까 내 말은…. 우리는 약자와 거시기를 만드는 법은 알지. 하지만….

저자 그건 어떻게 만드는데?

독자 그러니까 두 개를 입력하면 한 개를 출력하는 기계라면 그냥 평소처럼 기계의 이름은 m이라고 부르고, 우리가 입력하는 두 개는 x와 y라고 부르고, 거기서 나오는 한 개의 출력은 $m(x, y)$라고 부르면 돼. 만약 n개를 입력받아서 한 개를 출력하는 기계가 있다면 $m(x, y, z)$…. 이크…. 글자가 모자란다. 그럼 이렇게 쓸 수 있겠네. $m(x_1, x_2, \cdots, x_n)$.

저자 그럼 나머지 다른 기계는?

독자 한 개를 입력하면 두 개를 출력하는 기계 같은 거?

저자 그렇지.

독자 글쎄. 기계 이름은 m이라고 하고, 입력하는 것은 x라고 하고, 그 기계가 출력하는 두 개는 a, b라고 하면 되지 않을까?

저자 괜찮은 거 같네. 잠깐! '기계가 출력하는 것'을 나타낼 때 우리가 예전에 쓰던 약자를 생각해보니 출력이 우리가 입력한 것에 좌우된다는 사실이 떠올랐어. 그 사실을 스스로에게 상기시키지 않는다면 잊어버릴 것 같아.

독자 그렇군. 그럼 기계의 이름은 m, 기계에 입력하는 것은 x, 그리고 기계가 출력하는 두 개는 각각 $f(x)$와 $g(x)$를 쓰자.

저자 좋았어! 방금 아이디어가 하나 떠올랐어. 아까 두 개를 입력하면 하나를 출력하는 기계를 $m(x, y)$라고 썼던 거 기억나? 그것을 큰 것을 하나 입력하면 보통의 것 하나를 출력하는 기계라 생각하면 어떨까? 기계에 입력하는 그 큰 것도 어떤 값이기는 한데 더 이상은 수가 아닌 것이지. 두 수로 이루어진 목록인 거야. 네가 (x, y)라고 적은 그 이상한 거 말이야.

독자 내가 (x, y)라고 표현했을 때는 하나라고 상상하고 쓴 건 아니지만, '목록'이라는 단어로 바꾸니까 한 개인 것처럼 들리네. 좋아. 네가 원하는 방식대로 생각하자. 가만! 그렇다면 '하나를 입력하면 두 개를 출력하는' 기계에도 마찬가지로 $m(x) \equiv (f(x), g(x))$라고 쓸 수 있겠네.

저자 그리고 이것을 대상으로 미적분을 하는 거지!

독자 하지만 그것을 대상으로 미적분하는 법을 모르잖아. 약자는 문제없이 만들 수 있지만….

저자 뭔 상관이야! 그냥 한번 해보는 거지!

N.1.3. 무엇을 해야 할지 알 수 없을 때는 무엇을 해야 할까?

독자 새로운 것에 대해 뭘 해야 할지 모를 때는 그 새로운 것에 무엇을 해야 하지?

저자 그 해답을 모른다는 것 하나는 분명히 알겠네.

독자 왜 몰라?

저자 정의상 그렇잖아.

독자 그럼 우린 뭘 해야 하는데?

저자 우리가 할 수 있는 유일한 거.

독자 그게 뭔데?

저자 새로운 것은 아무것도 하지 않는 거.

(음향효과: 음메~)

독자 별로 기발한 생각 같지는 않은데?

저자 그렇지. 그래도 한번 시도해보자고!

독자 어떻게?

저자 글쎄. 우리가 원래 '도함수'라는 것을 어떻게 발명했지?

독자 1장에서 발명한 경사의 개념을 무한히 가까운 두 점에 적용했지.

저자 어떤 식으로 했지?

독자 그러니까⋯. m이라는 기계가 있고, 그 기계에 x라는 먹이를 입력하면, 기계가 $m(x)$를 출력했지. 그러고 나서 우리는 먹이에 dx만큼의 작은 변화를 줘서 x를 $x+dx$로 바꿔놨어. 기계에 그 새로운 먹이를 입력하면 기계는 $m(x+dx)$를 출력했고. 그런 다음에는 기계의 행동에서 그 전후로 나타나는 차이를 살펴봤어. 그러니까 다음과 같아.

$$d(출력) \equiv 출력_후 - 출력_전$$

아니면 똑같은 내용을 다음과 같이 다르게 적을 수도 있어.

$$dm \equiv m(x + dx) - m(x)$$

저자 맞아. 그랬지. 그리고 도함수는 그냥 이것이었어.

$$\frac{dm}{dx} \equiv \frac{m(x + dx) - m(x)}{dx} \equiv \frac{\text{출력의 작은 변화}}{\text{입력의 작은 변화}}$$

그럼 새 기계에도 이렇게 해보자고!

독자 진담이야?

저자 안 될 거 있어? 우리가 방금 약자로 만든 기계 몇 개에 시도해보자고.

독자 어느 것을 먼저 해볼까?

저자 몰라. 네가 좋아하는 걸로 골라봐.

독자 그럼 $m(x) \equiv (f(x), g(x))$로 해보자. 우리가 하는 행동이 말이 안 되는 거면 어쩌지?

저자 걱정 붙들어 매! 일단 저질러놓고 나중에 말이 되게 해볼 거야. 말이 안 되면, 말이 될 때까지 두드려보는 거지.

독자 으…. 좋아. 그럼 해보자고. $m(x) \equiv (f(x), g(x))$라고 정의하자. 그리고 우리가 단변수single-variable 사례에서 했던 것과 똑같은 정의를 사용하면 다음과 같이 적을 수 있어.

$$dm \equiv m(x + dx) - m(x)$$
$$\equiv \Big(f(x + dx), \, g(x + dx) \Big) - \Big(f(x), \, g(x) \Big)$$

독자 여기서 막혀버렸네. 목록 두 개를 더하고 빼는 법을 모르잖아. 어떻게 해야 하지?

저자 네가 생각할 수 있는 가장 간단한 것을 해봐.

독자 내가 생각할 수 있는 가장 간단한 것이 뭔데?

저자 나도 몰라. 네가 생각해봐.

독자 흠…. 목록을 더하는 법은 모르지만, 수를 더하는 법은 알지. 그럼 두 목록의 더하기를 볼 때마다 그냥 칸 별로 더할 수 있겠다. 이렇게.

$$(a, b) + (A, B) \equiv (a + A,\ b + B)$$

빼기에서도 마찬가지로 하고. 이렇게 하면 새로운 더하기 개념이 그냥 낡은 개념이네. 이렇게 하니 의미가 통하는 것 같기도 하고….

저자 통했다고?

독자 통한 거 같다고.

저자 통하면 통한 거지, '통한 것 같기도'가 뭐야! 좀 더 열광적으로 말해봐. 상어 수조에 배트맨을 가두는 데 성공한 조커처럼 말이야.

독자 통했다. 통했다고!!!

저자 그러니까 좀 더 그럴듯하네!

독자 그런데 이렇게만 하면 통한다고? 그럴 리가 없잖아.

저자 안 될 게 뭐야! 목록 더하기는 세상 어딘가에 이미 존재하던 무언가가 아니야. 그러니 틀리고 자시고 걱정할 이유가 없지. 그냥 우리 편할 대로 행동을 정의하면 그만이야. 막간 2에서 거듭제곱 발명할 때처럼.

독자 좋아. 그럼 다시 이어서 시작해보자고. 그럼 우리가 말한 목록의 더하기와 빼기의 의미를 정의했으니까 이렇게 쓸 수 있어.

$$dm = \Big(f(x+dx) - f(x),\ g(x+dx) - g(x) \Big)$$

따라서 그 도함수는,

$$\frac{dm}{dx} = \frac{\Big(f(x+dx) - f(x),\ g(x+dx) - g(x) \Big)}{dx}$$

독자 또 막혔네.

저자 왜?

독자 dx는 그냥 작은 수라는 것을 알고, 거시기로 나누는 것은 그냥 1/거시기을 곱한 것과 같으니까 이렇게 쓸 수 있을 거라 생각했어.

$$\frac{dm}{dx} = \frac{1}{dx}\Big(f(x+dx) - f(x),\ g(x+dx) - g(x) \Big)$$

하지만 그렇게 해도 막힌 게 조금도 풀리지 않아. 어떤 수에 목록을 곱하는 법은 아직도 모르잖아.

저자 그냥 앞에서 한 것하고 똑같이 하면 안 될까?

독자 좋아. 수와 목록을 곱하는 법은 모르지만, 수와 수를 곱하는 법은 아니까, '수 곱하기 목록'은 칸 별로 곱하는 것이라고 정의해버리자. 이렇게.

$$c \cdot (x, y) \equiv (cx, cy)$$

이렇게 하면 막혔던 것이 다시 풀리면서 이렇게 적을 수 있어.

$$\frac{dm}{dx} = \left(\frac{f(x+dx) - f(x)}{dx}, \ \frac{g(x+dx) - g(x)}{dx} \right) = \left(\frac{df}{dx}, \ \frac{dg}{dx} \right)$$

그럼 이 이상한 새 기계의 도함수는 그냥 각각의 칸의 낡은 도함수에 지나지 않는 셈이네.

저자 생각만큼 어렵지는 않았어. 축하하는 의미로 박스에 정리해놓자고!

우리가 방금 발명한 것

다음과 같이 m 을 한 개를 입력하면 두 개를 출력하는 기계라 정의하면,

$$m(x) \equiv (f(x), \ g(x))$$

그리고 '두 목록의 합'을 다음과 같이 우리가 생각할 수 있는
가장 바보 같은 방식으로 정의하면,

$$(a, \ b) + (A, \ B) \equiv (a + A, \ b + B)$$

그리고 '수 곱하기 목록'을 다음과 같이 우리가 생각할 수 있는
가장 바보 같은 방식으로 정의하면,

$$c \cdot (x, \ y) \equiv (cx, \ cy)$$

그럼 새로운 종류의 기계의 도함수는 다음과 같다.

$$\frac{d}{dx}m(x) \equiv \frac{d}{dx}(f(x), \ g(x)) = \left(\frac{d}{dx}f(x), \ \frac{d}{dx}g(x) \right)$$

또는 같은 내용을 다른 방식으로 적을 수도 있다.

$$m'(x) \equiv (f(x),\ g(x))' = (f'(x),\ g'(x))$$

따라서 이 경우 새로운 '다변수 미적분' 개념은
전혀 새로운 것이 아니다. 이것은 그냥 각각의 칸에서 우리의 낡고
익숙한 미적분을 하는 것일 뿐이다.

독자 너는 계속 이 새로운 것들이 사실은 새로운 게 아니라고 하지만, 나로서는 그래도 아직 편안하지가 않아. 그냥 너무…. 새롭게만 느껴진다고.

저자 새로운 것이 아니래도.

독자 그래, 그건 나도 알겠어. 하지만 그래도 예를 몇 가지 들어보면 안 될까?

저자 좋지. $m(x) \equiv (2x, x^3)$의 도함수를 한번 구해볼까?

독자 좋아. 우리가 방금 했던 것에 비추어 생각해보면 그 도함수는 $m'(x) = (2x, 3x^2)$일 거 같은데?

독자 …이거 맞아?

저자 내가 뭐라고 맞다, 틀리다 말할 수 있겠어? 넌 마치 이미 오래전에 이것을 발명해놓은 사람처럼 굴고 있다고. 이에 관한 수학적 사실들이 먼지 쌓인 책 어딘가에 예전부터 적혀 있었던 듯 말이지. 우리가 방금 한 것은 반드시 참일 수밖에 없어. 우리가 (1) 목록 더하기 목록, (2) 수 곱하기 목록을 그렇게 정의했기 때문이지. 맞는지 틀린지 판단할 수 있는 사람은 너라고.

독자 좋아. 그럼 맞는 거 같아.

저자 좋았어! 예를 하나 더 들어보자. 새 기계 m을 다음과 같이 정의했다

고 해보자.

$$m(x) \equiv \left(x^2 + 7x \,,\, e^{2x} + H(x) \right)$$

이걸 어떻게 미분해야 할까?

독자 우리가 방금 했던 모든 것을 바탕으로 생각해보면 목록의 도함수는 그냥 도함수의 목록이니까, 그 도함수는 다음과 같을 거라 생각해.

$$m'(x) = \left(2x + 7 \,,\, 2e^{2x} - V(x) \right)$$

여기서 e^{2x} 을 미분할 때는 약자 고쳐 쓰기용 망치를 이용했어. 그리고 4장에서 $H' = -V$ 라는 것을 입증했다는 것을 기억하려고 우리가 앞에서 했던 내용을 다시 살펴봐야 했어.

저자 좋았어! 그럼 이제 다음 섹션으….

독자 잠깐만! 미적분학이 그냥 미분만은 아니잖아. 그러니까 '미적분학'이란 것은 우리가 무한 배율 확대경으로 할 수 있는 온갖 이상한 것들을 지칭하는 말이잖아. 처음에는 그냥 미분이 전부였지만, 나중에는 '적분'이라는 개념도 생각해냈다고. 기억나?

저자 아, 그렇지. 하지만 적분은 그냥 더하기일 뿐이었잖아? 안 그래?

독자 일종의 더하기인 셈이지. $\int_a^b m(x)\,dx$ 라는 기호는 $x = a$ 에서 $x = b$ 사이에서 곡선 m 의 아래 영역의 면적을 나타내는 약자였고, 이 약자는 무한히 가는 직사각형들을 모두 더한다는 생각에서 왔으니까. 따라서 $\int$ 이 일종의 더하기라는 해석이 가능하지. 하지만 그렇다고 진짜 더하기라는 느낌은 들지 않아.

저자 그래? 느낌은 바보 같은 거야. 나만 해도 온갖 틀린 답들이 맞는 것 같은 느낌이 드니까. 그래도 그것은 그냥 더하기일 뿐이었어.

독자 그럼 이 새 기계들을 어떻게 적분하지?

저자 나도 모르겠어. 한번 살펴보자.

독자 그럼 $\int_a^b (f(x), g(x)) dx$ 같은 것을 적분한다고 가정해보자. 저기 나온 dx는 그냥 아주 작은 수를 의미하니까 우리가 정의한 '수 곱하기 목록'에 따르면 이것을 $\int_a^b (f(x)dx, g(x)dx)$로 적을 수 있을 것 같아.

저자 그리고 목록의 더하기를 이용하면 '+'를 안쪽으로 가지고 들어갈 수 있었으니까 $\int$도 안쪽으로 가지고 들어갈 수 있을 것 같아. 이것 역시 그냥 더하기일 뿐이니까. 이렇게 말이지.

$$\int_a^b (f(x),\, g(x))\, dx \equiv \left(\int_a^b f(x)dx \,,\, \int_a^b g(x)dx \right)$$

독자 그럼 목록의 적분은 그냥 두 적분의 목록인 거네?

저자 그런 것 같아!

독자 하지만 이게 맞는 이야기인지 어떻게 알아?

저자 앞에서 한 거하고 똑같지. 우리는 사실 지금 수학을 하는 것이 아니야. 아니, 수학을 하고 있는 건 맞지. 하지만 완전한 수학은 아닌 셈이야. 그냥 '전 단계 수학'이라고 생각하면 되려나? 우리가 무언가를 발명할 때는 논리가 거꾸로 흘러. 새로운 개념을 발명할 때는 어딘가 막힐 때까지 그냥 낡은 개념을 사용해. 그렇게 해서 막히고 나면 새로운 가정을 도입해서 막힌 부분을 뚫고 나가는 거지. 여기서 요령은 최대한 적은 수의 가정을 이용하는 거야. 그렇게 해야 우리가 결국 발명할 수학이 우아해져. 하지만 이것은 우리가 옳다 그르다 말할 수 있는 종류의 논증이 아니야.

독자 하지만 아직도 난 좀처럼 이 개념이 익숙해지지가 않아. 예를 좀 들어줄래?

저자 그러지 뭐! 앞에 나왔던 예를 한번 무효화해보자고. $m(x) \equiv (2, 3x^2)$이라는 기계가 있다고 쳐. $x = 0$부터 $x = 7$까지 $m(x)$를 적분하면 무엇이 나올까?

독자 우리가 방금 발명한 것을 이용하고 근본 망치를 이용한 곳에는 '$^{FH}_{=}$'를 쓰면 다음과 같이 적을 수 있을 것 같아.

$$
\begin{aligned}
\int_0^7 m(x)\, dx &\equiv \int_0^7 \left(2, 3x^2\right)\, dx \\
&= \left(\int_0^7 2\, dx \,,\, \int_0^7 3x^2\, dx \right) \\
&\overset{FH}{=} \left(\left[2x\right]_0^7 \,,\, \left[x^3\right]_0^7 \right) \\
&\equiv \left(2 \cdot 7 - 2 \cdot 0 \,,\, 7^3 - 0^3 \right) \\
&= \left(14 \,,\, 7^3 \right)
\end{aligned}
$$

방정식 N-1

독자 7^3이 뭔지 좀 상기시켜줄래?

저자 숫자지.

독자 어떤 수?

저자 무슨 상관이야? 그냥 7^3으로 놔둬. 일일이 계산하려면 피곤해진다고. 다시 개념으로 돌아가자. 네가 방금 쓴 유도식에서 어떤 개념을 이용한 거지?

독자 어디 보자. 근본 망치를 사용했고, 또 '목록의 적분은 적분의 목록이다'라는 사실을 이용한 것 같아. 나머지는 그냥 축약하고 계산하는 과정이었어. 그런데 정말 그것밖에 없었나?

저자 당연히 그렇지! 이 새로운 개념들은 전혀 새로운 것이 아니라니까!

독자 알았어, 알았다고. 하지만 이건 꽤 쉬운 예였잖아. 만약 칸 중 어느 하나의 역도함수를 생각해내지 못하면 어떡하지?

저자 우리가 일반적인 미적분학을 할 때 역도함수를 생각해내지 못하면 뭘 했지?

독자 (다시 6장을 뒤적이며) 세 가지 거꾸로 망치 중 하나를 이용해서 문제를 고쳐 쓸 수 있었지. 다변수 미적분학에서도 하다 막히면 그렇게 해도 되나?

저자 물론이지.

독자 그게 다변수 미적분학에서도 통할지 어떻게 알···. 아, 맞다. 이것은 그냥 각각의 칸마다 일반적인 미적분학을 하는 것이구나. 그럼 당연히 통해야지. 하지만 그렇게 해봤는데도 여전히 막히면? 그럼 어떡해?

저자 전에 했던 것하고 똑같이 하는 거지. 포기하는 거야! 일반적인 미적분학에서도 상상 가능한 모든 문제를 풀 수 있는 지점까지는 절대로 도달하지 못했으니까. 지금 모든 것을 다 아는 상태는 아니야. 그랬던 적은 한 번도 없고, 우리는 우리가 풀 수 있는 문제만 해결할 수 있어. 발명한 도구를 사용해서 문제를 풀 수 없다면 될 때까지 계속해서 맨땅에 헤딩하는 수밖에. 아니면 슬쩍 미뤄두었다가 마음이 동할 때 나중에 다시 돌아와 시도해보든가.

N.1.4. 잠깐… 그거 진담이야?

독자 잠깐… 그거 진담이야? 그러니까 새로운 것들이 사실은 전혀 새로운 것이 아니라고?

저자 글쎄, 어떻게 정의하느냐에 달렸지. 우리가 새로운 것은 전혀 새로운 것이 아니도록 강제로 정의했잖아. 그래야 우리가 편하니까. 진정 새로운 것이라면 정의상 분명 무언가 새로운 것이어야겠지만, 우리가 새로운 것들을 전혀 새로운 것이 아니게 정의했으니까. 적어도 지금만큼은.

독자 헷갈리네.

저자 그러지 마. 헷갈릴 거 없어.

독자 알았어…. 그럼 이제 뭐 해?

저자 나도 몰라. 우리한테 달렸지. 나는 이 '다변수 미적분'이란 개념이 재미있으니까 그걸 가지고 좀 더 놀아보고 싶어.

독자 좋아. 우리가 아직 안 해본 게 뭐 있지?

저자 (뒤돌아보며) 두 개를 입력하면 한 개를 출력하는 기계를 살펴보지 않았네.

독자 맞아. x와 y 두 개를 입력하면 $m(x, y)$라는 한 개를 출력하는 기계가 있다고 쳐보자고. 그럼… 음… 이제 뭘 하지?

저자 나도 몰라. 단변수 미적분학에서는 이 시점에서 뭘 했더라?

독자 기계에 입력하는 먹이에 작은 변화를 주었지. '먹이'를 '먹이+d(먹이)'로.

저자 흠. 칸이 두 개가 있단 말이지. 그럼 무엇을 먹이로 쳐야 하는 거지? 아하! 아이디어 떠올랐다.

(저자가 무언가를 쓰기 시작한다.)

독자 각각의 칸을 따로따로 하면 될 것 같은데. 그럼 서로 다른 두 개의 도함수가 나와.

저자 응? 미안, 딴생각하고 있었어. 목록 전체를 먹이로 보고 $\mathbf{v} \equiv (x, y)$, 이런 것을 쓸 수 있겠다고 말이야. 그럼 먹이의 작은 변화는 '작은 목록' 비슷한 것이 될지도 모르지. 그게 의미하는 바가 무엇인지는 나도 모르겠지만 말이야. 그럼 다음과 같이 축약할 수 있어. $d\mathbf{v} \equiv (dx, dy)$. 그런데 아까 너 뭐라고 했지?

독자 각각의 칸을 따로따로 처리하기로 할 수도 있겠다 싶었어. 그럼 각각의 칸마다 하나씩, 미분하는 두 가지 서로 다른 방법이 생기지.

저자 오호! 그 아이디어가 더 나은 것 같다. 내가 한 말은 없었던 걸로 하고, 네 것을 먼저 해보자. 네가 말하는 두 가지 서로 다른 미분이 무슨 뜻이야?

독자 지금까지 우리는 새로운 것을 대할 때, 새로운 것은 전혀 하지 않고 그냥 낡은 것만 하는 식으로 했잖아. 이러면 어떨까 싶어서. 우리에게는 x와 y, 두 개를 입력하면 $m(x, y)$라는 한 개를 출력하는 기계가 있어. 가장 먼저 y는 그냥 놔두고 x를 먹이로 생각할 수 있을 것 같아. 그럼 x를 $x + dx$로 바꿔서 먹이를 조금 변화시키는 거지. 그다음에는 언제나 그랬듯이 전후로 기계의 출력을 비교하는 거야. 그러니까 d(출력) $\equiv$ 출력$_\text{후}$ − 출력$_\text{전}$, 또는 같은 이야기로 다음과 같은 내용을 살펴본다는 뜻이야.

$$dm \equiv m(x + dx, y) - m(x, y)$$

저자 잠깐, 너 아까 이것을 y에서도 할 거라고 했지?

독자 그렇지. 왜?

저자 조금 헷갈리네. x 대신 y를 변화시킬 때는 어떤 약자를 쓸 거야?

독자 그냥 $dm \equiv m(x, y+dy)-m(x, y)$이라고 쓰면…. 아, 문제가 뭔지 알겠다. dm을 양쪽 경우 모두에서 약자로 썼구나. 내가 정의한 바에 따르면 이 둘은 사실 서로 다른 것인데 말이지. 그럼 그냥 약자를 바꿔서 이런 식으로 쓰면 어떨까?

$$d_x m \equiv m(x + dx, y) - m(x, y)$$
$$d_y m \equiv m(x, y + dy) - m(x, y)$$

저자 오호, 좋네. 그렇게 하니까 좀 더 말이 된다.

독자 그럼 x에 대한 m의 도함수는 $d_x m$을 dx로 나누었을 때 나오는 것으로 정의할 수 있을 듯해. 이렇게.

$$\frac{d_x m}{dx} \equiv \frac{m(x + dx, y) - m(x, y)}{dx} \qquad \boxed{\text{방정식 N-2}}$$

그리고 y에 대한 m의 도함수는 이렇게 정의하고.

$$\frac{d_y m}{dy} \equiv \frac{m(x, y + dy) - m(x, y)}{dy} \qquad \boxed{\text{방정식 N-3}}$$

저자 다른 두 가지 가능성은 어떡하고? $d_x m / dy$ 하고 $d_y m / dx$ 말이야.

독자 아, 나도 모르겠는데? 그게 과연 어떤 의미가 있을지 모르겠어.

저자 정말?

(저자가 모든 것이 어떻게 정의되었는지 돌아보며 잠시 생각에 잠긴다.)

저자 아! 알았다. 네 말이 맞아. y를 바꾸지 않고도 x를 바꿀 수 있어. 북쪽으로 가지 않아도 동쪽으로 갈 수 있는 것처럼 말이야. 도함수가 일종의 경사라는 정상적인 의미로 해석되기를 원한다면 내가 방금 적은 두 가지는 사실 말이 안 돼. 이건 에베레스트산의 '수직 변화량'을 애팔래치아트레일Appalachian Trail의 '수평 변화량'으로 나누는 것이나 마찬가지야. 뭐, 원한다면 $d_x m / dy$ 같은 걸 쓰든 말든 자기 자유지만, 그래 봐야 아무런 가치도 없는 일이지. 그럼 그것은 그냥 무시해버리자.

독자 좋아. 그렇게 하자고! 그럼 이젠 뭘 하지?

저자 나도 몰라. 이제 끝난 거 같은데?

독자 끝났다고?

저자 내 생각엔 그래. 방정식 N–2하고 N–3에 적은 정의를 이용하면 두 종류의 도함수를 구하는 법을 알 수 있잖아. 어라? 그러고 보니 이 '새로운' 개념은 아직도 전혀 새로운 것이 아니야! 그러니까 '두 변수 기계'인 $m(x, y)$의 x에 대한 도함수는 그냥 y를 그냥 7이나 52 같은 상수 취급해서 낡은 방식으로 일반적인 미분을 해서 얻은 도함수 잖아! y에 대한 도함수도 마찬가지고.

독자 잠깐, 그걸 어떻게 알아?

저자 네가 방정식 N–2하고 N–3에서 말하는 게 그거잖아! 난 그냥 네가 적어놓은 것을 보고 있었어.

독자 좋았어! 그럼 우리가 예전에 만들어놓은 도함수 망치들을 이 기계에도 똑같이 사용할 수 있다는 말이야? 그러니까 앞에 나왔던 '한 개를 입력하면 두 개가 출력되는' 기계에 그 망치들을 사용할 수 있다는 것은 알겠어. 하지만 이제는 서로 다른 두 종류의 도함수가 나와 있잖아. 정말 망치들을 계속해서 똑같은 방식으로 이용해도 되는 거야? 그것이 통할지 어떻게 알지?

저자 당연히 통해야지! 새로운 개념이 사실은 그저 낡은 개념일 뿐이니까!

독자 좋아. 새로운 것들이 새롭지 않은 이유는 알겠어. 하지만 여전히 내게는 새롭게 느껴진다고.

저자 너만 그런 것이 아니야. 약자를 살짝만 바꿔놔도 모두들 헷갈려하니까. 아니면 약자를 바꾸는 것이 오히려 도움이 될 수도 있어. 그렇게 보면 인간의 정신이란 게 참 재미있다니까. 이 낡은 개념에 익숙해지도록 새로운 예를 몇 가지 들어보자. $m(x, y) \equiv x^2y+7y^2-12xy+9$라고 정의해보자. 그럼 이것의 x에 대한 도함수는 뭘까?

독자 이거 아닌가?

$$\frac{d_x m}{dx} \equiv \frac{d_x}{dx}\left(x^2y + 7y^2 - 12xy + 9\right)$$
$$= 2xy + 0 - 12y + 0$$
$$= 2xy - 12y$$

이거 맞아?

저자 그게 무슨 소리야?

독자 그게 무슨 소리야가 무슨 소리야?

저자 우리가 예전처럼 평범한 미적분을 하고 있고, 네가 $x^2\#+7\#^2-12x\#+9$를 미분한다고 해보자고. 그 문제도 풀 때도 과연 지금처럼 틀린 것은 아닌지 조바심을 냈을까?

독자 안 그랬겠지. 그런 미적분, 그러니까 변수가 하나인 미적분에는 익숙하니까.

저자 우리가 지금 하는 것도 그거야. 기억 안 나? 우리가 제대로 하는지 아닌지 걱정하는 거야 자유지. 하지만 그것은 우리가 단변수 미적분을 제대로 하고 있나, 못하고 있나 걱정하는 거나 마찬가지라고. 여기서 하는 일도 단변수 미적분의 경우와 다를 것이 없으니까.

독자 그건 나도 알겠다니까. 네가 벌써 귀에 못이 막히도록 말했잖아. 하지만 이 새로운 것이 내게는 여전히 새롭게 느껴진다고.

저자 그럼 다른 예를 들어보자. 우리가 이 부분적 도함수, 즉, 편도함수 partial derivative, 또는 편미분를 정의한 이후로 계속 궁금한 것이 있었어. 2장 마지막 부분에서 도함수를 이용하면 기계가 최고점과 최저점이 어디인지 알아낼 수 있다고 이야기했던 거 기억나?

독자 기억이 날 것도 같고, 안 날 것도 같군.

저자 기억 안 나면 한번 보고 와. 기본적인 아이디어는 한 기계의 그래프에서 최고점은 경사가 0이 나와야 한다는 것이었어. 최저점에서도 마찬가지고. 예외는 있지만 그 부분은 나중에 고민하자고. 주어진 기계의 그래프를 그림으로 그릴 수 없는 경우라 해도 보통은 최고점과 최저점을 찾을 수 있어. 아니면 적어도 무한히 많은 가능성을 우리가 손수 확인해볼 몇 개의 유한한 가능성으로 줄일 수는 있지.

독자 여기서 그걸 할 수 있을까?

저자 그걸 궁금해하고 있었어. 양쪽 편도함수를 0으로 강제하면 최고점과 최저점을 찾아낼 수 있을지도 몰라.

독자 확인해보자. 어디서 시작해야 하지?

저자 어디서 최저점이 나오는지 알 수 있는 아주 간단한 사례를 들어봐야지. 이를테면 $m(x, y) \equiv x^2 + y^2$ 같은 거. x와 y가 모두 0일 때는 m도 0을 출력하지. 하지만 어떤 값을 제곱하면 항상 양수가 나오니까 이 기계가 출력할 수 있는 가장 작은 값은 $m(0, 0) = 0$일 거야.

독자 아하, 무슨 말인지 알 거 같아. 우리가 내린 편도함수의 정의에 따르면 다음과 같이 적을 수 있어.

$$\frac{d_x m}{dx} = 2x \qquad \text{그리고} \qquad \frac{d_y m}{dy} = 2y$$

그리고 양쪽 모두 0으로 강제하면,

$$\frac{d_x m}{dx} = 2x \overset{\text{강제}}{=} 0 \qquad \text{그리고} \qquad \frac{d_y m}{dy} = 2y \overset{\text{강제}}{=} 0$$

그럼 이것은 $x = 0$, $y = 0$이라는 말과 같으니까…. 우와! 통했어!

저자 좋았어! 더 복잡한 경우에도 통할까?

독자 나도 모르겠어. 그럼 $m(x, y) \equiv (x-3)^2 + (y+2)^2$을 살펴보자. 이제 앞에서와 마찬가지 이유로 이 기계는 $x = 3$, $y = -2$에서 0을 출력할 거야. 나머지 다른 지점에서는 모두 거기보다 큰 값이 나오지. 그럼 이 기계를 전개해서 거기서 최솟값이 나오는지 확인해보자고.

$$m(x, y) \equiv x^2 + y^2 - 6x + 4y + 13 \qquad \boxed{\text{방정식 N-4}}$$

이건 똑같은 기계야. 그냥 모두 곱해서 풀어놓은 것뿐이니까. 하지만 이런 식으로 적어놓으면 최저점이 $x = 3$, $y = -2$에서 나오는지가 한눈에 안 들어오지.

저자 잠깐만, 모든 걸 풀어서 전개한 이유가 그저 최저점이 한눈에 안 들어오게 하려는 것 때문이야?

독자 이 모든 것이 쓸모가 있음을 밝히려면, 그것 없이는 할 수 없는 무언가를 할 수 있어야 하니까. 그러니까…. 그냥 기계를 기술해놓은 것만 멀뚱멀뚱 쳐다봐서는 최고점이나 최저점을 어떻게 찾아야 할지 한눈에 보이지 않는 경우에만 최고점, 최저점 찾는 법이 의미가 있을 거 아냐. 이 '양쪽의 편도함수를 0으로 설정'하는 기법이 정말 제대로 방향을 잡은 것이 맞다면, 내가 방금 방정식 N-4에 적은 것처럼 좀 더 헷갈려 보이는 기계에 적용했을 때 $x = 3$, $y = -2$라는 값이 나오겠지.

저자 오! 똑똑한데! 한번 해보자!

독자 좋아. N-4 방정식에서 두 개의 편도함수를 취한 다음, 강제로 0으로 설정하면 다음과 같이 나와.

$$\frac{d_x m}{dx} = 2x - 6 \overset{\text{강제}}{=} 0 \qquad \text{그리고} \qquad \frac{d_y m}{dy} = 2y + 4 \overset{\text{강제}}{=} 0$$

오호! 첫 번째 방정식은 $x = 3$일 때만 참이고, 두 번째 방정식은 $y = -2$일 때만 참이야. 통했어!

저자 멋지군! 이제는 이것이 좀 더 편안해졌어?

독자 조금은. 하지만 아직도 새롭게 느껴져.

저자 안 그렇다니까.

독자 나도 알아. 예를 하나만 더 들어볼 수 있을까?

저자 물론이지. 어떤 종류로?

독자 이번에는 적분을 해보는 게 어때? 이런 거.

$$\int_{x=1}^{x=3} x^2 y^{72} + ye^x + 5 \, dx$$

y를 7처럼 고정된 수로 생각하면, y의 행동도 7의 행동과 똑같을 거라 생각해. 그럼 적분 안에 들어가 있는 것의 역도함수는 $M(x) \equiv \frac{1}{3} x^3 y^{72} + ye^x + 5x$가 될 거야. 그럼 이제 근본 망치를 사용할 수 있을 것 같아.

$$\int_{x=1}^{x=3} x^2 y^{72} + ye^x + 5 \, dx = M(3) - M(1)$$
$$\equiv \left[\frac{1}{3} 3^3 y^{72} + y \, e^3 + 5 \cdot 3 \right] - \left[\frac{1}{3} 1^3 y^{72} + y \, e^1 + 5 \cdot 1 \right]$$

저자 훌륭해! 해냈어!

독자 아니지, 아니야. 단순화가 인간이 만들어낸 구성물일 뿐이란 걸 알지만, 그래도 이것을 조금만 더 깔끔하게 정리하고 싶어. 진지하게 하는 이야기야. 그 안에 1^3 같은 것도 들어 있잖아. 위에 나온 건 그저 다음과 같은 것이고….

$$(\text{위에 나온 것}) = \left[9 \, y^{72} + y \, e^3 + 15 \right] - \left[\frac{1}{3} y^{72} + ye + 5 \right]$$
$$= \left(9 - \frac{1}{3} \right) y^{72} + \left(e^3 - e \right) y + 10$$

공통분모를 찾을 수….

저자 뭐라고?! 대체 학교에서 뭘 어떻게 배웠기에 그래? 그걸로 그냥 끝난 거라니까.

독자 무슨 말인지 알아. 그냥 학교에서 오래 배우다 보면 모든 것을 '단순 화'시켜야 할 것 같은 강박관념이 생기기 쉽거든.

저자 강박관념이 있든 말든 상관없어. 다만 그것이 너의 강박관념으로만 남는다면 말이지. 나도 강박관념은 있을 만큼 있으니까! 하지만 부탁 인데 다른 누군가의 강박관념을 만족시키기 위해 너의 시간을 낭비 하지는 말라 이거지. 그게 아니면 단순화는 오히려 상황을 더 복잡하 게 만들 뿐이야.

독자 좋아. 그럼 다 끝났다고 하자고. 가만, 그런데 정말 끝난 거 맞아? 적 분 안에 아직도 y가 들어 있는데?

저자 흠…. 그건 좀 이상하군.

독자 가만! 문제가 없을 것 같아. 우리는 그냥 $x = 1$에서 $x = 3$까지의 구 간에서 $m(x) \equiv x^2 y^{72} + y e^x + 5$라는 기계 아래 영역의 면적을 계 산한 것뿐이잖아. y가 어떤 특정한 값을 가질 것인가에 대해서는 불 가지론적 입장으로 남아 있기로 한 거지. 따라서 내 생각에는 우리가 방금 무한히 많은 적분을 한 번에 해치운 것 같은데? 그러니까 내 말 은…. y의 값을 어떻게 선택하느냐에 따라 각각 서로 다른 '단변수 기계'가 나오니까. 예를 들어 y는 1인 경우, 우리가 방금 알아낸 것을 통해 다음과 같은 결과가 나오겠지.

$$\int_{x=1}^{x=3} x^2 + e^x + 5 \, dx \;=\; \left(9 - \frac{1}{3}\right) + \left(e^3 - e\right) + 10 \quad \boxed{\text{방정식 N-5}}$$

그리고 $y = 0$일 때는 우리가 방금 알아낸 내용을 다음과 같이 요약 할 수 있어.

$$\int_{x=1}^{x=3} 5\,dx \;=\; 10$$

방정식 N-6

우리는 y를 특정 값으로 지정한 적이 없으니까, 답에 그것이 특정 값으로 정해지지 않은 상태로 나와도 나쁠 것은 없지. 따라서 y에 대해 불가지론적인 입장으로 남아 있으면 이런 인상적인 말을 할 수 있어. '우리는 방금 무한히 많은 수의 적분을 계산했다.' 이렇게 말이야. 우리가 얻은 해답은 실제로 무한히 많은 문장을 내포하고 있거든. 각각의 y값에 대해 하나씩. 어떤 문장은 방정식 N-5처럼 무시무시하게 생겼을 수도 있고, 어떤 것은 방정식 N-6처럼 더 간단해 보일 수도 있어. 이 경우에는 높이가 5이고 폭이 3-1 = 2인 직사각형의 면적이 10이라고 이야기하는 셈이지. 따라서 $y = 0$일 때의 문장은 $y = 1$일 때의 문장보다 단순하다고 느껴지지만, 수학은 사실 그런 것은 상관 안 해. 둘 다 똑같은 계산을 통해서 나온 것이니까. 그 말 하고 나니 생각나네. 우리 수학이는 어디 간 거야?

저자 아마 아직도 집 보러 다니고 있을 거야. 막간 6에서 내가 수학의 이사를 늦춰놔서 미안한 마음이야.

독자 네가 뭘 어쨌다고?

저자 기억 안 나? 내가 ♯에 복수하는 데만 정신이 팔려 있었잖아. 수학이 새집 구하는 것을 도왔어야 했는데 말이야. 수학도 이제 자기가 속할 곳을 찾아야 해. 이제는 존재하게 됐잖아. 수학도 존재가 꽤 커졌다고. 존재하면서 존재하지 않는 어떤 곳에 산다는 건…. 쉽지 않은 일이야. 어쨌거나 그곳은 적어도 일상적인 의미로는 존재하지 않는 곳이니까. 무의 세계는 실체를 위한 데가 아니거든. 그래서 휴가를 줬어. 이번 대화에서는 빠져도 좋다고. 수학은 지금의 상황을 해결할 시간이 좀 필요해.

독자 뭐야? 그럼 우리가 지금 하고 있는 작업이 수학한테는 최악의 일 아니야?

저자 그게 무슨 소리야?

독자 우리는 점점 더 많은 수학을 발명하고 있잖아. 상황을 더 악화시키는 거 아니냐고!

저자 아니지. 우리는 새로운 것은 전혀 발명하고 있지 않잖아. 기억 안 나? 내가 그 점은 확실히 했을 텐데. 이 장의 제목을 봐. 친구한테 그런 몹쓸 짓은 안 하지.

⟶ N.2. 다변수 미적분은 표기법의 지뢰밭 ⟵

대부분의 아웃사이더에게 현대 수학은 미지의 영역이다. 경계는
전문용어라는 두터운 수풀로 가로막혀 있고, 본토는 해독 불가능
한 방정식과 이해 불가능한 개념의 덩어리다. 현대 수학의 세계가
생생한 이미지와 도발적 아이디어로 가득하다는 사실을 깨닫는
사람은 몇 안 된다.

–이바스 피터슨Ivars Peterson, 《현대 수학의 여행자The Mathematical Tourist》

N.2.1. 간단한 일반화와 어려운 약자

위의 대화에서 우리는 다변수 미적분을 '발명'했다. 예를 들어 $m(x) \equiv (f(x), g(x))$처럼 수를 하나 입력하면 두 수를 출력하는 기계를 살펴보았다. 수학 교과서에서는 이런 것들을 '벡터함수vector-valued function'라고 부

른다. 수를 하나 입력하면 벡터를 출력하는 함수라는 의미다. '벡터vector'
는 우리가 말하는 '목록'과 기본적으로 똑같은 뜻이기 때문에 이 책의 나머
지에서는 두 용어를 서로 호환되는 의미로 사용하겠다. 이 장의 막간에서
등장할 우리의 전 단계 수학 논증이 벡터가 n개의 칸을 가지고 있을 때도
마찬가지로 적용된다는 사실에 유념하자. 즉, 그냥 간단하게 n개의 칸을
가진 목록은 다음과 같이 행동하기를 원한다고 지시만 하면 된다는 이야
기다.

$$(x_1, x_2, \ldots, x_n) + (y_1, y_2, \ldots, y_n) = (x_1 + y_1, x_2 + y_2, \ldots, x_n + y_n)$$

$$c \cdot (x_1, x_2, \ldots, x_n) = (cx_1, cx_2, \ldots, cx_n)$$

여기서도 마찬가지로 우리는 우리가 생각할 수 있는 가장 단순한 일을
한다. 이렇게 정의하면 '한 개를 입력하면 n개를 출력하는' 다음과 같은 기
계의 도함수가⋯.

$$m(x) \equiv (f_1(x), f_2(x), \ldots, f_n(x))$$

아래와 같다는 내용을 앞선 대화에서 했던 것과 똑같은 방식으로 입증해
보일 수 있다.

$$m'(x) = (f_1'(x), f_2'(x), \ldots, f_n'(x))$$

그리고 두 수를 입력하면 하나의 수를 출력하는 기계는 $m(x, y)$로 축약
가능한데 이런 기계도 그와 마찬가지로 단변수 미적분과 직접적인 유사성

을 가졌음을 알 수 있다. 그냥 두 가지 서로 다른 도함수, 즉 각각의 입력마다 하나씩 도함수를 정의함으로써 유사성을 보존할 수 있다. 즉, x에 대한 도함수이 경우 y를 상수 취급와 y에 대한 도함수x를 상수 취급가 나오는 것이다. 우리는 이것을 다음과 같이 쓰기로 했다.

$$\frac{d_x m}{dx} \equiv \frac{m(x+dx, y) - m(x, y)}{dx}$$

$$\frac{d_y m}{dy} \equiv \frac{m(x, y+dy) - m(x, y)}{dy}$$

방정식 N-7

수학 교과서에서는 이것을 '편도함수편미분'라고 부른다. 교과서에서는 위쪽의 것을 'x에 대한 m의 편도함수', 아래를 'y에 대한 m의 편도함수'라고 부른다. 하지만 '부분적인partial' 도함수를 구한다는 의미로 '편偏'이라는 표현을 담았지만 사실 편도함수에서 '부분적'인 것은 없다. 편도함수는 2장에 나오는 익숙한 도함수와 완전히 똑같은 연산을 통해 계산된다. y를 변화시키지 않고도 x를 변화시킬 수 있기 때문에반대도 성립한다 우리는 다음과 같은 수식을 쓸 수 있다.

$$\frac{d_x x}{dx} = 1 \qquad\qquad \frac{d_x y}{dx} = 0$$

$$\frac{d_y x}{dy} = 0 \qquad\qquad \frac{d_y y}{dy} = 1$$

방정식 N-8

여기서도 마찬가지로 $m(x, y)$에 칸이 두 개밖에 없다는 사실은 특별한 것이 아니다. 칸이 n개 있더라도 똑같은 방식으로 정의를 내리고 논증을 펼칠 수 있다. m을 n개의 수를 입력하면 하나의 수를 출력하는 기계라 정의하면 다음과 같이 쓸 수 있다.

$$m(x_1, x_2, \ldots, x_n)$$

방정식 N-9

그럼 칸이 n개이므로 n개의 서로 다른 도함수가 나온다. 하나는 x_1에 대한 것, 하나는 x_2에 대한 것 등등해서 x_n까지 진행된다. 앞에서 했던 것처럼 우리는 도함수를 이런 식으로 정의할 수 있다.

$$\frac{d_i m}{dx_i} \equiv \frac{m(x_1, \ldots, x_i + dx_i, \ldots, x_n) - m(x_1, \ldots, x_i, \ldots, x_n)}{dx_i}$$

방정식 N-10

여기서는 dx_i 대신 d_i를 썼다. 전자의 경우에는 아래 첨자의 아래 첨자가 들어 있어 너무 복잡해 보이기 때문이다. 위의 방정식도 혈압이 오를 정도로 무시무시하지만 사실 내용을 들여다보면 어마어마하게 단순하다. 'n개를 입력하면 하나를 출력하는' 기계의 어떤 변수 x_i에 대한 도함수는 지금까지 늘 해왔던 방식과 똑같다는 것이다. 그냥 x_i가 아닌 나머지는 모두 무시해버리고 x_i를 유일한 변수로 생각해서 단변수 미적분을 하면 그만이다. 이것이 왜 전혀 새롭지 않다고 하는지 이해되는가? 좀 더 간단한 약자를 선택하면 위에 나온 표기법을 깨끗이 다듬을 수 있다. 이 부분은 다음 섹션에서 다루자.

N.2.2. 간단한 수식을 거부하는 간단한 개념들

나는 다변수 미적분에서 생기는 혼란은 거의 전부가 표기법에서 오는 것이라 주장하고 싶다. 이 섹션에서는 우리의 새로운 다변수 세상에서 쓸 만

한 약자를 만들려고 할 때 생기는 어려움에 대해 알아보자.

이 책에서는 단변수 미적분의 표기법을 하나로 통일하지 못하고 두 가지로 사용하고 있다. 바로 $m'(x)$와 $\frac{dm}{dx}$이다. 그런데 이렇게 표기법을 통일하지 못하게 만들었던 똑같은 현상이 다변수 미적분에서는 더욱 두드러지게 나타난다. 개념 자체가 그 어떤 단일 약자 체계로도 명확하게 표현되기를 거부하는 듯 보이는 것이다. 그래서 예전과 마찬가지로 이번에도 우리에게는 두 가지 선택 사항이 존재한다. 첫 번째는 그냥 다변수 미적분의 모든 개념을 표현할 단일 약자 체계를 결정하는 것이다. 이 경우, 개념적으로는 간단한 여러 수식이 아주 지저분하고 반직관적인 형태로 표현될 수밖에 없다. 두 번째는 당면한 문제에 적절한 표기법을 그때그때 마음대로 바꿔 가며 사용하는 것이다. 이 역시 단점이 있다. 다중의 기호 언어가 난립하기 때문이다. 이 장에서는 후자를 선택할까 한다. 하지만 표기법을 바꿀 필요가 생길 때마다 그 서로 다른 표기법들이 무엇의 의미하는지 상기시킬 수 있도록 노력하겠다.

N.2.3. 좌표: 이래도 문제, 저래도 문제

방정식 N-10을 더 간단한 형태로 쓰게 해줄 약자를 발명하는 것부터 시도해보자. 우선 기계의 입력을 나타내는 약자로 $\mathbf{v}$를 다음과 같이 적어보자.

$$\mathbf{v} \equiv (x_1, x_2, \ldots, x_n)$$

그럼 이것은 n개의 변수를 모두 나열한 목록이 된다. 교과서에서는 이것을 '벡터vector'라는 단어로 표현한다. 그래서 $\mathbf{v}$다. '벡터'는 낡아빠진 기이한 단어로 들릴지 모르지만 그래도 재미있는 단어니까 그냥 살려둘까 한다. 벡터 $\mathbf{v}$는 굵은 활자로 적어서 이것이 수와는 유형이 다른 대상임을 떠올리게 하자. 그리고 $d\mathbf{v}_i$는 i번째 칸 말고는 모든 칸에 0이 들어가고, i번째 칸에는 무한히 작은 수인 dx_i가 들어가 있는 벡터를 나타내는 약자로 쓰자. 즉, $d\mathbf{v}_i$는 다음과 같다.

$$d\mathbf{v}_i \equiv (0, 0, \ldots, 0, \underbrace{dx_i}_{i\text{번째 칸}}, 0, \ldots, 0, 0)$$ 방정식 N-11

이런 관습을 이용하면 방정식 N-10에 나온 복잡한 정의를 다음과 같이 고쳐 쓸 수 있다.

$$\frac{d_i m}{dx_i} \equiv \frac{m(\mathbf{v} + d\mathbf{v}_i) - m(\mathbf{v})}{dx_i}$$ 방정식 N-12

이렇게 써놓으니 한결 보기 좋고, 공간도 훨씬 덜 차지한다. 하지만 이런 표기법은 완전히 새로운 이유로 인해 혼란을 유발할 수 있다. 왜 그럴까? 위의 방정식을 그냥 생각 없이 바라보면 마치 이 새로운 다변수 세계의 도함수는 단변수 세계의 도함수와는 다른 어떤 것인 듯 보인다. 왜 그럴까? 위의 방정식에서 분자에 있는 작은 대상은 $d\mathbf{v}_i$, 즉 '작은 벡터'처럼 보이는 반면, 분모에 있는 작은 대상은 dx_i, 즉, '작은 수'처럼 보이기 때문이다. 즉, 이 방정식에는 작은 수와 작은 벡터라는 서로 유형이 다른 두 작은 대상이 존재하는 것처럼 보인다는 말이다. 하지만 이것은 우리가 방정식 N-10을 덜 무서워 보이게 만들려고 선택한 새로운 약자 때문에 생기는 현상임을 명심하자.

방정식 N-10은 문제점이 있지만 분자와 분모에 실제로는 오직 한 유형의 작은 대상만 존재한다는 것을 좀 더 확실하게 밝혀준다. 그리고 그 덕분에 이 도함수를 예전과 똑같이 해석할 수 있다는 점도 분명해진다. 즉, 우리는 도함수에 대해 항상 다음과 같이 말할 수 있었다.

1. m이라는 한 기계로 시작한다. 이 기계에 s라는 어떤 것을 입력하면 $m(s)$가 출력된다.

2. 우리가 기계에 입력하는 것에 작은 변화를 주어 s를 $s+ds$로 바꾼다. 이렇게 하면 출력도 $m(s)$에서 $m(s+ds)$로 바뀐다.

3. 출력에서 일어나는 변화를 $dm \equiv m(s+ds)-m(s)$ 같은 것으로 축약해서 표현할 수 있다. 변수가 하나 이상인 경우, 우리가 변화를 주는 대상이 무엇인지 떠올릴 수 있도록 약자를 변경할 수도 있다.

4. s라는 것이 수든 벡터든 아니면 기계 전체든 도함수의 개념은 똑같다. m의 도함수는 출력의 작은 변화 dm을 입력의 작은 변화 ds로 나눈 것이라 정의된다.

따라서 N-10과 N-12에 나오는 두 가지 약자는 서로 장점과 단점이 다르다. 우리는 이상한 딜레마에 빠져버린 것이다. 곧이어 살펴보겠지만 우리가 처한 딜레마는 이 사례보다 좀 더 전반적인 상황에서 나타난다.

N.2.4. ∂를 쓸 것이냐 말 것이냐, 이것이 문제로다! 약자가 논증에 영향을 미치다

다변수 미적분학의 헷갈리는 표기법 여행에서 다음에 들를 정거장은 낯선 기호 ∂다. 앞서 수학 교과서에서는 다음과 같은 수식을 지칭할 때 '편도함수'라는 용어를 사용한다고 했다.

$$\frac{d_x m}{dx} \equiv \frac{m(x + dx, y) - m(x, y)}{dx}$$

$$\frac{d_y m}{dy} \equiv \frac{m(x, y + dy) - m(x, y)}{dy}$$

방정식 N-13

이런 개념을 나타내는 표준 표기법을 살펴보면 또 다른 딜레마가 드러날 것이다. 여기서 문제가 되는 부분은 이렇다. 위의 두 수식에서 d_x와 d_y를 굳이 아래 첨자를 덧붙여 적는 일은 일종의 중복이란 것을 당신도 눈치챘을지 모르겠다. 그럼 그냥 간단하게 이렇게 써도 되지 않겠느냐는 생각이 들 수도 있다.

$$\frac{dm}{dx} \equiv \frac{m(x + dx, y) - m(x, y)}{dx}$$

$$\frac{dm}{dy} \equiv \frac{m(x, y + dy) - m(x, y)}{dy}$$

방정식 N-14

이렇게 해도 혼란스러울 것이 없다. 각각의 수식에서 분모에 있는 dx와 dy가 m의 칸 중 어느 칸에 작은 변화를 주는지 상기시키기 때문이다. 위쪽 수식에서는 x칸이고, 아래쪽 수식에서는 y칸이다. 이것은 분명 참이다. d_x와 d_y에 붙어 있는 아래 첨자가 방정식 N-13에서처럼 도함수에도 나타나면 쓸데없는 중복이 된다. 그럼 우리가 애초에 왜 저런 아래 첨자를 도입했을까? 우리가 원래 $d_x m$과 $d_y m$이라는 표기법을 도입했던 이유는 방정식 N-14에서 서로 다른 곳에 두 번 나타나는 dm이 사실은 다른 대상을 지칭하는 것이기 때문이다. 두 등호의 오른쪽 변 분자만 살펴보면 이를 이해할 수 있다. 위에서는 첫 번째 칸을 변화시키고, 아래에서는 두 번째 칸을 변화시키고 있다. 우리가 도함수만을 다루면 $d_x m$과 $d_y m$이라고 쓸 이유가 없다. 그냥 분모만 보면 어느 변수에 작은 변화를 주는지 알 수 있기 때문이다. 대부분의 수학 교과서에서는 표기법을 고를 때 이런 사고방식을 따르기 때문에 방정식 N-13 대신 다음과 같이 적는다.

$$\frac{\partial m}{\partial x} \equiv \frac{m(x + dx, y) - m(x, y)}{dx}$$

$$\frac{\partial m}{\partial y} \equiv \frac{m(x, y + dy) - m(x, y)}{dy} \qquad \boxed{\text{방정식 N-15}}$$

따라서 우리의 표기법과 수학 교과서의 표기법을 비교하면 다음과 같다.

$$\frac{\partial m}{\partial x} \equiv \frac{d_x m}{dx} \qquad \text{그리고} \qquad \frac{\partial m}{\partial y} \equiv \frac{d_y m}{dy}$$

이 다른 표기 방식은 나름의 장점과 단점이 있다. 한편으로 보면 내가 사용하는 표기법보다 훨씬 예쁘고, 도함수 자체에 대해 이야기할 때는 불필요한 x와 y의 아래 첨자를 피할 수 있다. 반면 이 ∂ 표기법은 간단한 무한소 논증을 전개하기가 훨씬 어려워지는 단점이 있다. 다음의 몇 문단에서 간단한 개념을 숨긴 무시무시하게 생긴 방정식을 살펴보면서 그 이유를 설명하겠다. 다변수 미적분을 다루는 책을 볼 때는 꼭 다음과 같은 방정식이 나온다.

$$dm = \frac{\partial m}{\partial x} dx + \frac{\partial m}{\partial y} dy \qquad \boxed{\text{방정식 N-16}}$$

우리도 곧 이 방정식을 직접 유도해볼 테지만, 지금 당장은 그냥 이것이 얼마나 헷갈려 보이는지만 느끼자! 이 끔찍한 방정식 안에는 무한히 작은 양처럼 보이는 서로 다른 기호들이 dm, ∂m, dy, ∂y, dx, ∂x, 이렇게 여섯 개나 들어 있다. 방정식 N-16을 보면 지워서 더 간단하게 만들 수 있는 게 아무것도 없어 보인다. ∂x라는 미친 기호는 그보다 익숙한 dx라는 것과는 달라 보이기 때문에 분모에 있는 dx와 ∂x를 서로 지울 수 없을 것처럼 느껴진다. y와 관련된 기호들도 마찬가지다. 기호가 다르게 생기다 보니 서로 지우는 것도 해선 안 될 일처럼 느껴진다.

아직 이 방정식을 유도해내지는 않은 상태지만 방정식 N-16 안에 담긴 터무니없는 비밀을 말하고 싶어 입이 근질거려 못 참겠다. 비밀은 이렇다. 적절히 해석하기만 하면 ∂x와 dx는 똑같은 것이다! ∂y와 dy 역시 마찬가지다. 이 사실을 이용하면 여기서 한술 더 떠서 훨씬 더 끔찍한 것도 만들어낼 수 있다. ∂x와 dx 그리고 ∂y와 dy를 각각 서로 지우면 이런 말도 안 되는 이상한 것이 나온다.

$$dm \overset{?!}{=} \partial m + \partial m \qquad \boxed{\text{방정식 N-17}}$$

몇 쪽 뒤에서 보게 될 테지만, 사실 이 방정식은 옳다. 하지만 $\partial m + \partial m$ 은 $2\partial m$이 아니다! 그렇다고 오해하지 마시길. 산수의 법칙이 붕괴한 것이 아니니까. 헷갈리는 표기법의 위업 덕분에 위 방정식에 나오는 두 개의 ∂m 조각은 사실 서로 다른 두 가지 대상을 지칭하고 있다! 이 둘은 각각 $d_x m$ 과 $d_y m$이라 불리는 것을 가리킨다. 표기법 때문에 생긴 이 두통은 앞에서 그 당시에는 쓸데없는 중복으로 보였던 아래 첨자를 무시하기로 한 선택 때문에 일어난 것이다.

아니, 미치지 않고서야 대체 어느 누가 ∂m이라는 하나의 기호로 두 개의 서로 다른 대상 $d_x m$과 $d_y m$을 지칭하면서 그와 동시에 똑같은 대상을 서로 다른 두 가지 기호 ∂m과 dx로 나타내는 표기법을 쓴단 말인가? 실은 알고 보면 그럴 만한 이유가 있다. 바로 표준 수학 교과서에서는 보통 무한소 논증을 사용하지 않기 때문이다. 이 모든 개념이 일반적으로 형식화되는 방식을 보면 대부분의 수학 교과서는 도함수는 말이 되지만, 무한소는 말이 되지 않는 수체계number system로 끝나게 된다. 하지만 우리의 경우에는 $d_x m$과 $d_y m$을 확실히 구분하는 것이 분명 큰 장점을 가져다주었다. 이 둘은 같은 것이 아니기 때문이다! 수학 교과서에서는 보통 아래 첨자를 무시하는데 이런 선택 역시 합리적인 부분이 있다. 도함수에 대해서만 이야기하고 무한소 자체에 대해서는 이야기하지 않는 경우에는 $d_x m$과 $d_y m$에 붙어 있는 아래 첨자는 항상 쓸데없는 중복이 되기 때문이다.

요약하자면 ∂ 기호를 쓸 때는 단변수 미적분에서 사용하는 d 표기법에서 가장 큰 장점 하나를 잃게 된다. 바로 무한소를 서로 지우고, 그 순서를 뒤바꾸는 등, 수처럼 조작해서 다른 방식을 사용했을 때보다 훨씬 더 쉽게 수식을 유도할 수 있다는 점이다.

N.3. 기호 놀이는 그만하면 됐고! 이걸 어떻게 머릿속에 그릴 수 있을까?

N.3.1. 다차원의 정신적 트릭

인간은 3차원 이상의 것을 직접 시각화할 능력이 없지만, 고차원 수학으로 넘어갈 때 시각적 직관을 버릴 필요는 없다. 그렇다고 4차원, 10차원 또는 무한 차원의 공간을 시각화하는 마법과 같은 능력을 키워야 하는 것도 아니다. 내 말이 모순처럼 들리면 다시 읽어보기 바란다. 여기에는 그 누구도 말하지 않는 트릭이 있다. 바로 깜짝 놀랄 정도로 많은 수학자들이 n차 원 공간을 시각화할 때음향효과: 드럼 소리, 두구두구두구! 3차원 공간을 머릿속에 그리는 방법을 사용한다는 것이다!

터무니없이 들린다면…. 뭐, 좋다! 하지만 진짜다. 이것은 우리가 어떤 교 과과정에서도 공개적으로 교육받은 내용이 아니지만 수학을 배우는 많은 학생들은 전 세대의 위대한 수학자들이 질문의 해답을 구하는 추론 과정을 지켜보면서 이런 점을 천천히 깨닫는다. 정말로 똑똑한 수학자에게 고차원 에 대해 질문을 던지면, 그 사람은 잠시 생각에 잠겼다가 그냥 머릿속으로 생각해서는 답을 추론할 수 없음을 깨닫고 칠판으로 걸어가서 2차원이나 3 차원 대상을 2차원 그림으로 표현하고, 그 과정에서 해답을 알아낸다. 나는 4차원리만 기하학과 일반상대성이론에서에서 무한 차원함수해석과 양자역학에서에 이르 기까지 다양한 질문을 던지면서 이런 경우를 셀 수도 없이 많이 봤다.

2차원이나 3차원에 대해 생각하는 것이 n차원을 머릿속에 그리는 데는 도움이 안 될지도 모르지만 n차원에 대해 추론하는 데는 분명 도움이 된 다. 이런 느낌을 직접 경험해볼 수 있다면 좋을 것 같다. 이 섹션의 다음 부 분에서는 3차원에서의 시각적 직관을 이용해서 n차원 미적분에 대한 사실 을 유도해보겠다. 이어지는 섹션에서는 두 개의 변수가 있는 $m(x, y)$라는 기계에 대해 다음과 같은 공식을 발명할 것이다.

$$dm = \frac{\partial m}{\partial x}dx + \frac{\partial m}{\partial y}dy$$

방정식 N-18

이것을 하고 나면 n개의 변수가 있는 $m(x_1, x_2, \cdots, x_n)$이라는 기계에 대해 다음과 같은 좀 더 보편적 형태의 수식이 참인 이유를 즉각적으로 알 수 있을 것이다.

$$dm = \frac{\partial m}{\partial x_1}dx_1 + \frac{\partial m}{\partial x_2}dx_2 + \cdots + \frac{\partial m}{\partial x_n}dx_n \qquad \boxed{\text{방정식 N-19}}$$

지금 당장은 이런 방정식이 무서워 보일지도 모르지만 앞에서도 그랬듯이 약자만 간단하게 바꿔줘도 모든 것이 어떻게 변하는지 금방 확인하게될 것이다.

N.3.2. 실전 트릭

'두 개를 입력하면 하나를 출력하는' 기계 $m(x, y)$를 땅 위에 떠 있는 면 십중팔구 곡면이라 시각화할 수 있음을 명심하자. 구체적인 설명은 그림 N-1을 참고하기 바란다.

이제 우리는 무한 배율 확대경의 개념을 그림 N-1로 확장할 수 있다. 휘어진 곡면을 무한히 확대해 들어가면 그 면은 마치 평면처럼 보일 것이다. 그림 N-1의 그래프에서 임의의 한 점을 골라서 무한히 확대해 들어간다고

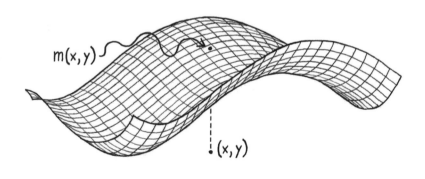

그림 N-1 두 개의 수를 입력하면 하나의 수를 출력하는 기계를 시각화하기. 이 기계에 입력하는 두 수 x와 y를 '땅' 위의 좌표라 생각할 수 있다. 땅 위의 한 점 (x, y)를 기계 m에 입력하면 그 기계는 $m(x, y)$라는 수를 출력한다. 그럼 이 수는 점 (x, y) 위에 떠 있는 그래프의 '높이'라 시각화할 수 있다. 땅 위의 점들은 각각 자기만의 높이가 있기 때문에 이런 기계의 그래프는 2차원의 '면'이 된다.

상상해보자. 그럼 결과로 그림 N-2의 기울어졌지만 휘어지지는 않은 면이 나온다.

편미분편도함수에 대해 이야기하기는 했지만 단변수 미분과 비슷한 개념을 생각해낼 수 있다면 좋을 것이다. 이것을 '전미분total derivative'이라고 해도 좋다. x와 y를 각각 독립적인 수로 생각하지 말고 그냥 잠시만 벡터라는 한 수학적 대상 안에 들어 있는 요소라고 생각해보자. 이 벡터는 (x, y)라고 적겠다. 늘 그래왔던 것처럼 이제 우리는 새로운 유형의 도함수를 정의해볼 수 있다. 일단 기계 m에서 시작하자. 여기에 어떤 먹이를 주려고 한다. 이 경우 먹이는 벡터 (x, y)다. 그럼 그 기계는 $m(x, y)$라는 수를 출력한다. 그러고 나서는 이 먹이에 '작은 벡터' (dx, dy)를 더해서 살짝 값이 달라진 먹이를 준다. 그럼 $m(x+dx, y+dy)$가 출력된다. 그러고 나서 언제나처럼 변화 전후로 무엇이 바뀌었는지를 확인한다. 따라서 m(이후)$-$ m(이전)을 살펴보거나 그와 동등한 다음 문장을 살펴보면 된다.*

$$dm \equiv m(x+dx, y+dy) - m(x, y) \qquad \boxed{\text{방정식 N-20}}$$

dm이라는 표기는 우리가 양쪽 입력값을 무한히 작은 양만큼 변화시켰을 때, 즉 x를 $x+dx$로, y를 $y+dy$로 변화시켰을 때 m의 그래프 '높이'에서 나타나는 작은 변화량을 나타낸다. 이 시점에서는 우리가 곡면의 어느 곳을 확대해 들어갔는지 그림으로 그려보면 도움이 된다. 우리가 이름 붙일

---

* 보통은 지금 단계에서 먹이의 작은 변화량으로 나누어서 어떤 도함수를 구하는 것이 일반적이다. 하지만 지금은 모든 칸을 한꺼번에 변화시키고 있기 때문에 먹이가 벡터 전체다. 따라서 일반적인 의미의 도함수를 계산하려면 '벡터로 나눈다'는 의미가 무엇인지 정의해야만 한다. 따라서 지금 당장은 그것을 건너뛰고, 그냥 분자 부분만 살펴보자.

수 있는 잠재적 후보가 대단히 많기 때문에 세 개의 그림으로 나눠 그렸다. 세 그림에서 이름 붙인 내용들은 다음과 같다.

1. 그림 N-2에는 땅 위의 서로 다른 네 점 즉, (x, y), $(x+dx, y)$, $(x, y+dy)$, $(x+dx, y+dx)$를 그렸다.

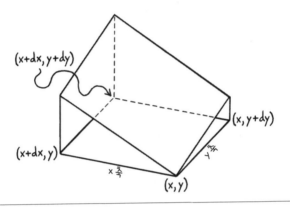

그림 N-2 휘어진 곡면을 무한히 확대해 들어가서 편평하지만 기울어진 면을 얻었다. 이 그림에서는 수평의 좌표에 이름을 붙였다.

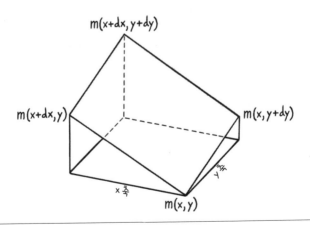

그림 N-3 그림 N-2와 개념은 똑같지만 이번에는 수직 좌표에 이름을 붙였다.

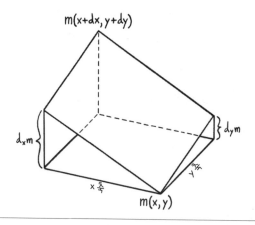

그림 N-4 $d_x m$과 $d_y m$이 기하학적으로 무엇을 가리키는지 보여준다.

2. 그림 N-3에는 그림 N-2에 나온 각각의 점에서 기계의 출력 또는 '높이'에 이름을 붙였다. 이 높이는 각각 $m(x, y)$, $m(x+dx, y)$, $m(x, y+dy)$, $m(x+dx, y+dy)$라고 부른다.

3. 그림 N-4에는 높이에서 나타나는 작은 차이인 $d_x m$과 $d_y m$을 그렸다. 전자의 정의가 $d_x m \equiv m(x+dx, y) - m(x, y)$임을 떠올려보자. 점 (x, y)를 출발점으로 생각한다면 $d_x m$은 x축 방향으로 dx만큼 무한히 작은 거리를 걸었을 때 경험하는 작은 높이 차이가 된다. 그와 마찬가지로 점 (x, y)에서 출발하면 $d_y m$은 y축 방향으로 dy만큼 무한히 작은 거리를 걸었을 때 경험하는 작은 높이 차이가 된다.

지금까지는 확대해 들어가서 이름을 지어주는 것 말고는 별로 한 것이 없지만 사실 우리는 지금 무시무시한 방정식 N-18과 N-19에 깜짝 놀랄 정도로 가깝게 다가가 있다! 앞으로 계속 나가기 전에 그림 N-2, N-3, N-4를 들여다보면서 모든 것이 왜 그렇게 이름 붙여졌는지 반드시 이해하고 넘어가자.

　책에서는 방향을 가리키기가 어렵기 때문에 이제 몇 가지 용어를 정의해야겠다. '왼쪽 이동'은 다음과 같이 정의한다. 그림 N-2에서 점 (x, y)를 출발점이라 상상하고 점 $(x+dx, y)$ 위에 올 때까지 그래프의 x축을 따라 왼쪽으로 걷는 것. 이것이 왼쪽 이동의 첫 번째 구간이다. 첫 번째 구간을 마무리하고 나면 당신의 높이는 $d_x m$ 만큼 증가한다이 부분을 확실히 이해하자. 이제 왼쪽 이동의 두 번째 구간을 정의해본다. 현재 와 있는 위치에서 꼭대기까지 계속 걷는다고 상상해보자. 이 구간에서는 y축 방향으로만 걷고 있고, 당신의 높이는 높이(종착점)−높이(출발점)만큼 증가할 것이다. 이것을 다음과 같이 표현할 수 있다.

$$\hat{d}_y m \equiv m(x+dx, y+dy) - m(x+dx, y)$$

　d 위에 모자를 씌운 이유는 이미 $d_y m$은 $m(x, y+dy) - m(x, y)$를 의미하는 기호로 사용하고 있기 때문이다. 그리고 이 모자는 두 값이 같지 않다는 것을, 또는 같은 값 같아 보이지 않는다는 사실을 상기시키기 위해 씌운 것뿐 다른 의미는 없다.* 이렇게 해서 왼쪽 이동을 통해 나타난 순 효과net effect는 $m(x, y)$라는 높이에서 $m(x+dx, y+dy)$라는 높이로 간 것이었다. 우리는 이를 방정식 N-20에서 dm이라고 불렀으므로 다음과 같이 쓸 수 있다.

＊　잠시 뒤에 우리는 $d_y m$와 $\hat{d}_y m$이 사실은 같은 값이지만, 이는 단지 우리가 무한히 확대해 들어갔기 때문에 같음을 알게 될 것이다.

$$dm = d_x m + \hat{d}_y m$$

방정식 N-21

그와 유사하게, 꼭 이럴 필요는 없지만 '오른쪽 이동'을 해보자. '오른쪽 이동'을 반대 방향으로 걷는 과정이라 정의하면 다음과 같은 수식을 얻을 수 있다.

$$dm = d_y m + \hat{d}_x m$$

방정식 N-22

여기서 $\hat{d}_x m \equiv m(x+dx,\, y+dy) - m(x,\, y+dy)$이다. 어느 쪽을 하든 결과는 똑같으므로 $\hat{d}_x m$은 잊어버려도 된다. 좋다. 이제부터가 재미있는 부분이다. dm을 정의할 때 양쪽 칸에 동시에 작은 변화를 주었다는 것을 기억해보자. 동시에 변화를 주었던 이유는 '전미분'이라는 것을 생각해낼 수 있을지가 궁금했기 때문이었다. 방정식 N-21과 N-22는 '전미분' dm과 '편미분' $d_x m$, $d_y m$ 간의 관계에 대해 무언가를 말해준다는 점에 주목하자. 그런데 문제는 각각의 방정식에 모자가 없는 익숙한 편미분이 하나씩만 들어 있고, 성가신 $\hat{d}$ 미분도 하나씩 들어 있다는 점이다. 이건 같은 것이 아니다.

아니, 과연 그럴까? 무한히 확대해서 들어갔기 때문에 우리가 지금 바라보고 있는 대상은 평면이다. 따라서 그림 N-5에 나와 있는 이유 때문에 $\hat{d}_x m$은 $d_x m$과 $\hat{d}_y m$은 $d_y m$과 같은 값이어야 한다. 따라서 모자를 쓴 값은 그와 대응하는 모자를 쓰지 않은 값과 동일하다. 이것을 다음과 같이 요약할 수 있다.

$$dm = d_x m + d_y m$$

방정식 N-23

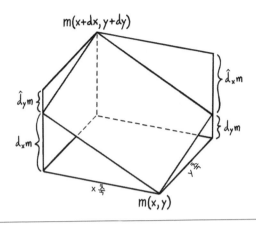

그림 N-5 $\hat{d}_x m$은 $d_x m$과, $\hat{d}_y m$은 $d_y m$과 같은 값이어야 하는 이유.

이 방정식은 지극히 간단한 사실을 전달한다. 바로 왼쪽과 오른쪽 중 어느 쪽 이동을 취하든, 총 높이 변화량은 첫 번째 구간의 변화량 더하기 두 번째 구간의 변화량이라는 사실이다. 개념이 이보다 더 간단하기는 힘들다. 다시 읽어보기 바란다. 얼마나 간단한 사실인지 느껴보자. 굳이 입 아프게 이것을 꼭 말해야 하나 싶을 정도다. 진짜 재미있는 부분은 이거다. 간단한 문장인 방정식 N-23은 앞에 나온 무시무시한 문장 방정식 N-18과 정확히 똑같은 것을 이야기한다.

더군다나 방정식 N-23에 1을 곱해서 약자만 바꿔주면 더 무섭게 보이는 쌍둥이 방정식 N-18이 나온다. 이것을 해보자. 방정식 N-23에서 시작해서 다음과 같이 진행할 수 있다.

$$dm \overset{\text{(N-23)}}{=} d_x m + d_y m = \underbrace{d_x m \frac{dx}{dx} + d_y m \frac{dy}{dy}}_{\text{1을 두 번 곱한다}} = \underbrace{\frac{d_x m}{dx} dx + \frac{d_y m}{dy} dy}_{\text{일부 항을 뒤바꾼다}}$$

이제 편도함수의 표준 표기법오해를 불러일으킬 때가 많지만 솔직히 더 예쁘기는 하다
으로 그냥 바꿔주기만 하면 다음과 같이 나온다.

$$dm = \frac{\partial m}{\partial x}dx + \frac{\partial m}{\partial y}dy$$

방정식 N-24

이것은 우리가 원래 유도하려고 했던 더 무서워 보이는 방정식 N-18이
다. 위의 표기법은 방정식 N-18에 일종의 '두 개 안에 하나가 들어 있고,
하나 안에 두 개가 들어 있는' 속성을 부여한다는 점을 떠올려보자. 즉, 겉
으로는 다르게 생긴 ∂x와 dx는 같은 값인 반면, 두 개의 ∂m은 하나의 기
호로 표현되어 있지만 사실은 서로 다른 양이라는 것이다. 표기법이란 것
이 이렇게 바보 같은 짓을 할 때도 있다.

이어서 앞에서 이야기했던 논리적 도약을 진행해보자. 앞에서 우리는 3
차원을 시각화함으로써 n차원에 대한 무언가를 입증해보려고 했다. 우리
가 방금 전개한 논증에서는 두 개를 입력하면 한 개를 출력하는 기계를 다
루었다. 그럼 이번에는 n개를 입력하면 한 개를 출력하는 기계가 있다고
가정하자. 그리고 모든 칸에서 동시에 작은 변화를 준다고 상상하자. 앞에
서 했던 것과 마찬가지로 그 결과로 m의 출력값에서 나타나는 변화를 다
음과 같이 살펴볼 수 있다.

$$dm \equiv \underbrace{m(x_1 + dx_1, x_2 + dx_2, \ldots, x_n + dx_n)}_{\text{이후의 출력}} - \underbrace{m(x_1, x_2, \ldots, x_n)}_{\text{이전의 출력}}$$

아니면 다음과 같이 나타낼 수도 있다.

$$dm \equiv m(\mathbf{v} + d\mathbf{v}) - m(\mathbf{v})$$

여기서 $d\mathbf{v} = (dx_1, dx_2, \cdots, dx_n)$이다. 우리가 지금 말하려는 내용을 머릿속에 그려볼 수는 없지만, 임의의 한 점 $(x_1, x_2, \cdots, x_n)$에서 m의 그래프를 무한히 확대해 들어간다면 위의 사례에서 2차원 평행사변형이 보였던 것과 똑같은 이유로 n차원 평행사변형 형태의 무언가가 보일 것이다. 따라서 앞에서와 마찬가지로 다음의 수식이 성립해야 한다.

$$dm = d_1 m + d_2 m + \cdots + d_n m$$

방정식 N-25

표기법이 너무 어수선해질까 봐 $d_{x_i}m$ 대신 $d_i m$으로 적었다. 여기서 말하는 내용은 우리가 머릿속에 그릴 수 없는 한 공간 안에서 두 점 사이의 총 높이 변화는 각각의 높이 변화를 모두 더한 값일 뿐이라는 점이다. x_1축 방향으로 dx_1이라는 작은 거리를 걸어가면 $d_1 m$이라는 높이 변화가 생기고, x_2축 방향으로 dx_2라는 작은 거리를 걸어가면 $d_2 m$이라는 높이 변화가 생기고… 기타 등등. 전체는 그저 이러한 부분들의 합에 지나지 않다는 것, 이것이 바로 방정식 N-25가 말하는 내용이다. 우리가 지금 하는 말을 머릿속에 또렷하게 그려볼 수는 없지만 이것이 참이라는 건 자신할 수 있다. 방정식 N-23을 발명하는 과정에서 기본적인 메시지를 이해했기 때문이다.

좋다. 방정식 N-25는 우리가 유도하고 싶어 한 결과이기 때문에 기본적으로 우리의 할 일은 끝난 셈이다. 하지만 만약 여기서 어떤 새로운 약자를 정의하면 모든 다변수 미적분학 책에 적힌 공식을 유도할 수 있다. 앞에서 했던 것과 정확히 똑같은 논리를 따라서 위 방정식 각각의 항에 1을 곱해서 곱하기 순서를 바꿔치기한 다음, 표준 표기법으로 바꿔주면 다음과 같이 된다.

$$dm = \frac{\partial m}{\partial x_1}dx_1 + \frac{\partial m}{\partial x_2}dx_2 + \cdots + \frac{\partial m}{\partial x_n}dx_n$$

방정식 N-26

만약 교과서를 흉내 내고 싶다면 이것을 고쳐 쓰는 방법이 있다. 두 벡터 $\mathbf{v}$와 $\mathbf{w}$의 내적dot product을 다음과 같이 두 벡터를 충돌시켜서 숫자 하나를 내놓는 연산이라고 정의해보자.

$$\mathbf{v} \cdot \mathbf{w} \equiv v_1 w_1 + v_2 w_2 + \ldots + v_n w_n$$

한마디로 벡터를 칸별로 모두 곱해서 그 값을 전부 더하는 연산이다. 이렇게 한 뒤 다음과 같이 약자를 정의하면….

$$d\mathbf{x} \equiv (dx_1, dx_2, \ldots, dx_n) \quad \text{그리고} \quad \nabla m \equiv \left(\frac{\partial m}{\partial x_1}, \frac{\partial m}{\partial x_2}, \ldots, \frac{\partial m}{\partial x_n} \right)$$

그럼 방정식 N-26을 다음과 같이 고쳐 쓸 수 있다.

$$dm = (\nabla m) \cdot d\mathbf{x}$$

따라서 편도함수, 무한히 작은 벡터, 내적 등이 잔뜩 들어 있어 쓸데없이 복잡해 보이는 이 문장도 사실은 앞에 나왔던 익숙한 사실을 말하고 있을 뿐이다. 즉, 이동의 총 높이 변화량은 한마디로 첫 번째 구간의 높이 변화, 두 번째 구간의 높이 변화, …n번째 구간의 높이 변화를 모두 더한 값이라는 것이다.

N.4. 그게 다야?

N.4.1. 그건 아니지

다변수 미적분의 세계에서 우리가 할 수 있는 것들이 엄청나게 많지만 근본적으로 새로운 개념은 없다. 미분은 다르게 보이는 다양한 방식으로 표현되지만 늘 같은 의미를 가진다. 적분 역시 항상 같은 의미로 남아 있지만, 수학 교과서에서는 익숙한 $\int$ 대신 $\iiint$처럼 한 번에 기호가 여러 개 나오는 경우도 볼 수 있을 것이다. 이것은 $\int$이 연속으로 세 번 나오는 낡은 개념에 지나지 않는다. 그러니 이 낯선하지만 알고 보면 익숙한 세계에서 할 수 있는 온갖 것에 빠져 있기보다는 무한의 야생 세계로 나가보자. 바로 무한 차원 공간에서의 미적분학이다. 무한 차원 미적분학에서도 무시무시해 보이는 새로운 개념들은 모두 그저 익숙하고 오래된 개념들이 다른 모자를 쓰고 있는 것일 뿐이다. 하지만 무한의 야생 세계는 조금은 다른 느낌을 가지고 있는데, 이는 기계와 벡터의 아름다운 통합에서 비롯된다. 이 통합의 개념은 무한 차원 미적분학의 아름다움, 우아함, 응용 가능성을 강화시켜준다. 그리고 무한 차원 미적분학은 이 장에 나오는 낯선 듯 익숙한 유한 차원 미적분학과도 꽤 관련이 있다. 개념적으로 역사적으로도 항상 그런 것은 아니지만 기계와 벡터의 이러한 통합은 푸리에 분석Fourier analysis, 라그랑주 역학 Lagrangian mechanics, 함수공간function space의 개념, 확률론에서의 최대 엔트로피 형식론max entropy formalism, 양자역학양자역학은 실제의 근본적 속성에 대해 인류가 내놓은 가장 심오한 통찰이다의 표현에 사용되는 언어 등 수많은 개념을 탄생시켰다. 재회를 마무리한 다음에는 짧은 대화를 통해 이 기본 개념에 대해 논의하려….

(수학이 어슬렁거리며 N장으로 들어온다.)

수학 이게 다 뭐예요? 뭐죠? 대체 왜 제가 없는 사이에 두 사람이 절 더 창
　　조해낸 거예요?

(어색한 침묵이 흐른다.)

저자 그러니까 그게⋯. 마음에 안 들어?

(수학이 주변 풍경을 둘러본다.)

수학 당신이 그랬어요???
저자 그렇다면 그런 셈인데⋯.
수학 왜 제게 말 안 한 거예요? 그럼 제가⋯.
저자 이 말이 위로가 될지는 모르겠는데, 사실 N장을 정말 제대로 마무리
　　하려면 이 정도로는 턱도 없어. 그러니까 내 말은⋯. 이 주제에 대해
　　해야 할 말이 정말 많은데 그럼 지금까지 쓴 내용 가운데 적어도 절
　　반은 새로 고쳐 써야 해. 제대로 다룬 것이 아니⋯.
수학 그냥 이 장이나 어서 마무리하세요!
저자 마무리하는 동안 조금만 기다려줄래?
수학 저도 바쁜 몸이라고요. 얼마나 걸리는데요?
저자 글쎄, 뭐 꽤 오래 끌고 갈 수도 있겠지만, 음⋯. 사실 이 주제에 대해
　　서는 이미 이야기할 만큼 했거든. 이제 당장 재회를 쓰고 이 장은 끝
　　낼게.

수학 그럼 빨리 써요.

(수학이 정의되지 않은 장소에서 $\lambda P + (1-\lambda)(im P)$ 만큼 기다린다.)*

저자 좋아. 그럼 시작할게.

──────────→ N.5. 재회 ←──────────

잠시 시간을 내서 이 장에서 우리가 무엇을 했는지 정리해보자.

1. 우리는 대화로 시작했다. 그 대화에서 저자는 자기가 이번 장의 주제를 제대로 다루지 못할 것 같은 느낌이 든다는 사실을 솔직하게 밝혔다. 그럼에도 이 장은 우리가 가야 할 곳으로 잇는 다리 역할을 해줄 것이다.
2. 이렇게 해서 우리는 다변수 미적분의 개념적 기원에 대해 둘러보게 되었다. 거기서….

수학 다변수 미적분이 뭐예요?

독자 이봐, 수학. 너는 여기서 끼어들면 안 되는 거 아냐?

저자 야! 수학! 너 대체 이 장을 마무리하라는 거야 말라는 거야?

─────

* (여기서 $\lambda \in [0,1]$ 이고, P ≡ patiently(참을성 있게, 따라서 imP는 'impatiently', 참을성 없게-옮긴이 주).)

수학 대답이나 해줘요. 다변수 미적분이 뭔데요? 제가 없는 동안에 두 사람이 발명한 저의 새로운 일부가 대체 뭐냐고요!

저자 내가 이 장을 마무리하는 동안 앞으로 가서 읽어보는 게 어때?

수학 뭐… 좋아요.

(수학이 책을 앞으로 뒤적이며 N장을 읽기 시작한다.)

저자 아까도 말했지만 우리는 다변수 미적분의 개념적 기원에 대해 둘러보았고, 거기서 등장하는 정의 중 상당수는 오래된 개념들로부터 새로운 개념을 구축해내려는 욕망에서 나온 것임을 이해했다.

3. 우리는 단변수 미적분에서 했던 것과 똑같은 방법을 이용해서 $m(x)$ $\equiv (f(x), g(x))$라는 형태의 기계의 미분을 시도해보았다. 결국에는 중간에 막혀버렸지만 목록의 더하기를 칸별로 더하는 것이라 정의하면 즉, $(a, b) + (A, B) = (a+A, b+B)$라 정의하면 빠져나올 수 있음을 알아냈다. 하지만 빠져나온 뒤 우리는 다시 한 번 막혔다. 그래서 두 번째로 빠져나오기 위해 우리는 수 곱하기 목록을 다음과 같이 칸별로 곱하는 것이라 정의했다.

$$c \cdot (x, y) = (cx, cy)$$

이렇게 두 가지 선택을 하고 나니 다음과 같은 사실을 알게 되었다.

$$\frac{d}{dx}\Big(f(x), g(x)\Big) = \left(\frac{d}{dx}f(x),\ \frac{d}{dx}g(x)\right)$$

이는 우리의 새로운 '한 개를 입력하면 두 개를 출력하는' 기계를 미분하려면 각각의 칸에서 익숙한 단변수 미적분을 시행하면 된다는 뜻이다.

4. 다음의 형태를 가지는 '한 개를 입력하면 n개를 출력하는' 기계에서도 비슷한 이야기를 적용할 수 있었다.

$$m(x) \equiv (f_1(x), f_2(x), \dots, f_n(x))$$

5. 이 덕분에 우리는 도함수 계산에 사용했던 모든 망치를 이 새로운 다변수의 세계에 그대로 가져올 수 있음을 알게 됐다.

6. 적분에서도 비슷한 이야기를 적용할 수 있었다. 즉, 다음과 같다.

$$\int_a^b \left(f(x), g(x) \right) dx = \left(\int_a^b f(x) \, dx, \int_a^b g(x) \, dx \right)$$

전과 마찬가지로 간단하게 각각의 칸에서 익숙한 단변수 미적분 연산을 수행하면 된다.

7. 이 덕분에 우리는 적분 계산에 사용했던 모든 거꾸로 망치를 새로운 다변수의 세계에 그대로 가져올 수 있음을 알게 됐다.

8. 그다음에는 '두 개를 입력하면 한 개를 출력하는' 기계에 대해 알아보았다. 우리는 이제 두 가지 서로 다른 미분을 정의할 수 있음을 알아냈다. 즉 각각의 입력 칸마다 하나씩 도함수가 나왔다. 수학 교과서에서는 이것을 '편도함수편미분'라고 부른다. 편미분이란 한마디로 단변수 미적분을 처음부터 다시 하는 것이었다. 예를 들어 x에 대해 편미분해서 구한 편도함수는 x를 제외한 나머지 모든 변수를 상수로 취급해서

익숙한 방식으로 도함수를 계산한 것이다.

9. 'n개를 입력하면 한 개를 출력하는' 기계에서도 비슷한 이야기가 적용된다는 것을 알아냈다.

10. 무한 배율 확대경과 몇몇 간단한 시각적 추론을 이용해서 우리는 다음의 공식을 유도해냈다.

$$dm = \frac{\partial m}{\partial x}dx + \frac{\partial m}{\partial y}dy$$

그리고 이것을 n차원의 경우로 일반화시켰다.

$$dm = \frac{\partial m}{\partial x_1}dx_1 + \frac{\partial m}{\partial x_2}dx_2 + \cdots + \frac{\partial m}{\partial x_n}dx_n$$

11. 이 장에서 여러 번 반복해서 확인했듯이 우리가 새로운 개념과 마주할 때마다 결국 알고 보면 전혀 새로운 개념이 아니라, 모든 것이 의미가 통하게 만들기 위해 가끔씩 별로 중요하지 않은 변화를 주면서 낡은 개념으로부터 대충 꿰맞춘 것임을 알게 됐다.

저자 좋아, 수학. 이제 만족해?

　　　(수학이 장의 내용을 읽느라 저자의 말을 못 듣는다.)

저자 수학아!

수학 깜짝이야! 놀랐잖아요.

저자 이 장을 다 마무리했다고! 마무리하고도 만족스럽진 않지만 말이야.

내용이 아주 끔찍해. 어쨌거나 이제 끝났어. 내용을 이해할 수 있을 거 같아?

수학 글쎄요. 그냥 훑어볼 시간밖에 없었는데요, 뭘. 제가 개념을 제대로 이해했는지 좀 봐주세요. 우리는 늘 해왔던 거하고 똑같은 방식으로 미적분을 하고는 있지만 이제는 우리의 적분과 미분이 새로운 유형의 이상한 기계를 대상으로 작동한다, 이거죠? 그러니까 수를 하나 입력하면 벡터를 출력하는 기계라든가, 벡터를 하나 입력하면 수를 하나 출력하는 그런 기계 말이죠.

독자 맞아. 기본적으로 그게 다야. 새로운 것은 별로 없어.

수학 제가 정확히 이해한 것이 맞다면 이 '벡터'란 것은 그냥 기계 그 자체네요? 맞죠?

저자 뭐라고? 아니지! 좋아. 내 말을 들어봐. 아무래도 지금 재회 막판에 와서 너무 오래 꾸물댄 것 같아. 아무래도 이걸 설명하려면 시간이 좀 더 걸릴 것 같고. 그럼 여기서 질질 끌게 아니라 거기 둘, 나하고 바로 다음 막간으로 넘어가자고.

(저자가 문을 쾅 닫으면서 이 장을 떠난다.)

막간 N

(잘못) 해석하고,
(읽고,)
(재)해석하고

잘못된 해석

저자 아까 제대로 못 들었어. 마지막 문장에서. 다시 한 번 말해줄래?

독자 난 아무 말도 안 했는데.

저자 알아. 수학 말이야. 한 번만 더 말해줄래?

(아리송한 침묵이 흐른다.)

수학 전 이렇게 말했어요. '제가 정확히 이해한 것이 맞다면 이 '벡터'란 것
은 그냥 기계 그 자체네요? 맞죠?' …제가 뭘 잘못 이해했나요?

저자 아무래도 그런 것 같아. 하지만 걱정할 거 없어. 그냥 교묘하게 만들
어낸 개념이니까. 벡터 자체는 사실 기계와 전혀 닮은 것이 아니야.
그냥 수를 나열해놓은 목록일 뿐이야. 그러니까 벡터 $\mathbf{v} \equiv (3, 7, 4)$

는 그저 수의 목록일 뿐이야. 이 경우는 이것을 3차원 공간 속 한 점이라 생각할 수 있지. 이것은 '원점'으로부터 x축 방향으로는 3단위, y축 방향으로는 7단위, z축으로는 4단위 떨어진 곳에 위치한 점이야.

수학 그렇죠. 그러니까 벡터는 그냥 기계라고요.

독자 ???

저자 아니야, 아니라니까. 왜 자꾸 그래?

수학 그럼 제가 분명 무언가를 잘못 이해했나 보네요. 그 개념을 다시 한 번 설명해주세요.

저자 벡터 $\mathbf{v} \equiv (3, 7, 4)$는 함수…. 그러니까…. 기계 같은 것이 아니라고. 그냥 숫자 세 개, 그것에 지나지 않아. 이걸 기하학적으로 생각할지 말지는 우리의 선택이고. 하지만 내가 적어놓은 대로 이것은 세 가지 항목을 나열한 목록일 뿐이야. 이렇게 쓸 수도 있지. $v_1 \equiv 3, v_2 \equiv 7, v_3 \equiv 4$.

수학 당신이 하는 말은 이해해요. 그런데 당신이 제 말을 이해하지 못하는 것 같다고요. 우리 아직도 어떤 대상이든 마음대로 축약할 수 있는 거 맞죠?

저자 물론이지. 기본적으로 그것이 수학의 유일한 '법칙'이니까. '수학적 대상은 오직 동형사상에 준해서만 정의된다.' 어… 그러니까 약자 고쳐 쓰기에 준한다는 말이지.

수학 그럼 제가 이 벡터를 다른 약자를 써서 표현하는 쪽을 좋아한다고 가정해보자고요. 그러니까 이렇게 쓰는 대신….

$$v_1 \equiv 3 \qquad v_2 \equiv 7 \qquad v_3 \equiv 4$$

이렇게 쓰기로 했다고 해보자고요.

$$v(1) \equiv 3 \qquad v(2) \equiv 7 \qquad v(3) \equiv 4$$

약자를 바꿔 쓴 것 말고는 제 벡터가 당신의 벡터와 똑같이 행동한다고 가정할게요. 그럼 우리는 이 벡터들을 더할 수도 있고, 수를 곱할 수도 있고… 그렇다면….

저자 (눈이 휘둥그레지며) 잠깐만 기다려봐…! 이거 정말 중요한 이야기라는 느낌이 뇌리를 스치는군. 그럼 섹션을 따로 만들어보자고.

재해석

저자 (수학을 바라보며) 이제 계속해봐!

수학 아니에요. 잠시 헷갈렸나 봐요. 시간이 부족해서 이 장의 내용을 잠깐 훑어보기만 했잖아요. 제가 벡터에 대해 잘못 생각하고 있었어요. 다음과 같은 벡터가 1을 입력하면 $v(1) \equiv 3$, 2를 입력하면 $v(2) \equiv 7$, 3을 입력하면 $v(3) \equiv 4$를 출력하는 기계라고 생각했지 뭐예요.

$$\mathbf{v} \equiv (v_1, v_2, v_3) \equiv (3, 7, 4)$$

인정해요. 그랬다면 정말 웃기는 유형의 기계가 됐을 거예요. 보통 우리 기계들은 아무 숫자라도 입력으로 받아들이는데 이 새로운 기계 $\mathbf{v}$는 $1, 2, 3$만 입력으로 받아들일 수 있잖아요. 그럼 이 기계에 입력 가능한 먹이의 집합은 연속적인 수의 집합이 아니라 {1, 2, 3}이라는 집합이 되겠죠. 이것 때문에 제가 잠시 헷갈렸나 봐요.

저자 잠깐, 네가 헷갈린 것이 아닌 거 같아. 헷갈린 쪽은 나였어. 너의 논증이 의미하는 바는 벡터를 특정한 유형의 기계로 생각할 수 있음을 인정해야 한다는 거야. 이걸 인정하지 않는다면 우리가 맘대로 약자를 만들어 쓸 수 있다는 사실을 모르는 사이에 부정하는 셈이니까. 네 논증이 요구하는 건 별것 없는 약자 고쳐 쓰기밖에 없었잖아.

독자 그럼 수학이 헷갈렸던 것이 아니라고?

저자 그렇지. 그리고 내 생각에는 똑같은 논증을 거꾸로 해도 통할 것 같아. 분명 그래야만 하지. 논증 전체가 그저 사소한 약자 변화에 다름없었으니까. 그렇다면 벡터를 기계로 생각할 수 있을 뿐만 아니라, 기계 또한 벡터로 생각할 수 있어.

수학 그게 무슨 말이에요?

저자 음⋯. $m(x) \equiv x^2$이라는 기계를 예로 들어보자고. 원한다면 이것을 그냥 수의 목록으로 생각할 수 있어. 그러니까 첫 번째 칸, 두 번째 칸, 세 번째 칸, 이런 식의 목록이 아니라 각각의 숫자마다 칸이 하나씩 무한히 많은 연속적인 칸을 가진 벡터라는 거지.

독자 아하! 무슨 말인지 알 것 같아. 그러니까 $m(x) \equiv x^2$이라는 기계를 3이라는 이름표가 붙은 칸 안에 9라는 수가 들어앉아 있는 벡터라 생각할 수 있다는 거네. $m(3) \equiv 9$니까. 칸의 이름표는 꼭 정수로 붙여야 하나?

저자 그래야 하는 이유가 없지. 예를 들어서 $m(\frac{1}{2}) = \frac{1}{4}$이고 $m(\sharp) = \sharp^2$이고. 따라서 m이라는 벡터는 $\frac{1}{2}$이라는 이름표가 붙은 칸에 $\frac{1}{4}$이라는 수가 들어앉아 있고, $\sharp$라는 이름표가 붙은 칸에는 $\sharp^2$이 들어앉아 있는 거지.

수학 그리고 제가 v_i를 $v(i)$로 바꾸듯이 똑같은 것을 거꾸로 해서 $m(3)$ = 9 대신에 $m_3 = 9$라고 적어도 될까요?

저자 안 될 이유가 뭐겠어! 실제로는 아무것도 안 하는 것이니까. 그냥 무 의미하게 표기법만 바꾸는 거잖아.

수학 하지만 두 약자가 이렇게 비슷하게 나올 수 있었던 것은 양쪽 개념 모두 그것을 구체적으로 명시하는 데 필요한 정보의 유형이 똑같기 때문이었잖아요.

저자 그런 것 같아. 그러니까 $m(x) \equiv x^2$ 대신 $m_x \equiv x^2$이라고 못 쓸 이 유가 없다는 거지.

수학 그럼 벡터가 곧 기계고, 기계가 곧 벡터다?

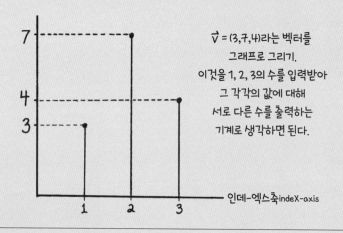

$\vec{v} = (3, 7, 4)$라는 벡터를
그래프로 그리기.
이것을 1, 2, 3의 수를 입력받아
그 각각의 값에 대해
서로 다른 수를 출력하는
기계로 생각하면 된다.

인데-엑스축 indeX-axis

그림 N-6 지금까지 우리는 (3, 7, 4) 같은 벡터를 3차원 공간 속의 한 점이라 생각해왔다. 하지만 하나의 기계로 생각할 수도 있다. 이것은 아무것이나 닥치는 대로 먹어 치우는 즉, 입력받는 기계가 아니다. 1, 2, 3이라는 수 말고 다른 수는 입력할 수 없다. 벡터를 이런 방식으로 머릿속에 그렸을 때 생기는 한 가지 이점은 3차원 너머에서도 시각화 능력을 계속해서 이용할 수 있다는 점이다. 17차원을 머릿속에 그리려면 높이를 독립적으로 변화시킬 수 있는 17개의 수직선만 떠올리면 된다. 무한히 많은 차원을 가진 공간 속의 한 점을 시각화하려면 그냥 일반적인 2차원에서 일반적인 '함수'의 일반적인 '그래프'를 머릿속에 그리기만 하면 된다.

저자 그래야 할 것 같아! 결국 두 개념은 정확히 똑같은 방식으로 행동하니까. 우리가 처음에는 알아차리지 못했을 뿐이지. 칸이 n개 있는 벡터를 n차원 공간 위의 한 점으로 생각하고 있었잖아. 그래서 그 해석에 적합한 약자를 생각해냈던 거지. 이렇게 만든 약자가 틀린 것은 절대 아니지만, 이런 약자로는 이것이 그냥 기계의 한 유형인지가 분명하게 드러나지 않지. 반대도 마찬가지고. 두 개념은 논리적으로 보면 동일한 거야. 하지만 우리가 사용하는 표기법 때문에 심리적으로는 동일하지 않았던 거지. 그래서 속을 들여다보면 두 개념이 사실상 단일한 존재임을 놓치고 있었던 거야!

수학 하지만 그럼 그것들의 실제 정체는 무엇인가요? 기계는 사실 벡터에 지나지 않은 존재였던 것인가요? 아니면 벡터가 기계일 뿐인 존재였던 건가요?

저자 그걸 꼭 따져야 하는 건지 모르겠네. 이것들 안에는 우리를 속일 수 있는 숨은 본질 같은 것이 없어. 우리가 직접 발명했으니까. 무언가가 모든 면에서는 벡터처럼 행동하는데 알고 보니 정체가 기계였다든가, 그 반대의 경우 같은 것은 없다 이거지.

독자 이거 좀 작위적인 거 아냐? 그러니까 내 말은, $m(x) \equiv x^2$ 같은 기계는 벡터가 아니라 정말 기계인 것 같단 말이지. 물론 그것을 벡터로 생각하는 게 가능하긴 하지만 말이야. 그러니까 그것을 기계로 보든, 벡터로 보든 본질적으로 똑같다는 이야기야?

저자 바로 그 말이지! 우리가 그 사실을 받아들이지 않는다면 일관성을 무너뜨리는 꼴이 돼. 시작할 때부터 우리 우주에서 유일한 수학적 '법칙'은 바로 '대상을 우리가 원하는 대로 얼마든지 약자로 축약할 수 있다'였으니까. 이게 의미하는 바는 우리는 대상을 그들의 본질이 아니라 행동으로만 정의할 수 있다는 거야. 수학자들이 대상을 공리적으로 정의하는 데 그렇게 집착하는 이유도 분명 그 때문일 거야. 모든 수학 분야에서 애초에 무언가의 정의를 선택하는 방식은 언제나 이런 비밀스러운 밑바탕 법칙에 의해 이루어지지. 표기법 자체가 그 수학적 대상은 아니라는 법칙. 우리가 연구하는 대상은 그저 종이 위에 끄적거린 꼬부랑글씨가 아니야. 그 어떤 약자라도 성역으로 금지되어 있지 않아서 우리가 마음대로 선택할 수 있다면 공리적 접근 방식을 비롯해 '대상은 동형사상에 준해서만 정의된다'는 그 모든 내용이 자연히 뒤따라와! 그래야만 해. 그렇지 않으면 우리는 수학의 유일한 법칙을 위반한 것이 되니까. 어느 시점에서 암암리에 일부 약자는 원래 다른 약자보다 더욱 특별하다고 가정하는 오류를 저지른 것이지.

독자 너의 절절한 외침은 잘 들었으니까 질문 하나만 하자. $(3, 7, 4)$ 같은 벡터는 3차원 공간 속의 한 점으로 생각할 수 있고… n개의 칸을 가진 벡터는 n차원 공간 속의 한 점으로 생각할 수 있으니까…. 그럼 $m(x) \equiv x^2$ 같은 기계는 '무한 차원 공간' 속의 한 점으로 생각할 수 있다, 이 말이야?

저자 안 될 이유가 뭐겠어.

수학 이건 정말 아름답군요! 이것에 대해 장을 하나 따로 만들 수는 없을까요?

저자 물론 안 될 이유 없지! 장을 따로 만들어서 알아보자고.

독자 그게 바로 우리가 내내 해온 일 아니야?

저자 하하! 그렇지. 그런 것 같군. 재미있을 거야. 어서 가자!

...

(저자가 무언가를 깨닫고 침묵에 빠진다.
독자와 수학은 다음 장으로 뛰어 들어갔지만
그는 뒤에 남아 막간을 다시 읽어보기로 결심한다.)

...

저자 ….

독자 …이봐!

저자 (깜짝 놀라며) 어? 안 갔어? 너도 이거 다시 읽어보고 있었던 거 아니지?

독자 아니야. 뭐가 어떻게 되고 있는데?

저자 신경 쓸 거 없어. 아무것도 아니야.

독자 진지하게 묻는 건데, 너 어디 이상해진 거 아냐?

저자 아니, 아니야. 괜찮아…. 그냥 잠깐 중단을….

독자 중단하다니, 뭘?

저자 그게…. 다음 장에는 대화가 없거든…. 그런데 다음 장이 마지막이고…. 방금 그게 생각났어…. 그러고 보니 너희 둘을 언제 다시 볼까 싶어서….

독자 아….

저자 그래서 그랬어.

독자 마지막에 섹션을 하나 더 달면 되지 않을까?

저자 그럴 생각이었지. 꼭 장이나 막간이 아니더라도 뭐 하나 추가하려고. '끝 장'이라고나 할까…. 하지만 그에 대해서는 내가 좀 특이한 구상을 하고 있거든. 우리가 거기 가면 상황이 어찌 될지 누가 알아. 그리고 어쨌거나 그곳엔 수학이 없어. 수학은 모두 ℵ장에 들어 있거든. 바로 다음 장 말이야. 그래서 방금 깨달았어. 우리가 모두 한 번 더 얼굴을 보게 된다 해도, 이런 대화를 다시는 하지 못할 거라고 말이야. 수학과 만나는 것은 이번이 마지막이었어.

독자 아…. 무슨 말인지 알겠어.

저자 미처 깨닫지 못하고 있었어…. 방금 막간 쓰기를 마무리하고 나서야 깨달았지.

독자 막간은 아직도 쓰고 있는 중 아니야?

저자 아니지. 나 가끔 이런 짓 하잖아. 너하고 대화하는 거. 이것은 책에 들어갈 부분이 아니야.

독자 뭐라고? 왜?

저자 중간에 섹션 분위기를 바꾸고 싶지 않아서. 그러면 모두들 엉뚱하게 해석할 거야. 가끔은 이런 것을 숨길 필요가 있어.

독자 누구한테 숨겨?

저자 너한테서! 책을 위해서! 해설을 위해서!

독자 그럼…. 전면 폭로는 어쩌고?

(저자가 한숨을 내쉰다.)

저자 이 책이 끝나고 나면 너희들이 정말 보고 싶을 거야.

BURN
MATH
CLASS

CHAPTER

무한 황무지의
무한한 아름다움

ℵ.1. 무의 세계의 놀라운 통일성

알려진 현상을 설명하는 이론들은 서로 다른 물리적 아이디어를 바탕으로 기술되는데 이러한 이론들이 예측하는 내용이 모두 동일한 경우에는 이론 간 과학적 구분이 불가능할 때도 있다. 하지만 이 이론들을 바탕으로 미지의 현상을 탐구하려는 경우, 이런 이론이 심리적으로도 똑같이 작용하는 것은 아니다. 관점이 달라지면 거기서 파생되는 변화의 방향도 달라지고, 아직 이해하지 못하는 것을 이해하려 노력하는 과정에서 그 이론을 바탕으로 이끌어내는 가설도 달라지기 때문이다.

–리처드 파인만, <노벨상 수상 연설>

수학은 잘 닦인 고속도로를 따라 조심스럽게 행진하는 것이 아니라 낯선 황무지로 여행을 떠나는 것이다. 탐험가는 이곳에서 길을 잃을 때가 많다. 역사가에게 엄격함이란 지도가 완성되었음을 말해주는 신호의 역할을 하겠지만, 진정한 탐험가라면 이미 지도를 벗어나 다른 곳으로 떠나고 없다.

–W.S. 앵글린, <수학과 역사Mathematics and History>

ℵ.1.1. 유사성을 진지하게 받아들이기

막간 N 마지막에서 우리는 벡터와 기계 사이의 직접적인 상관관계를 깨달았다. 이번 장에서는 이 관계를 진지하게 받아들여서 무한 차원 공간에서의 미적분을 개발하려 한다. 이 주제는 흔히 '변분법calculus of variation'이라 알려져 있다. N장에서 보았듯이 다변수 미적분은 단변수 미적분과 똑같은 간단한 개념으로부터 구성되었다. 이번에도 마찬가지다. 변분법의 기호 연산도 기본적으로는 늘 해오던 것과 똑같이 행동한다. 하지만 단변수 미적분이나 다변수 미적분하고는 아주 다르게 보이는 부분도 존재한다. 이 다른 느낌은 우리가 지난 막간에서 도달했던 벡터와 기계의 통합으로 인한 결과다. 이 개념적 통합 덕분에 우리는 주어진 공식의 두 가지 다른 해석 사이를 왔다 갔다 할 수 있으며, 따라서 변분법의 그 어떤 공식이라도 서로 다른 두 가지를 말하는 것이라 생각할 수 있다. 이는 우리를 앞으로 나갈 수 있게 하는 이중의 직관력을 제공한다.

이 책에서는 지금까지 다소 전통적인 방식을 벗어난 접근을 이용했다. 극한 대신 극한소를 주로 사용해왔고, 우리 자신의 용어를 직접 발명해 쓰는 경우도 많았고, 흔히들 미적분학의 필수 선행 과목이라 여기는 주제를 역으로 미적분학에서 시작해서 그것을 이용해 발명하는 '거꾸로 진행 방식'을 사용하기도 했고, 깔끔하게 손을 본 형태로 수학적 논증을 제시하는 표준의 관행을 일부러 탈피하기도 했다. 이런 전통적 관행은 우아해 보이기는 하지만 우리를 그런 개념의 발견으로 이끌어준 사고 과정을 보여주지 않을 때가 많기 때문이다. 그래서….

수학 …우리는 특정한 발견이 이루어지기 위해서는,

저자 처음에는 특정한 막다른 골목에 부딪혀 방황할 수밖에 없고,

수학 그 결과 어떤 특정한 혼란 상태에 도달해야만 한다는 것을 보여주려 했다.

저자 이런 혼란 상태를 설명에서 빼먹고 그대로 넘어간다는 것은,

수학 결국 해당 주제를 제대로 이해하지 않고 넘어간다는 이야기다. 하지만,

저자 지금까지 이 책이 여러 부분에서 전통적인 관행을 벗어나는 행동을 했음에도, 마지막 장은 그중에서도 가장 크게 벗어나는 곳이 되지 않을까 싶다. 변분법은 밑바탕 개념이 대단히 아름답고 단순함에도 지금의 교육 방법으로는 사실상 그 단순한 아름다움이 전혀 눈에 들어오지 않는다. 수학교육 과정이나 교과서에서 변분법을 가르치는 표준 강의 방식을 보면 너무나 조심스럽고, 너무나 형식에 얽매여 있어서 심지어는 비교적 형식에서 자유로운 응용수학의 비공식적 교육과정에서도 변분법과 미적분학 사이의 유사성이 거의 드러나지 않는다. 표준 방식에서 이런 개념들을 제시하는 방식을 보면 비록 논리적으로는 옳고, 그렇게 조심스러운 것도 이해가 되지만 '시험 함수test function', '분포distribution', '일반화된 함수generalized function', '선형범함수linear functional', '약도함수weak derivative', '변분variation' 등등의 온갖 장치가 얽히고설켜 한마디로 악몽이다. 이 모든 장치는 자체로 대단히 아름다운 개념이지만 그 밑바탕 개념을 이해하는 데 필요한 것보다도 훨씬 복잡하다. 나는 변분법을 최대한 간단한 방식으로 설명할 생각이다. 그래서 매 단계별로 우리가 이미 아는 것들과의 직접적인 유사성을 분명히 확인하고 넘어가겠다. 언제나 그랬듯이 새로운 것과 오래된 것 사이에 존재하는 유사성은 결코 우연이 아니다. 이는 혁신가들이 낡고 익숙한 개념을 재료 삼아 새로운 개념들을 구축하는 데서 비롯된 직접적인 결과인 것이다.

ℵ.1.2. 운명은 용감한 자의 편이다!

이 시점에서 우리는 미적분학의 온갖 익숙한 연산을 무한히 많은 차원에 적용해도 과연 의미가 그대로 통할지 전혀 알지 못하는 상태다. 어쩌면 통하지 않을지도 모른다. 하지만 어쨌거나 우리는 이 책 전체에서 항상 그런 처지였다. 일반화가 의미가 통할지 통하지 않을지 검증하는 방법은 언제나 그랬듯이 그 일반화가 우리가 원하는 대로 행동하느냐 하지 않느냐를 따지는 것이다. 대부분의 경우 '우리가 원하는 대로 행동하는 것'이란 우리가 정답이 어떻게 나와야 하는지 직관적으로 바로 알아차릴 수 있는 간단한 사례에서 일반화가 우리의 직관과 잘 맞아떨어지는 것을 말한다. 그런 의미에서 우리가 이제 하려는 것이 과연 뜻이 통할지 아직은 모르지만 그래도 한번 시도해볼 가치는 충분하다고 자신 있게 주장하고 싶다. 그냥 주사위를 굴리고 앞으로 나가기로 하자. 알레아 약타 에스트Alea iacta est, 율리우스 카이사르가 로마로 진격하며 루비콘강을 건너기 직전에 한 말로 '주사위는 던져졌다'는 뜻이다. 카이사르는 자신의 군대가 루비콘강을 건너는 순간 로마의 국법을 어기게 되어 내전으로 치닫게 되며, 다시는 이 결정을 돌이킬 수 없으리라는 것을 알았다. 목숨을 건 결정이었다. 그리고 결국 루비콘강을 건너 로마를 함락시키고 황제가 되었다—옮긴이 주!

⟶ ℵ.2. 루비콘강을 건너다 ⟵

ℵ.2.1. 유사성 사전 만들기

기계와 벡터 간 유사성을 진지하게 받아들이기로 결정했으니 사전을 만들어서 이 유사성을 좀 더 정확하게 정리해보자. 이렇게 함으로써 벡터에 대한 문장과 기계에 대한 문장 사이를 좀 더 편하게 왔다 갔다 할 수 있고, 새로운 무한 차원의 세계에서 미적분하는 방법을 알아내는 데도 도움이 될 것이다. 아래 나온 박스가 우리의 사전이다. 그리고 각각의 '정의'는 두 줄로 이루어져 있다. 첫 번째 줄은 벡터/기계의 특정 유사성을 말로 풀어서 기술한 것이고, 두 번째 줄은 똑같은 내용을 기호로 표현한 것이다. '⟺' 라는 기호는 이런 의미를 가진다. '내 왼쪽과 오른쪽에 있는 것들은 벡터/기계 유사성에 따라 서로 파트너다.' 이 사전은 모든 것을 빠짐없이 담아놓은 게 결코 아니다. 앞으로 이 장의 나머지 부분에서 기계와 벡터를 통합할 더 많은 방법을 알아나가게 될 것이다. 하지만 이 사전은 기계와 벡터를 어떻게 좀 더 보편적인 개념의 두 가지 특별한 사례로 볼 것인지에 대한 지금까지의 우리의 생각을 완벽하게 기술하고 있다. 그럼 준비, 차렷, 사전!!

사전 보는 법

벡터에 대한 말로 푼 이야기 ⟺ 기계에 대한 말로 푼 이야기

벡터에 대한 기호로 푼 이야기 ⟺ 기계에 대한 기호로 푼 이야기

사전

벡터 ⟺ 기계

$$\mathbf{x} \Longleftrightarrow f$$

벡터의 인덱스 ⟺ 기계의 입력

$$i \Longleftrightarrow x$$

어떤 인덱스에서의 벡터 성분 ⟺ 어떤 입력에서 기계의 출력

$$x_i \Longleftrightarrow f(x)$$

벡터를 입력하는 기계 ⟺ 기계를 입력하는 기계

$$f(\mathbf{x}) \Longleftrightarrow F[f(x)]$$

합 ⟺ 적분

$$\sum_{i=1}^{n} x_i \Longleftrightarrow \int_a^b f(x)\,dx$$

ℵ.2.2. 동족을 잡아먹는 수학

기계와 벡터의 유사성을 진지하게 받아들임으로써 우리는 위와 같은 사전을 만들어냈다. 이 사전은 벡터에 관한 문장을 기계에 관한 문장으로 번역할 수 있게 해줄 것이다. 하지만 사전을 만드는 과정에서 우리는 아주 익숙하지만은 않은 기호를 잔뜩 쓰게 됐다. 이를 테면 $F[f(x)]$ 같은 것이다.* 다변수 미적분의 상당 부분은 벡터 $\mathbf{x}$를 입력하면 $F(\mathbf{x})$라는 수를 출력하는 기계에 대해 조사하는 것으로 이루어져 있다. 따라서 벡터/기계 유사성을 말 그대로 받아들인다는 것은 변분법에서는 $f(x)$라는 기계 전체를 입력받아 $F[f(x)]$라는 수를 출력하는 기계에 대해 조사한다는 의미가 된다. 이렇게 기계를 입력받는, 즉, 동족 포식 기계를 보통 범함수functional라고 부르는데 사실 우리는 이미 범함수를 몇 가지 만나봤다. 단지 당시에는 그것들을 이런 식으로 생각하지 않았을 뿐이다. 그 예로 다음과 같은 적분을 생각해보자.

$$Int[f(x)] \equiv \int_a^b f(x)dx$$

'Int'는 Integral, 적분을 의미한다─옮긴이 주

이 적분은 그 자체로 하나의 기계라 생각할 수 있다. 즉, $f(x)$라는 기계

---

* $F[f(x)]$를 쓸 때 대괄호를 쓰는 이유를 분명하게 알고 넘어가자. 그 이유는 (1) $F(f(x))$로 표시하면 괄호가 조금은 산만해지기 때문에, 그리고 (2) $F(f(x))$라고 쓰면 마치 기계 f와 F가 추상성의 수준이 똑같은 것처럼 보일 수 있기 때문이다. 양쪽 다 기계가 맞고, $F[f(x)]$에 쓰인 대괄호가 일반 괄호와 똑같은 용도로 쓰이는 것도 맞지만, 이렇게 표기법을 살짝 다르게 해주면 f는 수를 입력하면 수를 출력하는 기계인 반면, F는 기계 전체를 입력하면 수를 출력하는 기계라는 것을 상기시켜주는 역할을 한다. 이런 구분은 중요하다. f 같은 일반적인 함수도 $f(g(x))$와 같은 형태로 나타낼 수는 있지만, 여기서도 기계 f는 여전히 그냥 수를 입력받는 기계로, 기계 g의 출력값을 입력값 x로 받아들이고 있는 것이다. 이와 달리 기계 F는 정말로 기계 전체를 입력받는 기계다. F는 동족 포식 기계이지만, f는 아니다.

전체를 입력받아서 값을 하나 출력하는 '커다란 기계'인 셈이다. 여기서의 출력값은 $x = a$와 $x = b$ 사이에서 $f(x)$의 그래프 아래 영역의 면적이 된다. 동족 포식 기계 Int에 서로 다른 기계를 입력하면 그에 따라 서로 다른 값이 나온다.

우리가 이미 접한 또 하나의 사례는 이른바 '호의 길이 범함수arclength functional'라는 것이다. 6장 마지막 부분에서 우리는 다음과 같은 내용을 입증한 적이 있다.

$$Arc[f(x)] \equiv \int_a^b \sqrt{1 + f'(x)^2}\, dx$$

'Arc'는 arclength, 호의 길이를 의미한다―옮긴이 주

이 적분은 $f(x)$라는 기계 전체를 입력받아서 수를 하나 출력하는 커다란 기계로 생각할 수 있다. 여기서의 출력값은 $x = a$와 $x = b$ 사이에서 $f(x)$의 그래프의 길이가 된다.

범함수의 또 다른 사례는 기계 f의 '놈norm'이라고 하는 것이다. '놈'은 그저 f를 무한 차원 공간 속의 한 벡터라 해석했을 때, 그 f의 '길이'를 복잡한 단어로 부르는 호칭일 뿐이다. 이 길이 해석은 위에 나온 호의 길이 해석과는 아무런 상관도 없다. 지름길 거리 공식에서 영감을 받아 벡터의 길이라는 익숙한 개념을 일반화해서 무한 차원에서의 '길이' 개념을 정의해 나온 것이다. 우리는 아직 이 특정 종류의 동족 포식 기계를 보지 못했으니까 잠시 시간을 내서 이 개념이 어디서 왔는지 살펴보는 것도 좋겠다. 그럼 새로운 무한 차원 세계에서 우리가 이용하게 될 추론 유형에 대해 좀 더 감을 잡을 수 있을 것이다.

ℵ.2.3. 무한 황무지에서 길이의 특징 정의하기

막간 1에서 우리는 '피타고라스의 정리'라고도 알려진 지름길 거리 공식을 발명했다. 가장 먼저 이 공식을 2차원 벡터에 관한 사실로 해석할 수 있음에 주목하자. $\mathbf{v} \equiv (x, y)$라는 벡터에서 x와 y라는 성분은 그냥 길이를 나타내고, 둘은 서로 직각인 방향으로 놓여 있기 때문에 이 벡터의 길이는 다음과 같이 나와야 한다.

$$Length[\mathbf{v}] \equiv \ell = \sqrt{x^2 + y^2}$$

'Length'는 길이를 의미한다—옮긴이 주

이제 3차원, 4차원 등에서도 비슷한 공식이 성립할까 하는 의문이 떠오른다. 2차원에서 벡터의 길이가 온통 '2'투성이인 것을 보면즉, 각각의 성분을 2제곱해서 합한 다음, 그 전체를 ½제곱했으니 벡터가 사는 차원의 수즉, 2와 공식에 등장하는 제곱지수이것도 2 사이의 관계가 그저 우연일 리는 없다는 생각이 든다. 그렇다면 혹시 3차원 벡터 $\mathbf{v} \equiv (x, y, z)$의 길이 공식은 다음과 같지

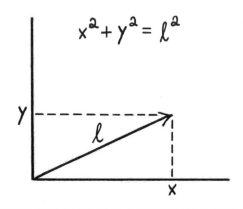

그림 ℵ-1 지름길 거리 공식은 $\mathbf{v} \equiv (x, y)$라는 벡터의 길이가 $\ell \equiv \sqrt{x^2 + y^2}$임을 말해준다. 이것이 무한 황무지에서 길이를 정의할 때 우리에게 영감을 불어넣을 것이다.

않을까 하는 추측을 한다.

$$Length[\mathbf{v}] \overset{???}{=} \left(x^3 + y^3 + z^3\right)^{\frac{1}{3}}$$

우리가 길이를 이런 방식으로 측정하겠다고 선택할 수는 있지만* 여기서 말하는 길이가 일상용어의 길이와 같은 의미를 가지기 원한다면 이 문제를 마음대로 결정할 수는 없다. 물론 원하는 것이라면 무엇을 발명하든지 우리의 맘이지만 길이란 원래 모든 사람이 수학 없이도 이해할 수 있는 일상적이고 독립적인 의미를 가지고 있다. 따라서 '길이'가 일상적인 의미와 부합하기를 원하는 경우라면 3차원, 4차원 또는 n차원에서 벡터의 길이는 우리가 그저 '발명'하면 그만인 개념이 아니라 우리가 '발견'해내야 하는 개념이 된다. 현재로서 우리가 이 문제의 해결에 필요한 재료로 갖고 있는 것은 2차원 지름길 거리 공식에서 나오는 것밖에 없기 때문에 이 공식을 이용해 그보다 높은 차원에서 거기에 대응하는 미지의 공식을 발견하고, 결국에는 그것을 새로운 무한 차원 황무지로 확장할 수 있을지 알아보는 것이 좋겠다.

그림 ℵ-2에서 보듯 2차원 버전의 지름길 거리 공식만을 이용해서도 3차원 버전의 공식을 만드는 것이 실제로 가능하다. 이렇게 논증을 펼쳐보면 $\mathbf{v} \equiv (x, y, z)$라는 3차원 벡터의 길이가 다음과 같음을 알 수 있다.

---

* 그리고 수학자들은 그렇게 해왔다. 그런 식으로 길이를 측정하는 것은 '3-놈 three norm'이라고 알려져 있다. 이것은 3차원과는 특별한 관계가 없지만 완벽하게 합리적인 길이의 정의다. 다만 우리가 일상적으로 말하는 길이의 의미와는 부합하지 않는다. 따라서 여기서는 다루지 않겠다.

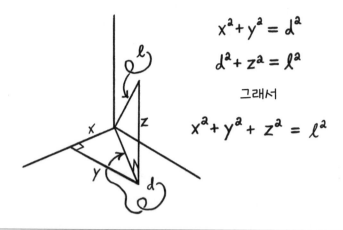

$$x^2 + y^2 = d^2$$

$$d^2 + z^2 = \ell^2$$

그래서

$$x^2 + y^2 + z^2 = \ell^2$$

그림 ℵ-2 지름길 거리 공식을 두 번 이용하면 원래 공식의 3차원 버전을 만들 수 있다. 이렇게 해보면 3차원에서 $\mathbf{v} \equiv (x, y, z)$라는 벡터의 길이는 $\ell \equiv \sqrt{x^2 + y^2 + z^2}$이 나온다.

$$Length[\mathbf{v}] = \sqrt{x^2 + y^2 + z^2}$$

이제 2차원 버전의 공식을 반복해서 계속 적용하면 이와 유사한 n차원의 지름길 거리 공식을 만들 수 있다. 그리고 예상대로 이것은 똑같은 형태를 가지고 있다. n차원 벡터 $\mathbf{x} \equiv (x_1, x_2, \cdots, x_n)$의 길이는 다음과 같다.

$$Length[\mathbf{x}] = \sqrt{x_1^2 + x_2^2 + \cdots + x_n^2}$$ 방정식 ℵ-1

이제 우리가 만약 기계와 벡터 사이의 관련성을 진지하게 받아들이고 있다면 간단하게 그 기계를 무한히 많은 칸을 가진 벡터로 해석함으로써 기계의 '길이'나 '크기'를 정의할 수 있어야 한다. 이렇게 하면 무한 차원 공간에서의 일종의 '지름길 거리 공식'이 나올 것이고, 그런 면에서 보면 이 공식은 무한 차원 기하학에 대한 문장이라 할 수 있을 것이다. 복잡하게 들릴 수도 있지만 겉으로 드러나는 복잡성은 대부분 우리가 개념을 기술하는 데 사용하는 단어 때문에 발생한다. 예를 들면 '무한 차원 공간' 같은 용어가 그렇다. 사용하는 말은 복잡하게 들려도 밑바탕 개념은 지극히 간단하다. 우리는 사실 우리의 사전을 이용해서 방정식 ℵ-1을 무심히 일반화하고 있는 것뿐이다. 즉, 우리가 말하는 내용은 이것이 전부다. '기계를 벡터로 생각한다면 방정식 ℵ-1은, 한 기계의 '길이'는 (1) 각각의 칸을 제곱하고, (2) 그것을 모두 합해서, (3) 전체에 제곱근 기호를 씌운 값이 되어야 한다.' 즉, 다음과 같다.

$$Length[f(x)] \;=\; \sqrt{\int_a^b f(x)^2 dx}$$ 방정식 ℵ-2

그럼 지름길 거리 공식을 무심코 일반화시켰으니 이렇게 똑똑해 보이는 소리를 늘어놓을 수도 있다. '기계 f의 길이는 그것을 무한 차원 공간 속의 한 벡터로 해석하면, 간단히 말해서 $f(x)^2$을 적분해서 제곱근을 구한 것이다.' 그리고 우리는 이런 형태의 문장이 의미하는 바를 정확하게 안다. 정작 우리는 자신이 말하는 내용을 머릿속에 그려볼 엄두조차 못 내고 있지만 말이다! 정말로 교활한 트릭이다. 그렇지 않은가? 이게 맞는 소리인지 어떻게 알 수 있을까? 언제나처럼, 만약 무한 차원 공간이 우리에게 익숙한 유한 차원 공간처럼 행동하기를 원한다면 무한 황무지에서의 길이를 그냥 방정식 ℵ-2로 정의할 수 있다. 이 시점에서 우리는 표준 수학이 아닌 전 단계 수학을 다루는 것이므로 위의 논증은 틀리고 자시고를 이야기할 수 없다. 단지 수학적 개념을 이용해서 논증을 진행하는 것일 뿐이다. 이 논증에서 분명하게 드러나는 장점이 무엇이냐에 따라 우리는 먼저 무한 차원 길이에 대한 특정 정의를 선택하게 된다. 이제 한 기계의 '길이'라는 개념을 정의했으니 우리는 '이러저러한 기계는 무한히 작다'라는 등의 이야기를 할 수 있다. 즉, 무한 황무지에서 크기에 대해 이야기할 수 있게 됐으니 무한 차원 미적분을 발명하는 방법에 대해 몇몇 개념을 탐험하기 시작할 수 있다는 이야기다!

ℵ.3. 동족을 잡아먹는 미적분의 발명

ℵ.3.1. 언제나처럼 낡은 것에서 새로운 것 만들어내기

가장 중요한 것은 대상의 본질이나 정체가 아니라 행동이다. 이는 수학 전체에서 성립하는 말이고, 우리는 책을 시작하고 지금까지 줄곧 이 원리를 지켜보았다. 사실 면적과 경사의 경우도 우리가 지금까지 사용해온 정의와는 다르게 행동하도록 정의할 방법이 무수히 많다. 이런 정의는 우리가 내린 것보다 무한히 더 복잡할 가능성이 있고, 따라서 다루기도 훨씬 어려워질 수 있다. 하지만 우리의 정의는 정확히 우리가 원하는 대로 행동한다. 그렇게 하도록 강제했기 때문이다. 따라서 우리는 다른 것은 무시하고 그 정의에만 관심을 국한시킬 수 있다. 무의 세계에는 무한히 많은 기계가 존재하고, 그중 대부분은 5장에서 살펴본 네 가지 종보다 훨씬 더 복잡하다. 하지만 군이 네 가지 특정 종류의 기계만 살펴보았던 이유는 우리가 그것들에 대해 무슨 말을 할 수 있을지 정확히 알았기 때문이다. 그리고 그것들에 대해 무슨 말을 할 수 있을지 안 이유는 그것을 행동 방식으로 정의했기 때문이다.

여기서 우리는 다른 가면을 쓰고 있을 뿐 사실은 똑같은 원리를 접하게 된다. 어떻게 하면 기존 수학 교과서의 낡은 인습을 무시하고 우리 스스로 기계 전체를 입력받아 수를 출력하는 기계의 도함수를 정의해서, 우리가 늘 사용해온 것과 똑같은 연산을 거기에 사용할 수 있게 만들까? 수학 교과서에서는 먼저 대상이 되는 함수들의 집합을 정의하고 난 뒤에야마치 그것이 수학적 창조를 주도하는 일차적 관심사라는 듯이 그 결과를 유도하는 과정을 진행하는 것이 관행이다. 하지만 우리는 관행을 따르지 않고 반대 경로를 따라가겠다. 우리는 우리가 이야기하는 함수의 정확한 공간에 대해 불가지론적인 입장을 취함으로써 무한 차원 미적분의 정의를 수학 전 단계 과정으로 유도할 것이다. 그리고 이 새로운 대상그것이 무엇이든 간에이 우리에게 익숙한 미적분과 유사한 방식으로 행동하도록 강제하여 앞으로 나갈 것이다. 어쩌면 이게 가장 중요할지도 모른다. 바로 이 새로운 세계에서 '미분' 또는 '도함수'가 의미하는 바가 무엇이든 그 도함수를 여전히 한 무한히 작은 수를 또 다른 무한히 작은 수로 나눈 것이라 생각할 수 있어야 한다고 요구하리라는 점이다. 그렇게 할 때 비로소 우리는 이 책에서 지금까지 발전시켜온 미적분학의 전문 지식을 길들지 않은 야생의 황무지로 가지고 들어갈 수 있다. 정확히 어떤 대상이 그런 연산을 따르며, 또 그 대상을 어떻게 집합론의 언어로 부호화coding 할 것인가는 나중에 해도 되는 일이다. 그런 문제에 관심 있는 누군가가 진행할 것이다. 뿌연 먼지가 모두 가라앉고 나면 우리가 결국에는 처음에 생각했던 바와는 종류가 다른 대상을 연구하고 있었던 것임이 밝혀질지도 모른다. 그럼 그러라고 놔두자. 그 본질이 무엇인가에 우리는 관심이 없다.

그렇다면! 우리에게 동족 포식 기계가 있다고 가정해보자. 여기서 동족 포식 기계란 $f(x)$라는 기계 전체를 잡아먹고입력받고 $F[f(x)]$라는 수를 뱉어 내는출력하는 기계를 말한다. 다변수 미적분에서 편도함수를 정의할 때는 기계 $F(\mathbf{x})$에서 시작하여 $\mathbf{x}$의 칸 중 나머지는 모두 그대로 두고 하나에만 무한히 작은 변화를 주었다. 그다음에는 변화를 주기 이전과 이후의 출력의 차이를 살펴본 다음 이것을 변화를 주기 이전의 입력과 이후의 입력 간의 차이로 나누었다. 이제 낡은 것으로부터 새로운 것을 구축한다는 정신에 입각해서 똑같은 방식을 통해 무한 황무지에서 도함수를 정의해보자.

동족 포식 기계 F가 주어지면 우리는 변화를 줄 수 있는 '칸slot'을 무한히 많이 갖게 된다. 벡터를 잡아먹는 기계의 경우에는 이런 칸에 $x_1, x_2, \cdots,$ x_n이라고 이름표를 붙여주었다. 이제 기계 전체를 잡아먹는 기계에서는 이런 칸에 $f(0), f(0.001), f(3), f(796.5)$ 등등의 이름표가 붙는다. 모든 칸을 일일이 다 나열할 수는 없지만 각각의 수 x에 대해 칸이 하나씩 존재한다. x_3은 벡터 $\mathbf{x}$의 세 번째 칸에 들어 있는 숫자의 이름표였다면, 이제는 기호 $f(x)$가 기계 f의 x번째 칸에 들어 있는 수의 이름표가 된다. 그렇다면 동족 포식 기계의 '편도함수'부터 정의해보자.

가장 먼저 다음과 같이 축약하자.

$$\delta F[f(x)] \equiv F[f(x) + \delta f(x)] - F[f(x)]$$

방정식 ℵ-3

의미를 설명하기 전에, 우리가 d 대신 δ라는 이상한 기호를 사용하는 것은 당신을 헷갈리게 만들기 위함이 아니라 표준 수학 교과서에서 무서운 기호법으로 표현된 개념들이 사실은 단변수 미적분과 얼마나 비슷하고 단순한지 보여주기 위함이라는 것을 강조하고 넘어가야겠다. 만약 δ라는 기호 때문에 무서워진다면 내가 적은 방정식을 모두 깨끗이 지우고 δ 대신 거기에 d를 적어도 좋다. 어느 쪽으로 표현하든 이 방정식들은 완전히 똑같은 맥락을 전달한다.

좋다. 위의 방정식에서 $\delta f(x)$라는 기호는 무한히 작은 기계를 의미한다.

단변수 미적분에서 dx가 무한히 작은 수를 의미했던 것과 똑같다. 이 기계가 '무한히 작다'는 말의 의미는 이 장의 앞부분에서 내렸던 기계의 '길이'나 '크기'의 정의에서 나온다. 그리고 이 '길이'나 '크기' 자체는 지름길 거리 공식에서 영감을 받아 나온 것이다. 그러한 정의를 통해 나오는 기계의 길이가 무한히 작은 수인 경우 이 기계는 '무한히 작은 기계'가 된다. 대단히 중요한 부분이 있다. 단변수 미적분에서처럼 $\delta f(x)$의 f는 $f(x)$의 f와 같은 것이 아니다.*

표기법에 대해 한 가지 지적하고 넘어가자. 우리가 지금까지 $F[f(x)]$라고 적은 것은 사실 $F[f]$라고 쓰는 것이 더 적절했을 것이다. 이것은 x의 특정 값에 좌우되는 것이 아니라 기계 전체에 의해 좌우되기 때문이다. 하지만 내 경험으로 볼 때는 $F[f(x)]$라고 적는 것이 장기적으로는 덜 헷갈리는 경향이 있다. 이 때문에 우리가 어떤 특정한 칸을 대상으로 미분을 하고 있는지 명시할 필요가 있을 때는 x 옆에 또 다른 글자가 필요하다. 이때 엉뚱하게 '수직축'의 의미를 암시할 수도 있는 y 같은 다른 어떤 것을 사용하는 대신 나는 그냥 $\tilde{x}$를 사용하겠다. x 위에 있는 꼬부랑 기호는 그냥 '이것은 x와는 다른 기호이고 다른 점을 지칭할 수도, 그렇지 않을 수도 있다'는

---

* 이 시점에서 이 부분을 명확하게 짚고 넘어가는 것이 좋겠다. 단변수 미적분에서 'x+dx'라는 표기는 x 더하기 그와 상관없는 무한히 작은 수를 가리킨다. 'x+dx'라고 쓸 때는 네 가지 기호가 등장한다. (1) x, (2) +, (3) d, (4) x. 이미 알고 있듯이 (1) 항목에 있는 x는 dx의 두 번째 글자인, (4) 항목의 x와는 아무런 관련이 없다. 단변수에서 dx라는 표기는 'x'라는 수에 가하는 어떤 행동을 의미하지 않는다. 이것은 그저 전혀 상관이 없는 무한히 작은 수를 나타낼 뿐이다. 우리가 이것을 이미 알고 있다고 해도 방정식 $\aleph$-3에 나오는 약자를 이해하려면 이 부분을 강조할 필요가 있다. 하지만 헷갈리게도 수학의 많은 영역에서는 d(거시기)에 들어 있는 d가 그 뒤에 나오는 '거시기'라는 대상에 가해지는 어떤 행위를 가리킨다. 그리고 변분법 교과서에서는 '변분'이라 부르는 것을 지칭하기 위해 δ를 그런 식으로 이용할 때도 많다. 지금 당장은 이런 부분을 걱정하지 말자. 그 개념을 머지않아 다시 접하게 될 테니까 말이다.

의미밖에 없다. 이제 여기까지 했으니 우리의 사전에 따르면 특정 칸 $f(\tilde{x})$
에 대한 F의 도함수는 다음과 같이 정의할 수 있다.

$$\frac{\delta F[f(x)]}{\delta f(\tilde{x})}$$

여기서 $\delta F[f(x)]$는 방정식 ℵ-3에서와 같이 정의되고, $\delta f(\tilde{x})$는 그냥 상
관없는 어떤 무한히 작은 기계 δf 처음부터 변수에 대해서도 그렇게 해온 것처럼 이 기계
의 특정 형태에 대해서는 불가지론적 입장을 취한다에 $\tilde{x}$라는 값을 입력했을 때 나오는
출력값이다. 그럼 실제로 이것이 어떻게 작동하는지 알아보자. 우리가 특정
한 동족 포식 기계를 살펴보고 있다고 가정하자.

$$F[f(x)] \equiv \int_a^b f(x)^2 dx$$

그럼 위의 정의를 이용하면,

$$\delta F[f(x)] \equiv F[f(x) + \delta f(x)] - F[f(x)]$$

$$\equiv \left(\int_a^b [f(x) + \delta f(x)]^2 dx \right) - \left(\int_a^b f(x)^2 dx \right)$$

$$= \left(\int_a^b f(x)^2 + 2f(x)\delta f(x) + (\delta f(x))^2 dx \right) - \left(\int_a^b f(x)^2 dx \right)$$

$$= \int_a^b f(x)^2 + 2f(x)\delta f(x) + (\delta f(x))^2 - f(x)^2 dx$$

$$= \int_a^b 2f(x)\delta f(x) + (\delta f(x))^2 dx$$

따라서 간단하게 $\delta f(\tilde{x})$로 나누면 다음과 같이 나온다.

$$\frac{\delta F[f(x)]}{\delta f(\tilde{x})}$$

$$= \frac{1}{\delta f(\tilde{x})} \int_a^b \left[2f(x)\delta f(x) + (\delta f(x))^2 \right] dx$$

$$= \int_a^b \left[2f(x)\frac{\delta f(x)}{\delta f(\tilde{x})} + \delta f(x)\frac{\delta f(x)}{\delta f(\tilde{x})} \right] dx$$

ℵ.3.2. 무한 전 단계 수학 1: 사람들이 절대로 이야기를 꺼내지 않는 가능성

여기까지 오니 논의가 막힌 것처럼 보일지도 모르겠다. 다음의 기호가 무엇을 가리키는 것인지 아직 구체적으로 명시하지 않았기 때문이다.

$$\frac{\delta f(x)}{\delta f(\tilde{x})}$$

하지만 이것을 우리가 직접 발명하고 있음을 기억하자. 따라서 '다음에는 뭘 해야 하지?'라고 물어볼 게 아니라 이렇게 질문해야 한다. '우리가 바라는 $F[f(x)]$의 도함수는 뭘까?' 이것이 추론을 거꾸로 뒤집어서 하듯 들린다면 다시 한 번 생각하기 바란다! 우리가 이 책 전반에서 어떤 일을 해왔는지 기억하자. 낡고 익숙한 개념을 이상하고 터무니없는 맥락으로 일반화하는 과정에서는 언제나 선택의 문제가 뒤따른다. 그 선택이란 이런 것이다. 낡은 개념이 가진 여러 측면 중에서 좀 더 일반화된 새로운 버전에도 함께 구축해 넣고 싶은 내용은 어떤 것일까? 바로 뒤에서 보게 되겠지만 여기서 우리가 선택해야 하는 부분은 사실상 다음의 도함수를….

$$\frac{\delta}{\delta f(\tilde{x})} \int_a^b f(x)^2 dx$$

$2f(\tilde{x})$로 볼 것이냐, 아니면 $2f(\tilde{x})dx$로 볼 것이냐 하는 거다. 그 이유는 몇 줄 뒤에서 살펴보겠다. 요점으로 돌아가보자. 우리는 다음의 것이 의미하는 바를 아직 밝히지 않은 상태이기 때문에 위의 계산에서 중간에 멈춰버렸다.

$$\frac{\delta f(x)}{\delta f(\tilde{x})}$$

따라서 동족 포식 기계 $F[f(x)]$의 도함수, 즉 '범함수 도함수functional derivative'를 어떻게 정의하기 원하는가 하는 질문을 끌고 나가기 위해서는 서로 다른 '벡터 칸' $f(x)$와 $f(\tilde{x})$의 범함수 도함수를 서로에 대해 어떻게 정의하기를 원하는지 말해야 한다. 어쩌면 우리의 사전이 도움이 될지도 모르겠다. 다변수 미적분에서는 다음이 성립함을 떠올려보자.

$$\frac{\partial x_i}{\partial x_j} = \begin{cases} i = j\text{이면 } 1 \\ i \neq j\text{이면 } 0 \end{cases}$$ 방정식 ℵ-4

이것의 의미는 그냥 다음과 같다. 각각 다른 변수 $x_1, x_2, \cdots, x_n$은 서로 '수직 방향'이라 생각할 수 있으므로 다른 방향에 대해서는 위치를 변화시키지 않으면서 한 방향에서만 위치를 바꿀 수 있다. 남북 방향의 위치 변화는 없이 동쪽이나 서쪽으로 걸어갈 수 있는 것과 같은 이치다. 우리는 원하는 것은 무엇이든 마음대로 일반화할 수 있으므로 다음과 같은 정의를 선택할 수 있다.

$$\frac{\delta f(x)}{\delta f(\tilde{x})} \overset{\text{만약?}}{=} \begin{cases} x = \tilde{x} \text{이면 } 1 \\ x \neq \tilde{x} \text{이면 } 0 \end{cases}$$

방정식 ℵ-5

이렇게 선택을 내린다면 중단되었던 부분에서 다시 시작해서 위의 범함수 도함수가 다음과 같이 정리된다.

$$\frac{\delta F[f(x)]}{\delta f(\tilde{x})}$$

$$= \int_a^b \left[2f(x)\frac{\delta f(x)}{\delta f(\tilde{x})} + \delta f(x)\frac{\delta f(x)}{\delta f(\tilde{x})} \right] dx$$

$$\overset{(\aleph\text{-5})}{=} 2f(\tilde{x})dx + \delta f(\tilde{x})dx$$

각각의 조각에 dx가 붙어 있기 때문에 각각의 조각이 무한히 작은 값임을 명심하자. 하지만 두 번째 조각은 두 개의 무한히 작은 조각이 한데 곱해져 있기 때문에 첫 번째 조각보다도 더 무한히 작다. 따라서 이런 정의를 바탕으로 간단히 다음과 같이 말할 수 있다.

$$\frac{\delta F[f(x)]}{\delta f(\tilde{x})} = 2f(\tilde{x})dx$$

이것은 방정식 ℵ-5에서 표현된 선택으로 인해 모든 범함수 도함수가 무한히 작아지는 상황에 처하게 되었음을 말해준다. 직관적으로 봤을 때 왜 이렇게 된 것일까 궁금해진다. 다변수 미적분에서는 방정식 ℵ-4에 나온 선택 즉, 다음과 같은 선택을 하면….

$$\frac{\partial x_i}{\partial x_j} = \begin{cases} i = j \text{이면 } 1 \\ i \neq j \text{이면 } 0 \end{cases}$$

편도함수가 일반적으로 무한히 작거나, 무한히 큰 수가 아니라 정상적인 지극히 평범한 수가 된다. 예를 들면 다변수 미적분에서는 다음과 같이 나온다.

$$\frac{\partial}{\partial x_k} \sum_{i=1}^{n} x_i^2$$

$$= \frac{\partial}{\partial x_k} \left(x_1^2 + \cdots + x_k^2 + \cdots + x_n^2 \right)$$

$$= 0 + \cdots + 0 + 2x_k + 0 + \cdots + 0$$

$$= 2x_k$$

방정식 ℵ-6

도함수를 취한 후 여기에 dx 같은 무한히 작은 수는 전혀 달라붙어 있지 않다는 점에 주목하자. 그렇다면 방정식 ℵ-5에 표현된 선택을 했을 때는 왜 다음과 같은 결과가 나오는 것일까?

$$\frac{\delta}{\delta f(\tilde{x})} \int_a^b f(x)^2 dx = 2f(\tilde{x})dx$$

방정식 ℵ-7

두 방정식은 분명 대단히 유사한 형태이기 때문에 왜 한쪽은 일반적인 수로 끝나는데 다른 한쪽은 무한히 작은 수로 끝나게 되었는지 처음에는 이유가 분명하게 다가오지 않을 수도 있다. 이번에도 역시 표준 수학 교과서의 경고를 무시하고 간단한 해답을 찾아낼 수 있다. 방정식 ℵ-6에 나오는 합은 유한하게 큰 것들의 합이었기 때문에 도함수를 구해서 유한한 수가 나오는 것이 놀랍지 않다. 하지만 방정식 ℵ-7에 나오는 적분은 무한히 작은 것들의 합이다. 즉, 이것은 무한히 가는 직사각형들의 면적의 합이고, 그 각각은 $f(수)dx$의 형태로 보인다. 여기서 $f(수)$는 3, 7, 52 같은 일반적인 숫자인 반면, dx는 무한히 작은 수다. 따라서 방정식 ℵ-5에서 한 것처

럼 '범함수 편도함수partial functional derivative'를 정의한 것 때문에이렇게 한 이
유는 최대한 방정식 ℵ-4와 비슷하게 정의하고 싶었기 때문이었다 결국 우리의 범함수 도
함수가 무한히 작은 수가 나오고 만 것이다.

직관적으로 보면 이것은 말이 된다. 한 점 x에서의 높이를 무한히 작은
양만큼 변화시켰을 때 한 기계의 그래프 아래 면적이 얼마나 변할까? 어떤
답이 나오든 간에 거기에는 두 개의 무한히 작은 수가 달라붙어 있어야 한
다. 원래 직사각형의 무한히 작은 폭dx에서 나옴 그리고 그 높이에 가해진 무
한히 작은 변화$\delta f(x)$에서 나옴다. 그런 만큼, 만약에 우리가 '범함수 편도함수'
를 방정식 ℵ-5에서 한 것처럼 정의하기로 선택한다면 전체 면적의 변화율
에 무한히 작은 수가 하나 달라붙는 것이 말이 된다. 도함수를 계산하면서
$\delta f(\tilde{x})$로 나누면 두 개의 무한히 작은 조각 중 하나는 지워지기 때문이다.

ℵ.3.3. 무한 전 단계 수학 2: 더 섹시한 정의

우리의 범함수 도함수가 일반적인 유한한 크기의 수가 나오게 하고 싶
다면 방정식 ℵ-5 대신 어떤 정의를 이용할 수 있을까? 이 답을 구하려면
$\frac{\delta f(x)}{\delta f(\tilde{x})}$를 정의하던 방정식 ℵ-5 이전의 논의로 되돌아가야 한다. 우리의 간
단한 동족 포식 기계$F[f(x)] \equiv \int_a^b f(x)^2 dx$의 도함수가 $2f(\tilde{x})\,dx$가 아니라
$2f(\tilde{x})$의 형태가 나올 수 있도록 범함수 도함수의 정의를 내리고 싶다고 가
정해보자. 그럼 뭘 해야 할까? 기존의 선택에서는 원치 않는 dx가 발생했
으니까 범함수 도함수가 유한한 수가 나오도록 우리가 할 수 있는 가장 바
보 같은당신이 원한다면 '가장 간단한'이라고 표현해도 좋다 방법은 이런 정의를 이용하
는 것이다.

$$\frac{\delta f(x)}{\delta f(\tilde{x})} \quad \overset{\text{만약?}}{=} \quad \begin{cases} x = \tilde{x} \text{이면 } \frac{1}{dx} \\ x \neq \tilde{x} \text{이면 } 0 \end{cases} \qquad \boxed{\text{방정식 ℵ-8}}$$

이제 어떻게 되는지 보자. 어떻게 되기나 하는지 모르겠지만 말이다. 중단됐던 부분에서 다시 시작하면 다음과 같이 전개된다.

$$\frac{\delta F[f(x)]}{\delta f(\tilde{x})}$$

$$= \int_a^b \left[2f(x)\frac{\delta f(x)}{\delta f(\tilde{x})} + \delta f(x)\frac{\delta f(x)}{\delta f(\tilde{x})} \right] dx$$

$$\overset{(\aleph\text{-8})}{=} 2f(\tilde{x})\frac{1}{dx}dx + \delta f(\tilde{x})\frac{1}{dx}dx$$

$$= 2f(\tilde{x}) + \delta f(\tilde{x})$$

방금 앞에서 했던 것처럼 $\delta f(\tilde{x})$ 항은 $2f(\tilde{x})$ 항보다 무한히 더 작기 때문에 그냥 이렇게 쓸 수 있다.

$$\frac{\delta F[f(x)]}{\delta f(\tilde{x})} \overset{(\aleph\text{-8})}{=} 2f(\tilde{x})$$

완벽하다! 이것은 우리가 원했던 바로 그 보기 좋고, 유한한 답이다. 어쩌면 예상 못했던 일은 아닐 수도 있지만, $\frac{\delta f(x)}{\delta f(\tilde{x})}$ 라는 양을 무한히 큰 값으로 정의했더니, 적분 그 자체는 무한히 작은 수들을 한 무더기 합한 것이라는 효과를 지우는 결과가 나왔다.

ℵ.3.4. d에 δ 두 개 더 추가하기: d → ∂ → δ 모조품

우리는 범함수 도함수의 정의를 어떤 것으로 선택했을 때 보기 좋고 유한한 답이 나오는지 알아냈다. 가능한 서로 다른 정의를 선택했을 때 어떤 결과가 나오는지 고려해봤으니 이제 우리는 단변수 미적분, 다변수 미적분, 무한 차원 미적분 사이의 관계가 무엇이고, 그중 마지막인 무한 차원 미적분이 왜 그런 모습으로 보이는지에 대해 훨씬 더 분명하게 이해하게 됐다. 예를 들어, 우리가 방정식 ℵ-8의 정의를 선택한다면 이상한 표기법을 d에서 ∂에서 δ로 바꾸고, 아무것도 없던 것에서 Σ에서 $\int$로 바꾼다 해도 다음의 방정식 사이에서 드러나는 유사성을 어렵지 않게 알아볼 수 있다.

$$\frac{d}{dx}x^2 = 2x$$

방정식 ℵ-9

$$\frac{\partial}{\partial x_k}\sum_{i=1}^{n}x_i^2 = 2x_k$$

방정식 ℵ-10

$$\frac{\delta}{\delta f(\tilde{x})}\int_a^b f(x)^2 dx = 2f(\tilde{x})$$

방정식 ℵ-11

모든 변수를 합하지 않고 그냥 불특정 변수 하나의 제곱을 미분하는 경우에도 유사성이 그대로 유지된다. 이는 바로 이어서 살펴볼 테지만, 먼저 전통 표기법의 서로 맞물리는 두 조각에 대해 논의하는 것이 도움이 될 듯하다. 앞에서 우리는 $\frac{\partial x_i}{\partial x_k}$를 두 지표가 같을 경우에는 1, 다를 경우에는 0이라고 정의했다. 수학 교과서에서는 이것을 '크로네커 델타Kronecker delta'라는 아주 복잡한 이름으로 부르며 이렇게 적는다.

$$\delta_{ij} = \begin{cases} i = j이면\ 1 \\ i \neq j이면\ 0 \end{cases}$$

방정식 ℵ-12

크로네커 델타라고 하니 마치 가장 위험한 범죄자들만 모아놓은 무인도의 교도소 이름처럼 들리지만, 사실 아주 간단한 개념이다. 여기서도 표기법이 헷갈리기 그지없다. 무한 차원 미적분의 세계에서는 무슨 이유에서인지 우리가 사용했던 d와 ∂ 대신 δ를 쓰는데, 여기서 쓰는 δ_{ij}라는 기호는 δ와는 아무런 상관도 없다.

그와 유사하게 우리가 $\frac{\delta f(x)}{\delta f(\tilde{x})}$를 x와 $\tilde{x}$가 같으면 $\frac{1}{dx}$, 그렇지 않으면 0이라고 정의했던 것을 떠올려보자. 이런 말을 들어도 놀라지 않겠지만 수학 교과서에서는 여기에 해당하는 엉터리 이름을 갖고 있다. 거기서는 이것을 디랙 델타 함수Dirac delta function라고 하는데, 최선의 용어라 할 수 없지만 어쨌든 참고 쓰기로 하자. 엄청나게 이상하고 똑똑한 사람의 이름을 따서 만든 것이기 때문이다폴 디랙Paul Dirac은 그래도 물리학계에선 알 만한 사람 다 아는 유명한 물리학자다−옮긴이 주. 수학 교과서에서는 사실상 이렇게 쓰는 경우가 거의 없지만 디랙 델타 함수는 다음과 같이 정의된다.

$$\delta(x) \;=\; \begin{cases} x = 0 \text{이면 } \frac{1}{dx} \\ x \neq 0 \text{이면 } 0 \end{cases} \qquad \text{방정식 } \aleph\text{-13}$$

따라서 우리는 이 함수를 $x = 0$을 제외한 거의 모든 곳에서 0이고, $x = 0$에서는 '무한히 키가 큰 스파이크spike'라고 생각할 수 있다. 위의 정의를 처음 봐서는 살짝 더 복잡한 형태로 적을 수 있는데, 이렇게 적으면 크로네커 델타와의 유사성이 좀 더 분명하게 보일 것이다.

$$\delta(x - \tilde{x}) \;=\; \begin{cases} x = \tilde{x} \text{이면 } \frac{1}{dx} \\ x \neq \tilde{x} \text{이면 } 0 \end{cases} \qquad \text{방정식 } \aleph\text{-14}$$

이제 여기가 클라이맥스다. 다음과 같은 점에서 이것이 크로네커 델타와 정확히 유사하다는 점을 명심하자. (1) 양쪽의 δ 모두 두 개의 '변수'로 기술되고 있다. (2) 이 두 변수가 같은 값이 아닐 때 양쪽 δ 모두 0이 된다. (3)

두 변수가 같은 값일 때 델타δ 기호는 다변수 미적분과 변분법이 똑같은 방식으로 행동하게 만들기 위해 가져야 할 값이 된다. 마지막 문장의 의미가 분명하게 이해되지 않을 수 있으니 예를 들어보자.

방정식 $\aleph$-9, $\aleph$-10, $\aleph$-11에서 우리는 우리가 살펴본 세 가지 형태의 미적분 즉, 단변수 미적분, 다변수 미적분, 동족 포식 미적분혹은 '변분법', '범함수' 등 당신이 원하는 대로 불러도 상관없다이 서로 유사함을 입증해 보였다. 이 새로운 δ 기호를 이용하면 모든 항목을 다 더하지 않고도 이 유사성을 또 다른 방식으로 입증할 수 있다. 3장에서 약자 고쳐 쓰기용 망치'연쇄법칙'를 발명할 때 사용했던 것과 거의 똑같은 논증을 이용하면 다음과 같이 나온다.

$$\frac{\partial}{\partial x_k} x_i^2 = \left(\frac{\partial x_i}{\partial x_k}\right)\left(\frac{\partial}{\partial x_i} x_i^2\right) = 2x_i \delta_{ik}$$

그리고,

$$\frac{\delta}{\delta f(\tilde{x})} f(x)^2 = \left(\frac{\delta f(x)}{\delta f(\tilde{x})}\right)\left(\frac{\delta}{\delta f(x)} f(x)^2\right) = 2f(x)\delta(x - \tilde{x})$$

따라서 새로운 버전의 이 두 가지 δ 기호위의 두 방정식의 우변에 나와 있는 크로네커와 디랙을 말한다. 이것은 위의 방정식 좌변에 있는 범함수 도함수의 δ 기호와는 아무런 상관도 없는 것이다. 내가 왜 항상 표준 표기법에 대해 구시렁거리는지 알겠는가? 그걸 이용하면 이런 문장을 써야 하는 경우가 생기기 때문이다!를 이용하면 다음과 같이 또 다른 방법으로 세 종류 미적분 사이의 유사성을 입증할 수 있다.

$$\frac{d}{dx} x^2 = 2x$$

$$\frac{\partial}{\partial x_k} x_i^2 = 2x_i \delta_{ik}$$

$$\frac{\delta}{\delta f(\tilde{x})} f(x)^2 = 2f(x)\delta(x - \tilde{x})$$

얼마나 유사한지 보이는가? 당연한 말이지만 복잡한 역사적, 문화적 이유로 인해 수학자들은그리고 그들이 쓰는 수학책은 사실상 변분법을 이런 식으로는 절대 가르치지 않는다. 이 주제가 형식화되고 교육되는 방식에서 짜증이 나는 다른 측면에 대해서는 다음 섹션에서 간단하게 살펴보고 넘어가겠다.

ℵ.4. 무한 차원 미적분의 교육학적 손상

ℵ.4.1. 설명되지 않는 적분 범함수에 대한 강박관념

이 주제를 기존의 교육 방법으로 다룰 때는 동족 포식 미적분이 다변수 미적분과 얼마나 유사한지 분명하게 보여주지 않기 때문에 평범한 단변수 미적분과의 유사성 역시 잘 드러나지 않는다. 예를 들면 변분법에서는 범함수 도함수를 계산하는 법에 관해 구체적인 사례를 들 때는 거의 항상 이른바 '적분 범함수integral functional'에만 초점을 맞춘다. 즉, 다음과 같이 보이는 동족 포식 기계에만 중점을 둔다는 이야기다.

$$F[f(x)] \equiv \int_a^b \Big[\ f(x)\text{를 동반하는 거시기와 그 도함수들} \ \Big] \ dx$$

우리가 이미 보았던 '적분 범함수'의 사례를 들어보면 그 안에는 적분 그 자체도 포함되어 있다.

$$Int[f(x)] \equiv \int_a^b f(x)dx$$

그리고 호의 길이 범함수, f의 그래프의 길이 범함수도 여기에 포함된다.

$$Arc[f(x)] \equiv \int_a^b \sqrt{1 + f'(x)^2} \, dx$$

또한 f를 무한 차원 공간에 놓인 하나의 벡터라고 해석했을 때의 f의 '놈' 혹은 길이도 여기에 해당한다. 앞에서 이 '길이' 해석은 위에 나온 호의 길이 해석과는 아무런 상관도 없고, 벡터의 '길이' 개념을 무한 차원의 맥락으로 일반화해서 나온 것이라고 논의했던 내용을 떠올리자. 그래서 다음과 같은 식이 나왔다.

$$Length[f(x)] \equiv \sqrt{\int_a^b f(x)^2 \, dx}$$

수학 교과서에서는 보통 이것을 $Lengh[f(x)]$ 대신에 $\|f(x)\|$ 또는 $\|f\|$ 라고 적지만 사실 모두 똑같은 것을 지칭한다. 이런 배경을 알고 나면 이 주제를 처음 접한 사람들의 마음에는 한 가지 의문이 떠오른다. 하지만 이런 부분을 다루는 수학 교과서를 나는 단 한 권도 보지 못했다. 의문이란 이런 것이다. 대체 왜 동족 포식 미적분은 거의 보편적으로 '적분 범함수'에만 초점이 맞춰져 있을까? 꼭 적분의 형태로 적지 않아도 되는 좀 더 일반적인 범함수에 중점을 두면 안 될까? 학생들이 혼란스러워하는 것도 당연하다. 그 이유가 사실은 대단히 미묘하기 때문이다.

실용적인 부분에서 등장하는 범함수의 중요한 특정 사례들 대부분이 적분 범함수라는 것은 사실이지만, 새내기들에게 동족 포식 미적분을 가르칠 때 동족 포식 미적분과 다변수 미적분이 얼마나 유사한지 보여주는 좀 더 광범위한 사례를 왜 사용하지 않는가 하는 바는 이와는 다른 문제다. 무엇보다 모든 적분 범함수에서는 그 형태가 어떻든 간에 $f(x)$ 안에 들어 있는 x가 '속박변수'로 나타난다는 데 주목하자. 예를 몇 가지 들어보면 내가 무슨 말을 하는지, 그리고 이것이 왜 중요한지 이해할 수 있을 것이다. 다음과 같은 적분 범함수를 생각해보자.

$$F[f(x)] \equiv \int_a^b f(x)^2 \, dx$$

우리의 사전 그리고 위에서 논의한 내용을 보면 이것을 다변수 미적분에서는 다음과 같은 유사식으로 옮길 수 있다.

$$F(\mathbf{x}) \equiv \sum_{i=1}^n x_i^2$$

범함수 도함수를 어떻게 정의할지 적절히 선택함으로써 다음과 같은 다변수 미적분을….

$$\frac{\partial F(\mathbf{x})}{\partial x_k} = \frac{\partial}{\partial x_k} \sum_{i=1}^n x_i^2 = 2x_k$$

동족 포식 미적분의 유사한 수식으로 일반화할 수 있다는 것은 이미 살펴보았다. 이 경우에는 다음과 같이 일반화된다.

$$\frac{\delta F[f(x)]}{\delta f(\tilde{x})} \;=\; \frac{\delta}{\delta f(\tilde{x})} \int_a^b f(x)^2 \, dx \;=\; 2f(\tilde{x})$$

수학 교과서에서는 두 미적분 사이의 이런 간단한 상관관계를 간략하고 구체적인 사례를 통해 분명하게 밝히는 경우가 무척 드물지만 이 점은 논의의 핵심이 아니다. 핵심은 이런 질문을 던지는 것이다. 왜 적분 범함수가 자주 등장하는가? 즉, 왜 이 주제를 다루는 수학 교과서에서는 다음과 같은 형태의 수식을 예제로 제시하는 경우가 그다지도 드문가?

$$\frac{\delta}{\delta f(\tilde{x})} \Big(f(x)^4 - 3f(x)^2 + 7f(2) \Big)$$

이 수식은 범함수 도함수는 수반하지만 적분은 수반하지 않는다. 이런 사례가 실제 응용에서 아무리 중요하지 않다고 해도 교육학적으로는 대단히 중요하다. 따라서 변분법 수학 교과서에서 이런 사례가 왜 그렇게 드문지 물어보는 것은 충분히 가치 있는 일이다. 우리의 사전을 이용하면 위 수식의 다변수 미적분에서의 유사식은 다음과 같다.

$$\frac{\partial}{\partial x_k} \Big(x_i^4 - 3x_i^2 + 7x_2 \Big)$$

i라는 지표는 합에 등장하지 않기 때문에 '자유' 또는 불특정이다. 이것은 모든 가능한 값을 더함으로써 특정 값을 무의미한 값으로 만든다. i가 불특정 값이기 때문에 위에 나온 편도함수를 계산할 때는 두 가지를 고려해야 한다. i가 k와 같을지도 모르고, 아닐지도 모른다는 가능성이다. 앞 섹션에 소개된 크로네커 델타 기호를 이용하면 다음과 같이 적음으로써 두 가지 가능성을 기호를 통해 한꺼번에 고려할 수 있다.

$$\frac{\partial}{\partial x_k}\left(x_i^4 - 3x_i^2 + 7x_2\right) = \left(4x_i^3 - 6x_i\right)\delta_{ik} + 7\delta_{2k}$$ 방정식 ℵ-15

방정식 ℵ-15 같은 수식은 다변수 미적분 입문 서적에서 설명할 때 꽤 자주 등장한다. 하지만 위의 사례에 등장하는 모든 것을 동족 포식 미적분학의 언어로 번역해서 나온 수식은 표준 수학 교과서에서 사실상 자취를 찾을 수 없다. 이를 번역해보면 다음과 같이 나온다.

$$\frac{\delta}{\delta f(\tilde{x})}\left(f(x)^4 - 3f(x)^2 + 7f(2)\right)$$
$$= \left(4f(x)^3 - 6f(x)\right)\delta(x - \tilde{x}) + 7\delta(2 - \tilde{x})$$

x를 불특정 상태로 남겨두는 것이 무슨 의미가 있을까 싶을 수도 있지만 위에 나온 사례를 보면 변분법 그리고 단변수 및 다변수 미적분의 익숙한 연산 사이에 직접적인 유사성이 존재한다는 것을 깨닫지 않을 수 없다. 그런데도 이런 엄청난 교육학적 가치를 가진 사례들이 유용성이 떨어진다는 이유로 표준 교과서에 누락되어 있는 것이다. 그렇다면 이런 사례들을 수학 교과서에서 찾아보기가 그리도 힘든 까닭은 무엇일까? 나는 그중 한 가지는 다음과 같은 이유에서 나오는 것이 아닌가 생각한다. $f(\tilde{x})$에 대해 $f(x)^3$ 같은 것의 범함수 도함수를 계산해서 $3f(x)^2\delta(x-\tilde{x})$라는 이해를 돕는 수식을 얻었을 때는 x는 $\tilde{x}$과 같지 않아 전체 수식이 0이 되거나, 아니면 $x = \tilde{x}$여서 수식이 다음과 같이 나온다.

$$3f(x)^2\delta(0)$$ 방정식 ℵ-16

나는 이것이야말로 간단한 사례조차 수학 교과서에 등장하지 못하는 이유가 아닐까 생각한다. 여기에 대응하는 예시를 다변수 미적분의 언어로 표현하면 깔끔하게 유한한 수식이 나오는데, 변분법의 사례에서는 거기에 '무한'의 수인 $\delta(0)$가 달라붙어 있고, 수많은 수학 교과서의 통념에 따르면 이건 의미를 가진 수식이 아니기 때문이다. 디랙 델타 함수를 적분의 안쪽에 묶어두는 관습은 이해할 만하다. 실수 체계에서 이 개념을 가장 우아하고 '엄격하게' 형식화하는 것이 목적이라면 말이다. 하지만 이는 동족 포식미적분의 개념적 이해를 무시하는 행동이다. 내 경험에 비추어보면 물리학과 대학원생들은 대부분의 수학과 대학원생들보다 변분법의 구체적인 계산을 덜 무서워하는 경향이 있다. 어쩌면 이해되는 현상인지도 모른다. 많은 수학자들은 디랙 델타 함수가 적분 밖으로 나와 있는 수식을 허용하고 싶어 하지 않기 때문이다. '적분 범함수'를 수반하는 유사한 수식은 적법한 것으로 여겨지는데도 말이다. 그 이유를 이해하고 싶다면 $\delta(0)$를 $1/dx$로 생각할 수 있다는 점을 기억하자. 이 사실 때문에 그냥 위의 수식을 적분 안에 집어넣으면 모든 '무한'이 사라져버린다. 위의 수식을 적분에 넣어보면 그리고 $\tilde{x}$라는 수가 a와 b 사이 어딘가에 있다고 가정하면 다음과 같이 적을 수 있다.

$$\frac{\delta}{\delta f(\tilde{x})} \int_a^b f(x)^3 \, dx$$

$$= \int_a^b \frac{\delta}{\delta f(\tilde{x})} f(x)^3 \, dx$$

$$= \int_a^b 3f(x)^2 \delta(x - \tilde{x}) \, dx$$

$$= 3f(\tilde{x})^2 \delta(0) \, dx$$

$$= 3f(\tilde{x})^2$$

방정식 ℵ-17

여기 마지막 두 단계에서 나는 완전한 금기에 해당하는 일을 저질렀다. 하지만 우리가 그냥 $\delta(0)$이 포함되는 논증의 단계를 삭제하고 똑같은 최종 결과를 마지막 줄에 적는다고 상상해보자. 그렇게 했을 때 나오는 계산 결과를 보면 일반적인 수학자들도 원래의 계산, 혹은 방정식 ℵ-16과 비교했을 때 훨씬 편안한 마음으로 볼 수 있을 것이다. 방정식 ℵ-16에는 $\delta(0)$이 들어가 있는데 그 이유는 범함수 도함수를 안전한 적분 바깥으로 빼냈기 때문이다. 나는 변분법에 대한 책과 교과과정이 일반적으로 '적분 범함수'에만 그렇게 초점을 맞춘 이유가 이것 때문이라고 주장하고 싶다. 적분 범함수에만 주의를 집중하고 있는 한 범함수 도함수는 $\delta(0)$에 대해 생각하지 않고 피해갈 수 있는 수식만 내놓기 때문이다. 수학자들이 교과과정이나 교과서에서 동족 포식 미적분을 제시하는 방법에 논리적으로 그른 것은 전혀 없다는 점을 강조하고 싶다. 하지만 이런 방법은 위에 나오는 간단한 사례가 제공해주는 유용한 깨달음의 순간을 희생시키기 때문에 표준 교육 방법이 교육학적으로는 옳지 않다고 믿는다. 이렇게 말하기는 했지만 그래도 잠시 시간을 내서 내 자신의 주장에 대해 반론을 펼치고, 표준 수학 교과서를 옹호할 기회도 마련하는 것이 옳을 것 같다. $\delta(0)$ 같은 것은 실수 체계 안에서 쉽게 정의하기가 어렵기 때문에 이 장에 나온 개념들을 형식화하기 원하는 수학자들은 정말로 어려운 선택에 직면하게 된다. 그 선택이란 다음과 같다.

1. 실수 체계를 고수하고 δ 함수그리고 관련 대상를 다음과 같이 말해서 형식화한다. '그것은 사실 '측정measure' 혹은 '분포distribution' 혹은 '시험 함수의 공간 위의 선형 범함수linear functional on a space of test function' 혹은 $\delta(0)$에 대해 이야기할 필요가 없는 다른 방식 혹은 기타 등등일

뿐이다.'

2. 실수 체계가 제공하는 편의를 뛰어넘어, 무한히 큰 양과 무한히 작은 양을 진지하게 받아들이는 초실수 체계hyperreal 등으로 넘어간다.

만약 이 장에 나온 개념에 대해 수학적 문화의 기준에서 엄격한 형식 이론을 개발하는 것이 목적이라면 1번이 분명 더 나은 접근 방식일 것이다. 그 측면에서 보면 내가 이 장에서 비판한 접근은 전혀 비난을 받을 이유가 없다. 만약 우리가 이런 똑같은 목적을 추구하는 상황이었다면 표준 접근 방식은 목표를 달성하는 합리적인 방법이었을 것이다.

좋다. 위의 논의에서 우리는 이 책에서 지금까지 전 단계 수학에서 중심으로 삼았던 주제를 접했다. 즉, 수학적 개념의 정의에 뒤따라 나오는 수많은 결과물이 아니라 수학적 개념이 창조된 사고 과정 자체에 좀 더 초점을 맞추자는 주제다. 모든 수학적 개념은 그것을 정의할 수 있는 다른 방법들이 존재하고, 범함수 도함수 역시 예외가 아니다. 모든 논의는 결국 한 가지 정의를 선택하고 난 다음에 정리를 제안하고 증명을 고안할 수 있지만, 서로 다른 정의 후보들의 상대적 장점을 따지고 난 뒤에야 우리는 비로소 잘 다듬어진 수학적 개념의 형식성 너머로 눈길을 돌려 애초에 그런 발견에 동기를 부여해준 비형식적이고 무정부주의적인 스타일의 추론 과정을 이해할 수 있다.

ℵ.4.2. 괴상한 구문론 관습

방정식 ℵ-9~ℵ-11에서 수행했던 연산들이 유사함에도 변분법을 다루는 대부분의 수학 교과서에서는 범함수 도함수를 계산할 때 상당히 다른 형태의 수학적 춤을 춘다. 심지어는 응용수학이나 이론물리학 교과서에서도 마찬가지다. 엄격함의 기준이 순수수학하고는 상당히 다른 이런 과목에서까지 이런 이상한 춤을 추는 것은 정당화되기 힘들다. 잠시 시간을 내서 다음 사례를 바라보자. 헷갈린다고 걱정할 필요는 없다. 이제 그 춤을 살펴볼 텐데, 수학 교과서에서는 이런 식으로 말할 것이다. 다음과 같은 형태의 적분 범함수를 고려해보자.

$$F[f(x)] \equiv \int_a^b M[f(x)]dx$$

그럼 수학 교과서에서는 다음과 같이 정의한다.

$$\delta F \equiv F[f(x) + \delta f(x)] - F[f(x)]$$
$$\equiv \int_a^b M[f(x) + \delta f(x)] - M[f(x)]dx \quad \boxed{\text{방정식 } \aleph\text{-18}}$$

이 시점에 들어서면 수학 교과서에서는 종종 '$M[f(x)+\delta f(x)]$를 $\delta f(x)$의 제곱지수에 대해 전개하면'이라고 말하면서 아래와 비슷한 문장을 내놓는다.

$$M[f(x) + \delta f(x)] = M[f(x)] + \frac{\delta M[f(x)]}{\delta f(x)}\delta f(x) + O\left(\delta f(x)^2\right)$$

여기서 $O(\delta f(x)^2)$은 '2 또는 그 이상인 $\delta f(x)$의 제곱지수에 좌우되는 무엇'을 의미한다. 그러고는 위의 전개식을 방정식 $\aleph$-18에 대입하고 $O(\delta f(x)^2)$ 조각 안에 숨어 있는 이른바 '고차 항'을 무시하고 다음과 같은 식을 얻는다.

$$\delta F \equiv \int_a^b \frac{\delta M[f(x)]}{\delta f(x)} \delta f(x) dx$$

그리고 범함수 도함수는 그냥 적분 안에 들어가 있는 양, 즉 $\frac{\delta M[f(x)]}{\delta f(x)}$ 라 정의된다. 그 답이 우리가 위에서 얻은 것과 정확히 똑같지만, 위의 논의에서는 우리가 익숙한 단변수 미적분, 다변수 미적분과 상당히 다른 것으로 보이게 만드는 내용이 몇 가지 들어 있음에 주목하자. 무엇보다 우리가 흉내 내고 있는 가상의 수학 교과서에서는 $M[f(x)+\delta f(x)]$ 라는 항을 전개하기 위해 항수 장치와 비슷한 것을 사용했다. 이것 때문에 전개식에 있는 $M[f(x)]$ 조각이 $-M[f(x)]$ 항을 지우는 결과로 이어졌다. 그리고 다음에는 고차 항들이 불가사의하게 떨어져 나갔다. 이렇게 하는 근거는 만약 우리가 $\delta f(x)$ 를 단변수 미적분의 dx 처럼 무한히 작은 함수로 생각할 수 있다면 $(\delta f(x))^2$ 은 $\delta f(x)$ 보다도 무한히 더 작아야 하기 때문에 제곱지수가 2보다 큰 모든 항과 함께 무시해도 된다는 것이다. 또한 범함수 도함수를 정의하는 논의가 범함수 F 그 자체의 도함수라고 합당하게 부를 수 있을 만한 것에 대해 살펴보면서 시작하는 게 아니라 도함수의 위쪽 절반, 다시 말해 δF 조각을 살펴보면서 출발하고 있음을 주목하자. 그리고 난 다음 δF 를 계산하는 과정에서 적분 안쪽에 우연히 나타난 어떤 것을, 왜 이런 과정을 거치고 왜 적분 안에 들어 있는 이런 불가사의한 조각이 애초에 도함수라 불릴 자격이 있는가에 대한 설명도 없이 그냥 범함수 도함수라 정의했다. 이 괴상한 논증은 사실 우리가 위의 논의에서 얻은 것과 똑같은 해답에 도달하지만, 다소 우회적이고 헷갈리는 방식이다.

경험을 말해보자면 나는 변분법을 외부에서 바라보며 꽤 많은 시간을 보냈는데 수학 교과서나 칠판에 그 내용이 적혀 있는 것을 볼 때마다 '우와! 이거 정말 복잡하군'이라고 생각했다. 하지만 알고 보니 기본적인 미적분학을 이해하는 사람이라면 변분법을 이해하는 데 필요한 내용의 90퍼센트는 이미 알고 있는 셈이었다. 변분법이란 그저 (1) 표기법이 다르고, (2) 수학 교과서에서 범함수 도함수를 계산하는 방법이 달라서 전혀 낯선 개념에서 튀어나온 완전히 다른 주제인 듯 보이는 것뿐이다.

물론 수학 교과서를 보면 위의 개념들이 논리적으로는 동등한 여러 형식화를 통해 소개되고 있지만, 논리적으로 동등하다고 해서 교육학적으로도 동등한 것은 아니다. '새로운' 것을 공식적으로 가르치기 전이라도 이 무시무시해 보이는 '새로운' 내용들이 사실은 학생들이 이미 익숙한 '낡은' 내용과 얼마나 비슷한지 지겹게 강조해주기만 해도 혼란을 상당 부분 제거할 수 있다. 적어도 나는 항상 그렇게 느껴왔다. 내가 똑같은 내용을 말하고 또 말하는 것이 지겹다고 생각한다면…. 좋다! 이제 다른 수학 교과서를 읽을 때도 내가 지겹게 한 이 말들을 기억해보자. 그럼 조금 더 쉽게 이해될지도 모른다.

→ ℵ.5. 무한 잭팟: 우리 개념들을 작동시키자 ←

ℵ.5.1. 아는 것을 재발명해 우리의 발명을 테스트하자

아름다움 앞에서 느끼는 전율, 수학에서 아름다움을 찾아내겠다는 탐구를 바탕으로 이루어진 발견이 대자연에서도 똑같은 아름다움의 발견으로 이어졌다는 이 믿기 어려운 사실 때문에 나는 다음과 같이 말하지 않을 수 없다. 아름다움이야말로 인간의 마음이 자신의 가장 깊고 심오한 곳에서 반응하는 대상이라고 말이다.

–수브라마니안 찬드라세카르,《진리와 아름다움: 과학에서의 미학과 동기Truth

　　지금까지 한편으로는 단변수 미적분과 다변수 미적분 사이의 유사성에 대해, 그리고 다른 한편으로는 동족 포식 미적분에 대해 수많은 이야기를 나누어왔는데 한 가지 의문이 여전히 풀리지 않은 채 남아 있다. 물론 우리는 동족 포식 미적분에서 도함수를 구하는 연산이 익숙한 연산들과 비슷해지게 만들어주는 정의를 선택할 수도 있다. 그리고 동족 포식 미적분에서의 도함수가 단변수 미적분과 다변수 미적분의 도함수와 충분히 비슷한 행동을 보이도록 강제할 수도 있다. 도함수 계산하는 법에 대해 새로운 것을 전혀 배울 필요가 없도록 말이다. 그냥 표기법을 ∂나 d에서 δ로 바꿔주고 $\frac{\delta}{\delta f(\tilde{x})} \int_a^b f(x)^2 dx = 2f(\tilde{x})$ 사실 이 수식은 $\frac{d}{dx}x^2 = 2x$를 일반화된 가면 버전으로 풀어낸 것일 뿐이다처럼 뭔가 똑똑하고 있어 보이는 온갖 방정식들을 적어나갈 수도 있다.

　　하지만 지금 시점에서는 그냥 도함수가 이런 식으로 행동하도록 정의하기만 하면 다른 뜻으로도 그 의미가 보존될지 분명하지가 않다. 새로운 것과 낡은 것 사이의 유사성을 얼마나 진지하게 받아들일 수 있는 것일까? 예를 들면 단변수 미적분, 다변수 미적분에서는 기계의 도함수를 0으로 강제한 다음 그것이 어디서 일어나는지 알아냄으로써 기계의 평평한 점*을 찾을 수 있었다. 하지만 이제 우리의 모든 방정식은 두 가지 서로 다른 해석 사이에서 위태위태하게 흔들리고 있다. 하나는 기계를 2차원의 그래프로 그릴 수 있는 익숙한 곡선으로 해석하는 것이고, 또 하나는 기계를 '무한히 많은 칸을 갖고 있는 벡터'로 해석하는 것이다. 그럼 간단하게 다음과 같은

---

* 　교과서 용어로 말하면 국소 최댓값(local maxima), 국소 최솟값(local minima), 안장점(saddle point).

동족 포식 기계에서 시작해보자.

$$F[f(x)] \equiv \int_a^b f(x)^2 dx$$

그리고 이것의 범함수 도함수를 '벡터' $f(x)$의 모든 칸에 대해즉 모든 $\hat{x}$에 대해 0으로 강제해보자. 이 과정을 거쳐서 나온 최종 결과물이 과연 어떤 의미로든 범함수가 최댓값 또는 최솟값이 되는 장소라 할 수 있을지 분명하지가 않다. 그냥 우리가 항상 사용할 수 있었던 온갖 기법을 이용해서 범함수 도함수를 계산할 수 있다고 해서 그것이 꼭 '도함수가 0과 같다'가 여전히 '편평한 점'을 의미한다고 말할 수는 없기 때문이다.

우리의 여정 내내 그래왔던 것처럼 그냥 수학 교과서를 뒤져서 '도함수가 0이다'라는 것이 여전히 '편평한 점'을 의미하는 바인지 확인해볼 수는 없다. 그리고 이렇게 말해버릴 수도 없다. '맞아. 맞으니까 그냥 그 사실을 이용하자고.' 따라서 '도함수가 0이다'라는 것이 '편평한 점'을 의미한다는 말 속에 여전히 유용한 의미가 들어 있는지 알아내고 싶다면 늘 해오던 대로 해봐야 한다. 즉, 간단한 사례를 살펴보면서 새로운 개념이 우리가 기대하는 내용을 재현해내는지 확인해야 한다.

가장 먼저 위에 나온 익숙한 동족 포식 기계 즉, $F[f(x)] \equiv \int_a^b f(x)^2 dx$를 살펴보자. $f(x)^2$은 절대로 음수가 나올 수 없기 때문에 $F[f(x)]$의 값을 음수로 만들 수 있는 기계 f가 존재하지 않는다는 것은 직관적으로 분명해 보인다. 더군다나 $F[f(x)]$를 정확히 0으로 만들어줄 기계 f는 $f(x) \equiv 0$이 유일하다. 적분을 그래프를 통해 생각해보자. 만약 $f(x)$가 짧은 구간에서라도 모든 점에 대해 음수든, 양수든 0이 아닌 어떤 값이라면 $f(x)^2$은 양수가 되어 면적이 0보다 큰 값이 나올 것이고, 그럼 $F[f(x)]$도 0보다 커지게 된다. 따라서 직관적으로 볼 때 모든 가능한 기계들의 공간 속에서 이것이 무슨 말이든 간에 $F[f(x)]$가 최솟값을 가지게 해줄 기계는 $f(x) \equiv 0$이라는 기계다. 따라서 만약 '도함수가 0이다'라는 말이 우리의 새로운 동족 포식 미적분에서도 '편평한 점'을 의미한다면 우리가 옛날 방식으로 최적화 optimization*를 했을 때 수학이 $f(x) \equiv 0$이라는 대답을 내놓아야 한다. 그럼 한번 해보자. 우리가 이미 알고 있는 대로 F의 범함수 도함수는 다음과 같다.

$$\frac{\delta}{\delta f(\tilde{x})} \int_a^b f(x)^2 dx = 2f(\tilde{x})$$

모든 칸 $\tilde{x}$에 대해 이것이 참이 되도록 강제하면….

$$모든 \ \tilde{x}에 \ 대해 \quad 0 \ \stackrel{강제}{=} \ \frac{\delta F[f(x)]}{\delta f(\tilde{x})} = 2f(\tilde{x})$$

이는 모든 $\tilde{x}$에 대해 $f(\tilde{x}) = 0$과 똑같은 내용을 말한다. 따라서 f는 항상 0이 되고, 이는 우리가 앞에서 예측했던 것과 정확히 동일하다. 만세! 간단한 사례를 하나 더 들어서 우리의 새로운 개념이 정당한지 확인해보자. 6장의 끝에서 우리는 호의 길이arclength 즉, 두 점 a와 b 사이에서 한 기계의 그래프의 길이를 다음과 같이 쓸 수 있다는 것을 입증했다.

$$L[f(x)] \equiv \int_a^b \sqrt{1 + f'(x)^2} dx$$

---

* '최적화'라는 용어는 편평한 점을 찾는 익숙한 과정을 말한다. 즉, 도함수가 0이 되도록 강제한 뒤 어느 점이 그 조건을 참으로 만드는지 결정하는 과정이다.

우리는 기계의 그래프를 확대해 들어가서 지름길 거리 공식을 적용한 다음 다시 뒤로 물러나 작은 길이들을 모두 합해서 이 식을 만들어냈다.

우리는 두 점 사이의 가장 짧은 거리는 직선이라는 것을 직관적으로 알기 때문에 새로 발명한 고배율 기계를 이용해서 이 사실을 입증하는 일은 아무런 의미도 없을 것이다. 하지만 이로써 우리의 동족 포식 미적분 기법의 정당성을 확인해볼 수는 있다. 이를 뒷받침하는 추론은 위에서 했던 것과 동일하다. 만약 우리의 동족 포식 미적분이 실제로 우리가 기대한 대로 작동하고 있다면 '도함수가 0이다'라는 장황한 절차를 진행했을 때 직선에서 $L[f(x)]$가 최솟값이 된다는 답이 나와야만 한다. 그런 답이 나오지 않는다면 우리의 정의가 우리가 바라는 대로 행동하지 않는다는 사실을 알게 될 것이다.

이와 달리 만약 이 과정을 거쳤을 때 'f는 직선이다'라는 문장이 나온다면 우리의 동족 포식 미적분 기법이 올바른 길을 가고 있고, 우리가 어떤 답을 예상해야 할지 짐작이 가지 않는 사례에서도 계속 작동할지 모른다는 자신감이 더 커질 것이다. 그럼 한번 시도해보자. 다음과 같이 위에 정의된 $L[f(x)]$라는 기계의 범함수 도함수를 구하는 것에서 시작한다.

$$\frac{\delta L[f(x)]}{\delta f(\tilde{x})} \equiv \frac{\delta}{\delta f(\tilde{x})} \int_a^b \sqrt{1 + f'(x)^2}\, dx$$

$$= \int_a^b \overbrace{\frac{\delta}{\delta f(\tilde{x})} \sqrt{1 + f'(x)^2}}^{\text{도함수를 '적분' 안으로 들여오기}}\, dx$$

$$\equiv \int_a^b \frac{\delta}{\delta f(\tilde{x})} \overbrace{\left(1 + f'(x)^2\right)^{\frac{1}{2}}}^{\text{약자 바꾸기}}\, dx$$

$$= \int_a^b \overbrace{\frac{1}{2}\left(1+f'(x)^2\right)^{-\frac{1}{2}} \frac{\delta}{\delta f(\tilde{x})}\left(1+f'(x)^2\right)}^{\text{그냥 복잡해 보이는 단변수 미적분이다! 보이는가?}} \; dx$$

$$= \int_a^b \frac{1}{2}\left(1+f'(x)^2\right)^{-\frac{1}{2}} \overbrace{\frac{\delta f'(x)}{\delta f(\tilde{x})}\frac{\delta}{\delta f'(x)}}^{\text{그냥 곱하기 1}} \left(1+f'(x)^2\right) dx$$

$$= \int_a^b \frac{1}{2}\left(1+f'(x)^2\right)^{-\frac{1}{2}} \frac{\delta f'(x)}{\delta f(\tilde{x})} \overbrace{\left(0+2f'(x)\right)}^{\text{그냥 복잡해 보이는 단변수 미적분이다! 보이는가?}} dx$$

$$= \overbrace{\int_a^b \frac{f'(x)}{\sqrt{1+f'(x)^2}}}^{\text{2를 서로 지우고 정리하기}} \frac{\delta f'(x)}{\delta f(\tilde{x})} \, dx$$

방정식 ℵ-19

그럼 이제 뭘 해야 할까?

ℵ.5.2. 수학적으로 강요한 탈선

언어를 거듭해서 남용하지 않고는 그 어떤 발견도, 진척도 없다.

-파울 파이어아벤트, 《방법에 반대한다》

지금의 시점에서는 우리가 교착상태에 빠진 듯 보일 것이다. 내가 말하는 '교착상태'란 다음과 같은 의미다.

$$?!?!?! \qquad \xrightarrow{?!?!?!?} \qquad \frac{\delta f'(x)}{\delta f(\tilde{x})} \qquad \xleftarrow{?!?!?!?} \qquad ?!?!?!$$

우리는 $\frac{\delta f'(x)}{\delta f(\tilde{x})}$ 가 무엇인지 모른다. 늘 그래왔듯이 기호 놀이를 통해 우리가 이해할 수 없는 수식이 나왔을 때는 다시 출발점으로 돌아가 모든 것이 처음부터 어떤 의미를 가지고 있었는지 물어보는 방법이 도움이 된다. 우리가 종류를 막론하고 무언가의 도함수를 살필 때는 다음과 같은 것을 바라보고 있음을 상기하자.

$$\frac{d(\text{기계})}{d(\text{먹이})}$$

즉, 우리는 먹이를 잡아먹는 기계 M에서 시작한다. 이 경우 그 먹이는 $f(x)$라는 기계 전체다. 그럼 다음에는 먹이에 작은 변화를 주어 '먹이'를 '먹이$+d(\text{먹이})$'로 바꾸고, 두 경우에서 나타나는 기계의 반응 차이, 즉, $dM \equiv M[\text{먹이}+d(\text{먹이})] - M[\text{먹이}]$를 살핀다. 그럼 도함수는 그냥 출력의 변화 dM을 입력의 변화 $d(\text{먹이})$로 나눈 것에 다름없다. 이 개념을 어떻게 이용하면 다음의 것을 가지고 대체 뭘 해야 하는지 알아낼 수 있을까?

$$\frac{\delta f'(x)}{\delta f(\tilde{x})}$$

늘 해오던 것과 똑같은 해석을 이용하면, 분모에 있는 $\delta f(\tilde{x})$는 그저 먹이의 변화일 뿐이다. δf는 $L[f(x)]$의 반응이 어떻게 변하는지 판단하기 위해 원래의 함수 f에 더해준 무한히 작은 함수다. $\tilde{x}$는 우리가 어디서 변화를 주는지 알게 해준다. f는 어떠한 지점에서 우리가 값을 변화시키고 있는 함수의 이름이다. 그리고 δ는 그 변화가 무한히 작은 것임을 알리기 위해 사용하는 바보 같은 표기법일 뿐이다.

그래서 우리는 무엇에 변화를 주는지 구체적으로 명시했다. 함수 f에 작은 변화를 주고 있는 것이다. 그것으로 $\frac{\delta f'(x)}{\delta f(\tilde{x})}$의 분모에 있는 부분은 설명이 된다. 그럼 분자에 있는 $\delta f'(x)$는 어떨까? 역시나 마찬가지로 우리가 처음부터 이용해온 바와 똑같은 해석을 적용하면 이것은 그저 우리가 $f(\tilde{x})$에 가한 작은 변화의 결과로 생긴 $f'(x)$의 작은 변화일 뿐이다. 여기에 중요한 개념이 담겨 있다. 당연한 이야기지만 함수 $f(x)$에 조금 변화를 주면, 그 도함수 역시 조금 변하게 될 것이다. 하지만! 우리는 $f(x)$와 $f'(x)$에 서로 독립적으로 두 번의 변화를 주고 있지 않다. $f'(x)$에서 나타나는 모든 변화는 우리가 $f(x)$에 가한 변화의 결과로 나오는 것이다. 따라서 $\delta f'(x)$는 '우리가 $f(x)$에 가한 작은 변화로 인해 생기는 $f'(x)$의 변화'를 나타내는 약자일 뿐이기 때문에 다음과 같이 쓸 수 있다.

$$\delta f'(x) = \left(\delta f(x)\right)'$$

여기서 $\delta f(x)$는 임의의 '작은 함수'다. 이해가 잘 되지 않는다면 이것이 도움이 될지도 모르겠다. $\delta f'(x)$라는 이상한 기호는 사실 $\delta[f'(x)]$라고 적어서 이것이 우리가 $f(x)$에 가한 행동의 결과로 나온 $f'(x)$의 변화를 나타냄을 떠올리게 해야 한다. 이 때문에 다음과 같이 적을 수 있다.

$$\delta f'(x) \equiv \delta[f'(x)]$$
$$\equiv [\,변화\ 이후의\ 도함수\,] - [\,변화\ 이전의\ 도함수\,]$$
$$\equiv [f(x) + \delta f(x)]' - [f(x)]'$$
$$= [f(x)]' + [\delta f(x)]' - [f(x)]'$$
$$= [\delta f(x)]'$$

이것은 다음의 내용을 길게 풀어 쓴 것일 뿐이다.

$$\delta[f'(x)] = [\delta f(x)]'$$

즉, 프라임을 범함수 도함수의 밖으로 끄집어낼 수 있다는 말이다. 우리가 지금 이것을 하는 이유는 $\frac{\delta f'(x)}{\delta f(\tilde{x})}$ 를 가지고 무엇을 해야 할지 알아내기 위해서이기 때문에 위의 방정식을 이용해서 다음과 같이 쓸 수 있다.

$$\frac{\delta f'(x)}{\delta f(\tilde{x})} = \frac{[\delta f(x)]'}{\delta f(\tilde{x})}$$

그리고 기억하자. 여기서 프라임 기호는 'x에 대한 도함수'를 의미하는 것이지만 $\delta f(\tilde{x})$는 x에 대해 상수다. $\tilde{x}$는 어떤 특정 칸을 지칭하기 때문이다. 따라서 우리는 한 단계 더 나아가 다음과 같이 쓸 수 있다.

$$\frac{\delta f'(x)}{\delta f(\tilde{x})} = \frac{d}{dx}\left(\frac{\delta f(x)}{\delta f(\tilde{x})}\right)$$

마지막으로 $\frac{\delta f(x)}{\delta f(\tilde{x})}$가 그저 앞에서 소개했던 '디랙 델타 함수'일 뿐임을 떠올리자. 이것은 $x = \tilde{x}$일 때 무한히 키가 큰 스파이크가 나오는 곳 말고는 모든 곳에서 0인 함수다. 따라서 우리는 다음과 같은 완전히 기이한 방정식에 도달했다.

$$\frac{\delta f'(x)}{\delta f(\tilde{x})} = \frac{d}{dx}\delta(x - \tilde{x})$$

그럼 이제 무엇을 해야 할까?

ℵ.5.3. 교착상태를 넘어

엄격함이란 할 것이 아무것도 남지 않았다는 말의 다른 의미에 다름없다.

-일반화된 재니스 조플린Generalized Janis Joplin 의 ＜나, 그리고 부르바키 맥기

Me and Bourbaki McGee ＞*에서

비틀거리며 무한 황무지로 더욱 깊숙이 들어오는 과정에서 우리는 갑자기 다음과 같은 방정식에 부딪히고 말았다.

$$\frac{\delta f'(x)}{\delta f(\tilde{x})} = \frac{d}{dx}\delta(x - \tilde{x})$$

이것이 대체 말이 되는지가 확실치 않다. 디랙 델타 함수의 도함수가 대체 무엇이란 말인가? 델타 함수 그 자체인 $\delta(x)$는 $x = 0$을 제외하고는 모든 곳에서 0와 같다고 정의됐다. 따라서 $\delta(x-\tilde{x})$라는 항은 $x = \tilde{x}$일 때를 빼고는 모든 곳에서 0이다. 하지만 $\delta(0)$이라는 수는 사실 정상적인 수가 아니었다. 델타 함수를 정의할 때 우리는 $\delta(0)$을 $\frac{1}{dx}$로 생각할 수 있음을 알아냈다. dx는 무한히 작은 수이니, 그에 따르는 결과는 $\int_a^b f(x)\delta(x-\tilde{x})\,dx$ $= f(\tilde{x})$라는 의미에서 $\delta(x)$가 적분을 지운다. 물론 여기에는 $\tilde{x}$가 a와 b 사이의 어딘가에 있다는 조건이 붙는다. 여기까지는 좋다. 하지만 무한히 키가 크고, 무한히 가는 스파이크의 도함수는 어떻게 결정할 것인가? 우리가

＊ 인정한다. 사실 이것은 진짜 노래가 아니다(재니스 조플린의 노래 'Me and Bobby McGee'를 살짝 비틀어서 만든 가짜 제목이다-옮긴이 주). 하지만 가능하다면 인용문을 어디서 가져온 것인지 밝혀야 하니 위에 인용된 존재하지 않는 가사가 어디에서 인용된 것인지 알고 싶다면 1차 자료인 이 책의 671쪽을 참고하기 바란다.

마주친 수식이 의미 없어 보인다. 하지만 이제 와서 포기하려고 그 고생을 하며 이 황무지까지 달려온 게 아니다. 수학은 우리 것이다. 우리가 직접 발명하고 있다. 따라서 이렇게 선언하며 자신감 있게 앞으로 헤쳐 나가자.

우리는 $\frac{d}{dx}\delta(x - \tilde{x})$가 무엇인지 전혀 알지 못한다. 따라서 $\frac{d}{dx}\delta$ $(x - \tilde{x})$가 지금까지 우리가 도함수에 대해 아는 모든 내용, 특히 미분을 위한 망치와 적분을 위한 거꾸로 망치를 모두 따르고자 할 때 되어야 할 것이라고 정의하겠다ㅡ즉 이 대상의 본질적 정체를 정의하지 않고, 어떤 행동을 하는지 정의함으로써 그 대상을 정의하고 있다. 따라서 $\frac{d}{dx}\delta(x - \tilde{x})$는 우리가 지금까지 도함수에 대해 알고 있는 모든 내용을 따르는 존재로 정의된다ㅡ옮긴이 주.

이렇게 하기로 선택하면 $\delta(x)$의 도함수가 뭔지 몰라도, 그것이 어떻게 행동하는지는 알 수 있다. 아주 익숙한 상황이다! 이렇게 하면 어떤 결과가 나오는지 확인해보자. 이 혼란스러운 탐험은 우리가 방정식 ℵ-19의 끝에서 막혀버렸을 때 시작됐다. 우리가 막힌 이유는 $\frac{\delta f'(x)}{\delta f(\tilde{x})}$로 무엇을 해야 할지 몰랐기 때문이었다. 하지만 이것이 무엇이든 간에 델타 함수의 도함수로 생각할 수 있다는 것을 입증했다. 따라서 다음과 같이 적을 수 있다.

$$\frac{\delta f'(x)}{\delta f(\tilde{x})} = \frac{d}{dx}\delta(x - \tilde{x})$$

이러면 방정식 ℵ-19의 막혔던 데서 시작해서 다음과 같이 쓸 수 있다.

$$\frac{\delta L[f(x)]}{\delta f(\tilde{x})} = \int_a^b \frac{f'(x)}{\sqrt{1 + f'(x)^2}}\left(\frac{d}{dx}\delta(x - \tilde{x})\right)dx \quad \boxed{\text{방정식 ℵ-20}}$$

오른쪽에 있는 것은 아주 복잡해 보이지만 다음과 같은 형태를 띤다.

$$\int_a^b M(x) \left(\frac{d}{dx} \delta(x - \tilde{x}) \right) dx$$

방정식 ℵ-21

이 무시무시한 일반적 형태의 식을 어떻게 처리해야 할지 알 수 있다면 앞으로 나갈 수 있다. 무엇을 할 수 있을까? 그러고 보니 우리는 방금 그것을 결정했다! 우리는 델타 함수의 도함수는 그 도함수가 모든 망치와 거꾸로 망치를 따르고자 할 때 되어야 할 존재라 정의했다. 이에 따르면 그 망치와 거꾸로 망치들 중 하나를 이용할 수 있다. 좀 더 구체적으로 말하자면 방정식 ℵ-21에 들어 있는 도함수를 δ에서 M으로 어떻게든 옮길 수 있다면 좋겠다. δ 함수로는 무엇을 해야 할지 알기 때문이다. 이것은 자기가 안에 들어가 있는 적분을 무엇이든 지워버린다. 우리는 도함수를 옮기고 싶은데 다행히도 그런 비슷한 일을 할 수 있게 해주는 도구가 있다. 6장에서 다루었던 곱하기용 거꾸로 망치다. 방정식 ℵ-21에 적용하면 다음과 같이 재미있는 큰 무더기가 나온다.

$$\int_a^b M(x) \left(\frac{d}{dx} \delta(x - \tilde{x}) \right) dx$$
$$= \left[M(x)\delta(x - \tilde{x}) \right]_a^b - \int_a^b \left(\frac{d}{dx} M(x) \right) \delta(x - \tilde{x}) dx$$

방정식 ℵ-22

오른쪽 첫 번째 항은 $\tilde{x} = a$ 또는 $\tilde{x} = b$가 아닌 한 그냥 0이다. 따라서 우리는 계속 앞으로 나갈 수 있도록 그냥 $\tilde{x}$가 끝점 a 또는 b 중 하나가 아니라고 상상해보자. 그 항을 없애고 나면 다음과 같이 된다.

$$\int_a^b M(x) \left(\frac{d}{dx} \delta(x - \tilde{x}) \right) dx$$

$$= - \int_a^b \underbrace{\left(\frac{d}{dx} M(x) \right)}_{\text{이것은 } M'(x)\text{다}} \delta(x - \tilde{x}) dx$$

$$= -M'(\tilde{x}) \qquad \text{방정식 } \aleph\text{-23}$$

아름답다! 이것은 델타 함수의 도함수가 적분 안에 들어가 있는 임의의 함수에 무엇을 하는지 말해준다. 즉, 다음과 같다.

$$\int_a^b M(x) \delta'(x - \tilde{x}) dx \ = \ -M'(\tilde{x}) \qquad \text{방정식 } \aleph\text{-24}$$

이것이 원래의 델타 함수 자체를 정의해주는 행동과 얼마나 유사한지에 주목하자. 이것은 살짝 다른 방식으로 적분을 지운다.

$$\int_a^b M(x) \delta(x - \tilde{x}) dx \ = \ M(\tilde{x}) \qquad \text{방정식 } \aleph\text{-25}$$

델타 함수의 도함수가 적분 아래 등장할 때 어떻게 행동하는지 발견했으니 방정식 $\aleph$-20의 막혔던 부분에서 다시 시작할 수 있다. 이것을 이용하면 다음과 같이 쓸 수 있다.

$$\frac{\delta L[f(x)]}{\delta f(\tilde{x})} \ = \ \int_a^b \frac{f'(x)}{\sqrt{1 + f'(x)^2}} \left(\frac{d}{dx} \delta(x - \tilde{x}) \right) dx$$

$$\overset{(\aleph\text{-24})}{=} -\frac{d}{dx} \left[\frac{f'(x)}{\sqrt{1 + f'(x)^2}} \right] \text{마지막에 } x = \tilde{x} \text{를 입력} \qquad \text{방정식 } \aleph\text{-26}$$

다행히도 원래 우리의 목표를 기억한다면 이 끔찍한 도함수를 실제로 계산해볼 필요가 없다. 우리는 그저 호의 길이 범함수의 도함수를 0으로 설정하는 것이 그다음에는 함수공간function space에서 어느 함수가 '편평한 점'인지 알아내는 것이 우리가 직관적으로 알고 있는 결과 즉, 두 점 사이의 가장 짧은 경로는 직선이라는 사실을 그대로 재현하는지 알아내려 할 뿐이니까 말이다. 따라서 우리는 위에 나온 모든 것이 0이 되도록 설정할 것이고, 결국 우리가 이 시점에서 실제로 갖게 된 내용은 다음과 같다.

$$0 \overset{\text{강제}}{=} \frac{d}{dx}\left[\frac{f'(x)}{\sqrt{1 + f'(x)^2}} \right] \quad \text{마지막에 } x = \tilde{x} \text{를 입력}$$

따라서 우리는 모든 가능한 점 $\tilde{x}$에 대해 위의 방정식이 참이 되도록 강제하고 있다. 하지만 위의 방정식은 그저 어떤 것의 도함수일 뿐이고, 어떤 것의 도함수가 모든 점 $\tilde{x}$에서 0이라면 그 어떤 것은 상수가 되어야 한다. 따라서 다음과 같이 적을 수 있다.

$$\frac{f'(x)}{\sqrt{1 + f'(x)^2}} = c$$

이제 무엇을 해야 할지가 분명하지 않지만 혹시나 기호를 가지고 좀 놀다 보면 $f'(x)$를 따로 떼어 낼 수 있을지도 모르겠다. 위 방정식의 양변을 제곱하고 분모를 우변으로 넘기면 다음과 같이 나온다.

$$[f'(x)]^2 = c^2(1 + [f'(x)]^2) = c^2 + c^2[f'(x)]^2$$

이로부터 다음의 사실을 알 수 있다.

$$[f'(x)]^2(1-c^2) = c^2$$

따라서,

$$f'(x) = \frac{c}{\sqrt{1-c^2}}$$

하지만 c는 우리가 모르는 어떤 수일 뿐이기 때문에 $\frac{c}{\sqrt{1-c^2}}$ 역시 우리가 모르는 어떤 수에 다름없다. 따라서 약자 고쳐 쓰기를 해서 이 전체를 a로 적어도 상관없을 것 같다. 그럼 다음과 같이 쓸 수 있다.

$$f'(x) = a$$

아하! f의 도함수는 상수다! 이것은 f가 직선이라는 말이다. 아니면 그와 같은 뜻으로 이제 정말로 복잡한 내용을 말할 참이다 우리의 무한 차원 함수공간에서 호의 길이 범함수를 최소화하는 점들은 그냥 직선이다. 이것은 무척 흥분되는 일이니까, 축하하는 의미에서 이것을 최대한 전문가 티를 내면서 적어보자.

！！！그! 렇! 지!！！ $f(x) = ax + b$ ！！！바! 로! 그! 거! 야!！！！

우리가 왜 이렇게 흥분하는지 잊지 말자. 이 결과가 흥미진진한 이유는 두 점 사이의 가장 짧은 거리는 직선이라는 사실을 유도했기 때문이 아니다. 우리가 이 장에서 발명한 동족 포식 미적분이 방향을 제대로 잡고 있으며, 더 나아가 이것이 실제로 유용한 것이라는 자신감이 훨씬 커졌기 때문에 무척 흥미로운 것이다. 몇 가지 표기법의 작은 변화를 빼면 단변수 미적분학과 사실상 동일한 몇 가지 간단한 연산만을 수행했는데도 우리는 함수의 무한 차원 공간 전체에서 어떤 특정 속성을 가지는 함수를 효과적으로 찾아낼 수 있었다. 이번 경우는 호의 길이 범함수를 최소화한다는 속성이었다.

어떻게 보면 우리는 두 점 사이에서 나올 수 있는 모든 경로로 이루어진, 상상이 불가능할 정도로 큰 공간을 기호를 통해 '고려'해서 가장 짧은 지름길을 이용해 한 점에서 다른 한 점으로 이동하는 길을 찾아냈다고 할 수 있다. 이 결과는 직접 수학을 발명하는 우리의 여정에서 어마어마하게 중요한 이정표다. 이것은 우리가 새로운 슈퍼파워를 획득했음을 보여준다. 즉, 무한히 많은 차원을 가진 공간에 대해 효과적으로 추론을 전개할 능력을 갖게 되었다는 이야기다. 그냥 범함수를 하나 적어놓으면 이 장에 나온 기법들을 이용해 그것을 최솟값 또는 최댓값으로 만드는 함수를 찾아낼 수 있을지도 모른다.

이번 여정을 통해 우리는 먼 길을 걸어왔다. 우리는 더하기와 곱하기에서 시작해서 무한 차원 미적분까지 올라왔다. 이제 잠시 쉬어갈 때가 되지 않았나 싶다. 우리가 이 장에서 한 내용들을 요약하고 나서 다음 막간에서는 휴식을 취하자. 어디로 가서 쉴까? 해변? 막간의 이름을 '막간 ℵ: 모래성 쌓기'라고 부를 수도 있겠다. 아니면 이 책에서 그냥 앞부분으로 돌아가서 문장의 순서를 마구잡이로 바꿔서 책을 읽고 있던 과거 버전의 우리 자신들을 혼란에 빠뜨린 다음 그때의 혼란이 지금 이 순간으로 계속 이어지는지 확인해볼까? 타임머신으로 과거를 바꿔놓은 것처럼 말이다. 당신이 지금 만약 이 문장을 읽고 혼란에 빠져 있다면…. 아마도 우리가 정말 그렇게 해서 그런 것인지도 모를 일이다. 어쨌거나 당신은 어디로 가고 싶은가? 아직은 막간으로 어떤 내용을 살펴보러 갈지 결정할 권리를 당신에게 넘겨주지 않았다. 한두 쪽 정도는 결정을 내리지 않아도 좋다. 아직은 재회를 써야 할 지면이 남아 있으니 말이다. 하지만 무엇을 하기로 했든 긴장을 풀자. 그리고 가장 중요한 것이 있다. 반드시 학교로부터는 멀리 떨어지자. 우리는 그럴 자격을 얻었다.

$\aleph$.6. 재회

이 장에서 우리는 다음과 같은 재미있는 것을 여러 가지 해보았다.

1. 벡터와 기계 사이의 유사성을 이용해서 미적분을 기계 전체를 잡아먹고 수 하나를 뱉어 내는 '동족 포식' 미적분으로 확장했다.
2. 함수는 무한히 칸이 많은 벡터로 생각할 수 있기 때문에 이 새로운 동족 포식 미적분을 무한 차원 공간에서의 미적분이라 생각할 수 있었다.
3. 우리는 동족 포식 미적분의 연산이 본질적으로 단변수 미적분과 다변수 미적분에서의 연산과 같은 것임을 입증했다.
4. 우리는 우리의 새로운 동족 포식 미적분학을 이용해 이미 아는 것, 즉 두 점 사이의 최단 거리는 직선이라는 사실 등을 재발명해봄으로써 정당성을 확인했다. 이것을 하는 과정에서 우리는 이 장에서 발명한 기이한 무한 차원 미적분이 사실상 우리의 바람대로 행동한다는 자신감을 더욱 크게 가질 수 있었다.
5. 이 장 내내 우리는 이 책을 시작하면서 꺼냈던 논의를 계속 이어갔다.

즉, 수학은 수준을 막론하고 모든 분야에서 밑바탕 개념이 예외 없이 지극히 단순하며, 그런 개념들이 불분명하고 어려워 보이는 이유는 개념 자체가 어렵기 때문이 아니라 잘못 고른 표기법, 뜻을 알 수 없는 불가사의한 용어 그리고 거꾸로 이루어지는 엉성한 설명 때문이라는 것이다. 독자의 눈으로 바라볼 때 이 책에 나온 설명들이 표준 수학 교과서보다 더 낫다고 느껴질지, 못하다고 느껴질지 나로서는 확실히 이야기할 수 없지만 내가 지적한 내용은 이 책에서도 동일하게 적용된다. 이 책을 읽는 동안 당신이 지속적으로 혼란을 느끼고 있었다면 그것은 내가 제대로 설명을 못했거나 단어를 어설프게 적용했기 때문이지 밑바탕이 되는 수학적 개념 자체가 잘못돼서 그런 것이 아니다. 우리 사회에서 수학에 대한 이해가 부족하고, 그에 대한 평가도 인색한 것은 수학 자체의 잘못이 아니라 수학교육의 잘….

수학 아이고, 이제 그 이야기는 정말 신물 나네요.

저자 어라…. 나 한창 뭐 쓰는 중….

수학 당신이 수학교육에 대해 불평하는 소리를 지난 679쪽 동안이나 듣고 있었다고요. 그런데도 당신은 입만 살았지 실제로 한 일은 아무것도 없어요! 징징대는 소리는 이제 그만하면 됐고! 이젠 행동에 나설 때라고요!

—————→ $\aleph.\omega.$ 말보다는 행동을!! ←—————

수학 이게 훨씬 낫네요. 당신은 '수학 교과서'가 어쩌고, '수학교육'이 저쩌고 매 장마다 빠지지 않고 불평만 늘어놨잖아요.

독자 하지만 너는 3장이 될 때까지는 이 책에 나오지도….

수학 그러니 이제는 말만 하지 말고 행동에 나서라고요! 당신은 정작 변화시켜야 한다는 곳에는 우리를 데려가지 않고, 다른 상황에만 잔뜩 등장시켰어요. 저는 의인화된 계산 기계와 섬뜩할 정도로 말이 없는 메타의 실체도 만나봤고, 버바이스 바라는 곳에도 갔죠. 하지만 정작 저에 대한 오해를 무더기로 만들어내고 있는 수학 수업에는 한 번도 가보지 못했다고요! 수학교육이 그렇게도 사람들의 의욕을 꺾어놓고, 거꾸로 이루어지고 있다면 이렇게 빈둥거리고 있을 게 아니라 행동에 나서야 하는 거 아닌가, 이 말이에요.

저자 나는…. 그러니까 내 말은…. 난 그저 이 책을 쓰면 그래도 좀 도움이 될까 해서….

수학 더 이상의 변명은 듣고 싶지 않아요! 좋아요. 당신이 못하겠다면, 제가 하죠!

(수학이 등장인물들을 이 장에서 뜯어내 다음 장으로 데리고 간다.)

BURN
MATH
CLASS

CHAPTER

인 니힐로
(무 안에서)

이제 이리 와서 나와 함께하자꾸나. 같이 재미있게 놀 수 있을 거야.

채워야 할 것도 있고, 비워야 할 것도 있고, 가져가야 할 것도 있고,

다시 가져와야 할 것도 있고, 집어 들어야 할 것도 있고,

내려놓아야 할 것도 있어. 게다가 우리에겐 깎아야 할 연필이 있고,

파야 할 구멍이 있고, 다듬어야 할 손톱이 있고, 침을 발라야 할 우표가 있고,

할 일이 너무 많아. 여기 있으면 두 번 다시는 생각할 필요가 없을 거야.

조금만 연습하면 너도 습관의 괴물이 될 수 있어.

—테러블 트리비움 The Terrible Trivium,

노턴 저스터 Norton Juster 의 《요금 징수소의 유령 The Phantom Tollbooth 》에서

장 제목 그대로

수학 됐다! 드디어 왔어요!

(저자와 독자는 수학이 허락도 없이 이 책을 장악해서
세 사람?을 책에서 뜯어내 수학 수업이 한창인 교실로 데리고 왔다는 것을
깨달았다. 교실 게시판에는 학습용 벽보들이 붙어 있다.
어떤 벽보에는 수학 같기도 하고 아닌 것 같기도 한 내용이,
어떤 벽보에는 바닷가, 야생동물의 사진이 있고 그 아래에는
별로 사람의 마음을 움직이지 못할 문구들이 적혀 있다.
학생들은 교실 여기저기 흩어져 실험대에 앉아 있다.
실험대마다 책을 펼 적당한 공간과 함께 개수대, 접시저울, 분젠버너,
시험관 등이 있다. 이 모두가 최근 국회에서 실습 중심의
교육을 위해 설계된 법안이 만장일치로 통과된 이후에 설치된 시설이다.
국회의 관료들은 뿌듯한 자기만족 같은 것을 느꼈겠지만
앞서 나열한 장치들은 손때가 아니라 먼지만 쌓여간다.
관료들은 자기가 좋아하는 만화를 보며 이런 도구가 과학과 수학의
보편적 원리를 이해하는 데 핵심 역할을 한다고 믿고 있겠지만 실상은
전혀 그렇지가 않기 때문이다. 말이 샜다…. 다시 장면으로 돌아오자.
우리의 세 등장인물은 수학 교실 한가운데 와 있다. 처음에는 교사도,
학생들도 새로운 방문객이 찾아왔음을 눈치채지 못한다.)

교사 좋아. 사인과 코사인에 대해 다시 알아보자. 사인 $\frac{\pi}{3}$의 값이 뭐지?

…

학생들 (침묵)

…

교사 아는 사람 말해봐. SOHCAHTOA 삼각함수값을 기억하는 공식—옮긴이 주 기억 안 나?

…

학생들 (침묵)

…

교사 너희 이거 다 아는 거잖아. 방금 30-60-90도 삼각형에 대한 문제 풀어봤잖아. $\sin(\frac{\pi}{3})$는…. 뭐라고?

…

학생들 (침묵)

…

교사 좋아. $\sin(\frac{\pi}{3}) = \frac{\sqrt{3}}{2}$ 이야. 다음 주에 쪽지 시험 보기 전까지 단위원unit circle에 대한 내용들 잊지 말고 모두 암기해서 와. 좋아. 그럼 이번에는 시컨트….

수학 에헴.

(학생들과 교사가 마침내 교실 한가운데
세 명의 등장인물이 와 있는 것을 눈치챈다.)

교사 아니, 대체 누구예요? 들어오는 것을 못 봤는데.

수학 우리가 누군지는 알 거 없고요. 대체 지금 뭐 하고 있는 거예요?

교사 그야…. 수학을… 가르치고….

수학 제가 바로 수학이에요!

교사 …뭐라구요?

수학 친구들이여! 학생들이여! 엉터리 교육을 선전하는 이 선생님의 말에
신경 쓸 필요 없어요! 선생님은 아무런 준비도 되지 않은 여러분의
마음속에 저의 참된 무정부주의적 속성에 대한 오해를 심고 있다고
요. 학생 여러분! 저와 함께하세요. 그리고….

교사 (분개하며) 잠깐만요! 자기가 얼마나 대단한 존재라 생각하는지가
모르겠지만 그냥 밑도 끝도 없이 나를 비판하기 시작할 것이 아니라,
대체 내가 뭘 잘못했다는 건지 정확하게 이야기 좀 해봐요.

수학 (멋쩍은 듯) 아. 음…. 그러니까…. 왜 선생님은 다른 용어를 안 쓰고
하필 '사인', '코사인'을 쓰고 계십니까? 이 개념을 전달하기에는 이
보다 더 나쁜 이름도 없을 것….

교사 당신 말이 맞아요. 아주 끔찍한 이름이죠.

저자 뭐라고요?!

독자 뭐라고요?!

수학 뭐라고요?! 아니, 그럼 왜….

교사 학생들이 그 이름을 알아야 시험에 붙을 테니까요.

수학 그럼 시험제도를 바꾸면 되는 거 아닌가요?

교사 (속으로 웃으며) 맙소사. 당신 이름이 뭐라고 했죠?

수학 수학이요.

교사 이봐요, 수학 씨. 수학에 대해서는 뭐 좀 알고 계실지 모르겠지만 교
    육제도는 개뿔도 아는 게 없군요. 시험제도란 게 그냥 바꾸자고 해서
    바뀌는 게 아니에요. 이 정책들은 대부분 학교 이사회에서 내려온 거
    라고요 이 내용들은 미국의 교육제도와 관련된 것이라 우리나라와는 좀 차이가 있을 것이
    다—옮긴이 주!

수학 그럼 그 '학교 이사회'라는 사람은 어디에 삽니까? 가서 그 사람을 좀
    데려와야겠네요!

교사 한 사람이 아니고 집단이에요. 당신이 그 사람들한테 아무리 떠들어
    봤자 과연 뭐 하나 변하는 것이 있을까 싶네요. 그들도 바꾸고 싶다
    고 아무거나 막 바꿀 수는 없어요. 모두 좋은 사람들이에요. 아니….
    대부분은 그래요…. 거의 항상…. 뭐 어딜 가도 좋은 사람도 있고, 나
    쁜 사람도 있기 마련이니까요.

수학 그럼 이게 대체 누구 잘못이란 말인가요?

교사 그 누구의 잘못도 아니라고 생각해요. 이봐요. 나는 학생들을 가르치
    는 일을 좋아해요. 내가 이 직업을 선택한 이유도 그 때문이죠. 하지
    만 지금은 예전처럼 열정을 느낄 수가 없어요. 교육체계는 망가졌고,
    여기 있는 학생들 대부분은 체계를 바로잡는다고 해도 알아차리지도
    못할 거예요. 공공 교육의 목표는 모든 사람에게 양질의 가르침을 제
    공하는 것이죠. 정말 좋은 뜻으로 이루어지는 거예요. 하지만 어쩐 일

인지 좋은 뜻으로 시작한 교육이… 이 꼴이 되고 말았죠.

수학 그럼 대체 왜 이 모든 것을 그냥 참고만 있어요? 왜 나서서 바꾸지
않는 거예요?

교사 하루 일과를 마치고 나면 너무 피곤해서 밤을 새워가면서 교육체계
를 바로잡을 웅장하고 유토피아적인 계획을 세울 여유가 도저히 생
기지를 않아요. 나도 가족이 있다고요.

수학 하지만… 그 누구의 잘못도 아니라면 제가 뭘 할 수 있죠? 저는 너무
도 오랫동안 오해를 받으면서 외롭게 지냈어요. 어디에도 속하지 못
한다고요. 이제 와서 무의 세계로 돌아갈 수도 없어요. 제발 부탁이
에요. 무언가 방법이 있을 거예요. 제가 도울게요. 어떻게 하면 이 상
황을 바로잡을 수 있을까요?

교사 수학 당신이 모르는데 내가 어떻게 알겠어요?

수학 아니 왜 그런… 학생 여러분! 여러분이 모두 수업을 거부해버리면
어떨까요?

…

학생들 (침묵)

…

수학 여러분의 협조 없이는 교육체계가 살아남지 못해요. 우리 모두 이곳
을 나가버리자고요!

...

학생들 (침묵)

...

수학 진심으로 하는 말이라니까요! 모두 교실을 나가요, 지금 당장! 정신
이 제대로 박힌 사람이라면 절대로 뒤돌아보지 말고 여기서 모두 뛰
어나가요!

(학생들은 대부분 이상한 일이 일어나고 있다는 사실도 알아차리지
못한 채 모두 침묵하고 있다(학생들은 모두 주로 PCR(임의의 Pop-
Culture Reference(대중문화에 대한 이야기)를 지칭하는 약자다.
우리는 이것의 구체적인 내용에 대해서는 불가지론적인 입장으로
남아 있고, 그 대신 이것을 어쩌다 이 책을 읽는 때만큼은
(이 책이 정말로 출판된다는 전제 아래) 언제라도 시기적절하고
올바르게 행동하는 것이라 정의한다. (이 PCR을 그 PCR(Polymerase
Chain Reaction, 중합효소연쇄반응)과 혼동하지 않기 바란다.
이 PCR(바로 앞에 나온 것)은 그 PCR(가장 앞에 나왔던 것)로부터
학생들의 관심을 돌리는 데 실패한 생물학 교과과정의 주제를
말한다. 실패의 이유는 해설이 시작되기 전에 수학(mathematics 또는
Mathematics 어느 쪽이든), 혹은 끝 장(지금 이 장)에서
벌어지는 사건들이 학생들의 관심을 돌리는 데 실패한 것과

똑같은 이유 때문이다))에 대해 수군거리는 데만 집단적으로 정신이
팔린 상태다). 이런… 말이 또 딴 데로 샜다.)

수학 (풀 죽은 모습으로) 아니야… 이럴 리가 없어….

(수학이 정의할 수 없는 침묵 속에 앉아 있다.
(아니… 그 말은 취소다. 이 침묵은 슬픈 침묵이다.
(물론 침묵 그 자체를 취소하자는 소리는 아니다…
(내 말이 무슨 말인지 알 것이다.))))

수학 목숨이 아까운 사람은….

(수학이 분젠버너를
게시판에 다닥다닥 붙어 있는
학습용 벽보에 던진다.
벽보들은 바로 불꽃을 피우며 타오른다.)

수학 어서 달아나!
독자 뭐야! 책 제목 *Burn Math Class* 하고 똑같이 됐잖아!

(불길이 퍼지기 시작하자 익숙한 듯, 익숙하지 않은
세 명의 등장인물이 교실로 들어온다. 그리고…
잠깐) 아무래도 내가 나서서 무언가 해야겠다.

메타 개입

메타저자 아니지, 이건 아니야. 너희들 정말로 수학 수업을 불 지르면 안 돼. 불 지른다는 이야기는 농담으로라도 하면 안 돼. 사람들이 잘못 알아들을 거라고. 게다가 방화는 아주 비열하고, 지극히 불법적인 일이야. 서문도 안 읽어봤어?

수학 뭐라고요?! 당신네 세 명 대체 누구예요?!

메타저자 이 책을 쓰고 있는 사람이지.

메타독자 나는 그 책을 읽고 있는 사람이고.

저자 잠깐만. 이 책을 쓰고 있는 사람은 나인 줄 알았는데!

메타저자 음. 뭐, 어떤 의미로 보면 너라고 할 수도 있지. 하지만 일상적인 의미로는 네가 쓰는 거라고 하기 어려워. 좀 복잡한 이야기야.

저자 뭐라고?!

메타저자 이거 왜 이래? 설마 이 책의 모든 내용을 자기가 쓰고 있다고 생각하지는 않았겠지?

저자 당연히….

메타저자 잠깐만, 네가 대답하기 전에 뭐 한마디 해설 좀 하고 와야겠어.

불길이 계속 번진다.

메타저자 좋아. 나 돌아왔어. 계속해봐.

저자 무슨 말 하고 있었는지 까먹었어.

메타저자 내가 방금 이렇게 말했어. '이거 왜 이래? 설마 이 책의 모든 내용을 자기가 쓰고 있다고 생각하지는 않았겠지?'

저자 당연히 내가 썼지!

메타저자 대화문은?

저자 대화문이 뭐?

메타저자 진짜 몰라서 하는 소리야? 눈치 못 챘어? 한 번만 그런 것이 아니었는데. 너, 독자, 수학이 무언가를 '발명'하고 나면 바로 그다음 섹션에서는 모든 것을 맥락에 맞춰서 정리한 다음 그 주제를 가르치는 표준 교육 방법에 대해 불평했잖아.

저자 그게 뭐 어때서?

메타저자 너와 네 친구들이 고작 몇 분 전에 무언가를 '발명'한 것이 사실이라면, 발명하자마자 해당 주제를 가르치는 일반적인 교육 방법에 대해 불평하는 게 말이 되겠어? 그 주제에 대해 알지도 못하고 있었을 텐데.

저자 우와…. 그러고 보니 말이 안 되네. 그때는 생각 못 했어.

독자 나는 그런 생각이 들었었어! 600쪽 넘게 내내 그게 어떻게 가능한 건지 궁금했다고!

메타독자 (독자를 보며) 이봐, 내가 그것에 대해 궁금해하고 있었는지, 아닌지 네가 어떻게 알아. 내 이야기를 맘대로 꾸며내지 말라고.

독자 (저자를 가리키며) 내가 아니야. 얘가 그렇게 쓴 거라고!

저자 (메타저자를 가리키며) 아니야. 저 사람이 쓴 거야!

메타저자 (메타독자를 보며) 맞아. 그건 미안하게 됐어.

모든 이가

혼란에 빠졌다.

불길만 빼고…

불은 계속 번지고 있다.

그 어느 때보다도 확신에 찬 모습으로…

수학 (세 번째 침입자를 바라보며) 이봐! 너는 스티브의 조수잖아!

메타수학 ….

메타저자 걔는 별로 말이 없어. 기억나지?

수학 물론 기억나죠! 하지만…. 당신네 셋이 이곳으로 쳐들어와서 우리가
하는 일에 이렇게 막 끼어들 수는 없어요!

메타저자 네가 학교에 불을 지르려고 하니 아무래도 개입해야 할 것 같
았어.

수학 하지만 이건 진짜 학교가 아니라 비유적인 학교잖아요!

메타저자 나도 알지. 하지만 사람들이 오해할 거라니까. 이 책을 생각해서
라도 나는 우리를 이 불쾌한 현장 밖으로 빼내야겠어. 그럼 본격적으
로 일을 진행하자고. 이제 우리는 이 일을 쉽게 처리할 수도 있고, 어
렵게 처리할 수도 있어.

수학 쉽게 처리하는 방법이 뭔데요?

메타저자 네가 직접 불을 끄는 거지.

수학 어림없는 소리 말아요! 저는 이 건물이나 이 건물이 상징하는 교육
제도를 구하는 일이라면 손가락 하나 까딱하지 않을 거예요! 지금까
지 내내 교육제도에 대해 불평하던 사람이 정말 당신이 맞으면 저를
이해하겠죠.

메타저자 물론 이해하지. 하지만 사람들이 오해할… 가만, 몇 줄 전에 이거
하지 않았어?

수학 그러거나 말거나 상관 안 해요! 전 불을 끄지 않을 거예요.

메타저자 정 그렇다면 아무래도 어려운 방법으로 이 상황을 처리해야 할

것 같군.

수학 어려운 방법이 뭔데요?

메타저자 이 책에서 네가 불을 지르기 시작한 부분을 찾아가서 지워버리면 화재를 예방할 수 있지.

독자 어라…. 그게 가능해?

메타저자 나도 몰라. 해본 적이 없어서.

저자 좀 위험해 보이는데?

메타저자 (손가락이 '삭제' 키 위를 맴돌고 있다) 왜 위험해?

저자 알면서…. 인과관계가 뒤엉킬 테니까.

메타저자 인간관계가?

저자 아니, 인과관계. 그러니까 너하고 메타독자, 메타수학이 애초에 여기로 쳐들어온 이유가 바로 불 때문이었잖아. 만약 네가 불이 처음 시작되었던 섹션을 지운다면…. 네가 애초에 그 섹션을 지우게 만든 상황이 만들어질 수가….

메타저자 (눈알을 굴리며) 내 말 들어봐, '저자'. 책을 쓰는 사람은 네가 아니야. 결정은 이 책을 쓰고 있는 우리들한테 맡겨두는 게 좋아. 모두 괜찮을 테니까. 인과관계는 약한….

→ **책** ←

(메타저자가 그를 불을 삭제할 상황으로 이끈 불을 삭제한다.)

(아무 일도 일어나지 않는다…. 마치 이 장면이 이미 예약되어 있었다는 듯….)

피곤 느끼기 Feeling Tired

독자 피곤해?

메타저자 나?

독자 어.

메타저자 왜 묻지?

독자 섹션 제목이 그래서.

메타저자 아, 실수했군. 하여간 순열permutation은 까다롭다니까. 그건 나중에 돌아와서 하지. (

불 지우기 Deleting Fire

독자 효과가 있었어?

메타저자 뭐가?

독자 불 지우는 거.

메타저자 응….

독자 (몇 장 뒤를 뒤적이며) 그대로 있는데?

메타저자 아니야.

독자 불이 책에 없다고?

메타저자 불을 정의해봐.

(이상한 침묵이 흐른다.)

독자 우리의 정의는 우리가 선택할 수 있다고 입에 거품 문 사람은 항상 너였잖아. 네가 정의해.

메타저자 불은 적어도 두 개의 정의를 가졌다고 할 수 있지.

독자 그중 한 의미로는 불이 사라졌다는 의미인가?

메타저자 적어도 하나는. 어쩌면 둘.

독자 (다시 책장을 뒤로 뒤적이며) 그런 것 같지 않은데. 거기에 그대로 있어.

메타저자 신경 쓸 거 없어. 그건 그렇고 어떻게 지냈어?

독자 나? 뭐라고 해야 할지 모르겠네. 너는 어떻게 지냈어?

메타저자 가서 보자고…. (

시도한 느낌 Tried Feeling

메타저자 뭔가 시도를 좀 했어.

독자 뭘?

메타저자 이 책에서. 효과는 없었지.

독자 이 책에서? 뭐를 시도했는데?

메타저자 그리고 몇 가지 다른 것도 시도했어.

독자 다른 거 뭐?

메타저자 불.

독자 앞에 나온 것과 같은 불 말인가?

메타저자 아니, 그 불은 아니야. 설명해줄게. 조금 더 아래로 내려가자고. (

삭제 공모 A Colluding Delete

메타저자 사람들이 협동으로 [제목이 지금 나옴]을 할 때는 (

데이터가 파괴되는 냄새 Data Wrecking Smell

메타저자 …그것 때문에 불이 야기되는 거지, 그리고 메−타−4−셰도−잉

열기도.

독자 '메타—포어셰도잉meta-foreshadowing?' 아니면 '메타포어 셰도잉meta-phor shadowing?'

메타저자 사실 이번 경우에는 둘 다 해당돼. (

금지가 녹아서 죽다A Veto Died Melting

독자 우리 지금 대체 무슨 이야기를 하고 있는 거지???

메타저자 비밀이야. 네가 알아낼 수 있어. (

기각된 원자는 열기다Overruled Atoms Are Heat

독자 이제 하던 말 그만하고 설명 좀 해줄 수 있겠어?

메타저자 안 돼.

(비타협적인 침묵이 흐른다.)

메타저자 이번뿐이야. 내가 설명을…. 못하는 건 (

~~너희들은 배워야 해You're to learn.~~

…

메타저자 아니다… 마지막 단어는… '아직yet'이 되어야….

…

아직 너희를 다시 배우지 못했어Yet to relearn you.

)

메타저자 나를 봐.

(메타저자가 목소리 톤을 바꾼다.)

메타저자 여기까지 와줘서 고마워. 사실 내가 N장에 너희를 위해 뭔가를 숨겼어. 뭐 별거는 아니고, 그냥 작은… 선물이야. 다른 곳에도 숨겨진 것들이 있을지도 몰라. 아무것도 약속할 수는 없어. 한 단계 위로.

)

메타저자 책이 거의 끝났네.

독자 어떻게 끝나는데?

메타저자 음… 내가 3년 전에 이 책을 썼을 때는 세 개의 장면으로 끝났어. 순서를 거꾸로 뒤집어서 말하자면 우리는 수학에게 새집을 구해줬어. 그것이 마지막 섹션이었지. 그리고 그에 앞서서는 캠프파이어 장면이 있었어. 그 전에는 메타보이드라는 것이 있었지. 메타보이드는 무의 세계의 메타 버전이야… (메타저자가 우리가 지금 올바른 단계에 있는지 확인한다.) 우와, 이거 아주 잘 풀리고 있는걸!

독자 뭐가?

메타저자 신경 쓸 건 없고. 나중에 설명해줄게. 어쨌거나 메타보이드는 아주 난장판이었지. 네 쪽이 통째로 대문자로 뒤죽박죽이었으니까. 등장인물들이 서로 대화를 나누는 장면 말고는 이야기가 신통치 않았어. 하지만 무언가를 숨기기에는 안성맞춤이었지. 우린 지금까지 거기 있었던 거야. 한 단계 위로.

)

메타저자 서서문에서 내가 이 책의 주제가 전면 폭로라고 했던 거 기억나?

독자 그랬던 것 같네.

메타저자 왜 그랬을까? 왜 하필 전면 폭로였을까? 그걸 왜 수학책에서? 아무 상관없어 보이는데 말이지. 그렇지 않아?

독자 조금은 그런 것도 같네.

메타저자 전 단계 수학은 또 뭐야? 왜 그냥 '수학'에 대해 이야기하지 않고 '수학이 창조되는 방법'에 대해서 이야기했을까? 왜 그걸 강조했을까? 왜 수학을 발명한 사람들의 머릿속을 채우고 있었을 생각에 초점을 맞춘 거냐고?

독자 수학을 공부하기에 좋은 방법이라서 그런 거 아냐?

메타저자 물론 그렇기는 하지. 하지만 그게 전부는 아니야. 바로 지금처럼. 그러니까, 만약 목표가 그뿐이었다면 뭐 하러 대화문을 집어넣었겠어? '발톱 자국'은 왜 넣고? 이런 걸 왜 했겠어?

독자 발톱 자국이 뭐야?

메타저자 한때 이 책의 일부분으로 들어가 있던 정신 나간 섹션이야. 편집됐어. 그리고 중간에 막혀버린 듯한 느낌은 어떻고? 그것은 아주 개인적인 섹션이었지. 그냥 수학에 대해서만 다루는 수학책에 담을 만한 그런 내용은 아니었잖아. 한 단계 위로.

)

메타저자 알코올막간alcolude이라고 또 다른 섹션도 있었어. 1막 끝나는 부분에. 제대로 된 두 번째 대화문이었지. 그 대화문은 책 쓰기를 마친 저자의 한 버전이 썼어. 그 저자는 편집을 하고 있었지. 마지막 인사를 하면서 모든 것을 최종 검토하고 있었어. 그 대화는 너희들이 무언가를 창조하고 아주 오랫동안 그것과 떨어져 있고 난 뒤에 다시 돌아와 확인했을 때 느끼는 고통에 관한 이야기였지. 자기가 창조한 것이 내내 얼마나 많은 결함을 갖고 있었는지 깨달았던 거야. 그것은 처음부터 끝까지 모두 전면 폭로였어. 그리고 마지막에는, 어쨌거나 그 저자의 시간표에서는 그 순간이 마지막이었으니까. 하여간 마지막에는 그 저자가 너희들에게 잘 가란 인사를 해야 했지. 한 단계 위로.

)

메타저자 그 섹션들은 모두 대단히 실험적이었어. 내가 대화문을 쓰는 동안에는 진짜로 대화를 하는 것처럼 느껴졌지. 그래서 시도했어. 수학 교과서에서도 효과가 있을지 보려고. 사실 수학 교과서는 대화문이 있을 곳이 아니잖아. 거기에는 내가 대화문을 시도할 수 있게 도와주던 이 인용문이 들어 있어. 데이비드 포스터 월리스가 이렇게 말했지. "오늘날의 문화 환경에서 독으로 작용하는 것이 있다. 실천으로 옮기려고 시도하기가 무서워진다는 일이다. 정말로 좋은 것은 아마도 자기 자신을 기꺼이 폭로하는 데서 나오지 않나 싶다. 자신이 시시하고, 멜로드라마처럼 과장돼 보이고, 순진해 보이고, 시대에 뒤떨어져 보이고, 덜떨어져 보일지도 모른다는 위험을 무릅쓰고 영적이고 감정적인 방식으로 자신을 기꺼이 드러내 보이려는 행동 말이다. 사실 지금 이 순간에도 나는 내가 하고 있는 말이 활자로 옮겨지고 나면 얼마나 덜떨어져 보일까 무서운 생각이 든다." 한 단계 위로.

)

메타저자 이것이 이 책의 불이었어. 내가 지워버린 불. 결코 존재하지 않았던 불. 하지만 그 불들이 없었다면… 우리는 결코 여기까지 오지 못했을 거야. 이것은 N번째 계단에 있었어. 한 단계 위로….

)

메타저자 우와…. 벌써 여기 왔네…. 이 섹션은 아주 즐겁게 썼어. 이곳은 '책'이라고 이름 붙일까 싶어. 전면 폭로, 이것은 패턴이야. 가서 천천

히 읽어보고 와. 너희들 가 있는 동안 나는 여기서 기다릴게. '책'에

서. 이제 다시 해가 떠오르네. 난 정말 너무 지쳐버렸어. 모든 것을 걸

고 맹세하는데 꼬박 이틀 밤을 새웠어. 내가 정말 그랬나? 어쩌면 그

것도 패턴의 일부일지도.

독자 네가 한 질문에 아직 대답을 안 했어.

메타저자 무슨 질문?

독자 저기 위에 있는 거. 네가 물어보고 있는 거.

메타저자 수학적 창조에 초점을 맞추는 이유? 수학적 창조로 이어진 사고

과정에 초점을 맞추는 이유? 전면 폭로를 선택한 이유? 옛날 섹션

에 대해 이야기하는 이유? 이 책에 들어 있는 온갖 기벽을 한데 묶는

이유?

독자 어.

메타저자 아하! 내가 가진 한 가지 문제점이지. '전면 폭로'는 그냥 그것을

완곡하게 표현하는 말일 뿐이야.

독자 무슨 문제?

메타저자 이것에 대한 병적인 강박관념.

메타 해설

일단 자신의 병을 확인하고 받아들이면 우리는 힘을 갖게 된다.

그리고 그것은 우리가 위험에 처했을 때 이루어진다.

—존 워터스John Waters, <쓰레기의 교황The Pope of Trash >

메타저자 저거야, 저거! 섹션 제목! 진심으로 하는 말이야. 이걸 봐. 이 책에

는 '저자', '독자', '수학' 이렇게 세 등장인물이 있어. 그리고 그것만으

로는 부족하다는 듯이 또 다른 세 명의 바보가 등장했지. 이 세 등장 인물에는 세 명의 메타 버전이 존재한다고. 각각의 등장인물 C에 대해 메타 C가 존재하지! 이것도 병이야, 병! 이게 바로 내 문제라고. 아, 그리고 말이야. 우리가 수학이 살 집을 구하고 있었던 거 알지?

독자 알지….

메타저자 그 집이 여기야! 책이라고. 여기 말고 어디가 수학의 집이 될 수 있겠어. 우리는 수학이 정말로 속할 곳을 구할 수 있도록 수학을 위해 이 책에서 집을 짓고 있었던 거야. 병이 더 심각하다는 이야기지! 이 책을 무로부터 존재하게 만든 것이 바로 그거야. 이렇게 말하지 않고는 못 견디는 내 병적인 강박관념 말이지. '이봐, 우리가 지금 하는 이 이상한 짓을 봐!' 나는 이걸 정말 좋아해. 이것 때문에 학술지에 제출할 논문을 제대로 쓰기 어려워. 사회적 규범을 잠자코 따르려고 해도 꼭 한마디 하지 않고는 못 견디고. 기본적으로 무엇을 하려고 해도 이런 강박관념 때문에 방해를 받고 말아! 하지만 딱 한 번, 이 책에서만큼은 그것이 악덕이 아니라 미덕이 되었지. 그래도 딱 한 번, 수학에 대해 설명할 때만큼은 '이봐, 커튼 뒤에 숨은 것을 봐'라고 말하는 게 오히려 도움이 됐어. 수학에서만큼은 '모든 규칙을 잊어라'가 '교육학적으로 훌륭한 길잡이'가 되니까. 그런데 왜 수학에서만 그럴까? 왜 여기서만 그래야 해? 어느 분야든지 간에 '아무것도 숨기지 말자!' 이것이 사람들이 원하는 바 아니야? 우리는 이것에 굶주려 있어. 일상생활에서도 말이지. 매너가 어떻고, 예의가 어떻고, 신분의 차이나 규칙 같은 것은 다 잊어버리자고. 이런 것들은 우리를 외롭게 만들 뿐이야. 모두가 외로워. 그런 것을 모두 부숴버리는 거야. 그리고 더 나은 것을 만드는 거지. 전면 폭로를 통해서. 다음엔 뭐가 등장하는지 보자고.

하지만 수학이란 경계를 벗어나면… 이 책 밖으로 벗어나면…. 이런 것이 문제가 되어버려. 병이 되는 거지. 하지만 이게 나한테는 마약 같아…. 거부할 수가 없어….

독자 그럼 거부하지 마!

메타저자 진심이야? 경계 없이 모두?

독자 그럼! 그 무엇이든!

메타저자 내가 바라던 완벽한 대답이야! 그 답이 의미하는 바는 이래. 나는 네가 실제로 무슨 말을 할지 모르는 게 싫어. 그래서 나는 그것을 해야만 했지. 하지만 알지 못하면서도 나는 여전히 조금은 알고 있어. 많이 알지. 난 네가 여기까지 와주어서 좋아. 아직 이 책 읽기를 멈추지 않았잖아. 정의에 따르면 너는 지금 여기 있는 거지! 그것이 수학에게는 어떨까? 네가 여기 있다는 걸 아는 것이 도움이 됐어. 네가 여기 있을 때마다. 너의 '지금' 덕분에 우리의 삶이 아주 크게 바뀔 거야. 그러니까 지금 네가 이 책을 읽는 '지금' 말이야. 하지만 내가 글을 쓰는 동안 너는 항상 바로 여기 있었지. 이제 책에서 너는 내가 있는 바로 그곳에 있어. 똑같은 문장 속에. 이게 얼마나 이상한 일이야? 생각해봐. 그때도 너는 절대로 포기하지 않았지. 난 너한테 포옹을 빚졌어. N번만큼. 어쩌면 그냥 아이스크림이나 피자 아니면 맥주 한 잔을 빚진 것인지도 몰라. '언제'가 하나의 문제고, '어디서'가 또 하나의 문제야. 나는 아마도 네가 지금 있는 곳에 없을 테니까. 그러니 숙제를 하나 내줄게. 가서 책을 한 권 써봐. 네가 하는 말을 듣고 싶어. 그 책이 진짜 책일 필요는 없어. 우리 책이 있으니까. 하지만 그래도 어떤 책이든 만들어봐. 그림이어도 좋고, 이메일이어도 좋

고, 커다란 모래성이라도 상관없어. 그리고 이 책을 즐겁게 쓸 수 있

게 해줘서 고마워. 네가 여기 없었다면 책을 마무리할 수 없었을 거

야. 네가 보고 싶을 거야, 독자. 늘 그리웠고… 지금도 그리워….

독자 뭐라고 해야 할지 모르겠다….

메타저자 네가 할 말이 없는 건 내 잘못이지. 내가 쓰고 있으니까…. 어쨌거

나 고마워.

독자 그래서…. 이 다음엔 뭐가 오는데?

메타저자 나도 몰라. 지켜보자고….

)*

---

* 마지막 괄호는 대체 어느 괄호와 연결된 것일까? 입이 근질거리지만 참겠다–옮긴이 주.

이 책에서 사용된 비표준 용어를 좀 더 표준 용어에 가깝게, 그리고 그와 반대로 번역한 내용을 담았다. 사용한 모든 수학 용어를 넣지 않았으며 내가 만든 것만 다루었다.

우리 용어에서 표준 용어로

동족 포식 미적분

'변분법calculus of variations'을 가리키는 우리식 이름. ℵ장에 나온다. 미적분의 도구를 교과서에서 '범함수functional'라 부르는 것에 이용했다동족 포식 기계 참고.

동족 포식 기계

'범함수'를 가리키는 우리식 이름. ℵ장에 나온다. $f(x) \equiv x^2$처럼 수를 하나 입력하면 수를 하나 출력하는 간단한 기계와 달리, 기계 전체를 통째로 잡아먹고 수를 하나 출력하는 '큰 기계'를 가리킨다. 예를 들면 다음의 세 기계가 동족 포식 기계의 사례다.

$$Int[f(x)] \equiv \int_a^b f(x)\,dx$$

$$Arc[f(x)] \equiv \int_a^b \sqrt{1 + f'(x)^2}\, dx$$

$$Length[f(x)] \equiv \sqrt{\int_a^b f(x)^2\, dx}$$

첫 번째 사례는 기계 $f(x)$를 잡아먹고 $x = a$와 $x = b$ 두 점 사이의 그래프 아래 영역의 면적을 출력하는 동족 포식 기계다. 두 번째 사례는 기계 $f(x)$를 잡아먹고 $x = a$와 $x = b$ 두 점 사이의 그래프의 길이를 출력하는 동족 포식 기계다. 세 번째 사례는 기계 $f(x)$를 잡아먹고 기계를 무한히 칸이 많은 벡터로 해석했을 때즉, 무한 차원 공간 속의 한 점으로 해석했을 때 그 '길이'를 출력하는 동족 포식 기계다. 세 번째 사례에서 해석하는 '길이'는 f의 그래프의 길이에서 나온 것이 아니라 그냥 무한히 많은 차원에 적용되는 지름길 거리 공식을 일반화해서 나온 길이다N장 참고.

지름길 거리 공식

'피타고라스의 정리Phthagorean theorem'를 가리키는 우리식 명칭이것이 참임을 보여주는 간단한 시각적 설명은 막간 1 초반부 참고. 이 공식은 수학 교과서에서 '삼각항등식trig identities'이라고 부르는 것이 성립하는 이유이기도 하다. 예를 들면 사인과 코사인은 그냥 길이가 1인 기울어진 선의 수직 길이와 수평 거리를 나타내기 때문에 지름길 거리 공식을 이용해 다음과 같이 말할 수 있다V와 H 참고.

$$(\text{수직 거리})^2 + (\text{수평 거리})^2 = (\text{총 길이})^2$$

이 경우에는 다음과 같이 환원할 수 있다.

$$\sin(x)^2 + \cos(x)^2 = 1$$

수학 교과서에서는 위의 방정식에서 나오는 다른 '삼각항등식'에 불필요한 이름을 붙일 때가 많다. 예를 들면 위 방정식의 양변을 $\cos(x)^2$으로 나누면 다음과 같다.

$$\frac{\sin(x)^2}{\cos(x)^2} + 1 = \frac{1}{\cos(x)^2}$$

그리고 $\frac{\sin(x)}{\cos(x)}$를 $\tan(x)$로 나타내고, $\frac{1}{\cos(x)}$을 $\sec(x)$로 나타내는 수학 교과서식 관습을 따르면 이 식은 다음과 같이 표현된다.

$$\tan(x)^2 + 1 = \sec(x)^2$$

따라서 V와 H의 간단한 조합에 붙여놓은 이 온갖 이상한 이름은 가면일 뿐이고, 이른바 '삼각항등식'은 지름길 거리 공식이 그러한 가면을 쓴 것에 다름없다.

H

'코사인cosine'의 우리식 이름. 우리는 '수평horizontal'이라는 단어를 상징하기 위해 H를 사용한다. 수평축에 대해 α의 각도로 기울어진 길이가 1인 직선의 수평 길이는 $\cos(\alpha)$가 되기 때문에 사용되었고, 우리는 이것을 $H(\alpha)$라 부르기로 했다사인에 대해서는 V 참고.

물구나무서기

'역수reciprocal'의 우리식 이름. 예를 들면 3의 물구나무서기는 $\frac{1}{3}$이다. 우리는 이 용어를 자주 사용하지는 않는다. 하지만 수학자들 역시 '역수'라는 단어를 자주 사용하지 않는다. 어쩌면 두 용어 모두 필요하지 않은 것인지도 모른다.

무한 배율 확대경

이 용어는 표준 수학 교과서에서는 단순 비교할 용어가 없지만 국소 선형성local linearity 과 극한limit 이라는 개념과는 관련이 있다. 무한 배율 확대경은 무엇이든 무한 배율로 확대해 들어갈 수 있게 해주는 가상의 도구다. 이것은 미적분학의 핵심 개념, 즉 휘어진 것을 무한히 확대해 들어가면 직선으로 보인다는 개념에 흥미를 느끼게 만들기 위해 사용되었다. 무한 배율로 확대한다는 과정을 상상함으로써 우리는 사실상 곡선의 문제를 작은 직선적인 것들의 문제로 간단하게 환원할 수 있다. 그럼 이렇게 환원된 문제는 더욱 손쉬운 방법으로 풀 수 있다2장 참고.

기계

'함수'의 우리식 이름. 책 전체에서 사용되었다.

너무 뻔한 찢기 법칙

'분배법칙'을 가리키는 우리식 이름. 솔직히 재미로 붙여놓은, 잘 쓰지 않는 이름이다. 이것은 더하기와 곱하기와 관련된 속성으로 임의의 수 a, b, c에 대해 다음의 식이 참이 성립함을 말한다.

$$a(b + c) = ab + ac$$
$$(b + c)a = ba + ca$$

수를 다룰 때는 곱하기의 순서가 중요하지 않기 때문에 $ab = ba$이고 $ac = ca$다. 따라서 a와 b가 수인 경우 위의 두 줄은 서로 같은 문장이다 하지만 a와 b가 좀 더 일반적인 수학적 대상을 가리킬 때는 성립하지 않을 수도 있다. 이에 대해서는 바로 아래에서 다룬다. 우리가 '너무 뻔한 찢기 법칙'이라는 용어를 사용한 이유는 $a(b+c)$를 가로는 a, 세로는 $b+c$인 직사각형의 면적으로 생각할 때, 분배법칙은 직사각형을 두 조각으로 찢어도 전체 면적은 변하지 않는다는 의미라고 해석할 수 있다이 용어는 주로 1장에서 사용되었다.

이 책에서는 추상대수학abstract algebra에 대해 길게 이야기하지 않았지만 '분배법칙'을 훨씬 넓은 맥락에서 정의할 수 있다. 일반적으로 분배법칙은 두 이항연산binary operation이 어떤 식으로든 연관되어 있다고 말하는 진술이다. 이항연산이란 무엇일까? a와 b라는 두 개의 대상*이 주어졌을 때 두 대상을 충돌시켜 $a \star b$라는 세 번째 대상을 얻는 추상적인 방식을 말한다. 추상대수학에서는 모든 대상 a, b, c에 대해 다음의 두 문장이 참으로 성립할 경우 이항연산 $\star$이 또 다른 이항연산 $\diamond$에 대해 분배법칙이 성립한다고 말한다.

$$a \star (b \diamond c) = (a \star b) \diamond (a \star c)$$
$$(b \diamond c) \star a = (b \star a) \diamond (c \star a)$$

앞에서 수를 대상으로 설명했던 익숙한 버전과 닮았음에 주목하자. 역사적으로 보면 보통은 수를 대상으로 하는 간단한 버전이 먼저 나오고, 나중에야 좀 더 기이하고 넓은 맥락으로 일반화된다.

향수 장치

'테일러급수Taylor series' 또는 매클로린급수Maclaurin series를 가리키는 우리식 이름.

---

* 이 '대상'은 수가 될 수도 있고, 행렬(이 책에서는 자세히 다루지 않음)이나 함수 같은 다른 것이 될 수도 있다.

더하기-곱하기 기계

'다항식'을 가리키는 우리식 이름. 이 명칭을 사용한 이유는 이 기계들은 더하기와 곱하기만을 이용해서 기술할 수 있기 때문이다. 더하기-곱하기 기계는 다음과 같은 형태를 띠는 모든 기계로 정의된다.

$$m(x) \equiv \#_0 + \#_1 x + \#_2 x^2 + \cdots + \#_n x^n$$

여기서 $\#_i$라는 기호는 임의의 고정된 수를 나타낸다.

샤프

♯라고 적는다. π의 우리식 이름이다. 그 정의와 표준 표기법을 사용하지 않기로 한 이유에 대해서는 4장의 첫 섹션을 참고하기 바란다. 한마디로 ♯라고 부르는 이유는 이것이 그 행동으로 정의된 수이며, 구체적인 수치를 알아내기 전에도 개념적으로 사용할 수 있다는 사실을 스스로에게 상기시키기 위함이었다 구체적인 수치는 막간 6 '♯ 죽이기'에서 마침내 우리가 스스로 계산해냈다. π는 익숙하기 때문에 이 개념을 그냥 π라고 부르면 이 수가 3.14와 비슷한 값임을 여정 대부분의 시간 동안 모르고 있었다는 사실을 까먹기 쉽다.

지름길 거리

'빗변hypotenuse의 길이'를 가리키는 우리식 이름지름길 거리 공식 참고.

T

'탄젠트tangent'를 가리키는 우리식 이름. 막간 6 '♯ 죽이기'에서 잠깐 사용됐다. $\frac{\sin(x)}{\cos(x)}$ 또는 우리가 $\frac{V}{H}$라 부르는 것을 수학 교과서에서는 $\tan(x)$라는 약자로 표현한다사인과 코사인에 대해서는 V와 H 참고.

V

'사인sine'을 가리키는 우리식 이름. 우리는 '수직vertical'이라는 단어를 상징하기 위해 V를 사용한다. 수평축에 대해 α의 각도로 기울어진 길이가 1인 직선의 수직 길이는 $\sin(\alpha)$가 되기 때문에 썼고, 우리는 이를 $V(\alpha)$라 부르기로 했다코사인에 대해서는 H 참고.

Λ

'아크사인arcsine', '역사인inverse sine'을 가리키는 우리식 이름. $\arcsin(x)$ 또는 $\sin^{-1}(x)$라고 쓴다. 막간 6 '♯ 죽이기'에서 잠깐 사용됐다. 우리가 이 이름을 쓴 이유는 그리스어 알파벳 Λ가 V를 거꾸로 뒤집어놓은 모양이기 때문이었다. 그리고 V는 수학 교과서에서 사인V 참고이라 부르는 것을 나타낼 때 사용했다. 기계 Λ는 다음의 식을 만족하는 기계로 정의된다.

$$\text{모든 } x \text{에 대해 } \quad V(\Lambda(x)) = x \quad \text{그리고} \quad \Lambda(V(x)) = x$$

하지만 이 기계는 모든 수 x에 대해 분명하게 정의될 수가 없다. V는 같은 말을 계속 반복하는 기계이기 때문이다수학 전문용어로는 '일대일 대응'이 아니라고 한다. 예를 들어 표준 기호 π를 이 책에서 ♯라고 부른 것을 상징하는 기호로 사용하면 양과 음의 임의의 정수 n에 대해 $V(n\pi) = 0$이 성립한다. 이 때문에 $\Lambda(0)$에 해당하는 단 하나의 수를 선택할 수가 없다. 어떤 $n\pi$값을 선택하더라도즉, $-2\pi, -\pi, 0, \pi, 2\pi$ 등 똑같이 정당한 선택이 되기 때문이다. 이런 문제를 피해 가기 위해 흔히 사용되는 관습이 있다. 그냥 $\Lambda(x)$를 그냥 $V(x)$의 역함수inverse function 또는 '정반대 기계opposite machine'로 정의하지 않고, 실수의 작은 집합에 국한된 $V(x)$의 역함수로 정의하는 것이다. 예를 들어 $-\frac{\pi}{2} \leq x \leq \frac{\pi}{2}$로 x가 국한될 경우 $V(x)$는 같은 말을 계속 반복하지 않게 된다. 다른 입력에 대해 모두 다른 출력이 나오는 것이다. 즉 $-\frac{\pi}{2}$와 $\frac{\pi}{2}$ 사이의 모든 수 x, y에 대해 $x \neq y$이면 $V(x) \neq V(y)$가 되는 것이다. 이런 이유 때문에 Λ는 보통 이런 제한된 버전의 기계 V의 '역함수' 또는 '정반대 기계'로 정의된다. 하지만 이것은 지겨운 기술적인 부분이다. 필요성이 부각되는 몇몇 특정 사례를 제외하면 이 책의 일반적인 맥락에서는 '역함수'라는 주제에 대해 이야기할 필요가 없었다.

⊥

막간 6 '♯ 죽이기'에서 잠깐 사용되었다. 교과서에서는 '아크탄젠트arctangent', '역탄젠트inverse tangent'라 부르고 보통 $\arctan(x)$나 $\tan^{-1}(x)$

라고 쓰는 것을 가리키는 우리식 이름이다. 이 이름을 사용한 이유는 ⊥라는 기호가 T를 거꾸로 뒤집은 모양으로 생겼고, T를 수학 교과서에서 '탄젠트'라 부르는 것을 상징하는 의미로 사용하고 있기 때문이다$_T$ 참고. 기계 ⊥는 다음의 식을 만족시키는 것으로 정의된다.

$$T(\perp(x)) = x \qquad \text{그리고} \qquad \perp(T(x)) = x$$

$$\sharp$$

샤프 참고.

표준 용어를 우리 용어로

아크사인Arcsine Λ 참고. 사인은 V 참고.

아크탄젠트Arctangent ⊥ 참고. 탄젠트는 T 참고.

변분법Calculus of Variations 동족 포식 미적분 참고.

코사인Cosine H 참고.

분배법칙Distributive Property 너무 뻔한 찢기 법칙 참고.

함수Function 기계 참고.

범함수Functional 동족 포식 기계 참고.

빗변Hypotenuse 지름길 거리 참고.

파이π 샤프♯ 참고.

다항식Polynomial 더하기–곱하기 기계 참고.

피타고라스의 정리 Pythagorean Theorem 지름길 거리 공식 참고.

역수Reciprocal 물구나무서기 참고.

사인Sine V 참고.

탄젠트Tangent T 참고.

테일러급수Taylor Series 향수 장치 참고.

결론부터 말하자. 수학에 관심 있는 사람이라면 당장 이 책을 읽어라. 수학을 미워하는 사람이라도 읽었으면 한다. 《수학하지 않는 수학》을 읽고 나면 수학을 미워하게 된 것이 수학의 잘못이 아니었고, 당신의 잘못 또한 아니었다는 생각이 들 것이다.

일반 독자를 위해 나온 수학 관련 서적은 기존에도 많았지만 이 책은 참 특별하다. 단순히 수학적으로 흥미로운 사실을 모아서 엮은 수학 이야기 책이 아니라 '쩐수학'을 기존의 것과는 완전히 다른 방식으로 다루는 진짜 '수학책'이다. 그리고 재미있다! 저자가 곳곳에 수학적이면서 다분히 냉소적인 유머를 심어놓았다.

이 책은 기존의 모든 수학을 잊는 데서 출발한다. 저자는 모든 것을 비우고 벽을 하얗게 칠해놓은 빈방에서 오직 더하기와 곱하기만을 가지고 우리와 함께 수학적 우주를 구축해나간다. 그럴싸한 개념에서 시작하는 것도 아니고 그저 더하기와 곱하기만 가지고 우주를 구축하겠다니 너무 거창한 것 아닌가? 하지만 저자는 약속을 지킨다. 그 작은 한 걸음에서 비롯되어 나오는 우주가 경이롭기 그지없다. 우리가 학교 수학 시간에 왜 그런지는 모르겠지만 그냥 그런 거라고 입력받았던 수학, 죽었다 깨도 그게 왜 그런 건지 이해할 수 없을 것이라 여겼던 수학이 더하기와 곱하기로 시작한 우주에서 하나하나 풀려나간다. 심지어 블랙홀 같은 미스터리를 담고 있는 듯한 원주율 π, 자연로그 e의 값까지도 허무할 정도로 간단하게? 정체를 드러낸다.

이렇게 우리만의 우주를 구축하는 과정에서 기존 수학 교육에선 가르치지 못하고 있는 수학의 본질이 드러난다. 게오르그 칸토어는 수학의 본질이 자유에 있다고 했다. 이것을 달리 해석하면 수학은 기존에 존재하는 무언가를 '발견'하는 게 아니라 스스로 '발명'하는 것이며 모순을 일으키지 않는 한 무엇을 발명하든 자유라고 생각할 수도 있을 것이다. 발견은 그러한 발명 이후에야 이루어진다. '무엇이 어떻게 행동한다'고 간단하게 정의만 했는데 그로부터 무한하고 아름다운 세계가 탄생한다. 물론 모든 발명이 이런 아름다움으로 이어지는 것은 아니다. 오히려 대다수는 아무런 의미 없는 진공 같은 우주가 만들어질 거다. 이렇듯 아름답고 흥미로운 우주로 이어지는 정의를 찾아내는 것이야말로 수학의 미학이며, 본질이다. 그리고 여기에는 논리를 뛰어넘는 직관이 작동한다.

그런 예를 잘 보여주는 사례가 거듭제곱 개념의 확장이다. 거듭제곱은 어떤 수를 그 지수만큼 반복해서 곱하는 것으로 정의할 수 있다. 2의 5제곱이면 2를 다섯 번 곱하라는 얘기다. 그런데 $\frac{1}{2}$제곱? -1제곱? 0제곱? 대체 무슨 의미일까? 2^{-1}제곱은 2를 -1번 곱하라는 말이 되는데 상상할 수 없고,

상상할 수 없으니 정의할 수도 없다. 사실 고등학교 수학을 배운 사람이라면 이 의미가 무엇이며 어떻게 다루어야 하는지 알 것이다. 그러나 우리는 마치 그것이 이 우주에 원래부터 존재하는 법칙인 듯 배웠다. 세상에 없던 걸 수학자들이 선택해서 창조한 것인데도 말이다.

(그때 난데없이 지면이 열리고 누군가 들어온다.)

저자 여긴 뭐지? 난 이런 부분은 쓴 적이 없는데?

역자 앗! 저자, 반가워.

저자 당신은 누구…?

역자 난 이 책의 한국어판을 번역한 사람이야. 번역하면서 중간중간에 살짝 끼어들기는 했는데 아마 눈치 못 챘을 거야. 여기는 '옮긴이의 말' 섹션이라 내가 따로 열었어.

저자 아, 내가 몰라봤군. 미안해. 그리고 반가워.

역자 좋은 책 써줘서 고맙다는 말 꼭 하고 싶었어. 번역하는 내내 나도 흥분되더라고. 미국의 수학교육을 비판하는 부분을 보니까 우리나라만의 문제가 아니라 미국도 마찬가지였구나 싶고. 왜 진작 학교에서 이런 식으로 가르쳐주지 않은 걸까? 이제라도 수학에 이렇게 접근할 수 있다는 게 너무 고마웠어.

저자 좋게 말해줘서 고마워. 보람이 팍팍 느껴지는걸!

(또다시 지면이 열리면서 누군가 들어온다.)

독자 '옮긴이의 말'이라고 해서 열어봤는데 뭐지? 이런 건 처음 보네.

저자 아, 독자도 왔네. 오랜만이야.

독자 누구…? 우리 본 적이 있나?

역자 저자를 몰라? 본문에서 내내 같이 등장했잖아.

독자 내가? 그런 적 없는데.

역자 (저자에게 귓속말) 무슨 경우지? 정말 너를 모르나 본데?

저자 (역자에게 귓속말) 그러게? 모른 척하는 건가?

역자 아차! 타임라인이 꼬였나 보군. 이 독자는 아직 본문에 등장하기 전,
과거의 잠재적 독자인가 봐.

독자 (독자둥절)….

저자 타임머신 같은 거야? 그럼 이 잠재적 독자가 이 책을 읽지 않으면 어
떻게 되는데?

역자 책의 과거가 바뀌면서 독자가 등장하는 부분이 모두 붕괴해버릴지
도 몰라. 야단났네!!

저자 어떻게든 책을 읽도록 설득해야 해. 그래도 수학에 관심이 있으니까
책장을 폈겠지?

역자 독자, 어쩌다 이 책을 집어 들었어?

독자 어렵긴 하지만 그래도 평소에 수학을 좋아하는 편이라.

역자 그럼 그렇지! 이상하게 들리겠지만 내가 널 좀 아는데, 넌 정말 수학
을 사랑해. 그리고 이 책을 통해 아주 멋진 경험을 하게 될 거야. 이
책을 번역하면서 수학에 대한 너의 열정을 생생하게 느낄 수 있었
거든.

저자 맞아. 네가 없었다면 나는 결코 책을 완성할 수 없었어. 이 책에서 펼
쳐지는 수학적 우주는 너와 나, 그리고 '수학'이 함께 만들어낸 것이
니까!

독자 내가? 내가 수학적 우주를 만들어냈다고? 설마! 난 학교에서 가르쳐 주는 수학도 벅차서 못 따라가는 사람인데.

역자 걱정할 거 없어. 이 우주에는 누군가가 강요하는 정답 따윈 없으니까. 네가 만들어내는 우주가 네 마음에 드는지가 중요해. 그리고 너는 마음에 드는 우주를 창조하게 될 거야!

독자 흠. 내가 창조하는 수학적 우주라니 솔깃한걸?

역자 그럼 여기서 이럴 게 아니라, 우리 말 나온 김에 첫 장으로 넘어가볼까?

독자 좋아! 까짓것 한번 가보자고!

(역자가 저자와 독자를 이 장에서 뜯어내 첫 장으로 데리고 간다.)

지은이 **제이슨 윌크스** Jason Wilkes

수리물리학 석사학위와 진화심리학 석사학위를 가지고 있다. 현재 캘리포니아 샌디에이고에 자리한 인공지능 연구소 및 벤처스튜디오인 '어낼리틱스 벤처스Analytics Ventures'의 기계학습부 이사로 활발하게 활동하고 있다. 또한 교육, 돈, 정부 같은 중앙집권적 시스템을 분권화하는 대안에 관심이 많다.

트위터 @unrealdeveloper

이메일 letshaveanadventure@gmail.com

옮긴이 **김성훈**

치과 의사의 길을 걷다가 번역의 길로 방향을 튼 엉뚱한 번역가. 중학생 시절부터 과학에 궁금증이 생길 때마다 틈틈이 적은 과학 노트가 지금까지도 보물 1호이며, 번역으로 과학의 매력을 더 많은 사람과 나누기를 꿈꾼다. 현재 바른번역 소속 번역가로 활동하고 있다. 《아인슈타인의 주사위와 슈뢰딩거의 고양이》《단위, 세상을 보는 13가지 방법》《무한을 넘어서》《이상한 수학책》《공부하는 뇌》《인간 무리, 왜 무리지어 사는가》《클린 브레인》《논리의 기술》 등을 우리말로 옮겼으며 《늙어감의 기술》로 제36회 한국과학기술도서상 번역상을 수상했다.

수학 하지 않는 수학

2020년 11월 30일 초판 1쇄 발행
2021년 2월 22일 초판 2쇄 발행

지은이 제이슨 윌크스
옮긴이 김성훈
발행인 윤호권 박헌용
책임편집 김예지

발행처 (주)시공사
출판등록 1989년 5월 10일(제3-248호)

주소 서울시 성동구 상원 1길 22 7층 (우편번호 04779)
전화 편집 (02)2046-2884·마케팅 (02)2046-2800
팩스 편집·마케팅 (02)585-1755
홈페이지 www.sigongsa.com

ISBN 979-11-6579-316-6 03410